ZHONGGUO GUDAI
FANG HONG
GONGCHENG JISHU SHI

中国古代
防洪
工程技术史

毛振培　谭徐明 / 著

山西出版传媒集团
山西教育出版社

1. 长江口海塘

2. 都江堰飞沙堰

3. 干砌卵石

4. 武汉汉口市堤

5. 夯硪图

6. 黄河中下游护岸工程模型

7. 河南黄河大堤

8. 洪泽湖大堤

9. 洪泽湖高家堰上的镇水铁牛

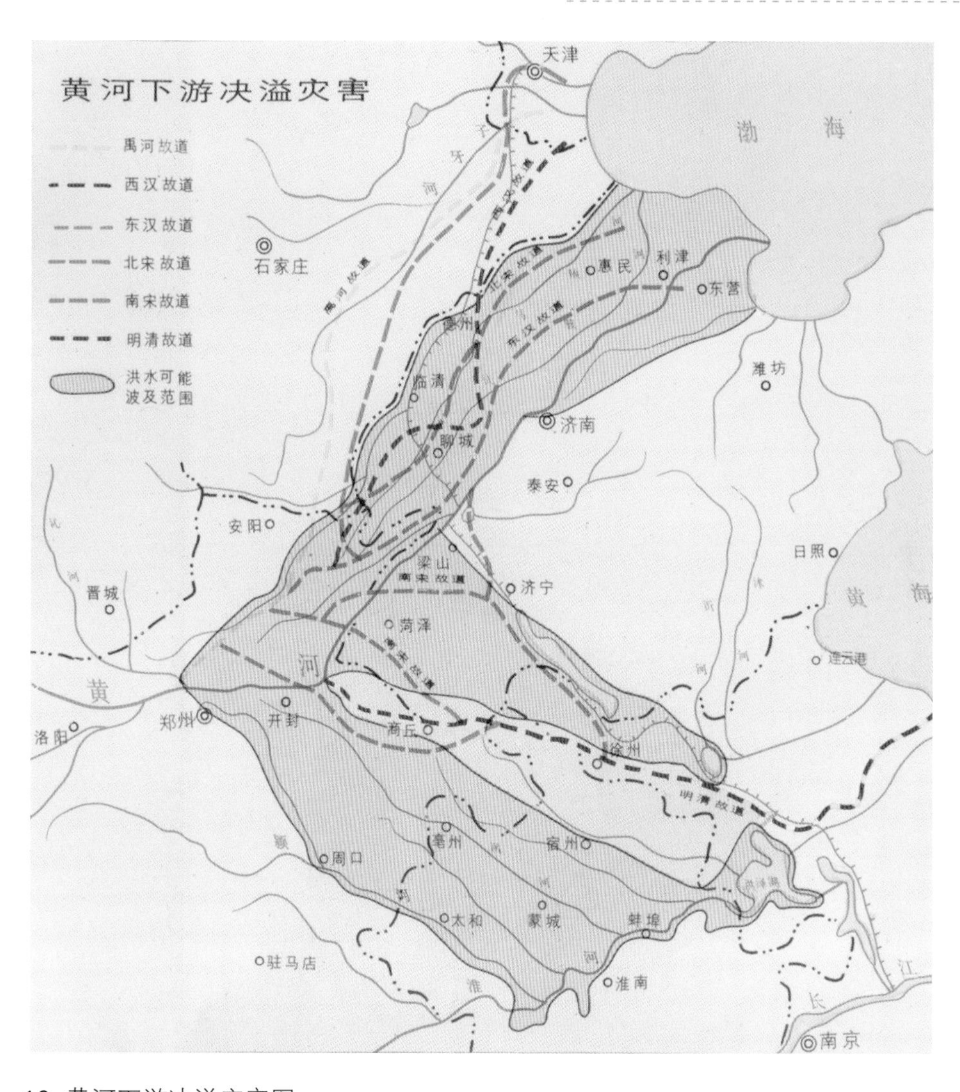

10. 黄河下游决溢灾害图

11. 黄河大堤淤背固堤

12. 荆江大堤

13. 荆江大堤上的镇水铁牛

14. 杩槎

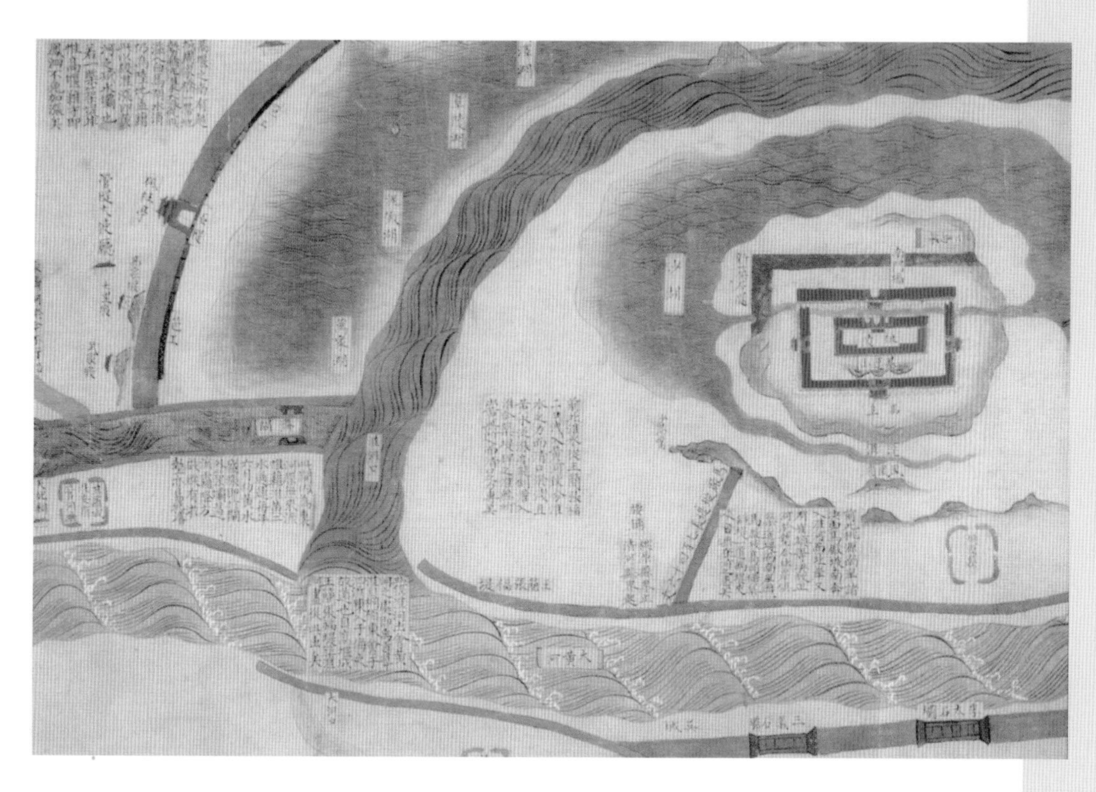

15. 明代潘季驯绘制的《河防一览图》

16. 钱塘江海塘与一线潮

17. 乾隆帝南巡视察黄河

18. 康熙年间治河场面图

19. 清代海宁鱼鳞大石塘

20. 清康熙年间黄河堵口合龙图

21. 上海木桩砖石护滩工程遗迹

22. 上海外滩防洪墙

古应宿闸（三江闸）图

老三江闸

23. 绍兴三江闸

24.石笼护堤

25. 苏北海堤

26. 太湖堤防

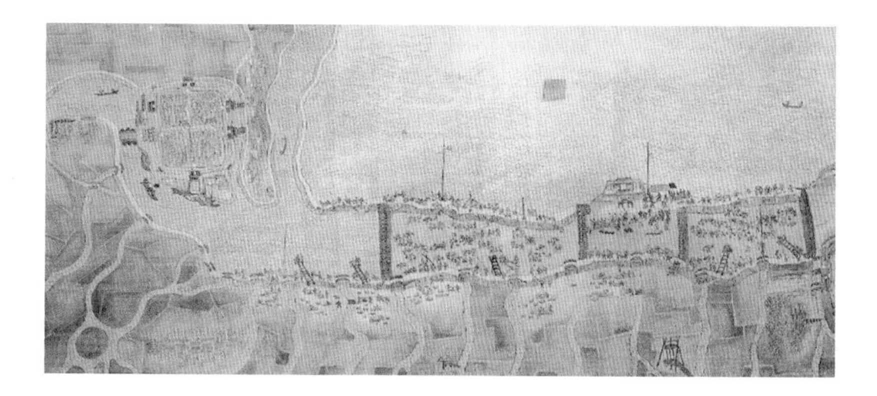

27. 治淮图

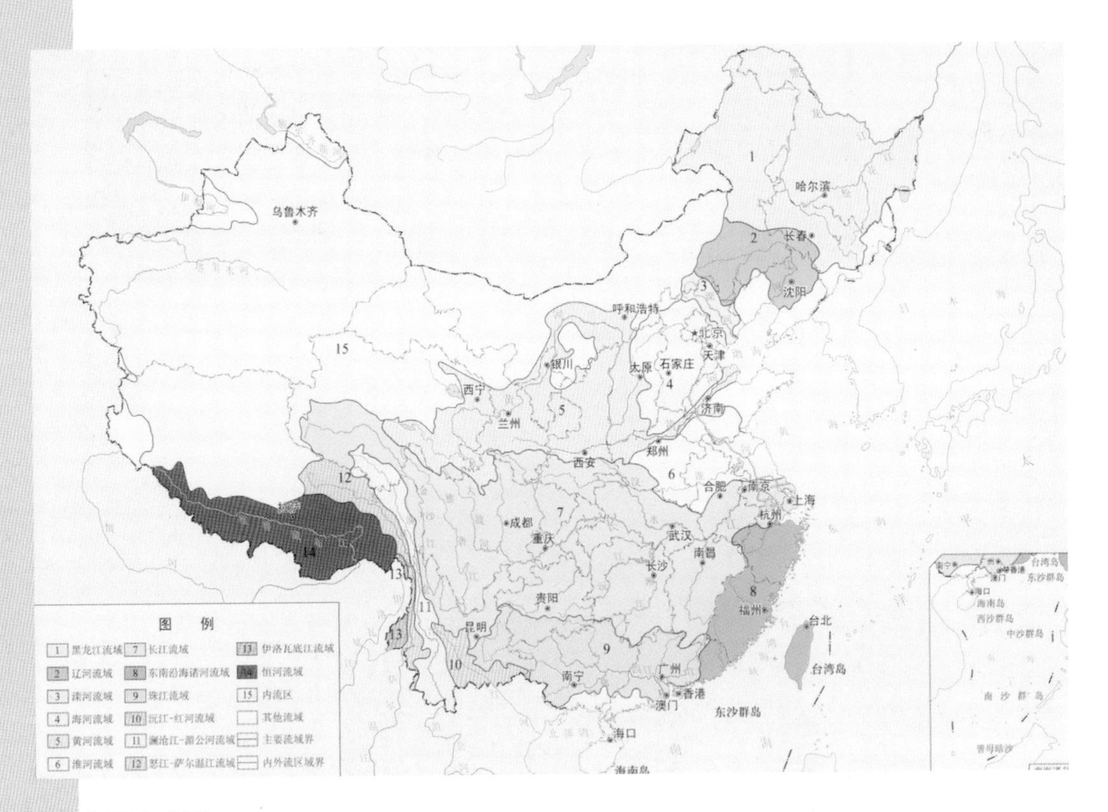

28. 中国水系图

29. 珠江三角洲桑园围

序　言

"工程技术"活动是人类最为基本的社会实践之一。现代工程技术主要表现为以科学发现引导技术创新，并应用于生产；又围绕生产过程对技术实行集成，并以理论的形态，形成诸多独立的学科，起到联结科学与生产的桥梁作用。工程技术是在人类利用和改造自然的实践过程中逐渐产生并发展起来的。在古代，人们只有有限且不太系统的科学知识；科学与生产的联系也不像今天这样直接和紧密。古代工程技术，主要表现为累积了世代经验的生产手段和方法，这些手段和方法，有的经过了一定的总结和概括，有的就蕴含于生产过程之中。当然，由于目的及所采用的手段和方法的不同，古代工程技术也形成了许多门类。就中国古代工程技术而言，最为主要的有以下内容：采矿技术、冶铸技术、机械技术、建筑技术、水利技术、纺织和印染技术、造纸和印刷技术、陶瓷技术、军事技术、日用化工技术等。这些门类，也就是《中国古代工程技术史大系》所要包括的内容。

在科学技术突飞猛进的现代，来研究中国古代工程技术史，我觉得不能不思考三个问题，一是中国古代工程技术发展的特点或规律，二是中国古代工程技术实践的历史意义，三是中国古代工程技术实践的现实价值。我是学现代工程技术的，近些年因工作关系，与科学史界有较多接触，这次《中国古代工程技术史大系》编委会要我担任主编，也促使我有意识地对这些问题进行了思考，借此机会，谨将一些初步的认识梳理罗列于下，以与海内外科学史界的朋友交流、讨论。

（1）中国古代工程技术发展的主要特点

根植于中华农业文明，发展进程具有连续性、渐进性和相对独立性。

国家因素起着重大作用，具有强大组织功能的中央集权制国家机器推动产生了一系列规模宏大的工程技术实践。

独特的环境、独特的资源和独特的历史，孕育了诸多独特的发明创造。

辽阔与各具特点的地域，既孕育了丰富多样的技术成果，也导致了技术发展的地区差异。

（2）中国古代工程技术实践的历史意义

与中国古代农业技术相结合，共同构成了中华农业文明体系的技术基础。

以富有特色的大量发明创造，形成了世界古代工程技术的独特体系。

以一系列独具匠心的发明，对人类文明进步和近代世界发展做出了贡献。

凝聚了中国古代对于自然以及人与自然关系的丰富而独到的认识。

（3）中国古代工程技术实践的现实价值

当前我们正面临一个全球化的时代，现代化和全球化不能以失落传统为代价，未来世界应当是一个高度发达，同时又保有多样文化传统的多彩世界，中国古代工程技术实践的成果结晶既是中华民族文化传统的有机组成部分，也是人类科学技术传统的重要组成部分。

基于“敬于悯人”的意识，中国先贤一直以“顺天而动”“因时制宜”“乘势利导”“节约民力”为工程技术活动的重要原则，由于多种因素的交互作用，既有成功，也有失败，这部“悲欣交集”的历史长卷，对于今天的工程技术实践乃至整个人类的活动，仍有丰富的启迪意义。历史的经验和教训从来都是一笔宝贵的财富，后来者要善于以史为鉴、服务当今、创造未来。

以上诸点，只是粗线条的概括性认识。我相信，本书各卷的撰著者，必然都从各自的领域和角度对这些问题进行了深入的思考，并以大量的资料进行论证，从而得出自己独立的见解，为读者展现出丰富而生动的学术成果。

中国科技史研究以往存在重数理而轻技术的现象，我希望这次通过编纂《中国古代工程技术史大系》，能够集中全国各方面专家学者的力量，对中国古代工程技术实践进行系统的整理和研究，力求科学地理解中国古代工程技术发展的历史，并对以往有关中国古代工程技术史的研究进行一次总结。

前 言

洪水漫溢河岸或溃决堤防对人类的生存环境造成危害，形成洪水灾害。在世界范围尤其在我国，洪水灾害是严重威胁人民生命财产、影响社会经济发展的一种主要自然灾害。防洪工程是为了防御洪水灾害所兴建的水利工程。古代大江大河防洪工程的兴建，往往是经过廷议后由皇帝决定的，而防洪思想的讨论则更多地在治水官员、朝廷重臣以及文人学士中展开。因此，古代防洪工程技术有别于其他的工程技术。

古代人们在和洪水灾害的长期斗争中，为今人留下了蜿蜒曲折的黄河大堤、横亘东西的长江干堤、捍御潮灾的江浙海塘、星罗棋布的圩垸围堤等规模宏大的防洪工程，留下有关防洪的历史文献更是汗牛充栋。研究这些历史典籍，可以发现古代人们对洪水、泥沙、水流运动的认识，及其防洪工程建设的实践经验，积累了丰富的防洪基础学科知识。其中，古代防洪治河的思想，对我们今天的防洪建设和河道整治仍具有借鉴和启迪作用。如，汉代贾让给洪水以去路、谋求与自然和谐发展的思想；明代潘季驯“束水攻沙”和“束水归槽”的治黄思想，“蓄清刷黄”综合治理黄、淮、运的思想，“淤滩固堤”的思想，蓄滞超额洪峰流量的思想等等，对我们今天仍有借鉴作用。古代传统的防洪工程技术，特别是堤防技术、埽工技术、海塘技术、抢险技术，以及修防管理的经验，至今仍有所应用。基于历史典籍的深入发掘和研究，特别是在认识灾害的双重属性、运用历史模型建立防洪决策支持系统的应用性研究方面，如今已取得了一些进展，也为今后的深入研究创造了条件。

《中国古代防洪工程技术史》共分八章。第一章总论，第二章至第七章分述各历史时期防洪工程建设和防洪工程技术的发展，第八章总结古代传统防洪工程技术的历史借鉴。总论章分析影响大江大河洪水灾害的自然因素和社会因素，综述历史时期防洪事业发展进程的历史脉络，系统介绍古代防洪工程技术，简述近现代对古代防洪思想与工程技术的继承与发展。第二章至第七章，按照防洪事业发展的阶段性，划分为新石器时代至夏商周时期、秦汉时期、三国至五代时期、宋元时期、明代、清代六个历史时期。各章分别记述各时期主要的防洪思想、防洪工程建设、防洪工程技术成就和防洪著述，力求归纳该时期防洪的特点。古代防洪事业的发展和防洪工程的建设，更多的是同各历史时期的社会

政治经济背景和江河形势密切相关，因此各章防洪工程节主要记述工程建设的背景、决策过程、方案与实施、工程规模及工期；而涉及工程技术的创新与发展则另列一节，按专业分类记其主要的技术成就。由于历史时期各地区开发的先后不同，防洪工程需要防御的对象和范围也有主有次，因此各章节之下所设的目也不尽相同，总以突出该时期的重大事件和主要内容为原则。古代传统防洪工程技术的历史借鉴章，主要研究古代防洪工程技术对防洪基础科学的贡献，古代传统防洪工程技术在当代的应用，以及古代防洪方略对当代防洪的启示。鉴于各历史时期的主要工程技术成就在相应章节已有详细记述，第八章只作提纲挈领的分析归纳，不再复述史实。

目　录

第一章　总论

第二章　新石器时代至夏商周时期防洪工程的起源

第三章　秦汉时期黄河水患与治理成就

第四章　三国至五代时期防洪建设的初步发展

第五章 宋元时期防洪工程技术趋于成熟

第六章 明代防洪工程技术的发展

第八章　古代传统防洪工程技术的演进与历史借鉴

CONTENTS

Chapter Three Harnessing of the Yellow River—First Object of Flood Control during the Qin and Han Dynasties

Chapter Four Preliminary Development of Flood-control Projects from the Three-kingdom Period to the Five-dynasty Period

Chapter Five Gradual Maturity of the Flood-control Engineering Technology during the Song and Yuan Dynasties

Chapter Six Overall Development of the Flood-control Engineering Technology during the Ming Dynasty

Chapter Seven　More and More Serious Flood Control of the Large Rivers in China during the Qing Dynasty

Chapter Eight Historical Experiences of the Ancient Times in the Traditional Flood-control Engineering Technology

Postscript

第一章　总　　论

水是人类赖以生存的必需条件。自古以来人们为了生存，一方面离不开江河湖泊，但同时又深受洪水泛溢之害。因此，人类社会的发展，既离不开有益于生存的水利建设，又离不开防御洪水灾害的斗争。随着人口的繁衍和社会经济的发展，洪水灾害成为严重威胁国家政治经济和人民生命财产的一种主要的自然灾害，其中又以大江大河的洪水灾害为重。我国古代防洪事业的发展历程也是人们同洪水灾害进行斗争的历史进程。

本章主要分析影响洪水洪灾的自然因素和社会因素，综述各历史时期防洪事业发展的历史脉络，浅析古代防洪工程技术的启示，并简要介绍近现代对古代防洪史的研究。

第一节　主要江河防洪工程技术发展的自然与社会背景

洪水灾害的大小决定于洪水，而洪水的形成往往是多种自然因素和人类干预综合作用的结果，各大江河因其自然条件不同，其洪水特性也显然不同。而洪水灾害的发生又要受到自然因素与社会因素共同的影响，古代各大流域开发的先后和开发的程度不同，洪水灾害的影响和防洪的投入也有显著差异。本节简要分析影响洪水灾害的自然因素和社会因素，以利于对古代防洪工程技术发展进程的理解。鉴于古代定量数据资料的缺乏，而淮河和海河又受黄河侵袭，古今情况差异较大，其他大河防洪工程建设较晚，故仅以含沙量最大的黄河和径流量最大的长江为重点，主要引用当代的观测统计资料予以说明。

一、洪水与洪灾

洪水的形成是由河流所在地区的地理条件、气候条件和水系条件等自然因素所决定的，而地理条件、气候条件和水系条件又互相制约和影响。

在气候条件的多种气候要素中，降水量是影响洪水产生的主要因素。我国海陆分布的地理环境，形成了全国大部分地区的东亚季风气候特征，各流域年降水量时空分布不均。在时间分布上，年降水量的60%～80%集中在6～9月的4个月内，从而形成河流各自的汛期和主汛期。在空间分布上，各流域有各自的多雨中心区，汛期多雨中心区的暴雨往往会产生峰高量大的大洪水。

从宏观上看，气候要素中热量和水分的等值线分布大体上同地理纬度线平行。我国西高东低呈阶梯状的大地势，使得大江大河大都自西向东流，每个流域基本处于同一纬度带。因此，地理位置决定了流域的气候带性质和基本气候特征。

水系条件中的多种要素都影响到洪水的形成。首先，水系形态及其分布是影响洪水的重要因素。如海河水系呈扇形分布，五大支流汇集天津，集中流经长仅百余里的海河干流入海，极易形成暴涨暴落的大洪水。其次，水系的干支流河谷地质地貌条件将影响到河道比降和流速，以及河床的冲淤演变。再次，水系的干支流暴雨洪水遭遇是形成大洪水的重要因素。另外，水系的中下游地区如果有较大的湖泊调蓄，也可以减少洪水发生的频率。

洪水灾害的发生，除了受到形成洪水的各种自然因素的影响外，还要受到社会因素的影响。

并不是所有的洪水都能造成洪水灾害。只有当洪水溢出河岸或堤防，并对人类的生存环境造成危害时，才会造成洪水灾害。在没有人居住和生产、生活的地区发生洪水，不会造成该地区的洪水灾害。自然界的灾害源，只有施加于人类生存环境这一受灾体，并造成不良后果，才成其为灾害。这是自然灾害社会属性的一个方面。

洪水灾害的发生总是伴随着人类社会的发展，而发生在人口密集、经济开发较快的地区。远古的洪水灾害首先就发生在部族群居的地区。随着国家的建立和中原地区的早期开发，黄河中下游平原洪水灾害的记载渐多。魏晋南北朝时期，北方战乱，中原人口大量南迁，江淮流域渐次开发，洪涝灾害相应增多。随着人口的增长、社会经济的发展，城镇的兴起、社会财富的聚集，发生同一量级洪水所造成的灾害损失也在不断加大。人类社会的发展直接影响到洪水灾害发生的频率和强度，这是自然灾害社会属性的另一面。

人类活动在某种程度上改变着自身的生存环境，也可能会加剧洪水灾害。在以农业经济为主体的古代社会，人口的急剧增长，必然要与山争地，与水争地。开山垦荒，毁坏山林，会加剧水土流失，加重江河湖泊的淤积。围垦河湖洲滩，缩窄了河流的过水断面，壅高水位，河道行洪不畅；缩小了湖泊面积，降低湖泊调蓄洪水的能力；堵塞了水网湖区的泄水通道，这些都会加重洪涝灾害。

当代科学技术水平和组织管理水平的提高，使人类抗御洪水灾害的能力不断增强。一旦发生洪水灾害，减轻灾害损失和灾后恢复的能力也在增强。

人们在与洪水灾害的斗争中，大量兴建各种防洪治河工程。这些工程在抵御洪水、减少洪水灾害的同时，也会产生一定程度的负面影响。如作为防洪最基本手段的堤防，虽然提高了河道防御洪水的能力，但洪水挟带的泥沙由筑堤前分散淤积在河流两岸而变为集中淤积到河床，使河床逐年抬高，甚至形成地上河，加大了决溢的危险。而泥沙淤积形成肥沃的河滩地，又引发人们争相围垦，并屡禁不止，从而降低了河道的泄洪能力。筑堤加大了本河段宣泄洪水的能力，同时也加重了下游的防洪负担。另外，筑堤前河岸低，洪水发生时，四处漫溢，淹没两岸的田庐村镇；筑堤后，减少了洪水漫溢灾害发生的次数，但若堤防溃决，被壅高后的洪水湍怒暴下，将造成更为严重的灾害，甚至会冲决形成新河，如同黄河历史上的多次改道。

二、黄河防洪的自然与社会背景

黄河发源于青藏高原巴颜喀拉山北麓的约古宗列盆地，流经青海、四川、甘肃、宁夏、内蒙古、山西、陕西、河南、山东9省（自治区），在山东利津县注入渤海，全长5464公里。

（一）流域自然背景[1]

黄河流域西界巴颜喀拉山，北抵阴山，南至秦岭，东注渤海，流域面积75.24万平方公里。流域地势西高东低，流经三大阶梯。黄土高原是第二级阶梯的主体，土质疏松，垂直节理发育，植被稀疏，是黄河泥沙的主要来源。第三级阶梯绝大部分是我国第二大平原——华北平原。

黄河中游段自三门峡至孟津的晋豫峡谷，为黄河流域的暴雨中心，暴雨强度大，汛期洪峰迅猛，是黄河下游洪水的主要来源区。

黄河从郑州桃花峪到入海口为下游，河段长785.6公里，集水面积2.3万平方公里，仅占全河流域面积的3%。但下游河道纵贯华北平原，比降平缓，泥沙淤积严重，两岸全恃大堤屏障，历史上，黄河下游决溢频繁，是历代防洪的重点。今天的黄河下游河床高出堤外地面3~5米，河南封丘曹岗附近河段高出地面10米，是著名的“地上悬河”。

黄河干流多弯曲，河道实际流程为河源至河口直线距离的2.64倍，素有“九曲黄河”之称。黄河左右岸支流呈不对称分布，右岸集水面积远大于左岸。黄河干流上有三个大的支流汇集点：上游河段的兰州，汇集洮河、大夏河、湟水、庄浪河等支流；中游河段的潼关，汇集渭河及其支流泾河、北洛河、汾河、涑水河等支流；中游末端的郑州，汇集伊河、洛河、漭河、沁河等支流。黄河流域水系简图见图1－1。

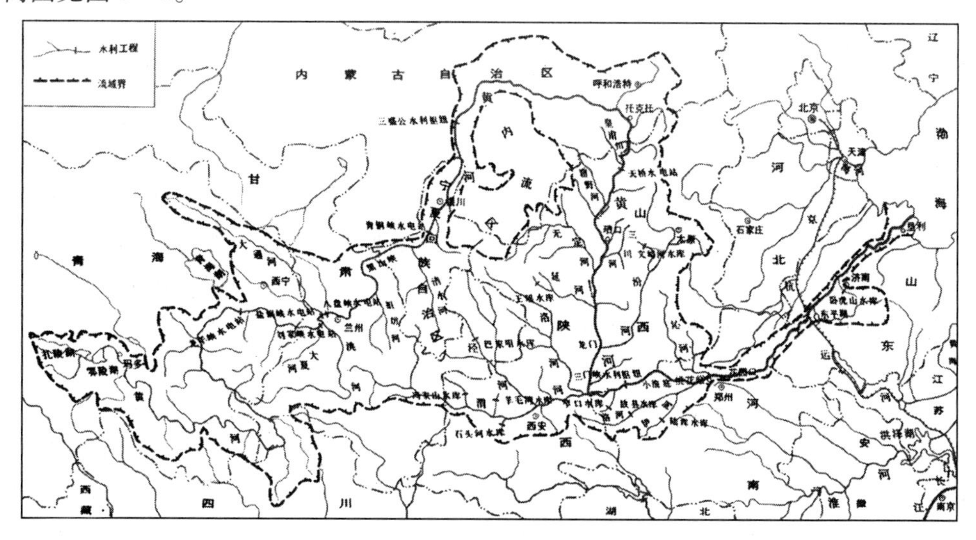

图1－1 黄河流域水系简图[2]

黄河流域大部分地区属于南温带、中温带气候区，但由于流域幅员广阔，地形复杂，流域内各地区的气候差异显著。据1956年至1979年的观测资料统计，流域多年平均年降水量476毫米。流域降水量的年际变化十分显著，年内分布不均，降水主要集中在夏秋季，6~9月的降水量约占全年的70%。地区分布的总趋势是由东南向西北递减。

黄河汛期为7~10月。黄河上游少暴雨，降雨强度不大，但降雨面积大，历时长，洪水多发生在9月，此外还有冬季的冰凌洪水。中游暴雨强度大，历时短，所形成的洪水洪峰高，历时短，洪水发生时间基本集中在7月中旬至8月中旬，一次洪水历时平均2~5天。下游的大洪水主要来自中游，与上游洪水不遭遇。下游洪水特性不仅与中游洪水的来源地区有关，而且与洪水发生的季节有关。七八月下游伏汛洪水的洪峰形式为尖瘦型，洪峰高，历时短，含沙量大；秋汛洪水多为强连阴雨所形成，洪峰形式较为低胖，洪峰低，历时长，含沙量大。因此，前者容易形成高含沙量的洪水，使河床产生强烈冲淤，水位暴涨猛跌，对河岸和堤防造成严重威胁。

水少沙多是黄河的主要水文特征。黄河多年平均年径流量仅580亿立方米，但据1919年至1960年的资料统计，三门峡多年平均年输沙量却高达16亿吨，多年平均含沙量达37.8公斤/立方米。黄河平均每年约有4亿吨泥沙淤积在下游河道，平均每年淤高河床约10厘米；8亿吨泥沙淤积在利津以下的河口地区；4亿吨被输送入海。黄河的年径流量仅为长江的1/16，输沙量却是长江的3倍，含沙量则为长江的30余倍。黄河的这一水沙特性在世界大江大河中也是绝无仅有的。

黄河的另一个水文特征是水沙输送年内分布十分集中。80%以上的泥沙在汛期集中输送，而汛期泥沙又集中在几次高含沙量的洪水，有时一次大洪水就能在下游形成10亿吨以上的泥沙淤积。正是由于黄河的这种水沙特性，使其具有善淤、善决、善徙的特征，因此，历代黄河防洪治理格外艰难。

（二）黄河河道的历史变迁

黄河河道的历史变迁，有地质、自然地理、河流地貌、人类活动影响等多方面原因。地质时期，华北平原是一个海湾，山东丘陵是海湾中的岛屿。黄河、海河、淮河等河流的大量输沙，其冲积扇逐渐连成一片，形成了华北平原。其中尤以黄河含沙量最高，位于华北平原的脊部，成为淮河、海河两大水系的分水岭。黄河一旦决口改道，必然要发生大范围的变迁。山东丘陵是黄河不能逾越的唯一地区，而黄河与海河、黄河与淮河之间是两个地势低洼的地带。因此，避开山东丘陵，沿着这两个低洼地带，就出现了黄河的南北两个泛道区；在南北两个泛道区中，又出现过多条行水河槽。

黄河大改道主要发生在下游冲积平原，而上中游河道变迁不大，仅局部河段曾有发生。宁夏银川平原发生过两徙东侵的摆动；龙门以下的中游河段，也经常发生河道摆动，但受晋陕峡谷和晋豫峡谷的约束，河道摆动范围和影响较小。

汉代黄河下游有多条支流分流入海：济水、屯氏河、鸣犊河、屯氏别河、张甲河、笃马河（汉代以后逐渐湮废），其中较大的分支是南岸分出的济水和北岸分出的屯氏河。发源于太行山的一些河流也汇入黄河，其中较大的有：清水（隋唐称御河，下游为今卫河）、漳水（今漳河）、滹池（今滹沱河）、滱水（今大清河）、桑干河（今永定河）等，这些河流后来演变为海河的主要支流。

1. 黄河下游河道的变迁

由于黄河有水少沙多、洪水暴涨暴落的水文特性，造成黄河下游易淤善徙的河势。近2000多年来，黄河下游发生过多次规模不同的改道，北流时北入渤海，南流时夺淮入黄海。黄河泛道所行经区域，西以郑州为起点，北抵天津，向南夺淮至江苏涟水，在黄淮海大平原上来回摆动。依据黄河下游河道的行经区域，历史时期黄河变迁可分为三期。黄河下游河道变迁图见图1－2。

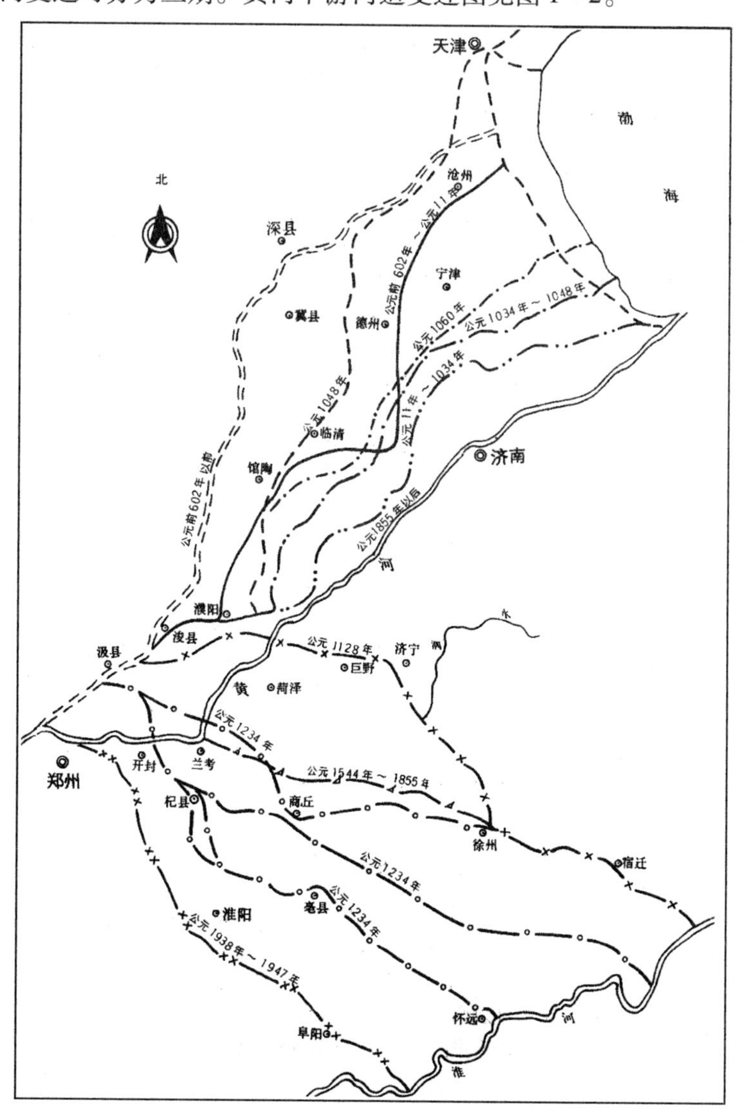

图1－2 黄河下游河道变迁图[3]

（1）北流期。自公元前2000年左右至南宋建炎二年（1128年），其间约3100年，黄河主要行经在今河道以北，其间有三次大的改道。第一次是周定王五年（公元前602年），黄河在宿胥口决徙，主流由北流之禹河改向偏东北流，由今河北黄骅入海。第二次是汉王莽始建国三年（公元11年），黄河在魏郡元城决口，由今山东利津入海。第三次是北宋庆历八年（1048年），黄河在澶州商胡埽决口，改道北流，由今天津东入海。这一时期，下游河道改道的范围，西北以漳河、滹沱河为界；东南以大清河（相当于今黄河下游河道）为界，最远南入泗水。黄河下游河道的摆动，对海河南系河道的形成有着重要作用。

（2）南流期。南宋建炎二年至清咸丰五年（1128～1855年），其间728年，黄河夺淮入海。这一时期，黄河下游河道变化频繁，但都由淮河尾闾入海。明万历六年（1578年）潘季驯第三次出任总理河道，大筑徐州至淮安之间的黄河大堤，高筑高家堰，才稳定了下游河道，使黄淮合流出清口，由云梯关外入海。南流期虽也偶有向北的泛滥，但主河道基本夺淮河尾闾入海。黄河南流导致淮河尾闾萎缩，而最终淮河汇入长江。

（3）再北流期。清咸丰五年（1855年）黄河在河南兰考铜瓦厢决口，改道夺大清河河道东北流，至山东利津独流入海，即今黄河河道。其间1938年河决郑州花园口，黄河有过8年短暂的南流，至1946年堵口后恢复北流路线。

黄河下游现行河道，自桃花峪至兰考东坝头，为明清河道；东坝头至陶城铺河段是1855年铜瓦厢决口改道的新河；陶城铺以下为大清河故道。

黄河下游河道变迁的北行期远长于南行期。由于泥沙的长期淤积，塑造了黄淮海平原。黄河的河道变迁在河北平原曾有许多古河道，如《山海经》中记载的旧石器时代河道，或称“山经大河”；《禹贡》记载的春秋战国之前的河道，或称“禹贡大河”；其后有春秋战国至西汉的河道，东汉至北宋的河道，以及依旧清晰可见的安徽东部和苏北的明清黄河故道。

2. *黄河下游平原湖泊及河口海岸的演变*

受黄河下游河道迁徙的影响，黄河下游平原湖泊和河口海岸也发生了巨大的变化。古代华北平原有许多湖泊，大部分都被黄河泥沙淤为陆地。极少数虽未淤平，但湖面已大为缩小。如汉代以前，北部有黄泽、鸡泽、大陆泽，南部有荥泽、圃田泽、萑苻泽、逢泽、孟诸泽、菏泽等，都是水域极大的湖泊。《水经注》中记载黄河下游湖泊陂塘大约有130多个，现基本都已淤废。当然，黄河南侵后也在淮河流域形成和扩大了一些湖泊，如鲁南和苏北的微山湖、昭阳湖、独山湖、南阳湖、洪泽湖等。

由于黄河的年输沙量巨大，黄河河口的淤积也极为迅速。渤海、黄海的淤泥质海岸的形成，大都与黄河的淤积有关。据考古研究，4000多年前天津、河北间的海岸，在今造甲城、张贵庄、八里台、沙井子等堤防一线，已远离现在的海岸。苏北范公堤以东的陆地，是黄河南流700年间海岸线向外推展的结果。黄河变迁造成了流域自然环境的变化，而流域环境的改变以及人类活动（如高原垦殖、下游滩地围垦等）又反过来促进了黄河河道的变迁。这些变化给黄河的防洪带来了特殊的困难。

（三）社会因素对古代黄河防洪的影响

黄河是中国第二大河，是中华文明的主要发源地。在历史上，黄河流域长时期作为中国政治、文化、经济的中心，治河防洪的历史发端最早，并始终受到历代朝廷的重视。同时，由于黄河流域自然条件的特殊性，黄河防洪任务之艰巨，防洪治河工程之浩大，也是世界上其他江河所无法比拟的。

古代黄河的防洪治河工程大致经历了七个发展阶段：夏至战国，黄河治理以疏导为主的治河防洪起源期；秦至西汉，黄河下游系统堤防形成期；东汉至唐代，黄河下游相对安流期；五代至北宋，黄河防洪分流与堤防并重期；南宋至明嘉靖末，黄河南徙多道行洪期；明万历至清乾隆末，黄河以束水攻沙方略为主导的治理期；清嘉庆至咸丰五年，黄河下游尾闾严重淤塞，以堵口为主的治理期。

从传说中的三皇五帝开始，黄河流域就是中华民族最早开发的地区。从夏商周至北宋，黄河流域一直是国家的政治中心，经济开发活动也主要集中在黄河流域。历史时期，黄河流域水旱灾害居各大流域之首。而黄河流域从整体上说，降水量少，中游水土流失严重，因而对水土资源的开发利用显得十分迫切。农业经济的发展，需要大量引水灌溉；都城及周边城镇的兴起也加大了水资源的需求。这些都加剧了黄河水少沙多的矛盾，加快了河道的淤积。随着社会经济的不断发展，人们竞相围垦下游河滩地，发展上中游引黄灌溉，其结果又加快了黄河下游主河槽的淤积，严重影响了汛期行洪，从而加剧了洪水灾害。

黄河中游位于晋陕峡谷和晋豫峡谷之间，龙门到潼关河段两岸的黄土高原开发较早，秦汉时期建都长安，即为国家的政治中心和经济中心。因河道冲淤变化剧烈，主流摆动频繁，虽有堤防的兴筑，但无系统的防护工程。

黄河下游流经的中原地区从来就是兵家逐鹿的战场。战国中期各诸侯国开始筑堤防洪，至西汉中期黄河堤防系统基本形成。系统黄河大堤建成后，黄河被限制在两岸的堤防之内，这是治河史上划时代的进步。但从此黄河的巨量泥沙对下游河床的淤积便在黄河演变中占据了主导地位，导致河流的萎缩，黄河开始出现改道的趋势。河堤一旦决口，就由河水泛溢变为溃决，河势发生改变，最终导致河流改道。

黄河改道是由黄河多沙善淤的自然因素决定的，但人类活动也可以推动河势演变的进程，使改道提前发生。如南宋建炎二年（1128 年），为了阻止金兵南下，留守杜充在开封决开黄河大堤，导致黄河夺淮南行。当然，人类活动也可以延迟改道的发生。如明清时期大修清口枢纽工程和施行“蓄清刷黄”的治理措施，就维持了运道，一度延缓了黄河的改道，但也由此导致淮河的困境，并影响至今。

黄河的历史表明，河道是有生命的，无论是筑堤防御，还是疏浚堵口，都难以阻止黄河作为游荡型多沙河流的决溢和改道。每次黄河的大改道，洪水泛滥所经之处都会导致对社会经济的强烈冲击，随之而来的是新河道防洪工程的建设。而这些防洪工程构筑了新的河道形态及其制约下的河床演变，为沿岸地区提供了安全屏障，同时也在为新一轮的河道变迁积蓄能量。

历史上黄河治理以工程治黄为主流，但当工程治黄走投无路时，也往往提出顺应洪水规律的治黄方略，例如以汉代贾让为代表的改造与适应相结合的治黄理论。

三、长江防洪的自然与社会背景

长江发源于青藏高原唐古拉山脉主峰各拉丹冬雪山西南侧，干流自西向东流经青海、西藏、四川、云南、重庆、湖北、湖南、江西、安徽、江苏、上海等 11 省（市、自治区），于崇明岛以东注入东海，干流全长 6300 余公里，是我国第一

大河。流域多年平均年径流量约9600亿立方米，占全国年径流量的36%。

（一）流域自然背景[4]

长江自江源至湖北宜昌为上游，长约4500公里，集水面积约100万平方公里。上游干流河段流经地势高峻、山峦起伏的高山峡谷区，除江源地区外，多坡降陡峻，水流湍急。上游汇入的主要支流，左岸有雅砻江、岷江、沱江、嘉陵江；右岸有赤水河、乌江。

宜昌至江西湖口为中游，长约950公里，集水面积约68万平方公里；其中，自湖北枝城至湖南城陵矶一段俗称荆江。中游汇入的主要支流，左岸有沮漳河、汉江；右岸有清江，洞庭湖水系的湘、资、沅、澧四水和鄱阳湖水系的赣、抚、信、饶、修五河。

湖口至入海口为下游，长约930公里，集水面积约12万平方公里。下游汇入的主要支流，左岸有皖河、巢湖水系、滁河；右岸有青弋江、水阳江、太湖水系和黄浦江。淮河也有部分水量在左岸扬州三江营汇入长江，南北大运河在扬州与镇江间穿越长江。长江流域水系简图见图1－3。

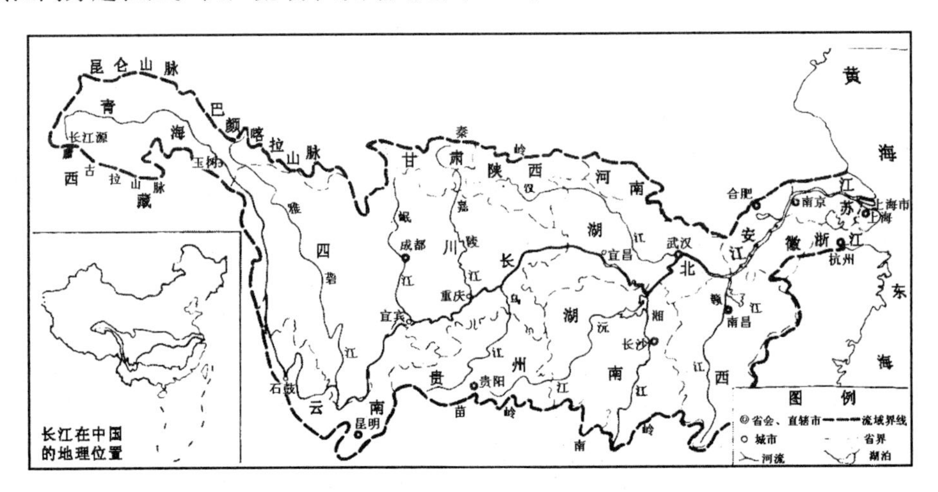

图1－3　长江流域水系简图[5]

长江流域地势西高东低，跨越中国地势的三大阶梯。流域内的山地、高原和丘陵约占84.7%，其中高山高原主要分布于西部地区，低山多见于淮阳山地及江南丘陵区，丘陵主要分布于川中、陕南以及湘西、湘东、赣西、赣东、皖南等地。平原占11.3%，主要以成都平原、长江中下游平原、肥东平原和南阳盆地为主。河流、湖泊等水面占4%。

长江流域大部分地区属亚热带季风气候区，由于流域地域广阔，地理、地势环境复杂，流域内各地区气候特征有较大差异，特别是东西部气候差别显著。

流域多年平均降水量为1100毫米。年内分布不均，降雨集中在夏秋季，5～10月的雨量约占全年降雨量的70%～90%。雨季开始，一般中下游早于上游，江南早于江北，从流域东南逐渐向西北推移。降雨的地区分布差异较大，总的趋势是自东南向西北递减。四川盆地西部，川东大巴山区、大别山区，湘西—鄂西山地，以及江西九岭山地至安徽黄山一带是流域的主要暴雨区。暴雨笼罩面积通常中下

游大于上游。中下游夏季多暴雨，强大的暴雨多出现在6月中下旬至7月上旬的“梅雨”期。

流域洪水主要由暴雨形成。由于各年降雨分布情况不同，洪水的地区组成与遭遇有较大差异。据统计分析，汛期干流洪量的主要组成，宜昌洪量的2/3来自宜宾至宜昌之间约50万平方公里的暴雨区，大通洪量的1/2来自宜昌以上。一般年份，长江中下游地区洪水早于上游，上游和中下游洪水不易遭遇，即不致形成中下游干流的大洪水。但如果中下游地区洪水延后，或上游洪水提前，上游和中下游洪水遭遇，就会形成峰高量大的流域性大洪水，如1788年洪水。如果部分地区暴雨持续集中，强度特别大，洪水遭遇叠加，也可以形成区域性大洪水，如1870年洪水。

长江输沙量较大，据宜昌站统计，多年平均含沙量为1.19公斤/立方米，悬移质多年平均输沙量为5.21亿吨。其中，金沙江和嘉陵江为上游重点产沙河流，汉江为中游主要产沙河流。长江输沙量绝大部分集中于汛期，上游来沙及中下游支流来沙，经在湖泊和河道淤积，至大通站年平均入海沙量约为4.72亿吨，即大部分泥沙被输送入海。

长江中下游平原为我国仅次于东北平原、华北平原的第三大平原，拥有约1.4万平方公里水面的众多湖泊，占有全国著名四大淡水湖中的三个：洞庭湖、鄱阳湖、太湖。其中，洞庭湖、鄱阳湖对长江干流洪水有着调蓄作用。

（二）流域社会背景

长江流域自然条件优越，是中华民族文化的发祥地之一。早在新石器时代，长江流域就有了舟楫灌溉之利。春秋战国时期，都江堰水利工程的兴建，长江上游的成都平原因灌溉舟楫之利，逐渐开发成为“水旱从人”的天府之国；由于吴越争霸，太湖通江通海水道相继开凿，长江下游的太湖地区得以早期开发。秦汉时期，长江中游的南阳盆地因兴修水利，成为两汉时期兴起的农业经济区。三国、两晋、南北朝时期，北方政局动荡，人口大量南迁，因军事屯田，江淮水利持续发展。隋唐宋是中国封建社会发展的重要时期，经济重心逐渐南移，太湖流域和苏南、皖南的圩田、塘浦日渐成熟，太湖地区成为江南粮仓，有“国家根本，仰给东南”[6]之说。元明清时期，长江中游的两湖平原迅速开发，成为我国重要的农业经济区，有“湖广熟、天下足”之美誉。经历代开发，长江流域的社会经济迅速发展，对防洪提出更高要求。

长江流域的城镇发展较快。最早的城镇可以追溯到商代中期的盘龙城。春秋战国时期，流域内的诸侯封国都城多设在长江、汉水上游两岸。秦代长江流域有县城57座，尚不足全国县城的1/10。西汉增至267座，约占全国的17%。随着社会经济的发展，长江流域县城迅速增多，隋代412座，唐代541座，约占全国的1/3。宋代483座，约占全国的40%。明清时期，长江流域出现了许多以工商业为主体的新兴城市。15世纪初，全国工商业较发达的30多座大城市，就有1/2在长江流域[7]。鸦片战争以后，随着帝国主义入侵和外国资本输入，长江流域一些沿江城市被开辟为商埠或通商口岸，新兴了一批工业城市和商业城市。历史上长江流域兴建城镇的重要条件之一是水源，特别是水运之便利，因此流域内城镇大多濒临江河湖海，从而往往受到不同程度、不同类型洪水的威胁，历史时期长江中

下游堤防和海塘的兴筑也首先以沿江沿海城镇作为重点防护对象。

虽然历史时期长江干支流河道在总体上较为稳定，但伴随着流域的开发和河流泥沙的淤积，长江中游地区的江湖演变仍在进行。先秦时期，长江中游的古云梦泽南连长江，北通汉水，荆江尚处于漫流状态，洞庭湖则为河网交错、缓慢沉降的平原。由于长江、汉水泥沙的淤积和流域的开发，到魏晋南北朝时期，云梦泽逐渐萎缩。随着长江、汉水冲积扇的不断推进，荆江由漫流状态变为分汊河流，荆江水位相应抬高，长江分流进入凹陷下沉的洞庭湖平原，洞庭湖面迅速扩大。唐宋时期，古云梦泽已不复存在，而演变为江汉平原上的江汉湖群，洞庭湖则进一步向西扩展。明代堵塞荆江北岸穴口，荆江大堤连成一线，长江大量水沙涌入洞庭湖，湖底不断淤高，湖面不断扩展，西洞庭湖和南洞庭湖逐渐形成。洞庭湖的全盛期，号称“八百里洞庭”。1860 年和 1870 年长江两次特大洪水后，荆江南岸“四口分流”局面形成，由于荆江约 1/3 的泥沙伴随着洪水通过四口进入洞庭湖，导致湖区泥沙大量淤积，大规模的围垦形成高潮，洞庭湖面又开始迅速萎缩。

（三）长江防洪的特点

长江流域的自然社会背景决定了长江防洪具有以下特点[8]：

1. 中下游干流洪水峰高量大，洪水历时长，防洪负担重

长江流域可发生暴雨的面积达 150 多万平方公里，常产生笼罩面积广、强度大、持续期长的暴雨，经干支流汇集后形成中下游峰高量大的洪水。中下游汛期长达半年，洪峰多出现在 7 ~ 8 月的主汛期。如 1870 年洪水，7 月 13 ~ 19 日连续 7 昼夜暴雨，宜昌以上暴雨笼罩面积达 16 万平方公里，枝城洪峰流量高达 11 万立方米/秒，30 天洪量达 1650 亿立方米，为 1153 年以来的最大洪水。长江洪水之大，与其他大江大河相比显得十分突出。因此，历代长江防洪工程的修筑都要有一定的规模和强度，从而增加了施工的难度。

2. 受洪水威胁的范围广，洪灾类型复杂，防洪工程的形式多样

长江流域可能发生洪灾的地区很广，长江干支流的上游山区有山洪灾害，以及暴雨触发引起滑坡、山崩、泥石流所造成的次生性洪水灾害；长江上游干支流的中下游沿岸有洪水漫溢造成的洪水灾害；长江中下游平原区有堤防溃决造成的洪水灾害；水网湖区有河湖漫溃圩垸的洪涝灾害；河口海岸有风暴潮灾害。因此，历代长江流域相应的治理措施和防洪工程形式都多种多样。

3. 干支流河道的泄洪能力不足，超额洪峰洪量大

先秦时期，长江中游有古云梦泽蓄纳洪水，荆江尚处于漫流状态，泄洪能力较强。魏晋南北朝以后，云梦泽逐渐萎缩，荆江也逐渐演变为分汊河流，河道的泄流能力与巨大的洪水来量相比明显不足。明清以后，上荆江的正常泄洪能力仅 6 万多立方米/秒，而长江 1870 年洪水，湖北枝城洪峰流量高达 11 万立方米/秒，几乎为荆江正常泄洪量的一倍。同样，支流汉江中下游、洞庭湖四水尾闾、鄱阳湖五河尾闾等河道的安全泄洪能力也显著小于巨大的洪水来量。因此，解决长江干支流巨大的超额洪峰洪量是长江防洪的难点。

4. 中下游地区受洪水威胁严重，明清以后尤以荆江河段防洪形势最为险要，是长江防洪的重点

长江中下游地区气候温和，雨量丰沛，土壤肥沃，水土资源丰富，优良的自然条件有利于人类生存和经济开发，自唐宋以来就是全国的经济中心，洪水所造成的灾害损失巨大。据历史资料统计，自汉至清（公元前185年至公元1911年）的2096年中，长江中下游曾发生较大洪水灾害214次，平均10年一次。近代，荆江河段平均5年发生一次大洪灾，而洪灾最为频繁的汉江下游，则到了三年两溃的程度[4]。1860年和1870年两次特大洪水，江汉平原与洞庭湖区一片汪洋，由于该地区经济发达，人口稠密，损失惨重。因此，长江防洪的重点在中下游，尤其是在荆江河段。

5. *水系交错，江湖关系复杂，尤以荆江河段的江湖关系最为复杂*

古云梦泽消亡，荆江河段形成后，两岸原有众多穴口分流，北入江汉平原上的江汉湖群，南入洞庭湖。江北的江汉平原地势低洼，靠荆江大堤和汉江大堤防护，一旦大堤溃决，就会造成毁灭性的重大灾害。明嘉靖年间，堵塞了荆江北岸的最后一个穴口，荆江继续向南分流，增加了南岸的防洪压力。明清时期，洞庭湖区被大量围垦。1870年长江大洪水后，荆江向洞庭湖四口分流的格局形成；洞庭湖水系的湘、资、沅、澧四水又经洞庭湖由城陵矶汇入长江。因此，洞庭湖对调蓄荆江洪水和湘、资、沅、澧四水具有重要的作用，直接影响到荆江河段及城陵矶以下长江干流河段的洪峰水位及流量。而松滋、太平、藕池、调弦四口涌入的大量泥沙，又造成了四口洪道和洞庭湖的严重淤积，并加剧了湖区的围垦，洞庭湖调蓄洪水的能力大大降低，导致江湖洪水位相应抬高，从而加大了江堤和湖圩溃决的可能。江湖关系复杂而紧张，而各地区、各方面对江湖防洪治理的不同要求，也严重制约了综合治理方略的制定和实施。洞庭湖历史变迁示意图见图1-4。

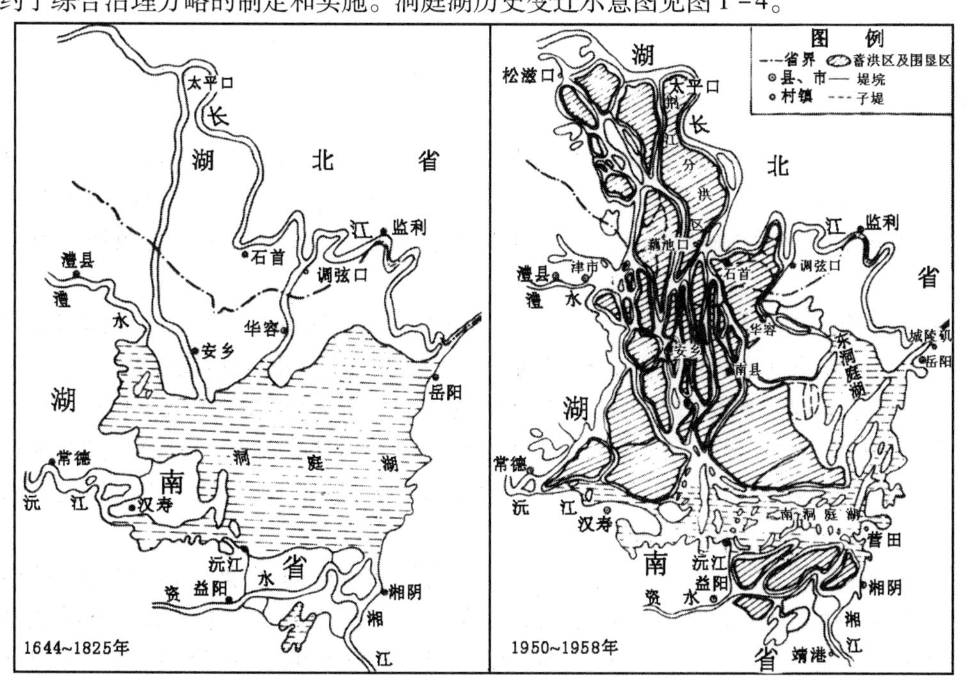

（1）清顺治至道光五年　　（2）1950~1958年

图1-4 洞庭湖历史变迁示意图[5]

第二节 古代防洪工程技术发展的历史进程

防洪治河工程是人类社会发展到一定阶段，为了改善生存环境，保障社会安定和经济发展，采用工程手段来制约洪水和改造河流。人类社会的发展进程，始终贯穿着人们同洪水灾害的不懈斗争。在斗争过程中，人们不断加深对洪水和洪灾的认识、对河流泥沙和河床演变的认识，也逐渐掌握各流域、各地区的洪水特性，摸索与之相适应的防洪工程形式。随着社会政治经济的发展，人们对河流演变规律的认识增加，工程技术水平提高，古代防洪工程技术呈现出历史的阶段性。我国防洪事业的发展历程大体上可划分为三个阶段：先秦至秦汉时期是防洪工程的兴起期，三国至宋元时期是防洪工程技术的发展期，明清时期是防洪工程技术的成熟期。

一、古代防洪工程的兴起

先秦至秦汉时期是防洪工程逐步兴起期。黄河流域作为中华民族最早开发的地区之一，从夏商周至北宋时期一直是国家的政治中心，经济开发活动也主要集中在这里。因此，抵御洪水灾害的大规模防洪工程建设首先在黄河流域兴起，并在秦汉时期形成第一次高潮。

（一）防洪工程的源起

旧石器时代，远古人类依靠天然河湖维持原始的采集和渔猎生活，生产能力低下，只能依靠“避洪”的方式来躲避洪水的威胁。

新石器时代，黄河流域的氏族部落开始农业种植和畜牧养殖。人们以氏族公社为单位，集体居住在河流和湖泊旁边。在洪水泛滥时，人们用简单的堤埂把居住区和附近的耕地围护起来以“障洪”。

新石器时代末期，农业发展到了犁耕阶段，靠简单的堤埂已难以保护较大范围的居住区和农业区。劳动工具的制造已有显著的改进，为较大规模的治水提供了有利条件。传说中的大禹治水，采用“疏导”之法，战胜了黄河流域连续发生的特大洪水。

大禹治水后，人们“降丘宅土”，黄河下游平原地区得以开发。随着国家的建立，生产工具和生产力的发展，至迟到西周，在黄河下游开始修筑堤防。

从新石器时代到夏商周时期，先民们在与洪水斗争的实践中，经历了从“避洪”、“障洪”、“疏导”到“筑堤”一次次认识上的飞跃。尽管当时的防洪技术相当原始，但“避洪”、“障洪”、“疏导”、“筑堤”却成为历史时期人们防治洪水的基本思路。

春秋中期，堤防已较为普遍，但主要是防护诸侯国的都城。战国时期，社会变革加速了生产关系和生产力的发展，铁制工具广泛使用，促进了黄河下游地区的进一步开发，堤防也由局部兴筑到逐渐形成比较连贯的黄河下游堤防。黄河下游连贯堤防的建立，是防洪工程划时代的进步，从此，堤防这一防洪工程逐渐成为人们与洪水斗争的基本手段。

修筑堤防，虽然提高了河流的防洪能力，但也带来了新的问题，特别是对于含沙量巨大的黄河更是如此。堤防修筑后，加大了对河对岸及下游河道的冲刷，“壅防百川，各以自利”[9]的现象直到秦统一中国后才基本结束。泥沙集中淤积到下游河道，使河床逐年抬高，又加大了决溢的危险。泥沙淤积形成肥沃的河滩地，更引发人们争相围垦，并屡禁不止。

筑堤前，洪水发生时，只会漫溢河岸。筑堤后，堤防一旦溃口，决水之势迅猛而下，将造成更为严重的灾害。因此，战国时期，人们开始在堤防溃决时，用茨防进行堵口。

春秋战国时期开始出现早期的城市防洪排水工程。楚都纪南城由排水道—排水沟—城内河道—城垣水门—护城河构筑了城市的多级防洪排水系统，将城内的洪水和污水逐级汇入河道后排出城外。

春秋战国时期，学术空气活跃。古代对洪水和洪水决溢的认识，对河流泥沙的认识，对水流具有动能和势能的认识，以及利用水流冲淤和利用淤泥固堤的概念，都源于春秋战国时期。

先秦文献中有不少关于防洪基础学科知识和防洪工程技术的记述，其中以《管子·度地》记述颇丰。《管子·度地》记述了战国时期堤防施工的管理制度，服劳役民工的组织，以及民工需要准备修河筑堤的工具；记述了水官防洪管理的职责；提出了土料含水量对堤防填筑质量的影响，以及在不同季节土壤含水量的差异及其与施工质量的关系；说明了堤防横断面的合理形状及边坡陡缓的程度；并首次提出了城市防洪与滞洪区的设置。

（二）防洪工程建设的第一次高潮

秦汉时期是我国封建社会巩固发展的重要时期。秦代在战国时期各诸侯国分段修筑堤防的基础上，对黄河堤防进行统一的整治，并制定了筑堤施工定额的规定，逐步形成黄河下游连贯的堤防。由于系统堤防的保护，黄河下游冲积平原成为秦汉时期富庶的农业经济区。

黄河下游堤防系统的形成，加速了黄河下游河道的淤积，西汉开始有明确的决溢记载，并有了堤防的岁修制度。黄河干流护城河段和险工段的堤防多用大石砌筑，黄河干流的挑溜护岸工程和滩地引河工程成为我国江河制导工程之先导。西汉最为著名的两次堵口工程是元封二年（公元前 109 年）汉武帝主持的瓠子堵口和建始四年（公元前 29 年）王延世主持的堵口。前者采用平堵法，后者采用立堵法，都获得了成功。

西汉末年，黄河下游泥沙淤积日渐加重，河道逐渐淤成“悬河”，决口频繁，洪水灾害严重。朝廷倡导开展治河方略的大讨论，对后世影响较大的主要有改道、分疏、筑堤、滞洪、水力刷沙等治河主张，其中又以贾让提出的“治河三策”最为著称。贾让认为，只靠堤防约束洪水是下策；将防洪与灌溉、航运结合起来综合治理是中策；给黄河以去路，有计划地避开洪泛区去安置生产、生活是上策。对贾让的“治河三策”，后代屡有争议，但他在改造自然的同时谋求与自然和谐发展的思想和以发展水利来消除水害的思想，都是具有积极意义的。

在西汉末年的治河方略大讨论中，王莽时代的大司马史张戎在历史上最早提

出了河流挟沙力的概念，并精辟地予以定性表述。他所提出的水力刷沙说，是河流泥沙运动理论之萌芽，在河工史上占有突出的地位。东汉初年，王充进一步指出，水流携带泥沙的能力不仅与水流的速度有关，还与泥沙的粒径和比重有关。

西汉末年，黄河大改道。东汉永平十二年（公元69年），王景历时一年，领导进行大规模的治理。他在黄河大改道后的新河两岸修筑了千里大堤，固定了改道后的新河床。他整修汴渠，在施工中总结出“十里立一水门，令更相洄注”[9]的方法，发展了在多沙河流上采用多水口形式引水的技术。王景治河是治黄史上一次重要的治河实践。王景治河所固定的黄河下游新河道，是入海近、河床比降大、水流挟沙能力强的一条理想的行洪路线。王景治河后，东汉至唐代约八百年间黄河决口次数明显减少。

秦汉时期，南方防洪建设的突出成就是在江南兴建了蓄洪工程。东汉永和五年（140年），为了解决海潮倒灌和山洪频发造成河湖漫溢的洪涝灾害，马臻主持修建了绍兴鉴湖。东汉灵帝熹平二年（173年），陈浑在余杭县南修建了蓄纳东苕溪洪水的南湖。而汉江堤防最早的襄阳老龙堤至迟始建于汉代，东汉时在原土堤的基础上修筑了石堤。

秦昭襄王五十一年（公元前256年），李冰主持兴建了都江堰。都江堰工程中的飞沙堰，在历史上首次运用弯道环流理论，在推移质泥沙含量大的岷江上成功地实现了侧向排沙。

二、古代防洪工程技术的发展

魏晋以后，随着人口南迁，经济中心逐渐南移，江南的不断开发，大大丰富了古代防洪工程的内容和形式。宋元时期是古代防洪工程技术发展的高峰，我国的防洪工程建设全面展开。明清时期，古代防洪工程技术渐趋成熟。

（一）防洪工程建设全面展开

魏晋南北朝时期，黄河下游地区长期战乱，堤防残破，黄河处于自然状态，下游河道呈扇状多分支入海。唐代逐渐修复堤防，到高宗永徽年间（650~655年）完成了黄河系统堤防的重建。由于黄河相对安流，防洪工程建设不多，规模不如汉代。唐代有几次局部的改河工程，开凿滩地引河，以解除主溜顶冲的决溢之险。中唐以后，黄河下游河床淤积逐渐抬高。唐末五代时期，黄河决溢频繁，又开始进入不稳定期。后唐同光三年（925年）开始在黄河大堤以外、距离主河槽较远处修筑遥堤，以防御大洪水漫溢。

三国至隋唐时期，随着中原战乱，人口大量南迁，经济中心逐渐南移，南方得以迅速开发，防洪工程也由以黄河为主扩展为各大江大河的治理。东晋永和元年至兴宁三年（345~365年），桓温筑荆州金堤，是为荆江大堤之发端。其后，江汉堤防和长江其他干支流堤防相继兴筑。西晋咸宁四年（278年），杜预废陂排水的建议得到批准实行，淮河流域的渍涝问题得以改善。梁天监十三年（514年）为了战争在淮水兴筑的浮山堰，是这一时期最大的坝工技术成就，但蓄水后仅四个月即以溃坝而告终。北魏年间，海河南系受黄河影响，水系混乱，洪水漫溢，渍涝灾害严重。崔楷提出兴建排涝系统的系统治理计划，但未能完成。唐代，漳河

改道较频繁，开始修筑河堤，海河下游地区也兴筑排涝河渠。隋唐时期，珠江流域得以开发，在发展城市和农田水利的同时，开始兴建邕州（今广西南宁）和桂州（今广西桂林）等围垸和城市的防洪工程。

三国至隋唐时期，防洪工程建设的主要成就是太湖地区塘浦圩田和江苏、浙江沿海海塘的兴起。太湖地区的开发始于春秋战国时期，汉代以后得以发展，并逐渐成为重要的农业经济区，河湖洼地的泄洪排涝与沿海地区的防御潮灾逐渐提到议事日程。经过隋唐五代的不懈努力，太湖地区初步形成了一整套防洪工程的格局：丘陵高地蓄滞溪水的湖塘，吴江塘路的环湖堤，水网洼地治水治田相结合的塘浦圩田，防御海潮的海塘。太湖的塘浦圩田是在滨湖地区历代围田垦殖、屯田营田所兴筑的畎浍沟泾和圩田的基础上逐渐形成和发展起来的。他成功地解决了低洼水网地区围田垦殖与泄洪排涝的矛盾，至今仍是河湖洼地防治洪涝的有效形式。

江苏、浙江沿海海塘由局部兴筑到渐成系统，海塘技术也经历了土塘—柴塘—竹笼石塘的发展过程，并采用滉柱和种植植物作为海塘的消能防冲设施。

隋唐时期，随着城市规模的扩大，开始利用或改造天然河流，与城市排水系统共同构筑城市防洪布局，其典型代表为成都市二江环城和排水系统相结合的城市防洪格局。

三国至隋唐时期，防洪管理逐渐走上正轨。三国时期的《丞相诸葛令》是目前所见最早的防洪管理法令，隋唐时期开始形成条块清晰的水行政管理体系，唐代中央立法的《水部式》则是现存最早的全国性水利法规。

（二）防洪工程建设的第二次高潮

黄河河道经历了八百年的相对安流，北宋开始进入不稳定期，并形成第二次防洪工程建设的高潮。宋元时期，防洪工程建设以黄河和太湖为重点，其他大江大河也都有兴筑。

北宋时期，黄河决溢频繁，河患日益严重，治河兴役成为朝廷的头等大事，治河工程连年不断。在防洪管理方面也逐渐加强了河防之责，设立河官与专业管理机构，建立专业化汛兵制度。由于黄河下游改道频繁，北宋曾发生三次“回河之争”，强行回复东流的大改道，但均告失败。“回河之争”对北宋的防洪方略与工程措施影响很大，北宋后期的治河防洪，就在北流与东流之争中穷于应付，而终无成效。

北宋黄河决溢频繁，堵口技术达到了古代传统堵口技术之高峰。高超创“三节下埽法”，在庆历年间的黄河商胡合龙中取得成功。王居卿创软横二埽合龙技术，在元丰元年的黄河曹村堵口中获得成功，曹村堵口标志着我国河工堵口技术已经成熟。

南宋高宗建炎二年（1128 年），杜充在开封决黄河以阻金兵，使黄河由东北入海改由东南夺淮入海，从此结束了黄河东流、北流的局面。南宋时期，黄河流域属金朝统治，仅对前朝的堤防进行局部的修固。但金朝颁布的《河防令》是历史上有据可查的第一部国家防洪法规。

元代，政治中心远离黄河中下游，京都地区经济上依仗江南，治河方略以不

影响运道为原则，黄河治理工程不多。后期的贾鲁堵口在施工的难度和规模上都有重大突破。至正十一年（1351 年），贾鲁采用“疏、浚、塞并举”的方法，堵塞了至正三年的白茅决口，挽河南行，以复故道，工期一百九十天，共动用军民人夫二十万，用工三千八百万，其工程之浩大，实为古代治河史所罕见。

随着黄河进入频繁的决溢改道期，北宋开始了历史上第二次治河思想的大讨论，朝廷大臣和沿河地方官员几乎都程度不同地参与了黄河的治理与治河的讨论。对后世较有影响的主要有宽河、分流、减水、疏河、避水等治河主张。

宋元时期的治河，前期受军事形势的影响，后期受保漕方针的制约，对河防理论的探讨不多，但河工技术却渐趋成熟。作为河工技术发展的重要阶段，关于河工的记载也较为详细，特别是堤工技术、埽工技术、堵口技术、疏浚技术都有较大的改进和完善，修防管理也有较多的总结。元代沙克什的《河防通议》反映了宋元时期的河工技术水平，是现存最早记载具体河工技术的珍贵文献。

宋元时期，太湖地区洪涝灾害频仍，防洪排涝问题十分突出，著书立说论太湖治理者多。这是在探索大江大河的防洪方略之后，对水网湖区防洪排涝方略的有益探索。所提出的治理措施主要有：控制上中游水流，分疏入海河港，恢复塘浦圩田，置闸节制排泄。其中又以分疏入海河港、解决洪涝出路为治理之重点。不少人主张几种措施综合运用，对太湖进行综合治理。这一时期太湖大量的治理工程也主要是开浚河浦，解决下游洪水出路。治理成绩显著者为徽宗政和年间赵霖主持的大规模治理。南宋对太湖的治理更为频繁，进行了大量的疏浚港浦和筑圩置闸。

南宋以前，国家的政治经济中心都在黄河流域，而黄河又多沙善淤，灾害频繁，所以在相当长的历史时期，防洪治河的主要对象是黄河，其他水系仅有局部防洪工程的兴筑。从宋元时期开始，其他江河的防洪也受到重视。

长江流域的干支流堤防普遍兴筑，由于堤防不断延伸，荆江两岸的众多穴口相继湮塞或堵筑。元代重开六穴，元末又淤塞。长江中下游湖区相继兴筑圩堤。上游滇池也开始大规模治理。至元十年（1273 年）疏浚滇池海口河，至元十三年（1276 年）赛典赤·瞻思丁主持兴建了松花坝并疏浚海口。元代建都大都（今北京），为了保障京都和漕运的安全，对海河水系主要是永定河的堤防进行了初步的整治。珠江下游大型防洪堤的修筑也始于宋初，宋元时期所修筑的堤围大都是沿主要干支流保障围垦区安全的防洪堤，很少闭合成围。宋元时期，砌石海塘大量修筑。元代出现了石囤木柜塘；王永在钱塘江口南岸修筑典型的直立式海塘，余姚州判叶恒主持修筑上虞斜坡式石塘，是为清代鱼鳞大石塘之雏形。宋代苏北范公堤的兴筑，规模较唐代扩大，工程质量也有所提高。

北宋为了保障漕运和保证都城汴京的安全，加强了对汴河的治理和汴京城市防洪的建设。治理措施主要是，控制汴口的引水流量，疏浚河道，修筑堤防，兴建清汴工程；利用京西水柜蓄滞泄洪，利用城河排水滞洪。北宋治理汴河淤积时首次采用了木岸狭河，束水冲淤。

（三）防洪工程技术渐趋成熟

明清时期，我国各地区经济迅速发展，加快了各大流域的防洪建设，古代防

洪工程技术已经成熟，并进入技术总结期。其中，系统堤防和海塘建设的成就达到了历史的最高水平。

明代堤工技术的显著成就，是由遥堤、缕堤、格堤、月堤和减水坝组成的黄河统一堤防体系的形成。清代筑堤技术在明代的基础上更为系统规范，从勘测、规划、施工到竣工验收，都有一整套明确的要求，尤其是在土堤夯筑、石堤砌筑、护岸工程和防汛抢险等方面。明清时期，建立了黄河系统堤防的修守制度，实行河道和漕运总督负责制，强化对防洪工程建设的控制。长江流域在明嘉靖年间创立荆江大堤的《堤甲法》，万历年间制定堤防守护和堤防修筑的管理制度，以及圩田施工章程。清乾隆五十三年（1788 年）荆江大水后，朝廷又颁布了《荆江堤防岁修条例》。

清代黄河决口频繁，堵口工程不断。由于多次大规模的堵口，在堵口技术方面积累了丰富的经验，《大工进占合龙图》、《回澜纪要》、《修防琐志》等河工专著对堵口技术进行了全面的总结。

明清时期，为了控制河槽的相对稳定和保护滩岸的安全，在河流主槽顶冲堤段修建了大量挑溜、护岸、护滩等河流制导工程，并采用人工开河和水力冲沙来疏浚河道。

明清时期，江浙粮赋占全国的 40% 以上，海塘与黄河堤防、运河同为朝廷重视的重点建设项目，沿海的海塘工程广泛兴筑，浙西海塘全部改建成石塘。沿海挡潮闸修建则以明嘉靖年间兴建的萧绍平原绍兴三江闸规模最大。

明嘉靖年间黄光升在浙江海盐创筑五纵五横鱼鳞大石塘，清代在海宁推广时又成功地解决了软基液化的施工难题。《大清会典事例》对鱼鳞大石塘的营造法式有明确的规定。清代海塘护岸工程具有护基、护塘、护滩的作用，几乎包含了海塘的各种工程形式。

三、古代防洪规划的进步

明清时期，防洪工程建设的重中之重是治黄保漕，并以此为前提对黄、淮、运进行规划和综合治理。长江、淮河、海河、珠江、辽河等大江大河的防洪问题逐渐突出，我国其他江河湖泊的防洪规划治理也相应展开。

（一）治黄保漕，进行黄、淮、运的规划与综合治理

明清时期，政治中心远离黄河，但朝廷赋税收入主要来自江南，京杭运河的漕运成为国家之命脉。黄河夺淮南行后，洪水北泛往往冲断运河，危及漕运，而高含沙量的黄水又使黄河河床淤积抬升，进而严重影响到黄、淮、运交汇之清口的畅通。因此，明清时期以“治黄保漕”为原则，以黄、淮、运的交叉治理为重点。

明前期，治黄以“分流杀势”为主，辅以疏浚和筑堤。在技术措施上，采取“北堵南分”引黄济运。弘治六年至八年（1493～1495 年），刘大夏主持修筑黄河北岸大堤——太行堤，截断了黄水北犯之路。但分流治河，却加剧了黄河各支泛道的淤积，造成河道迁徙无常，河患愈演愈烈。

明后期，潘季驯四任总河，采用“筑堤束水，以水攻沙”的治河方略，在隆

庆、万历年间对黄河下游进行系统的整治，建立完善了黄河下游徐州至淮安的堤防工程体系，一度稳定了黄河下游河道。“筑堤束水，以水攻沙”的治黄方略，把几千年来单纯治水的主导思想转变为注重治沙、沙水并治，堤防的功能也由“防洪”扩展到“治河”。

明后期，黄、淮、运的治理以“保漕、护陵”为原则。潘季驯采用“逼淮入黄，蓄清刷黄”的治理方略，解决清口及清口以下至海口的淤积问题。据此，他提出综合治理黄、淮、运的规划方案，建成了以高家堰为主体的防洪大堤，洪泽湖成为淮河下游蓄滞洪水的水库。潘季驯的《两河经略疏》详细记载了他综合治理黄、淮、运的全面规划，标志着我国明代在多条河流节点治理规划方面已具有较高的水平。

清代，“筑堤束水，以水攻沙”、“逼淮入黄，蓄清刷黄”的治理方略仍占主导地位。康熙年间，靳辅主持对黄河、运道和海口进行了大规模的治理，使黄河和运道出现了暂时的小安局面。但强化堤防和固定河槽的结果，终究改变不了黄河河道淤积的客观规律。随着黄河决溢频繁，治河主张争论激烈，却又提不出一个系统的治理方针和相应的治理措施，只能疲于应付连年不断的决口。咸丰五年(1855 年)，黄河终于在铜瓦厢夺路北流入渤海，从而结束了黄河南流入黄海的历史。

(二）其他江河湖泊防洪规划治理的进步

由于黄河夺淮，治淮始终和治黄、治运交织在一起。明代，潘季驯“蓄清刷黄”和杨一魁“分黄导淮”代表的蓄泄之争，对其后淮河的变化与治理带来深远的影响。清代，淮河治理仍以保漕为先决条件，治理工程均在下游，尤其集中在清口、洪泽湖堤和入海入江水道的整治，但终究不能解决黄河倒灌造成清口和洪泽湖的淤积。道光年间，在清口实行“倒塘灌运”，事实上已将黄河和淮河分离。咸丰五年（1855 年）黄河北徙，清口黄水断绝，淮水也不再出清口，最终形成自洪泽湖导淮入江。

明嘉靖年间堵塞荆江北岸的最后一个穴口——郝穴，荆江大堤自堆金台至拖茅埠段连成一线。清代，长江流域迅速开发，上游地区开山垦殖，中下游湖区盲目围垦，洪涝灾害日趋严重。尤其是荆江河段和汉江下游河段水灾频繁，严重威胁到封建经济重心地区的安全。因此，朝廷对长江的治理十分重视，长江堤防大量修筑。清代后期，江汉水灾频繁，治江方略的议论不少，主要有开穴分流、修守堤防、禁开山垦殖、禁私筑圩垸等几种。但都议论多，实施少，治理成效不大。咸丰十年（1860 年）荆江南岸冲出藕池河，同治九年（1870 年）松滋堤溃，三年后又冲成松滋河，终于形成荆江向洞庭湖四口分流的格局，荆江和洞庭湖的江湖关系更趋复杂，对近现代治江带来了深远的影响。

海河流域尤其是北京作为京都所在地，防洪治河工程得到迅速发展。明嘉靖年间徐元祉提出“疏浚六策”，并被批准实行。清康熙三十七年（1698 年），为了京城的安全，大规模兴修永定河两岸堤防，虽取得四十年之安澜，但永定河所挟带的大量泥沙亦长驱直入，不仅形成悬河，增加了治理难度，也导致海河入海流路不畅。此后，论永定河治理方略甚多，主要有：筑堤束水，以水攻沙；河淀分

治，水利营田；宽筑遥堤，落淤匀沙；改移下口，分泄洪流；回复南流，不治之治；上拦、中泄、下排，全面治理；疏浚河淀等众多主张，并未见成效。海河南系诸河的防洪形势也未得到改善。

明清时期，珠江下游及三角洲地区更大规模地修围筑堤，成为本地区的重要问题。方恒泰提出西江分流、北江疏浚、禁止围垦的治理方案。到清代中叶，珠江下游三角洲的堤防系统基本形成。

辽河流域农业经济发展较晚，清代后期才开始较大规模的整治。辽河干流堤防的兴筑始终以民埝、民堤为主，对辽河水系的治理措施主要是疏浚河道、开挖排洪减河。干流河道的整治，则是在清咸丰年间以后。

明清时期作为重要农业经济区的湖区都在长江流域，而对国家重要粮仓之地——太湖地区和洞庭湖区的综合治理尤为重视。明初，太湖出水干道——吴淞江已严重淤塞，夏原吉“擎淞入浏”，开范家浜，导水归海，舒缓了太湖地区泄洪排涝积年之困，黄浦江逐渐演变为太湖地区的主要排洪通道。洞庭湖和鄱阳湖区人口不断增长，大量开垦湖滩荒地，平原湖区的围垸圩堤相继兴筑，洪水问题日渐尖锐，围湖造田与废田还湖之争不断。

四、古代防洪工程技术发展进程的启示

古代防洪工程技术是在长期和洪水灾害的斗争中产生，并不断改进、完善的，其发展进程给予我们如下的启示：

（一）我国幅员辽阔，自然地理和社会经济条件复杂各异，古代人们因地制宜创立了多种多样的防洪工程形式和防洪工程技术措施。

黄河流域是中华民族最早开发的地区之一。至迟到西周，在黄河下游开始修筑堤防，从此堤防这一防洪工程逐渐成为江河防洪的基本工程形式。汉代，江南开始兴建蓄洪工程，蓄纳洪水。沿海地区为了防御潮灾，创建了海塘工程。随着耕地垦殖向湖区河滩扩展，为了防治河湖洼地的洪涝，先后发展了太湖地区的塘浦圩田、苏皖南部的江南垸田、珠江三角洲的堤围、海河的水利营田、两湖平原的堤垸。古代人们针对不同的防御对象，创立了多种多样的防洪工程形式，并充分利用古代可能应用到的各种建筑材料，如土料、卵石、条石、块石、砖、芦苇、柴草、竹笼、木柜、灰浆等，来修筑防洪工程。

传说大禹治水，采用“疏导”的工程措施，战胜了黄河流域连续发生的特大洪水。春秋战国时期，人们开始在水溜顶冲的堤岸用埽工构筑护岸；堤防溃决时，用茨防进行堵口；采用由排水管道—排水沟—护城河构筑城市多级防洪排水系统。西汉在黄河的弯道处开挖滩地引河，以改善河流顶冲的不利形势。宋代，黄河严重淤积，决溢频繁，主要采用开河分流的措施治黄，并开始试制疏浚器具，疏浚河道泥沙；在吴淞江实施裁弯取直，以改善太湖下游的泄流条件。明清时期，则采用“筑堤束水，以水攻沙”的工程措施治理黄河；采用“蓄清刷黄”和“分黄导淮”的工程措施来治理黄、淮、运。古代人们针对不同的防洪形势，创造性运用了各种形式的防洪工程措施。

（二）古代防御重大洪水灾害的工程建设往往是以国家组织为主的群众性社会

活动，因此，必须强化管理。

江河防洪是流域整体的系统治理，上下游、左右岸由于利益冲突往往出现矛盾，需要上级政权协调。

以江河防洪的基本工程形式——堤防为例，古代堤防最初以防护都城或重要城市为主，随后相继修筑而渐成系统。每次培修，小者由州县主办，大者由朝廷主持。古代受生产条件的限制，堤防只能就地取材，用土石砌筑，土石方工程量甚大，从而加大了施工的难度。用众多民夫在汛期到来之前的紧迫时间内，靠人力夯筑工程量大、战线长的土堤，如何才能保证工程质量，古代人们只有用建立严格的管理制度来弥补施工技术上的缺陷。

从春秋战国时期开始，人们就十分重视堤防施工的组织管理，并制定了相应的制度。对施工季节的安排、服役民工的组织、劳动工具的配备、土石料的选用、堤防断面的形状及边坡、夯筑的要求与验收，甚至对“河工诸弊”的识别，都有详细的规定和说明。

用土石临水砌筑堤防，堤基和堤身的缺陷在所难免，其强度、稳定性和抗渗透能力都不强。为了保证堤防的安全，从春秋战国时期开始，人们也十分重视堤防的维护管理。在各个历史时期均设置了专门的官员负责管理修防，并逐步建立起冬季岁修的制度。汛后，及时修复被洪水冲坏的堤段，加固堤防的薄弱环节。

古代尚无洪水频率的概念，每次大汛后的培修，通常是以此次最高洪水位比此前大水超高若干为标准，来加高培厚堤防。因此，堤防的防御标准只是略高于前次洪水，每到汛期都要加强抢险守护，才能安全度汛。古代人们对度汛防守积累了丰富的经验，如明代潘季驯在前人的基础上总结治河实践，提出铺夫守堤、度汛防守、防汛报警等一套系统的汛期防护制度。

（三）防洪工程濒临江河湖海修建，甚至直接在水中施工，难度大，对施工技术和施工进度的要求高。

以河流频繁决溢后的堵口为例。虽然堵决的时间均选择在低水位的枯水季节，但合龙时龙口处仍存在上下游的水位差，水势湍急，堵口施工的强度要求大。随着堵口的规模和难度加大，古代不断探索新的堵口方法。西汉时期，黄河瓠子堵口采用平堵法，以举国之力，才堵塞了决口；王延世采用竹笼装石，开创了立堵法。北宋时期，高超在黄河商胡合龙中创“三节下埽法”；王居卿在黄河曹村堵口中创软横二埽合龙技术。

元代贾鲁治河，白茅堵口的难度和规模为前世所罕见。在决河同岸上游修筑刺水堤和截河堤挑溜效果不佳的情况下，贾鲁果断采取“入水作石船大堤”的措施加大挑溜长度，减轻刺水堤回旋湍急对龙口的威胁，是对曹村堵口技术的重大发展。

清代，黄河决溢频繁，大规模的堵口工程不断，在实践中涌现出一批识水性、善施工的堵口能手，并有了对堵口技术进行全面总结的河工专著。根据决口口门宽窄、堵口时流量大小及口门处河槽土质的不同，进堵方法分别采用单坝进堵、双坝进堵和三坝进堵，以及正坝、二坝联合进堵；合龙施工也由卷埽发展为厢埽。

（四）将防洪工程建设与江河整治结合起来，逐步加强流域规划，由对症治理

向综合治理过渡。

明代后期，潘季驯总结前人治黄的经验教训，把握住黄河多沙善淤和洪水暴涨暴落的水文泥沙特性，提出“以堤束水，以水攻沙”的治理主张，并付诸于双重堤防的工程实践。从而将防洪与治河结合起来，将治黄方略由单纯治水的主导思想转变到注重治沙、沙水并治的轨道。为了实行这一治黄方略，潘季驯逐步建立了由缕堤、遥堤、格堤、月堤和遥堤上的减水坝共同组成的黄河下游堤防体系。在工程实践过程中，潘季驯又由依靠缕堤“束水攻沙”，进而为依靠遥堤“束水归槽”，来实现对河床淤积的冲刷，在理论上有系统的总结与创新，对后世有重大影响。

潘季驯进一步探索由对症治理转变为综合治理的途径，首次将治黄、治淮、治运联系在一起，对黄、淮、运进行综合治理。他抓住黄、淮、运交汇于清口这一突破口，运用“以堤束水，以水攻沙”的方略，来解决清口以上黄河河道的淤积问题；运用“逼淮入黄，蓄清刷黄”的方略，来解决清口及清口以下至海口的黄、淮尾闾淤积问题。按照综合治理的总体规划思路，以兴筑高家堰为关键，提出了综合治理工程的总体布局。

尽管潘季驯的治理方略理论上有进步，而实践上未能达到预期效果，也无法阻止清口和黄淮下游河道的淤塞，无法解决淮河治理的困境，但这毕竟是古代在防洪与治河相结合，以及黄、淮、运综合治理方面所进行的有益探索。而他后期提出并实行从缕堤束水攻沙到守滩护堤的演变，其影响一直持续到今天黄河下游防洪工程的部署。

北宋太湖下游泄洪不畅，兴工疏浚的工程不少，但效果欠佳。为了减轻频繁的洪涝灾害，不少人主张对太湖进行综合治理，治水与治田相结合，控制上中游来水与加大下游排水相结合，并辅以置闸节制排泄。多种措施综合运用，而以分疏入海河港、解决洪涝出路为重点。这是对水网湖区综合治理的有益实践。

清代前期，为了京城的安全，大规模兴修永定河两岸堤防，导致永定河河道淤高，重复了同为多沙河流黄河的治理困境，同时导致海河入海流路不畅。从康熙中期至乾隆末年，讨论永定河综合治理的主张增多，最为典型的是高斌提出的“上拦、中泄、下排”全面治理的主张。高斌在对永定河上、中、下游河道实地查勘后，提出在上游兴建拦洪、滞沙、淤灌等工程设施，减少下泄水量沙量；在中游增设减水坝，疏挖引河，扩大分洪流量；在下游避淀趋河，以畅奔流。高斌治河虽未见显效，但其主张已蕴含了河流综合治理的规划思想。

（五）历史时期随着人口的急剧增长，国土开发的无序，以及社会财富的积累，发生同一量级洪水所造成的灾害损失在不断加大。

堤防作为江河防洪的基本工程形式，可以约束洪水，但无法避免超标准洪水的决溢；而且堤防越高，一旦溃决后所造成的灾害损失就越大。企图将任何频率的洪水都约束于大堤之内，是不可能的。如长江的上荆江正常泄洪能力仅 6 万多立方米/秒，而 1870 年特大洪水，湖北枝城洪峰流量却高达 11 万立方米/秒，几乎为荆江正常泄洪量的一倍。若要靠加高堤防或开挖分洪河道来阻止 1870 年洪水的决溢，不仅难以奏效，经济上也不可能。

同样，黄河的治沙工程措施可以改善局部河段的淤积状况，却不能改变黄河河道淤积总的趋势。明清时期，“束水攻沙”治黄方略虽在理论上具有重要地位，但在实际操作中却有重大局限，无法达到预期的效果。虽然经过潘季驯及其后的大力整治，黄河得以在固定河道中勉力维持行经三百余年，但强化堤防和固定河槽的结果，改变不了黄河河道泥沙不断淤积的客观规律，终究不可避免地改道北流。

每种防洪工程和防洪措施，在有效防治洪水灾害的同时，又都存在对防洪不利的一面。因此，历史上每一次重大的防洪决策，往往是在当时的社会政治经济形势和江河形势下，进行“两利相权取其重，两害相权取其轻”的抉择，而兴建重要防洪工程也往往是经过廷议后由皇帝御批才能决定。面对艰难的防洪决策，人们不得不根据不断变化着的形势和所面临的任务，寻求利大于弊的防洪工程措施，并不断改进和完善。因此，判断古代防洪工程技术成就的标准，并不着重于技术的高深和复杂，而在于其能否有效地减轻洪水灾害，以及工程施工的技术水平和难度。

第三节　古代防洪史研究的进展

近代以来，随着人口的急剧增长和经济的快速发展，洪水所造成的灾害损失也成倍剧增。1931 年长江流域大水，淹没农田 5090 万亩，受灾人口 2850 万人，死亡人数达 14.5 万人。1935 年长江中游大水，淹没农田 2264 万亩，受灾人口 1000 余万人，死亡人数达 14.2 万人[4]。1938 年为阻止日军西侵，国民政府在中牟赵口和郑县花园口扒决黄河大堤，黄河再次夺淮入海，淹及 3 省 44 县市，受灾人口 1250 万人，死亡人数达 89 万人[3]。由于洪水灾害具有突发性和多发性，防洪建设和防洪抢险又涉及面广泛，尤其需要借鉴历史的经验，因此，近代和当代都十分重视对古代防洪史的研究。

一、近代的研究

虽然关于防洪历史记载的古籍汗牛充栋，但多为珍本甚或孤本，难以查找。因此，近代对古代防洪史的研究，主要集中在两个时期：一是清末民初，对古代防洪史料进行整编；二是 20 世纪 30 年代，为配合水利规划工作的开展，整理并刊印出版了一批古代防洪治河名著。这些成果有助于人们对古代防洪史的研究。

清末佚名辑《黄运两河修防谕旨奏疏章程》，汇辑清咸丰五年至宣统三年（1855～1911 年）的谕旨、奏疏及章程一百四十余则，是黄河改道之后的重要史料。

民国时期，继清雍正年间编纂《行水金鉴》和道光年间编辑《续行水金鉴》之后，武同举等人编撰《再续行水金鉴》，是水利发展史编年体长篇详尽的资料汇编，收录了清嘉庆二十五年（1820 年）至清末的水利资料。1946 年，由赵世暹等校订整理，并进一步增补和重编。修订稿约七百万字，分为黄河、长江、淮河、运河、永定河等部分。2004 年，由中国水利水电科学研究院水利史研究室编校，

湖北人民出版社出版。

民国时期编印的《豫河志》、《豫河续志》、《豫河三志》，是黄河河南段的通志。《豫河志》由吴筼孙主编，收录清代资料，包括源流、工程、经费、职官等，共二十八卷，1921年成书。1925年，陈善同编《豫河续志》二十七卷及外编，补叙前志缺漏及民国以来的资料。1931年，陈汝珍等又编《豫河三志》十四卷，收录资料下至1921年。另外，沈怡编《黄河年表》，详列了有文字记载以来的黄河水灾及变迁史料。

民国时期，武同举编《江苏水利全书》四十三卷，辑录历史文献中有关江苏境内长江、淮河、太湖、海塘史料，于1950年由南京水利实验处出版；1928年又研究有史以来淮河重要史料并编成《淮系年表》，成为近代水利史研究的重要成果。

近代水利规划始于清末张謇倡导的淮河治理。20世纪20年代至30年代，相继进行了海河、长江、珠江、黄河等河流及运河的整治或开发规划。随着水利规划的开展，水利文献整理工作受到重视。1936年，全国经济委员会水利处成立整理文献室，1938年成为中央水工实验处的一个正式机构。其主要工作是整理清道光以后的水利档案文献，收集汇编水文报告和试验报告，并结合当时水利建设的需要编辑出版图书。其主要成果有：《再续行水金鉴》、《水利珍本丛书》、《中国水利史》、《中国河工辞源》。文献整编工作以后逐渐发展为水利史研究学科。《水利珍本丛书》由中国水利工程学会整理，刊印出版了一批元明清的治河名著，包括：沙克什的《河防通议》、潘季驯的《河防一览》、刘天和的《问水集》、靳辅的《治河方略》、康基田的《河渠纪闻》、李大镛的《河务所闻集》、李世禄的《修防琐志》、郭成功的《河工器具图说》等。

二、当代研究的新进展

当代对古代防洪史的研究，主要有三个阶段：一是中华人民共和国成立初期对古代防洪史的初步研究；二是“文化大革命”以后结合编史修志对古代防洪史的广泛研究；三是“国际减轻自然灾害十年（1990~1999年）”以来对古代防洪史的深化研究。

（一）中华人民共和国成立初期对古代防洪史的初步研究

中华人民共和国成立后，为了配合各大江河的流域规划治理，曾开展全国范围的历史洪水普查和重点洪水的专题研究，并初步探讨了古代江河的治理方略。这一阶段的研究成果，主要形成了各大江河珍贵的水文历史档案资料，部分研究成果反映在流域规划报告中。

根据长江历史洪水调查资料分析，1870年宜昌站最大洪峰流量105000立方米/秒，为近八百年来最大值。这一结论成为长江葛洲坝工程和三峡工程设计的水文依据。根据黄河历史洪水调查研究得出1843年洪峰流量36000立方米/秒及其重现期的结论，也成为黄河小浪底工程设计的水文依据。

此后，水利史研究机构仍在坚持对古代防洪史的研究。

（二）“文化大革命”以后结合编史修志对古代防洪史的广泛研究

20世纪70年代后期至90年代的首轮编史修志，促进了全国范围对古代防洪史的广泛研究，其主要研究成果集中反映在以下三个方面。

首先，是20世纪70年代后期开始，水利史研究机构和各流域机构相继编著出版中国水利史和各大江河水利史。主要成果有：武汉水利电力学院和水利水电科学研究院编著的《中国水利史稿》上册、武汉水利电力学院编著的《中国水利史稿》中册、水利水电科学研究院编著的《中国水利史稿》下册，姚汉源编著的《中国水利史纲要》，黄河水利委员会编著的《黄河水利史述要》，长江流域规划办公室编著的《长江水利史略》，治淮委员会编著的《淮河水利简史》，珠江水利委员会编著的《珠江水利简史》，江苏省水利厅编著的《太湖水利史稿》。每部水利史中都有各历史时期的防洪章节，其内容基本概括了此前对古代防洪史研究的成果。1989年，熊达成、郭涛编著《中国水利科学技术史概论》。2002年，周魁一著《中国科学技术史·水利》，系统研究了古代防洪工程技术发展史。

其次，是1981年中国水利学会水利史研究会成立后，推动了全国水利史研究的热潮。在其后的十余年内，中国水利学会水利史研究会基本上每年召开一次学术讨论会，出版一本论文集。其中，论及古代防洪史研究的论文集有：《太湖水利史论文集》、《淮河水利史论文集》、《长江水利史论文集》、《水利史研究会第二次会员代表大会暨学术讨论会论文集》、《江南海塘论文集》、《鉴湖与绍兴水利》、《中原地区历史水旱灾害暨对策学术讨论会论文集》、《桑园围暨珠江三角洲水利史讨论会论文集》、《中国城市水利问题历史与现状国际学术讨论会论文选集》、《潘季驯治河理论与实践学术研讨会论文集》等。这些论文集中有不少对古代防洪史料考辨、研究的成果和新的认识。同一时期还系统整编了清代七大江河历史洪涝档案史料汇编。

再次，是1982年全国编修新一轮地方志，各流域机构编修本流域的江河志，各省、地、县编修本地区的水利志。全国江河水利志的编修，全面推动了对古代防洪史的考证和研究。江河志中都设有防洪卷篇，水利志中也有防洪章节。各江河水利志的《大事记》，记述了本流域、本地区古代防洪的史实。《长江志》七卷二十五篇，分23册出版，其中述及古代防洪的有四篇：第4册《历代开发治理》、第11册《防洪》、第19册《湖区开发治理》、第20册《中下游河道整治》。《黄河志》十一卷本，其中卷七为《防洪志》。《淮河志》七卷本，第五卷中设有“淮河防洪工程”与“沂沭泗河防洪工程”两篇。《海河志》四卷本，第一卷中的《治理述要》篇述及古代防洪，第二卷中有“河道防洪工程”篇。《珠江志》五卷本，卷三中有“防洪、排水”篇。松花江、辽河开发较晚，志书中尚无记述古代防洪的篇章。而全国性的通志中，由周魁一、谭徐明编撰的《中华文化通志·水利与交通志》也以“治河与防洪事业”为第一章。

在编史修志的同时，还整理出版了一些古代防洪治河名著。朱更翎整编了明代万恭的《治水筌蹄》；姚汉源、谭徐明校勘了《漕河图志》；黄河水利委员会黄河志总编辑室选编了《历代治黄文选》上、下册；毛振培等人点校了俞昌烈的《楚北水利堤防纪要》、胡祖翮的《荆楚修疏指要》、倪文蔚的《荆州万城堤志》、舒惠的《荆州万城堤续志》。

此外，水利部门和历史地理界的专家学者，也陆续编著出版了各自对古代防洪史的研究成果。如张含英的《明清治河概论》和《历代治河方略探讨》。

（三）“国际减轻自然灾害十年（1990～1999年）”以来对古代防洪史的深化研究

20世纪90年代频繁的洪涝灾害与“国际减轻自然灾害十年（1990～1999年）”活动推进了对古代防洪史的深化研究，其主要研究成果集中反映在以下三个方面。

1. *历史模型研究方法的建立*

水利史是历史科学和水利科学的交叉学科，水利史研究始终以服务于当前江河治理和水利建设为己任，探索传统技术与现代技术相结合的研究方法。中国水利学会水利史研究会成立以后，水利史工作者在服务当代的实践中，比照数学物理方法进行定量研究的“物理模型”和“数学模型”概念，提出了建立应用于宏观问题研究的水利“历史模型”研究方法[11]。水利“历史模型”，是运用传统技术与现代技术相结合的研究方法，对历史文献资料和遗存进行复原研究，重建或虚拟历史原型及其在自然力和人类社会共同作用下的演变过程。

水利史工作者运用水利“历史模型”的研究方法，在“三峡地区大型岩崩和滑坡的历史与现状初步考察”[12]、“三峡库区川东地区农业经济发展潜力的历史研究”[13]等课题的研究中取得了突破性的成果，为三峡工程建设与库区移民安置提供了重要的借鉴。前者获水利水电科学研究院1984年科技成果一等奖，后者获长江水利委员会1998年科学技术进步二等奖。而运用水利“历史模型”的研究方法，对洪涝灾害与防洪减灾的进一步研究，则引申出如下重要的研究成果。

2. *灾害双重属性理念的提出*

近代以来，防洪投入不断增加，洪水预报与工程调控洪水的能力显著提高，但洪涝灾害的损失却有增无减。各国相继以工程措施与非工程措施相结合作为国家的主要防洪对策，而我国20世纪八九十年代对非工程措施仍只理解为加强洪水预报等针对自然态洪水的技术性措施。1991年江淮大水，没垮一座坝，骨干堤防没决一个口，但灾害损失仍达400亿元，说明防洪工程发挥了重要作用，但仍未能抑制住灾害损失的增长。而灾后的对策仍然主要是，修堤建坝，疏浚河道，提高洪水预报精度等技术性措施。

水利史工作者通过历史与现实的比较研究，提出了“灾害双重属性”的概念[14]，指出自然灾害具有自然和社会的双重属性，二者都是灾害的本质属性，缺一不成其为灾害。人类社会不仅是承灾体，无视自然规律的社会发展和国土开发也是一种致灾因子。古代的“贾让三策”，看似消极，实际上包含着人类社会发展要主动适应洪水客观规律的合理内核。

洪水灾害双重属性的理念，1998年被国家水利主管部门采纳，并在2002年10月修订的《中华人民共和国水法》中得到了体现。由此引发了21世纪我国防洪减灾策略的转变，即在兴建工程制导洪水的同时，注意调整国土开发方式以适应洪水；从试图战胜洪水、消除洪水灾害，转变为确保合理可行的防洪标准内的防洪安全，同时“给洪水以出路”，谋划更为有效地减轻超标准洪水的灾害损失[15]。

3. 建立洪涝灾害数据库及防洪减灾专家决策支持系统

随着计算机网络技术的快速发展，古代防洪史的“历史模型”研究方法得到更为广泛的应用。从早期的绘制流域历史大洪水年淹没范围图，到编绘各大江河的洪水风险图；从建立洪涝灾害数据库，到建立防洪决策支持系统；从建立流域和地区的防洪指挥系统，到建立“国家防汛抗旱指挥系统”，凡此种种，都对深入研究古代防洪史提出了越来越高的要求。

参考文献

〔1〕黄河水利委员会黄河志总编辑室：《黄河志》卷二“流域综述”，河南人民出版社，1991 年。黄河流域自然条件的相关数据主要依据新修《黄河志》卷二“流域综述”。

〔2〕黄河水利委员会：《黄河水利史述要》，第 5 页，水利电力出版社，1984 年。

〔3〕黄河水利委员会黄河志总编辑室：《黄河志》卷七“防洪志”，第 36 页，河南人民出版社，1991 年。

〔4〕长江水利委员会：《长江志》第 11 册《防洪》“总述”，第 1～12 页，中国大百科全书出版社，2003 年。长江流域自然条件的相关数据主要依据新修《长江志》“总述”。

〔5〕石铭鼎、栾临滨等：《长江》，第 2 页、第 66 页，上海教育出版社，1989 年。

〔6〕《宋史》卷九十六“范祖禹传”，中华书局，1985 年。

〔7〕长江水利委员会：《长江志》第 11 册《防洪》，第六章“城市防洪”，第 366 页，中国大百科全书出版社，2003 年。

〔8〕长江水利委员会：《长江志》第 11 册《防洪》，第一章“概述”，第 3～6 页，中国大百科全书出版社，2003 年。

〔9〕周魁一等：《二十五史河渠志注释》，“汉书·沟洫志”，第 30 页，中国书店，1990 年。

〔10〕《后汉书》卷七十六“王景传”，中华书局，1965 年。

〔11〕水利水电科学研究院：《水利史研究室五十周年学术论文集》，周魁一：“略论水利的‘历史模型’”，第 16 页，水利电力出版社，1986 年。

〔12〕周魁一：“三峡地区大型岩崩和滑坡的历史与现状初步考察”，载《四川水利》，1985 年第 23 期。

〔13〕课题组：“川东地区农业经济发展潜力的历史研究”，载《长江志季刊》，1995 年第 4 期。

〔14〕周魁一：《水利的历史阅读》，“防洪减灾观念的理论进展——灾害双重属性概念及其科学哲学基础”，第 239～255 页，中国水利水电出版社，2008 年。

〔15〕汪恕诚：“中国防洪减灾的新策略”，载《中国水利报》，2003 年 6 月 5 日。

第二章　新石器时代至夏商周时期防洪工程的起源

人类的生存和发展，与水息息相关。在旧石器时代，人们“择丘陵而处之”，“逐水草而居”，选择临近水源的岗阜阶地，“刳木为舟”，“结网而渔”，依靠天然河湖维持原始的采集和渔猎生活。群居的游猎生活，生产能力低下，人们只能依靠“避洪”的方式来躲避洪水的威胁。

新石器时代，人们居住在河流湖泊旁，开始农业种植和畜牧养殖。在洪水泛滥时，人们用简单的堤埂把居住区和附近的耕地围护起来，用土来阻挡洪水的漫延。人们用来“障洪”的堤埂便是原始形态的防洪工程，而传说中“障洪水”的代表人物有共工和鲧。

新石器时代末期，农业发展到了犁耕阶段，靠简单的堤埂已难以保护范围较大的居住区和农作区。黄河流域连续发生特大洪水，传说中的大禹治水，采用“疏导”之法，治理了连年的洪水灾害，并在治水斗争中，最终形成了中国第一个统一的奴隶制国家——夏王朝。

大禹治水以后，人们从“择丘而处”到“降丘宅土”，广大平原地区得以开发。国家的建立，城市的兴建，人口的繁衍，不能再让洪水四处漫流，危及王朝和人民的安全。至迟到西周，已经在河川两岸修筑堤防。

从新石器时代到夏商周时期，先民们在与洪水斗争的实践中，经历了从“避洪”、“障洪”、“疏导”到“筑堤”的一次次认识上的飞跃。尽管当时的这些防洪措施还相当原始，但“避洪”、“障洪”、“疏导”、“筑堤”却成为各历史时期人们防治洪水的基本思想，而“堤防”也逐渐成为人们与洪水斗争的主要手段。

第一节　新石器时代的治水传说

中国古代有许多战胜大洪水的神话和传说，如女娲补天的神话。女娲是流传久远的古老神话中的女神，最早记载女娲补天神话的是汉代刘安的《淮南子》。传说远古时期，大雨不断，引起特大洪水，人们家园无存，禽兽相攻。“女娲炼五色石以补苍天，断鳌足以立四极，杀黑龙以济冀州，积芦灰以止淫水。苍天补，四极正。淫水涸，冀州平。”[1]女娲炼五色石补好了淫雨不止的苍穹，断鳌足支撑天的四方，杀兴风作浪的蛟龙，使百姓重归安宁。女娲补天的神话表达了先民乞求神的帮助、消弭洪水的愿望。而更为普遍的传说则是尧舜时期共工氏壅防百川，鲧障洪水，大禹治水。

一、共工氏壅防百川

一般认为，公元前三千年至二千年，我国已进入铜石并用时代，黄河流域的氏族部落开始以农业为基本生产方式。人们为了生产和生活的方便，以氏族部落为单位，集体居住在河流和湖泊旁。据考古发掘，当时在河南安阳洹水沿岸七公里的地段内，就散布着十九处原始村落遗址[2]。当代学者徐旭生先生认为，共工氏部落主要居住在今河南辉县一带[3]。黄河在孟津以上为高山峡谷地貌，孟津以下则为广阔的平原。辉县在孟津以下的开阔地段，南临黄河，北靠太行山，土地肥沃，水源充足。濒水居住固然有很大的便利，但在洪水季节，又常受河水泛滥的危害。《管子·揆度》载："其工之王，水处十之七，陆处十之三。"[4]这也说明了当时洪水泛滥的情况。

相传共工是炎帝（即神农氏）的后裔，共工治水的方法据说是"壅防百川，堕高堙庳"[5]。即在洪水泛滥时，把高处的泥土、石块搬下来，修筑简单的土石堤埂，把部落居住的村落和附近的耕地围护起来，抵挡洪水的漫延。这种"水来土挡"的概念，产生了原始形态的防洪工程。这些堤埂可以抵挡一般的洪水，如果出现较大洪水，人们就暂时上山躲避。由于共工氏擅长治水，在各氏族部落中享有较高声誉。在一次部落联盟会议上，尧要推举一个帮助执政的人，驩兜就曾因治水之功推荐过共工[6]。《左传》称："共工氏以水纪，故为水师而水名。"[7]因共工氏族经常治水，甚至连水官的职称也改用"共工"。共工在长期的治水实践中积累了经验，成为治水世家。传说其子句龙，平九土，因功绩而受"后土"之名位。其后代子孙四岳，曾助大禹治水，立大功，而被后人祭祀。

二、鲧障洪水

新石器时代末期，农业发展到犁耕阶段，人们开始在黄河下游平原地区生产和生活。为了防止洪水的危害，人们选择离河流、湖泊一定距离的高阜之地定居，在附近开荒种地，并修筑简单的堤埂阻挡河川洪水。人们定居以后的生产、生活范围扩大，积蓄增多，靠简单的堤埂已难以保护较大范围的居住区和农业区。较大洪水时上山躲避，仍会造成房屋、田地、牲畜的重大损失。洪水威胁成为人类生存和社会发展的主要障碍。

大约在公元前22至前21世纪，相传尧、舜时期，黄河流域连续发生了特大洪水。"汤汤洪水方割，荡荡怀山襄陵，浩浩滔天，下民其咨"[6]。"洪水横流，泛滥于天下"[8]，大洪水淹没了平原和田地，冲毁房屋，人畜不断死亡。大水经年不退，给人民带来了深重的灾难。在洪水威胁面前，尧召集部落联盟会议，决定派鲧主持治水。

鲧率领民众治水，还是沿用共工的传统方法。"鲧障洪水"[9]，"鲧作三仞之城"[10]，仍然靠修筑堤埂把主要居住区和临近的田地围护起来，形成原始的防洪保护圈。但在"浩浩滔天"的连年大洪水面前，再沿用这样简单的土石堤埂和局部"障洪水"的方法，已难以保障越来越多的居住区和农业区。《尚书·尧典》称：鲧治水"九载，绩用弗成"[6]。鲧治水多年而失败并受到了惩处，但他顽强不屈的

斗争精神长久以来仍为人们所怀念。《国语·鲁语上》载：夏后世“郊鲧而宗禹”[9]。“郊”和“宗”是不同的祭祀典礼。是说夏代人们仍把鲧作为他们光荣的先祖，每年都要举行祭祀。

三、大禹治水

鲧治水失败后，舜继尧位，召集部落联盟会议，又推举鲧的儿子禹继续主持治水。

（一）大禹治水的传说

禹吸取父亲失败的教训，努力探索新的治水之法。“禹乃遂与益、后稷奉帝命”[11]，禹用伯益、后稷以及共工氏的后代四岳等部落首领做助手，率领民众奋战十多年，终于制服了洪水。

关于大禹治水的传说，古代文献有许多感人的记载。《韩非子·五蠹》载：“禹之王天下也，身执耒锸，以为民先，股无胈，胫不生毛，虽臣虏之劳，不苦于此矣。”[12]是说禹在治水斗争中身先士卒，亲自参加劳动，工作十分艰苦而繁忙，皮肤晒得乌黑，腿上的汗毛都被磨光。

《尚书·益稷》孔颖达疏载：“娶于涂山之国，历辛壬癸甲四日而既往治水，其后过门不入，闻启呱呱而泣，我不暇入，而子名之，唯以大治，度水土之功故也。”[13]是说禹娶妻涂山氏女，婚后生子名启，禹忙于治水，没有工夫回家照顾儿子。

《史记·夏本纪》载：“禹伤先人父鲧功之不成受诛，乃劳身焦思，居外十三年，过家门不敢入。”[11]大禹治水三过家门而不入的佳话，一直为人们广为传颂。

（二）大禹治水的方法

关于大禹治水所采用的方法，古代文献的记载却较为简略。《淮南子·原道训》称：“禹之决渎也，因水以为师。”[10]是说禹善于根据水流运动的客观规律，因势利导，疏浚排洪。由于农业社会的发展，单纯采用“水来土挡”的被动防洪措施，已不能在较大范围内防御大洪水的侵袭。人们根据“水往低处流”的自然现象，努力探索“给洪水以出路”的办法。由于“洪水横流”，自然会在广阔的平原上冲出千沟万壑。如果集中力量把这些沟壑中主干所流经的河槽挖深疏通，以加速洪水的排泄，同时在两岸开挖排水渠道，使漫溢出河床的洪水和滞留于平地沟壑中的积水流入河槽，就可以减轻洪水的威胁。

大禹在前人治水的基础上，观察水流运动的规律，采用了以疏导为主的方法。《国语·周语下》称，大禹“高高下下，疏川导滞”[5]，即利用水自高处往低处流的自然趋势，顺应地势，疏通壅塞的川流，引导漫溢的洪水和滞留的积水排泄，从而使洪水归槽。《尚书·益稷》称：大禹采用疏导之法，“决九川，距四海，浚畎浍距川。”[13]“距”即到。是说疏通主干河道，引导漫溢出河床的洪水和渍水入海或回归河道。禹采用这种办法，平治了水患。《孟子·滕文公下》称颂，大禹治水成功后，“水由地中行，……然后人得平土而居之”[8]。

大禹“疏导”之法，比共工和鲧“障洪”的方法前进了一步，开始由被动的防洪发展到主动的治河，已经局部改变了河流的自然状况。经过疏导，增强了河

道的泄水能力，提高了防洪的效果。

大禹采用以疏导为主的方法，并不排斥“壅防”的措施。《国语·周语下》称：禹“陂障九泽”[5]。就是把洪水引导到低洼之处，再修筑陂障将其拦蓄起来，以减轻洪水的威胁。

实施疏导之法的关键是顺应地势之高下，这就需要测量技术。汉代赵君卿在《周髀算经》的注解中说:“禹治洪水，决疏江河，望山川之形，定高下之势。”[14]对大禹治水采用何种测量方法来“定高下之势”，《史记·夏本纪》是这样描述的：“命诸侯百姓兴人徒以傅土，行山表木，定高山大川。……左准绳，右规矩，载四时，以开九州，通九道，陂九泽，度九山。”[11]“准绳”和“规矩”大约是基本的测量工具。“行山表木”，《尚书·益稷》作“随山刊木”，是指随山川之形，定高下之势，在树木上刻画标记，相当于原始的水准测量。大禹正是运用这些原始的测量工具，采用以疏导为主的方法，率领民众艰苦奋斗十多年，终于平治了洪水。

（三）大禹治水的范围

关于大禹治水活动的范围，《尚书》、《山海经》和《史记》等古代典籍记载了全国九州山水的原委和大禹的治绩，先秦诸子所记载的大禹治水活动遍及江、河、淮、海四大流域。《墨子·兼爱》记禹西治黄河、渭水；北治汾水、滹沱河；东开渠导水入海；南治江、淮五湖。《孟子·滕文公》记禹疏九河，江、淮、河、汉等水系形成。后人根据先秦的这些记载，又考辨出更多大禹治理各大江河的推断。如大禹治江的传说，《尚书·禹贡》载有:“彭蠡既潴，阳鸟攸居。三江既入，震泽底定”；“江汉朝宗于海，九江孔殷。沱潜既道，云土梦作乂”；“岷山导江，东别为沱”等[15]。《长江水利史略》[16]称，相传禹是四川汶川县人，他在汶川县的铁豹岭一带疏导岷江，后开金堂峡口，分岷江水入沱江，至泸县流入长江，以减缓进入成都平原的水势。其后又顺江东下至三峡，“决巫山，令江水得东过”[17]。此外，还传说禹到过安徽的涂山、浙江的会稽，治理长江中下游水系和太湖水系。《墨子·兼爱》称：禹“南为江汉淮汝，东流之注五湖之处，以利荆楚、干越与南夷之民。”[18]

对于这些传说，古代无文字时期，重要史实往往凭口口相传，难免有误和被夸大。当代学者姚汉源先生认为：大禹治水的“传说遍全国各地，治导遍各大流域，情节太神奇，功绩太伟大，显然是根据远古若干年积累的史实，汇集夸张而成，并非一时一人之功。”[19]由于禹的功绩声名远播而汇集到禹的事迹之中。

事实上，古代人们早已在长江、淮河等流域生活、繁衍，相应的治水传说很多。协助大禹共同治水的伯益，就是居住在淮河下游的东夷族首领。至于治理长江，古代也有蜀国开明帝开玉垒山、巫峡的传说。古代蜀国的第一个国王是蚕丛。其后，杜宇为蜀王，号望帝，在今四川郫县定都。当时蜀国经常发生水灾，土地无法耕种，人民流离失所。《蜀王本纪》载:“望帝以鳖灵为相。时玉山出水，若尧之洪水，望帝不能治，使鳖灵决玉山，民得安处。”后来，“鳖灵即位，号曰开明帝。”[20]另一种传说则是开明帝开巫峡，而非玉垒山。《水经注·江水》载:“时巫山峡（狭）而蜀水不流，帝使令鳖（灵）凿巫峡通水，蜀得陆处。望帝自以德不若，遂以国禅，号曰开明。”[21]

大禹采用的“疏导”之法也可以追溯至五帝时代。相传新石器时代末期，帝颛顼的水臣台骀“宣汾、洮，障大泽，以处大原（今太原一带）”[22]。“宣”即疏导，包括开挖和疏浚河道，使汾水和洮水顺畅地宣泄。台骀因治水成功，显著地改善了今汾水流域的社会发展环境，而得到颛顼帝的嘉奖。

据《中国水利史稿》（上册）分析：“禹时的经济活动大约还限于以黄河流域为中心的地区，禹的治水活动也主要在这一带。”[23]而大禹治理其他江河的记载，已无从考证，可以认为其已包含了同时代各地区、各氏族治水的传说。

（四）大禹治水的影响

大禹治水发生在新石器时代向奴隶社会过渡的大变动时期，生产力较前代有所进步，农业已进入发达的犁耕阶段。从普遍使用石犁、蚌锄、骨铲和木耒等新型农具的情况来看，劳动工具的制造已有显著改进，这为大规模治水提供了有利条件。

《新语·道基》说：“后稷乃列封疆，画畔界，以分土地之所宜。辟土殖谷，以用养民。种桑麻，致丝枲，以蔽形体。当斯之时，四渎未通，洪水为害。禹乃决江疏河，通之四渎，致之于海，大小相引，高下相受，百川顺流，各归其所。然后人民得去高险，处平土。”[24]这说明了农业经济的发展与大禹治水之间的因果关系。社会经济的发展要求新的治水方式给予更有效的保护，而大禹治水的成功则顺应并进一步推进了社会经济的发展。

大禹治水作为当时全社会的集体活动，规模大，历时长，成效卓著，对社会经济的发展、国家的建立、黄河河道的形成及后世的治河，均产生了重大的影响。

奴隶制度的形成和对氏族制度的摆脱，是一个逐渐发展的过程。在我国奴隶制国家政权形成的过程中，大规模的治水活动起到了催化作用。

在严重的洪水灾害面前，治理洪水成为各氏族部落共同生死攸关的头等重要大事。由于治理洪水涉及范围很广，不仅要求各部落通力合作，而且需要强有力的统一领导。长时间大规模的治水活动，加强了各部落的凝聚力；紧迫的治水任务，赋予了主持治水的领袖人物强大的权力。《韩非子·饰邪》载：“禹朝诸侯之君会稽之上，防风之君后至，而禹斩之。”[25]禹果断地处决了会议迟到的氏族部落首领，说明紧迫的治水任务，使他拥有了至高无上的权力和威望。

大禹治水也促进了社会组织形式的变化。《山海经·海内经》载：“禹卒布土以定九州”[26]，《淮南子·修务训》也载：禹“平治水土，定千八百国。”[17]当代学者周魁一先生指出，我国古代第一部系统的地理著作《禹贡》，把全国地域按行政区划划分为九州，并将九州的划分同大禹治水直接联系起来。这些州和国，已不同于由血缘关系形成的氏族部落，作为一种新的社会组织形式，更有利于大规模组织人力物力进行治水斗争[27]。

在禹之前，各氏族部落的领袖基本是由选举产生，由于禹治水有功，舜举荐他为部落联盟领袖。在禹之后，禅让制被世袭制所取代。禹的儿子启用武力夺取了禹原来的职位，并建立了夏王朝，成为中国历史上第一个统一的奴隶制国家。因此，可以说大禹治水加速了我国社会这一划时代的历史变革。

《尚书·禹贡》描述大禹治水后黄河的行水路线是：“导河积石，至于龙门；南

至于华阴，东至于砥柱，又东至于孟津。东过洛汭，至于大伾，北过降水，至于大陆；又北播为九河，同为逆河，入于海。”[15]黄河在孟津以上，夹于山谷之间，数千年来没有大的变化。孟津以下，汇合洛水等支流，改向东北流，经过今河南省北部，再向北流入今河北省，汇合漳水（即古降水），向北流入今邢台、巨鹿以北的古大陆泽。黄河下游分为若干支流东北流，即“北播为九河”，至今天津、山东一带浩浩荡荡入海。因入海处有潮汐顶托倒流，所以“同为逆河”。《禹贡》所描述的禹河经行略图见图2－1。

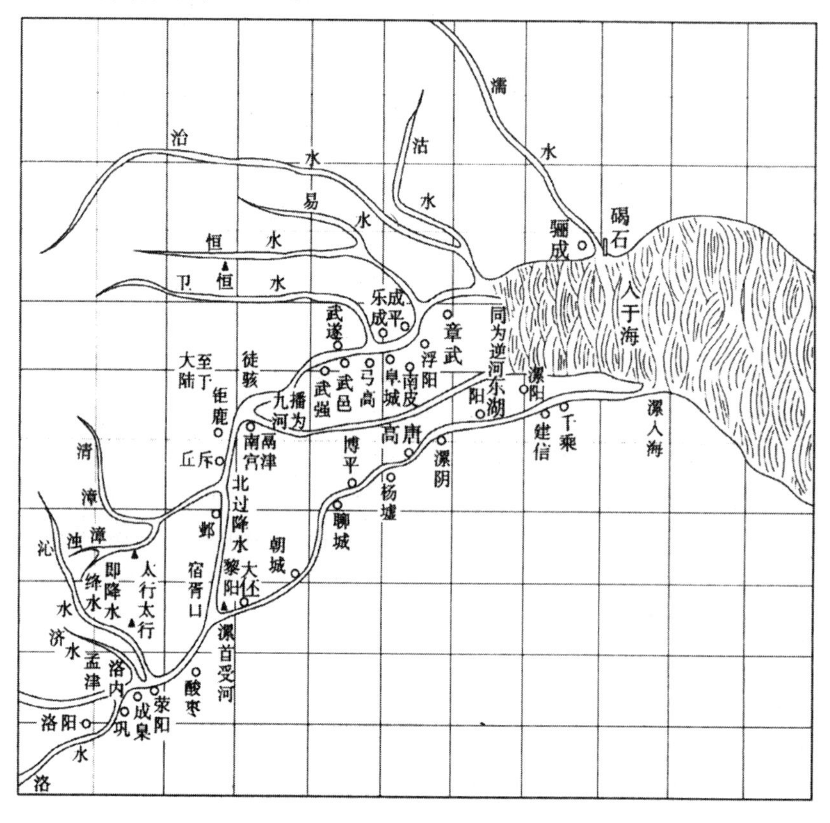

图2－1　《禹贡》禹河经行略图[27]

（选自胡渭《禹贡锥指·导河图》）

大禹治水的传说在中国历史上的影响十分深远，它始终是人们战胜洪水的巨大推动力。古代文献关于大禹治水传说的记载，反映了原始社会末期的治水活动和社会变革，也容纳了春秋战国时期人们对河道水流运动现象的观察，以及治水过程中对河流特性的利用。传说中大禹的治水活动，实际上附会了前后千百年、万千人的治水业绩，也附会了一些大自然所创造的奇观，反映了民众对战胜洪水、征服自然的美好愿望。另一方面，汉代以后许多人把大禹治水的一些象征性传说当作史实，把禹神圣化，把后人对此的解释圣经化。如北宋以来，反对筑堤的人就把疏导之法视为防洪治河不可变更的教义，这些对历代治理黄河又产生了负面的影响。

第二节　夏商周时期江河堤防的初步形成

大禹治水后，人们“降丘宅土”，从丘陵高阜之地迁移到肥沃的平原居住。夏商周时期，黄河下游是当时农耕文明的中心之一。随着社会实践和生产力的提高，人们防治洪水的方法也在进步。至迟到西周，堤防开始出现，标志着防洪工程进入到一个新的发展阶段。

一、堤防的起源

大禹治水后，黄河在大陆泽以下多流入海。夏禹时期，今河北东部尚未充分开发。汛期，黄河尾闾洪水溢出河槽，在广阔的平原上漫流；汛后，洪水和积涝迅速回落行洪尚通畅的主河槽，平原上肥沃的土地又重新露出。这一时期少有洪水灾害的记载。

商代的统治中心在今河南北部、河北南部、山东西部。自成汤以后，商的都城曾多次搬迁，但多在黄河两岸。据《尚书》和今本《竹书纪年》的记载，有两次都城的迁徙明确是为了躲避黄河洪水。《尚书·咸有一德》载：“河亶甲居相，……祖乙圮于耿。”[28]耿地在今河南温县界，离黄河不远。梅赜本《尚书注》注释：“河水所毁曰圮”，说明都城是被黄河洪水冲毁的。今本《竹书纪年》也载：祖乙元年“王即位，自相迁于耿”，“二年，圮于耿。自耿迁于庇。”[29]《尚书·盘庚》又载：“盘庚作，唯涉河以民迁”[30]，是说都城从黄河东的低处迁往黄河西的高地，也应与黄河洪水有关。

从大禹治水以后到春秋以前的一千多年间，古代文献中关于洪水的记载很少。这一时期劳动人民治水斗争的事迹多已被包含到大禹治水的传说中，但仍有一些反映治理黄河水害的记载。《国语·鲁语上》载：“冥勤其官而水死，……商人禘舜而祖契，郊冥而宗汤”[9]，是说夏水官冥忠于职守，死于治水，和商代开国的汤王一样，被商人祭祀。今本《竹书纪年》也载：夏少康十一年“使商侯冥治河”，“商侯冥死于河。”[29]进一步说明夏朝的商侯冥是死于治理黄河的过程中。这说明大禹治水后，黄河仍不时发生洪水灾害，劳动人民并未间断同黄河洪水的斗争。

图2－2　贞卜祭祀河神的卜文

（选自罗振玉：《殷墟书契续编》）[31]

图2－3　有灾字的卜骨

（选自郭沫若：《殷墟粹编》）[31]

在殷墟出土的甲骨文中，有的卜辞上写有“丁巳卜，其賁于河？牢，沉鄹？”（图2－2）大意是丁巳日贞卜，是否要隆重祭祀河神，并以女奴隶作为祭品。这说明河水经常泛滥成灾，奴隶主用祭祀来祈求保佑。甲骨文中的灾字（图2－3），有人解释就是洪水的图形，也说明了这点。商自盘庚以后，都城在今安阳北面的殷墟，靠近洹水（今名安阳河）。《殷墟书契前编》和《续编》收录的甲骨文中有：“洹弗其乍（作）兹邑祸”，“洹其盗”，“其㞢（有）大水”；《金璋所藏甲骨卜辞》中也有:“今岁亡大水——其又大水”等，都是占卜有无水灾。这也反映了当时防洪技术水平较低，洪水对人们仍然是极大的威胁并带有若干神秘的色彩[31]。

关于河川堤防的起源，古今众说纷纭。《国语·周语上》载，西周的大臣召公规劝周厉王实行开明政治，要允许老百姓发表意见。他指出，压制老百姓说话，就像以堤防洪一样，“防民之口，甚于防川，川壅而溃，伤人必多。”[32]由此可推知，至少在西周时期堤防就已经出现，周厉王时（约公元前844年）堤防已有一定的规模。

石器时代人们的“避洪”，是原始人类适应自然、躲避灾害的唯一选择。共工和鲧的“障洪”，是用“水来土挡”的概念，由躲避洪水进步到限制洪水漫延的简单防御。大禹的“疏导”，是用“因势利导”的思路，由被动的限制洪水漫延发展到主动的疏治河道、排泄洪水。但“障洪”只是在洪水漫延时临时修筑堤埂的被动防御，“疏导”也只是在洪水泛滥时增加河道的下泄，二者都不能主动地防治洪水。随着人们“降丘宅土”，包括洪泛区在内的广大平原得以开发，人们需要保护的生产、生活区域逐渐扩大。在一次次遭受洪水灾害之后，人们开始把“壅防”与“疏导”两种方法结合起来，在洪水发生之前就采用“障洪”的措施，在河水经常漫出河床的低洼处加筑堤埂，即抬高河岸，引导洪水从河槽下泄。西周生产工具和生产力的发展，也使兴筑比围护村庄的简易堤埂规模更大的河川堤防成为可能。

到春秋中期，堤防已较为普遍，但主要还是用以防护诸侯国的都城。《国语·周语下》载，周灵王二十二年（公元前550年），谷水和洛水同时发生洪水，冲毁都城（今河南洛阳）的西南部，并危及到王宫的安全，当时曾筑堤防洪[5]。

修筑堤防抬高了河川洪水位，能够保护堤防所守护之岸的都城，但却对未修筑堤防的对岸和下游造成了更大的洪水威胁，所以，在诸侯国之间的盟约中曾经明令禁止“以邻为壑”的筑堤行为。相传齐桓公时，楚国侵犯宋国和郑国，“要宋田，夹塞两川，使水不得东流”[33]，即在睢水、汴水上筑拦河坝壅水，导致上游泛滥。当时齐桓公是春秋列国的霸主，曾出兵干涉，拆除拦河坝，并胁迫楚国于公元前656年在召陵（今河南郾城）订立和约，其中有“毋曲堤”的条文[33]。公元前651年，春秋“五霸，（齐）桓公为盛，葵丘之会”订立盟约。盟约中就有“无曲防”的禁令[34]，禁止修筑以邻为壑、损害他国的堤防。

到战国时，黄河下游只剩下魏、赵、齐、燕等国，“壅防百川，各以自利”[35]的现象仍然存在。秦统一中国后“决通川防”[36]，才基本结束了这种现象。

二、堤防的修守

战国时期，社会变革加速了生产关系和生产力的发展。铁制工具的广泛使用，

促进了黄河下游地区的进一步开发，也使较大规模的堤防建设成为可能。人口的繁衍，城市的兴建，对防洪提出了进一步的要求，堤防也由以防护都城为主的局部兴筑，逐渐发展成比较连贯的堤防。

战国初年，在燕国的易水、魏国的北洛水和齐国的济水上，都有相当规模的堤防。黄河的堤防也是从战国时期开始。《汉书·沟洫志》记述西汉贾让对黄河堤防的概括:“堤防之作，近起战国，壅防百川，各以自利。齐与赵、魏，以河为境，赵、魏濒山，齐地卑下，作堤去河二十五里。河水东抵齐堤，则西泛赵、魏。赵、魏亦为堤去河二十五里。”[35]是说战国时期，黄河流经赵、魏、齐三国，位于河东的齐国地势较低，易受洪水之害，首先在离河二十五里处筑堤防洪。齐国有了堤防的保护，洪水威胁便转移到河西的赵国和魏国。于是，赵、魏也离河二十五里修筑堤防，保护各自的领土。各国堤防相邻的部分有着共同的利害关系，堤防也就逐渐相互衔接起来，形成比较连贯的黄河下游堤防。

堤防的系统修筑是防洪工程划时代的进步。河川堤防的系统修筑，加高了河岸，改变了河床的原始边界形态，改变了河流暴涨时河水溢出河床的自然漫流状况，相应加大了河道的过水断面和宣泄洪水的能力，从而提高了河道的防洪标准，大大减轻了洪水的危害。从此，堤防这一防洪工程逐渐成为人们与洪水斗争的基本手段。

修筑堤防，虽然可以提高防洪能力，但也带来了新的问题，特别是对于含沙量特大的黄河更是如此。

首先，筑堤之前，洪水四处漫溢，洪水挟带的泥沙分散淤积到河流两岸，对河道的影响不大。筑堤之后，洪水挟带的泥沙集中淤积在河床，河床逐年抬高，堤防也只好随之相应筑高。这样日积月累，最终导致黄河河床高于两岸，成为地上河，给防洪带来了新的课题。地上河示意图见图2－4。

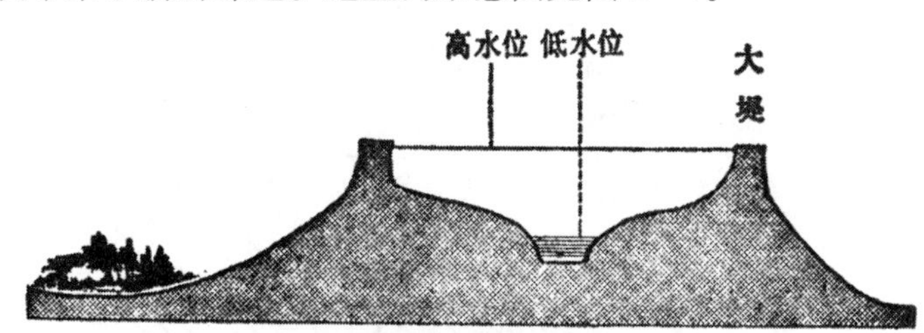

图2－4 地上河示意图

其次，筑堤之后泥沙集中淤积于河床，形成了肥沃的河滩地。洪水过后，河滩地退出水面，人们开始在堤内肥沃的河滩地上种植。为了保护河滩上的田地，人们又加筑堤埝围护，与水争地，从而逐渐缩窄河道，降低了河道的过水能力，反过来加重了洪水灾害。《汉书·沟洫志》记载了西汉贾让对此的描述：河滩地“填淤肥美，民耕田之。或久无害，稍筑室宅，遂成聚落。大水时至漂没，则更起堤防以自救，……今堤防狭者去水数百步，远者数里。”[35]人们逐渐在堤内“填淤肥美”之滩地耕田筑室，并加筑堤埝围垦，到西汉时黄河两岸堤防之间已由战国时的数十里，缩至数里，甚至数百步。

再次，在一个河段筑堤，加高了河岸，从而加大了本河段的过水断面和宣泄

洪水的能力，但又相应地加大了对下游河床和两岸的冲刷，因此也就加重了下游的防洪负担。

另外，筑堤以前河岸低，洪水发生时四处漫溢。堤防渐成系统后，虽减少了水灾发生的次数，但却抬高了河道的洪水位，一旦堤防溃决，洪水造成的灾害损失会更严重。战国时期水灾记载渐多，这也是一个重要的原因。

据今本《竹书纪年》记载，自周襄王三十年（公元前622年）到周威烈王五年（公元前421年）的二百年间，曾多次发生大洪水。如“（襄王）三十年（公元前622年），洛绝于泂”；“（敬王）二十八年（公元前492年），洛绝于周”；“（敬王）三十六年（公元前484年），淇绝于旧卫”；“（元王）六年（公元前470年），晋浍绝于梁。丹水三日绝不流”；“（贞定王）六年（公元前463年），晋河绝于扈”；“（威烈王）五年（公元前421年），晋丹水出，反击”[37]。所记水灾涉及黄河、洛水、丹水、浍水（汾水的支流），以及漳水等河流。“河绝”是指河流断水，当为上游决溢，水流改道所致。“反击”，《水经注·沁水注》引《竹书纪年》为：“相反击”[38]。

春秋战国时期，洪水灾害记载中最重要的一次是周定王五年（公元前602年）黄河的第一次大改道。关于这次改道，《汉书·沟洫志》引用王莽时大司空掾王横的话：“《周谱》云定王五年河徙，则今所行非禹之所穿也。”[35]

对黄河第一次大改道，历史上有不同的见解。《禹贡锥指》指出：“周定王五年河徙，自宿胥口东行漯川，右经滑台城，又东北经黎阳县南，又东北经凉城县，又东北为长寿津，河至此与漯川别行，而东北入海，水经谓之大河故渎。”[39]比较可信。

《中国水利史稿》（上册）根据《水经注》记载的“大河故渎”（王莽河），描述其行水路线大致为：经今河南的滑县、浚县、濮阳、内黄、清丰、南乐，河北的大名、馆陶，山东的冠县、堂邑、博平、清平、高唐、平原、德州，河北的吴桥、东光、南皮、沧县等县市境内，东入渤海[40]（见图2－5）。这次大改道一直维持了约六百年，直至王莽始建国三年（公元11年）黄河第二次大改道。

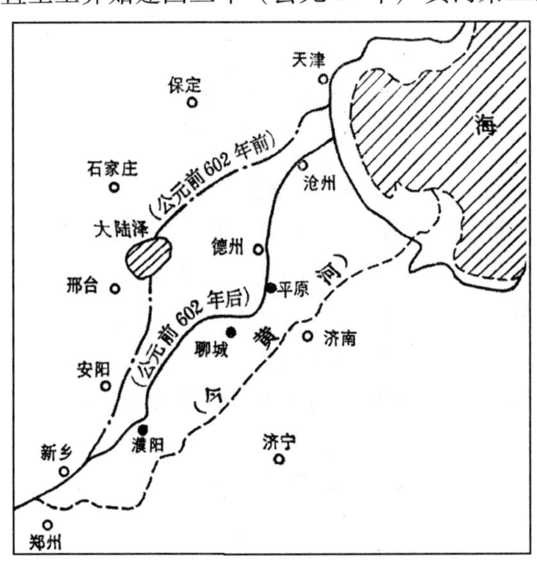

图2－5　黄河第一次大改道前后河道经行略图[40]

第三节 先秦时期防洪工程技术的初步成就

新石器时代与夏商周时期，人们在同洪水的斗争中，不断探索防治和减轻洪水灾害的途径和方法，开始逐渐认识河流洪水和河流泥沙。先秦文献中记载了当时人们对洪水和河流泥沙的认识，以及早期的堤防技术、埽工技术、城市防洪，以及防洪管理的内容。

一、对洪水和河流泥沙的初步认识

洪水灾害是我国最主要的自然灾害之一，自古以来就受到人们的关注，先秦文献中关于洪水和洪水决溢的记载反映出人们对洪水和洪灾的认识。

早在公元前3世纪，《吕氏春秋·爱类》就对洪水作了这样的描述："大溢逆流，无有丘陵、沃衍平原、高阜尽皆灭之，名曰鸿水。"[41]也就是说，河水暴涨，溢出河槽，淹没广大平原和丘陵，称之为鸿水（即洪水）。《尚书·尧典》描述传说中尧舜时期黄河流域发生特大洪水的形态及其对社会的严重危害，说："汤汤洪水方割，荡荡怀山襄陵，浩浩滔天，下民其咨。"[6]《孟子·离娄下》进一步描述了洪水发生的季节和洪峰的特点，说："七八月之间雨集，沟浍皆盈；其涸也，可立而待也。"[42]《史记·历书》解释周朝历法七八月相当于今阴历五六月。此时雨水集中，沟、河俱满。"可立而待"则指洪水陡涨陡落。从孟子所描述的洪水常发季节和洪峰陡涨陡落的特点可以看出，先秦时期已经有了伏秋大汛的认识。

古代对河流泥沙的认识也起源于春秋战国时期。对水流有清浊之分，古人早有认识和记录。《诗·小雅·谷风之什》曰："相彼泉源，载清载浊。"[43]战国时人解释河水变浊的原因是河流含有泥沙："夫水之性清，土者汩之，故不得清。"[44]《尔雅·释水》进一步解释了黄河之所以含沙量高的原因是沿途冲刷挟带了黄土泥沙："河出昆仑墟，色白，所渠并千七百一川，色黄。"晋代学者郭璞注解说："潜流地中，汨漱沙壤，所受渠多，众水溷淆，宜其浊黄。"[45]即黄河之浊是由于众支流挟沙汇入所致。

任何静止的水体都具有相对的势能，一旦具备适当的条件，势能将转化为动能，静止的水体就产生流动。同样，运动着的水体也可以在一定条件下将其动能转化为势能。春秋时期已经有人注意到水流具有动能和势能。杰出的军事家孙武说："激水之疾，至于漂石者，势也。"即从高处流下的水流迅猛，可以冲动河床中的巨石。又以决水之势比喻用兵之道："武之所论，假势利之便也，……而我得因高乘下建瓴，走丸转石，决水之势。"[46]战国末年，吕不韦也常用水流运动比喻："夫激矢则远，激水则悍"，"决积水於千仞之溪，谁能当者"[47]。说明当时已经知道水流具有动能和势能，一旦具备适当的条件，水流的势能可以转化为巨大的动能，运动着的水体也可以将动能转化为势能。

在对洪水、河流泥沙、水流运动认识的基础上，人们总结出利用水流冲淤和利用淤泥固堤的概念。《考工记·匠人》说："凡沟，必因水势；防，必因地势。善沟者，水漱之；善防者，水淫之。"[48]是指善于修水沟的人，要适当掌握水沟的坡

度和断面，利用“水漱之”，来冲去沟渠中的淤积。而善于筑堤的人，却要“水淫之”，利用水中的淤泥，来使堤防加厚而更加巩固。《管子·度地》也说：“夫水之性，以高走下则疾，至于漂石。”[49]是说高处水流的势能转化为疾速的动能，连石块都能冲走，何况泥沙。

春秋战国时期，各诸侯国之间的战争，常常利用积蓄水体的势能，然后决泄，以水代兵，攻淹敌军。《水经注·晋水》载，公元前457年，智伯在攻打晋阳（今山西太原）的战役中，“遏晋水以灌晋阳”。即筑坝拦截晋水，抬高上游水位，用水灌晋阳城，以致“城不没者三版”[50]。就是利用水流的势能转换为动能进行水攻。

由于黄河下游河床淤积，渐成地上河，有高于平地的地势可以利用，因此，以水代兵的战例在黄河下游被更多地运用。《水经注·河水》引《竹书纪年》：“梁惠成王十二年（公元前359年），楚师出河水，以水长垣之外。”[51]楚国攻打魏国，曾决黄河堤，以水淹长垣城（在今河南长垣东北）。《史记·赵世家》载：肃侯“十八年（公元前332年），齐、魏伐我，我决河水灌之，兵去。”[52]齐、魏联合攻打赵国，赵国决开黄河南岸堤，借助黄河水打退了齐、魏的进攻。又载：惠文王“十八年（公元前281年），秦拔我石城。王再之卫东阳，决河水，伐魏氏。”[52]赵国又决开黄河堤，水淹魏军。《史记·秦始皇本纪》载，秦王政“二十二年（公元前225年），王贲攻魏，引河沟灌大梁，大梁城坏，其王请降。”[36]秦国大将王贲攻打魏国，决河沟，引河水灌魏国都城大梁（今河南开封）。

此外，汾河、漳水等河流也都曾被用作各诸侯国之间进行战争的工具。当时因水攻的普遍，甚至出现了如《墨子·备水》这样关于水攻的专著。

春秋战国时期还提出了滞洪的概念。《管子·度地》载：“地有不生草者，必为之囊。大者为之堤，小者为之防。夹水四道（导），禾稼不伤，岁埤增之，树以荆棘，以固其地，杂之以柏杨，以备决水。”[49]是指在春天，草木不生的低洼地应辟为“囊”，四周用堤防围护起来，以增大容蓄洪水的能力。一旦春夏汛至，可蓄纳河流的“决水”，起到滞洪的作用，以减轻农田禾稼的损失。另外，种植荆棘和柏杨树，不仅可以护堤固地，而且可以消浪减冲，加强滞纳决水的效果。“囊”当类似为今天的滞洪区。

二、早期的堤防技术

共工氏“堕高堙卑”，是兴建类似护村围堤的挡水建筑，不能称之为堤防。堤防应指沿江河两岸所修筑用以规范河流经行的防洪建筑。堤防改变了河床的边界条件，可提高河道的容蓄能力，从而提高了防洪标准。早期的堤防技术主要体现在施工技术、断面设计和管理制度上。

（一）堤防施工技术

古代用土来填筑堤防，但只有取用适合于建造堤防的土料，并采用适当的技术施工，才能发挥挡水的作用。春秋战国时期，人们已经认识到土料含水量对堤防填筑质量的影响，以及在不同季节土壤含水量的差异及其与施工质量的关系。

《管子·度地》在论述堤防施工的合理季节时说：“春三月，天地干燥，水纠裂

之时也。山川涸落，天气下，地气上，万物交通，故事已，新事未起，草木荑，生可食。寒暑调，日夜分。分之后，夜日益短，昼日益长，利以作土功之事，土乃益刚。”指出夏历“春三月”是堤防施工的最好时机。这个季节“故事已，新事未起”，正好利用农闲时节施工。“山川涸落”，汛期未到，正好修筑堤防。“天地干燥”，土料的含水量比较适宜，筑堤后“土乃益刚”。而在当时的社会生产条件下，其他季节则“不利作土功之事”。“夏三月”正农忙，修筑堤防占用劳力多，会“放（妨）农，利皆耗十分之五”。“秋三月”，土壤含水量大，不宜夯筑，“濡湿日生，土弱难成，利耗十分之六”。“冬三月”，“大寒起”，“土刚不立”，取土困难，难以捣实〔49〕。

可见，当时对土料的工程特性和填筑质量的关系，已经有较深入的认识，并认为控制土料含水量是提高填筑质量的关键。含水量对夯筑质量的影响已为现代土力学实验所证明。由击实曲线可以看出，粘性土的干容重随含水量的增大而增加；当达到最优含水量时，土粒周围的水膜较厚，粒间粘结较弱，容易击实；但若含水量继续加大，水膜太厚，则容易阻塞击实时粒间气体的逸出，反而不易击实。

有了适宜含水量的土料，还必须加以夯实，以增加土体的紧密度和干容重，从而保证土体的抗渗透能力和抗倾覆的稳定性。古代常用的夯实工具有夯、硪、杵等。1956 年，在湖南长沙曾发掘出战国时期的器物，其中有铁夯锤，口大底略小，直径约 5.4 厘米，长约 1.25 厘米，上端有圆孔，可装木柄〔53〕。1977 年，在河南登封告成王城岗遗址（位于嵩山南麓，地处颍水和五渡河交会处）发现两个小型城堡的夯土墙基，其年代测定为距今 4010 ± 85 年，是约当或稍早于夏朝开国年代夯实的建筑物〔54〕。

掌握堤防横断面的合理形状及边坡陡缓的程度，是保证堤防抗滑稳定和渗透稳定的又一个重要因素。《管子·度地》提出，堤防横断面要做成“大其下，小其上”的梯形〔49〕。《考工记·匠人》说明了梯形两腰的坡度：“凡为防，广与崇方。其閷叁分去一，大防外閷。”〔48〕东汉人郑玄注释这段文字说：“崇，高也；方，犹等也；閷者，薄其上。”〔48〕意思是说，修建堤防，一般堤高和底宽应大致相等，上窄下宽收分，取 3:1 的边坡。“大防外閷”是说较高的堤防，其边坡要比 3:1 的坡度缓。《尔雅》将高大的堤防称作“坟”。

若按此解释，所筑堤防过于陡峻，既不易施工，又难以稳定。《中国水利史稿》（上册）认为，若将“广”解释为堤顶宽，“叁分去一”解释为堤两面坡度的总合，即每边的边坡都分别为 1:1.5，就比较合理了〔55〕。后代，堤防边坡有逐步变缓的趋势。清代，黄河缕堤临水面的边坡用 1:4，背水面用 1:2；而遥堤和格堤内外边坡均用 1:3。

筑堤需要测量技术。《庄子·天道篇》提到：“水静则明烛燃眉，平中准，大匠取法焉”〔56〕，说的就是水准测量的道理。大禹治水时采用“准绳”、“规矩”等基本测量工具，“随山刊木”，在树木上刻画标记，进行原始的水准测量，以“定高下之势”。春秋战国时期堤顶高程的确定，大都是依据以往洪水涨落的经验来判断。据《晏子春秋》记载，有一年齐景公登上临淄城东门的堤防视察，看到堤防

高大陡峻，牛车和马车都不能运土料上堤，全凭修堤民工穿着单衣往上挑土。景公问晏婴，为什么不将堤防降低六尺。晏婴回答说，早年堤防比现在低六尺，淄水涨水曾自广门入城，于是齐桓公把堤防加高了六尺。晏子认为要“重变古常”[57]，对待古的常法要慎重，不宜轻言变更。

（二）堤防管理制度

1．堤防施工管理

堤防施工往往是千百人的集体劳动，必须有明确的条例加以约束和协调。《管子·度地》详细记载了春秋战国时期堤防施工的管理制度，并要求委派懂水利技术的人主持施工。

对于从事堤防施工的人员，都要按不同工种和人数配置相应的劳动工具和生活器具。《管子·度地》具体记载了民工需要准备修河筑堤的工具情况：“案行阅具备水之器，以冬无事之时，笼锸版筑各什六，土车什一，雨蓋什二，食器两具，人有之，锢藏里中，以给丧器。”[49]其中“版筑”的“版”是筑堤用的模板。东汉末年许慎《说文解字》解释：“筑，捣也”，即人力捣实。相传商代贤者傅说擅长用版筑法建造土墙和养牛，后被用为相，遂派生出“版筑饭牛”的成语。冬季河工要事先准备好筐、锹、版、夯、土车、棚车、食具等施工工具和生活用具，准备好防汛的柴草等埽料；各种工具配备要有一定比例，以便组织劳力，提高工效，并要预留储备，以替换劳动中损坏的工具。工具和器材准备好后，要接受水利官员和地方官吏的联合检查，并制定有相应的奖惩制度。

对于筑堤、挖河等需要大量劳动力的工种，《周礼·冬官·匠人》规定：“凡沟防，必一日先深之以为式，里为式，然后可以傅众力。”[48]是说，为了更好地发挥大家的作用，在工地施工之前，先要做出一个标准的样板断面，并进行施工放线。这种样板断面，每一里要有一个，便于随时参照，以保证施工进度和质量。

2．堤防维护管理

堤防的维护管理在春秋战国时期已受到重视，并设置了专门的官员负责。“常令水官之吏，冬时行堤防。可治者，章而上之都。都以春少事作之。已作之后，常案行。堤有毁，作大雨，各葆其所可治者趣治。以徒隶给大雨，堤防可衣者衣之，冲水可据者据之，终岁以毋败为固。此谓备之常时，祸从何来？”[49]冬天，水官要巡视堤防，将需要维修的地方上报。维修施工一般安排在春耕以前。春耕以后要经常巡视，发现堤防损毁，随时派囚犯维修。堤防临水面要种草植树，防止水流冲刷。水流顶冲的地段，应修建专门的防护工程。只要平时悉心养护和维修，堤防就不会出问题。

堤防建成后既要受风吹雨淋的剥蚀，风浪的冲刷，还要受到穴居动物的侵害，特别是白蚁和獾鼠洞穴是堤防之大害。相传战国初年，水工专家白圭尤以擅长识别和堵塞堤防上的动物洞穴著称。《韩非子·喻老》载：“千丈之堤，以蝼蚁之穴溃，……白圭之行堤也，塞其穴，……是以白圭无水难。”[58]形象地描述了白圭能准确发现并堵塞白蚁和蝼蛄的洞穴，保证堤防的质量。

三、埽工技术

埽是中国特有的一种用树枝、秫秸、草和土石卷制捆扎而成的水工构件，主

要用于构筑护岸工程或抢险堵口。单个的埽又称为捆、埽由等，多个埽叠加连接构成的建筑物则称为埽工。埽工在我国已有两三千年的历史，主要用于黄河等多沙河流上，是我国古代防洪工程技术的一个创造。

用埽工构筑护岸工程最迟始于春秋战国，称之为“据”，其名称历代有所不同。《管子·度地》载:“堤防可衣者衣之，冲水可据者据之，终岁以毋败为固。”[49]其中“衣”，大约是在堤上种树植草，防止雨刷风蚀；而“据”则是用以对付水流冲刷的，应为护岸险工。

春秋战国时期，堤防溃决时用来堵口的埽工称为茨防。《慎子·逸文》记载：“法非从天下，非从地出，发于人间，合乎人心而已。治水者，茨防决塞，九州四海相似如一，学之于水，不学之于禹也。”[59]“茨”是芦苇、茅草类的植物，可用来苫盖屋顶。当时就用“茨”制成堵口工具，来堵塞堤防的决口。慎到所说的“法”，泛指方法，制度。他认为法是客观规律的总结，因此才可能被普遍采用。可见，春秋战国时期的埽工已经普及。

四、早期的城市防洪排水

城市是国家政治经济活动的中心，是人口比较集中的地方。早在春秋战国时期，人们对城市的选址和防洪的关系就有一定的认识。《管子·乘马》指出:“凡立国都，非于大山之下，必于广川之上。高毋近旱，而水足用；下毋近水，而沟防省。”[60]提出了选择城址的基本条件是既要防洪，又要防旱。齐国临淄城（在今淄博市东北）的城址选择正与上述要求相吻合。临淄城位于淄水冲积扇前沿，东依淄水，西靠系水，南枕牛山和稷山，北临广阔平原。城内地面高程一般在四五十米之间，既有利于城市污水排放，也不致受洪水侵袭[61]。

《管子·度地》也指出城市所在地应该水脉通畅，既便于取水，又能排水，水道相通，直注大江大河:“故圣人之处国者，必于不倾之地，而择地形之肥饶者，乡山左右，经水若泽，内为落渠之泻，因大川而注焉。”[49]“乡山左右，经水若泽”是说城址要依山傍水。又指出，城址选好后要先建城郭，城郭之外要考虑设置防洪堤和排水沟:“归地之利，内为之城，城外为之郭，郭外为之土阆。地高则沟之，下则堤之，命之曰金城。”[49]“地高则沟之”，是在高地挖沟，便于排水；“下则堤之”，低地筑堤，利于防洪。《管子·天问》进一步指出:“若夫城郭之厚薄，沟壑之浅深，门闾之尊卑，宜修而不修者，上必几之。”[62]强调城市防洪、引水和排水是国家之要务，君主应该亲自过问。

墙与沟是早期排水及防洪的设施。考古发掘表明，下水管道的敷设至迟不晚于殷商时期。河南偃师尸乡沟商代城址（见图2－6），由内城、外城和宫城组成，有石砌排水暗沟由东城门通向城外[63]。

春秋战国时期，诸侯国的都城中开始出现由排水管—排水渠—护城河构成的城市防洪排水工程。如楚国纪南城虽然只有一重城墙，但却有多级防洪排水系统。

湖北荆州市境内的楚国郢都遗址是迄今已发现我国南方最大的一座古都城。楚国郢都遗址在今荆州城北五公里的纪山之南，后人称之为纪南城。公元前689年，楚文王即位，迁都于此。公元前278年，秦将白起攻楚拔郢，楚国都徙于陈

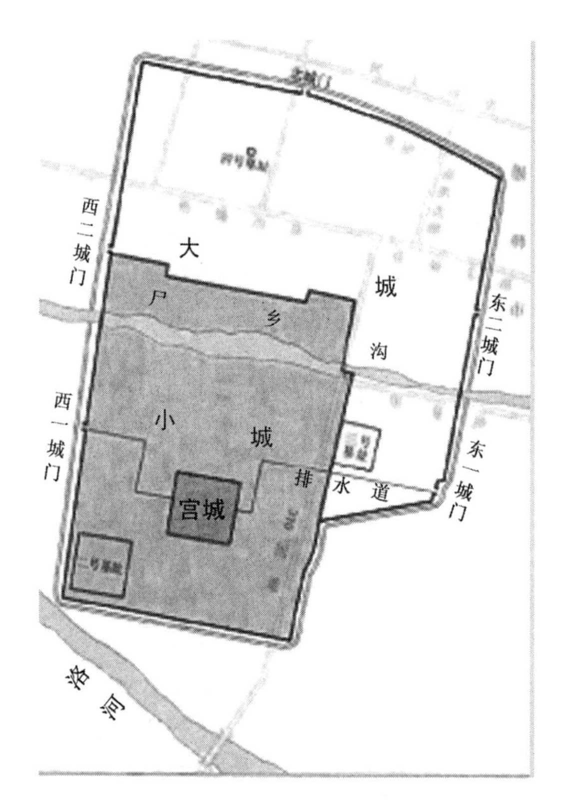

图 2-6　河南偃师尸乡沟商城遗址示意图[63]

（今河南淮阳）。郢都经历了楚国 22 代 411 年。

纪南城南临长江荆江河段，城北五十里处有纪山，城西约五里处有南北走向的八岭山，长江支流沮漳河沿山之西麓由北向南注入长江，城东垣外为一片湖泊。纪南城遗址位置示意图见图 2-7。

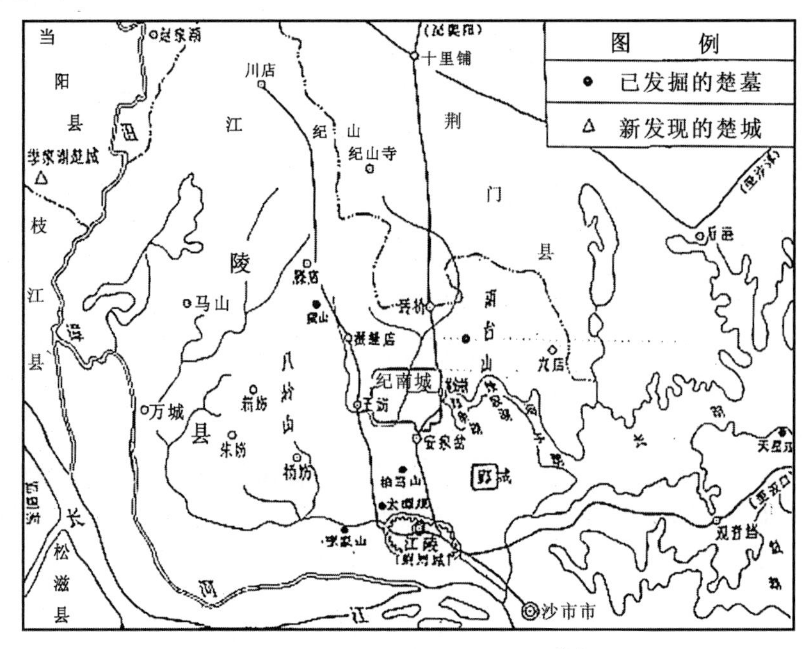

图 2-7　纪南城遗址位置示意图[64]

纪南城地势从西北向东南略为倾斜，自西北而来的山溪河水进入纪南城，为城市提供了水源，也带来了山洪。据对纪南城的勘察[64]，有朱河、新桥河、龙桥河三条主要的古河道穿城垣水门进入城内。朱河由北垣东边水门入城后南流。新桥河自城外西南角沿南垣东流，由南垣西边水门入城后向北流。两河在城中部的板桥处汇合成龙桥河，折向东流，从东垣的龙会桥出城，注入邓家湖。纪南城排水系统示意图见图2－8。

图2－8　纪南城排水系统示意图[64]

城垣上已确认的水门有两座：北垣东边水门和南垣西边水门。水门的主体建筑系四排四十根木柱直立而成，每排十根，形成三道门。据推测，东垣偏北龙桥河出城的古河道上应还有一座水门，但已无法探明。城垣外有绕城一周的护城河[64]。

纪南城受到来自区间暴雨汇流的山溪洪水的威胁，构筑了内外相通的排水系统。朱河、新桥河、龙桥河三条古河道作为城市排水系统的主干道，其他河沟水均汇入主干道，通过城垣水门与城外护城河相连，东流出城，注入邓家湖。城墙作为城市防洪的外围屏障，护城河则是蓄滞和排泄洪水的调节水域。

在纪南城内陈家台遗址的发掘中发现有散水和水沟的残迹[65]。夯土台基处有宽约2米用碎瓦片铺砌的散水建筑，有的瓦片竖立着，排列有一定规律，方向与台基平行。散水南边有一条宽2米、深1.8米的大排水沟。这些散水（即排水管道）和排水沟的发现，说明了楚都纪南城内由排水道—排水沟—城内河道—城垣水门—护城河构筑了多级防洪排水系统，将城内的洪水和污水逐级汇入河道后排出城外。

五、防洪管理

古代防洪工程一般规模较大，往往需要投入大量的人力、物力、财力。防洪工程效益的发挥，也涉及众多地区和部门的利益。早在先秦时期，就已经有了早期的防洪管理体系、防洪法规和修防制度。

古代的防洪管理体系包括在水行政管理体系之中，缘于新石器时代部族首领的治水和管水。中国古代官制中，水官的设置是最早的。先秦时期，中央官制实行诸侯分封制下的公卿制。西周以天、地、春、夏、秋、冬六官，分四司、宰、伯职掌天下。天官冢宰、地官司徒、春官宗伯、夏官司马、秋官司寇、冬官司空，号称“六卿”。其中，冬官司空为水官，负责防洪工程的兴建和管理。

春秋战国时期，防洪工程的兴建和管理也是司空的职责。齐桓公与管仲论除五害之道，管仲言及设置水官及其职责：“请为置水官，令习水者为吏。大夫、大夫佐各一人，率部校长官佐各财足；乃取水（官）左右各一人，使为都匠水工，令之行水道，城郭堤川沟池、官府寺舍及洲中当缮治者，给卒财足。”[49]是说，水官应由懂水利的人出任；水官可设四人，二人掌管经费，二人率领水工，督导兴筑。管仲在这里提出了水部门管理及职官的概念。《管子·立政》又说：“决水潦，通沟渎，修障防，安水藏，使时水虽过度，无害于五谷，岁虽凶旱，有所分获，司空之事也。”[66]这些任务也是以司空为长官的部门在防洪和水利兴作方面职能的概括。

防洪是一项关系到公众生活的公益事业，必须由政府组织协调。洪水来势迅猛，自古防洪、防汛就具有准军事化的特征，需要法制管理以应付紧急变故。春秋时期，列国争霸，经常修筑作为战争手段的拦河坝和堤防，甚至决堤放水，淹灌敌国。所以在诸侯国的盟约中，明令禁止这种以邻为壑的行为。如公元前651年在葵丘之会上订立的盟约，盟约中有“无曲防”的条款。《春秋·谷梁传》说，这是“壹明天子之禁”[67]，即重申天子的禁令，可见，在更早一些的西周时代已有这种法令。

防洪作为公益性事业，修防经费一般以政府开支为主。同时，防洪直接保护了洪泛区居民的生命财产安全，所以，洪泛区居民也有承担防洪的义务。先秦时期，这种义务多以服河工劳役和交纳物料的形式来体现。《管子·度地》载：“常以秋岁末之时阅其民，案家人，比地定什伍口数，别男女大小，其不为用辄免之，有锢病不可作者疾之，可省作者半事之，并行以定甲士当被兵之数，上其都。”[49]服劳役的民工从百姓中征调，每年秋季按当地人口和土地面积摊派，并区别男女及劳力强弱分别等级，造册上报官府，服劳役的可代替服兵役。《管子·度地》还具体记载了冬季从事修防的民夫，要自带修河筑堤的筐、锹、版、夯、土车、棚车、食具等施工工具和生活用具，以及防汛的柴草等埽料。

第四节　先秦典籍有关洪水与治水的记述

《尚书·禹贡》、《周礼·职方氏》等先秦文献记述了早期的治水活动。先秦文献对洪水与洪水特性、河流泥沙与水流运动也有较准确的描述，有的还提出了很好的见解。如：经史中的《左传》、《国语》和《尔雅》，诸子中的《管子》、《吕氏春秋》和《淮南子》等。科技著作中的《周髀算经》、《九章算法》，也包含有水利工程的内容。

大禹治水的传说流传最广，凡先秦典籍几乎都有涉及，其中最集中也最系统的当为《尚书·禹贡》。《尚书·禹贡》全篇分三段。首先，分述九州的土质、贡赋、特产、泽薮、水道；其次，重点描述主要的山脉及全国江河源流，而叙述黄河流域尤为详细且较为可靠；最后，说明四海一统后各地区的行政特征。汉代曾有图，后散失。司马迁根据《尚书·禹贡》写成《夏本纪》，记述大禹治水的事迹。班固将其采入《汉书》，作为《地理志》的绪论。《尚书》被后人尊为六经之一，《尚书·禹贡》受到历代学术界的重视，研究的人很多，成为研究地理和水利的经典之作，对后世治水影响深远。另一方面，又有人将《尚书·禹贡》所记述的大禹治水的方法，称为“经义治水”，奉为必须遵循、不得更改的治河经典，对后世治河又带来了一定的影响。解释《禹贡》的著作，以清代胡渭的《禹贡锥指》最为有名，该书以《禹贡》为纲，叙述后世的水道和水利。

《周礼·职方氏》是《周礼》中的一篇。《周礼》以官制为纲，叙述官吏职掌，是讲典章制度的书。“职方氏”是掌“天下之图”的官。《周礼·职方氏》扼要记述了全国的山川、泽薮、水利、物产、人口及男女比例等，从中可以看出先秦水土资源开发的情况。其中，《考工记·匠人》描述了利用水流冲淤和利用淤泥固堤。该书设想的行政区划大致同于《禹贡》。注释《周礼》比较好的是清代孙诒让的《周礼正义》。

《左传》多涉及水灾及当时的一些水利情况。《国语·周语下》太子晋的议论是一篇好的古代治水方略。

《管子·度地》总结了不少关于修筑堤防的经验认识。在论述堤防施工的合理季节时，提到土料含水量对堤防填筑质量的影响，在不同季节土壤含水量的差异及其与施工质量的关系；对堤防横断面的基本要求和修河筑堤所需准备的工具都作了具体说明。《管子·水地》讲到水质与人的关系。《管子·地员》涉及地下水的知识。

《孟子·离娄下》描述了洪水发生的季节和洪峰的特点。《吕氏春秋·爱类》描述了洪水的定义。《吕氏春秋·圜道》及高诱注中已有水循环的概念。

《淮南子·地形训》记述山水和《山海经》相近。《吕氏春秋·有始览》简略记述了主要的山、水、泽，也夹杂神话。《尔雅·释地》和《尔雅·释水》也有一些关于古水道的记载。

《山海经》是一部最古老的地理书，内容不是同一时代的著作，是将古代传说、神话、史实融合在一起，后人还附会或掺入了一些汉代的资料。书中多有夸

张的描述和神话的手法。现存的十八卷本是汉人编辑，晋人郭璞作注。版本以清人郝懿的《山海经笺疏》较好。原书有图，晋以后散失。十八卷中前五卷为《五藏山经》，分述南、西、北、东四方与中央的山脉和出山之水，以及动植物、矿产等。后十三卷包括《海外经》四卷、《海内经》四卷、《大荒经》四卷、《海内东经》一卷，叙述海内外各地的山水、生物、传说和神话。其中《海内东经》叙述了不少河流原委，夹杂了一些后人的注解。

参考文献

〔1〕《诸子集成》第7册，刘安著，高诱注:“淮南子注”，卷六“览冥训”，第95页，上海书店出版社，1986年。

〔2〕武汉水利电力学院、水利水电科学研究院：《中国水利史稿》上册，第37页，水利电力出版社，1979年。

〔3〕徐旭生：《中国古史的传说时代》第二章“我国古代部族三集团考”，第48页，文物出版社，1985年。

〔4〕《诸子集成》第5册，戴望:“管子校正”，卷二十三“揆度”，第384页，上海书店出版社，1986年。

〔5〕《国语》卷三“周语下”，第103页，上海古籍出版社，1988年。

〔6〕清·阮元:《十三经注疏》上册，“尚书正义”，卷二“虞书·尧典”，第122页，中华书局影印出版，1980年。

〔7〕清·阮元:《十三经注疏》上册，“春秋左传正义”，卷四十八“昭公十七年至十九年”，第2083页，中华书局影印出版，1980年。

〔8〕《诸子集成》第1册，焦循:“孟子正义”，卷五“滕文公上”，第219页，上海书店出版社，1986年。

〔9〕《国语》卷四“鲁语上”，第166页，上海古籍出版社，1988年。

〔10〕《诸子集成》第7册，刘安著，高诱注:“淮南子注”，卷一“原道训”，第5页，上海书店出版社，1986年。

〔11〕《史记》卷二“夏本纪”，中华书局，1959年。

〔12〕《诸子集成》第5册，韩非著，王先慎集解:“韩非子集解”，卷十九“五蠹”，第340页，上海书店出版社，1986年。

〔13〕清·阮元:《十三经注疏》上册，“尚书正义”，卷五“益稷”，第143页，中华书局影印出版，1980年。

〔14〕战国·佚名，东汉·赵君卿注:《周髀算经》卷上，第2页，南宋嘉定六年传刻本。

〔15〕清·阮元:《十三经注疏》上册，“尚书正义”，卷六“夏书·禹贡”，第146～152页，中华书局影印出版，1980年。

〔16〕长江流域规划办公室:《长江水利史略》，第23页，水利电力出版社，1979年。

〔17〕《诸子集成》第7册，刘安著，高诱注:“淮南子注”，卷十九“修务训”（注与正文），第332页，上海书店出版社，1986年。

〔18〕《诸子集成》第4册，孙诒让:“墨子闲诂”，卷四“兼爱中”，第69页，上海书店出版社，1986年。

〔19〕姚汉源:《中国水利史纲要》，第23页，水利电力出版社，1987年。

〔20〕清·严可均:《全上古三代秦汉三国六朝文》第1册，卷五十三，杨雄:“蜀王本纪”，

第414页，中华书局，1965年。

〔21〕北魏·郦道元：《水经注》（王先谦校本），卷三十三“江水注”，第522页，巴蜀书社，1985年。

〔22〕晋·杜预注：《春秋左传注疏》卷四十一“昭公元年”，第32页，文渊阁《钦定四库全书》，武汉大学出版社电子版。

〔23〕武汉水利电力学院、水利水电科学研究院：《中国水利史稿》上册，第40页，水利电力出版社，1979年。

〔24〕《诸子集成》第7册，陆贾：“新语·道基”，第1页，上海书店出版社，1986年。

〔25〕《诸子集成》第5册，韩非著，王先慎集解：“韩非子集解”，卷五“饰邪”，第91页，上海书店出版社，1986年。

〔26〕袁珂校注：《山海经校注》，卷十八“海内经”，第472页，上海古籍出版社，1980年。

〔27〕周魁一：“先秦传说中的大禹治水及其含义的初步解释”，载《武汉水利电力学院学报》，1978年第3~4期。

〔28〕清·阮元：《十三经注疏》上册，“尚书正义”，卷八“商书·咸有一德”，第167页，中华书局影印出版，1980年。

〔29〕方诗铭、王修龄：《古本竹书纪年辑证》，王国维：“今本竹书纪年疏证”卷上，第222、206~207页，上海古籍出版社，1981年。

〔30〕清·阮元：《十三经注疏》上册，“尚书正义”，卷九“盘庚中”，第170页，中华书局影印出版，1980年。

〔31〕武汉水利电力学院、水利水电科学研究院：《中国水利史稿》上册，第47~48页，水利电力出版社，1979年。

〔32〕《国语》卷一“周语上”，第9页，上海古籍出版社，1988年。

〔33〕《诸子集成》第5册，戴望：“管子校正”，卷九“霸形”，第140~141页，上海书店出版社，1986年。

〔34〕《诸子集成》第1册，焦循：“孟子正义”，卷十二“告子下”，第497页，上海书店出版社，1986年。

〔35〕周魁一等：《二十五史河渠志注释》，“汉书·沟洫志”，第30~34页，中国书店，1990年。

〔36〕《史记》卷六“秦始皇本纪”，中华书局，1959年。

〔37〕方诗铭、王修龄：《古本竹书纪年辑证》，王国维：“今本竹书纪年疏证”卷下，第270~277页，上海古籍出版社，1981年。

〔38〕北魏·郦道元：《水经注》（王先谦校本），卷九“沁水注”，第522页，巴蜀书社，1985年。

〔39〕清·贺长龄、魏源等：《清经世文编》下，卷九十六“工政二”，胡渭：《禹贡锥指》，第2346页，中华书局，1992年。

〔40〕武汉水利电力学院、水利水电科学研究院：《中国水利史稿》上册，第57~58页，水利电力出版社，1979年。

〔41〕《诸子集成》第6册，高诱注：“吕氏春秋”，卷二十一“开春论·爱类”，第283页，上海书店出版社，1986年。

〔42〕《诸子集成》第1册，焦循：“孟子正义”，卷八“离娄下”，第332页，上海书店出版社，1986年。

〔43〕清·阮元：《十三经注疏》上册，“毛诗正义”，卷十三“小雅·谷风之什”，第462页，中华书局影印出版，1980年。

〔44〕《诸子集成》第6册，高诱注:“吕氏春秋”，卷一“孟春纪·本生”，第6页，上海书店出版社，1986年。

〔45〕清·阮元:《十三经注疏》上册，“尔雅注疏”，卷七“释水”，第2620页，中华书局影印出版，1980年。

〔46〕《诸子集成》第6册，曹操等注:“孙子十家注”，卷五“势”，第71页，上海书店出版社，1986年。

〔47〕《诸子集成》第6册，高诱注:“吕氏春秋”，卷十六“先识览·察微”，第195页，上海书店出版社，1986年。

〔48〕清·阮元:《十三经注疏》上册，“周礼注疏”，卷四十二“冬官·考工记·匠人”，第933页，中华书局影印出版，1980年。

〔49〕《诸子集成》第5册，戴望:“管子校正”，卷十八“度地”，第303～305页，上海书店出版社，1986年。

〔50〕北魏·郦道元:《水经注》（王氏合校本）卷六“晋水注”，第161页，巴蜀书社，1985年。

〔51〕北魏·郦道元:《水经注》（王氏合校本）卷五“河水注”，第124～125页，巴蜀书社，1985年。

〔52〕汉·司马迁:《史记》卷四十三“赵世家”，中华书局，1959年。

〔53〕《建筑史专辑》编辑委员会:《科技史文集》第7辑，单士元:“夯土技术浅谈”，上海科学技术出版社，1981年。

〔54〕文物编辑委员会:《文物考古工作三十年》，河南省博物馆:“河南文物考古工作三十年”，第274页，文物出版社，1979年。

〔55〕武汉水利电力学院、水利水电科学研究院:《中国水利史稿》上册，第110页，水利电力出版社，1979年。

〔56〕《诸子集成》第3册，王先谦注:“庄子集解”，卷四“天道”，第81页，上海书店出版社，1986年。

〔57〕《诸子集成》第4册，张纯一:“晏子春秋校注”，“内篇杂上第五·景公欲堕东门之堤晏子谓不可变古”，第129页，上海书店出版社，1986年。

〔58〕《诸子集成》第5册，王先慎集解:“韩非子集解”，卷七“喻老”，第119页，上海书店出版社，1986年。

〔59〕《诸子集成》第5册，慎到撰，钱熙祚校:“慎子逸文”，第12页，上海书店出版社，1986年。

〔60〕《诸子集成》第5册，戴望:“管子校正”，卷二十一“臣乘马”，第350页，上海书店出版社，1986年。

〔61〕刘敦愿:“春秋时期齐国故城的复原与城市布局”，载《历史地理》创刊号，1981年，第157页。

〔62〕《诸子集成》第5册，戴望:“管子校正”，卷九“天问”，第148页，上海书店出版社，1986年。

〔63〕叶万松主编:《中国文物事业五十年1949—1999年》，“中国古代城市的考古勘探与发掘”，第26页，朝华出版社，1999年。

〔64〕湖北省博物馆:“楚都纪南城的勘察与发掘（上）”，载《考古学报》1982年第3期，第325页。

〔65〕湖北省博物馆:“楚都纪南城的勘察与发掘（下）”，载《考古学报》1982年第4期，第477页。

〔66〕《诸子集成》第5册，戴望:“管子校正”，卷一“立政”，第11页，上海书店出版社，1986年。

〔67〕清·阮元:《十三经注疏》上册，“春秋谷梁传”，卷八“僖公六年至十八年”，第2396页，中华书局影印出版，1980年。

第三章　秦汉时期黄河水患与治理成就

秦汉时期是我国封建社会巩固和发展的重要时期，封建经济文化的高速发展与当时水利的大发展密切相关。政治的统一，为组织防洪治河提供了有利条件。黄河中下游地区的不断开发，也对黄河防洪提出了更高的要求。

秦灭六国，建立了中国历史上第一个大一统的封建帝国。政治上的统一，不仅为统一文字、度量衡，修筑驰道、长城等事业创造了必要条件，也为水利事业的进一步发展开辟了新的前景。秦在战国时期各诸侯国分段修筑堤防的基础上，可能对黄河堤防进行了统一整治。秦始皇三十二年（公元前215年）东游碣石时，曾刻石纪颂统一的功德，特别指出："初一泰平，堕坏城郭，决通川防，夷去险阻。"[1]"决通川防，夷去险阻"，即改建不合理的堤防，使旧有的险工段化险为夷。

汉代重农耕，黄河下游地区得到进一步的开发，黄河下游的堤防系统逐步完整。尤其是黄河下游流经的河内郡（治今河南武陟）、东郡（治今河南濮阳）、魏郡（治今河北临漳）的险工段，两岸有系统大堤，险工段用砌石修筑而成。有了堤防的保护，又有水运的便利条件，黄河下游冲积平原成为富庶的农业经济区。

黄河从周定王五年（公元前602年）第一次大改道到王莽始建国三年（公元11年）第二次大改道，其间经过了六百余年。前半期黄河比较安定，到西汉才开始有明确的决溢记载。西汉二百多年间，见于记载的决口泛滥共十余次。西汉时期最为著名的两次堵口工程是在瓠子所进行的堵口和由王延世主持的堵口。汉武帝亲率瓠子堵口，揭开了西汉治黄的序幕。王延世堵口采用竹笼装石法，开创了立堵之先河。

西汉末年，黄河河床泥沙淤积日渐加剧，河道逐渐淤成高于堤外的"悬河"，黄河决口频繁，关于黄河水灾的记载明显增多，治黄思想十分活跃，治黄技术也有较大发展。治黄思想以西汉末年贾让的治河三策最为著名。治黄技术则以东汉初年的王景治河最为成功，从此开创了黄河史称"八百年安流"的局面。

秦汉时期大规模的防洪工程建设，推动了河工技术的进一步发展和治河思想的活跃，使这一时期成为中国防洪史上的一个重要发展阶段。

第一节　汉代治黄思想的大讨论

从战国时期开始，黄河两岸陆续修建了系统的长堤，黄河开始被约束在固定的河床之内，由沧州一带入海，稳定流行了三百多年。至西汉后期，河道形势恶化，决溢频繁，如何减少堤防溃决对黄河中下游富庶地区造成的危害，并阻止因

堤防决口而发生黄河大改道，成为朝野关心的大事。随着治河经验的积累和治河实践的深入，人们对黄河的认识逐渐加深。在社会经济和科学技术发展的基础上，治河理论和河工技术有了明显的进步。西汉中后期，探索治河方法的人越来越多。特别是成帝至王莽的三四十年间，各种治河思想活跃，在朝廷推动下，出现了许多治河主张。

一、对后世影响较大的几种治黄主张

据贾让记述，西汉后期黄河河道的主要问题是：①长期以来大量围垦堤内河滩地，使两岸堤防之间的河道显著缩窄；②盲目围垦导致河线弯曲迂回，阻碍泄水；③河床逐年淤积，明显高于两岸地面，形成地上河。针对这些问题所造成的严重河患，相应的治理主张讨论十分热烈，其中对后世影响较大的主要有改道、分疏、筑堤、滞洪、水力刷沙等治河主张。

（一）改道说

改道说是鉴于黄河河道已严重淤塞成为地上河，建议改行新河。改道的方案有三，最早提出黄河人工改道设想的是汉武帝时的齐人延年。

汉武帝太始年间（公元前96年至前93年），延年第一次提出了黄河大改道的主张："河出昆仑，经中国，注渤海，是其地势西北高而东南下也。可案图书，观地形，令水工准高下，开大河上领，出之胡中，东注之海。如此，关东长无水灾，北边不忧匈奴，……此功一成，万世大利。"[2] "准高下"，即进行渠线水准测量。"上领"，晋灼注曰："上领，山头也。"

延年认为，将黄河从内蒙古后套取直导向东流，引河水至今天津一带入海，既可以免除黄河下游洪水灾害，又有利于以河为险抗拒匈奴。这一设想虽大胆，但要完全改变黄河的经行路线并不可行。清代治河专家陈潢指出：黄河"域内之水自湟洮而东，若秦之澧、渭、泾、汭诸水，晋之汾、沁，梁之伊、洛、瀍、涧，齐之齐、汶、洙、泗"[3]。说明黄河下游洪水除来自上游外，主要来自山西、陕西之间的泾、渭、汾、沁，以及河南的伊、洛等中游支流。因此，即使是引导黄河自塞北东出海，也不能免除下游洪水的危害。况且跨山越岭施工，也无可能。

真正从黄河下游的实际情况出发，首次提出人工改道主张的是孙禁。成帝鸿嘉四年（公元前17年），渤海、清河、信都三郡大水，"灌县邑三十一，败官亭民舍四万余所。"河堤都尉许商与丞相史孙禁一起查勘。查勘后，孙禁提出黄河下游改道的治理方案："今河溢之害数倍于前决平原时。今可决平原金堤间，开通大河，令入故笃马河。至海五百余里，水道浚利。"[2]当时清河郡（治今河北清河）、信都郡（治今河北冀县）在黄河以北，渤海郡（治今河北沧县）处于最下游，黄河由其北部入海。孙禁主张将黄河下游自平原金堤（今河北平原县）以下向东改道，经笃马河入海。这样入海的流程近，河流比降大，水流也通畅。孙禁改河示意图见图3－1。

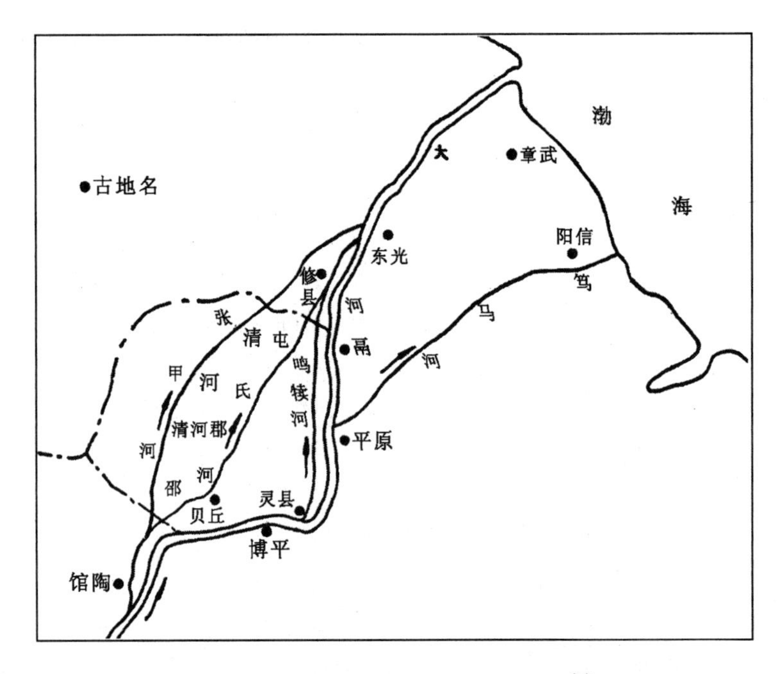

图 3－1　孙禁改河、冯逡分疏示意图[4]

孙禁规划的下游改道路线和五十二年后王景治河的新河道大致相仿，应该是可行的。但许商却不同意，说："古说九河之名，有徒骇、胡苏、鬲津，今见在成平、东光、鬲界中。自鬲以北至徒骇间，相去二百余里，今河虽数移徙，不离此域。孙禁所欲开者，在九河南笃马河，失水之迹，处势平夷，旱则淤绝，水则为败，不可许。"[2]他以孙禁的改河方案离开了禹的九河故道范围，不能适应水势，加以反对。最后，由于"公卿皆从商言"，孙禁的方案终遭否定。

王莽时，大司空椽王横也提出了黄河下游改道的建议。但他不同意黄河改道经低洼地带入海，认为这样会受海水顶托。他认为："禹之行河水，本随西山下东北去"，禹时的河道本来是沿着太行山东麓往东北方向流去。因此他主张："宜却徙完平处，更开空，使缘西山足乘高地而东北入海，乃无水灾"[2]。颜师古注："空犹穿。" 他的改道路线是走传说中的禹河故道，导河沿太行山东麓向东北流入海。王横的改道方案并不可行。河走高地也会带来一系列问题，而且禹河故道历经长时间的行水，地面已经淤高，自黄河第一次大改道后，黄河就开始逐渐向南摆动，再想恢复禹河故道已不切实际。

（二）分疏说

分疏说是鉴于黄河下游主河道泄流不畅，建议开支河分泄洪流。最早提出这一主张的是汉成帝初年的冯逡，王莽时的韩牧也持此主张。

武帝元光三年（前 132 年）黄河在瓠子（今濮阳县西南）决口，洪水冲入巨野泽，并由泗水汇入淮河。当时曾试图堵塞决口，未果。此后二十余年洪泛区内受灾惨重，至元封二年（前 109 年）始行堵复。不久，黄河又大决于河北馆陶，并冲出一条和主流宽深相近的支流屯氏河，暂时缓解了黄河行洪的压力。元帝永光五年（前 39 年），黄河决于清河（今清河县西北），屯氏河因而断流，治河形势再度趋于紧张，引起朝野上下的普遍关注。

成帝建始元年（公元前32年）议论治黄时，清河郡（治今河北清河）都尉冯逡指出：“郡承河下流，与兖州东郡（治今河南濮阳）分水为界，城郭所居尤卑下，土壤清脆易伤。顷所以阔无大害者，以屯氏河通，两川分流也。”是说清河郡位于黄河下游，城郭卑下，过去之所以河患不严重，是因为有屯氏河分流。“今屯氏河塞，灵鸣犊口又益不利，独一川兼受数河之任，虽高增堤防，终不能泄。如有霖雨，旬日不霁，必盈溢。”因此，他提出：“屯氏河不流行七十余年，新绝未久，其处易浚。又其口所居高，于以分杀水力，道里便宜，可复浚以助大河泄暴水，备非常。”[2]屯氏河断流不久，容易疏浚，分流口门地势又较高，虽然在常水位时不能接受分流，但在大洪水情况下却能够宣泄洪峰，起到“泄暴水，备非常”的作用。

关于分水口位置的选择，冯逡不主张扩浚清河郡灵县的鸣犊河。他认为：“灵鸣犊口在清河东界，所在处下，虽令通利，犹不能为魏郡（今河北临漳）、清河减损水害。”[2]他根据以往屯氏河分流通畅、黄河无大害的历史经验，选择重开靠近上游、断流不久的屯氏河。冯逡分疏示意图见图3－1。

此外，他还建议将本地黄河特别弯曲的河段裁弯取直，以调整河道主流，避免顶冲大堤。冯逡预言：“不豫修治，北决病四五郡，南决病十余郡，然后忧之，晚矣。”[2]

但朝廷以经费不足，未采纳冯逡的建议。三年后，黄河果然又在馆陶和东郡决口，“泛溢兖、豫，入平原、千乘、济南，凡灌四郡三十二县”，淹没土地十五万余顷，房屋四万所[2]。

冯逡的分疏主张，是黄河防洪史上最早提出以人工分流作为黄河下游防御大洪水的非常措施。他认为，黄河下游主河道泄流不畅，是造成魏郡、清河郡、东郡等地决溢的主要原因。他的分流方案是利用黄河的分支河道，将分流口门保持在高于正常水位的适当高程，使超量洪水经由分流口门泄往分支河道，以削减洪峰，保证主河道的行洪安全。这一措施对于抗御具有暴涨暴落特性的黄河洪水作用重大，明清时期黄河减水坝的设置就是这一方案的具体施行。

王莽时（公元9～23年），御史韩牧也持类似的主张。他提出循禹河故道恢复四五条支河：“可略于《禹贡》九河处穿之，纵不能为九，但为四五，宜有益。”[2]他把分流区设定在“《禹贡》九河处”，可能是为了迎合王莽的复古倾向，便于实施自己的治河主张。

（三）滞洪说

滞洪说是安排黄河非常洪水出路的另一条措施，由王莽时的关并提出。

王莽时（公元9～23年），长水校尉关并总结了西汉黄河决口的规律，发现：“河决率常于平原、东郡左右，其地形下而土疏恶。”[2]是说决口地点多在平原郡（治今山东平原县东，辖有十九县）和东郡（治今河南濮阳南，辖有二十二县）一带，其地形洼下而土壤贫瘠。“闻禹治河时，本空此地，以为水猬，盛则放溢，少稍自索”。颜师古注：“猬，多也”，“索，尽也”。是说大禹治河时，本打算将这一地区用作蓄滞洪水，水大时，将水放入洼地滞洪；洪水退时，滞洪的水逐渐回流河槽。

关并进一步指出:“近察秦汉以来，河决曹、卫之域，其南北不过百八十里”。因此建议:“可空此地，勿以为官亭民室”[2]。即将南北不过百八十里的“曹、卫之域”留作空地，不再居住、种植，一旦洪水暴涨，河道无法容泄非常洪水时，便泄入此处。

关并建议设置的“水猬”，相当于今之滞洪区，可以削减洪峰，以牺牲局部地区的利益换来下游广大地区的安全。但关并打算辟为滞洪区的“曹卫之域”，大约相当于今太行山以东、菏泽以西、开封以北、大名以南一带，在战国时期已经相当发达，放弃这一重要的经济区并不现实。另外，黄河输沙量特别大，滞洪区也只能在特大洪水年份应急之用，寻常洪水年份难以启用，仍然满足不了黄河经常性防洪的需要。

（四）水力刷沙说

分疏说和滞洪说都只着眼于消减黄河洪水，并未涉及黄河为害的根源——巨量泥沙问题。王莽时期（公元9～23年），大司马史张戎根据黄河泥沙的特点首次提出了水力刷沙的治河主张。

张戎分析黄河的水流特性说:“水性就下，行疾，则自刮除，成空而稍深。河水重浊，号为一石水而六斗泥。”[2]他敏锐地抓住了黄河最突出的特点是“河水重浊”，多泥沙，并定量估算了黄河的含沙量，“一石水而六斗泥”。他进一步分析了水流与冲淤的关系:“行疾，则自刮除，成空而稍深”，水流急，就会冲走河床底沙，刷深河槽；“河流迟，贮淤而稍浅”，水流缓，则河流挟带的泥沙就会停积下来，淤浅河槽。

他认为:“今西方诸郡，以至京师东行，民皆引河、渭山川水溉田。春夏干燥，少水时也，故使河流迟，贮淤而稍浅；雨多水暴至，则溢决。”[2]是说在黄河中游普遍引水灌溉，会减少黄河干流的水量。春夏少水时，流速降低，河道淤积；一旦雨多洪水暴涨，就会决溃。

他提出:“国家数堤塞之，稍益高于平地，犹筑垣而居水也。可各顺从其性，毋复灌溉。则百川流行，水道自利，无溢决之害矣。”[2]现在朝廷单纯靠加高堤防，河床越淤越高，堤防越筑越高，就像两堵墙一样把河水圈在堤内，一遇暴雨洪水，难免会决堤。因此，他主张不要再引水灌溉，让水集中下泄，刷深河道，水流通畅，也就“无溢决之害”了。

张戎抓住了黄河致患的症结在于含沙量太高，明确指出水流速度和挟沙能力之间的关系，解释了河床冲淤的原因。他提出了最早的河流挟沙力的概念，明代潘季驯的“束水攻沙”正是这一概念的重要发展。桓谭在《新论》中说张戎“习灌溉事”，可见张戎这一见解的形成，正是他从事灌溉实践的经验总结。不过，张戎不让上中游引水灌溉的意见是行不通的。而且，当时黄河上中游灌溉引水量并不大，还不足以对下游防洪产生决定性的影响。更何况黄河的泥沙淤积主要产生在洪峰后部，“春夏少水时”淤积较少，禁止灌溉仍达不到减少河床淤积的目的。

（五）筑堤说

以上几种治河防洪方案，在西汉均未能试行和实施，当时治河仍以堤防为黄河下游防洪的主要手段。筑堤防洪是通过改善河道的边界条件，来提高河道的泄

洪能力。在人们对黄河水文泥沙规律还没有深刻认识并提出有效的治理方案之前，筑堤仍然是人们切实可行而且较为有效的治理手段，也是古代治理江河的主要方法。针对堤防易决溢，堵口和裁弯取直也是守护和加固堤防的重要手段。

西汉黄河下游河道紊乱，不仅堤距日益缩狭，宽窄不一，而且河道多弯曲。宣帝地节年间（公元前69～前66年），黄河在贝丘（今山东临清南）一带河道多弯，水势直冲贝丘县。光禄大夫郭昌主持治理，“恐水盛，堤防不能禁，乃各更穿渠，直东，经东郡界中，不令北曲。渠通利，百姓安之。”[2]郭昌在河流折向北面的三处河弯段进行了裁弯取直。但黄河河势容易坐弯，裁弯后仅三年，黄河又在原第二道弯处重新坐弯。

以上五种治黄主张，分别从黄河洪水特性、泥沙特性以及下游河道状况出发，提出了各自的治理方案。它们各有可取之处，也各有局限性。限于当时的生产力水平和科学技术水平，还不可能提出全面治理黄河的主张。

此外，汉代的治河主张还有顺应天时说和经义治河论。汉武帝时，瓠子决口，田蚡提出:“江河之决皆天事”[2]，以顺应天时来阻挠堵口，致使瓠子决口后河水泛滥二十三年。哀帝时，河堤使平当提出:“按经义治水，有决河深川，而无堤防壅塞之文。”[2]强调应循大禹治水的经典方法深河无堤。顺应天时说和经义治河论对当时的治河起着消极的作用，并影响到后世的治河。

二、贾让的“治河三策”

“贾让三策”在防洪治河史上颇负盛名。汉哀帝初年（公元前6年），黄河决溢频繁。负责河堤的官员平当上书提出:“九河今皆寘灭，按经义治水，有决河深川，而无堤防壅塞之文。河从魏郡以东，北多溢决，水迹难以分明。四海之众不可诬，宜博求能浚川疏河者。”[2]颜师古注:“决，分泄也。深，浚治也”，又注:“雍读曰壅。”是说大禹所浚九河已经淤塞不见，按照大禹的“经义治水”，也只有分流和疏浚两种方法，而没有修筑堤防的记载。现在黄河下游决溢频繁，要想治理好黄河，应当“博求能浚川疏河者”。哀帝从其言，广征治河之策。待诏贾让上书应征，提出了有名的上、中、下三策。《汉书·沟洫志》记载的“贾让三策”是保存至今我国最早的一篇较全面的治河规划性文献。（以下引文凡未注明出处者均引自《汉书·沟洫志》）

（一）贾让三策

贾让首先指出:“古者立国居民，疆理土地，必遗川泽之分，度水势所不及。大川无防，小水得入，陂障卑下，以为汙泽，使秋水多，得有所休息，左右游波，宽缓而不迫。”颜师古注:“遗，留也。度，计也。”又注:“停水曰汙。”是说远古时期，人们避开川泽水流所聚之处，而选择水所不及之地居住垦殖。大河不筑堤，支流得以汇入。在沿河两岸低洼之地筑圩蓄水，让伏秋洪水有地方停蓄。人水各不相干，因此少有水害。

他接着指出:“堤防之作，近起战国，壅防百川，各以自利。”战国时期齐、赵、魏各筑堤“去河二十五里。虽非其正，水尚有所游荡。时至而去，则填淤肥美，民耕田之。或久无害，稍筑室宅，遂成聚落。大水时至漂没，则更起堤防以

自救”。战国时期开始修筑堤防，初时两岸堤距尚宽，河水被约束在两岸堤防之内游荡尚可有余。由于黄河多泥沙，每次洪水漫滩退水以后，泥沙淤积在河滩地，人们逐渐在堤内“填淤肥美”之滩地上耕田筑室。为了保护滩地上的耕地室宅不被洪水“漂没”，人们又在堤内加筑民埝。贾让实地考察黄河大堤所见：“今堤防狭者去水数百步，远者数里。……大堤亦复数重，民皆居其间。”现在的河道宽窄不一，河线弯弯曲曲，围堤多达数重，从而缩窄了河道，导致黄河为害。

据此，贾让提出他的上策是改道：“徙冀州之民当水冲者，决黎阳遮害亭，放河使北入海。河西薄大山，东薄金堤，势不能远泛滥。”冀州辖境相当于今河北中、南部，山东西端和河南北端。遮害亭在今河南滑县西南。大山指遮害亭以下至漳河的一段太行山。金堤指魏郡境内的黄河北堤。贾让建议，迁徙冀州一带受洪水威胁的居民，在黎阳遮害亭决口让黄河改道，西面有太行山麓阻挡，东面有黄河大堤防护，任河水北流入海。对于改道所造成的损失如何补偿，他提出：“今濒河十郡治堤岁费且万万，及其大决，所残无数。如出数年治河之费，以业所徙之民。”他建议用几年的治河经费（每年上万万）来安置改道路线上的移民。他认为如果按上策实施，给黄河留出一个宽广的区域，人不与水争地，就能达到“河定民安，千载无患”。

贾让提出的中策是分疏：“多穿漕渠于冀州地，使民得以溉田，分杀水怒”。他认为在黄河下游冀州地区多开支渠，既有灌溉的作用，又可以分洪减水。他通过查勘提出了分疏的具体方案：“可从淇口以东为石堤，多张水门。……治渠非穿地也，但为东方一堤，北行三百余里，入漳水中，其西因山足高地，诸渠皆往往股引取之；旱则开东方下水门溉冀州，水则开西方高门分河流。”大约是西从淇口开始，东至黎阳遮害亭，修渠筑新堤，引黄河水北入漳河。水大时，在西端高地开水门分洪；干旱时，则在东端开低水门灌溉放淤。他认为，这“虽非圣人法，然亦救败术”，仍能“富国安民，兴利除害，支数百岁”，可保数百年之安宁。

贾让视单纯依靠堤防防洪为下策：“若乃缮完故堤，增卑倍薄，劳费无已，数逢其害，此最下策也。”是说现有的堤防把河道束得太窄，阻碍了洪水下泄，再加高培厚也是徒劳。

贾让的上、中、下三策集中体现了他的治河主导思想。三策是一个统一的整体，上策为立论的重点，中策是对上策的修正，下策作为上策的反证。

（二）上策辩

贾让上策中“东薄金堤”的金堤，胡渭解释为：“汉河堤，率谓之金堤。”[5]一般都同意这一说法，以“金堤”泛指汉代黄河下游大堤。至于“西薄大山”的大山，《禹贡锥指》称：“王横所称西山，即贾让所谓放河使北，西薄大山者，……杜佑曰：西山者，太行山、恒山也。”[5]而胡渭则不同意杜佑的解释，认为，大山专指黎阳县的西山，即上阳三山。从贾让上策改河的路线来看，“西薄大山”的大山，不应该只是一县境内的一座山，而应该是能和“东薄金堤”并行，从而约束黄河经行的一道山脉。因此，杜佑解释“大山”为河北、山西两省交界的太行山和恒山较为合乎实际。

贾让上策的主导思想是“遵古圣之法，定山川之位，使神人各处其所而不相

奸（干）”。即给黄河以去路，人水各行其道，使洪水能“左右游波，宽缓而不迫”。贾让给黄河规划的去处，西面靠太行山麓，东面有黄河北堤防护。贾让欲放弃给黄河的“徙冀州之民当水冲者”，夏骃认为是指“浚、滑二邑曲防居住之民”。但浚、滑二邑曲防居住之民并不在贾让规划的黄河去处。实际上，“放河使北”，任黄河在太行山与金堤之间游荡，首当其冲的是冀州一带的内黄、邺县、魏县、邯郸等郡县。贾让上策所论地域形势略图见图 3－2。

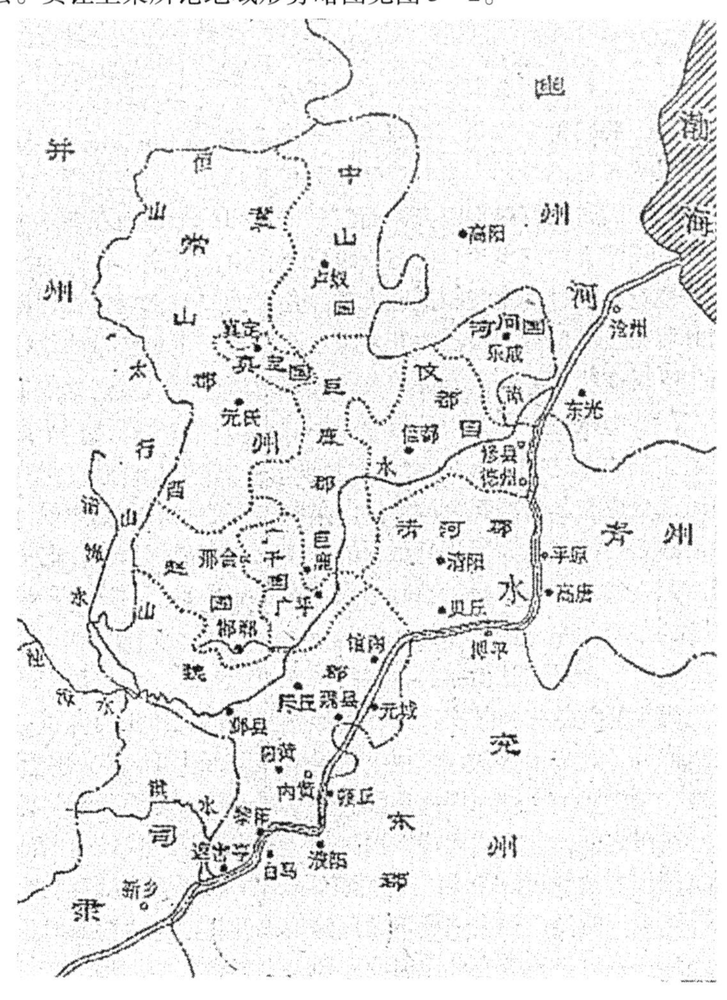

图 3－2 贾让上策所论地域形势略图[6]

西汉时，贾让欲放弃给黄河的冀州，包括魏郡、巨鹿、清河、常山等四郡和赵国、广平、真定、中山、信都、河间等六国。据《汉书·地理志》所载人口统计，哀帝中冀州四郡共约三百三十万人，六国共约一百八十九万人，冀州合计五百十九万人，占全国人口数的十二分之一，超过当时土地面积相当的关中三辅地区（包括京兆尹、左冯翊、右扶风）人口的一倍[7]。冀州人口密集，说明了西汉时期该地区经济已得到重点开发，在全国居举足轻重的地位。而且，冀州南部地区的邺县是魏郡的郡治所在，邯郸是赵国的都城，巨鹿是巨鹿郡治所在，广平是广平国的都城。这些城市在西汉时期都较为发达，特别是邯郸，早在战国时期就

已经成为著名的都会。冀州的手工业也具有一定的规模，其中冶铁业较为发达，特别是赵国的冶铁业名冠全国。因此，西汉时期不可能按贾让上策的办法将这样一个重要的经济区放任黄河“左右游波”。

贾让在对堤防演变的历史回顾中也提到，战国初，黄河下游两岸堤防相距五十余里，以后由于河滩地逐渐被民众开垦，并筑堤围垦，有的地方所筑围堤多达数重，导致泄水不畅，经常溃决。但他在上策中仍称：“以大汉方制万里，岂其与水争咫尺之地。”他不明白，在土地已大量开发的黄河下游地区，人们“与水争地”是历史的必然。因此，即使按照贾让的办法实施，“放河使北”，河滩地被不断围垦的历史仍将会重演，依然达不到“河定民安，千载无患”的效果。

虽然贾让的上策不可能实施，但他给黄河以去路，在改造自然的同时谋求与自然和谐发展的思想，对黄河下游的治理仍有一定的现实意义。宋代以后牺牲局部、保全全局的防汛安排，便是从贾让的上策脱胎而来。

（三）中策辩

贾让也估计到上策改道的牺牲太大：“难者将曰：‘若如此，败坏城郭田庐冢墓以万数，百姓怨恨。’”因此，他对上策加以修正，提出减少损失的分疏中策。中策依旧是从遮害亭处开渠向北，不过，东面不再依托黄河旧堤，而是另筑大堤；也不直接入海，而是使黄河在西面太行山麓与东面新筑大堤之间北行入漳河，从而减少损失。贾让中策示意图见图3－3。

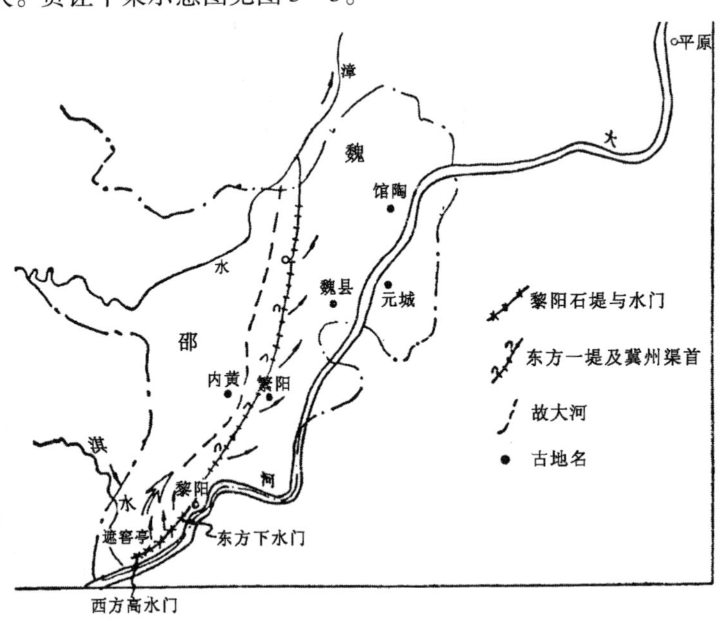

图3－3　贾让中策示意图[4]

贾让对于实施中策的一些重要问题未能提出具体的措施。如：黄河水大，漳水小，如何解决引黄入漳后的河道泄流问题；黄河旧堤决溢频繁，又如何保证新修的东堤不再决口；两岸水门如何设置与管理等。因此，贾让中策也和上策一样无法施行。

贾让中策的新奇之处在于，他设想在堤防东端低地和西端高地上分别修建若

干水门。洪水时，开上游高水门分洪；旱季，则开下游低水门灌溉，以达到“兴利除害”的目的。对此，明代刘天和评说，东方水门引水灌溉，由于泥沙淤积严重，在西汉时技术上存在难以克服的困难，而西端本是高地，即使开有水门也无法分洪，“使让复作，亦不可行矣”[8]。刘天和评说贾让的中策不可行，是切中要害的。

但贾让中策所体现的以发展水利来消除水害的思想，以及充分利用黄河水沙资源发展农业生产的建议，却具有积极的意义，至今仍有一定的参考价值。

（四）下策辩

对贾让下策中所说的堤防有两种理解：一是指所有的堤防；另一种是仅指浚、滑二邑之间宽窄不一、再三弯曲的堤防。若指后者，则是可取的。但贾让下策是作为上策的反证，所以下策所指的堤防应指前者，即泛指以堤防约束黄河的方法。

从堤防发展的历史来看，堤防是人们征服洪水的重要手段和基本方法。随着地域不断开辟，经济日渐发展，以堤束水，与水争地，是合乎规律的防洪发展过程。事实上，贾让之后七十余年的王景治河，所采用的技术方案恰恰是贾让所反对的下策——筑堤。

（五）对贾让三策的评价

对贾让的治河三策，后代有截然不同的评价，明清争论尤多。明代赞者如邱浚，认为:“古今言治河者，盖未有出贾让此三策者。”[9]否定者如刘天和，认为贾让的上策和中策都不可行，并指出邱浚本人缺乏实践经验，邱的评价“非定论也”[8]。清代赞者如夏骃，称赞贾让治河有术，“虽使大禹复出于此时，亦未有不徙民而放河北流者，安得不以为上策哉!”[10]否定者如靳辅，讥讽贾让之策中听不中用:“有言之甚可听，而行之必不能者，贾让之论治河是也。”[11]这也反映出学者和工程人员的不同认识。

清代龚自珍将贾让的治河三策与明代潘季驯的治河方略进行对比。他评价说:“汉自瓠子后，贾让三策，上策至欲弃数州之地以予水，而指堤防为下策，未免高论难行。明代潘季驯反之曰：大禹导川，亦不过相水之上下流，束之以堤已耳。故潘氏平生所用，皆贾让之下策，迄今犹可师守。”[12]龚自珍指出，贾让“欲弃数州之地以予水”的上策，“未免高论难行”，而被他弃之为下策的堤防，却被潘季驯“平生所用”，“迄今犹可师守”。龚自珍的这一批评是中肯的。

事实上，“贾让三策”客观地总结了堤防发展的历史，批评了汉代无计划围垦滩地造成堤防不合理的状况，提出了放宽河槽、给黄河以去路的思想，引黄淤灌、兴利除害、变害为利的建议，都是其可贵之处。同时，贾让还首次提出了移民补偿的概念:“出数年治河之费，以业所徙之民。”这在水利建设上是一个创见。但贾让在找到西汉黄河堤防不合理的原因之后，不是对不合理堤防加以改造，进一步发挥堤防在防洪中的积极作用，而是脱离社会经济发展的客观实际，一味地想要“遵古圣之法”，在已经开发成为重要经济区的黄河下游地区，企求找到能供黄河“左右游波”之地，而堤防这一征服洪水的重要手段和基本方法却被他视为下策。因此，反映出“贾让三策”是理想化的。

第二节 汉代三次重大的治黄工程

汉代黄河下游已形成系统的干堤，重要河段和险工段还用大石砌筑成石堤。黄河受两岸大堤的约束，泥沙淤积在河道之中，逐年将下游河道抬高，到西汉时期逐渐形成地上河。而人们无计划地围垦肥沃的河滩地，又造成了河道紊乱。

据《汉书》[13]和《后汉书》[14]记载，汉代决溢十六次以上。其中，西汉十二次：文帝时决酸枣；武帝时溢平原，徙顿丘，决瓠子，决馆陶；元帝时决灵县鸣犊口；成帝时决馆陶及东郡金堤，决平原，溢渤海、清河、信都，溃黎阳；平帝时决河、汴；王莽时决魏郡。东汉四次河溢。

汉代为了阻止因决口而发生黄河改道，堵口工程甚至不惜举全国之力。在瓠子所进行的堵口和由王延世主持的堵口，是西汉时期著名的两次堵口工程。

西汉末年黄河大改道改行新河后，王景在新河道上开展了大规模的治理，历时一年，终于固定了改道后的新河床，摆脱了原高于地面的老河床，从而减轻了洪水灾害。王景治河是治黄史上一次重要的治河实践。

一、西汉的瓠子堵口

西汉初年，黄河较为安定。唯一的一次决溢记载是文帝前元十二年（公元前168年），“河决酸枣，东溃金堤，于是东郡大兴卒塞之。”[2]酸枣在今河南延津县西南，决口后曾大派民工堵口，从此揭开了西汉治黄的序幕。西汉黄河下游经行见图3－4。

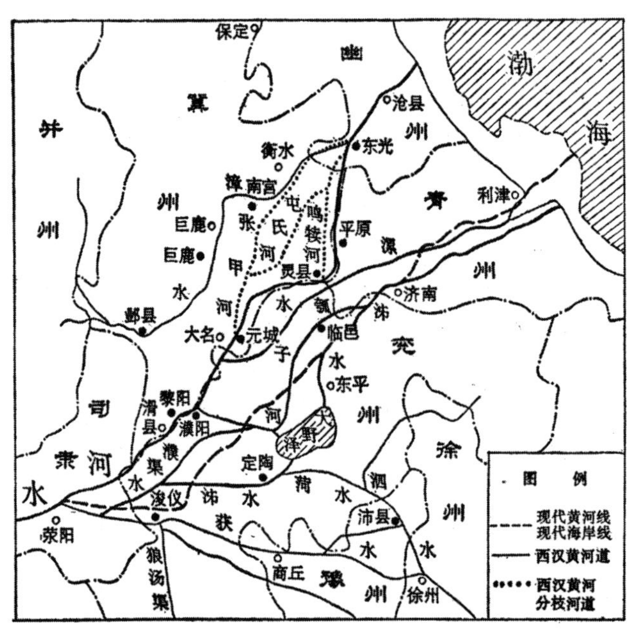

图3－4 西汉黄河下游经行略图[15]

汉武帝时期，黄河决溢频繁。武帝建元三年（公元前138年），“河水溢于平原”[13]。平原郡在今山东北部一带。六年后，元光三年（公元前132年），“河水

徙，从顿丘东南流入渤海”[13]。顿丘在今河南清丰县西南。同年五月，“河决于瓠子，东南注巨野，通于淮、泗。”[2]瓠子决口在顿丘的上游，今河南濮阳西南。洪水注入巨野大泽（在今山东巨野县东北），然后夺泗水河道注淮河而入海。瓠子决口后，洪水遍及十六郡。汉武帝曾派汲黯率十万民工堵口，堵而复决。当时丞相田蚡的封地在黄河北岸，瓠子决口后黄河改向东南流，对他北岸的封地有利，因此极力反对堵塞决口。田蚡借口天命：“言于上曰：‘江河之决皆天事，未易以人力为强塞，塞之未必应天。’”由于田蚡从中阻挠，“天子久之不事复塞也。”[2]此后，又值反击匈奴入侵战争的紧张阶段，西汉王朝更是无暇旁顾，致使瓠子决口后黄河连续二十三年泛滥横流。

元封二年（公元前109年），汉武帝决心堵塞决口，令汲仁、郭昌主持，动用几万民工参加。汉武帝亲自到决口处沉白马、玉璧祭祀河神，并命令随从官员自将军以下都背柴草参加堵口。“是时东郡烧草，以故薪材少，而下淇园之竹以为楗。”淇园是战国时期卫国的苑囿，因为缺乏堵口用的薪材，当时连淇园里的竹子都砍下来使用。当口门尚未堵成时，汉武帝在堵口现场曾赋诗曰：“颓林竹兮楗石菑，宣房塞兮万福来。”[2]

由于举国之力，终于成功地堵塞了决口，并在其上修建宣房宫，以资纪念。后代多用“宣防”表示防洪工程建设。决口堵塞后，黄河恢复北流，但为二派分流。“道河北行二渠复禹旧迹，而梁、楚之地复宁，无水灾。”[17]

瓠子堵口采用的技术措施缺乏记载，《史记·河渠书》仅指出：“下淇园之竹以为楗”和“颓竹林兮楗石菑”。三国时如淳在《史记·河渠书》的注释中解释“楗”为：“树竹塞水决之口，稍稍布插接树之，水稍弱，补令密，谓之楗。以草塞其里，乃以土填之；有石，以石为之。”“楗者，树于水中，稍下竹及土石也。”又解释“菑”为：“河决，楗不能禁，故言菑。”韦昭进一步解释为：“楗，柱也。木立死曰菑。”[17]意思是用大竹、大木在决口处打入河底作桩，逐渐加密，即所谓的“楗”；待口门处的水势减缓，再用草袋装土填塞在竹木桩上游，使断流，即所谓的“菑”。然后抛洒土石料，完成堵塞决口口门的工作。瓠子堵口采用的方法当为早期的桩柴平堵法（见图3－5）。

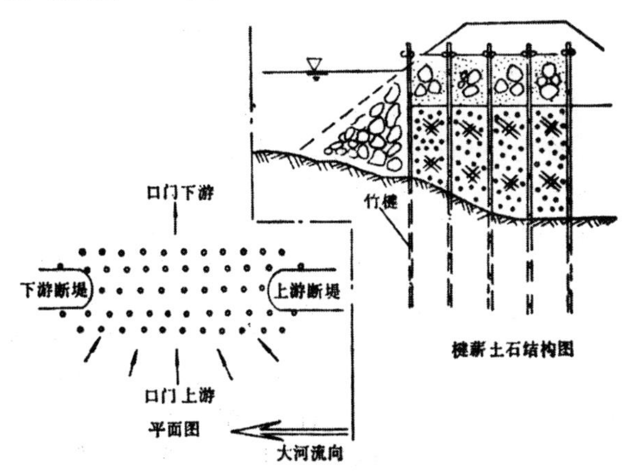

图3－5　瓠子堵口布楗示意图[4]

堵口虽然安排在秋冬小水季节进行，但全河之水集中于口门处，水势狂暴奔涌，竹桩如何施工，又怎能抵挡住急流的冲击？茇草和土石等散料又如何能闭塞口门，使之断流？可见如淳的理解单靠竖桩在实践上尚难以行得通。

当代学者周魁一先生分析认为〔18〕，正确理解瓠子堵口技术首先要从“楗”和“菑”的古意入手。《说文解字》注释“楗”字为“限门也”，即木门栓。而“菑”字为“不耕田也”。徐锴解释作:“田不耕则草塞之。”而段玉裁将“菑”解作:“凡入之深而植立者皆曰菑。如《考工记·轮人》，菑训建辐”〔19〕，认为菑是植立的竖柱，如两头出榫、分别插入外圈轮牙和车轴箍之间的辐条。据此，楗是横闩的门栓，菑是竖直的立柱。而为了“楗石菑”才去“颓竹林”。所以可以认为，“颓竹林兮楗石菑”是对以竹篾编织成横楗竖菑竹络的描述，竹络中间填塞石块，构成体积与重量庞大的构件，用以堵口，才能适应和压住湍急的水流。

后人认为:“埽之制非古也，盖近世人创之耳。观其制作，亦椎轮于竹楗石菑也”〔20〕，是说瓠子堵口的竹楗石菑是埽工堵口的起源。

瓠子堵口也给司马迁以深刻的体会，他感叹说:“余从负薪塞宣房，悲《瓠子》之诗而作《河渠书》。”〔17〕司马迁因此在《史记》中首创《河渠书》，系统记述前代治水史实及当代水利史事，成为中国第一部水利专史。

二、西汉的王延世堵口

瓠子堵口后不久，“河复北决于馆陶，分为屯氏河，东北经魏郡、清河、信都、勃海入海，广深与大河等，故因其自然，不堤塞也。此开通后，馆陶东北四五郡虽时小被水害，而兖州以南六郡无水忧。”〔2〕屯氏河是西汉前期黄河下游从馆陶北决出的一条分支，大约行经今山东临清南、清河东、景县南，至东光县西复归大河，水流畅通，故未加堵塞。由于屯氏河分流，黄河主干行洪能力得到改善，暂时缓解了馆陶以上河段决溢的威胁。但由于屯氏河的分流，也加重了主河槽馆陶以下河段的淤积。

元帝永光五年（公元前39年），“河决清河灵鸣犊口，而屯氏河绝。”〔2〕清河郡灵县鸣犊口在今山东高唐县南。决口形成的新河，东北流至修县（今河北景县西）入屯氏河。原屯氏河断流后，鸣犊河水流又不畅。成帝初，清河郡都尉冯逡提出重开屯氏河分流，朝廷未予采纳。成帝建始四年（公元前29年），“河果决于馆陶及东郡金堤，泛滥于衮、豫，入平原、千乘、济南，凡灌四郡三十二县，水居地十五万余顷，深者三丈，坏败官亭室庐且四万所。”〔2〕西汉时，金堤专指东郡、魏郡、平原郡界内的黄河两岸大堤。因灾情十分严重，御史大夫尹忠因此畏罪自杀，成为治河史上有文献记载的第一位因治河失职而自杀的大臣。朝廷调拨钱谷，赈灾“河决所灌之郡”，又“徙民避水居丘陵”，安置了九万七千余灾民〔2〕。

朝廷指派河堤使者王延世经办堵口。王延世采用竹笼装石法，“两船夹载而下之”，仅用了三十六天，就迅速将决口堵复。汉成帝为庆贺堵口的成功，特将次年改元为“河平”元年，并称赞:“唯延世长于计策，功费约省，用力日寡，朕甚嘉之。”〔2〕

《汉书·沟洫志》对王延世堵口技术的记载比较明确:“以竹落长四丈，大九

围，盛以小石，两船夹载而下之。”“竹落”即竹络，如古代四川都江堰工程使用的竹笼。竹笼的尺寸长4丈，当年1尺合0.24米，4丈约9.6米。“大九围”是指竹笼直径，古时称拇指和食指围成的周长为一围，约为0.2米左右。九围的周长是1.8米，直径约相当0.6米。近代都江堰常用的竹笼尺寸为长10米、直径0.6米[21]，与古制合。实际上竹笼的尺寸主要依据施工工人体能所能承受的负荷来决定，自然古今相去不远。

王延世堵口采用的方法，即在长四丈、大九围的竹笼中装满卵石，用船从决口两侧运到口门处，连船带竹笼一起沉下，再在上面堆土，迅速完成堵口。王延世是犍为资中人（今四川资阳县），靠近都江堰工程。他将都江堰竹笼卵石技术运用于黄河堵口，开创了立堵之先河。

三、东汉的王景治河

王延世堵口两年后，“河复决平原，流入济南、千乘”等郡。成帝鸿嘉四年（公元前17年），河水又泛滥于渤海、清河、信都三郡三十一县。西汉末年，王朝已临近崩溃，对日益加剧的河患只是停留在朝廷大臣的空洞议论上，决口为害二十余年，每年投入筑堤堵口的劳役超过三万人。黄河决口的间隔时间也越来越短，决口地点先是由上而下，以后又上移。

王莽始建国三年（公元11年），“河决魏郡，泛清河以东数郡”[22]。黄河在魏郡决口，从今山东利津县入海，终于酿成了黄河历史上的第二次大改道。由于此前（公元1～5年）“平帝时，河、汴决坏，未及得修。”[23]以致此次黄河改道后，“河决积久日月，侵毁济渠，所漂数十许县。”[23]洪水侵入济水和汴渠，使这一带的内河航道淤塞，田地村落被洪水淹没，其中，兖州（相当于今河南北部、山东西部）、豫州（相当于今河南东南部、安徽西北部）受害尤重。对待黄河南摆，黄河南北地方官员持不同态度。南方主张迅速堵塞决口，使黄河北归；北方则赞成维持南流现状。光武帝建武十年（公元34年），阳武令张汜提议“改建堤防，以安百姓”[23]，但因南北互相掣肘，未能实行。此后，河势更加恶化，汴渠受冲击，渠口水门沦入黄河，兖州、豫州深受水害，民不聊生。明帝永平十二年（公元69年），朝廷决定委派王景主持治河。

（一）王景治河的经过

王景在治黄之前，“尝修浚仪，功业有成”，积累了成功修治汴渠的实践经验，对治黄的利害得失有较深入的了解。所以当汉明帝接见时，“问以理水形便，景陈其利害，应对敏给”[23]，遂被委派主持治河。由于决口长达六十年未堵，河水经过一段时间摆动漫流之后，逐渐冲成了一条新河道，黄河下游主流转向东南入海。这条河道，自济阴以下流经西汉黄河故道与泰山北麓之间的低地中，距海较近。王景受命治河，重点整治了河南濮阳以下的黄河新河道。东汉黄河下游经行见图3－6。

关于王景治河的原始记载比较简略。《后汉书·王景传》载：永平十二年“夏，遂发卒数十万，遣景与王吴修渠。筑堤自荥阳东至千乘海口千余里。景乃商度地势，凿山阜，破砥绩，直截沟涧，防遏冲要，疏决壅积。十里立一水门，令

更相洄注，无复溃漏之患。景虽简省役费，然犹以百亿计。明年夏，渠成。帝亲自巡行，诏滨河郡国置河堤员吏，如西京旧制。”[23]

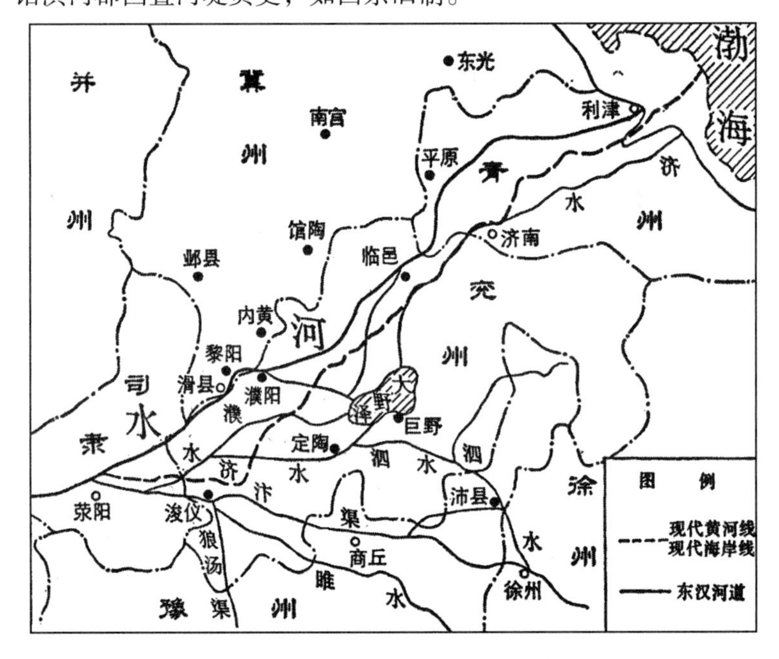

图 3－6　东汉黄河下游经行略图[16]

《后汉书·明帝纪》载：永平十三年“夏四月，汴渠成，辛巳，行幸荥阳，巡行河渠。乙酉，诏曰：‘自汴渠决败，六十余岁，加顷年以来，雨水不时，汴流东侵，日月益甚，水门故处皆在河中，漭瀁广溢，莫测圻岸，荡荡极望，不知纲纪。今兖豫之人，多被水患，乃云县官不先人急，好兴它役。又或以为河流入汴，幽冀蒙利，故曰左堤强则右堤伤，左右俱强则下方伤，宜任水势所之，使人随高而处，公家息壅塞之费，百姓无陷溺之患。议者不同，南北异论，朕不知所从，久而不决。今既筑堤，理渠，绝水，立门，河、汴分流，复其旧迹，陶丘之北，渐就壤坟’”[24]。

从这两段记载可以看出，王景治河的主要工作包括两项:“筑堤”即治河，“理渠”即治汴。

“筑堤”是指“筑堤自荥阳东至千乘海口千余里”。即兴筑系统的黄河下游新大堤，从而固定了黄河第二次大改道后的河线。从公元 11 年黄河在魏郡决口到公元 69 年王景治河，其间近六十年，虽然朝廷未组织大规模整治，但新河道已经初步形成，灾区民众为了保护自己的家园，陆续修建了一些堤埝。想必王景正是在这些民堤小埝的基础上扩建，仅用一年时间就完成了自河南荥阳东至千乘（今山东高青县北二十五里）入海口的千余里河堤。

“理渠”是指“景乃商度地势，凿山阜，破砥绩，直截沟涧，防遏冲要，疏决壅积”。即顺应地势，开凿汴渠的新引水口，堵塞被黄河洪水冲成的汴渠附近的沟涧；加强堤防险工段的防护；将淤积不畅的渠道上游段加以疏浚。这些技术措施在西汉均已具备，没有技术上的困难。

“十里立一水门，令更相洄注，无复溃漏之患”，是说在“筑堤，理渠”之后，

又进行了“绝水，立门”，从而达到“河、汴分流，复其旧迹”的目的。

王景治河规模相当大。“夏，遂发卒数十万”，动员了数十万人参加。施工整一年，“明年夏，渠成。”虽然尽量节减开支，役费“犹以百亿计。”[23]

王景治河顺利完成后，“帝亲自巡行，诏滨河郡国置河堤员吏，如西京旧制。”[23]恢复了西汉旧制，在沿河各地设置“河堤员吏”，以加强对下游堤防的维修和管理。

（二）王景治河辩

由于上述两段原始记载较为简略，历来对王景治河有不同的解释。争论的焦点集中在王景是以治河为主，还是以治汴为主？“十里立一水门”应如何解释？

1. *治河治汴辩*

《后汉书》所记，“遣景与王吴修渠”，因此一般都认为王景治汴重于治河，或治河的目的在于治汴。这种看法以清代胡渭为代表。胡渭说：“史称修汴渠，又曰汴渠成，始终皆不言河。盖建都洛阳，东方之漕，全资汴渠，故唯此为急。河、汴分流，则运道无患，治河所以治汴也。”[25]也有一些议论认为王景的主要工作是治河，但未对主要依据加以分析。

实际上，王景治河是兼顾了治河与治汴两方面的需要。从治理的起因来看，“河决，积久日月，侵毁济渠”[23]。由于黄河决口，才冲毁汴渠渠口。黄河泛滥几十年，“今兖豫之人多被水患，乃云县官不先人急，好兴它役”[24]。可见这次施工的直接目的是治河，其次才是治汴。从治河与治汴的关系来看，只有治好河才能谈得上治汴；河不治，汴亦不得治。从工程量来看，这次施工主要在黄河新河道两岸筑堤千余里，治河的工程量显然大于治汴。

《后汉书·王景传》载：王景与王吴“共修作浚仪渠。吴用景堨流法，水乃不复为害。”[23]是指王景曾与王吴合作，组织民工整治浚仪附近被黄河冲毁的渠段。古浚仪即今河南开封，浚仪渠应在浚仪附近。到王景治河时，汴渠施工主要应在浚仪以上的一段。

从漕运的需要来看，到唐代才开始经济供给主要仰仗东南，东汉时期汴渠的地位并不十分突出。东汉自光武帝建武十年（公元34年）开始议论修治，因“南北异论，久而不决”，漕运连续受阻三十余年，可见，胡渭说“唯此为急”缺乏根据。因此，王景治河应是治河、治汴兼顾，而以治河为主。

2. *十里立一水门辩*

历代对“十里立一水门”大致有三种解释：一说是在黄河河岸上每隔十里立一水门；二说是在汴渠上每隔十里立一水门；三说是在汴渠引黄的口门处设置两个或两个以上的水门。前两说认为水门在黄河或汴渠上可起放淤的作用；第三说认为水门只是在汴渠受河处起控制水量的作用。

第一种看法认为是在黄河河岸上每隔十里立一水门的比较普遍。持这种看法的人，往往把“遣景与王吴修渠筑堤，自荥阳东至千乘海口千余里”和“十里立一水门”两句直接连在一起，认为“十里立一水门”是治河的关键措施。清代学者魏源就持这种看法。他在《筹河篇下》中提出：“景之水门，即潘氏之闸洞也。更相洄注，使无溃漏，则水门外必仍有遥堤以范围之，即汉人所谓金堤，又谓之

石堤者。”魏源认为，东汉时黄河已建有两重堤防，即如明代潘季驯时的缕堤和遥堤。“河槽常行缕堤之中，日夜攻沙，若水门不在缕堤外遥堤内，则一泄不返，安能更相洄注而无溃漏耶？计王景新河，初年渠身尚浅，伏秋二汛，往往溢出内堤，漾至大堤，故立水门，使游波有所休息，不过三四日，即退归河槽，故言更相洄注。”[26]他判断“十里立一水门”应建在缕堤上。汛期，洪水从水门溢出缕堤之外，所挟泥沙沉积在遥、缕二堤之间；洪峰过后，溢出缕堤并澄清了的河水再流回主河道。这样就可以将原来淤积于河床的泥沙转淤到遥、缕二堤之间，淤积的泥沙可加固堤背，回流的清水可刷深河床，转害为利，一举两得。魏源黄河水门运用示意图见图3－7。

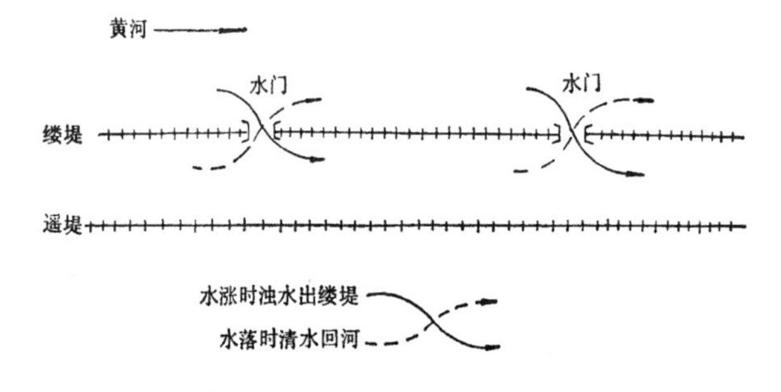

图3－7　魏源黄河水门运用示意图[27]

持第二种看法认为是在汴渠上每隔十里立一水门的代表是近代水利家李仪祉。他在《后汉王景理水之探讨》一文中首先指出水门早就有之：“水门之制，王景以前则已有之矣。……水门应属于渠之左岸，渠东侵，溃袭其左岸，致水门立于河中。所谓河，指汴河非黄河也。”他接着指出王景所立水门非古水门：“王景治河修汴所作之‘十里立一水门’是否与其先后之水门一律？则有可疑。”他进一步分析“十里立一水门”应建在汴堤上：“窃谓河与汴分道而驱，必各自有其堤。其始也，汴与河相去不远，故易受河之侵袭。今试以下图（见图3－8）明之。设汴之左右均有堤，而其左堤邻于黄河。设在左堤上每十里立一水门，则河水涨时，其含泥浊水注入汴渠，而汴因之涨，水由各水门自上游而下游挨次以注流入堤内，其所含之泥沙即淀于河、汴二堤之间；水落时，淀清之水复自上游而下游挨次由各水门注入汴渠。”其结果：“（一）汴渠之水不致过高，以危堤岸。（二）涨水所含泥沙淀于堤后，使河与汴之间地势淤高。（三）清水注入汴渠，渠底不致淤积而反可冲刷。唯其如此，故可使无复溃漏之患也。”[28]

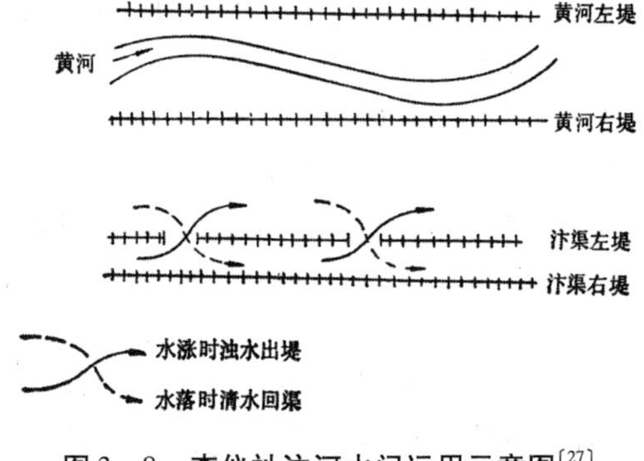

图3－8　李仪祉汴河水门运用示意图[27]

持第三种看法认为是在汴渠引黄的口门处设置两个或两个以上的水门的是近代武同举。他认为“十里立一水门”应在汴渠引黄的口门处。他推测：“盖有上下两汴口，各设水门，相距十里，又各于河滩上开挖倒钩引渠，通于汴口之两处水门，递互启闭，以防意外。”[29]武同举汴口水门运用示意图见图3－9。

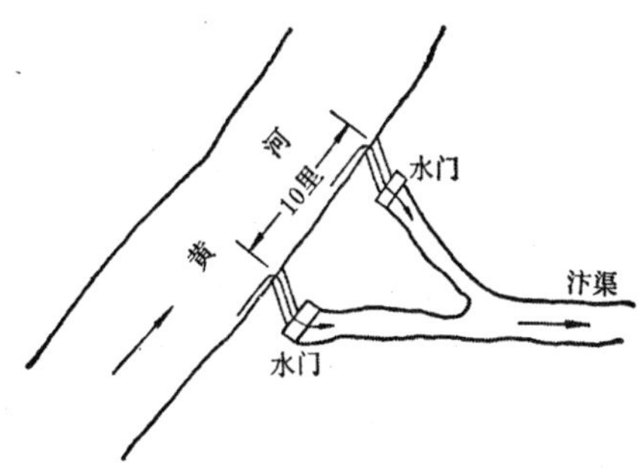

图3－9　武同举汴口水门运用示意图[27]

究竟如何解释“十里立一水门”，上述三种解释单纯根据《后汉书》简略的历史记载进行推敲，很难得出正确的结论。当代学者姚汉源先生在对历史资料深入研究的基础上提出了《〈水经注〉中之汴渠引黄水口——王景“十里立一水门”的推测》一文，明确指出：“综合《后汉书·明帝纪》、《后汉书·章帝纪》和《后汉书·王景传》，以及《水经注》的叙述看，水门应为自黄河通济、汴之门。”他说：“‘十里立一水门’不应当别有所指。不过不是一个汴门，而是于河、汴分流处修建多数通汴口门。”[30]这一认识可能较为符合历史史实。

姚汉源先生进一步解释，说王景治河所立水门当指汴渠引黄的多水口引水设施，是因为“当时治理重点是河、汴分流处。河、汴分流处的主要问题是河水泛滥侵入济、汴，混流东下兖、豫。必须把自然泛滥变为有控制的分流，才能既免洪水灾害又能顺利通漕。方法是建立多数水门，十里一座”[30]。

姚汉源先生进一步指出：“《水经注》记载黄河通济、汴的水口，自西而东为建宁石门、荥口石门、宿须口、阴沟口、济隧口及十字沟口（濮渠口）。再下游还有酸水口，酸水口是流入濮水的（见图3－10）。”[30]

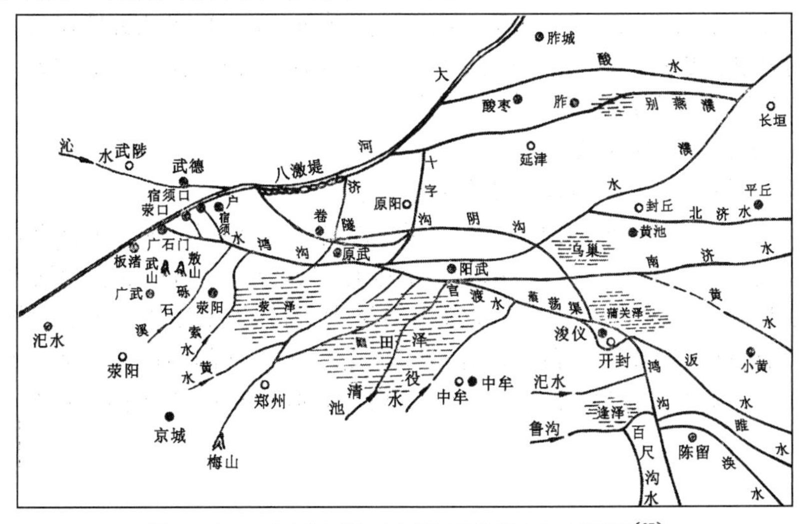

图3－10　《水经注》中鸿沟及其引水口示意图[27]

这些水口除建宁石门为王景所开外，其余多为王景治河时对古天然水道加以疏导整治。建宁石门当为王景适应东汉黄河河势而开凿，在诸水口中最为稳定，沿用也久，至隋代开通济渠，通黄渠口才上移至板渚。

上游建宁石门位置最西，东距荥口石门大约十余里；从最上游的建宁石门到下游的十字沟口，其间距离约九十里，黄河有六口与汴渠相通，也与“十里立一水门”的记载基本相符。

《水经注·济水》记载了建宁石门和荥口石门。“灵帝建宁四年于敖城西北垒石为门，以遏渠口，谓之石门。故世亦谓之石门水，门广十余丈，西去河三里”。建宁石门在敖城西北，东汉灵帝建宁四年（公元171年）重修。“济水又东迳敖山北，济水又东合荥渎，渎首受河水，有石门，谓之为荥口石门也。”[31]荥口石门在敖山北，所建未详，东汉顺帝阳嘉三年（公元134年）曾加修治。

《水经注·河水》也记载了建宁石门。“顺帝阳嘉中，又自汴口以东缘河积石为堰通渠，咸曰金堤。灵帝建宁中又增修石门以遏渠口，水盛则通注，津耗则辍流。”[32]建宁石门的下半部修成溢流堰，河水大时就溢流入渠，水小就断流，这种控制方法可能就是王景的“埽流法”。

姚汉源先生研究认为，汴渠引黄采用多水口，可能是为了适应黄河多沙的特点。黄河多沙善淤，主溜往往随河床淤积的变化而摆动。只开一个水门，当主溜变动时，引水口与主溜就会不对应，难以引水。如果在引水段设多个水口，不管主溜如何摆动，都可有一个水门迎向主溜，以保证引水。

汴渠引黄的六个引水口下游水道大多由西向东，只有两条自北而南，其中济隧引水口通荥泽，十字沟引水口通圃田泽。这一带的水流方向大致是由西向东，这两条沿等高线分布的横向沟渠很可能是人工开凿的。因此，在汴渠引黄段，由东西向的引水渠道和南北向的沟通水道组成了“荥播河济，往复径通”[31]的水道网，也就是“更相洄注”的意思。若引水口引水过多，可以通过济隧与十字沟两条横向水道，在黄河与汴渠、济水间进行水量调节。不过，由于汴渠河道输水能力有限，与黄河洪峰流量相比微不足道，因而汴渠水门不会对黄河防洪产生决定性的影响。

由于汴渠水门成就突出，章帝元和三年（公元86年）当地百姓在盛赞王景治河功绩时特别指出：“‘往者，汴门未作，深者成渊，浅则泥涂’。追惟先帝勤人之德，底绩远图，复禹弘业。”[33]

（三）王景治河的成效

王景治河取得了重大成就，技术上也有创新。

西汉河患加剧的主要原因是当时黄河已淤成“地上河”，加上无计划地围垦河滩地，造成河道紊乱。王景治河的主要措施是在黄河大改道后的新河两岸系统修筑了千里长堤，将黄河新河道重新置于两岸大堤的约束之中，成为一条“地下河”。新河道自济阴以下流经西汉黄河故道与泰山北麓之间的低地，是一条理想的行洪路线。王景治河后黄河河线与禹河、西汉黄河河线的比较见图3－11。

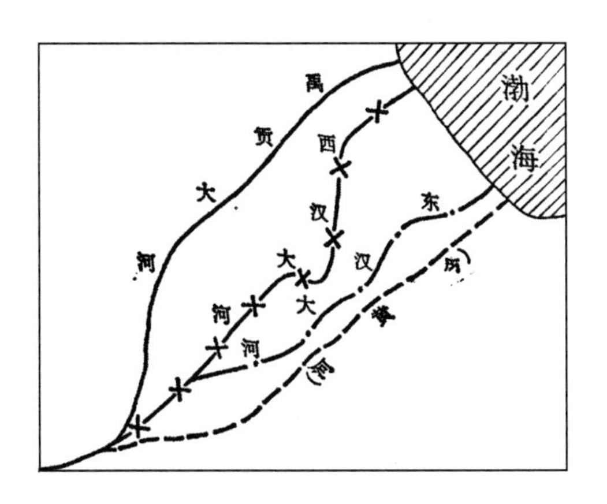

图 3－11　王景治河后东汉黄河与禹河、西汉黄河路线比较图[27]

关于合理的行水路线对下游防洪的作用，西汉时期已有人注意到了。成帝鸿嘉四年（公元前 17 年），孙禁就提出过黄河下游改道的治理方案："今河溢之害数倍于前决平原时。今可决平原金堤间，开通大河，令入故笃马河。至海五百余里，水道浚利。"[2]孙禁所建议的改河路线和王景治河的施工路线基本一致。因此，王景治河的最大成效是为黄河下游固定了一条入海近、河床比降大、水流挟沙能力强的理想行洪路线。

其次，王景整修了汴渠，整修工程除整修堤防和河道外，主要集中在口门处。在施工中总结出"十里立一水门，令更相洄注"的办法，发展了在多沙河流上采用多水口形式引水的技术。

汉代黄河下游干堤渐成系统。王景治河以后，自汴口以东的重要河段和险工段多用大石砌筑成石堤。《黄河志》卷七"防洪志"载，据1984年古黄河堤调查，至今自郑州至入海口在河南、河北两省境内仍遗存有多处两汉时期的黄河古堤[34]（见图3－12）。

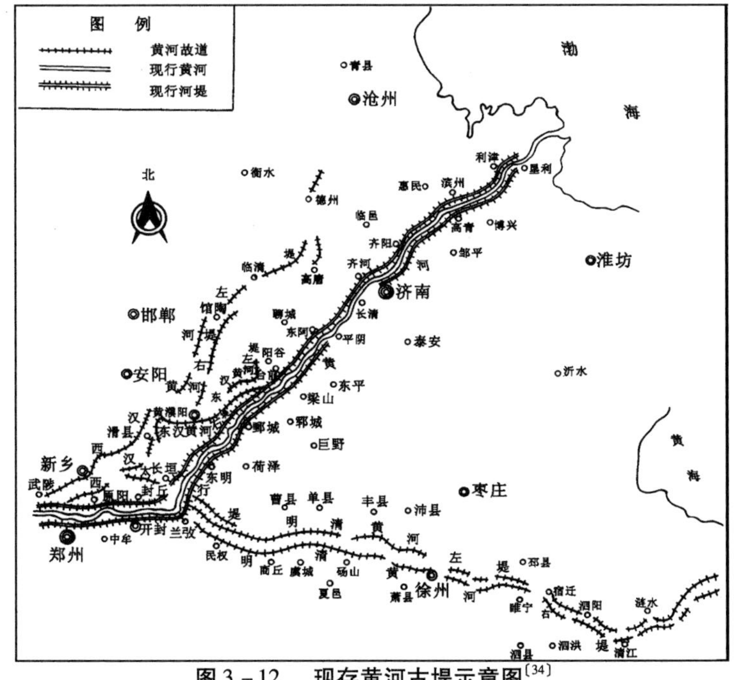

图 3－12　现存黄河古堤示意图[34]

残存的西汉黄河左堤有七段，起自河南武陟县，经获嘉、新乡、汲县、滑县、浚县、内黄，入河北大名县境，经馆陶、临清至德州北止。第一段自武陟西原村至新乡东北二十余里的秦堤村，俗称古阳堤。第二段自浚县西南的大张庄至浚县东北的前嘴头。第三段自浚县东北的了堤头，东北经康札村南，至临河村西折转东南，至白茅村东北。第四段自内黄西南三十余里的马集至河北大名苏堤。第五段自大名西南的南辛庄至吴村北漳河南岸。第六段在漳河北岸，自大名曹堤过大名县城，至黄金堤。第七段在馆陶与临清之间，走向东北。临清以下还有二段，一段自临清向东转东北，一段在德州东北不远。

残存的西汉黄河右堤有五段，自河南原阳，经延津、滑县、浚县、濮阳、清丰、南乐，入河北大名东境，北经馆陶入山东冠县，至平原县西。第一段自原阳磁固堤至延津小庄村。第二段自延津北的胙城，经滑县、浚县，至濮阳火厢头东北。第三段自濮阳北境的疙瘩庙，经清丰至大名东苑湾。第四段在大名金滩镇以北，自南堤村至山东冠县的尹固村北。第五段自尹固村至高唐之间的堤段，高唐北数里复见堤形，正北至平原县西。

残存的东汉黄河左堤，自河南清丰吴堤口向东，经卫城北、理古北，入山东莘县境至武堤口村东北。现仅有上段吴堤口至莘县曹营八十余里保存较好。

残存的东汉黄河右堤，自河南濮阳城南的南堤蜿蜒向东北，入山东莘县，至阳谷金斗营。清光绪元年（1875 年）增修后改作黄河北岸遥堤，1951 年改作北金堤滞洪区的围堤。这些残存的汉堤，是两千年前防洪工程和黄河迁徙的历史见证。

王景治河后，东汉至唐代约八百年间黄河决口次数明显减少。后人誉之为“功成历晋、唐、五代，千年无恙。”[35]当然，东汉以降黄河“八百年安流”局面的历史原因是多方面的，见第四章第一节。

第三节　汉代南方的蓄洪工程建设

汉代，在长江以南开始应用蓄洪技术兴建蓄纳洪水的蓄水工程，较为典型的有浙江绍兴鉴湖和余杭南湖。

一、绍兴鉴湖

浙江山会平原（今绍兴一带）南部和西部为会稽山所环绕，北部为杭州湾，形成“山—原—海”台阶式的独特地形。南北向的小河纵贯本区，分别流入曹娥江与浦阳江，再入海。钱塘大潮由曹娥江与浦阳江倒灌，造成山会平原的严重内涝，并形成了一片片的湖泊沼泽。为了解决海潮倒灌和山洪频发造成河湖漫溢的洪涝灾害，东汉顺帝永和五年（140 年），会稽太守马臻主持修建了周长三百五十八里的绍兴鉴湖。

鉴湖是利用山会平原“山—原—海”的独特地形，在南部众多小湖泊的北端筑堤，将原来分散的小湖泊围成大湖，形成一个蓄洪水库，既减轻了洪水泛滥和内涝，又可以蓄水灌溉，达到兴利除害的目的（见图 3 – 13）。

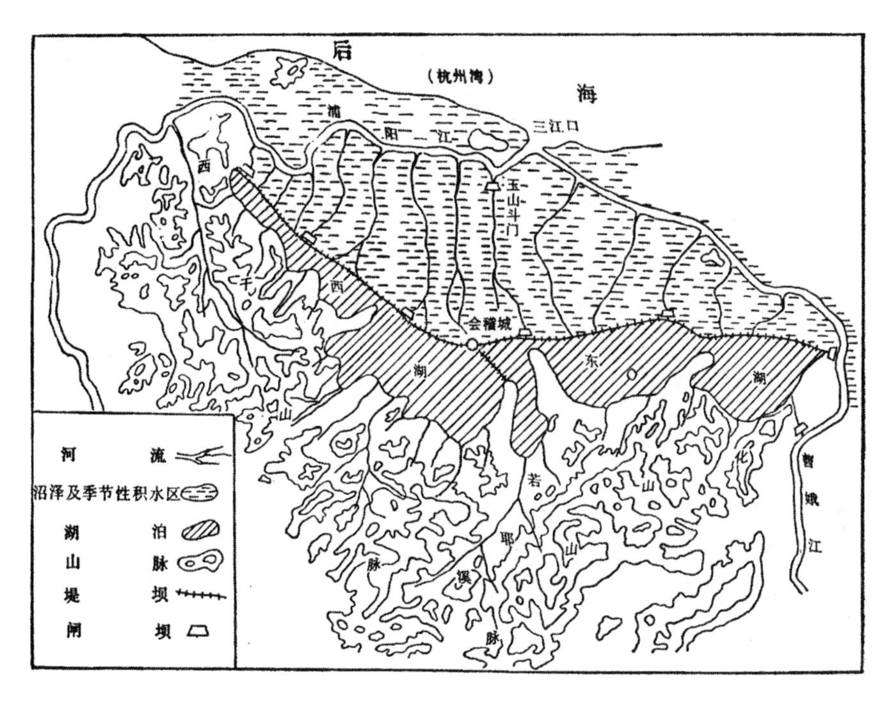

图 3－13　鉴湖示意图[36]

据历史文献记载，鉴湖主要由堤、灌溉水门与溢洪水门等工程设施组成。刘宋时期孔灵符的《会稽记》首次记载了鉴湖（当时称为镜湖）的兴建，但该书久已佚失。据唐代杜佑《通典》的引文载："顺帝永和五年，马臻为太守，创立镜湖。在会稽、山阴两县（后并为浙江绍兴县）界，筑塘蓄水，水高（田）丈余，田又高海丈余。若水少则泄湖灌田，如水多则闭湖泄田中水入海，浙以无凶年。"[37]

当代学者周魁一、蒋超在《古鉴湖的兴废及其历史教训》一文中指出，南宋嘉泰《会稽志》载宋宁宗庆元二年（1196 年）会稽县尉徐次铎所写《复鉴湖议》详细记述了鉴湖堤防的情况。鉴湖堤防在湖的北面，长一百二十三里，分属会稽和山阴二县。东堤在会稽县界，从五云门至曹娥江，长七十二里；西堤在山阴县界，从常禧门至西小江，长四十五里。东西两堤之间，有沿稽山门驿路到山脚的五里南北堤，将鉴湖分为东西二湖。南北堤上有桥，桥下有闸，东西湖水相通[38]。

鉴湖兴建之初，多仅提及筑塘堤蓄水，获得显著的灌溉效益。因鉴湖东西狭长，郦道元在《水经注》中称之为长湖。"浙江又东北得长湖口，湖广五里，东西百三十里，沿湖开水门六十九所，下溉田万顷，北泻长江。"[39]建于湖堤上的六十九处水门是控制灌排的水闸，旱时开水门灌田，涝时关水门蓄水。

宋神宗熙宁二年（1069 年）曾巩在《南丰类稿·序越州鉴湖图》中记载了鉴湖有灌溉和泄洪二种泄水设施。"湖高于田丈余，田又高海丈余。水少则泄湖溉田，水多则泄田中水入海。"[40]用于灌溉的设施有：东湖上的阴沟十四座和西湖上的柯山斗门。具有泄洪功用的设施有：东湖东端的曹娥斗门和嵩口斗门，西湖上的广陵斗门和新径斗门。东湖东端斗门的作用是："水之循南堤而东者由之，以入于东江"。西湖斗门的作用是："水之循北堤而西者由之，以入于西江"。此外，在古三江口之南还有朱储斗门，用以排泄灌区的多余水量。"朱储斗门去湖最远。盖

因三江之上，两山之间，疏为二门，而以时视田中之水，小溢则纵其一，大溢则尽纵之，使入于三江之口。”[40]朱储斗门的主要功用是调节灌区河道水位，在高水位时泄水，同时用以抵御海潮内侵[38]。

宋代所记述的鉴湖上述工程设施是否初建时即有，实难确认，如同其他古代水利工程一样，多为兴建后逐渐完善。据周魁一、蒋超推算，北宋仁宗庆历六年(1046年)，鉴湖面积约30.9万亩，蓄水量达2.139亿立方米，相当于一座大型水库。但自宋真宗大中祥符年间（1008~1016年）开始围垦鉴湖，徽宗政和年间(1111~1118年）则进行了掠夺式的围垦。至南宋，古鉴湖几近被围垦瓜分，其蓄水防洪功能已丧失殆尽[38]。

二、余杭南湖

汉代，太湖流域开始在丘陵地区兴筑蓄水湖塘。《长江水利史略》称，西汉平帝元始二年（公元2年），“吴人皋伯通筑塘，以障太湖，即今长兴县之皋塘，以皋伯通所筑，故名，在县东北二十五里。”[41]是为早期在太湖上游蓄纳来水的小型蓄水工程。

太湖东南杭嘉湖平原东部地势低平，东苕溪源短流急，洪水对会稽郡重镇余杭城（今浙江临安县东）有较大威胁。东汉灵帝熹平二年（173年），“余杭县令陈浑在城南辟上下两湖，以拦蓄苕溪洪水。上南湖周三十二里，下南湖周三十四里。”[42]陈浑利用天目山麓一片开阔谷地为湖床，沿西南隅山脚绕向东北修筑一条环形大堤，形成可以蓄纳东苕溪洪水的南湖，并依自西向东倾斜的地形，筑南北向隔堤，将南湖分成上下两湖（见图3-14）。

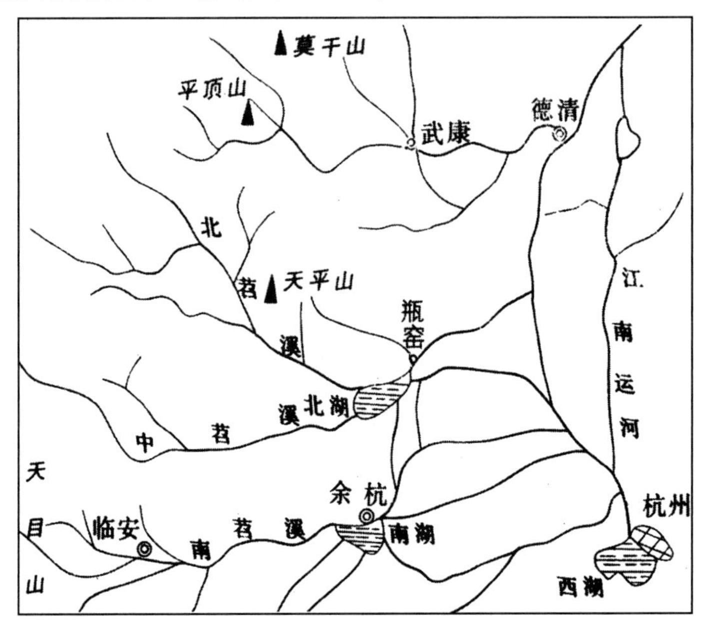

图3-14　余杭南湖示意图[43]

南湖是太湖流域兴建最早、规模较大的蓄洪水库。南湖蓄滞洪水既可制约苕溪山洪对余杭城的侵害，又可减轻杭嘉湖平原的洪涝威胁，还有蓄水灌溉之利。

唐代南湖堙废，宝历年间（825～827年）余杭县令归珧循旧迹重置上下南湖。此后历代屡加修浚，增建塘闸，至今仍在发挥蓄滞洪水的效益[44]。

第四节　秦汉时期防洪工程技术的主要成就

汉代河患较多，人们在治理黄河水害的斗争中加深了对洪水泥沙的认识，在社会经济和科学技术发展的基础上，治河理论和河工技术都有明显的进步。史籍主要记载了秦汉时期的堤工技术、堵口技术、护岸技术和滩地引河技术的成就，而两汉时期黄河干流的挑溜护岸工程技术和滩地引河工程技术则为我国江河制导工程技术之先导。

一、对洪水泥沙的认识

先秦时期已经有了洪水和伏秋大汛的概念。到汉代，又提出了桃汛（即春汛）的概念。《汉书·沟洫志》载：成帝河平二年（公元前27年），黄河复决平原，杜钦说："如使不及今冬成，来春桃华水盛，必羡溢，有填淤反壤之害。"是说如果冬天不能及时堵口，来年春汛一到，洪水就会泛溢，危及决口以下的农田。颜师古注释"桃华水"曰："《月令》'仲春之月，始雨水，桃始华'，盖桃方华时，既有雨水，川谷冰泮，众流猥集，波澜盛长，故谓之桃华水也。"[2]

春秋战国时期已有水流具有动能和利用水流冲淤的认识。西汉末年，黄河频繁决溢，人们积极探索治黄方略，河流泥沙运动理论上升到一个新阶段。在公元前的几十年里，先后提出了改道说、分疏说、滞洪说、水力刷沙说等治河方略。其中，王莽时代的大司马史张戎在阐述治黄方略时敏锐地抓住黄河最突出的特点是多泥沙，并定量估算了黄河的含沙量，指出黄河易决口的关键在于含沙量太大。张戎抓住黄河致患的症结，明确指出水流与挟沙力之间存在正比关系，水量与流速也直接相关。他在历史上最早提出了河流挟沙力的概念，并精辟地予以定性的表述。张戎所提出的水力刷沙说，是河流泥沙运动理论之萌芽，在河工史上占有突出的地位。

东汉初年，王充指出："湍濑之流，沙石转而大石不移，何者？大石重而沙石轻也。"[45]进一步说明了，水流携带泥沙的能力不仅与水流的速度有关，还与泥沙的粒径和比重有关。在水流的冲刷下，"沙石轻"，所以被冲走；"大石重"，则不能移。

二、堤工技术

秦汉时期的堤工技术成就主要表现在堤路结合的运用方式、石堤的规模和修防的定额管理等方面。

秦代堤距尚宽，河流被约束在两岸堤防之间，防汛形势并不严峻。在非洪水期间，堤顶也用作马车的通道。秦修驰道，从都城咸阳至东海之滨，在山东寿张、范县、蓬莱一带，有相当长的路段堤路结合。这种堤路结合的运用方式，当为现代多功能防洪墙之发端。

西汉已有石堤，黄河干流重要河段和险工段堤防多用大石砌筑。《汉书·沟洫志》所载贾让三策中提到："河从河内北至黎阳为石堤，激使东抵东郡平刚；又为石堤，使西北抵黎阳、观下；又为石堤，使东北抵东郡津北；又为石堤，使西北抵魏郡昭阳；又为石堤，激使东北。"〔2〕当时从河南武陟到河北大名之间，不少堤段都是石堤。贾让实地查勘黎阳一带，"地稍下，堤梢高，至遮害亭，高四五丈"〔2〕，可见当时石堤已有较大规模。东汉王景治河后，自汴口以东，石堤进一步增加。黄河下游兴筑堤防后，河床逐渐淤高，到西汉时期已形成地上河，堤顶在大水年一般超高洪水位二尺左右。

要预算工程量的大小以及所需的经费和工期，必须对施工人员的劳动定额有相应规定；有了施工定额，也便于对民夫计量管理，以奖勤罚懒。至迟在秦代已有筑堤施工定额的规定。1975 年在湖北云梦睡虎地发掘的秦墓中，出土二百零一支竹简。其中在摘引"秦律十八种"的"工人程"和"均工"简中，有多条涉及施工管理定额〔46〕。例如：冬季施工三天的定额相当于夏季两天；辅助工种二人的定额相当于工匠一人，女工二人定额相当于工匠一人，小孩五人相当于工匠一人；初次施工的新人定额折半，第二年相等；估算定额和工程量，要由主管官吏和工匠共同执行，估算不实者论处。

《九章算术·商功》也记载了东汉初年土方施工定额的一些规定。估算挖土、壤土、坚筑土的比例大致是："穿地（平地挖土的体积）四，为壤（挖出的土料体积）五，为坚（夯筑的土体）三"〔47〕。这一比例对于城墙、土墙、筑堤、挖沟、挖护城河和开渠的工程量估算均大体适用。

每个工的劳动定额估算则为：冬季修筑城墙、土墙、堤防，夯筑土方四百四十四立方尺为一功。挖沟定额：春季人功为七百六十六立方尺，如果包括挖土在内，则应定工为六百十二立方尺。夏季人功为八百七十一立方尺，如果包括挖土的工作量，而土料又有较多的沙砾石时，定功则应为二百三十二立方尺。秋季开挖渠道，则其人功值定为三百立方尺〔47〕。

若取土料场距筑堤施工地点较远，运输土料的定额为：使用容积为一立方尺六的土筐，则"秋程人功行五十九里半"，即秋季挑一立方尺六的土筐行五十九里半里为一人功。如果堤防较高，需搭建"棚除"（跳板）时，由于跳板上行走吃力，则规定在跳板上行走二十步相当于平地行走七十步；如果在上下困难的跳板上，其定额换算还要另减十分之一〔47〕。

三、护岸技术

战国时已有称为"据"的河工建筑物，用以抵抗水流对堤防的冲击，是原始的挑流护岸建筑物。到西汉，较为普遍地运用"激"这种挑流设施。贾让三策记述："激使东抵东郡平刚"，"激使东北"，说明当时部分石堤具有"激"的功用。唐代颜师古在《汉书·沟洫志》的注释中说："激者，聚石于堤旁冲要之处，所以激去其水也。"〔2〕即在河流冲击河岸的险要之处，在石堤外抛石护坡，既抵抗洪水的冲刷，又挑流逼溜势外移。可见"激"这种挑流设施，用来守护受河流冲击的险工段石堤，比石堤的护坡护滩作用更强。

王景治河后，“激”这种石砌挑流工除用于黄河险工段外，还用于汴口水门处。《水经注·河水》载：东汉安帝永初七年（公元113年），“于岑于石门东积石八所，皆如小山，以捍冲波，谓之八激堤。”[32]石门即荥口石门，为了解除黄河大溜顶冲水门，连续设置了八座挑流工，以保护汴口的安全。

西汉在黄河上还采用竹笼装石来护岸，竹笼之上再加盖土料。因竹笼装石在水流掏刷下易于崩坍毁坏，东汉顺帝阳嘉三年（公元134年）改竹笼工为砌石。

西汉末年，黄河在今河南滑县至濮阳区间明显地表现出往返大幅度摆动。为适应弯曲的河流特性，堤防也因河之势而蜿蜒。为了加固河势蜿蜒处的堤防，普遍修建石工或埽工建筑物，以抵御溜势冲激。不过当时对这种石砌挑流工的运用不尽合理，以致“百余里间，河再西三东，迫扼如此，不得安息。”[2]说明当时过于频繁而不当地运用挑流工，虽然守护了险工段，但逼水流下冲对岸，又造成新的险工。

东汉明帝时期，对堤防能够改变河势已有进一步的认识。永平十三年（公元70年）四月，汴渠竣工时，明帝的诏书指出：“左堤强则右堤伤，左右俱强则下方伤。”[2]说明当时已认识到兴建防洪治河工程，可能加剧河道的演变。加固一侧河岸，会逼水冲刷对岸；加固两侧河岸，会加强对下游的冲刷。

四、堵口技术

先秦时期已普遍采用茨防作为早期的埽工堵口。西汉淮南王刘安在讲到用工程措施导引水流运动时也提到茨。他说：“掘其所流而深之，茨其所决而高之，使得循势而行，乘衰（降）而流。”[48]这里的“掘”是开挖和疏浚河床，“茨”则是堵塞决口。

西汉决溢频繁，著名的堵口工程有瓠子堵口和王延世堵口。在堵口技术上，瓠子堵口当为早期的桩柴平堵法；王延世将都江堰竹笼卵石技术运用于黄河堵口，开创了立堵之先河。

除了堵口技术的进步外，西汉时期还认识到了选择堵口施工时间的重要。成帝河平三年（公元前26年），黄河在平原县决口。在议论派员堵口时，杜钦曾明确提出：“如使不及今冬成，来春桃华水盛，必羡溢，有填淤反土壤之害。”[2]要抢在枯水季节低水位时完成堵口施工，不然到来年开春，桃汛涨水，不但堵不了口，反倒会将堵口土料冲淤到堤外造成灾害。这种将随季节气候变化的水文特征与水利施工联系起来的认识，也是西汉防洪技术的进步。

五、滩地引河技术

冲积河流的河床除了纵向有冲淤变化之外，横向也有摆动。特别是黄河的河南段，由于大幅度的横向摆动，形成显著的滩地和主槽的移动，称为游荡性河段。在游荡性河段，河槽往往有几道汊流，主流流经的一股汊流严重淤积后，将改走另一股汊流。

河滩地主要是由胶泥构成的滩岸，主槽往往较为稳定。当主流方向弯向堤岸时，将威胁到堤防的安全。这时可以在主流顶冲点上游修建挑水建筑物，将主流

挑离堤岸，也可以在滩地上人工开挖引河，将主流引导至安全的地带。

滩地引河布置示意图见图 3 – 15。

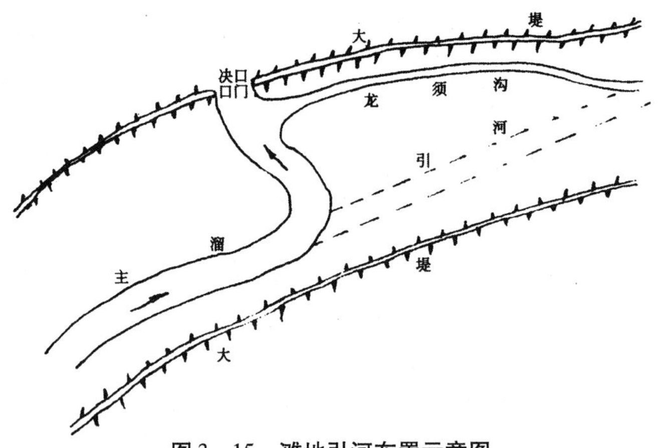

图 3 – 15　滩地引河布置示意图

滩地引河工程最早见于西汉。据《汉书·沟洫志》记载，西汉宣帝地节年间（公元前 69 ~ 前 66 年），光禄大夫郭昌主持治理黄河。当时，黄河“北曲三所，水流之势皆邪直贝丘县。”“北曲三所”指河南濮阳至山东临清之间黄河折向北面形成三道大弯。“皆邪直贝丘县”，指三处主溜都直冲黄河北岸的贝丘县（今山东临清南）。郭昌“恐水盛，堤防不能禁，乃各更穿渠，直东，经东郡界中，不令北曲。渠通利，百姓安之”[2]。郭昌曾参与主持堵塞东郡决口，对河道情况比较熟悉。他见形势危急，担心堤防难以承受主泓的不断淘刷，于是在南岸东郡界内滩地上各开三条引河，以改善贝丘被顶冲的不利形势。但这次引河工程的效果不好。“后三年，河水更从故第二曲间北可六里，复南合。”三年后，黄河主溜又在原第二道弯往北约六里处重新坐弯。四十年后，“其曲势复邪直贝丘”[2]，主溜又恢复直冲贝丘县。

此后各代均有开挖滩地引河之举。唐元和八年（813 年）黄河主流东向滑县（今河南滑县东南），于是在其下游黎阳（今浚县东北）开滩地引河，以解除滑县的险情。引河开通后五十年，再新开一河，引主流离城远去。北宋淳化四五年（993 ~ 994 年），在滑县又开挖滩地引河。

西汉郭昌主持的这一工程，是在同一县境内不长距离上的三个河湾处开河，不是整个河道的裁弯取直，只能称为滩地引河工程。裁弯取直工程是在严重弯曲如 Ω 形河道的狭颈处开一条顺直新河道，代替原河道，以增加河道泄量，降低水位。裁弯取直工程布置示意图见图 3 – 16。

图 3 – 16　裁弯取直工程布置示意图

最早的裁弯取直工程被认为始于东汉王景治河，他采用的“直截沟涧”技术措施，一般认为是在黄河干流上的裁弯取直。

六、防洪管理

先秦以后，水行政管理机构在中央和地方官制中都有设置，其机构和职能随国家官制的不断完善而逐步完善。

（一）防洪管理体系

秦汉时期，中央官制实行中央集权的三省九卿制，开始常设水行政机构及其属官，但分属于尚书省和公卿。汉代在郡县行政长官之下设官置吏，形成了稳定的地方水行政管理机制。

1. 中央水官

秦汉建立了中央集权的政体，官制仍沿用战国时期的公卿制。西汉中央开始分化出专业性质较强的政务机构和公卿朝官。东汉出现专业机构形态的三公制。

由于洪水灾害是当时最主要的一种自然灾害，防洪治河也是尚书、大司空、御史等朝廷重臣乃至皇帝需要关注的政事。秦时置尚书，到汉武帝时分曹，设置郎官，具有决策职能。御史官制源于战国，因经常被派遣外出稽核官吏下属违法之事而具有监察职能。秦汉时期，御史大夫是直接受命于皇帝的中央监察机构。御史对防洪的稽查主要包括：对防洪工程及其管理的稽查，对防洪防汛管理部门及河官的稽查，对防洪工程经费的稽查，对河工考成保固的处罚。

卿官中的太常、少府、大司农也与水行政管理有关，三卿属下均设有都水。其中，太常属下的都水管理京畿范围的堤防陂池；少府属下的都水负责与水资源有关的税收；大司农属下的都水长丞是决策水政务、主持水利工程的国家水行政长官，负责防洪工程的兴建和管理。

皇帝还经常根据需要从朝廷派遣官员，并临时授予使职，经理防洪治河。其中最经常的是向灾区派出谒者，为驻黄河堵口或河堤施工现场的特使。临时授予的遣使还有河堤使、河堤使者、河堤都尉，有时也从地方官员中调遣。如成帝建始四年（公元前29年）主持堵口的河堤使者王延世。东汉时期，中央设河堤谒者五人，都水为地方行政长官的属官。

2. 地方水官

秦汉建立了郡县地方行政管理体制。郡县的水官为都水掾和都水长。西汉末王莽改制，一度改称司空掾。秦汉以后，郡县水利官员的设置和职能是最稳定的，变化的只是官名。

汉代，黄河沿岸郡县置官管理河堤。东汉王景治河成功后，“（明）帝亲自巡行，诏滨河郡国置河堤员吏，如西京旧制。”[23]在朝廷的直接过问下，构成了沿岸州县行政长官或属官执掌的、跨行政区划的防洪防汛专业管理体系，负责防洪防汛经费、物料、劳力的调配，以及以堤段为单位的巡守、抢修和对基层管理组织的管辖。尽管这样的机构和官员屡设屡废，但各代中央政权无不予以极大的重视。

（二）修防制度

秦统一六国后制定了国家大法《秦律十八种》，其中的《田律》就有防洪法规的条款:“春二月，毋敢伐材木山林及壅堤水”[46]。

秦代仓律规定了河工服役劳力强弱的标准和免役的条件：健康人身高达五尺

二寸的都要服劳役，其中男工身高不满六尺五寸，女工身高不满六尺二寸者为弱劳力。秦代还规定有勋爵者五十六岁以上免劳役，没有勋爵的普通人六十岁以上免役[46]。

随着黄河下游系统堤防的形成，汉代始有堤防岁修制度。西汉朝廷派出的谒者、河堤都尉等专官，巡视黄河沿岸堤防，监督岁修工程。沿河各地都设有防洪守堤的队伍，一段约数千人，多时则在万人以上。东汉承袭了西汉的修防制度，沿河郡县置河堤官，加强对下游堤防的维修和管理。

西汉武帝时期，黄河决溢频繁，每年筑堤的岁修经费不菲。如贾让所说："濒河十郡，治堤岁费且万万。"[2]濒河十郡每年的修防费用由国库拨付，不由濒河州郡开支。当年汉王朝全国的财政收入大约四十万万，每年仅黄河修防费用就占全国年财政收入约四十分之一。

但沿河十郡的百姓要承担河工劳役，每郡每年要派出"河堤吏卒郡数千人"。丞相史孙禁说"吏卒治堤救水，岁三万人以上"[2]。武帝元封二年（公元前 109 年）黄河瓠子堵口，动用吏卒数万人。成帝建始四年（公元前 29 年）王延世主持黄河堵口，堵口的民夫一是服劳役的百姓，二是花钱雇夫。当时每个成年男子一生中要服兵役一年和戍边一年，"治河者为著外繇六月"[2]，即服劳役相当于戍边六个月。也可雇夫服役，每雇一夫一月，需花钱二千。

第五节　秦汉防洪的历史著述

《史记·河渠书》是我国第一篇水利专著，也是第一部水利通史。它扼要记载了上起大禹治水、下至汉武帝太初年间的水利史事，所记内容主要为黄河治理及人工渠道的开凿。《史记·河渠书》的价值很高，有不少资料是司马迁耳闻目睹或亲自参加的水利工作，如瓠子堵口。而且他以太史令的身份掌握了大批朝廷档案，因此记述准确可靠，只是过于简略。

《汉书·沟洫志》记录了西汉的水利发展，是我国第一部断代水利史。其前半部抄录《史记·河渠书》而稍有不同，后半部记载了汉武帝开白渠以后的水利史事。《汉书·沟洫志》记载了汉代各家的治黄主张与实践，尤以贾让的"治河三策"最为详细，不仅是当时的实录，也对后世治河产生了深远的影响。

早期系统的洪水记载见于《汉书·五行志》。五行者金、木、水、火、土，代表诸种灾异。当时重视自然灾害的记录主要是把天灾的发生作为对人事的警告。以水灾而言，"若乃不敬鬼神，政令逆时，则水失其性。雾水暴出，百川逆溢，坏乡邑，溺人民，及淫雨伤稼穑，是谓水不润下。"[49]《汉书·五行志》客观上保存了系统的洪水资料，为后代研究江河洪水规律提供了难得的史料。

正史中除了水利专志之外，其他有关各志也很重要。如《汉书·地理志》是记述古代水道的经典著作，极受后人重视，后世研究其相关水道的著书也不少。另外，《史记·平准书》和《汉书·食货志》也有一些治水的记载。后代正史多沿用这些体例而稍有变化。《后汉书》缺志，后人以《续汉书》的志补入，有《五行志》，无《沟洫志》，所记水利事迹太少，以致王景治河的伟绩湮灭不清。

王景治河，汉明帝给他的参考书籍中就有《山海经》、《史记·河渠书》和《禹贡图》，这些书为当时治水者所必备。

参考文献

〔1〕汉·司马迁：《史记》卷六“秦始皇本纪”，中华书局，1959年。

〔2〕周魁一等：《二十五史河渠志注释》，“汉书·沟洫志”，第13～35页，中国书店，1990年。

〔3〕清·靳辅：《治河奏绩书》，载陈潢：“河防述言·源流第五”，文渊阁《钦定四库全书》，武汉大学出版社电子版。

〔4〕黄河水利委员会：《黄河水利史述要》，第67页、第73页、第64页，水利电力出版社，1984年。

〔5〕清·贺长龄、魏源等：《清经世文编》下，卷九十六“工政二”，胡渭：《禹贡锥指》，第2346页，中华书局，1992年。

〔6〕武汉水利电力学院、水利水电科学研究院：《中国水利史稿》上册，第205页，水利电力出版社，1979年。

〔7〕汉·班固：《汉书》卷二十八“地理志”，中华书局，1962年。

〔8〕明·刘天和：《问水集》卷二“古今治河同异”，齐鲁书社，1996年。

〔9〕明·邱浚：《大学衍义补》卷十七“固邦本，除民之害”，京华出版社，1999年。

〔10〕清·贺长龄、魏源等：《清经世文编》下，卷九十六“工政二”，夏骃：“贾让治河论二”，第2345页，中华书局，1992年。

〔11〕清·贺长龄、魏源等：《清经世文编》下，卷九十六“工政二”，靳辅：“论贾让治河奏”，第2342页，中华书局，1992年。

〔12〕清·龚自珍：《龚自珍全集》第一辑“对策”，第114页，上海人民出版社，1975年。

〔13〕分别见《汉书》卷四“文帝纪”，卷六“武帝纪”，卷十“成帝纪”，卷二十九“沟洫志”，卷九十九“王莽传”，中华书局，1962年。

〔14〕分别见《后汉书》卷七十六“王景传”，志十五“五行志三”，志十一“天文志中”，卷四十六“陈忠传”，中华书局，1965年。

〔15〕武汉水利电力学院、水利水电科学研究院：《中国水利史稿》上册，第475页，水利电力出版社，1979年。

〔16〕武汉水利电力学院、水利水电科学研究院：《中国水利史稿》上册，第178页，水利电力出版社，1979年。

〔17〕周魁一等：《二十五史河渠志注释》，“史记·河渠书”，第10页，中国书店，1990年。

〔18〕周魁一：《中国科学技术史·水利》，第349页，科学出版社，2002年。

〔19〕汉·许慎撰，清·段玉裁注：《说文解字注》，第73页，上海古籍出版社，1981年。

〔20〕元·沙克什：《河防通议》，卷上“河议第一·卷埽”，中国水利工程学会，《水利珍本丛书》，1936年。

〔21〕都江堰管理局：《都江堰》，第98页，水利电力出版社，1986年。

〔22〕汉·班固：《汉书》卷九十九中“王莽传”，中华书局，1962年。

〔23〕南朝宋·范晔：《后汉书》卷七十六“王景传”，中华书局，1965年。

〔24〕南朝宋·范晔：《后汉书》卷二“明帝纪”，中华书局，1965年。

〔25〕清·胡渭著，邹逸麟整理：《禹贡锥指》卷十三下“附论历代徙流”，第497页，上海古籍出版社，1996年。

〔26〕清·魏源：《魏源集》上册，“筹河篇下”，第374页，中华书局，1976年。

〔27〕武汉水利电力学院、水利水电科学研究院：《中国水利史稿》上册，第182、183、186、188页，水利电力出版社，1979年。

〔28〕黄河水利委员会选辑：《李仪祉水利论著选集》，“后汉王景理水之探讨”，第150页，水利电力出版社，1988年。

〔29〕黄河水利委员会：《黄河水利史述要》引吴君勉：“古今治河图说”，第78页，水利电力出版社，1984年。

〔30〕水利水电科学研究院：《科学研究论文集》第12集，姚汉源：“〈水经注〉中之汴渠引黄水口——王景‘十里立一水门’的推测”，第1页，水利电力出版社，1982年。

〔31〕北魏·郦道元：《水经注》(王先谦校本)，卷七“济水”，第166页，巴蜀书社，1985年。

〔32〕北魏·郦道元：《水经注》（王先谦校本)，卷五“河水”，第122页，巴蜀书社，1985年。

〔33〕《后汉书》卷三“章帝纪”，中华书局，1965年。

〔34〕黄河水利委员会：《黄河志》卷七“防洪志”，第59～62页，河南人民出版社，1991年。

〔35〕黄河水利委员会选辑：《李仪祉水利论著选集》，“黄河之根本治法商榷”，第19页，水利电力出版社，1988年。

〔36〕武汉水利电力学院、水利水电科学研究院：《中国水利史稿》上册，第151页，水利电力出版社，1979年。

〔37〕唐·杜佑：《通典》卷一百八十二“州郡十二”，第966页，中华书局，1984年。

〔38〕中国水利学会水利史研究会、浙江省绍兴市水利电力局：《鉴湖与绍兴水利》，周魁一、蒋超：“古鉴湖的兴废及其历史教训”，第33页，中国书局，1991年。

〔39〕郦道元：《水经注》(王先谦校本)，卷四十“渐江水”，第606页，巴蜀书社，1985年。

〔40〕宋·曾巩：《南丰先生元丰类稿》卷十三“序越州鉴湖图”，《四部丛刊初编》，上海商务印书馆，1922年。

〔41〕长江流域规划办公室：《长江水利史略》，第63页，水利电力出版社，1979年。

〔42〕清·王凤生：《浙西水利备考》，浙江书局，清光绪四年。

〔43〕江苏省水利厅：《太湖水利史稿》，第50页，河海大学出版社，1993年。

〔44〕浙江省水利志编委会：《浙江省水利志》，第四编第十五章“东苕溪防洪”，第366页，中华书局，1998年。

〔45〕《诸子集成》第7册，汉·王充：“论衡·状留篇”，第139页，上海书店出版社影印出版，1986年。

〔46〕《睡虎地秦墓竹简》“秦律十八种”，第3页，文物出版社，1978年。

〔47〕《算经十书》第二册，魏·刘徽注：《九章算术》，卷五“商功”，中华书局，1963年。

〔48〕《诸子集成》第7册，汉·刘安著，高诱注：“淮南子注”，卷二十“泰族训”第356页，上海书店出版社，1986年。

〔49〕汉·班固：《汉书》卷二十七上“五行志”，中华书局，1957年。

第四章　三国至五代时期防洪建设的初步发展

三国两晋南北朝的四百年间，大一统的封建国家动荡分裂，社会经济发展缓慢，防洪工程建设和技术成就大不如前。黄河流域作为争战的主战场，被多个割据政权再次分割。王景治河后黄河河患明显减少，在割据政权此长彼消的数百年间，黄河防洪不再受到重视。随着中原人口的大量南移，并带入较先进的农业技术，江淮地区的社会经济和水利事业得到发展，重要城区的防洪建设和平原水网地区的排洪泄涝开始提到议事日程。

隋唐是我国封建社会发展的一个重要时期，全国重归统一，社会经济得以恢复发展，经济贸易、水运交通和农业灌溉事业有了较大发展。唐代东都洛阳，正处于唐王朝东西和南北两条水运枢纽的节点上。汴河即汉代的汴渠（又名浪荡渠），东南与淮扬运河相通。由于黄河相对安流，防洪的重点由黄河移到了汴河。长江以南进一步开发，农田水利建设和城镇发展加快，大大丰富了防洪工程的内容和形式。太湖地区塘浦圩田的兴起，成功地解决了低洼水网地区围田垦殖与泄洪排涝的矛盾。沿海经济发展，海塘作为防御海潮的有效工程措施，江浙海塘渐成系统。

五代十国经历了近半个世纪的大分裂，黄河流域再次遭到严重破坏。黄河逐渐结束了东汉以来八百年相对安流的局面，又开始进入多灾多难的时期。由于封建割据，连年争战，水利失修，洪涝灾害频繁。

第一节　三国至五代防洪工程建设的展开

古代防洪设施的首要任务是防护作为政治中心的重要城市和作为经济中心的农业经济区。随着中原战乱和人口的大量南移，经济中心逐渐南移，相应需要兴建防洪工程防护的范围也由中原扩展到江淮流域和江南地区。由于江淮流域和江南地区地形条件的多样性，防洪工程的内容由以黄河堤防为主扩展为大江大河的治理、水网地区的排洪泄涝和沿海地区的捍御海潮。

一、大江大河的治理

三国至五代，大江大河的治理仍以黄河为主。长江荆江段的堤防初建于东晋穆帝永和年间（345～356年）。两晋南北朝时期，海河、淮河的排涝问题开始提到议事日程。珠江流域的防洪堤则迟至唐代才见诸记载。这也反映出各地经济开发的先后和洪涝灾害的差异。

（一）黄河的治理

自东汉至唐代末年的八百多年，黄河处于相对安流的状态。黄河这段相对安流期与其前后时段河决的比较见表4－1。

表4－1　黄河相对安流期与其前后时段河决的记载

河决次数	西汉公元前168～公元11年	相对安流期		五代939～959年
		三国至南北朝237～575年	隋唐637～896年	
共计（次）	11	无	4	10
平均（年/次）	16		65	2

后世对黄河何以能安流八百余年有各种不同的见解。一是明代徐有贞、清代魏源和民国李仪祉提出的王景治河说。认为黄河相对安流归功于王景治河，而水门节制洪水是王景治河成功的关键。明代宗景泰六年（1455年），徐有贞修治沙湾决口，“用王景制水门法以平水道，而山东河患息矣”[1]，最先提出王景治河有术，水门法是其成功的关键。魏源则认为，王景治河时修建有类似明清年间的遥堤、缕堤之制，并在缕堤上建有一系列水门。李仪祉认为：王景“以十里水门之法固堤防而深河槽，以疏导之法减下游盛涨，下游减则在其上游溃决之患自弛。本此法也，故能使河一大治，历晋、宋、魏、齐、隋、唐八百余年，其间仅河溢十六次，而从无决徙之患。”[2]

二是当代历史地理学者提出的植被变化影响说。认为黄河泥沙主要来自中游黄土高原，东汉以后，黄河中游以农为本的汉族人口急剧减少，以畜牧为主的游牧人口迅速增长，中游变农为牧，植被状况改善，使水土流失的泥沙相应减少。北魏至安史之乱，中游农业的发展速度也不快。安史之乱以后，垦田面积迅速扩大，水土流失加剧，才造成此后黄河水灾严重的局面[3]。

三是更多人提出的下游多支分流说。认为这一时期黄河下游有汴水、济水、濮水、漯水等许多支河分流，又有许多湖泽和古河道容蓄，缓解了主河道行洪的压力和河槽的淤积。

四是认为黄河相对安流期正值中原长期动乱，黄河下游人口骤减，即使有河决，也未造成大的洪水灾害，因此历史记载少。

事实上，影响黄河下游八百年相对安流的因素应是多方面的。东汉初黄河第二次大改道后，漫流近六十年，水性趋深走下，下游逐渐形成了一条入海距离短、比降较大的行洪路线。新河道的流速和输沙率相应提高，河床的淤积速度减慢，在相当长的时间内还难以淤成地上河，这或许是相对安流而少决溢的主要原因。王景治河修筑两岸堤防，使新河道保持了较长时间的稳定。黄河中游人口减少，大批耕地由农转牧，植被情况改善，也减少了下游河道的泥沙淤积。而中原战乱，洪泛区人口骤减，黄河下游地区河湖漫流，洪水灾害的记载相应减少。

1．三国两晋南北朝时期

三国两晋南北朝时期，黄河自汴渠口以东，下游有多条支河分流，其中较大

的分支有汴水、济水、濮水、漯水、商河等。又有许多古河道和湖泽容蓄洪水，较大的湖泽如荥阳（今郑州西北）的荥泽、今中牟县西的圃田泽、今商丘西北的孟诸泽、今菏泽县东的菏泽、今巨野县东北的巨野泽等。中原地区连年战乱，黄河下游堤防失修，汛期河道处于漫流状态，洪涝不分。河道漫流后的分流分沙作用，缓解了黄河主河道的行洪压力，主河槽的淤积也相应减缓。南北朝时期黄河下游经行略图见图 4－1。

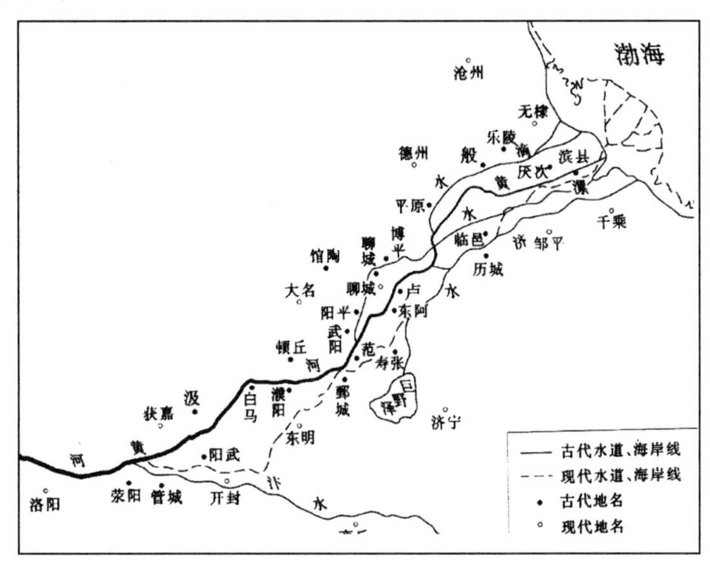

图 4－1　南北朝时期黄河下游经行略图[4]

这一时期，黄河流域人口骤减，洪泛区的居民不多，洪涝灾害造成的受灾人口和被淹田亩数自然减少，因此史书中对当时黄河水灾的灾害损失记载较少，而只有“大水”或“水溢”而少“河决”的记载。由于黄河下游的分支河流和古河道多，而且常与海河水系相通，史书记载这四百年中黄河下游及海河流域较大的水灾有五十余次，平均七八年一次，但直接说明黄河成灾的仅五次[5]。

三国两晋南北朝时期，关于黄河防洪的记载不多。魏文帝黄初四年（223 年），“大雨霖，伊洛溢，至津阳城门，漂数千家，杀人。”[6]西晋武帝泰始四年（268 年），“青、徐、兖、豫四州大水。”[6]时任御史中丞的傅玄上疏曰：“以魏初未留意于水事，先帝统百揆，分河堤为四部，并本凡五谒者，以水功至大，与农事并兴，非一人所周故也。今谒者一人之力，行天下诸水，无时得遍。”说曹魏不注重治河，只设一名专官“谒者”。司马昭执政时增加到五名，现在又变为一人掌管全国河道。他建议：“可分为五部，使各精其方宜。”[7]但未能实行，可见当时防洪问题不受朝廷重视。

《晋书·傅祗传》载，傅祗为荥阳太守，“自魏黄初大水之后，河济泛滥。邓艾尝著《济河论》开石门而通之。至是复浸坏。祗乃造沉莱堰，至今兖豫无水患，百姓为立碑颂焉。”[8]魏文帝黄初四年（223 年）大水冲毁了汴口石门，邓艾修复石门控制，后又被冲毁。西晋武帝太康年间（约 285 年），傅祗修建沉莱堰，大约是用草、土加石所筑，用以控制汴口，调节黄河入汴水量，使洪水不易溢入济、

汴，从而减少了兖、豫（今山东西部及河南）的水患。

2. 隋唐时期

隋代没有关于黄河决溢的记载，但关于黄河大水的资料不少。唐代黄河大水的资料更多。据《旧唐书·五行志》和《新唐书·五行志》记载[9]，唐代的二百九十年间，明文记载黄河河溢、河决的年份有二十一年，平均十三年一次；除河溢、河决外，沿河各州发生大水的年份有二十九次。唐太宗贞观十一年（637 年）始有河溢的记载，开元十年（722 年）始有下游决堤的记载。

中唐以后，黄河中游植被日渐破坏，黄河含沙量增加，下游河床淤积抬高。唐代后期，河溢、河决的记载增多。这表明东汉以后形成的黄河下游河线行水已久，河道淤积，行洪能力减弱。仅玄宗开元年间（713～741 年），就记有河决二次（开元十年“博州、棣州河决”，十四年“河决魏州”）、大水七次（开元三年、十五年、十九年、二十年、二十二年、二十八年、二十九年）[9]。唐元和年间黄河下游经行略图见图 4－2。

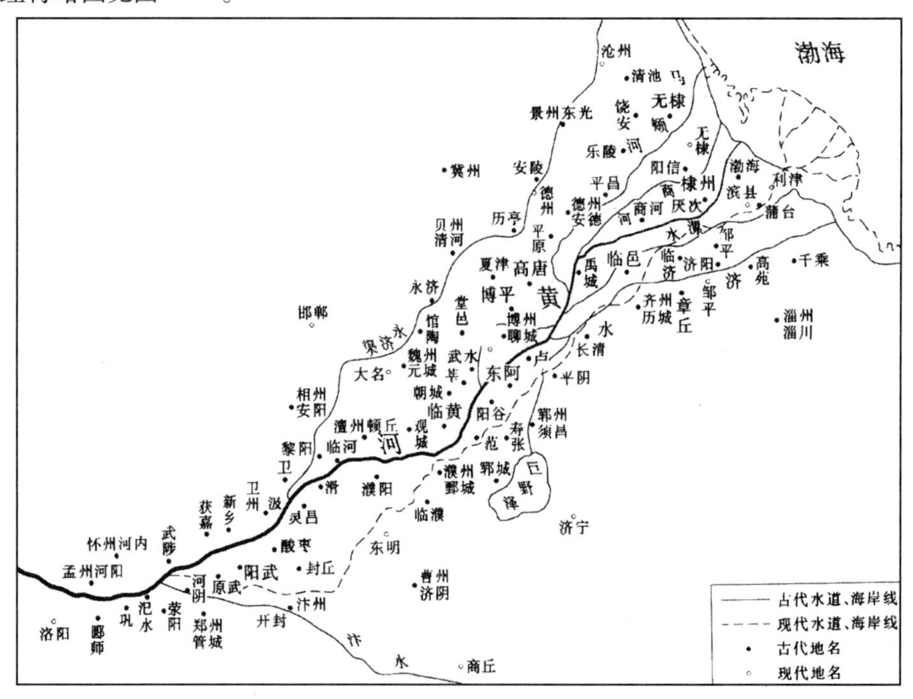

图 4－2　唐元和年间黄河下游经行略图[4]

隋代没有治理黄河的记载。唐代逐渐修复堤防，到高宗永徽年间（650～655 年），黄河系统堤防重建完成，结束了此前黄河漫流的自然状态。但由于河患不甚严重，防洪工程不多，规模远不如汉代。武则天久视元年（700 年），曾在黄河下游北岸平昌县（今山东商河县西北）开凿马颊河分洪，号新河[10]。

唐玄宗开元十年（722 年），“五月辛酉，伊水溢，毁东都城东南隅，平地深六尺；河南许、仙、豫、陈、汝、唐、邓等州大水，害稼，漂没民居，溺死者甚众。六月，博州、棣州河决。”[9]“博州（今聊城一带）黄河堤坏，湍悍洋溢，不可禁止。”唐玄宗李隆基派博州、冀州、赵州三州刺史治河，并命“按察使萧嵩总

领其事”[11]。这是历史记载中唐代的首次治河工程。

开元十四年（726 年），“秋，天下州五十，水。河南河北尤甚，河及支川皆溢，怀、卫、郑、滑、汴、濮人或巢或舟以居，死者千计”[9]。当时，“诸州不敢擅兴役”，裴耀卿时任济州刺史，在未奉朝命的情况下率众抢护堤防，“躬护作役”。工程未竣工，裴调任宣州刺史。他怕走后工程完不成，督工愈急，直至“堤成”，才“发诏而去”[12]。为此，民众给他立了功德碑。

另两次规模较大的治河工程是在元和年间和咸通年间，两次都是在河南滑州附近进行局部的改河，以阻止黄河在滑州向东南决口。

宪宗元和八年（813 年），黄河主溜向右岸滑县（今河南滑县东南）摆动，距县城近二里，经常出险。“河溢，浸滑州羊马城之半。”[9]郑滑节度使薛平认为滑县的险情是由于下游泄水不畅，形成对上游的顶托所致。他请求魏博节度使田宏正在其属地黎阳（今浚县东北，在滑县下游）开一条新河，以解除滑县的危险。在得到田宏正的同意后，薛平动用兵役民夫上万人，“于黎阳界开古黄河道，南北长十四里，东西阔六十步，深一丈七尺，决旧河水势，滑人遂无水患。”[13]这次薛平采用了开黄河古河道的方法，分杀旧河水势，治理了水患。新河形制较小，合公制，宽不足百米，深不足五米，长不到十公里，当是滩地引河，并非整个河道的裁弯取直。引河在主流经过后逐渐冲宽刷深。

懿宗咸通四年（863 年），萧仿任滑州刺史。在他任职的四年内，因“滑州濒河，累岁水坏西北防”。萧仿也采用改河的办法，“徙其流（离城）远去”，移河四里，两月毕工，画图以进。此后，“滑堤自固，人得以安。”[14]

唐代临邑在今临邑南，北七十里有黄河。杜甫之弟杜颖时任齐州临邑主簿，是负责黄河修防的下级官员。杜甫在给他的一首诗中有“舍弟卑栖邑，防川领簿曹，尺书前日至，版筑不时操”[15]之句。“版筑不时操”说明唐代修筑黄河堤防曾在险工段使用版筑，即以版筑夹土而筑。

3. 五代时期

唐末五代，随着黄河下游河道的不断淤积，河床已经显著高于两岸地面，黄河一度安定的局面又被频繁的决溢所打破。

据《黄河水利史述要》统计[16]，五代时期的五十五年，明文记载黄河决溢的年份有十八年，决溢三四十处，平均三年一次。五代时期是唐末藩镇割据混战的继续。在五十多年里，黄河流域先后换了梁、唐、晋、汉、周五个政权，其间争战不断，多次以水代兵，黄河水灾愈演愈烈。后梁期间，两次决开黄河，洪水连年为患。后唐灭梁以后，梁末所开决口仍连年为患，并在同光二年、三年和长兴二年、三年多次发生决溢。后晋统治十一年，黄河决溢达六年，上起郑州，中及滑、濮、郓、澶诸州，下至近海地区，到处泛滥成灾。后晋开运三年（946 年）决口十一处，灾情惨重。后汉与后周共历十五年，黄河有六年决溢。后周太祖显德元年（954 年），黄河多处溃决，杨刘以下到处洪水为患。

五代时期，统治中心移到黄河下游，河患频繁，直接危及各割据政权，各代不得不进行治理。当时的堤防工程多集中在河南濮阳以上，一是由黄河河道的自然特点所致，二是因黄河这一段沿岸当时是经济比较繁荣、人口较多的地区。但因政权更迭频繁，战乱不断，治理工程主要只是局部修复和加固一些险工段或危害大的决口。由于下游河段频繁迁徙，河道往返摆动，堤防兴工虽不少但无系统。

五代时期较为重要的河防工程是兴筑酸枣遥堤。后梁末帝龙德三年（923 年），梁将段凝以水代兵，自酸枣决河，以限唐兵，造成曹、濮等州的河患。第二年（后唐庄宗同光二年）七月，后唐命右监门上将军娄继英督汴、滑兵夫塞决。不久复坏[17]。第三年正月，后唐又令平卢节度使符习治酸枣遥堤[17]。后唐明宗长兴元年（930 年），滑州节度使张敬询“以河水连年溢堤”，主持修筑了自酸枣县界至濮州的堤防，东西长二百里，堤宽一丈五尺[18]，是这一时期规模较大的堤防工程。五代时期主要的河防工程见表 4－2。

表 4－2　五代时期主要的河防工程

序号	兴筑时间		工程主要内容
	年号	公元	
1	后唐同光二年	924 年	上年梁所决河为曹、濮患。七月，命右监门上将军娄继英督汴、滑兵塞之。未几复坏[17]
2	后唐同光三年	925 年	正月，诏平卢节度使符习治酸枣遥堤，以御决河[17]
3	后唐天成二年	927 年	派人夫一万五千，于卫州界修河堤[11]
4	后唐长兴元年	930 年	滑州节度使张敬询自酸枣县至濮州，广堤防一丈五，东西二百里，民甚赖之[18]
5	后唐清泰元年	934 年	河中府（山西蒲州）取秋草七千围，堵塞堤堰[11]
6	后晋天福七年	942 年	督诸道军民自豕韦之北筑堰数十里，堵塞滑州决口[11]
7	后晋开运元年	944 年	六月，河决滑州，浸汴、曹、单、濮、郓五州之境，诏大发数道丁夫塞之[19]
8	后周广顺三年	953 年	正月，周太祖郭威诏枢密院使王峻行视河堤。六月，发郑州夫一千五百人修原武河堤。九月，武成节度使白重赞奏塞决河[20]
9	后周显德元年	954 年	河自杨刘至于博州一百二十里，连年东溃，汇为大泽，弥漫数百里。又东北坏古堤，灌齐、棣、淄诸州。朝廷屡遣使者不能塞。十一月，命宰相李谷亲至澶、郓、齐等州，督帅役徒六万，用一月堵住了前几年冲开的多处决口[21]

后周世宗柴荣即位后，对黄河漫流决溢进行过一定规模的治理，使河患稍息，但“决河不复故道，离而为赤河。”[22]五代后期，黄河决溢几乎到了不可收拾的程度，为宋代留下了大患。

（二）长江早期的防洪工程

长江流域兴建防洪工程迟于黄河，汉江堤防的记载最早始见于《水经注·沔水注》:“汉人襄阳太守胡烈，有惠化补塞堤决，民赖其利，景元四年（263 年）九月百姓刊石铭之，树碑于此。”[23]汉江环绕襄阳城，屡为民害，东汉襄阳太守胡烈在原土堤基础上“补塞堤决”，可见襄阳最早的老龙堤应早于东汉。

鄱阳湖区的堤防亦始于东汉。《水经注·赣水注》载:“汉永元中（公元 89 ~ 104 年），太守张躬筑塘以通南路，兼遏此水。”[24]东汉豫章郡（治今南昌）太守张躬曾在江西南昌东大湖筑堤。

魏晋以后，长江堤防渐次兴筑。荆江堤防的最早记载见于东晋，洞庭湖水系堤防至迟始建于南北朝，唐代长江上游也有堤防和裁弯工程的记载。

1. 魏晋南北朝时期

荆江一带古属云梦泽。由于长江泥沙的长期淤积，春秋战国以后云梦泽逐渐萎缩。魏晋南北朝以前，江汉平原的分汊水系还非常发达，荆江洪水可以大量流入两岸湖群，湖泊调蓄洪水的作用显著。随着湖泊逐渐淤积成洲滩和人口不断增长，开始了围垦活动。魏晋南北朝时期，荆江两岸人口剧增，湖北江陵城成为当时长江中游最繁华的城市，著名的荆江大堤就发端于这一时期。

关于荆江堤防的最早记载见于《水经注·江水注》:“江陵城地东南倾，故缘以金堤，自灵溪始，桓温令陈遵造。”[25]桓温于东晋穆帝永和元年至哀帝兴宁三年（345 ~ 365 年）任荆州刺史，金堤的建成应在此期间。清代以来的传统说法认为，金堤是江陵城西北四十里外的万城堤段。当代学者周魁一、程鹏举在《荆江大堤的历史发展和长江防洪初探》一文中指出，根据原始记载和实际地形，金堤应该是为了保护江陵城，始于江陵城西、经城南到城东、沿城而筑的堤防[26]。

桓温筑金堤后约四十年，殷仲堪为荆州刺史，荆州“连年水旱”。东晋孝武帝太元十七年（392 年），“蜀水大出，漂浮江陵数千家。以堤防不严，复降（殷仲堪）为宁远将军。”[27]当时人口多在城内，“漂浮江陵数千家”当是洪水破堤入城，江陵遭受水淹全城的大灾。殷仲堪身为刺史，未能尽责护堤，因而受到处分。这段文字所提到溃决的堤防就是位于江陵城西和城南的金堤。

由于襄阳城重要的政治、经济、军事地位，汉江上的襄阳堤防不断修筑。《水经注·沔水》载：沔水（今汉江）“又东过山阴县东北，沔南有固城，沔北有和城，山阴县旧尝治此，故亦谓是处为故县，滩沔水北岸数里有大石激，名曰五女激。”[23]山阴县在汉江南岸，今湖北襄樊市西北八十里。“激”是聚石于堤防冲要处，以捍洪波。说明当时襄樊堤防已建有挑流护岸设施。

南北朝时期，关于长江流域堤防的记载渐多。南朝宋武帝永初元年（420 年），筑湖北宜城大堤，以捍御汉水浸淹[28]。南朝宋时，东汉张躬所筑江西南昌东大湖堤已年久失修，“每于夏月，江水溢塘而过，民居多被水害。至宋少帝景平元年（423 年），太守蔡君西起堤，开塘为水门，水盛旱则闭之，内多则泄之，自是居民少患矣。”[24]南齐明帝时（494 ~ 498 年），刘悛任武陵内史，主持修复了武陵郡（今湖南常德）南的沅江古堤。“郡南江古堤，久废不缉。悛修治未毕，而江水忽至，百姓弃役奔走，悛亲率历之，于是乃立。”[29]《梁书·曹景宗传》载，梁武帝

天监元年（502年），曹景宗为郢州（今湖北武昌）刺史，“于城南起宅，长堤以东”[30]，说明当时郢州已有长堤。梁天监六年（507年），萧憺为荆州刺史，时“州大水，江溢堤坏，憺亲率府将吏，冒雨赋丈尺筑治之。”当时，“雨甚水壮，众皆恐，或请憺避焉。憺曰：‘王尊尚欲身塞河堤，我独何心以免’……俄尔水退堤立。”[31]

2. 隋唐五代时期

隋唐时期，江汉堤防继续发展，数度加修。唐中宗神龙元年（705年），“汉水啮城，宰相张柬之罢政事，还襄州，因垒为堤，以遏湍怒。自是郡置防御堤使。”[23]是为汉江初设守堤防御使。唐武宗会昌中（841～846年），“汉水害襄阳”，山南东道节度使卢钧“筑堤六千步，以障汉暴”[32]。

唐代，江西江湖堤防屡有兴筑。据《新唐书·地理志》记载[33]，德宗建中元年（780年），饶州（今波阳）刺史李复筑鄱阳县东北三里之李公堤和县东邵公堤，以捍江水；“东北四里有马塘，北六里有土湖，皆刺史马植筑。”南昌“县南有东湖，元和三年（808年），刺史韦丹开南塘斗门以节江水，开陂塘以溉田。”穆宗长庆二年（822年），江州（今九江）刺史李渤筑浔阳城南的甘棠湖堤三千五百尺，立斗门蓄泄水势；文宗大和三年（829年），刺史韦珩筑浔阳城东秋水堤；武宗会昌二年（842年），刺史张又新筑浔阳城西断洪堤。会昌六年（846年），建昌（今永修县西北）代县令何易于筑城南一里之捍水堤；懿宗咸通三年（862年），县令孙永筑建昌城西二里之堤。咸通元年（860年），都昌（今都昌县东北）县令陈可夫筑城南一里之陈令塘，以阻潦水。

唐代，长江上游支流涪江上兴建了堤防和裁弯工程。唐文宗大和九年（835年），剑南东川节度使冯宿修四川三台县城防洪堤。“涪水数坏民庐舍，宿修利防壅，一方便赖。”[34]据《梓潼移江记》载[35]，唐文宗开成五年（840年），三台县开涪江新河。当时，“涪缭于郪，迫城如蟠，淫潦涨秋，狂澜陆高，突堤啮涯，包城荡墉，岁杀州民，以为官忧。”涪江像蟠龙一样从西面盘绕郪县城（今四川三台县），水灾频仍。为了改善三台县城的防洪条件，前观察史曾打算“凿江东濡地，别为新江，使东北注流五里，复汇而东，即堤墟旧江，使水道与（城）地相远，以薄江怒。”但难以施行，不得不“中辍议而罢。”后荥阳公任知州，决定继续实施裁弯工程。“遂命武吏发卒三千，迹其前谋，役兴三月，功不可就。”当时民间流言甚广：“夏王（大禹）鞭促万灵，以导百川。今果能改夏王迹耶？非徒无功，抑有后灾。”荥阳公“遂下令曰：‘开新江非我家事，将脱郪民于鱼腹耳。民敢横议者死。’”并“鞭官吏有所阻政者”，“未几新江告成。”裁弯后的新江长一千五百步（约合二千二百多米），宽三百步（约合四百四十米），深四十步（约合六十米）。当年大水，即见成效，“逾防稽陆，不能病民。”荥阳公却因事前未上报，而被罚扣半月俸禄。孙樵因“恨所在长吏不肯出毫力以利民，及观荥阳公以开新江受遣”，愤而作《梓潼移江记》记其事。

五代时期，后梁太祖开平年间（907～911年），梁将倪可福修筑江陵寸金堤。《天下郡国利病书》载：“五代时，蜀孟昶将伐高氏，欲作战舰巨筏冲荆南城，梁将军倪可福筑是堤激水以捍之。”[36]《读史方舆纪要》载，南平前期（907～927

年)，南平王高季兴在潜江县西北五里筑堤百余里，称为高氏堤。潜江大堤“起自荆门州绿麻山，至县南沱埠渊，延亘一百三十余里，以障襄汉二水。后屡经增筑”[37]。又载，“后唐同光初（923 年)，马氏于（汉寿县）城东南及西南二隅，俱筑石柜，以障城垣。”[37]据《九国志·后蜀李奉虔传》载，五代后蜀时（934 年前后)，嘉陵江水溢入四川广元城，昭武军节度（利州）李奉虔“置堰开壖濑二十余处，泄其蓄水，筑堤以护之”[38]。

（三）海河洪涝的治理

海河南系（今白洋淀、东淀至海河一线以南）历史上受黄河影响，水系混乱。两晋时期，海河水系的清水、漳水、滹沱河、湿水等河流均处于自然状态，下游支脉纵横交错，沼泽洼地遍布，众水汇流，极易致灾。图 4－3 为三国时期海河流域水系分布图。

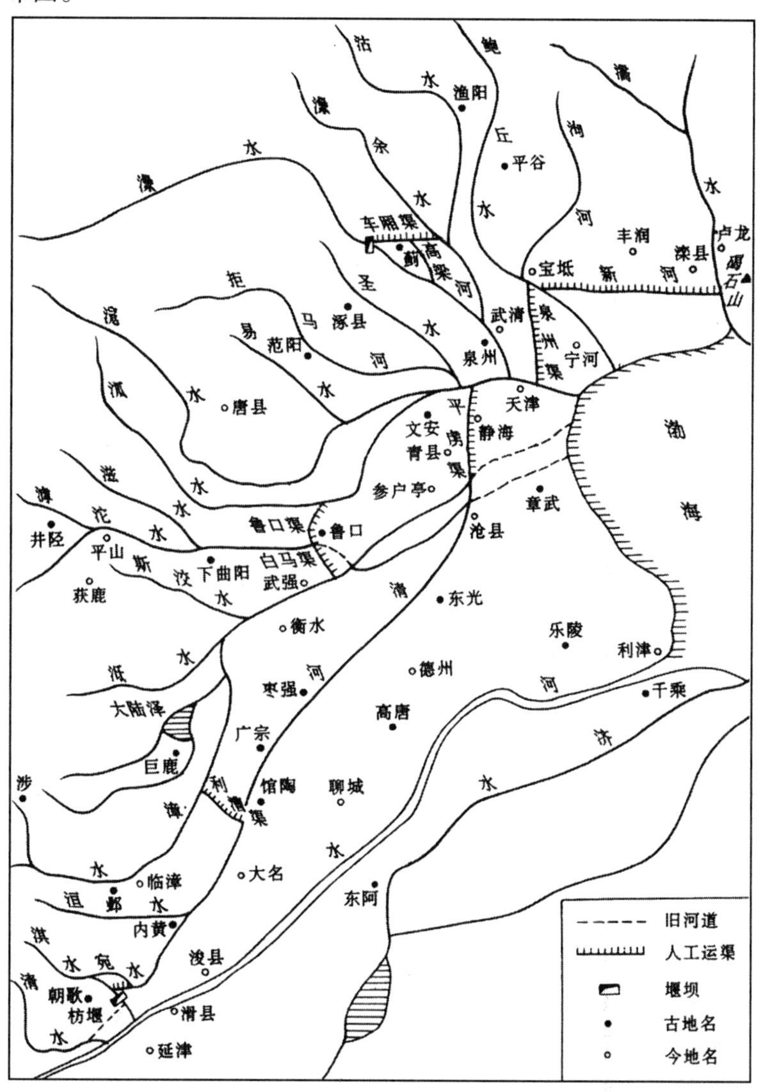

图 4－3　三国时期海河流域水系分布图[39]

北方战乱，无暇顾及防洪建设。东晋元帝大兴三年（320 年)，滹沱河大水，

“冲陷山谷，巨松僵拔，浮于滹沱，东至渤海，原隰间皆如山积。”大水冲毁了很多大松树。第二年，后赵主石勒却在襄国（今邢台）下令说：“去年水出巨材所在山积，将皇天欲孤缮修宫宇也。”[40]东晋成帝咸和六年（331年），又发大水，“中山西北暴水，流漂巨木百余万根”。石勒正想迁都到邺，高兴地说：“此非为灾也，天意欲吾营建邺都耳！”于是“亲授规模”，令人监营邺宫[40]。腐朽政权无视频发的水灾给百姓带来的灾难可见一斑。

北魏中期北方较为稳定。到孝明帝初年，“冀、定数州，频遭水害。”[41]冀州约当今河北衡水、沧州地区，定州约当今河北石家庄、保定南部、邢台北部。北魏孝明帝熙平二年（517年），左中郎将崔楷上疏说：“顷东北数州，频年淫雨，长河激浪，洪波汨流，川陆连涛，原隰过望，弥漫不已，泛滥为灾。”[41]崔楷根据自己实际见到的情况指出，今河北中部和南部地区的冀州、定州、瀛洲（约今天津市，河北廊坊地区、保定地区北部）、幽州（约今北京市、河北唐山地区）连年大雨，河水弥漫横流，泛滥成灾。

崔楷认为水灾发生的原因是：“良由水大渠狭，更不开泄；众流壅塞，曲直乘之所致也。”河水泛滥成灾，是由于沟渠狭小，河道弯曲，众流汇聚壅塞，水流不畅所致。因此，他提出兴建排涝系统的治理方案：“量其逶迤，穿凿涓浍，分立堤埸，所在疏通，预决其路，令无停蹙。随其高下，必得地形，……钩连相注，多置水口，从河入海，远迩径通，泻其墝潟，泄此陂泽。”[41]他建议，要根据地形情况开凿排水沟，并筑堤建堰；排水系统要能冲洗地里的盐碱，排干沼泽；沟渠要互相连通，并多设排水口，以改变众流汇聚的不利形势，使之分道入海。他进一步提出，排水系统施工，要以水势顺畅、工程坚固、经费节省、能应对洪水为原则。在冬季施工前，要先勘测、绘图、规划、定线，估算工程量、人工数，按地区分划出工，由地方主持。他还建议在排涝工程完成后因地制宜种植，水田种稻，旱地种桑麻。他指出，江淮以南地区虽然地势低洼，雨量也多，但开发得较好。

朝廷批准了崔楷的建议，并命他主持施工。但工程尚未完成，崔楷即奉调离任，计划中辍。崔楷的排涝计划是由海河的特殊形势所决定的，此后海河的大规模整治无不辅以排水施工。

唐代，漳河改道较频繁，已有河堤的修筑，海河下游地区也开始兴筑排涝河渠。东魏孝静帝天平元年（534年），东魏迁都于邺，高隆之建漳水长堤[42]。《新唐书·地理志》记载唐代修治的堤防有[10]：高宗永徽二年（651年），“清池（今河北沧州东南）西北五十五里有永济堤二。”永徽三年（652年），清池“西四十五里有明沟河堤二，西五十里有李彪淀东堤及徒骇河西堤。”永徽五年（654年），筑鸡泽（今河北鸡泽县南）“漳、洺南堤二，沙河南堤一”。“显庆元年（656年）筑”清池西四十里衡漳堤二，南宫（今河北南宫东南）西五十九里浊漳堤，武邑北三十里衡漳右堤。玄宗“开元六年（718年）筑”堂阳（今河北新河县西北）西十里漳水堤。开元中（713~741年），在柏乡西凿千金渠，筑万金堰，“以疏积潦”。“开元十年（722年）筑”清池西北六十里衡漳东堤。平乡（今河北平乡县西南），“贞元中（785~805年），刺史元宜徙漳水，自州东二十里出，至巨鹿北十里入故河。”

（四）珠江早期的防洪工程

隋唐时期，珠江流域得以开发，在发展城市和农田水利的过程中，也开始兴建初步的防洪工程。早期的防洪，主要是解决邕州（治今广西南宁）和桂州（治今广西桂林）等城市的洪水威胁。

唐初，邕州百姓居住在郁江（今邕江）南岸，每年秋夏，江水泛溢，郭邑沈溺。睿宗“景云中（710～711年）司马吕仁引渠分流以杀水势，自是无没溺之害，民乃夹水而居。”[43]即采取分洪措施，在南岸开挖小渠分泄洪水。

桂州临桂城东临桂江（即漓江），水势极高，每年三月至五月，大水暴涨，淹浸城池。唐德宗贞元十四年（798年），刺史王珙在城东南筑“回涛堤，以捍桂水”[43]，使居民免垫溺之患。堤长五百四十五步，是迄今所见珠江流域堤防的最早记载。

二、河湖洼地的防洪排涝工程

三国两晋南北朝时期，随着中原人口的大量南移，太湖地区与淮河下游地区得以开发，河湖洼地的泄洪排涝逐渐提到议事日程。隋唐五代的不断开发，太湖地区成为全国重要的粮仓。为了减轻太湖地区洪涝灾害的危害，太湖地区创建的塘浦圩田成为河湖洼地防洪排涝的有效形式。

（一）太湖地区早期的防洪排涝

太湖古称震泽，位于长江三角洲的西南侧，上承苕溪、荆溪等来水，下有东江、娄江和吴淞江等三江，下注长江，东归大海。太湖地区北滨长江，南依钱塘江，东临大海，西靠茅山和天目山脉，又有数百条港浦组成的水网贯通江海，水量丰沛，有利于农业生产。地形上西高东低，沿江滨海高于腹地，形成以太湖为中心的碟形盆地，排水流程短，加上江潮顶托，容易淤塞河浦，常受洪涝灾害的威胁。

太湖地区的水利开发始于春秋战国时期，汉代以后得以发展，隋唐五代开始兴盛，并逐渐形成了一整套防洪排涝的水利格局。丘陵高地有蓄滞溪水的湖塘，水网洼地有治水治田相结合的塘浦圩田，环绕太湖有堤路结合的吴江塘路，滨海地区有防御海潮的海塘。

1. 丹阳练湖的兴筑

三国魏晋时期，太湖地区利用地形特点筑堤围湖，兴建了不少滞洪灌溉的湖塘。丹阳练塘是太湖流域继余杭南湖之后的又一个规模较大、运用时间较长的平原水库，有灌溉、济运功能，尤以供给江南运河航运需水为重。

练塘又称练湖，建于西晋惠帝永兴二年（305年），地处江苏丹徒、丹阳两县，背靠宁镇丘陵余脉，面傍江南运河西岸。《元和郡县图志》载:“练湖在丹阳县北百二十步，周迴四十里。晋时陈敏为乱，据有江东，务修耕织，令弟谐遏马林溪，以溉云阳，亦谓之练塘，溉田数百顷。”[44]云阳为丹阳县古名。陈谐利用西北高、东南低的地形条件，环山抱洼，倚河筑堤，围成一个形如盆盂的水库。练湖汇集七十二条山溪之水，湖周四十里，可蓄滞高骊山、长山、马鞍山、老营山一带的山洪，溉田数百亩，兼济江南运河。

唐代练湖被部分垦占。“永泰中（765～766年），刺史韦损因废塘复置，以溉丹阳、金坛、延陵（今丹阳南）之田，民刻石颂之。”[33]韦损为保障运河供水而扩展练湖，湖周由四十里扩大到八十里，并依地形筑堤将其分成上下两湖，既扩大了蓄水量，又减轻了下湖的防洪压力。丹阳练湖示意图见图4－4。

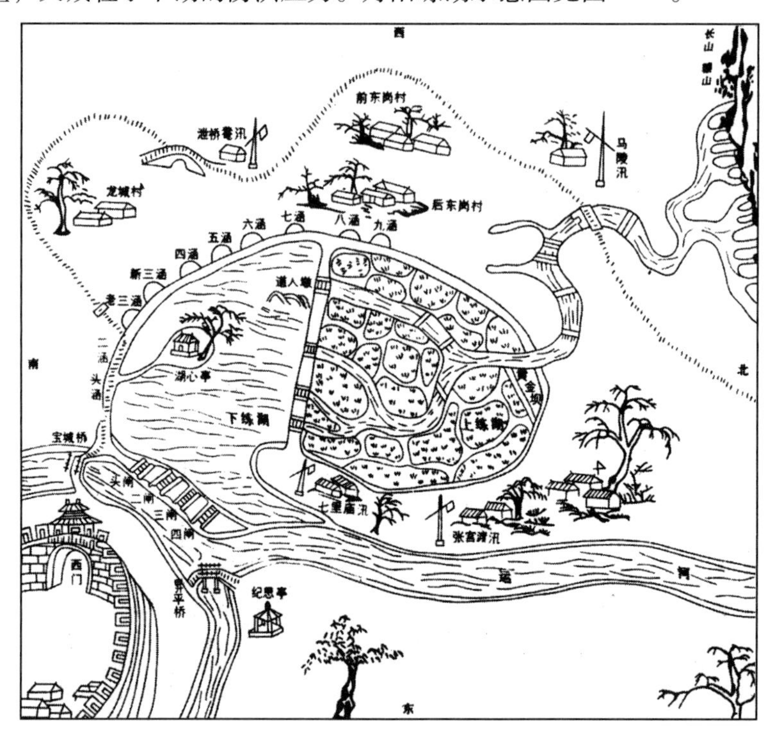

图4－4　丹阳练湖示意图[45]

（采自清黎世序《练湖志》）

据《新唐书·地理志》、《水经注》等史籍记载，练湖早期的工程设施有环湖大堤、石跶和斗涵等，用以蓄水、泄洪与灌溉；湖外北侧有黄金坝，建在马林溪的分支范家沟上，用以拦蓄溪水入湖，又可分泄洪水入运河。但关于早期各项工程设施的规模、数量与形式，却缺乏具体记载。

唐代以后，虽多次修浚练湖，但由于淤塞和豪强垦占，湖渐浅狭。清初上湖全部成田，清末下湖亦大部垦占。1949年后开为农场。

2. 早期的太湖排水

随着太湖流域的不断开发，太湖地区的排水问题逐渐突出。唐代以前，太湖下游排水出路主要有东江、娄江和吴淞江等三江。由于河道自然变迁和人类活动的影响，原来十分宽广的三江萎缩速度加快。至迟到唐末（约900年），东江、娄江已完全湮塞，吴淞江成为太湖行洪排涝通海的主干河道。五代后期，吴淞江入海尾闾至中游段淤浅，河道坐弯，行水受阻，太湖的洪涝出路问题日趋严重。

早在南北朝时期，刘宋文帝元嘉二十二年（445年），吴兴百姓姚峤就提出了吴兴郡的排水方案。他指出:“二吴、晋陵、义兴四郡，同注太湖，而松江沪渎壅噎不利，故处处涌溢，浸渍成灾。”是说太湖东南的吴郡、西南的吴兴、北面的晋陵、西面的义兴，四郡之水同注太湖，由松江（即吴淞江）、沪渎（吴淞江下游的

一段渠道）二河排水入海。由于二河泄水不畅，吴兴郡经常泛溢成灾。他建议："从武康、纻滨开漕谷湖，直出海口一百余里，穿渠浛"[46]。"浛"是暗沟涵洞。今德清（唐代始从武康分出）县东二十余里有苧溪。姚峤是想利用苧溪，把通到太湖的苕溪流域的水向东南排泄，再开渠通杭州湾。

姚峤为此已勘察了二十余年，元嘉十一年（434 年）就曾提出方案，但官吏查勘后认为有问题。元嘉二十二年（445 年）又提出，并和官吏共同查勘，绘出详图。经过计算，认为可行，效益可及四郡。为了慎重起见，决定先开一条小渠作试点。当时动员了乌程（今浙江吴兴）、武康（今并入德清）、东迁（今吴兴东四十里）三县民工开小渠，但工程没有成功[46]。

八十年后，又有人提出开大渠，排吴兴郡水入钱塘江。梁武帝中大通二年（530 年），"发吴郡、吴兴、义兴三郡民丁就役"，"开漕沟渠，导泄震泽，使吴兴一境，无复水灾"[47]。这次施工规模较大，取得了一定的效果。

3. 环湖堤的形成

唐代以前，太湖东南与吴淞江首尾相连，是一片广阔的水域。汛期，波涛汹涌，船只难以航行；低水期，又是一片滩涂。中唐以后，在太湖东沿由北向南修筑长堤，形成一条南北贯通、水陆俱利的岸线，称为吴江塘路，即江南运河的西堤。

据清同治《苏州府志》载，唐宪宗元和五年（810 年），苏州刺史王仲舒筑松江堤，建宝带桥，初步沟通了江苏苏州至吴江的塘路[48]。至宋仁宗庆历八年（1048 年），吴江垂虹桥建成，吴江塘路才全线贯通。吴江塘路与太湖南沿的古塘岸（即荻塘）相连，组成了太湖东南面的环湖堤。吴江塘路示意图见图 4－5。

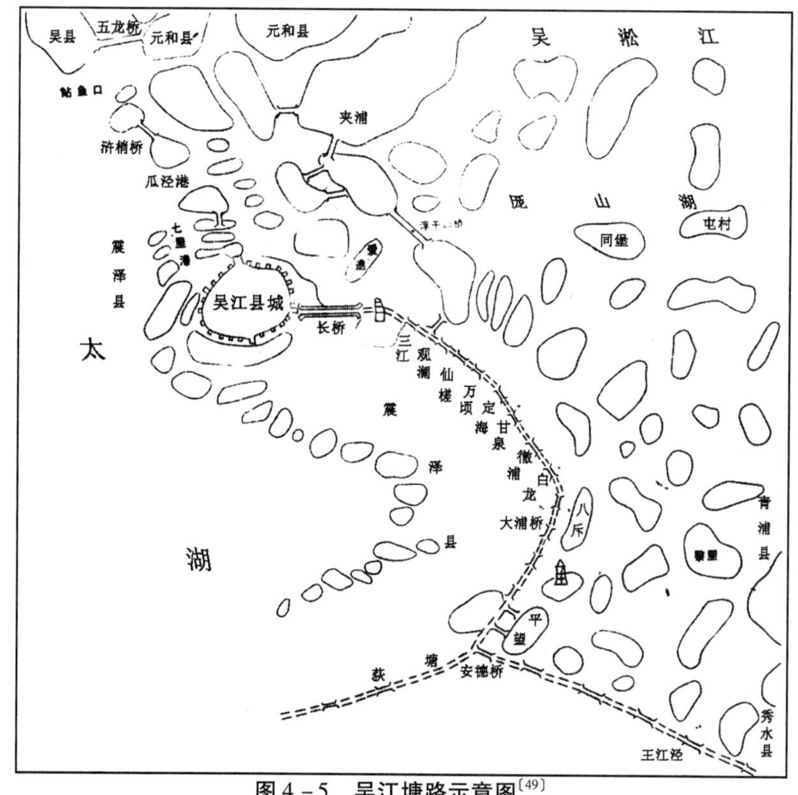

图 4－5　吴江塘路示意图[49]

吴江塘路作为太湖的环湖堤，限制了太湖洪水向东倾泻，为运河以东大片浅滩洼地的围垦创造了条件，对湖东圩田起到了防洪减灾的作用。吴江塘路的堤顶是用砌石修筑而成延绵数十里的长石桥，兼有交通和泄洪的功能，又可以提高太湖蓄水和溢洪的能力。

4. 塘浦圩田的创建

太湖地区地势低洼，上承山洪过境，下受海潮倒灌，形成大面积水高地低的沼泽之地。春秋战国开始，逐渐围田垦殖。到汉末，初级形式的圩田已散布于太湖平原。三国时期，孙吴推行屯田制，广泛兴修屯田区的水利设施，并进行了围湖造田的尝试。东晋和南朝时期，太湖地区的围田垦殖有了进一步的发展。隋唐时期，太湖地区继续经营屯田事业，并大力修治畎、浍、沟、泾，开浚骨干河道与支河，以改善排水、引水和航运条件。

隋炀帝大业初（605 ~609 年），溧阳县令达奚明在刘宋旧有日泾渎的基础上疏浚丹金溧漕河，成为太湖湖西地区沟通丹阳、金坛、溧阳三县水系，连接运河的重要干道[50]。

晋吴兴太守殷康开荻塘，后太守沈嘉重开。唐玄宗开元十一年（723 年），乌程（今吴兴）县令严谋达疏浚乌程至吴江县长九十里的古荻塘，以出南面诸山来水。德宗贞元八年（792 年），苏州刺史于頔对荻塘进行了全面的整治。“缮完堤防，疏凿畎浍，列树以表道，决水以溉田”，进一步完善了荻塘的防洪、排水、灌溉、航运的功能，“民颂其德，改名頔塘。”[48]《新唐书·地理志》载，于頔还修复了长城（今浙江长兴县）的西湖：“西湖，溉田三千顷，其后堙废，贞元十三年（797 年），刺史于頔复之，人赖其利。”[33]

代宗广德中（763 ~764 年），“屯田使朱自勉，浚畎距沟，浚沟距川。”[51]

宪宗元和二年（807 年），观察使韩皋、苏州刺史李素开常熟塘（又名元和塘），南自苏州齐门，北抵常熟南门与护城河相连，长约九十里。导塘西高地之水南入运河，或北泄长江，旱年又可引江水灌溉，成为太湖东部的一条骨干河道[48]。

元和八年（813 年），常州刺史孟简“开古孟渎，长四十一里，灌溉沃壤四千余顷”[52]。孟渎在武进县（今常州市西）西四十里，北通长江，南接运河。《新唐书·地理志》载，“无锡南五里有泰伯渎，东连蠡湖，亦元和八年孟简所开。”[33]《宜兴县旧志》又载：“常州刺史孟简浚河，东傍滆湖，避风浪之险，名孟泾河。”[48]

《新唐书·地理志》载：“海盐县有古泾三百一，长庆中（821 ~824 年），令李谔开，以御水旱。又西北六十里有汉塘，大和七年（833 年）开。”[33]

雍正《江南通志》载，唐文宗大和年间（827 ~835 年），疏浚常熟盐铁塘。盐铁塘西起杨舍镇（今张家港市），经常熟、太仓，在黄渡入吴淞江，长约一百九十里，相传为西汉吴王濞所开。唐代在盐铁塘塘东的冈身高地和塘西的阳澄低洼圩区，分别开挖塘浦，广置堰门和斗门，控制启闭，既可堰水于东片灌溉高地，又可遏东片高地之水使不西侵低田。因此，盐铁塘不仅有利于江湖吐纳，还能起到高低分治的作用[53]。

这类畎、浍、沟、泾的大量开凿，奠定了塘浦圩田的基础。至于太湖塘浦圩

田形成于何时，史书无确切记载，一般认为是在中唐以后开始形成，至五代吴越渐成系统。

塘浦圩田是今人对古代以塘浦为四界之圩田的简称，北宋郏亶称之为“大圩古制”。郏亶在《治田利害七论》中记述了这一“古人治低田之法”的布局。“古人遂因其地势之高下，井之而为田。其环湖卑下之地，则于江之南北为纵浦，以通于江。又于浦之东西为横塘，以分其势而棋布之，有圩田之象焉。”他进一步说明了纵浦横塘的规模:“五里、七里为一纵浦，又七里、十里为一横塘”；“塘浦阔者三十余丈，狭者不下二十余丈，深者二三丈，浅者不下一丈。”塘浦之所以要如此深阔，并非专为泄水，而是为了“因塘浦之土以为堤岸，使塘浦阔深，而堤岸高厚。”当时的“堤岸高者须及二丈，低者亦不下一丈。”[54]唐代太湖塘浦圩田位置分布示意图见图4－6。

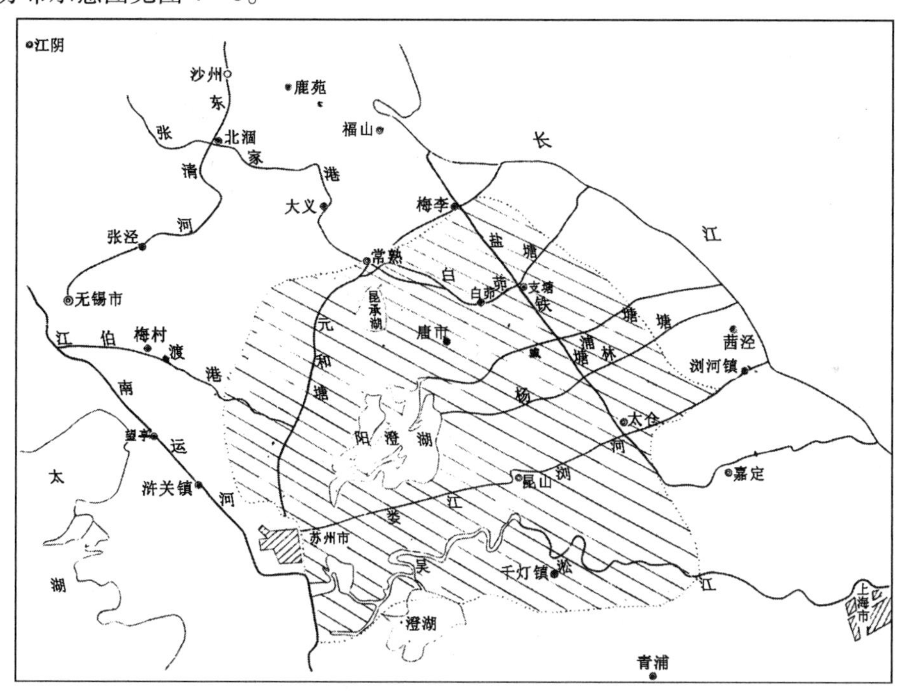

图4－6　唐代太湖塘浦圩田位置分布示意图[49]

这种“纵浦通于江，横塘分其势”的布局，是为了“使水行于外，田成于内”。由于“塘浦阔深，则水流通，而不能为田之害；堤岸高厚，则田自固，而水可必趋于江。”即使遇到“大水之年，江湖之水，高于民田五七尺，而堤岸尚出于塘浦之外三五尺至一丈。故虽大水，不能入于民田也。民田既不容水，则塘浦之水自高于江，而江之水亦高于海，不须决泄，而水自湍流矣。故三江常浚，而水田常熟。”[54]

太湖塘浦圩田是在太湖滨湖地区历代围田垦殖、屯田营田所兴筑的畎浍沟洫和圩田的基础上，在唐代的均田法、土地国有、庄园主集中经营的条件下，逐渐形成和发展起来的。塘浦圩田是在太湖水网低洼地区将治水与治田相结合、处理好围田垦殖与防洪排涝矛盾的一种有效的水利形式。

（二）淮泗流域的排涝

三国时期，人口骤减，大片土地荒芜，曹魏在淮泗流域结合屯田大兴水利，兴建了不少灌溉工程。当时为了见效快，工程较粗糙。到西晋，降雨多，灌溉的需要并不迫切，而水灾频繁，为了排涝而废弃了不少曹魏兴建的陂塘工程。淮河下游水系图见图4－7。

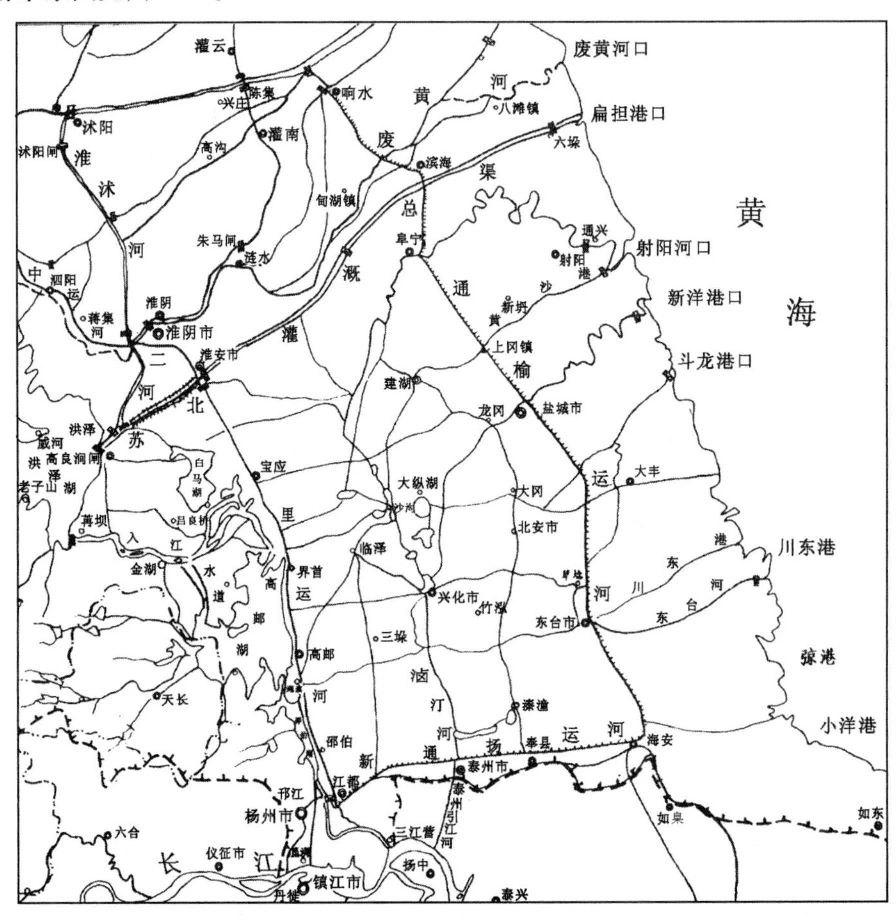

图4－7　淮河下游水系图[55]

西晋武帝咸宁三年（277年），武帝因霖雨、虫灾，颍川、襄城自春以来不能下种，征求朝臣意见。次年，杜预上疏指出："今者水灾东南特剧，非但五稼不收，居业并损，下田所在停汙，高地皆多硗脊"。他分析："往者东南草创人稀，故得火田之利。自顷户口日增，而陂堨岁决，良田变生蒲苇，人居沮泽之际，水陆失宜，放牧绝种，树木立枯，皆陂之害也。陂多则土薄水浅，潦不下润。故每有水雨，辄复横流，延及陆田。"[56]频发的水灾，导致陂堰年年决溢，良田变成芦苇地，人们住在沼泽地里，牲畜不便饲养，树木不能生长。他认为，五谷不收，低田积水，高地贫瘠的原因，一是降雨太多，二是蓄水太多，三是陂堰质量不好，四是人口增多。蓄水太多，除了兴建的灌溉工程多外，还由于以前水田耕种方法落后，"火耕水耨"需水太多。他又以豫州为例，豫州所管的军士佃种水田七千五百余顷，按三年灌溉的标准计算，不过需水二万余顷，实际上所存蓄的水量远远超过了需

要。蓄水过多，地下水位抬高，沟渠横流，旱地也只能改为水田。

因此，杜预强烈要求废陂排水，但他强调废陂应加以区别。他实地考察后发现：汉代的“旧陂旧堨，则坚完修固，非今所谓当为人害者”，而曹魏兴建的“兖、豫州东界诸陂”则质量较差。据此，他提出了废陂排水的具体方案：“汉氏旧陂旧堨及山谷私家小陂，皆当修缮以积水。其诸魏氏以来所造立，及诸因雨决溢蒲苇塘、马肠陂之类，皆决沥之。”他主张“发明诏”，毁坏兖、豫州东界（今河南东部、安徽北部、山东西南部）曹魏兴建的陂堰以及雨水决溢自然形成的陂塘，并“随其所归而宣导之”[56]，将其排干。废陂排水时，百姓可以捕采水产，暂时维持生计。水排完后，来年开发种地。而对保留的汉代陂堰及山谷私家小陂，应采取汉代的办法修缮管理，预先列出项目，冬天戍兵换防时，多留一个月协助施工。

杜预废陂排水的建议得到朝廷批准，方案实施后淮河下游的洪涝灾害有所改善。由于淮河下游地区地势低下，每发洪水，便江湖漫溢，需要泄洪排涝，因此淮河下游地区的排涝工程始终是防洪工程建设的重要组成部分。黄河夺淮以后，淮河下游地区成为黄河与淮河两大河流入海必经之地，洪涝灾害更加频繁。明清时期实行“束水攻沙”和“蓄清刷黄”方略，虽然一度维持了黄河下游河道和运河航运，但却给里下河地区带来严重的灾难，淮河下游的洪涝灾害愈演愈烈。

三、沿海地区海塘工程的兴起

在地势平衍的滨海平原和河口三角洲，潮位的变化会引起海岸坍塌和海潮内侵。我国东南环海岸线的杭州湾至长江口，崇明岛至江苏盐城，以及福建东海岸至珠江口，都是风暴潮灾频繁的地区，其中最为严重的是钱塘江潮。在杭州湾的钱塘江口，地形平面呈喇叭口形态，过水断面急剧收缩，河口段底部隆起沙坎，这些都导致进入钱塘江的海潮可产生巨大的潮位差，形成特有的自然景观——钱塘江潮。每当月之朔望，涌潮的潮波高三米，最大潮速每秒十二米，台风季节潮头可高达八米以上，往往导致严重的潮灾。

海塘工程是滨海地区防御风暴潮侵袭的堤防工程，初称防海大堤，又称捍海塘。古代兴建的主要海塘工程有：从淮河口至长江口的苏北海堤，从长江口至钱塘江口的江浙海塘，钱塘江口以南的浙东海塘，以及福建和广东境内零星的海堤。

长江下泄的大量泥沙在长江口不断沉积，河口海岸线逐渐向东延伸发展。隋唐以后，随着北方人口的大量南迁，长江流域得以迅速开发，水土流失加重，加快了河口海岸线向东延伸。唐代初期，今上海市区的绝大部分已经成陆。

杭州湾形成之初，北海岸线大致在金山的漕泾、奉贤的新寺、上海的马桥、嘉定的方泰至常熟的福山一线。以后缓慢向外东伸，东晋时已伸到柘林略东。南北朝以后，海岸线向东北方向伸展的速度加快。但由于长江口南岸边滩加快向海推进，加速了杭州湾漏斗形河口的形成，潮水向西推进，加剧了潮波结构的变形，从而引起杭州湾北岸线的侵蚀内坍。东晋以后，金山海岸开始往后退缩，王盘山首先沦入海中，唐初已内坍近十公里。唐末五代时，北岸线已迫近金山脚下。

由于河流泥沙的淤积和潮波结构的变形，长江口和钱塘江口海岸线变动较大，历代海塘也随海岸线的进退而兴筑和沉沦。

（一）江浙海塘

魏晋南北朝及隋唐五代时期，中原每遇战乱，就有大量人口南迁，太湖流域和东南沿海不断得以开发，防御海潮的海塘工程代有兴筑。其中举世闻名的江浙海塘，可与万里长城、京杭运河媲美。

江浙海塘北起江苏常熟福山港，南至杭州钱塘江口北岸，从常熟到金山的一段习称江南海塘，其又包括苏南海塘和上海海塘，从平湖到杭州的一段称为浙西海塘。

关于江浙海塘的最早记载见于《太平御览》、《水经注》等文献转引南朝宋元嘉年间钱塘令刘道真的《钱塘记》。“防海大塘在县东一里许，郡议曹华信家议立此塘，以防海水。始开募有能致一斛土者，即与钱一千。旬月之间，来者云集。塘未成，而不复取。于是载土石者皆弃而去，塘以之成，故改名为钱塘焉。”[57]一般认为，西汉末（公元9~24年），会稽郡议曹华信在浙江杭州灵隐山东约一里处用土石筑防海大塘。塘成后，遏绝潮源，一境蒙利，县迁治于此。王莽时县名泉亭，后改名钱塘。周魁一等在《二十五史河渠志注释》中分析则认为，这一南北朝的传说，前人已论其不可信。华信为郡议曹，郡县设曹始于东汉，华信可能是东汉或以后人。钱唐之名见于秦，似秦代已有海塘[58]。

关于上海海塘的最早记载见于南宋绍熙《云间志》引《吴越备史》。西晋初吴孙皓时（265~280年），“华亭谷极东南，有金山咸潮塘，风激重潮，海水为害”，后吴王孙皓于其地立霍光庙以镇之。可见至迟在吴孙皓之前，金山海塘已有兴筑[59]。东晋以后，海岸内坍，此塘随之沦入海中。

东晋成帝咸和年间（326~334年），内史虞潭“又修沪渎垒，以防海抄，百姓赖之。”[60]沪渎即古吴淞江入海口，沪渎垒是筑于沿海、以遏潮冲的海塘工程。据当代学者谭其骧先生考证，沪渎垒在今上海青浦县东北青龙镇西的沪渎村，紧靠吴淞江南岸[61]。

到唐代，比较系统的海塘才开始形成。据《新唐书·地理志》[33]记载，唐代先后三次较大规模地兴筑江浙海塘和浙东海塘，每次兴筑规模都在百里以上。第一次是玄宗开元元年（713年），在杭州余杭郡盐官县重筑“捍海塘堤，长百二十四里。”第二次开元十年（722年）和第三次代宗大历十年（775年）均为增筑浙东海塘。

五代吴越建都临安（今杭州），临安城正处在钱塘江涌潮顶冲地段。为了保护临安城的安全，后梁太祖开平年间（907~911年），钱镠政权在杭州候潮门到通江门一带（即今六和塔到银山门一带）兴筑捍海塘。据《宋史·河渠志》记载：“浙江：通大海，日受两潮。梁开平中，钱武肃王始筑捍海塘，在候潮门外。潮水昼夜冲激，版筑不就，……遂造竹器，积巨石，植以大木，堤岸既固，居民乃奠。”[62]“版筑”即两侧用木板夹峙，中间填土夯实，筑成土塘。由于海岸土质为粉砂土，抗冲刷力差，土塘屡筑屡溃。后改用竹笼填石，并以木桩固定，才获成功。杭州捍海塘虽不长，但采用了“竹笼石塘”，是海塘技术的一大进步。

钱塘江口海塘分布见图4－8。

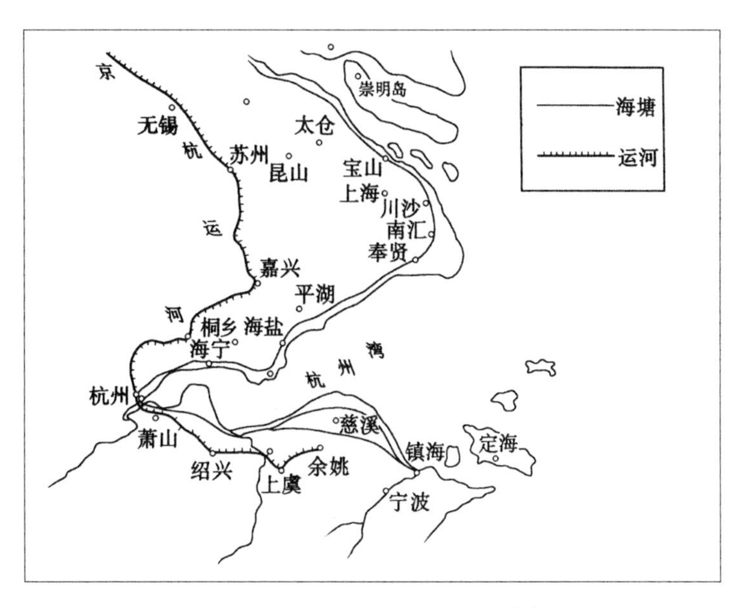

图 4－8　钱塘江口海塘分布图[63]

（二）钱塘江口南岸海塘与浙东海塘

钱塘江口南岸海塘，因曹娥江阻隔而分为两部分。曹娥江以西为萧绍海塘，自萧山临浦至上虞蒿坝；曹娥江以东为百沥海塘，自上虞百官至夏盖山。百沥海塘以东则为浙东海塘。

浙东海塘是指自杭州湾南岸上虞以东，至宁波往南，浙江东南陆域海岸及沿海岛屿的海塘。浙东海塘的滨海海塘主要包括：杭州湾南岸上虞、余姚、慈溪、镇海四县海塘，及宁波、台州、温州滨海海塘。本书为便于记述，将江浙海塘以南的钱塘江口南岸海塘与浙东海塘一并记述。

浙东海塘最早见于史籍的是宁波象山县城南的岳家塘，传为晋代陶凯所筑。台州三门县的健阳塘和温州海塘则始于唐代[64]。

萧绍海塘的兴筑始于唐代。据《新唐书・地理志》记载，会稽（今浙江绍兴）“东北四十里有防海塘，自上虞江抵山阴百余里，以蓄水溉田。开元十年，令李俊之增修。大历十年观察史皇甫温、大和六年令李左次又增修之。”[33]三次增修，表明唐玄宗开元十年（722 年）前已有会稽海塘。相传五代时，吴越王钱镠曾修筑萧山西兴海塘[64]。

（三）苏北海堤

历史上淮河在江苏云梯关入海，把苏北海岸分为南北两部。淮河入海口以北，地势较高，土壤贫瘠，无捍海工程。淮河入海口以南，地势低洼，土壤肥沃，经常受海潮侵袭。苏北海堤建于淮河口以南、长江口以北。

苏北海堤的兴建始于南北朝。南齐时期（479～502 年），青州侨治郁州，时在海中，后连陆，在今江苏灌云县东北。“刘善明为刺史，以海中易固，不峻城雉，乃累石为之，高可八九尺。后为齐郡治。”[65]是苏北海堤的最早记载。北齐文宣帝天保元年（550 年），杜弼行海州（今江苏东海县南）事，“于州东带海而起长堰，外遏咸潮，内引淡水。”[66]杜弼所筑捍海长堰在锦屏山以北、海州以东一带。

隋代，苏北海堤兴建的记载渐多，但仅限于东海县（今江苏灌云县北）。《太平寰宇记》载，文帝开皇五年（585年），在东海县东北七十里筑万金坝，南北长四里，东西阔三丈，御潮利民[67]。开皇九年（589年），东海县令张孝征在县北三里筑西捍海堰，南接谢禄山，北至石城山，南北长六十三里，高五尺[67]。开皇十五年（595年），东海县令元暖在县东北三里筑东捍海堰，西南接苍梧山，东北至巨平山，长三十九里，外捍海潮，内贮山水[67]。

唐代开始较大规模地兴筑苏北海堤。玄宗开元十四年（726年）七月，海潮暴涨，海州刺史杜令昭筑“朐山（今江苏连云港市西）东二十里永安堤，北接山，环城长十里，以捍海潮”[68]。淮河以南的捍海堤始于代宗大历年间（766～779年），淮南西道黜陟使李承实主持修筑楚州（今江苏淮安）捍海堰。《宋史·河渠志七》载:“通州、楚州沿海，旧有捍海堰，东距大海，北接盐城，袤一百四十二里。始自唐黜陟使李承实所建，遮护民田，屏障盐灶，其功甚大。”[62]捍海堰即常丰堰，在今江苏盐城、大丰县境串场河东岸。

四、水攻与城市防洪

三国两晋南北朝时期，争战频繁，筑坝壅水或决堤泄洪，用水攻城成为常用的军事手段。唐代，随着城市规模的扩大，城市防洪开始利用天然河流与城市排水共同构筑防洪系统。

（一）水攻

渠堰堤坝本是兴利除害的水利工程，但在战乱中却往往被用作灌城攻敌之手段或防守御敌之屏障。三国两晋南北朝时期，争战频繁，筑坝壅水或决堤泄洪用水攻城之战例遍及黄、淮、海、江诸流域，而江南较少。根据《资治通鉴》不完全统计，这一时期引水灌城的战例达二十次以上，引黄河水灌城多达八例。二十例中，有四分之三为梁陈两代之事。梁代九例，历史上最大的一次筑坝灌城即发生在梁代。陈代六例，并出现了专门以水攻城的军人程文季，“前后所克城垒，率皆迮水为堰。土木之功动逾数万。”[69]

这一时期，决河堤泄洪、冲淹城池有二例。东汉献帝建安三年（198年），曹操东征吕布，决泗水、沂水灌下邳城（今江苏邳县西南）[70]。陈宣帝太建二年（570年），陈章昭达攻后梁，又决龙川、宁朔江堤，引水灌湖北江陵城[71]。

采用修渠引河水围城灌城有六例。东汉献帝建安九年（204年），曹操攻邺（今河北临漳西南），围城挖沟周四十里，引漳水灌城[72]。东晋孝武帝太元九年（384年），慕容垂攻符丕，引漳水灌邺城[73]。刘宋武帝永初二年（421年），沮渠蒙逊攻李恂，三面起堤引党河水灌甘肃敦煌城[74]。梁武帝大同元年（535年），东魏娄昭攻樊子鹄，引洙水灌瑕丘城（今山东兖州西）[75]。梁武帝大同二年（536年），西魏攻曹泥，引黄河水灌灵州城（今宁夏灵武西南）[75]。陈废帝光大二年（568年），陈吴明彻攻后梁，引江水灌江陵城[76]。

梁陈两代多采用筑堰壅水灌城，有十二例。东晋成帝咸和三年（328年），刘曜攻石生，决千金堰灌河南洛阳金墉城[77]。梁武帝天监五年（506年），梁韦睿攻魏，在肥水筑堰攻安徽合肥城[78]。梁武帝天监十三年（514年），梁攻魏，在淮水

筑浮山堰攻寿阳城（今安徽寿县）[79]。梁武帝普通六年（525 年），梁在淮水筑堰又攻寿阳城[80]。梁武帝大通元年（527 年），梁欲在泗水筑堰灌魏彭城（今江苏徐州）[81]。梁武帝大通二年（528 年），梁在湍水筑堰灌魏穰城（今河南邓县）[82]。梁武帝太清元年（547 年），梁攻东魏，在泗水筑寒山堰灌彭城（今江苏徐州）[83]。梁临贺王太清三年（549 年），东魏攻西魏，在洧水筑堰灌长社城（今河南长葛东北）[84]。陈文帝天嘉三年（562 年），陈侯安都攻留异，因山势筑堰攻东阳城（今浙江金华）[85]。陈宣帝太建五年（573 年），陈吴明彻攻北齐，在肥水筑堰灌寿阳城（今安徽寿县）[86]。陈宣帝太建九年（577 年），陈吴明彻攻北周，在泗水筑堰灌彭城（今江苏徐州）[87]。陈宣帝太建十二年（580 年），陈攻周，在嘉陵江筑堰灌利州城（今四川广元）[88]。

南北朝时期规模最大的一次水攻是梁武帝天监十三年（514 年），梁在淮水筑浮山堰，攻北魏的寿阳城（今安徽寿县）。这也是失败最惨的一次水攻。

齐东昏侯永元二年（500 年），寿阳落入北魏手中。“魏降人王足陈计，求堰淮水以灌寿阳。”[89]梁武帝不甘心，采纳了水攻寿阳的意见，拟在今安徽怀远与江苏泗洪之间的淮河干流峡口上筑堰，抬高淮河水位，上淹寿阳城（见图 4 －9）。开始时，曾派水工陈承伯和祖冲之的孙子祖暅勘察，他们提出：“淮内沙土漂轻，不坚实，功不可就”，不主张筑堰。但梁武帝一意孤行，“发徐扬民率二十户取五丁以筑之。假太子右卫率康绚都督淮上诸军事，并护堰作于钟离。役人及战士合二十万，南起浮山，北抵巉石，依岸筑土，合脊于中流。”[90]天监十三年（514 年），集合了民工和士兵二十万人，康绚主持施工，由两岸筑堰向河中推进。

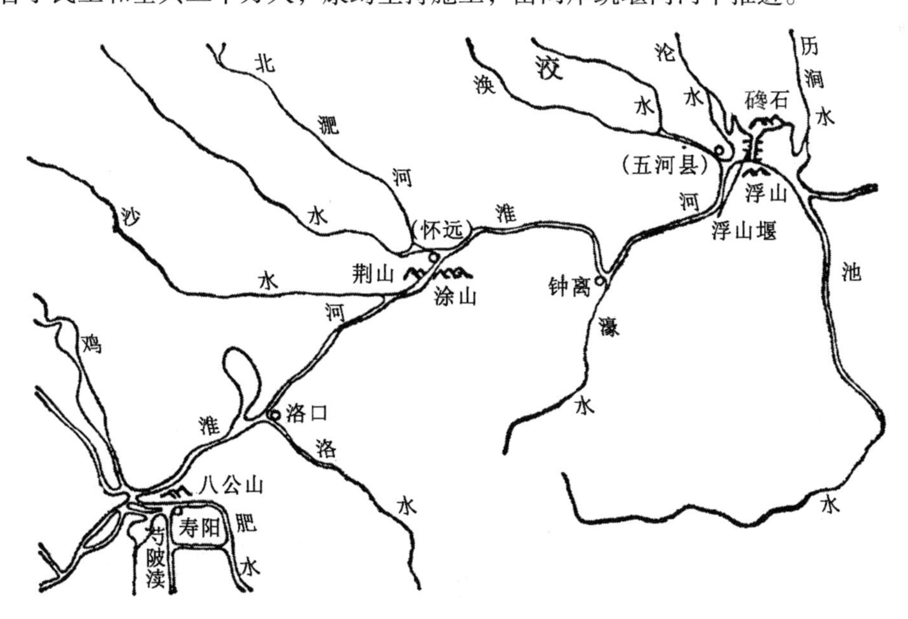

图 4 －9　浮山堰位置示意图[91]

天监十四年（515 年）四月，“堰将合，淮水漂疾，辄复决溃”[89]。堰将合龙时，被淮河洪水冲决。为了加固龙口处的基脚，遂在堰址投下数千万斤铁锅、铁锄等铁器，“犹不能合。乃伐树为井干，填以巨石，加土其上。缘淮百里内，冈陵

木石无巨细必尽”[89]。于是，沿淮河伐木做成木囤（又称木柜），柜中充填大石，沉于堰址，复加填土。天监“十五年（516年）四月，堰乃成。其长九里，下阔一百四十丈，上广四十五丈，高二十丈，深十九丈五尺。夹之以堤，并树杞柳，军人安堵，列居其上。”[89]

浮山堰堰体合龙后，上游水位逐渐抬高，为防止水漫坝顶，有人建议在上游凿湫（即水工建筑的溢洪道）东注，宣泄过多的来水，以保障堰坝的安全。为加快开凿溢洪道泄洪，康绚施反间计，声言梁主害怕北魏开湫泄洪，破坏水攻计划。北魏人果然中计，也在上游“凿山深五丈，开湫北注，水日夜分流，湫尤不减”[89]。

由于魏军北撤，寿阳居民迁移，另建魏昌城，浮山堰未能水灌寿阳城。天监十五年（516年）“九月丁丑，淮水暴涨，堰坏，其声如雷，闻三百里，缘淮城戍村落十余万口，皆漂入海。”[90]浮山堰终因基础不稳，导致溃坝，洪水漂没梁境内淮河沿岸居民村落十余万口，给本国人民造成了严重的灾难。

（二）城市防洪

春秋战国时期，出现了由排水管—排水渠—护城河构成的城市防洪排水系统。到唐代，随着城市规模的扩大，开始利用或改造天然河流，与城市排水系统共同构筑城市防洪布局，其典型代表为成都市二江环城和排水系统相结合的城市防洪布局。

1. 成都市的防洪布局

成都是古蜀国的中心，何时有城，史无定论。至迟在秦灭蜀后，张仪于秦惠文王二十五年（公元前309年）筑成都城，“周迴十二里，高七丈”[92]。此后，成都的城址基本没有改变。

成都位于岷江冲积平原，雨量丰沛，地形纵向比降大，区间暴雨汇流迅速。在未建都江堰之前，成都尚无水量充沛的大江大河流经。秦昭襄王五十一年（公元前256年），李冰在岷江出山口下游主持兴建了都江堰，岷江水由内外二江引入成都。由于地形的制约和都江堰引水口宝瓶口的作用，汛期岷江进入成都二江的洪水有限，但是二江对于成都平原区间暴雨洪水的排泄却非常有利。汉代，成都城郭在秦的基础上扩展，合大城、少城而为十八郭。成都东为大城，西为少城。大城立官署，少城为商肆和作坊，已有城市功能分区的格局，而两江在大城和少城之南。《水经注·江水》载:“江水又东迳成都县，县有二江双流郡下，故扬子云《蜀都赋》曰，两江

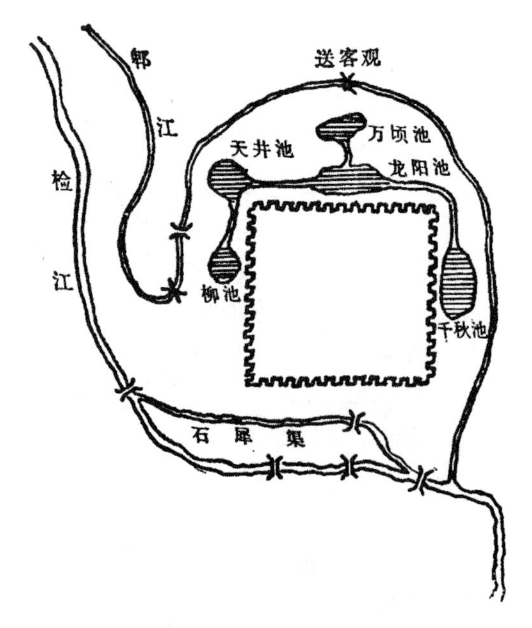

图4-10 《水经注》所述成都二江示意图[94]

珥其前者也。"[93]郫江（今府河）、检江（今南河）分别是外江和内江流经成都的两条主要河道（见图4－10）。

据文物考古发现，早在东周时成都已有竹笼卵石的防洪工程[95]。三国时期，诸葛亮主持在成都府城西北隅修筑了“九里堤”，以防御洪水，并命令加强堤防的保护修守。蜀汉章武三年（223年），诸葛亮在《护堤令》中指出:“九里堤，捍护都城，用防水患。”这是成都兴建城市防洪工程的最早记载。现经成都西北桥，出城数里，有一条东西横卧、长二百米、高七八米的土埂，即是古九里堤的遗存[96]。

唐代以前，成都是没有护城河的少数城市之一。内外二江河道入城后只沿城市南缘并行自西向东流，在城东南折而南行至今双流黄龙溪汇入岷江，顺应了成都自西北向东南倾斜的地势。因此，成都虽有水灾之记载，但都集中在沿河两岸，并无大水淹城之浩劫。至唐代，成都水灾才逐渐频繁。

隋代，成都开挖内城湖——摩诃池。摩诃池在成都西北引郫江，从成都中部穿城自西而东，在城东南汇入流江（今为府河）。唐代摩诃池成为成都内城的湖泊，环湖堤长十余里，水域开阔，是当时成都市区的水陆交通枢纽和园林区。五代十国时期，前蜀和后蜀的蜀王宫临摩诃池而建，环湖地带成为宫城区。由于摩诃池人工河湖的加入，使得成都具有了供水、蓄滞洪水、排污的城市市政水系，城市的景观和生活环境因此而得到显著的提升。

唐敬宗宝历三年（827年），南诏诸部攻蜀，陷邛州，逼成都府，屠城梓州后退兵。懿宗咸通十年（869年）后，南诏又两次进逼成都。僖宗乾符初（874年），高骈任检校司空，兼成都尹，充剑南西川节度副使，征南诏，后镇守成都。高骈以成都“空有子城，殊百雉之环回，是千年之旷阙”为由，请筑成都罗城[97]。高骈有据蜀之野心，所筑城防工程规模浩大。他抽调了成都附近“十县之人丁，抽八州之将校，分其地界，授以城基”[98]，“每日一十万夫，分筑四十三里，皆施广厦，又砌长砖。……役徒九百六十万工，计钱一百五十万贯”[97]。护城河是这一工程体系中的重要组成部分，即让二江之一的外江改道，造成成都深堑大河环城的新格局。正史里只有高骈筑成都罗城的记载:“蜀之土恶，成都城岁坏，（高）骈易以砖甓，陴堞完新，负城丘陵悉垦平之。”[99]与高骈同时期的王徽应诏作《创筑罗城记》，称成都新城“南北东西凡二十五里，拥门却敌之制复八里，其高下盖二丈有六尺，其广又如是，其上袤丈焉陴四尺。……其外则缭以长堤，凡二十六里。或引江以为堑，或凿地以成濠。”[100]可见新城包含筑堤、引江、开渠等工程。唐代成都城市河湖见图4－11。

宋代对新城河的记载更为明确:“唐乾符中，高骈筑罗城，遂作縻枣堰，转内江水从城北流，又屈而南与外江水合，故今子城之南不复成江。”[101]縻枣堰在成都西北，可能是一段导流堤，引外江（郫江，即今府河）东流，入清远江河道。外江改道自城西北入城，东行至城东北，再直南至城东南与内江（锦江即今之南河）汇合成二江环城。原郫江在成都南缘的故道则改作城濠，构筑了成都二江抱城、四面环水的城河新格局。

1995年考古发掘发现[102]，唐代成都市区的地下排水道为东西向，地面排水明渠为南北走向。城区雨洪和污水由排水道汇入排水沟，再由排水沟排入二江。这

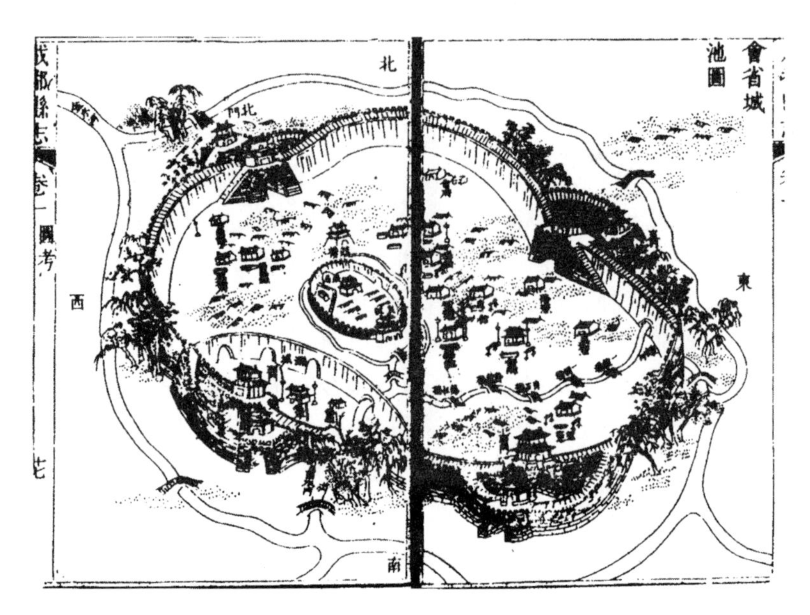

图 4－11　唐代成都城市河湖[63]

（引自清《成都县志史》）

样二江环城和排水系统相结合的布局对于自西北向东南倾斜的成都地形而言无疑是成功的。

但唐代外江改道后，旧河道失去管理逐渐堙废，以致城西和城南街区原有的供排水体系被打乱。后蜀至北宋，水淹全城的大水灾时有发生。北宋以后，将内江故道整理，并加开支渠，以改善城南排水状况。明代，在城市中心的蜀王府开凿环王府的壕沟，与金河相通，称御河，中心排污和泄洪能力有所改善。

2. 洛阳皇家禁苑的蓄滞洪池

唐代，东都（今河南洛阳）之西的皇家禁苑方圆一百二十余里，内有宫殿十一座。谷水和洛水流经其间，常有洪水泛滥。玄宗开元二十四年（736 年），“上以为谷、洛二水或泛滥，疲费人功，遂敕河南尹李适之出内库和雇，修三陂以御之。一曰积翠，二曰月陂，三曰上阳。尔后，二水无力役之患。”[103] 当时用皇室专款，雇民工开辟三座蓄滞洪区，虽花费不少，并占用了一些土地，但却换来了“尔后，二水无力役之患”的效果，保障了防洪安全。而且禁苑之中平添三个湖泊，明显改善了洛阳的城市环境。

第二节　三国至五代防洪工程技术的主要成就

王景治河后八百余年，黄河相对安流。随着江淮流域和江南地区的不断开发，防洪工程建设也由以黄河堤防为主扩展到江南地区更多的防洪工程类型。这一时期史籍记载的防洪技术成就主要反映在海塘技术、堰坝技术、防洪管理等方面。

一、海塘工程技术

这一时期海塘由局部兴筑到渐成系统，海塘技术也经历了由土塘到柴塘再到

竹笼石塘的发展过程。

（一）土塘

早期的海塘都是土塘。就地取材堆筑的土塘，土料粘性较低，其断面从稳定性考虑主要为低宽的梯形断面。后逐渐采用其他措施加强土塘的稳定，如在迎水面用竹笼、木桩、抛石、砌石等工程结构护坡。护坡部分逐渐扩大成为塘工主体，衍生出其他形式的塘工。因土塘抗风浪能力低，后来多用作支持海塘稳定的堤背护塘，或称土备塘、子塘。

（二）柴塘

柴塘用柴、土间层加压修筑而成，修筑柴塘的柴通常用灌木荆条，与黄河上的埽工相似。唐代，福州始筑柴塘。《新唐书·地理志》载：福建“连江东北十八里有柴塘，贞观元年（627 年）筑。”[33]福建至广东沿海的海塘古代多称为“海堤”，工程规模较小。这一带波浪强度较弱的海滩上生长着茂密的红树林木，在滩地上筑的土堤与灌木林互为屏障，具有很好的消减波浪淘刷的作用。这是福建、广东沿海地区特有的海堤工程形式。北宋以后，浙江海塘中柴塘使用渐多。明清时期多称为草塘。

（三）竹笼石塘

竹笼工在汉代已用于黄河堵口，五代吴越时期（893～978 年）吴越王钱镠在杭州一带创筑竹笼海塘。后梁太祖开平四年（910 年），吴越王为了抵御海潮对杭州城的冲啮，征集军民在杭州候潮门到通江门一带兴筑海塘，首创竹笼石塘法。竹笼海塘重而不陷、硬而不刚、散而不乱的特点，特别适用于钱塘江海塘的粉砂地基，五代以后日渐普遍使用。

《吴越备考·杂考·铁箭考》详细记述了竹笼石塘的兴筑方法：“以大竹破之为笼，长数十丈，中实巨石，取罗山大木长数丈植之，横以为塘，依匠人为防之制，又以木立于水际，去岸二九尺，立九木，作六重，……由是潮不能攻，沙土潮积，塘岸益固。”[104]即用竹笼内充填块石，层层叠置，各层竹笼之间用木桩贯穿。海塘前的海滩上夯以木桩，用以削弱潮水对塘脚的淘刷，称为滉柱。竹笼后培筑土塘，形成互为倚重的海塘工程体系。竹笼海塘断面示意图见图 4－12。

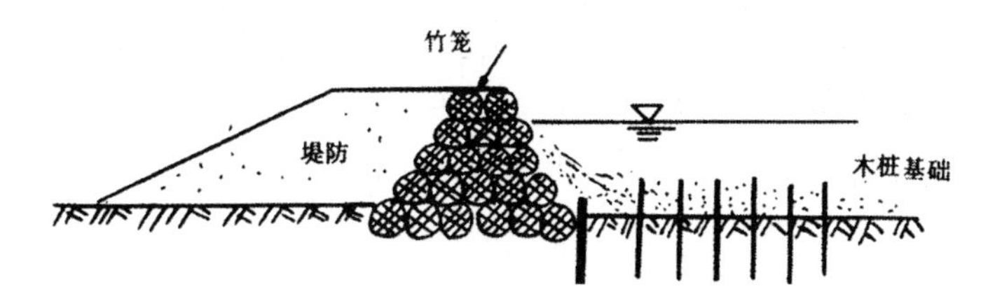

图 4－12　竹笼海塘断面示意图[63]

竹笼海塘技术的关键是木桩的运用。海滩上的木桩首先使海潮对塘工的冲刷力削减，贯穿塘身的木桩则使分层堆筑的竹笼形成整体，并保持一定的柔度，具有以柔克刚的消能抗冲性能和对基础要求不高的优点。竹笼石塘的缺陷是竹笼或木桩容易腐朽，需要经常更换，维修工程量大。南宋以后，竹笼石塘逐渐为砌石塘工所取代，但仍广泛用作海塘前缘的附塘、子塘，以消能护塘。

（四）溷柱消能

溷柱是海塘的一种消能防冲设施。清代人描述海潮对海塘的冲刷："潮头之来直射堤身，随后即有软浪荡涤。及退潮时，又因回溜将底沙啮洗，一日之间早晚两次，非如黄河水性，径直可以筑坝分势。"[105]为了减轻涌潮对海塘的冲刷，五代时曾在"塘外植溷注十余行，以折水势"[106]，即用大木柱钉入塘前海滩，用以消减涌潮水势。宋代沈括在《梦溪笔谈》中提到，北宋宝元、康定年间（1038～1041年），有人见钱塘江海塘外滩有许多木桩，便建议取出用于建筑。然而"旧木出水，皆朽败不可用。而溷注一空，石堤为洪涛所激，岁岁摧决。"由此可见，"昔人埋柱以折其恶势，不与水争力，故江涛不能为害。"[107]溷柱消能后代仍时有应用。

除溷柱消能外，这一时期还在海塘迎水面种植植物如芦苇、灌木等，依靠植物的根系和枝条消浪护滩，是一种经济实用的护塘消能措施。

二、堰坝工程技术

这一时期最大的筑坝技术成就是梁天监十三年兴筑的浮山堰。而堰坝施工中的施工导流技术，至迟在唐代已见诸记载。

（一）筑坝工程技术

浮山堰虽是为战争而修，以溃坝而告终，但它毕竟是古代最著名的大坝之一。据《梁书·康绚传》记载[89]，浮山堰底宽一百四十丈，约合今三百三十六米；高二十丈，约合今四十八米；顶宽四十五丈，约合今一百零八米；坝前水深十九丈五，约合今四十七米，规模巨大。

据当代学者张卫东先生对浮山堰的考证[108]，今泗洪县潼河山下尚存一处人工土体，长二百四十米，顶宽六十米，顶部高程约二十米，名叫铁锁岭。在铁锁岭对岸的嘉山县浮山南侧小街垭口也有一处人工土体，其土质与该处地基土明显不同，当地叫做土龙。这淮河两岸的两处土体的顶部高程和走向互相对应，大约都是浮山堰的遗存。20世纪50年代维修淮北大堤时，曾在此取土，挖出过铁块、砖块等物。当地人还在这一带挖出过不少古箭头。据现有地形和遗存估算，当年浮山堰主坝高达三十至四十米，上游水域约有六千七百多平方公里，覆盖今五河、泗县、凤阳、蚌埠、灵璧、固镇、凤台、寿县以及颍上、霍丘等县市的大部或一部，总蓄水量当在百亿立方米以上，堪称当时的世界第一大坝。浮山堰剖面示意图见图4－13。

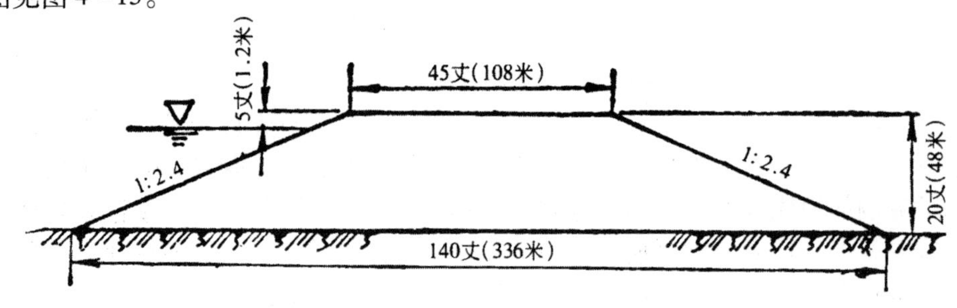

图4－13　浮山堰断面示意图[91]

浮山堰的施工方法是冬季直接在水中施工，两岸同时向河道中间进占。堰刚要合龙就被冲决，后在龙口处投下数千万斤铁锅、铁锄等铁器，又用木柜充填大石，沉于堰址，才得以合龙断流，筑成堰体。

浮山堰蓄水后仅四个月即垮坝。失败的主要技术原因，一是当地河床基础为沙土，限于当时的技术水平还不能对坝基和两岸坝肩进行基础处理，蓄水后在水压力的作用下导致坝体失稳。二是在水中直接施工，无法形成在干地清理基础和修造水工建筑物的施工环境。三是当时缺乏严格的大坝专业施工技术，坝体内未设防渗体，上游来水升高时会透过大坝向下游渗漏，形成土坝管涌，导致坍塌。四是开凿溢洪道的宽度和深度不足以宣泄淮河上涨的洪水，大坝漫顶，坝体抵挡不住过坝水流的冲刷。

（二）施工导流技术

为了避免修建堰坝时在水中直接施工，通常需要兴建导流设施，将河水排向下游，并用围堰将施工基坑围护起来，抽排基坑内的水，在干地清理基础进行施工。这种施工导流的方法，至迟在唐代已见诸记载。

唐文宗大和七年（833 年），鄮县（今浙江鄞县）县令王元暐主持兴建灌溉工程它山堰（图 4－14），曾建造导流明渠和施工围堰。据南宋人魏岘的《四明它山水利备览》记载，建它山堰前先在北岸疏浚原有的北山古港，导引溪流；继而“作坝，截溪水令干，然后用工。故自钟家潭引大溪之水，循山而东，属于沙港。堰成去坝。”[109]在北山古港以下的大溪上筑施工围堰，拦断大溪，把水戽干，再叠砌石堰。堰筑成后拆除围堰。

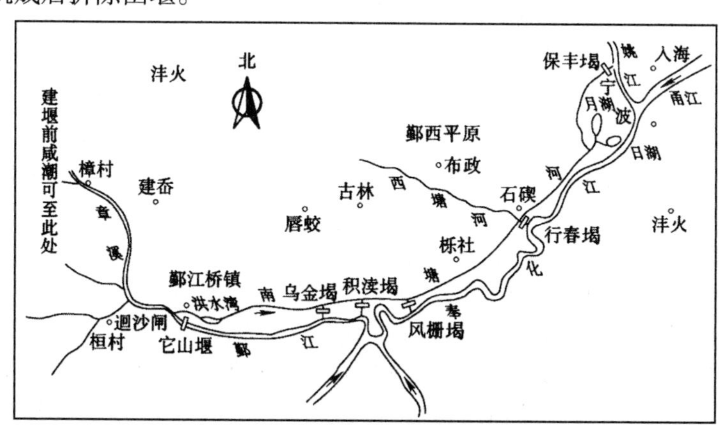

图 4－14　它山堰平面布置示意图[63]

三、堤工技术

由于黄河洪水年际变化大，两岸堤距的选择只能凭借经验。五代时期，开始在黄河大堤以外距离主河槽较远处修筑遥堤，以防御大洪水漫溢。遥堤最早见于记载的是后唐同光三年（925 年），后唐庄宗诏“平卢节度使符习治酸枣遥堤，以御决河。”元代胡三省注为:“遥堤者，远于平地为之，以捍水。”[17]当时在河决频繁的酸枣县（今河南延津西南）和黄河下游一些河段的一侧或两侧建有遥堤。遥堤和大堤间的地带可以看作是特定形式的分洪河道，即在大洪水时构成三堤两河

或四堤三河的形势。遥堤曾一度作为黄河防洪的重要措施。

五代后晋天福三年（938 年）二月，大臣杨光远向晋高祖进《黄河冲注水势图》[17]。这是一幅当时黄河的险工图，由图可见，当时险工段已有埽工一类的护岸工程。吕令则的《河堤赋》中有：“矗长堤其若云，岌修岸其如岛。何固护之克壮，息奔突以永保”[110]的诗句，形象地描述了五代时期堤防工程和险工段河工建筑的情形。诗中的“修岸其如岛”当是埽工一类的护岸工程。

四、防洪管理

这一时期的防洪管理逐渐走上正轨。三国时期的《丞相诸葛令》是目前所见最早的防洪法令，隋唐时期开始形成条块清晰的水行政管理体系，唐代中央立法的《水部式》则是现存最早的全国性水利法规。

（一）隋唐时期条块清晰的水行政管理体系

秦汉时期专为治河派遣的谒者，魏晋时期逐渐成为常设的官职。北魏末期设御史、都水、谒者三台，都水和河堤谒者两个职官逐渐制度化。隋唐开始形成条块清晰的水行政管理体系：中央水官隶属于工部，地方水官隶属于地方政府，黄河沿岸州县均设置有管理河道的专职管理人员。此外，通过御史台外派，又形成跨行政区划的专业管理系统和水利稽查系统。

隋唐时期建立了三省九卿的中央政务和事务两大体系。中书、门下、尚书三省构成了中央政权的主体，分别负责决策、审议和执行。尚书总理全国政务，下设吏、礼、兵、都官（后称刑部）、度支（后称户部）、工六部。尚书省的六部为以后各代国家政务机构设置所遵循。

尚书省工部下设工部、屯田、水部、虞部四司，其中的水部职掌国家水政，如《唐六典》所规定：“水部郎中、员外郎掌天下川渎陂池之政令，以导达沟洫，堰决河渠。凡舟楫溉灌之利，咸总而举之。”[103]

隋唐中央另设国子、少府、将作、都水、军器五监（司），作为接受三省指令办理各项事务的部门。五监中的都水监负责水利、桥梁建设与管理。都水监是中央的执行机构，下设舟楫、河渠二署，长官称使者、都尉。《唐六典》对都水监的职责有细致的规定，并为以后各代所沿袭：“都水使者掌川泽、津梁之政令，总舟楫、河渠二署之官署。辨其远近，而归其利害；凡渔捕之禁，衡虞之守，皆由其属而总之。”[111]唐代以后，都水监的设置再无大的改变。都水监根据需要派出官员，或临时任命地方官员并赋予职权。

唐中期，全国设十方镇，各镇以节度使领兵镇守。因节度使在所在地领营田使、支度使、观察使，故逐渐拥有统治地方财政、兵政实权。河南、河北、陇右等道或镇的许多水利工程系节度使所主持。

五代后晋时曾令开封府尹、各处观察防御使、刺史等兼河堤使名，从官员配置上保障了防洪防汛的常规管理。

（二）早期的防洪法令和水利法规

目前所见最早的防洪法令原件是，三国蜀汉章武三年（223 年）九月为了保障成都的防洪安全而颁行的《丞相诸葛令》碑刻拓片（见图 4－15）。碑文为：“丞相

诸葛令，按九里堤捍护都城，用防水患，今修筑浚，告尔居民，勿许侵占损坏，有犯，治以严法。令即遵行。章武三年九月十五日。”[96]

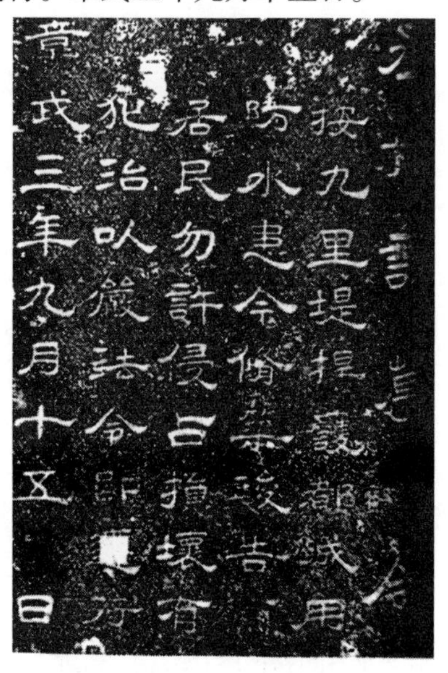

图 4－15　诸葛亮的护堤令[96]

现存最早的全国性水利法规是唐代中央立法的《水部式》。唐《水部式》早已亡佚，直至近代才在敦煌千佛洞中重新发现，但只是一个残卷，仅有二十九自然条，二千六百余字。《水部式》经过多次修订，现残卷大约是唐开元二十五年（737 年）的修订本[112]。《水部式》内容丰富，应包括尚书省工部水部的职责范围。唐代水部郎中和员外郎的职责范围包括堤堰防洪，只是现残本中尚缺。

唐代江河较少决溢记载，有关防洪法规的条文散见于《唐律疏议》的律文与疏释中。其要求：“近河及大水有堤防之处，刺史、县令以时检校，若须修理，每秋收讫，量功多少，差人夫修理。若暴雨汛溢损坏堤防交为人患者，先即修营，不拘时限。”[113]如果维修不及时，造成财务损失和人员伤亡，要比照贪污和争斗杀人罪减等处罚。如因取水灌溉等而致决堤，不论因公因私，都要脊杖一百。如有故意破坏堤防而致人死亡者，按故意杀人罪论处。即使损失较轻，最低也要判三年徒刑[113]。唐律对后世有着重要影响，《宋刑统》和《明会典》中也有官员不修堤防和民盗决堤防致灾的类似量刑。

唐代建筑法规《营缮令》中也有防洪的条款。如：“诸侯水堤内不得造小堤及人居其堤内外各五步并堤上种榆柳杂树。”[114]“小堤”是指大堤内为围垦滩地所造的堤，会妨碍汛期的安全行洪。“人居其堤内外各五步”，是因为人近堤居住容易引来鼠、獾和白蚁在堤上筑窝，也妨碍汛期巡查抢险。在堤防保护范围内种树，将被充作大堤修防用材。

五代时期，为了抗御频繁的洪水灾害，堤防的管理养护得到一定程度的加强，并有一些明确的防护维修制度。后晋高祖天福二年（937 年）九月，前汴州阳武县主簿左墀向朝廷进策十七条，其中有一条：“请于黄河夹岸防秋水暴涨，差上户充堤长，一年一替；本县令十日一巡。如怯弱处不早处治，旋令修补，致临时渝决，有害秋苗，既失王租，俱为坠事，堤长、刺史、县令勒停。”皇帝虽认为“逐旬遣县令看行，稍恐烦劳”[11]，但还是肯定了“每岁差堤长巡视”的制度。天福七年(942年)，晋高祖又“令沿河广晋开封府尹逐处视察防御使刺史职并兼河堤使，名额任便差选职员，分擘勾当，有堤堰薄怯，水势冲注处，预先计度，不得临时失于防护。”[11]

第三节 三国至五代有关防洪的著述

这一时期开始出现专门的水利著作——《水经注》，而其他的治水文献仍然主要收藏在正史和早期的地方志中。

一、《水经注》

《水经》是我国第一部河流水系专著，系统记全国水道。有晋·郭璞注本及北魏·郦道元注本。原书早已失传，郭注也已佚失。《水经》今仅附见于郦道元的《水经注》中，约七千字，每水一篇，共一百二十三篇，末附南水名二十篇，各水道叙述繁简不一。清人据他书征引增补了十余篇。《水经》的作者与成书年代，历来争论颇多，说法不一。《水经》主要反映了东汉一代的水道，但也上掺入西汉或更古的资料，下掺入三国的情况。郦道元注指出其中错误六十余处，现已难以分辨是原书差错，或是郦道元时水道已有变化。

北魏郦道元的《水经注》，虽以《水经》为纲，但绝不是一般的注释，而是一种创作。他依据《水经》，以大河为主干，查明其支流之吐纳，弄清干支分合与流经的地区。不仅通过文献查证，而且实地采访考察，并对《水经》原文的谬误之处，进行考辨订正。

《水经注》原书四十卷，宋代已部分遗失。现行本仍分四十卷，系后人的分割凑数。全书现存三十余万字，为《水经》的四十余倍。其叙述的范围极广，东北到鸭绿江，东到大海，南到中南半岛，西到印度，西北到伊朗、里海，北到大沙漠。今本所记水道干支流达五千余条，所引古籍达四百三十七种，且多已佚失。

《水经注》是一部卓绝的地理书、水利，综合历史、地理，以水道为纲，缀辑有关的水利、人文事迹。就水利而言，该书详细记载了水道的原委、支派、出入、分合之方位，可以由此研究古今河道的演变情况；全面描述了每条河流的支流、湖沼、分汊、城邑、山丘，古人可据此进行河流治理的水利规划；大量记载了河道上兴筑的水利工程，约四百四十余处，并引证碑文等第一手资料，记述了工程勘测、设计、施工、管理等资料，以及工程兴建的因果与兴废沿革，可为研究古代水利工程技术提供历史借鉴。另外，还记载了一些洪水情况，记述了古河道的演变，考证了一些工程的名称，都是珍贵的水利史料。

由于郦道元熟悉北方，所以《水经注》中北方河流的叙述一般详细准确，而南方，特别是江南水道，只凭文献记载，难免有讹误。由于内容繁博，加上段落剪裁错综，文笔简练古奥，不易弄懂，《水经注》在唐代尚不受重视。后有散失，经历代辗转传抄，以致经文与注文混淆，字句多讹误。宋、明、清三代对《水经

注》进行了大量的研究、校勘、注释，其中以清代王先谦的《合校水经注》和杨守敬的《水经注疏》版本较好，杨守敬还编绘了《水经注图》。

二、其他论及防洪的著述

三国两晋南北朝时期的其他治水文献首推正史，其本纪与人物传中往往述及洪水灾害和水利兴作的大事。《晋书》、《宋书》、《南齐书》中的《五行志》和《魏书》中的《灵徵志》、《天象志》记录了洪涝灾害，其中《晋书》所记上至三国时期，《宋书》也兼及三国和晋代。《晋书》、《魏书》中的《食货志》记有水利事迹。《隋志》虽弥补了梁、陈、齐、周等朝正史无志之不足，但其《五行志》和《食货志》中南北朝的资料不多。

早期的地方志，如《邺中记》、《荆州记》、《钱塘记》、《会稽记》等多剩有残篇。唯东晋时常璩所作《华阳国志》完整保存至今，记载李冰治水事迹较详。农书中北魏贾思勰的《齐民要术》，也包含有水利工程的内容。

隋唐时期的治水文献较少，主要保存在《隋书》、《旧唐书》与《新唐书》的纪、传、《食货志》、《五行志》，以及《新唐书》的《地理志》中。其中《新唐书·地理志》记载了各道兴修的陂堰、渠堤、湖塘等水利工程。《旧唐书》与《新唐书》的纪、传，以《新唐书》记事较多，而记载同一事，则以《旧唐书》较为具体。唐代的地方志《元和郡县图志》记载了全国的河渠、堤堰，但该书已残缺不全。宋代的地理书，乐史所著《太平寰宇记》可补其缺略。唐代类书，杜佑的《通典》也有一些记载。《水部式》敦煌残卷，最早刊于罗振玉《鸣沙石室佚书》，是有关唐代治水的珍贵史料，从中可以看出当时水利管理的情况。

五代时期的治水文献，在正史中以《新五代史》的纪、传所载资料较多。《册府元龟》中的“帮计部”及《资治通鉴》也记载了五代的资料。清人吴任臣的《十国春秋》虽多有搜集，但需要仔细鉴别。其他如《吴越备史》，马令、陆游所著的《南唐书》亦略有记载。

参考文献

〔1〕周魁一等:《二十五史河渠志注释》,“明史·河渠志一”，第327页，中国书店，1990年。

〔2〕黄河水利委员会选辑:《李仪祉水利论著选集》，“后汉王景理水之探讨”，第153页，水利电力出版社，1988年。

〔3〕谭其骧:“何以黄河在汉以后会出现一个长期安流的局面”，载《学术月刊》，1962年第二期。

〔4〕周魁一:《水利的历史阅读》，“隋唐五代时期黄河的一些情况”，第4页，中国水利水电出版社，2008年。

〔5〕武汉水利电力学院、水利水电科学研究院:《中国水利史稿》上册，第254页，水利电力出版社，1979年。

〔6〕唐·房玄龄:《晋书》卷二十七“五行志”，中华书局，1974年。

〔7〕唐·房玄龄:《晋书》卷四十七“傅玄传”，中华书局，1974年。

〔8〕唐·房玄龄:《晋书》卷四十七“傅祗传”,中华书局,1974年。

〔9〕《旧唐书》卷四十一“五行志”,中华书局,1975年。《新唐书》卷四十“五行志三”,中华书局,1975年。

〔10〕《新唐书》卷三十九“地理志三”,中华书局,1975年。

〔11〕宋·王钦若:《册府元龟》第6册,卷四百九十七“邦计部·河渠二”,第5951页,中华书局,1960年。

〔12〕《新唐书》卷一百四十“裴耀卿传”,中华书局,1975年。

〔13〕《旧唐书》卷一十五“宪宗本纪”,中华书局,1975年。

〔14〕《旧唐书》卷一百一“萧瑀传附萧仿传”,中华书局,1975年。

〔15〕清·曹寅、彭定求等:《全唐诗》卷二百二十四,第26首,杜甫:“临邑舍弟书至,苦雨黄河泛溢,堤防之患,簿领所忧,因寄此诗,用宽其意”,中华书局,1960年。

〔16〕黄河水利委员会:《黄河水利史述要》,第134~137页,水利电力出版社,1984年。

〔17〕宋·司马光:《资治通鉴》卷二百七十三“后唐纪二”,第1899~1900页,上海古籍出版社,1987年。

〔18〕《旧五代史》卷六十一“唐书·张敬询传”,中华书局,1976年。

〔19〕宋·司马光:《资治通鉴》卷二百八十四“后晋纪五”,第1974页,上海古籍出版社,1987年。

〔20〕宋·司马光:《资治通鉴》卷二百九十一“后周纪三”,第2022页,上海古籍出版社,1987年。

〔21〕宋·司马光:《资治通鉴》卷二百九十二“后周纪三”,第2027页,上海古籍出版社,1987年。

〔22〕周魁一等:《二十五史河渠志注释》,“宋史·河渠志一”,第37~66页,中国书店,1990年。

〔23〕郦道元:《水经注》(王先谦校本),卷二十八“沔水”,第461~462页,巴蜀书社,1985年。

〔24〕郦道元:《水经注》(王先谦校本),卷三十九“赣水”,第597页,巴蜀书社,1985年。

〔25〕郦道元:《水经注》(王先谦校本),卷三十四“江水”,第537页,巴蜀书社,1985年。

〔26〕长江水利委员会、中国水利学会水利史研究会:《长江水利史论文集》,周魁一、程鹏举:“荆江大堤的历史发展和长江防洪初探”,第8页,河海大学出版社,1990年。

〔27〕《晋书》卷八十四“殷仲堪传”,中华书局,1974年。

〔28〕清·顾祖禹:《读史方舆纪要》卷七十九“湖广五·襄阳府”,中华书局,2005年。

〔29〕《南齐书》卷三十七“刘悛传”,中华书局,1972年。

〔30〕《梁书》卷九“曹景宗传”,中华书局,1973年。

〔31〕《梁书》卷二十二“始兴王憺传”,中华书局,1973年。

〔32〕《新唐书》卷一百八十二“卢钧传”,中华书局,1975年。

〔33〕《新唐书》卷四十一“地理志五”,中华书局,1975年。

〔34〕《新唐书》卷一百七十七“冯宿传”,中华书局,1975年。

〔35〕《全唐文》卷七百九十四,孙樵:“梓潼移江记”,第8328页,中华书局,1983年。

〔36〕清·顾炎武:《天下郡国利病书》第三十五册,卷二十四“湖广上”,《四部丛刊三编·史部》,上海涵芬楼景印昆山图书馆稿本。

〔37〕清·顾祖禹:《读史方舆纪要》卷七十七“湖广三·安陆府”,第3276页;卷八十“湖广六·常德府”,第3436页,中华书局,2005年。

〔38〕四川省水利电力厅：《四川省水利志》，第一卷“大事记”，第 26 页，1988 年。

〔39〕海河志编纂委员会：《海河志》，第一卷第一篇“流域坏境”，第 98 页，中国水利水电出版社，1997 年。

〔40〕《晋书》卷一百五“石勒载记”，中华书局，1974 年。

〔41〕《魏书》卷五十六“崔楷传”，中华书局，1974 年。

〔42〕《魏书》卷十二“孝静纪”，中华书局，1974 年。

〔43〕《新唐书》卷四十三“地理志七上”，中华书局，1975 年。

〔44〕唐·李吉甫：《元和郡县图志》下册，卷二十五“江南道一”，第 592 页，中华书局，1983 年。

〔45〕江苏省水利厅：《太湖水利史稿》，第 58 页，河海大学出版社，1993 年。

〔46〕《宋书》卷九十九“二凶传”，中华书局，1974 年。

〔47〕《梁书》卷八“昭明太子传”，中华书局，1973 年。

〔48〕武同举：《江苏水利全书》第三册，卷三十一“太湖流域一”，南京水利实验处印行，1950 年。

〔49〕江苏省水利厅：《太湖水利史稿》，第 90、101 页，河海大学出版社，1993 年。

〔50〕江苏省水利厅：《太湖水利史稿》引清嘉庆《溧阳县志》，第 97 页，河海大学出版社，1993 年。

〔51〕江苏省水利厅：《太湖水利史稿》引清雍正《浙江通志》，第 99 页，河海大学出版社，1993 年。

〔52〕《旧唐书》卷一百六十三“孟简传”，中华书局，1975 年。

〔53〕江苏省水利厅：《太湖水利史稿》，第 98 页，河海大学出版社，1993 年。

〔54〕宋·范成大：《吴郡志》卷十九《水利上》引郏亶：“吴门水利书”，第 264 ~ 280 页，江苏古籍出版社，1999 年。

〔55〕水利部淮河水利委员会淮河志编纂委员会：《淮河志》，第二卷第二篇“淮河流域水系”，第 96 页，中国水利水电出版社，1997 年。

〔56〕《晋书》卷二十六“食货志”，中华书局，1974 年。

〔57〕郦道元：《水经注》(王先谦校本)，卷四十“渐江水”，第 604 页，巴蜀书社，1985 年。

〔58〕周魁一等：《二十五史河渠志注释》，附录“新唐书·地理志五”注，第 698 页，中国书店，1990 年。

〔59〕上海市水利局水利志编辑室、浙江省钱塘江工程管理局钱塘江志编委会、江苏省苏州市水利史志编委会：《江南海塘论文集》，查一名：“关于江浙海塘史志的若干问题”，第 51 页，河海大学出版社，1988 年。

〔60〕《晋书》卷七十六“虞潭传”，中华书局，1974 年。

〔61〕谭其骧：《长水集》下册，“关于上海地区的成陆年代”，第 141 页，人民出版社，1987 年。

〔62〕周魁一等：《二十五史河渠志注释》，“宋史·河渠志七·东南诸水下”，第 187 ~ 188 页，中国书店，1990 年。

〔63〕谭徐明：《中国灌溉与防洪史》，第 119、81、121、75 页，中国水利水电出版社，2005 年。

〔64〕浙江省水利志编委会：《浙江省水利志》，第三编第九章“钱塘江海塘”，第 251 页，中华书局，1998 年。

〔65〕《南齐书》卷十四“州郡上”，中华书局，1972 年。

〔66〕《北齐书》卷二十四“杜弼传”，中华书局，1972 年。

〔67〕宋·乐史：《太平寰宇记》卷二十二“河南道”，清光绪八年金陵书局刻本。其中，“东海县令元暧筑东捍海堰”一事，《淮河水利简史》第四章与《江苏省志·水利志》第二章均据武同举《江苏水利全书》卷四十三记为“唐开元七年（719年）”。查《江苏水利全书》卷四十三未见此条，仍以《太平寰宇记》为准。

〔68〕《新唐书》卷三十八“地理志二”，中华书局，1975年。

〔69〕《陈书》卷一十“程文季传”，中华书局，1972年。

〔70〕宋·司马光：《资治通鉴》，卷六十二“汉纪五十四”，第420页，上海古籍出版社，1987年。

〔71〕宋·司马光：《资治通鉴》，卷一百七十“陈纪四”，第1128页，上海古籍出版社，1987年。

〔72〕宋·司马光：《资治通鉴》，卷六十四“汉纪五十六”，第431页，上海古籍出版社，1987年。

〔73〕宋·司马光：《资治通鉴》，卷一百五“晋纪二十七”，第706页，上海古籍出版社，1987年。

〔74〕宋·司马光：《资治通鉴》，卷一百十九“宋纪一”，第797页，上海古籍出版社，1987年。

〔75〕宋·司马光：《资治通鉴》，卷一百五十七“梁纪十三”，第1038、1039页，上海古籍出版社，1987年。

〔76〕宋·司马光：《资治通鉴》，卷一百七十“陈纪四”，第1125页，上海古籍出版社，1987年。

〔77〕宋·司马光：《资治通鉴》，卷九十四“晋纪十六”，第626页，上海古籍出版社，1987年。

〔78〕宋·司马光：《资治通鉴》，卷一百四十六“梁纪二”，第971页，上海古籍出版社，1987年。

〔79〕宋·司马光：《资治通鉴》，卷一百四十七“梁纪三”，第982页，上海古籍出版社，1987年。

〔80〕宋·司马光：《资治通鉴》，卷一百五十“梁纪六”，第999页，上海古籍出版社，1987年。

〔81〕宋·司马光：《资治通鉴》，卷一百五十一“梁纪七”，第1006页，上海古籍出版社，1987年。

〔82〕宋·司马光：《资治通鉴》，卷一百五十二“梁纪八”，第1009页，上海古籍出版社，1987年。

〔83〕宋·司马光：《资治通鉴》，卷一百六十“梁纪十六”，第1056页，上海古籍出版社，1987年。

〔84〕宋·司马光：《资治通鉴》，卷一百六十二“梁纪十八”，第1067页，上海古籍出版社，1987年。

〔85〕宋·司马光：《资治通鉴》，卷一百六十八“陈纪二”，第1115页，上海古籍出版社，1987年。

〔86〕宋·司马光：《资治通鉴》，卷一百七十一“陈纪五”，第1136页，上海古籍出版社，1987年。

〔87〕宋·司马光：《资治通鉴》，卷一百七十三“陈纪七”，第1147页，上海古籍出版社，1987年。

〔88〕宋·司马光：《资治通鉴》，卷一百七十五“陈纪九”，第1156页，上海古籍出版社，

1987年。

〔89〕《梁书》卷十八“康绚传”，中华书局，1973年。

〔90〕宋·司马光：《资治通鉴》，卷一百四十八“梁纪四”，第985页，上海古籍出版社，1987年。

〔91〕周魁一：《中国科学技术史·水利》，第287、288页，科学出版社，2002年。

〔92〕东晋·常璩：《华阳国志校补图注》，卷三“蜀志一”上海古籍出版社，1987年。

〔93〕郦道元：《水经注》(王先谦校本)，卷三十二“江水”，第519页，巴蜀书社，1985年。

〔94〕水利水电科学研究院：《科学研究论文集》第12集，郑连第：“六世纪前我国的城市水利——读《水经注》札记之一”，第115页，水利电力出版社，1982年。

〔95〕尔泰文：“成都发现一处东周时期水利工程”，载《成都文物》，1990年第一期。

〔96〕杨重华：“‘丞相诸葛令’碑”，载《文物》1983年第5期，第20页。

〔97〕清·董诰等纂修：《全唐文》，卷87，唐僖宗：《奖高骈筑成都罗城诏》，第910~911页，中华书局，1985年。

〔98〕清·董诰等纂修：《全唐文》，卷802，高骈：《筑罗城成表》，第8428~8429页，中华书局，1985年。

〔99〕《新唐书》卷二百二十四下“高骈传”，中华书局，1975年。

〔100〕清·董诰等纂修：《全唐文》，卷793，王徽：《创筑罗城记》，第8307~8310页，中华书局，1985年。

〔101〕宋·欧阳忞撰：《舆地广记》卷二十九，第293页，丛书集成初编本。

〔102〕“科界巷发掘出大型地下排水系统”，载《成都晚报》，1995年4月21日。

〔103〕唐·李林甫等：《唐六典》卷七“尚书·工部”，第222、225页，中华书局，1992年。

〔104〕武汉水利电力学院：《中国水利史稿》中册引《吴越备考·杂考·铁箭考》，第103页，水利电力出版社，1987年。

〔105〕清·翟均廉：《海塘录》卷十三，李卫：“请修海宁老盐仓海塘疏”，文渊阁《钦定四库全书》，武汉大学出版社电子版。

〔106〕清·吴任臣：《十国春秋》第三册，卷七十八“吴越二·武肃王世家下”，第1085页，中华书局，1983年。

〔107〕宋·沈括：《梦溪笔谈》卷十一，第129页，中华书局，1975年。

〔108〕张卫东：“浮山堰”，载《中国水利》，1985年第11期。

〔109〕宋·魏岘：《四明它山水利备览》卷上，第10页，《丛书集成初编》，中华书局，1985年。

〔110〕董浩等：《全唐文》卷九百五十六，吕令则：“河堤赋”，中华书局，1985年。

〔111〕唐·李林甫等：《唐六典》卷二十三“尚书·工部”，第598~599页，中华书局，1992年。

〔112〕周魁一：“《水部式》与唐代的农田水利管理”，载《历史地理》第四辑，第88~101页，上海人民出版社。

〔113〕唐·长孙无忌：《唐律疏议》，卷二十七，第4页，国学基本丛书本，商务印书馆，1933年。

〔114〕宋·李昉等编：《文苑英华》第四册，卷五百二十六“田农四”，第2696页，中华书局，1966年。

第五章　宋元时期防洪工程技术趋于成熟

宋元时期是我国封建社会发展的一个重要时期。北宋结束了唐末五代的分裂局面，采取集中兵权、削除藩镇、加强监察等措施，强化中央集权，但国力已大不如前。宋朝立国后，北方部族辽、夏、金等相继侵犯，种族战争接连不断。为了巩固封建势力的统治，北宋强化了土地私有制；面对内忧外患，一度实行变法，并因变法引发党争。金兵入侵后，南宋与金朝南北分立，南宋偏安江南。元朝再度统一中国，终因种族矛盾仅执政近百年。

宋元时期，防洪思想由江河防洪扩展到对平原湖区防洪排涝的探索，防洪工程建设则以黄河和太湖为重点。

北宋，黄河水患频繁，治河兴役成为朝廷的头等大事。但北宋治河，一直受到边患和党争的影响，筑堤、堵口、开河等治理工程虽多，却收效甚微。随着黄河频繁的决溢改道，朝廷大臣纷纷议论治河大计，是历史上第二次治黄思想的大讨论。北宋也是河工技术发展的重要阶段，关于河工的记载和治水经验的总结较为详细。

南宋决黄河以阻金兵，使黄河改道入淮，从而结束了黄河东流、北流的局面。其后，治河受保漕方针的制约，金元两代“重北轻南”，对已夺淮南行的黄河治理不多。

宋元时期，南方得以不断开发，长江水系的防洪问题受到重视。特别是江南一带经济迅速发展，“国家根本，仰给东南”[1]，而太湖地区又洪涝灾害频仍，该地区的防洪排涝问题引起朝野的重视，议论太湖治理者多。元代定都北京，开始关注海河水系，主要是永定河的治理。

第一节　宋元时期对防洪思想的探索

每当黄河水患加剧，各种治理主张的争论也就激烈展开。继汉代治黄方略的讨论之后，宋代黄河的频繁决溢改道，引发了历史上第二次治河思想的大讨论。针对太湖地区逐渐加重的洪涝灾害，宋元时期出现了治理太湖的各种主张。这是在探索大江大河的防洪方略之后，对水网湖区防洪排涝方略的有益探索，极大地丰富了防洪思想的内涵。

一、关于治黄方针的争议

（一）北宋时期黄河的决溢改道

宋代黄河进入频繁的决溢改道期。据《宋史》和《续资治通鉴长编》等史籍

统计[2]，北宋一百六十七年间，记载黄河决溢的年份有七十三年，平均二年一次。决溢最多的地区为澶州（治今河南濮阳）和滑州（治今河南滑县），其中，澶州有明确决溢记载的年份为二十二次，滑州为十八次。决溢后改道、改流、分流的年份有七次，平均二十年一次，其中四次在澶州，二次在滑州。

《宋史·河渠志》记载北宋黄河的七次改道分流分别为：太宗太平兴国八年（983年）河决滑州韩村，东南流至彭城界，入于淮[3]。真宗天禧三年（1019年）河决滑州城西南，合清水、古汴渠，东入于淮[3]。仁宗景祐元年（1034年），河决澶州横陇埽，经棣州、滨州北入海[3]。仁宗庆历八年（1048年），黄河决澶州商胡埽，合御河北流入海[3]。仁宗嘉祐五年（1060年），河决大名府魏县第六埽，分二股河至德、沧州入海[3]。神宗熙宁十年（1077年），河决澶州曹村，河道南徙，一合南清河入淮，一合北清河入海[4]。神宗元丰四年（1081年），河决澶州小吴埽，入御河[4]。

北宋时期黄河下游河道形势见图5－1。

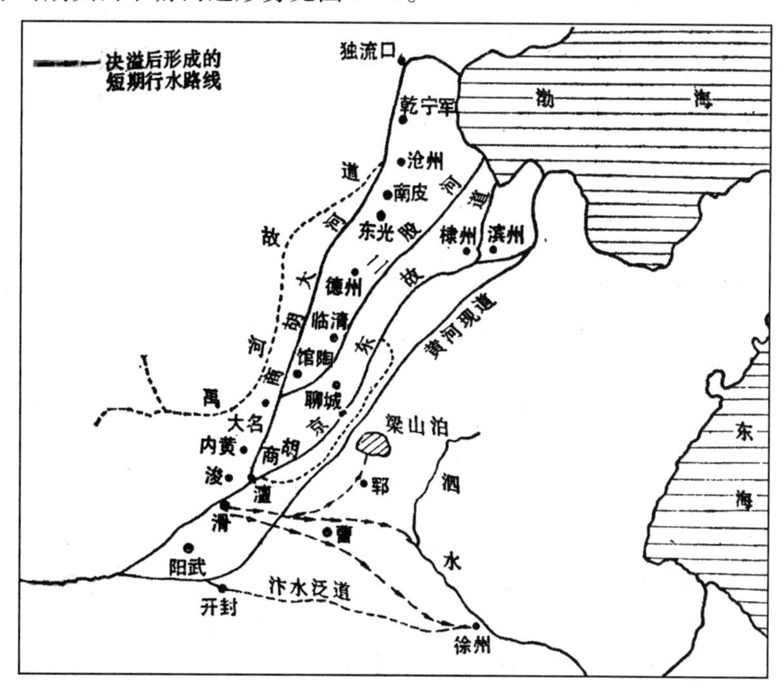

图5－1　北宋时期黄河下游行河形势示意图[5]

北宋时期黄河下游改道频繁，河槽变化较大，但主要有京东故道、横陇故道、商胡故道三条行经路线。

京东故道即东汉王景治河后形成的河道，又称汉唐大河。京东故道在历史上行流近千年，河道逐渐淤积。唐末五代以后下游河段显著淤高，决溢频繁。北宋初期，已成地上河，几乎年年决溢。仁宗庆历八年（1048年），黄河“自商胡决而北流，王景之河始废。”[6]京东故道在北宋行流了八十八年。黄河北流以后，三次“回河之争”即为要求恢复京东故道。

横陇故道是仁宗景祐元年（1034年）黄河大改道所形成的河道。景祐元年，

黄河在澶州横陇埽决口，干流流入赤河后，沿五代时后梁段凝自酸枣决河东注于郓所冲出的旧道，在京东故道之北，下游分赤河、金河、游河等分支，经棣州（治今山东惠民）、滨州（治今山东滨县）北入海。仁宗庆历七年（1047 年），横陇故道即完全淤塞，前后仅经流十四年。这样迅速的淤废，除因黄河含沙量大之外，河势分流散漫是其重要原因。

商胡故道是仁宗庆历八年（1048 年）黄河著名的一次大改道所形成的河道。庆历八年，黄河在澶州商胡埽（今河南濮阳东北）决口，主流在横陇故道的基础上向北摆动，经大名（今河北大名东北）、恩州（治今河北清河西北）、冀州（治今河北冀县）、深州（治今河北深县南）、瀛州（治今河北河间）、永静军（治今河北东光），至乾宁军（治今河北青县），合御河入海。这条河道宋人称为“北流”，是宋代黄河流入渤海的最北端。商胡故道地形坡度较大，水流迅急，挟沙力较强，河道淤积慢，前后行流时间长达一百四十六年，是北宋最主要的洪泛道。虽然商胡故道地势对行洪有利，但却有北部边防和边运等问题，加上北流入御河后河道狭窄，经常泛滥，北宋时期一直有北流与回河之争。因此，朝廷也未能着力治理和改善北流状况，致使商胡故道频繁决溢，屡有改道。但每次改道后不久，又回复北流故道。直至南宋光宗绍熙五年（1194 年），黄河决阳武，南北分流入海，北流才废。

北宋黄河下游除京东故道、横陇故道、商胡故道三条主要行经路线外，还有二股河。由于商胡故道经常泛滥，为了避免回复东流，走淤积已高的京东故道，都转运使韩贽提出在北流大河与京东故道之间开凿二股河分流。仁宗嘉祐五年（1060 年），河决大名府魏县第六埽，向东分出二股河，以分减北流商胡大河，使流入赤河、金河，东注入海。“回河之争”初期，是要求东流回复京东故道；二股河形成后，二股河称为东流，北宋第二、三次“回河之争”则为东流回复二股河。北宋时期，黄河先后几次南流入淮，都因朝廷加紧堵塞决口，未形成黄河夺淮。直至南宋高宗建炎二年（1128 年），杜充决黄河以阻金兵，使黄河由东北入海改由东南入淮，才结束了宋代黄河东流、北流的局面。

（二）北宋时期提出的主要治河方略

北宋因河患严重，治河兴役成为朝廷的头等大事，朝廷大臣纷纷议论治河大计。北宋提出的治河方略较有影响的主要有宽河说、分流说、减水说、疏河说、避水说等几种。

1. 宽河说

宽河说贯穿于整个北宋时期，主张离河岸较远处宽筑遥堤，加大两岸堤距，以宽水势。宽河说起于宋初，太宗太平兴国“八年（983 年）五月，河大决滑州韩村，泛澶、曹、济诸州民田，坏居人庐舍，东南流至彭城界入于淮。诏发丁夫塞之。”[3]郭守文董其役，“塞决河堤，久不成。上谓宰相曰：‘今岁秋田方稔，适值河决，塞治之役，未免重劳。言事者谓河之两岸，古有遥堤以宽水势，其后民利沃壤，或居其中，河之盛溢，即罹其患。当令按视，苟有经久之利，无惮复修。’”[7]欲恢复两岸古遥堤，迁移其间垦殖居户，以宽水势，减少河患。“九月，遣柴成务等四人按视南北岸古遥堤，西自河阳，东至于海，周览旧址凡十州二十

四县”[8]。朝廷派出使者巡察，因古遥堤多已破坏，“所存者百无一二，完补之功甚大”[7]。且时值兴役堵塞滑州决口之时，“使回条奏，以为‘治遥堤不如分水势’”[3]，故宽河之策终未施行。

仁宗天圣七年（1029年）十二月，“河朔罹水患，朝廷以民疲不任鲧率，故王楚埽尚未塞。都大巡护澶、滑河堤官高继密，请自澶州嵬固埽下接大堤东北，即高阜筑遥堤，为备御计。”[9]高继密因河朔水患，朝廷无力塞决，提出于高阜筑遥堤，以宽水势。仁宗明道元年（1032年）八月，“治大名古遥堤”，以纾缓大河水势[10]。

徽宗建中靖国元年（1101年），几次回河失败之后，左正言任伯雨指出：“盖河流混浊，泥沙相半，流行既久，迤逦淤淀，则久而必决者，势不能变也。或北而东，或东而北，亦安可以人力制哉！”为此，他提出：“为今之策，正宜因其所向，宽立堤防，约拦水势，使不至大段漫流”[11]。是说，黄河含沙量大，久行必淤，淤久必决，无论北流、东流，都不是人力所能强制的，还是应该顺应流向，宽立堤防，勿使大段漫溢。

宽河说较有代表性的是姚仲孙于仁宗庆历元年（1041年）提出的系统议论。姚仲孙在任河北都转运使期间，曾行大河，见“自横陇以及澶、魏、德、博、沧州，两堤之间，或广数十里，狭者亦十数里，皆可以约水势。而博州（治今山东聊城）延辑两堤，相距才二里，堤间扼束，故金堤溃”。因此，他建议：“宜于延辑南岸，上自长尾道，下属之朱明口，治直堤，两堤相距可七里。行视隘塞，皆开广之。又于堤之外，起商胡埽至魏（今河北大名东）之黄城，治角直堤，则水缓而不迫，可以无湍悍之忧。”即在金堤一带增筑遥堤，加宽河身。他认为他的治理方案，“其利有八。一曰水不迫魏；二曰河不忧徙，而贝、冀、沧、景安；三曰延辑无壅，则堤不危；四曰横陇罢大役；五曰横陇不塞，则河水不啮大韩埽；六曰诸埽无他虞；七曰河事宽则人力工省；八曰阻水险以捍蔽京师。”[12]

北宋宽河缓流之说，因“河之盛溢”，而欲“宽立堤防”，“以宽水势”；但却忽视了水缓则沙淤，淤高则水溢。因此，单纯放宽堤距，非但不能减轻黄河洪灾，反倒会使河患进一步加重，更无法遏止人们无计划地围垦遥堤内淤高肥沃的河滩地。

2. 分流说

分流说与宽河说同时产生，在北宋最为盛行。太宗太平兴国八年（983年），河大决滑州（治今河南滑县）韩村后，“堤久不成，乃令使者按视遥堤旧址”。使者回奏，提出：“治遥堤不如分水势。自孟抵郓，虽有堤防，唯滑与澶最为隘狭。于此二州之地，可立分水之制，宜于南北岸各开其一，北入王莽河以通于海，南入灵河以通于淮，节减暴流，一如汴口之法。其分水河，量其远迩，作为斗门，启闭随时，务乎均济。通舟运，溉农田，此富庶之资也。”[3]建议增开分洪河道以利防洪，向北分流，走黄河北渎之王莽河，入于海；向南分流，由灵河入淮。由于分流工程所需工役太大，未被朝廷采纳。但此后分洪的主张不断有人提出。

著作佐郎李垂是北宋分流说的代表。真宗大中祥符五年（1012年），李垂向朝廷呈上《导河形势书》三篇并图，提出开六渠分水的建议[3]：①于魏县（今河北

大名西）北开渠，过降水，东注易水，合百济，会朝河入海；②自大伾山（今河南浚县东南）西八十里，开河引水北偏东十里，从禹故道，经通利军（治今河南浚县东北）北，挟白沟，复西大河，北经清丰、大名西，历洹水、魏县东，暨馆陶南，入屯氏故渎，合赤河北流入海；③在大伾西新发故渎西岸再开一渠；④于大伾北又开一渠，两渠分流大河三四分水，入澶渊故道；⑤于魏县北发御河西岸再凿一渠，合衡漳水；⑥于冀州（治今河北冀县）北界、深州（治今河北深县南）西南三十里，决衡漳西岸，使水西北注滹沱河，东入渤海。李垂这一大分大疏的议论虽然没有实行，但在北宋影响很大，曾被许多人一再提及。

仁宗庆历八年（1048 年），黄河商胡决口北流之后，朝廷掀起塞商胡、复故道的争论。河北都转运使韩贽提出："北流既安定，骤更之，未必能成功。不若开魏金堤，使分注故道，支为二河，或可纾水患。"[13]朝廷采纳了这一建议，并兴役开了二股河。

开河分流，虽能减少主河道的洪量，但对含沙量高的黄河而言，大河越分越缓，越缓越淤，为害更甚。因此，在宋代分流说即遭到许多人的反对。哲宗元祐年间（1086～1094 年），苏辙说："况黄河之性，急则通流，缓则淤淀，既无东西皆急之势，安有两河并行之理？"[4]他从黄河多沙易淤的角度进一步分析分流之为害："分流之说，非徒无益，实亦有害也。何者？每年秋水泛涨，分入两流，一时之间，稍免决溢，此分水之利也。河水重浊，缓侧生淤，能分为二，不得不缓，故今日北流已见淤塞，此分水之害也。"[14]哲宗元祐七年（1092 年），吏部郎中、河北转运使赵偁从河防工役的角度，也反对分流。他说："聚三河工费以治一河，一二年可以就绪，而河患庶几息矣。"[4]仁宗至和年间（1054～1056 年），欧阳修在力驳回河之议时，也强调指出分流有五不利。"今又闻复有修河之役，三十万人之众，开一千余里之长河，计其所用物力数倍往年。当此天灾岁旱、民困国贫之际，不量人力，不顺天时，知其有大不可者五"[3]。

3. 减水说

鉴于开河分流的弊端，北宋主张采用开引河局部减水的办法来减缓河患的人不少，情况也较为复杂，大抵有以下三种情况。

一种是在上游开引河分洪以削减洪峰，解决溢之危；或减轻决口处的水势，以助堵口成功。真宗大中祥符八年（1015 年），"京西转运使陈尧佐议开滑州小河分水势，遣使视利害以闻。及还，请规度自三迎阳村北治之，复开汊河于上游，以泄其壅溢。"[15]上游分洪的办法当代仍经常应用，是一种积极有效的措施。

一种是在大河险段另开引河分减水势，险段之后仍归大河，以减轻险段的洪水压力。神宗元丰六年（1083 年），范子渊"疏治广武埽对岸石叫渡大和坡旧河，分行水势，以舒南岸。"[16]曾利用旧河分减水势，减轻广武埽南岸的压力。当时，内殿承制李崇道等又提出："自温县（今河南温县）大河港开鸡爪河，接续至大和坡下武陟县界，透入大河，分减广武埽水势"[16]。对澶滑险段，经常有人提出开引分河，减轻主河的压力，防止决溢。真宗大中祥符四年（1011 年）八月，有人建议于滑州（今河南滑县）西岸开减水河。"献计者言，疏治此河，可以折水势，省民力"[17]。大中祥符八年（1015 年）二月，京西转运使陈尧佐提出："议开滑州小

河，以分水势”。当时河北转运使李士衡害怕引水向北，“流患魏（今河北大名东）、博（今山东聊城），请罢之。”朝廷派员巡查后，认为“开河便，乃规度自杨村北治之，复开妫河于上游，以泄其（滑州河段）壅塞”[18]。真宗天禧五年（1021 年），陈尧佐知滑州，在滑州“浚旧河，分水势，护州城”，而受到嘉奖[19]。仁宗庆历元年（1041 年）八月，有人建议同滑州一样，在澶州（今河南濮阳）“开分水河，以减湍暴之势”[20]。

一种是为了裁弯取直而分河。徽宗政和四年（1114 年），都水使者孟昌龄鉴于黄河过大伾山（今河南浚县东南）迂回曲折，而提出：“若引使穿大伾大山及东北二小山，分为两股而过，合于下流”，穿山分河，使河流顺直。于是大兴工役，第二年河成，但“水流虽通，然湍激猛暴，遇山稍隘，往往泛溢，近砦民夫多被漂溺”[11]。此次分河，并未减轻大伾河段的险情，反而加剧了河患。此后，在黄河这样游荡性河流的干流很少采用开引河裁弯取直。

因开引河局部减水的情况比较复杂，不能一概而论。作为一种临时性的分水措施，有一定的作用，但作为一种经常性的治河方针泛用，则有害无益。

4．疏河说

上述治河主张着眼于分洪，疏河说则着眼于减少泥沙淤积。持这一主张的代表人物是欧阳修。

欧阳修对黄河河患的原因在于泥沙淤积有较明确的认识。他说：“河本泥沙，无不淤之理。淤常先下流，下流淤高，水行渐壅，乃决上流之低处，此势之常也。”他指出，宋庆历以前的各次大决溢和改道，皆因下游淤积所致。因此，他提出：“河之下流，若不浚使入海，则上流亦决。臣请选知水利之臣，就其下流，求入海路而浚之；不然，下流梗涩，则终虞上决，为患无涯。”[3]

疏河说把握了黄河多泥沙的特性，疏浚下游河道也是稳定河床、减少决溢的好办法，但实行起来却不容易。欧阳修未能提出具体可行的清浚办法。王安石变法时，曾采用一种称为“浚川耙”的机械来疏浚，但依赖简单的疏浚器械，根本无法解决黄河下游巨量淤积的问题。

5．避水说

北宋采用各种治河方法都未能改善黄河河情，河患日甚一日。在这种情况下，宋神宗赵顼提出对黄河不加治理，任其自选路线行流。神宗元丰四年（1081 年）第二次回河失败，澶州（今河南濮阳）“小吴埽复大决，自澶注入御河，恩州危甚。”神宗下诏：“东流已填淤不可复，将来更不修闭小吴决口，候见大河归纳，应合修立堤防。”令不再堵塞决口，任大河归流。他认为：“河之为患久矣，后世以事治水，故常有碍。夫水之趋下，乃其性也，以道治水，则无违其性可也。”他主张：“如能顺水所向，迁徙城邑以避之，复有何患？”[4]

北宋时期，避水主张的产生不是偶然的。神宗指出的“后世以事治水”，反映出北宋治河因受边患、党争的影响，不顾河流特性，一再强求回复故道，以致徒耗财力，一败再败。他所要按“水之趋下”之性来“以道治水”，也切合当时的实际。但他自诩为“虽神禹复生，不过如此”[4]，用迁徙城邑来躲避水患的办法，则是十分消极的。

宋神宗这种消极的治河方针，在北宋的影响不小。在第三次回河之争中，苏辙等人一再用这种方针作为反对回河的依据。哲宗元符三年（1100年）宋徽宗即位，重新起用第三次回河失败被罢官的郑佑、吴安持等人，中书舍人张商英极力反对，说："佑等昨主回河，皆违神宗北流之意"[4]，仍将宋神宗的话当作不能违背的方针。

（三）北宋的三次"回河之争"

北宋时期，曾先后发生了三次回复故道的大争论与强行回复东流的大改道，这就是历史上有名的"回河之争"。回河之争对北宋一代的防洪方略与工程措施影响很大，三次回河也均告失败。北宋后期的治河防洪，就是在北流与东流之争中穷于应付，而终无成效。

1. 第一次回河之争

仁宗庆历八年（1048年）六月，黄河在澶州商胡决口，东北至乾宁军合御河入海。这次改道后形成的商胡故道，是宋代黄河北流由最北端入海，也是北宋最主要的洪道。

仁宗皇祐三年（1051年）七月，"河决大名府馆陶县郭固口。"[21]次年正月，堵塞郭固决口后，河势犹壅。北京留守贾昌朝、河渠司李仲昌主张恢复京东故道使河东流："议欲纳水入六塔河，使归横陇旧河，舒一时之急。"[3]

翰林学士欧阳修等人极力反对回河。至和二年（1055年），欧阳修奏疏，指出："横陇湮塞已二十年，商胡决又数岁，故道已平而难凿，安流已久而难回"，并力陈回河"有大不可者五"。欧阳修的奏疏在朝廷引起激烈争论。朝廷诏"令两制至待制以上、台谏官，与河渠司同详定。"[3]但集议未有定论。

欧阳修再次上疏反对回河，主张堵塞决口，加筑堤防，维持北流。他通过对黄河泥沙淤积规律的分析指出，下流淤高，水壅上决，此势之常。"然避高就下，水之本性，故河流已弃之道，自古难复。"河道一旦淤塞废弃，很难恢复。他又用京东、横陇故道屡复屡决的情况加以说明："是则决河非不能力塞，故道非不能力复，所复不久终必决于上流者，由故道淤而水不能行故也。"他认为，开六塔河，"欲以五十步之狭，容大河之水"，是十分危险的。断言，开六塔河"于大河有减水之名，而无减患之实。今下流所散，为患已多，若全回大河以注之，则滨、棣、德、博河北所仰之州，不胜其患，而又故道淤涩，上流必有他决之虞，此直有害而无利耳"[3]。指出开六塔河，不仅不会减轻水患，还可能带来更大的灾难。

李仲昌打算用原计划堵塞商胡决口的不到十分之一的工料，开六塔河，"以为费省而功倍。"朝廷派河北转运使周沆行视，周沆行视后不同意开六塔河。他认为："所规新渠，视河广不能五之一，安能容受？"也断言："此役若成，河必泛溢，齐、博、滨、棣之民其鱼矣。"[22]

由于"宰相富弼尤主仲昌议"，宋仁宗决定采纳回河东流的意见。嘉祐元年（1056年）四月，塞商胡北流，开六塔河，引黄河水入横陇故道。由于水流宣泄不及，六塔河"不能容，是夕复决，溺兵夫，漂刍藁不可胜计"，"水死者数千万人"。第一次回复横陇故道终告失败，朝廷制裁了一批要求回河的官员，"由是议者久不复论河事。"[3]

2. 第二次回河之争

由于商胡故道经常泛滥，为了避免回复东流，走淤积已高的京东故道和横陇故道，都转运使韩贽建议在北流大河与京东故道之间开浚支河分流。仁宗嘉祐五年（1060 年），“河决商胡而北，议者欲复之。役将兴，（韩）贽言：‘北流既安定，骤更之，未必能成功。不若开魏金堤使分注故道，支为两河，或可纾水患。’”[13]其时，黄河在大名（今河北大名东北）第六埽分出二股河，宽二百尺。“自二股河行一百三十里，至魏、恩、德、博之境，曰四界首河。”[3]韩贽指出：“四界首古大河所经，即《沟洫志》所谓‘平原、金堤，开通大河，入笃马河，至海五百余里’者”[3]，即为汉成帝鸿嘉四年（公元前 17 年）孙禁主张黄河下游改道的路线。韩贽建议以三千丁壮开浚二股河，使之与商胡决河分流。“支分河流入金、赤河，使其深六尺，为利可必。商胡决河自魏至于恩冀、乾宁入于海，今二股河自至魏、恩东至于德、沧入于海，分而为二，则上流不壅，可以无决溢之患。”[3]朝廷“诏遣使相视，如其策，才役三千人，几月而毕。”[13]二股河形成以后，为区别商胡北流，二股河称为东流，而北宋第二、三次“回河之争”都是指回复东流二股河。

二股河虽能分流，但黄河仍屡屡溃决。神宗熙宁元年（1068 年）六月，“河溢恩州乌栏堤，又决冀州枣强埽，北注瀛。七月，又溢瀛州乐寿埽。”[3]接连不断的决溢，引发了第二次回河之争。

都水监丞李立之等力主回河，东流入二股河。李立之提出治理北流：“于恩、冀、深、瀛等州，创生堤三百六十七里以御河”。都水监丞宋昌言、屯田都监内侍程昉建议：“欲于二股河口西岸新滩，立土约障水，使之东流。候稍深，即断北流，纵出葫芦下流，以除恩、冀、深、瀛水患。”[23]是说二股河河门已变移，欲在河口西岸筑丁坝，签入河身，逼水东流。都水监亦主张东流，“愿相六塔旧口，并二股河导使东流，徐塞北流。”[3]提举河渠王亚“以为不可成，不如修生堤”[23]，主张维持北流，“其势愈深，其流愈猛，天所以限契丹。”[3]

宋神宗同意东流，但又担心开六塔河的教训，便“诏翰林学士司马光、入内内持省副都知张茂则乘传相度四州生堤，回日兼视六塔、二股利害”[3]。熙宁二年（1069 年）正月，司马光回奏同意东流方案：“请如宋昌言策，于二股之西置上约，擗水令东。俟东流渐深，北流淤浅，即塞北流，放出御河、胡卢河，下纾恩、冀、深、瀛以西之患。”[3]提出先在二股河口修挑水坝，遏水向东，待东流渐深、北流淤浅后，再塞北流，将大河稳定在东流上。神宗“卒用昌言说，置上约。”[3]

鉴于六塔河的教训，司马光担心官吏急于见功，恐东流仅及四分，便塞断北流。“而不知二股分流，十里之内，相去尚近，地势复东高西下。若河流并东，一遇盛涨，水势西合入北流，则东流遂绝；或于沧、德堤埽未成之处，决溢横流。虽除西路之患，而害及东路”[3]。三月，司马光奏请：“宜专护上约及二股堤岸。若今岁东流止添二分，则此去河势自东，近者二三年，远者四五年，候及八分以上，河流冲刷已阔，沧、德堤埽已固，自然北流日减，可以闭塞，两路俱无害矣。”[3]

熙宁二年（1069 年）六月，“命司马光都大提举修二股工役”，随即罢免。七月，“二股河通快，北流稍自闭。”[3]东流分水约六成。判都水监张巩奏请尽快闭断北流，使水尽归二股河。司马光则认为如果此时强行闭断北流，“或幸而可塞，则东流浅狭，堤防未全，必致决溢，是移恩、冀、深、瀛之患于沧、德等州"[3]。但宋神宗和王安石急于回河东流，八月即令闭塞北流。不久，果如司马光所言，"河自其南四十里许家港东决，泛滥大名、恩、德、沧、永静五州军境。"[3]后虽采取许多措施竭力维持东流，但东流依然连年决口。

3. *第三次回河之争*

神宗元丰三年（1080 年）七月，河决澶州孙村、陈埽及大吴、小吴埽。北外监丞陈祐甫建议放弃已淤高的商胡故道和横陇故道，恢复禹旧迹。朝廷从其请，诏其"先同河北漕臣一员，自卫州王供埽按视，讫于海口。"[4]元丰四年（1081 年）四月，小吴埽复大决，黄河自澶州注入御河，回复北流，东流断流。神宗令不再堵塞决口，任大河归流。"因河决而北，议者始欲复禹故迹。"[4]

鉴于第二次回河失败，神宗不再主张恢复东流，而注意加强河防工程建设。但黄河仍不断决口。元丰五年（1082 年）六月，河溢北京内黄埽；七月，河决大吴埽堤；八月，河决郑州原武埽；九月，河溢沧州南皮上下埽、清池埽，又溢永静军阜城下埽；十月，洛口广武上下埽危急。元丰七年（1084 年）七月，"河溢元城埽，决横堤，破北京。"[4]

元丰八年（1085 年）三月，哲宗继位。黄河回复北流后，主流在西起漳水、东讫御河的冀中平原地区摆动，每逢夏秋涨水之时，仍有河水由小吴北的孙村东流。"小吴之决既未塞，十月，又决大名之小张口，河北诸郡皆被水灾。知澶州王令图建议浚迎阳埽旧河，又于孙村金堤置约，复故道。本路转运使范子奇仍请于大吴北岸修进锯牙，擗约河势。于是回河东流之议起。"[4]北流与东流的争论再起，且卷入更多朝廷官员。

不过，此次回河东流明确提出以御辽为出发点，但又认为东流难行。当时，文彦博、吕大防、枢密院事安焘等力主回河东流，认为北流无险可守："河不东，则失中国之险，为契丹利。"[4]而户部侍郎苏辙、右相范纯仁、范百禄等则力主维持北流。范纯仁"以虚费劳民为忧"，"又画四不可之说"[4]。苏辙三上疏，强调："今小吴决口，入地已深，而孙村所开，丈尺有限，不独不能回河，亦必不能分水。"[4]范百禄等"行视东西二河，亦以为东流高仰，北流顺下，决不可回。"[4]这次争论涉及的朝廷重臣之多、时间之长，都超过了前两次。由于连年纷争，哲宗一直举棋不定，时而大举兴工回河，时而下诏停工。最后，回流的意见迎合了哲宗的御辽意图，遂于哲宗元祐七年（1092 年）十月，命都水使者吴安持、北都水监丞李伟负责实施东流[4]。

元祐八年（1093 年）五月，在梁村筑上、下挑水坝，束狭河门，逼水东流。哲宗绍圣元年（1094 年），尽闭北流。这次回河东流的结果比第二次回河的灾情更严重。梁村筑上、下约束狭河门后，由于东流地势高仰，水行不利，"既涉涨水，遂壅而溃，南犯德清，西决内黄，东淤梁村，北出阚村，宗城决口复行魏店，北流因淤遂断，河水四流，坏东郡浮梁。"[11]虽然吴安持与李伟采取种种措施维持东流，仍在五年后，哲宗元符二年（1099 年）"六月末，河决内黄口，东流遂断绝。"朝廷又制裁了一批主持回河的官员，"以明先帝北流之志。"[11]

4. 对三次回河失败的评析

北宋三次回河的失败，除了社会制度和政治军事方面的原因外，主要是未考虑地形条件和对泥沙的处理。

自东汉以来，黄河东流故道经行已久，河床淤积较高。北宋改道形成的北流河道，尽管入海距离较远，但经行的地势比东流路线低，行水状况也比东流好，尤其是北流和东流分流处的一段水势明显倾向北流。而且，东流河床狭窄，下游泄水不畅，两岸堤防不全，泥沙淤积速度快。北流情况则相反，正值“大河正溜”，河势顺直，河床坡度较陡，近海河段宽深，泥沙淤积速度比东流慢。

据哲宗元祐四年（1089 年）范百禄调查，北流“自元丰四年河出大吴，一向就下，冲入界河，行流势如倾建。经今八年，不舍昼夜，冲刷界河，两岸日渐开阔，连底成空，趋海之势甚迅。虽遇元丰七年八年、元祐元年泛涨非常，而大吴以上数百里，终无决溢之害，此迺下流归纳处河流深快之验也。”[4]这也说明了北流前期河床顺畅，挟沙能力较强。

虽然北流河道的水势和挟沙力等条件均优于东流河道，但由于朝廷把治黄的重点放在回河东流上，始终未能对北流河道加以整治。商胡决口形成北流三十多年后，河道“填淤渐高”。每当夏秋之际，受滹沱河、葫芦河、漳河等支流集中灌注，水沙骤涨，仍常有决溢之患。而北宋的治河防洪，也在北流与东流之争中穷于应付，河患日趋严重。

北宋试图用人力强迫黄河东流河槽，必然以复归北流而告终。正如徽宗建中靖国元年（1101 年）左正言任伯雨所言：“自古竭天下之力以事河者，莫如本朝。而徇众人偏见，欲屈大河之势以从人者，莫甚于近世。……不顾地势，不念民力，不惜国用，力建东流之议。……盖河流混浊，泥沙相半，流行既久，迤逦淤淀，则久而必决者，势不能变也。或北而东，或东而北，亦安可以人力制哉！”[11]

（四）金朝的治河主张

北宋时期黄河下游频频决口，或北流或东流迁徙不定，其间数次决口南流入淮，标志着黄河北行河道和泛道已普遍淤高，主流南迁的先兆日渐显露。南宋高宗建炎二年（1128 年），东京（今开封）留守杜充为了阻止金兵南下，决开黄河御敌，黄河夺泗水入淮。金世宗大定八年（1168 年），黄河在李固渡（今河南滑县南四十五里）决口，淹曹州城（今山东曹县西北）后，黄河主流在单州（治今山东单县）附近分为南北两支。南流一支入泗侵淮，流量占黄河的百分之六十。至金世宗大定二十年（1180 年），“河决卫州及延津京东埽，弥漫至于归德府”[24]，黄河才脱离了入渤海的北行河道，完全夺淮南流。

宋室南渡以后，宋金对峙大体以淮河为界，黄河流域属金朝统治。金朝记载黄河决溢的史料较少。据《中国水利史稿》（中册）统计，金朝的百余年间有明确决溢记载的年份只有十八次[25]。《金史·河渠志》称：“数十年间，或决或塞，迁徙无定。”[24]可见金朝黄河的决溢和变迁频繁。就黄河的主要泛道而言，大体南分为北支、中支、南支三支由泗水入淮、入黄海。其间还有一次短暂的北流入渤海，但很快淤堵，复归南流。金大定二十七年前后黄河下游河道形势见图 5－2。

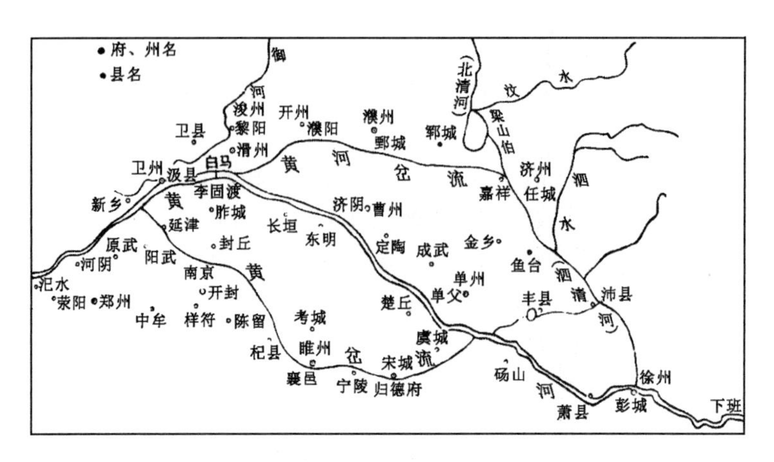

图 5－2　金代黄河下游河道形势示意图[26]

北支泛道为南宋高宗建炎二年（1128 年）黄河决口后改道的主流。由卫州（治今汲县）和滑州（治今滑县东）之间向东，至梁山泊南又分为两支。南入泗、入淮，后入黄海；北入古济水，汇入梁山泊，由北清河入渤海，后因梁山泊逐渐淤积，流路渐断，又改沿菏水故道入泗后入淮。

中支泛道即正道，为金世宗大定八年（1168 年）河决李固渡后形成的主流。河决后主流南移，流经曹、单二州，至徐州会泗入淮。由于决口未堵，中支常与北支两河并行。

南支泛道为金世宗大定十一年（1171 年）河决原武后形成的分支。虽南北两岸都有决口，但南决水势大，自原武向东，过开封东、考城（今兰考）县境，至虞城后，东入曹、单二州。

金朝统治黄河流域期间，由于处在与南宋及后来与蒙古族对抗的政治环境之中，所以治河策略和主张，不能不受这方面因素的影响。

金世宗大定八年（1168 年）河决李固渡，有人主张大兴工役，使河回故道。河南路统军使宗室宗叙反对兴役复河，说："大河所以决溢者，以河道填淤，不能受水故也。今曹、单虽被其患，而两州本以水利为生，所害农田无几。今欲河复故道，不唯大费工役，又卒难成功。纵能塞之，他日霖潦，亦将溃决，则山东河患又非曹、单比也。又沿河数州之地，骤兴大役，人心动摇，恐宋人乘间构为边患。"[24]都水监"梁肃亦请听两河分流，以杀水势，遂止不塞。"[27]

金宣宗贞祐二年（1214 年）金迁都南京（今河南开封）。为防御蒙古兵，欲仿效北宋河北塘泊之策，引黄河北流，利用黄河作为守御之道。贞祐三年，单州刺史颜盏天泽提出："守御之道，当决大河使北流德、博、观、沧之境。今其故堤宛然犹在，工役不劳，水就下必无漂没之患。……臣尝闻河侧故老言，水势散漫，则浅不可以马涉，深不可以舟济，此守御之大计也。"[24]

宣宗贞祐四年（1216 年），延州刺史温撒可喜建议："新乡县西河水可决使向东北，其南有旧堤，水不能溢，行五十余里与清河合，则由浚州、大名、观州、清州、柳口入海，……如此则山东、大名等路，皆在河南，而河北诸郡亦得其半，退足以为御备之计，进足以壮恢复之基。"[24]主张从今河南新乡县西决河，行黄河故道，以利攻守。

金朝治河主要还是考虑控制河患，尽量减少黄河水灾对本境的影响。由于受科学水平和财力的限制，不可能提出治理河患的有效主张。金朝的治河议论仍不出宋人所提出的方策，一是疏浚，一是分流，一是加强堤防，修筑月堤。

金章宗明昌四年（1193 年），河决卫州，河平军节度使王汝嘉主张疏浚南北旧河道分流。“大河南岸旧有分流河口，如可疏导，足泄其势，及长堤以北恐亦有可以归纳排瀹之处”。他还主张筑月堤作为第二道防线，“济北埽以北宜创起月堤”[24]。

金明昌五年（1194 年），都水监丞田栎根据前代古堤南决后多经南北清河分流，提出决河分流。“于北岸墙村决河入梁山泊故道，依旧作南、北两清河分流。然北清河旧堤岁久不完，当立年限增筑大堤，而梁山故道多有屯田军户，亦宜迁徙。今拟先于南岸王村、宜村两处决堤导水，使长堤可以固护，姑宜仍旧，如不能疏导，即依上开决，分为四道，俟见水势随宜料理”。他还建议：“决旧压河口以导渐水入堤北张彪、白塔两河之间，凡当水冲屯田户须令迁徙”；“筑堤用二十万工，岁役五十日，五年可毕”。主张开辟堤北张彪、白塔两河间地带，与梁山泊故道同作分滞洪区，并加固堤防。金章宗以“此役之大，古所未有。况其成否未可知。就使可成，恐难行也”[24]，而未准。

主张分流疏导的，还有国史院编修官高霖。他建议疏浚开河，植树固堤。“黄河所以为民害者，皆以河流有曲折，适逢隘狭，故致滞决。按《水经》当疏其厄塞，行所无事。今若开鸡爪河以杀其势，可免数埽之劳。凡卷埽工物，皆取于民，大为时病。乞并河堤广树榆柳，数年之后，堤岸既固，埽材亦便，民力渐省。”[28]

（五）元代的治河主张

元代，黄河夺淮入海之势未变。黄淮合流以后，下游河道根本无法容纳两河巨大的水量，河患更为频繁，决溢改道超过以前各代。由于史籍记载的分散，各方对元代黄河决溢次数的统计并不一致。《中国水利史稿》（中册）根据《元史》的记载统计[29]，元代九十八年间黄河决溢的年份达四十四年，平均二年多一次。每次决溢的处所多，决口宽广，决溢后泛滥的时间长，动辄淹没数十州县，下游黄淮间的广大平原地面普遍淤高。如世祖至元二十五年（1288 年），“汴梁路阳武县诸处，河决二十二所”[30]。成宗大德元年（1297 年），河决蒲口，决口“千有余步，迅疾东行”[31]。成宗大德二年（1298 年），“河决蒲口，凡九十六所”[32]。惠宗至正四年（1344 年），“黄河暴涨，水平地深二丈许，北决白茅堤”[33]，泛滥时间长达七八年之久。这一时期灾区移向今山东曹县、单县以南，特别是河南开封、陈留一带。由于下游河道南移到雨水充沛的地区，河道决溢的季节也由夏秋两季扩展到冬春亦常有发生。

元建都北京，政治中心远离黄河，对黄河河患长期持消极态度。元初约四十年不治堤防，黄河继续自由漫流从多支泛道入淮。元代黄河南流入淮的主流泛道以荥泽为顶点，向东南成扇形泛滥，主流逐渐北移。元代黄河下游河道形势见图 5－3。

南宋理宗端平元年（1234 年），蒙古兵决开河南开封以北的寸金淀，水灌开封宋军，导致黄河主流大改道，自开封之东经陈留至杞县分出北、中、南三支。中

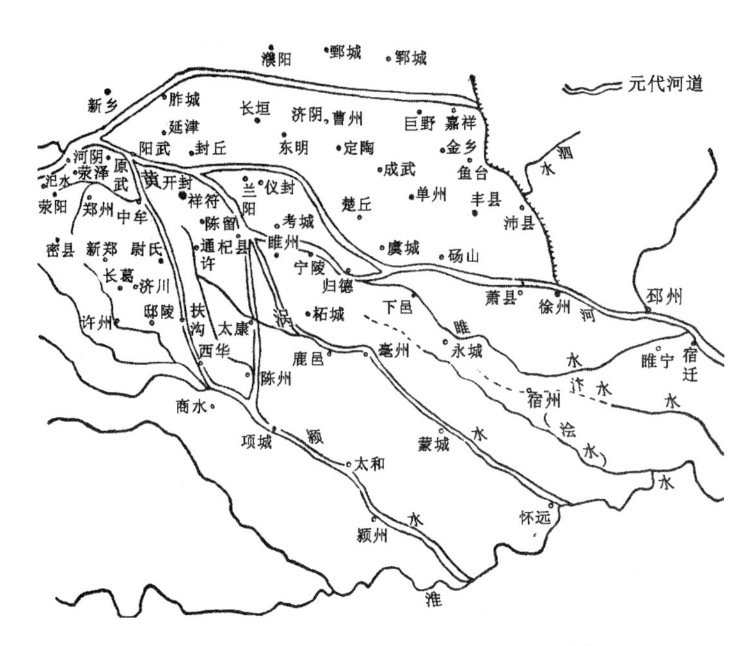

图 5－3　元代黄河下游河道形势示意图[26]

支为主流，经鹿邑、亳州，会涡水入淮；北支经归德、徐州，合睢水入淮；南支经太康、陈州会颍水入淮。北、中、南三支行流六七十年。

元成宗大德元年（1297 年），黄河连续大决溢。七月，河大决杞县北四十里的蒲口，主流由中支北趋入北支，并危及汴梁（治今河南开封）。八年后，因汴梁频繁告急，开开封黄盆口，分水东流入巴河，主流再度偏北。英宗至治元年（1321 年），黄河在开封以下分为南北两股，南股经巴河至归德；北股经大名、曹州、濮州、济宁，在徐、邳以下又同南股汇合。这时黄河泛道继续向北摆动。

惠宗至正四年（1344 年），河决白茅口（今山东曹县西北），主流再北趋，由运河入泗入淮。元代后期，黄河下游主流继续向北迁徙。贾鲁治河挽回故道，史称“贾鲁河”。贾鲁河东经徐州城北，下至邳州循泗水入淮。

元代政治中心远离黄河中下游，经济上又全仗江南，所以朝廷只关心大运河，黄河治理方略则以不影响运道为要。武宗至大三年（1310 年），河北河南道廉访司在奏疏中说:“今之所谓治水者，徒尔议论纷纭，咸无良策。水监之官，既非精选，知河之利害者，百无一二。虽每年累驿而至，名为巡河，徒应故事。问地形之高下，则懵不知；访水势之利病，则非所习。即无实才，又不经练。乃或妄兴事端，劳民动众，阻逆水性，翻为后患。”[30]确实切中了元代治河之时弊。

面对严重的河患，筑堤和堵决都无济于事，于是有人认为不如用分流的办法来减轻主流水势。成宗大德九年（1305 年），“黄河决徙，逼近汴梁，几至浸没。本处官司权且开辟董盆口，分入巴河，以杀其势，遂使正河水缓，并趋支流。”当时分流所开董盆口在祥符县，所入巴河又名白河，自阳武、封丘，经开封、陈留、仪封、睢州、商丘，汇入蒲口决口的黄河。但因“巴河旧隘，不足吞伏”，难以分流，次年闭塞，“卒无成功，致连年为害”[30]。

至大三年（1310 年），河北河南道廉访司指出，大河北徙之后，“东至杞县三

汊口，播河为三，分杀其势”，且河经处所多有陂泺之地，亦可蓄泄。但以后却“失于规划，使陂泺悉为陆地”，又“相次湮塞南北两汊，遂使三河之水合而为一。下流既不通畅，自然上溢为灾。”因此，他认为当时决溢之灾，“是自夺分泄之利”[30]所造成的。

仁宗延祐元年（1314 年），汴梁路睢州诸处决堤数十起。当时黄河自开封小黄村（今陈留东北三十五里）等口门向南分流，对是否堵塞开封小黄村决口有争议。朝廷派出一批治水官员和地方官吏沿河巡视，大臣们巡视后认为：“治水之道，唯当顺其性之自然”，因“黄河善迁徙，唯宜顺下疏泄”，“若将小黄村河口闭塞，必移患邻郡。决上流南岸，则汴梁被害；决下流北岸，则山东可忧。事难两全，当遗小就大。”因此，他们反对堵塞小黄村决口，主张采取保持并疏浚小黄村分流口、修筑月堤保护口门、修筑障水堤、限制滞洪区范围等措施，并对该区居民按有关条例实行赈济，形成类似于今天的滞洪区方案。“如免陈村差税，赈其饥民，陈留、通许、太康县被灾之家，依例取勘赈恤，其小黄村河口仍旧通流外，据修筑月堤，并障水堤，闭河口”[30]。

二、对太湖治理方略的不同主张

唐代和五代时期太湖滨湖地区兴起的塘浦圩田，是在太湖水网低洼地区将治水与治田相结合、处理好围田垦殖与防洪排涝矛盾的一种有效的水利形式。北宋初，庄园主将土地分租给农户，土地由庄园主集中经营的方式转变为由佃农分散经营，圩田古制随之解体。宋初水利又以漕运为纲，太湖地区以转运使替代都水营田使，转运使为便于转漕，废弃碍航的堰闸。宋元时期，土地私有制进一步强化，田法隳坏，盲目围垦，太湖圩田被分割成以浜泾为界的众多小圩（见图 5－4）。由于河港水系混乱，堤岸堰闸毁坏，河道淤滞，泄水三江仅存吴淞一江。太湖地区洪涝灾害频仍，著书立说论太湖水利者亦多。宋元时期，治理太湖的主张主要可归结为以下四种措施：控制上中游水流，分疏入海河港，恢复塘浦圩田，置闸节制排泄，其中又以分疏入海河港、解决洪涝出路为重点。也有不少人主张几种措施综合运用，对太湖进行综合治理。

（一）范仲淹“修围、浚河、置闸并重”的治理主张

北宋范仲淹（989～1052 年）最早提出了太湖综合治理的主张。仁宗景祐元年（1034 年），范仲淹任苏州知州。时值太湖大水，他实地考察后认为，太湖水患是由于湖东地势低洼，而来水丰沛，泄水三江仅存淞江一派，通江入海港浦虽多，却“湮塞已久，莫能分其势”。因此，他提出以疏浚为主、辅以置闸的治理主张。对于疏浚，他强调：“今疏导者，不唯使东南入于松江，又使东北入于扬子与海。”[35]他采取措施，“既导吴淞入海，又于常熟之北、昆山之东入江入海之支流普疏而遍治之。”[36]他认识到，浦之通流在于疏，而疏之实效在于闸。因此，他进一步指出疏浚之后必须置闸，“新导之河，必设诸闸。常时扃之，御其来潮，沙不能塞也。每春理其闸外，工减数倍矣。旱岁亦扃之，驻水溉田，可救熯涸之灾。潦岁则启之，疏积水之患。”[35]“扃”即关闭。是说闸要启闭以时，宣节由人，即可挡潮拒沙，又可泄洪排涝，蓄水抗旱。

图5－4　圩田工程示意图[34]

（选自清《授时通考》）

仁宗庆历年间（1041～1048年），范仲淹官拜参知政事，进一步提出了治理太湖要“修围、浚河、置闸并重”的主张。在“庆历新政”中，他上呈改革弊政的著名奏章《答手诏条陈十事》。他总结了江南圩田置闸和浙西开河筑围的历史经验，指出：唐五代时期江南圩田“每一圩方数十里，如大城。中有河渠，外有门闸。旱则开闸，引江水之利；潦则闭闸，拒江水之害。旱涝不及，为农美利。”而“浙西地卑，常苦水沴，虽有沟河可以通海，唯时开导，则潮泥不得而堙之；虽有堤塘可以御患，唯时修固，则无摧坏。”[37]

范仲淹治理太湖“修围、浚河、置闸并重”的主张，较妥善地解决了蓄水与泄洪、挡潮与排涝、治水与治田的矛盾。修围、浚河、置闸各有其效，不可偏废。若只浚河而不修围，虽河渠通畅，但低洼之地仍受外水入侵，圩区洪水散漫难泄，水仍不得治，故有“善治水者必先治田，善治田者必先治岸”[38]之说。若只修围而不浚河，虽有圩岸高筑，但水网散乱，塘浦河渠洪水不能通江达海，仍洪涝频繁。倘若浚河而不置闸，河渠泥沙与海潮淤沙不断淤积，河道复塞，故有“治水莫急于开浦，开浦莫急于置闸”[39]之论。因此，范仲淹“修围、浚河、置闸并重”的治理主张，不失为综合治理太湖的一种好方法，对后世具有一定的影响。

北宋徽宗政和六年至宣和元年（1116～1119年），赵霖主持大规模治理太湖，就引申范仲淹“修围、浚河、置闸并重”的主张，提出太湖治理之计，“大抵三说，一曰开治港浦，二曰置闸启闭，三曰筑围裹田，三者缺一不可。”[40]

元成宗大德八年（1304年），任仁发治理太湖，进一步阐述：“浙西水利，明白易晓”，“大抵治水之法有三，浚河港必深阔，筑围岸必高厚，置闸窦必多广。设遇水旱，就三者而乘除之，自然不能为害。”他追溯其“治水之法”之源，赞曰：“范文正公宋之名臣，尽心于水利，尝谓修围、浚河、置闸，三者如鼎足，缺

一不可。三者俱备，则水旱可无。”[41]

（二）郏亶“先治田、后治水”的治理主张

在范仲淹之后，郏亶（1038～1103年）提出了“先治田、后治水”的治理主张，力主恢复塘浦圩田古制。北宋神宗熙宁三年（1070年），郏亶上书《苏州治水六得六失》和《治田利害七论》，后人编为《吴门水利书》。

郏亶认为:“自来议者只知决水，不知治田。盖治田者，本也，本当在先。决水者末也，末当在后。”因此，他主张“循古人之遗迹，或五里、七里而为一纵浦，又七里或十里而为一横塘。因塘浦之土以为堤岸，使塘浦阔深，而堤岸高厚。塘浦阔深，则水通流而不能为田之害也。堤岸高厚，则田自固而水可壅，而必趋于江也。”他强调，先恢复塘浦圩田，外修塘浦，纵横贯通，以河网调节水流；内修堤岸，形成圩田，控制排灌；然后再疏治江河。“塘浦既浚矣，堤防既成矣，则田之水必高于江，江之水亦高于海。然后择江之曲者而决之。”[42]

郏亶的治理主张得到王安石的赞许，“朝廷始得亶书，以为可行”。熙宁五年（1072年），“令提举兴修”。但由于宋代土地制度已经改变，郏亶想要恢复建立在土地集中经营条件下的塘浦圩田古制，已不可能，也不得民心。故“亶至苏兴役，凡六郡、三十四县，比户调夫，同日举役。转运、提刑，皆受约束。民以为扰，多逃移。”施工仅一年就不得不停办。当听到“未得兴工”的消息时，“人皆欢然”，吏民聚众，“喧哄斥骂”[42]，郏亶也受到罢官的处分。

但郏亶关于治水应治田的思想，则多为后人治理太湖所效法。南宋理宗景定二年（1261年），华亭县黄震请修水利，也以恢复塘浦圩田为治水的基本措施。他说:“唯复古人之塘浦，驾水归海，可冀成功。”但他知道“量时度力，实所未能”，便降低标准，提出“唯有告谕田主，多发夫工，就塍岸渐露处，次第修筑，各于水中自为堤障”，以自筑堤岸作为“救急省事之策”。[43]宋代以后，虽还有人主张恢复塘浦圩田古制，但多数也不再提万亩大圩，而是提倡将众多的浜泾小圩并为三五百亩的小圩。

（三）单锷、郏侨“上源、下游分疏归江入海”的治理主张

在郏亶之后，单锷（1031～1110年）提出治理太湖“上阻、中分、下泄”的主张。他研究太湖水利三十余年，著有《吴中水利书》，作为最早研究太湖地区水利问题的专著，流传较广。根据《吴中水利书》绘制的太湖下游水系示意图见图5－5。

单锷认为造成太湖苏、常、湖三州水患的主要原因，一是“宜兴之有百渎，古之所以泄荆溪之水东入于震泽（即太湖），今已堙塞”；二是宜兴而西、溧阳之上，原有胥溪河五堰，“古所以节宣、歙、金陵九阳之水，由分水、银林二堰直趋太平州芜湖”，后为便利商运而废五堰，“宣、歙、金陵九阳之水，或遇五六月山水暴涨，则皆入于宜兴之荆溪，由荆溪而入震泽”；三是庆历以来为便利通漕，在苏州至平望之间，“吴江筑长堤横截江流，由是震泽之水常溢而不泄”。因此，他提出治理太湖要“上阻”，即修复五堰，阻堵西部水阳江流域之水东流；“中分”，即开通夹苎干渎，由常州运河分泄宜兴之水北入江；“下泄”，即“先开江尾茭芦之地，迁沙村之民，运其所涨之泥”，后凿吴江堤为桥，“开白蚬、安亭二江，使

太湖水由华亭、青龙入海”。单锷主张先治水后治田，“水既泄矣，方诱民以筑田围。”[45]

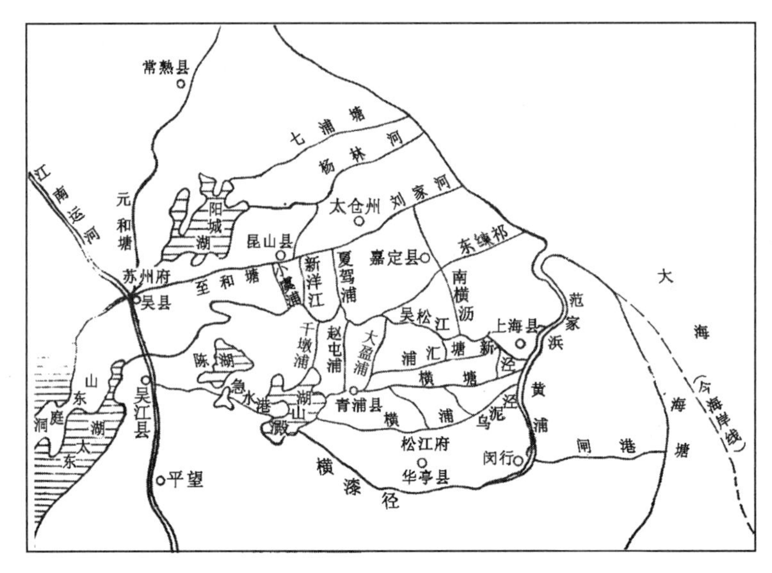

图5-5　太湖下游水系示意图[44]

单锷的治理主张为当时翰林学士苏轼所赏识，并代奏朝廷，但未得实施。由于单锷上中下并治的内容有片面性，因此遭到不少人的反对。一是他单纯强调阻分西部来自宜兴的洪水，而不知太湖还有来自南部杭嘉湖地区的洪水威胁；二是他欲“绝西来之水，不入太湖”，是只知除水之害，不知兴水之利。明代归有光指出：单锷“欲修五堰、开夹苎干渎，绝西来之水不入太湖。殊不知扬州薮泽（指太湖地区），天所以潴东南之水也，今以人力遏之。夫水为民之害，亦为民之利，就使太湖干枯，于民岂为利哉！”[46]

郏侨为郏亶之子，却没有承继其父的治水思想，而是汲取了单锷的观点，对太湖地区的治理提出“上源、下游分疏归江入海”的主张。

郏侨认为：“古人建立堤堰，所以防太湖泛溢，淹没腹内良田。今若就东北诸渚，决水入江，是导湖水经由腹内之田，弥漫盈溢，然后入海。”因此，他提出应先治上源，后治下游。“为今之策，莫若先究上源水势”，“上源不绝，弥漫不可治也。”他进一步指出将西北上源之水分三路归江入海。“必先于江宁治水阳江与银林江等五堰，体势故迹，决于西江。润州治丹阳练湖，相视大冈，寻究涵管水道，决于北海。常州治宜兴隔湖、沙子淹及江阴港浦入北海。”在杜绝太湖上源方面，郏侨比单锷更进了一步。他不仅要绝西北之源，使“西北之水，不入太湖为害”，而且要绝东南之源，“杭州迁长河堰，以宣、歙、杭、睦等山源，决于浙江。如此则东南之水，不入太湖为害”。对于下游，他则认为：“若止于导江开浦，则必无近效。若止于浚泾作埒，则难以御暴流。要当合二者之说，相为首尾，乃尽其善。”因此他提出，在开浚吴淞江等河浦的同时，要修筑两岸圩埒，并置堰闸，“以外防潮之涨沙”[47]。

与单锷一样，郏侨“西北、东南之水俱不令入太湖”的议论，也是因噎废食，

为除太湖洪水之害，而杜绝太湖之水源。北宋吴江人徐大业评为：“侨不知地势”，其“似以治太湖之法开疏为缓，分塞为急。不知东南之利全在太湖，若必令尽从他道入海，而太湖之水大减，此非东南之利也。”[48]

单锷、郏侨关于上源、下游并治的思路对后世仍有一定的影响。明永乐年间夏原吉疏吴江水门、浚宜兴百渎，正统年间周忱修筑溧阳二坝，皆用单锷之说。

（四）宋元时期关于太湖下游排水出路的讨论

太湖下游排水出路，古有东江、娄江和吴淞江。至迟在唐末，东江、娄江已湮塞，吴淞江江口段也迅速淤缩。据清·嘉庆《上海县志》记载，唐代吴淞江河口宽二十里，北宋九里，元代仅二里[49]。北宋时期，太湖下游一带加速围垦，吴淞江泄水受阻。宋元时期，太湖下游兴工疏浚的工程不少，但总体上仍保持着以吴淞江为主干的三路排水格局：中出吴淞江，东北出常熟、昆山通江港浦，东南出华亭（今松江）、海盐通海港浦。关于太湖下游排水出路的讨论，也主要集中在开浚排水主干吴淞江上。

吴淞江有淤塞的记载最早见于南朝刘宋时期，“松江沪渎壅噎不利”[50]。其后至宋初近六百年，史籍中少有吴淞江淤塞的记载。北宋前期，解决太湖下游排水出路问题，仍立足于恢复三江排水格局，而对吴淞江则只是裁弯取直一些过于屈曲的河段，以提高河道的排水能力。仁宗景祐元年（1034 年），范仲淹治理太湖时，不仅疏导东南港浦入吴淞江入海，而且疏导东北（常熟之北、昆山之东）支流入于扬子江与海。他首次提出了对吴淞江裁弯取直的设想。“松江一曲，号曰盘龙港，父老传云，出水尤利，如纵数道而开之，灾必大减。”[35]四年后，仁宗宝元元年（1038 年），叶清臣任两浙转运副使，对吴淞江盘龙汇实施了裁弯取直。“太湖有民田，豪右据上游，水不得泄，而民不敢诉，尝建请疏盘龙汇，沪渎港入于海，民赖其利。”[51]仁宗嘉祐三年（1058 年），两浙“转运使沈立之开顾浦”[52]，裁弯取直了昆山顾浦。嘉祐六年（1061 年），两浙“转运使李复圭、知昆山县韩正彦大修至和塘，又开淞江之白鹤汇，如盘龙之法”[52]。吴淞江三次裁弯取直，提高了排水能力，河道仍能保持一定的宽度和深度。

到北宋后期，吴淞江淤淀问题逐渐突出。郏亶指出：“今二江（指东江、娄江）已塞，而一江（指吴淞江）又浅。”但他没有说明浅在何段，浅到何种程度。他从地势的高低分析了由东北、东南诸浦排水的困难。“水性就下。苏东枕海，北接江。但东开昆山之张浦、茜泾、七丫三塘而导诸海；北开常熟之许浦、白茆二浦而导诸江。殊不知此五处者，去水皆远百余里，近亦三四十里，地形颇高，高者七八尺。方其水盛时，决之则或入江海。水稍退，则向之欲东导于海者反西流，欲北导于江者反南下。故自景祐以来，屡开之而卒无效也。”因此，他主张恢复塘浦圩田古制，先治田后治江。他认为，东北诸浦的主要作用是引潮水灌溉沿江高地，只在“大水之岁，积水或从此而流泄”。对于吴淞江的治理，他仍主张决曲裁弯：“塘浦既浚矣，堤防既成矣，则田之水必高于江，江之水亦高于海。然后择江之曲者而决之，及或开芦沥浦，皆有功也。”[42]

单锷认为，吴淞江淤淀加快，主要是因为庆历以后筑长堤，使“吴江岸阻绝，百川湍流缓慢，缓慢则其势难以涤荡沙泥”。由于泥沙落淤，人们在浅水河床种植

茭芦，在河滩地围田建村。“江岸之东，自筑岸以来，沙涨成一村，昔为湍流奔涌之地，今为民居民田、桑枣场圃”。因此，他主张“先开江尾茭芦之地，迁沙村之民，运其所涨之泥”；同时改造吴江塘路，加大入江水量，减少泥沙淤淀。对于此前盛行的吴淞江裁弯，他认为吴江“虽曲折宛转，无害东流”，反倒当“海潮汹涌倒注，则于曲折之间有所回激，而泥沙不深入”[45]，因此不主张对吴淞江裁弯取直。

郏侨全面分析了吴淞江淤淀加快的原因。他认为，由于三江通流仅存一江，随着泥沙的淤淀，豪权侵占围垦，百姓种植芦苇、结网捕鱼，修筑吴江塘路，都加快了吴淞江的萎缩。“今则二江已绝，唯吴松一江存焉。疏泄之道，既隘于昔，又为权豪侵占，植以菰蒲、芦苇。又于吴江之南，筑为石塘，以障太湖东流之势。又于江之中流，多置罾簖，以遏水势。是致吴江不能吞来源之瀚漫，日淤月淀，下流浅狭。”他又指出：“迨元符初，遽涨潮沙，半为平地”；“且复百姓便于己私，于松江古河之外，多开沟港。故上流日出之水，不能径入于海。”认为，海潮涨落，造成河口淤淀；开港分流，主河道流速减缓，也加快了淤积。因此，他主张在开浚排水主干吴淞江的同时，两岸筑堤建闸，束水归海，而反对以东北诸浦排泄太湖洪水。“今若就东北诸渚，决水入江，是导湖水经由腹内之田，弥漫盈溢，然后入海。”[47]

两宋时期，多次大浚吴淞江，但屡浚屡淤，开浚河段也由中游逐渐下移到海口段。到元大德初年（1297年），吴淞江已严重淤积，都水庸田使麻合马组织查勘浙西水利时，有人提出改由刘家港分泄太湖水出海。任仁发著《水利集》，论太湖主要排水干道吴淞江淤塞原因，但他受命都水监治水时，仍坚持大浚吴淞江海口段，未能重新安排太湖下游排水出路。宋代治理太湖洪水的各种主张多偏重于规划意见而实行者少。治理成就比较显著者，以北宋末年赵霖为最，参见本章第三节。

元代，周文英著《论三吴水利》，探讨吴淞江淤淀原因，主张不再开浚吴淞江，首次提出了“导淞入浏”的设想。他认为：“从江口河沙汇觜至赵屯浦，约七十余里，地势涂涨，积渐高平。此所谓海变桑田之兆，即非人力可胜。”他指出，前都水监任仁发“开挑所涨江面，置闸节水，此欲以人事胜天，终非经久良法。”他提出：“为今之计，莫若因水势之趋，顺其性而疏导之，则易于成效。”因此，他建议放弃疏浚吴淞江，而开浚东北入海港浦。“若今故弃吴淞东南涂涨之地置之不论，而专意于江之东北刘家港、白茆浦等处开浚放水入海者，盖刘家港即古娄江，三江之一也，地深港阔，此三吴东北泄水之尾闾也。”[53]但有元一代，始终未能改变太湖下游以吴淞江为主干的排水格局。直至明初，夏原吉“擎淞入浏”开范家浜，才逐渐形成以黄浦江为主干的太湖排水新格局。

第二节　宋元时期的防洪工程建设

自魏晋南北朝时期开始，防洪工程的修筑已不仅限于黄河。宋元时期的防洪工程建设，以黄河和太湖为重点，其他大江大河都时有兴筑。

一、黄河的治理

北宋河患严重，治河兴役成为朝廷的头等大事，筑堤、堵口、开河等治理工程虽多，但收效甚微。由于黄河下游改道频繁，北宋发生了有名的“回河之争”并一度强行回复故道。黄河几次南流入淮，都因朝廷加紧堵塞决口，黄河未能夺淮。直至南宋高宗建炎二年（1128 年），杜充决黄河以阻金兵，使黄河由东北入海改由东南入淮，从此结束了宋代黄河东流、北流的局面。元代黄河治理工程不多，但贾鲁治河在治黄史上却颇负盛名。

（一）治黄工程建设

1. 北宋主要的治黄工程

北宋时期，黄河决溢频繁，河患日益严重，不仅给沿河两岸人民带来深重的灾难，而且威胁到汴河的漕运和京都的安全，对边防军事也产生了重大的影响。因此，北宋朝廷倾注了大量的人力物力治黄，治河工程几乎连年不断，历任大臣和沿河地方官员几乎都程度不同地参与了黄河的治理与治河的讨论。

北宋政权建立之初，曾以修治遥堤作为限制洪水泛滥范围的主要措施。太祖乾德二年（964 年），“遣使案行，将治古堤。议者以旧河不可卒复，力役且大，遂止。但诏民治遥堤，以御冲注之患。”[3]太宗太平兴国八年（983 年），河大决滑州韩村，“诏发丁夫塞之。堤久不成，乃命使者按视遥堤旧址”，对遥堤进行系统的勘察。当时视察的官吏认为遥堤损毁严重，“治遥堤不如分水势”[3]，便没有大规模维修遥堤。此后，经常采用开引河分流的措施，在实践中多利用自然分洪口门进行人工分洪。

北宋时期，黄河下游改道频繁，河槽变化较大，但主要有京东故道、横陇故道、商胡故道三条行经路线。北宋时期一直有北流与回河东流之争，但三次改道东流后不久，又都回复北流。

北宋治河工程兴役最多的是筑堤、堵口、开引河和减河，岁役河防的丁夫年年增加。哲宗元祐七年（1092 年），“都水监乞河防每年额定夫一十五万人，沟河夫在外”[54]，朝廷准议每年春以十万为额发夫修堤。一些较大的堵口施工往往动用数州之丁壮，支数十万钱，从事大役。据不完全统计，北宋一百六十七年间黄河决溢七十三次，其中重大的堵口塞决工程就有二十五次以上，平均近七年一次。神宗元丰初年（1078 年）曹村堵口，用了一百九天，动员兵匠约十万，夫役三万。

北宋时期黄河主要防洪治河工程见表 5－1。

表 5－1　北宋时期黄河主要防洪治河工程

序号	兴修时间		治河工程
	年号	公元	
1	建隆二年	961 年	七月，陈承昭塞棣、滑二州之决河[55]
2	乾德元年	963 年	正月，发近甸丁夫数万，修筑河堤，命左神武统军陈承昭护其役[56]

3	乾德三年	965 年	秋，大雨霖，开封府河决阳武，孟州水涨，澶州、郓州亦河决，诏发州兵修治[3]
4	乾德四年	966 年	八月，滑州河决，坏灵河县大堤，诏殿前都指挥使韩重赟等督士卒丁夫数万人堵治[3]
5	乾德五年	967 年	正月，帝以河堤屡决，分遣使行视，发畿甸丁夫缮治[3]
6	乾德六年	968 年	筑阳武县之月堤[57]
7	开宝三年	970 年	正月、十二月，增修河堤[57]
8	开宝四年	971 年	十一月，河决澶渊，泛数州。次年正月，澶州役夫修治[3]
9	开宝五年	972 年	五月，河大决濮阳，又决阳武，诏发诸州兵夫五万人往塞之，遣颍州团练使曹翰护其役。翰亲督工徒，未几，决河皆塞[3]
10	开宝六年	973 年	正月，调民夫修魏县河堤[57]
11	开宝八年	975 年	五月河决濮州郭龙村，六月河决澶州顿邱县，发民夫数万修堵[57]
12	太平兴国二年	977 年	七月，河决孟州温县、郑州荥泽、澶州顿丘，发沿河诸州丁夫塞之。又遣左卫大将军李崇矩自陕西至沧州、棣州巡视水势，视堤岸之缺损情况，亟缮治之[3]
13	太平兴国三年	978 年	正月，命使十七人分治黄河堤，以备水患。滑州灵河县河塞复决，命西上阁门使郭守文率卒塞之[3]
14	太平兴国五年	980 年	正月，命使六人，发民夫修卫、澶、濮、济、贝、郑等州河堤[57]
15	太平兴国七年	982 年	河大涨，郓州城将陷，诏殿前承旨刘吉发丁夫固治[3]
16	太平兴国八年	983 年	五月，河大决滑州韩村，泛澶、濮、曹、济诸州民田，东南流至彭城界入淮。诏发数路丁夫塞之。堤久不成，乃命使者按视遥堤旧址。视察的官吏认为遥堤损毁严重，治遥堤不如分水势。十二月滑州决河方塞[3]
17	太平兴国九年	984 年	春，滑州房村（与韩村相邻）复河决，发卒五万，侍卫步军都指挥使田重进领其役，未几役成[3]

18	淳化二年	991 年	三月，诏长吏以下及巡河主埽使臣，经度行视河堤，勿致坏隳[3]
19	淳化四年	993 年	十月，河决澶州，陷北城，坏庐舍七千余处，诏发卒代民修治[3]
20	淳化五年	994 年	四年，巡河供奉官梁睿进言，滑州土脉疏，易溃岸，请于南岸迎阳凿渠引水四十里，至黎阳与大河合，以防暴涨。五年正月，滑州新渠成。又命昭宣使罗州刺史杜彦钧率兵夫，计功十七万，凿河开渠，自韩村埽至州西铁狗庙十五里，复合于河，以分水势[3]
21	咸平三年	1000 年	五月，河决郓州王陵埽，浮巨野入淮、泗，水势悍激，侵迫州城。命使率诸州丁夫二万人塞之，踰月而毕[3]
22	景德四年	1007 年	元年九月，河决澶州横陇埽。四年，又坏澶州王八埽，并诏发兵夫完治之[3]
23	大中祥符四年	1011 年	三年，白浮图村河水决溢，为南风激还故道。四年，遣使滑州，经度西岸，开减水河，宣泄超过防洪水位的洪水[3]
24	大中祥符五年	1012 年	四年九月，棣州河决聂家口。五年正月，本州请徙州城而未准，命使完塞决口，既成[3]
			河又决于棣州东南李民湾，环城数十里民舍多坏。役兴踰年，虽捍护完筑，但民苦久役，终忧水患。八年，诏徙州城于阳信之八方寺[3]
25	大中祥符七年	1014 年	八月，河决澶州大吴埽，役徒数千，筑新堤二百四十步，水乃顺道[3]
26	大中祥符八年	1015 年	京西转运使陈尧佐议开滑州小河，以分水势。遣使视度后，建议在三迎阳村北治之，复开汉河于上游，以泄壅溢，诏准[3]
27	大中祥符九年	1016 年	九月，雄、霸州界河堤泛溢，诏本州发卒护之[58]
28	天禧三年	1019 年	六月，滑州河溢城西天台山旁，复溃于城西南，摧岸七百步，漫溢州城，注梁山泊，又合清水、古汴渠东入于淮，淹三十二州邑。发兵夫九万治之，征诸州薪石、楗竹一千六百万件，次年堵塞[3]

29	天禧五年	1021 年	正月，滑州知州陈尧佐以滑州西北水坏，城无外御，筑大堤，又垒埽于城北，加置木龙护岸，复并旧河开支流，以分导水势，有诏嘉奖[3]
30	天圣五年	1027 年	滑州决河历年未塞。五年，发丁夫三万八千，卒二万一千，缗钱五十万，塞决河。转运使五日一奏河事。十月，塞河成。十二月，浚鱼池埽减水河[3]
31	庆历元年	1041 年	景祐元年（1034 年），河决澶州横陇埽。本年，诏停修澶州横陇埽决河，而议开分水河以杀其暴，未兴工而河自分。三月，命筑堤于澶以捍州城[3]
32	皇祐元年	1049 年	上年（庆历八年），河决澶州商胡埽，决口宽五百五十七步，命使行视河堤[3]。本年九月，修黄、汴、御河堤[57]
33	皇祐四年	1052 年	二年七月，河复决大名府馆陶县之郭固。四年正月，塞郭固决口，而河势犹壅，议者请开六塔河，以披其势[3]
34	至和元年	1054 年	二月，诏治河堤民有疫死者，蠲免户税一年，无户税者，给其家钱三千[59]
35	嘉祐元年	1056 年	经过四年的争论，第一次"回河东流"。本年四月，诏塞商胡北流，开六塔河，导水东流。但水流宣泄不及，是夕复决，溺兵夫不可胜计，回复横陇故道终告失败，修河官皆谪。由此议者久不复论河事[3]
36	治平元年	1064 年	命都水监浚二股河、五股河，以舒恩州、冀州之患，并堵塞冀州房家、武邑二埽之溃决[3]
37	熙宁二年	1069 年	元年六月，河溢恩州乌栏堤，又决冀州枣强埽。七月，又溢瀛州乐寿埽。都水监丞宋昌建议开二股河以导东流。本年六月，命司马光都大提举修二股工役。七月，二股河通快、北流稍自闭。及二股河东流六分，即闭塞北流，而河自其南四十里之许家港东决，泛滥大名府、恩州、德州、沧州、永静军五州军境。第二次回河东流失败[3]

38	熙宁三年	1070年	诏辍河夫卒三万三千，专治东流[3]
39	熙宁四年	1071年	七月，大名府新堤第四、第五埽决，漂溺馆陶、永济、清阳以北。八月，河溢澶州曹村。十月，河溢卫州王供。十二月，令河北转运司开修二股河上流，并修堵第五埽决口。次年二月兴役，四月工竣，二股河成，深十一尺，广四百尺，决口亦塞[4]
40	熙宁六年至七年	1073～1074年	李公义献铁龙爪扬泥车法以浚河。七年四月，始置疏浚黄河司，差虞部员外郎范子渊疏浚黄河自卫州至海口[4]
41	熙宁六年	1073年	北流已闭塞数年，十月，外监丞王令图建议，于大名府第四、第五埽处开修直河，使大河还二股河故道。乃命范子渊领其事，开直河，深八尺，又用耙疏浚二股河及清水镇河，同时闭塞主溜远离堤防、河滩地串沟的支流[4]
42	熙宁十年	1077年	五月，荥泽河堤急，诏判都水监俞光往治之。七月，河复溢卫州王供、汲州上下埽、怀州黄沁、滑州韩村，并大决于澶州曹村，澶渊北流断绝，河道南徙，分为二支，一合南清河入于淮，一合北清河入于海，灌四十五郡县，坏田三十万亩，遣使修闭[4]
43	元丰元年	1078年	去岁八月，河又决郑州荥泽。本年四月，塞决口，诏改曹村埽为灵平。五月，新堤成，闭口断流，河复归北。十一月，又诏给十万缗，专用于埽岸危急的修缮[4]。曹村堵口共历时一百九天，用丁三万，兵匠约十万，用材一千二百八十九万，费钱米三十万[60]
44	元丰二年	1079年	七月，筑埽护黄河岸，工毕，诏以广武上、下埽为名[4]
45	元丰三年	1080年	四月，郓州役夫六千，筑遥堤长二十里，宽六丈，高一丈，役夫六千，一月而成[59] 七月，澶州孙村、陈埽及大吴埽、小吴埽决，诏外监丞司速修闭[4]

46	元丰四年	1081年	四月，澶州小吴埽复大决，自澶注入御河，恩州危甚。帝曰："顺水所向，迁徙城邑以避之。"九月，从李立之言，将大名府下位于大河两堤之间的城镇迁于堤外，分立东西两堤五十九埽，并按河势与堤身的冲顺及堤距河之远近各分为三等[4]
47	元丰五年	1082年	六月，河溢大名府内黄埽。七月，决大吴埽堤，以纾南岸灵平下埽之危急。八月，河决郑州原武埽，引夺大河四分以上。诏汴河堤岸司兵五千，拼力筑堤修闭，至腊月方塞。九月，河溢沧州南皮上下埽，又溢清池埽、永静军阜城下埽，诏都水监官速往护之[4]
48	元丰六年	1083年	上年末，广武上下埽危急，诏救护，寻获安定[4] 本年正月，都水使者范子渊得旨疏治广武埽对岸石叫渡大和坡旧河，分行水势，以舒南岸。自温县大河港开鸡爪河，接续至大和坡下武陟县界，透入大河，分减广武埽水势，用夫四万七千三百[16]
49	元祐四年	1089年	七月，冀州南宫等五埽危急，诏拨提举修河司物料百万与之[4]
50	元祐八年	1093年	五月，水官卒请进梁村上、下约，束窄河门，既涉水涨，遂壅而溃，南犯德清，西决内黄，东淤梁村，北出阚村，宗城决口复行魏店，北流因淤遂断，河水四出，坏东郡浮梁[11]
51	绍圣元年	1094年	七月，广武埽危急，刷塌堤身二千余步，诏都水使者王宗望亟往救护。王宗望于内黄下埽闭断北流，自闭塞阚村而下，创筑新堤七十余里，尽闭北流，全河之水，东还故道，并遵诏自阚村而下直至海口，逐一巡视，增修疏浚，不致壅滞冲决[11]
52	元符二年	1099年	三月，都水丞李伟于澶州之南大河身内，开小河一道，以舒解大吴口下注大名府一带之患。六月，河决内黄口，东流遂断绝，大河水势十分北流，责州县共力救护堤岸。第三次回河东流终告失败[11]
53	崇宁三年	1104年	十月，诏开修直河，以杀水势[11]

54	崇宁四年	1105 年	二月，修苏村（今浚县东北的险工）等处运粮河堤为正堤，并增二埽堤，以备涨水[11]
55	崇宁五年	1106 年	八月，修阳武副堤[11]
56	大观元年	1107 年	二月，诏于阳武上埽第五铺至第十五铺开修直河，以分减水势。裁弯后的直河长八十七里，面宽八丈，底宽五丈，深七尺。计役十万七千余工，用人夫三千五百八十二人，用缗钱八九万[11]
57	大观二年	1108 年	五月，诏河防夫工，岁役十万，上户可出钱免夫，下户出力充役。六月，修治堤防[11]
58	大观三年	1109 年	八月，诏沈纯诚开撩广武埽对岸的兔源河，分减埽下水势[11]

2. 金代主要的治黄工程

南宋高宗建炎二年（1128 年），为阻止金兵南下，留守杜充在开封决开黄河，黄河夺泗水入淮。金世宗大定二十年（1180 年），黄河才完全脱离入渤海的北行河道，夺淮南流。黄河夺淮后，下游经河北、河南、安徽、江苏，至今江苏云梯关入黄海。黄河夺淮路线示意图见图 5－6。

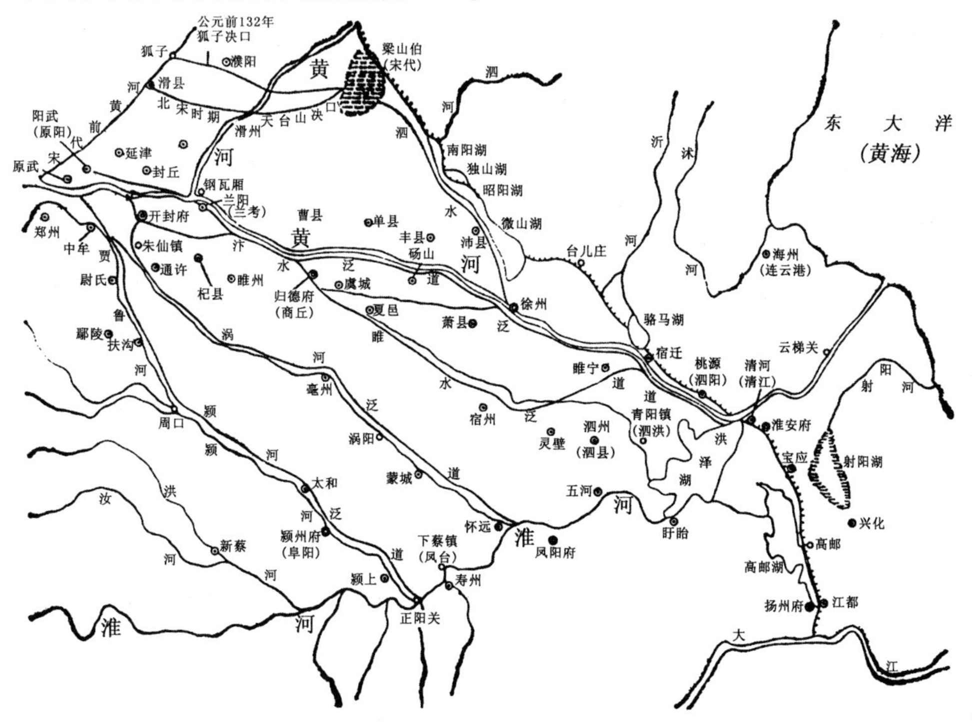

图 5－6　黄河夺淮路线示意图[61]

宋室南渡以后，宋金对峙大体以淮河为界，黄河流域属金朝统治。金治河以重北轻南为方针。据《金史·河渠志》记载[24]，金初，黄河置埽工二十五座，其中十九座在北岸，仅有六座在南岸，且主要在上游。世宗大定八年（1168 年）六月，黄河在胙城李固渡向南决口，金朝从南北利害关系考虑，决定不予堵塞。而大定二十六年（1186 年）八月，河决卫州（今汲县），波及大名，金世宗亲自处分了主管官吏，并迅速派人堵塞。

金代对前代留下的堤防仅进行局部的修固，主要集中在开封上下一带。工程多为修堤堵决，加固部分险工段的埽工。金代黄河主要防洪治河工程见表 5－2。

表 5—2　金代黄河主要防洪治河工程

序号	兴修时间		治河工程
	年号	公元	
1	皇统五年	1145 年	九月，河决滑州李固渡。调曹、单、洪（今睢县）、亳、宋（今商丘县南）五郡民修之，有田一顷者出一夫，不及者助夫之费，共用夫二万四千人，五十四日完工[62]
2	大定九年	1169 年	上年六月，河决李固渡，水溃曹州城，分流于单州境。本年，李固渡南筑堤以防决溢，仍由新旧两河分流[24]
3	大定十二年	1172 年	上年，河决原武县王村。本年，诏遣太府少监张九思、同知南京留守纥石烈邈监护，自河阴广武山循河而东，至原武、阳武、东明等县及孟、卫等州增筑堤防，日役夫一万一千人，六十日完工[24]
4	大定十三年	1173 年	三月，修孟津、荥泽、崇福埽堤及雄武以下八埽，以备水患[24]
5	大定十八年	1178 年	上年七月，河决阳武白沟。本年二月，诏发六百里内军夫，并取职官人力之半，其余征集民夫，修筑河堤，日役夫一万一千五百人，六十日完工。工部郎中张大节、同知南京留守事高苏董其役[24]
6	大定二十年	1180 年	河决卫州及延津京东埽，弥漫于归德府，乃自卫州埽下接归德府南北两岸增筑堤，以捍湍流。计工约一百八十万，日役夫二万四千，七十日工毕。因动用民夫较多，特诏“频役夫之地，与免今年税赋”[24]
7	大定二十一年	1181 年	八月，河移故道。十月，命筑堤以备[24]

8	大定二十六年	1186 年	八月，河决卫州堤，坏其城，并泛溢及大名府。遣户部尚书刘玮往行工部事，增筑苏门，迁其州治。二十八年，水息，复修治旧城[24]
9	大定三十年	1190 年	上年五月，河溃于曹州小堤之北。本年，用工六百八万，兴工筑堤，就用埽兵军夫外，用民夫四百三十万。诏命去役所五百里州府差顾，于不差夫之地均征顾银。每工钱一百五十文外，日支官银五十文、米升半。并派五百官兵往来弹压，以防役夫逃亡[24]
10	明昌四年	1193 年	六月，河决卫州，魏、清、沧等州皆被害。十二月，都水监官提控修筑河堤[24]

3．元代主要的治黄工程

元代，黄河夺淮入海之势未变。黄淮合流以后，下游河道无法容纳两河巨大的水量，河患更加严重，多次决溢改道。

元代政治中心远离黄河中下游，经济上全仗江南，所以朝廷对黄河河患长期持消极态度，治河方略以不影响运道为要。元初约四十年不治堤防。直至黄河威胁到大运河的安全，才不得不对黄河河患采取较大的整治措施，派贾鲁主持治河。其他河防工程规模都较小，局部的防洪工程主要是防护重要城市，特别是汴京。

成宗大德元年（1297 年）七月，河决杞县蒲口，改道北行。河北河南肃政廉访使尚文行视陈留至睢宁长百余里河道，发现南岸“岸高于水，计六七尺，或四五尺”，而北岸则“水比田高三四尺，或高下等”。他估算这一带的地形，“大概南高于北，约八九尺”。据此断定，大河北决势在必行。他指出，蒲口决口有千余步，水势“迅疾东行”，溢经旧河故道，若强行堵塞，不仅不能使河向南行，而且会“上决下溃，功不可成”。他提出，应“顺水之性，远筑长垣”，在新河两岸远筑长堤，加宽河道，以避泛滥，并将北决受灾的人户转徙到“河南退滩地内，给付顷亩，以为永业”，使灾民免于无功之役[63]。他的建议本已得到成宗的同意，但由于山东的官吏害怕大河北行对他们不利，坚决要求堵塞蒲口，使大河回复南流。成宗又同意了这些人的意见，派尚书那怀、御史刘赓组织堵口。结果，年年堵口，年年溃决。

元代黄河主要防洪治河工程见表 5－3。

表 5－3　元代主要防洪治河工程

序号	兴修时间		工程主要内容
	年号	公元	
1	至元九年	1272 年	七月，卫辉路新乡县广盈仓南河北岸决五十余步。八月，又崩一百八十步。委都水监丞马良弼与本路官同诣相视，差丁夫并力修完之[30]

2	至元二十三年	1286 年	十月，河决开封、祥符、陈留、杞、太康、通许、鄢陵、扶沟、洧川、尉氏、阳武、延津、中牟、原武、睢州等十五处，分两路入淮。调南京（今开封）民夫二十万余人，分筑堤防[64]
3	至元二十四年	1287 年	三月，汴梁路河水泛溢，役夫七千人修完故堤[64]
4	至元二十五年	1288 年	五月，河决襄邑，又决汴梁，及太康、通许、杞三县，陈、颍二州皆被害[65]。六月，睢阳河溢，汴梁路阳武县诸处河决二十二所，漂荡麦禾房舍。委宣慰司督差夫修治[30]
5	至元三十年	1293 年	十月，诏修汴堤[66]
6	大德元年	1297 年	五月，河决汴梁，发民夫三万余人塞之。七月，河决杞县蒲口[67]
7	大德二年	1298 年	七月，汴梁等处大雨，河决坏堤防，漂没归德数县。遣尚书那怀、御史刘赓等塞之[67]。次年完工，合修七堤二十五处，共长约四万步，用苇约四十万束，役夫七千九百人[30]
8	大德八年	1304 年	正月，自荥泽至睢州，筑河防十八所[68]
9	大德九年	1305 年	六月，黄河决徙，逼近汴梁，几致浸没。工部官司权宜开辟祥符县董盆口，分水入巴河，以杀其势，遂使正河水缓，并趋支流。因巴河旧隘，不足吞伏，次年急遣萧都水等闭塞，而其势大，卒无成功，致连年为害，南至归德诸处，北至济宁[30] 次年正月，发河南民夫十万筑河防[68]
10	大德十一年	1307 年	河决原武，下注汴梁、归德，汴梁路总管王忱疏导水道，大筑堤防，防护城邑[69]
11	至大二年	1309 年	七月，河决归德府境，又决汴梁之封丘。任仁发主持修河固堤，缚蘧蒢凤扫滨河口，筑堤五百余里，以御横流，河防始固[70]
12	延祐元年	1314 年	汴梁路睢州诸处，河决数十处，其中对开封小黄村决口是否堵塞有争议。朝廷派出官员沿河巡视后主张，小黄村河口仍旧通流，修筑月堤，并筑障水堤，以形成滞洪区[30]

13	延祐五年	1318 年	元年，河决开封小黄村口，后未堵塞，陈、颍等州濒河膏腴之地浸没，百姓流散，水迫汴城。本年，大司农司下都水监移文汴梁分监修治。次年二月十一日兴工，三月九日工毕。总计北至槐疙瘩两旧堤，南至窑务汴堤，通长二十余里。创修护城堤一道，长七千四百步。下地修堤，计工二十五万余，用夫约八千四百。小黄村口决河沟内修堤，计三万工，用夫一百人[30]
14	至治元年	1321 年	上年六月，河决荥泽县塔海庄东堤，又决开封苏村及七里寺二处。省平章站马赤亲率汴梁路及都水监官，拼力修筑。本年正月兴工，修堤岸四十六处，役工一百二十五万，用夫约三万余[30]
15	泰定二年	1325 年	二月，立行都水监于汴梁，命濒河州县正官兼知河防事。三月，役民丁一万八千人，修曹州济阴县河堤。五月，汴梁路十五县河溢。七月，立河南行都水监，睢州河决[71]
16	泰定三年	1326 年	十月，河溢，汴梁路乐利堤坏，役丁夫六万四千人修筑[72]
17	至顺元年	1330 年	六月，曹州济阴县魏家道口黄河旧堤将决，不可修筑，济阴县创修护水月堤，长约三百步。又缘水势瀚漫，复于近北筑月堤，东西长一千余步。其功未竟，水忽泛溢，新旧三堤冲决七处，共长一万二千步。济阴、成武、定陶三县合力分筑缺堤，十月完工[30]
18	至顺三年	1332 年	五月，汴梁之睢州、陈州、开封、兰阳、封丘诸县河水溢。十月，楚丘县河堤坏，发民丁约二千五百人修之[73]
19	至正四年	1344 年	正月，河决曹州，役夫一万五千八百人修筑。河又决汴梁。五月，黄河溢，平地水二丈，决白茅堤、金堤，曹、濮、济、衮皆被灾。十月，议修黄河、淮河堤堰[74]

20	至正十一年	1351 年	四年黄河北决白茅堤、金堤后，水势北浸安山，沿入会通运河，延袤济南、河间，将坏两漕司盐场，妨国计甚重。至本年四月，命贾鲁以工部尚书为总治河防使，发汴梁、大名等十三路民十五万人、庐州等戍十八翼军二万人供役治河。七月疏凿故道，八月决水故河，九月舟楫通行，十一月水土工毕，诸埽诸堤成。河乃复故道，南汇于淮，又东入于海。计疏浚故道长二百八十里余，塞缺补口长二十里余，塞黄陵全河修堤三十六里余，修北岸堤防二百五十四里余[33]

（二）元代贾鲁治河

元惠宗至正十一年（1351 年），贾鲁治河取得巨大成功，无论在规划、施工组织和施工技术等方面都有新的贡献，是治河史上的一次著名活动。

1. 贾鲁治河的经过

至正三年（1343 年）五月，黄河北决白茅口（今山东曹县西北）。四年（1344 年）正月，河决曹州、汴梁。五月，河又决白茅堤。六月，北决濮阳范县一带金堤，水势北侵安山，入会通运河。白茅决口，黄河北徙，威胁到会通河和两漕司盐场的安全（见图 5－7），朝廷曾役夫一万五千八百人修筑曹州河堤。后会通河通航，朝廷随之将河事搁置下来。

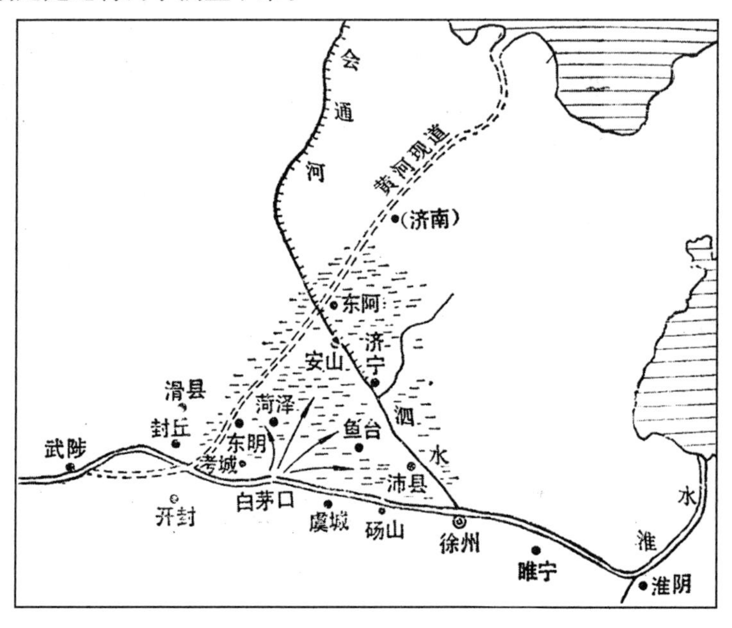

图 5－7　元至正四年白茅决口示意图[75]

至正九年（1349 年）五月，“白茅河东注沛县，遂成寝”[76]，会通河通航无法保证，朝廷重起治河之议。同年冬，脱脱复为丞相，“慨然有志于事功，论及河

决，即言于帝，请躬任其事”。在群臣廷议河决之事时，以工部尚书成遵为代表反对挽河回东行故道，只有都漕运使贾鲁“言必当治”[33]。贾鲁提出:“必疏南河，塞北河，使复故道。役不大兴，害不能已。”[77]

由于廷议没有结论，便命成遵与大司农秃鲁实地考察，提出治理方案。“十一年（1351 年）春，自济宁、曹、濮、汴梁、大名，行数千里，掘井以量地形之高下，测岸以究水势之浅深，遍阅史籍，博采舆论”。成遵考察后得出的结论是:“河之故道，不可得复”。他还认为当时政局不稳，“济宁、曹、郓连岁饥馑，民不聊生，若聚二十万众于此地，恐后日之忧又有重于河患者。”[77]

贾鲁此前曾为“山东道奉使宣抚首领官，循行被水郡邑，具得修捍成策，后又为都水使者，奉旨诣河上相视，验状为图，以二策进献。”至正四年（1344 年）白茅决口后不久，他奉旨实地考察，提出过一繁一省的两个治理方案:“一议修筑北堤以制横溢，其用功省；一议疏塞并举，挽河使东行以复故道，其功费甚大。”[33]

成遵与贾鲁两种意见争论非常激烈。成遵自称:“腕可断，议不可易也。”[77]脱脱丞相支持贾鲁“疏塞并举，挽河使东行以复故道”的治理方案，“乃荐鲁于帝，大称旨。”[33]朝廷最终采纳了贾鲁的后一意见，决定派贾鲁治河。

至正十一年（1351 年）四月，“下诏中外，命（贾）鲁以工部尚书为总治河防使，……发汴梁、大名十有三路民十五万人，庐州等戍十有八翼军二万人供役，一切从事大小军民，咸禀节度，便宜兴缮。”[33]

这次规模宏大的治河工程，共动用军民人夫二十万。四月二十二日动工，七月疏凿故道，八月决水故河，九月舟楫通行，十一月十一日合龙。全部堤埽工程完成，共用一百九十日，用工三千八百万，相当于开凿会通河和通惠河用工总量的三倍以上。

此次治河工程共用大桩木二万七千根，榆柳杂梢约六十六万根，藁秸蒲苇杂草七百三十三万多束，竹竿六十二万五千根，苇席约十七万床，小石二千船，沉大船一百二十艘，另绳索、铁缆、铁锚、铁钻等甚多，通计耗费中统钞约一百八十四万锭[33]。其工程之浩大，实为古代治河史上所罕见。

至正十一年（1351 年）十一月，“河乃复故道，南汇于淮，又东入于海。”[33]贾鲁因治河有功，被破格提升为荣禄大夫、集贤大学士。

翰林学士欧阳玄奉旨作河平碑文，后又著《至正河防记》，详细记载了贾鲁治河的经过、主要工程、施工技术及耗费工料。

2. 贾鲁治河的技术方法

贾鲁治河的主导思想是挽河南行，以复故道，避开河患对会通河的威胁。贾鲁提出了两个比较方案，朝廷决意采取不惜工费的后一方案，就是为了确保漕运，这也是此役得以顺利实施的前提。

贾鲁治河的基本方法是疏、浚、塞并举。由于南岸比北岸的地势高，要挽河南行故道，必须将已经淤塞的故道疏浚。如果河水不能顺畅地宣泄，即使决口堵塞，也只能旋塞旋决，仍向较低的北岸溃决。

贾鲁治河的施工程序是先疏后塞。贾鲁认为堵决是此役的关键，也最为困难。

他说:“水工之功，视土工之功为难；中流之功，视河滨之功为难；决河口视中流又难；北岸之功视南岸为难。”[33]若兴役之初先堵口，因汛期未到，堵口的难度会大大减少。但此役工程量最大的不是堵口，而是疏浚故道。如果先堵决后疏浚，从堵口的角度来说虽减轻了难度，但就全局而言，占工程量最大的疏浚，就可能要变“土工”为“水工”了。在当时的历史情况下，大量的水下作业是很难实施的。所以，他对堵口，是舍易就难；对疏浚，则舍难就易。从全局来说，这是科学的。

贾鲁治河的施工强度很大，必须当年一举成功。时值元末，反对挽河南行的势力又大，聚集二十万之众进行艰苦的劳役，拖延时间在政治上很不利。另外，“决河势大，南北广四百余步，中流深三丈余，益以秋涨，水多故河十之八。”若不能即刻堵决，“恐水尽涌入决河，因淤故河，前功遂隳。”[33]待水退后再堵口不行，拖到第二年再组织堵口更不行。在当时特定的条件下，贾鲁不得不采取特殊措施，冒着极大的风险在汛期堵口施工。

据《至正河防记》记载[33]，贾鲁治河完成的主要工程有：

（1）整治旧河，疏浚减河。施工开始后，贾鲁首先为导河回故道做好工程准备，挑浚干流故道长约二百八十里，宽六十步至一百余步，深五尺至二丈余；挑浚分洪用的减水河九十八里，宽二十余步至六十步，深五尺至一丈四尺；补筑豁口等工程。

（2）堵塞缺口，培修堤防。为了保证河回故道不至出险，贾鲁采取了两项措施：一是根据先堵小口再堵大口的原则，堵塞从归德府哈只口至徐州的大小缺口一百七处，总长三里余；二是大修北岸堤防，上至曹县下至徐州，共长七百七十里。

（3）堵塞白茅决口。在做好上述准备工作的基础上，贾鲁正式指挥堵塞白茅决口。堵口主体工程包括：塞黄陵河，修堤坝四十六里，刺水堤三道、长二十六里余，筑截河大堤十九里余（北岸十里余，南岸九里余）；筑石船大堤，加强刺水堤和截河大堤的挑溜作用；作卷埽、压大埽，堵塞龙口；筑护岸、护堤各埽工。

贾鲁治河工程布置示意图见图5－8，贾鲁治河前后流势变化示意图见图5－9。

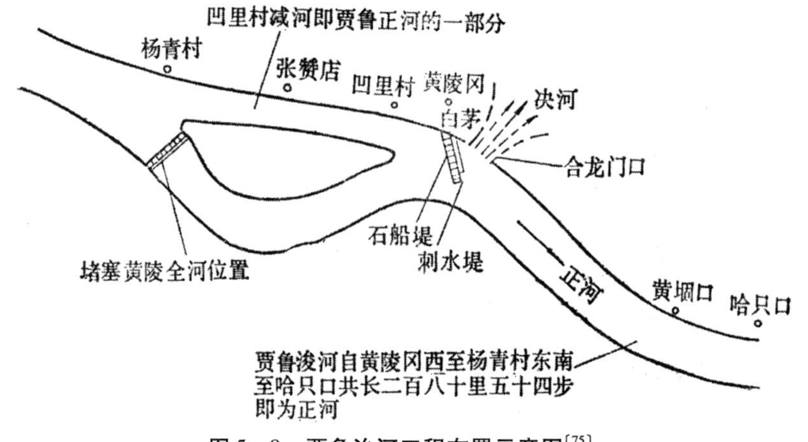

图5－8　贾鲁治河工程布置示意图[75]

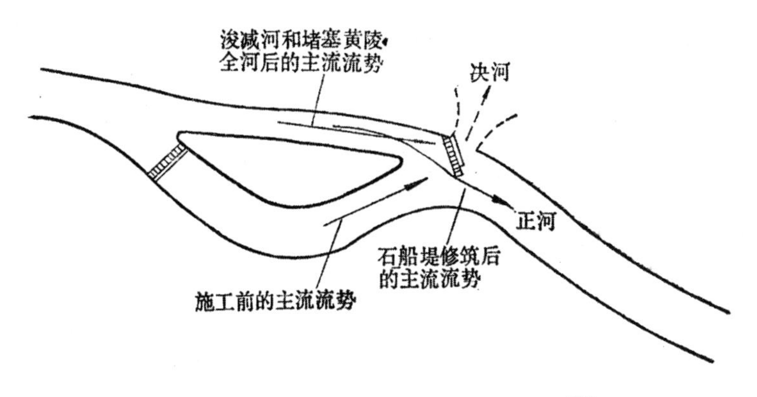

图5－9　贾鲁治河前后流势变化示意图[75]

3．对贾鲁治河的评价

贾鲁治河，正值元末农民起义风起云涌之际，工程浩大而工役酷刻，亦为前代所少有。后世对贾鲁治河的评议大致有以下三种。

一是持否定态度。明代曹玉珂将贾鲁治河比作“止儿啼者，止之即止，然啼止即毙”，指责贾鲁“荼毒浮于宋回河诸人”[78]。清人胡渭虽然赞赏贾鲁“巧慧绝伦，奏功神速，前古所未有”，但认为贾鲁生不逢时，责备贾鲁为了会通河而回河入淮，“功成而乱作”[79]。

二是政治上否定，治河上肯定。清代靳辅认为贾鲁治河有三忌：“不恤民力”，治河半载，无日无夜地轮番劳役丁夫，为一忌；“不审天时”，在秋水瀑涨之时堵口施工，为二忌；“不念国家隐忧”，废农冒暑，集一二十万军民兴役，为三忌。他说：“犯三忌以成功，盖以治河则有余，以之体国则不足。”[80]

三是持肯定态度。明代潘季驯特别赞赏贾鲁回河南流入淮，认为：“鲁之治河，亦是修复故道，黄河自此不复北徙，盖天假此人，为我国家开创运道，完固凤泗二陵风气，岂偶然哉。”他不同意把元朝灭亡归结为贾鲁治河的劳役苛刻。他认为，元朝之所以灭亡，“非一朝一夕之故，所由来久矣。不此之察，乃独归咎于是役，是徒以成败论事，非通论也。”[81]

对于后世的种种议论，明代蒋仲舒在《尧山堂外记》中摘引了贾鲁故宅壁间的一首题诗：“贾鲁治黄河，恩多怨亦多。百年千载后，恩在怨消磨。”指出：“当时或以亟疾刻深，招致民怨，而其御灾捍患，则后世亦有公论。”[82]

贾鲁疏、浚、塞相结合的治河思想，以及工程布置、施工部署、障水堵口技术等，对后世治理黄河都具有一定的借鉴。此次堵口工程在导截流技术上很有特色，气魄宏大，后世一直传为佳话。

贾鲁回河南流入淮的河道维持了百余年，史称其为贾鲁河。但黄淮合流以后，形成了复杂的河势，改变了淮河中下游的河流特性，对明清运河的运用产生了极大的影响。

二、其他江河的治理

宋元时期，长江、淮河、海河、珠江等流域的洪涝灾害逐渐显现，这些大江大河堤防的兴筑和江河的治理也相应增多。

（一）长江的治理

1. 长江中游堤防的兴筑

长江荆江河段东晋永和年间（345～356年）创建金堤，以后随着主溜对河岸冲刷段的变换，历代相继分段兴筑荆江堤防。北宋时期，始筑荆江河段的监利江堤和沙市江堤，长江中游南岸的嘉鱼江堤和武昌江堤，以及江汉平原的堤垸。到南宋，黄潭堤及其以下的荆江堤段登南堤、文村堤、新开堤、熊良工堤、黄师堤等均已基本形成。由于受大规模军事屯田的推动，荆江堤段的黄潭堤、寸金堤和江汉平原堤垸的规模也相应增扩。

宋刘昉《彭城集》记载了宋代监利江堤的兴筑。北宋仁宗皇祐五年（1053年），周喻任监利县令，"身自行视，得当水冲者十余处，益工高厚筑之"。当时监利"濒江汉筑堤数百里，民恃堤以为业。岁调夫工数十万，县不足，取之旁县。然岁常坏决"[83]。又据清嘉庆重修《大清一统志》载，宋代还修筑了监利县车木堤[83]。

北宋仁宗嘉祐年间（1056～1063年），姚涣知峡州（今湖北宜昌），曾固堤防洪。"大江涨溢，涣前戒民徙储积、迁高阜，及城没，无溺者。因相地形筑子城、埽台，为木岸七十丈，缭以长堤，楗以薪石，厥后江涨不为害，民德之。"[84]

《宋史·河渠志》记载了沙市江堤的创建和续修。"江陵府去城十余里，有沙市镇，据水陆之冲，熙宁中（1068～1077年），郑獬作守，始筑长堤捍水。"[85]南宋宁宗庆元三年（1197年），因沙市长堤"地本沙渚，当蜀江下流，每遇涨潦奔冲，沙水相荡，摧圮动辄数十丈"，江陵府"发卒修筑"[85]。

南宋修复荆江堤段的黄潭堤，创筑寸金堤。高宗建炎年间（1127～1130年），为御盗设险，"邑官开决"江陵县城东三十里江北岸的黄潭堤。"既而夏潦涨溢，荆南、复州千余里，皆被其害"[85]。绍兴二十七年（1157年），"因民诉，始塞之"。次年，监察御史都民望"令知县遇农隙随力修补，勿致损坏。"[85]孝宗乾道四年（1168年），张孝祥"知荆南、荆湖北路安抚使，筑寸金堤，自是荆州无水患"[86]。该年自二月至五月，水溢数丈，因"已决之堤汇为深渊，不可复筑。别起七泽门之址，度西阿之间，转而西之，接于旧堤，穹崇坚好，悉倍于旧。"张孝祥增筑寸金堤二十余里，与沙市堤衔接，"凡役五千人，四十日而毕。"[87]该年江水大涨，江陵守城统帅决南岸虎渡堤，引水南分。至乾道七年（1171年）由李焘修复[88]。理宗端平三年（1236年），筑公安县"五堤以捍水。"[88]

荆江两岸各州县堤防分段兴筑，两岸留有许多分流穴口，与江汉平原诸湖和洞庭湖相通，是长江进入中游后蓄滞洪水的处所。宋以前诸穴通畅，江患较少。宋代，长江堤防不断延伸，众多穴口相继湮塞或堵筑。据清《荆州府志》载："郡中向有九穴十三口，藉以分泄江流，防涨溢之患。九穴者，松滋则采穴，江陵则郝穴，郝穴之上为獐卜穴，石首则杨林、小岳、宋穴、调弦，监利则赤剥，合潜江之里社穴而九，唯十三口无考。"[89]十三口中向南分流五口，向北分流八口。元代因分流穴口大部分淤塞，"大德中重开六穴：江陵郝穴，石首杨林、小岳、宋穴、调弦，监利赤剥。"[89]江陵郝穴和监利赤剥穴在北岸，其余四穴在南岸。至元末，穴口又淤塞[89]。《读史方舆纪要》载："元大德七年（1303年），决（石首）

县东三十五里之陈瓮港堤，始筑黄金、白杨二堤护之。未几复决，始议开杨林等穴，水势以杀。”[88]

宋代，汉江堤防的修筑和加固持续进行。北宋初（960～970年），襄州郡守赵延进修堤护岸。“汉江水岁坏堤，害民田，常兴工修护。延进累石为岸，遂绝其患。”[90]真宗大中祥符年间（1008～1016年），李仲芳知光化军（治今湖北老河口市），“汉水东至乾德，汇而南，水悍暴而善崩，民居其中。仲芳为作石堤，民数千家皆赖以安”[91]。南宋时期，由于襄阳城的军事地位重要，城外的汉江堤防备受重视。高宗绍兴十六年（1146年），“汉水决溢，漂荡庐舍”，襄阳知府陈桷“躬率兵民捍筑堤岸，赖以无虞。”[92]孝宗“乾道八年（1172年），荆南守臣叶衡请筑襄阳沿江大堤”[93]。孝宗淳熙年间（1174～1189年），郢州（治今湖北钟祥）知府张孝曾“筑堤百里，以障水患。”[91]淳熙八年（1181年），襄阳府守臣郭杲“修护城堤以捍江流，继筑救生堤为二闸，一通于江，一达于濠。当水涸时，导之入濠；水涨时，放之于江。自是水虽至堤，无湍悍泛滥之患焉。”[85]。元文宗至顺元年（1330年），襄阳路首领官安达拉修襄阳城外汉江堤，“城临汉水，岁有水患，为筑堤城外，遂以无虞。”[91]

湖北的武昌江堤和四邑公堤都创建于宋徽宗政和年间（1111～1118年）。《天下郡国利病书》载，江夏城（今武昌）“长堤在平湖门内。政和间江溢，漂损城垣，知州陈邦光、县令李基筑，以障水”，是为武昌江堤之首修。万金堤在县西南长堤外，南宋光宗“绍熙间（1190～1194年），役大军筑之”[94]。

宋代以前，嘉鱼县东北、咸宁县以西、蒲圻县以北、江夏县（今武汉市江夏区），地势低洼，江湖相连，历来为洪水汇纳之地。宋代，江北徙，长江南岸从嘉鱼马鞍山至江夏赤矶山沿江淤成一线沙壤，人们开始迁入耕种居住。但每当春夏大汛，四县低洼之地便成泽国，依江傍湖之地，皆创议建堤[95]。《天下郡国利病书》载，嘉鱼县“新堤在县北，地势卑下，其承上流若建瓴。不数年，溢为潴泽。春水泛涨，与蒲圻、咸宁、江夏三邑均罹水患。宋政和间，知县唐均集四邑之民筑之”[94]，是为四邑公堤修筑之始。“靖康兵兴，堤坏。至乾道初（1165年），知县陈景去旧堤三百步，因两山距杨家潭上横亘为堤，是名新堤。”[94]元仁宗皇庆元年（1312年），嘉鱼知县成宣依旧例集四邑之民，循唐均堤旧址修复，并将堤“上自马鞍山，下至三角铺，捍护四邑”，时谓之成公堤[94]。后经历代增筑，清同治以后称四邑公堤[95]。

据新修《湖南省水利志》考，宋元时期湖南洞庭湖区始有筑堤记载，古籍记载的堤防有岳阳偃虹堤、白荆堤，华容黄封堤，湘阴南堤，临湘赵公堤。岳阳偃虹堤“在巴陵县西洞庭湖侧，宋庆历间（1041～1048年）知军州滕宗谅筑”[96]。岳阳白荆堤在“县东十五里，一名紫荆堤，宋筑”[96]。华容黄封堤“在县东华容河侧，宋至和间（1054～1056年）县令黄照筑”[96]。湘阴南堤“在县东，宋县令黄洪嗣筑”[94]。临湘赵公堤“在县东五里，堤长三十余丈，元泰定年间（1324～1328年）县尹赵宪筑”[96]。

据新修《江西省水利志》载，宋元时期，江西赣江沿岸南昌、丰城、赣州屡筑沿江堤防。

宋仁宗时期（1023～1063年），洪州（今南昌）知府赵概筑城西南赣江石堤二百丈，高一丈五[97]；洪州知府董严、张环、程师孟等先后沿江筑石堤，浚章沟，建北闸[97]。南宋宁宗嘉定年间（1208～1224年），洪州通判丰有俊筑堤植树，号万柳堤[97]。

宋仁宗天圣八年至明道二年（1030～1033年），丰城知县毛洵、徐绍龄等筑赣江石堤，长一百五十丈，分三级，每级高一丈。南宋高宗绍兴十六年（1146年），丰城县令胡连加修，长二十丈，高四丈[97]。南宋孝宗淳熙五年（1178年），隆兴知府辛弃疾在丰城赣东大堤建埽以杀奔湍[97]。南宋宁宗庆元二年（1196年），丰城县令林仲懿大修赣江东堤，并筑子堤十八处，役夫五万余人[97]。元世祖至元年间（1271～1294年），丰城县达鲁花赤昌和尔在任时频岁增修赣江东堤，又筑堤数百丈[97]。

宋仁宗嘉祐年间（1056～1063年），赣州城年年被冲，代知州孔宗翰建护岸工程，伐石为址，冶铁固之[97]。宋神宗熙宁年间（1068～1077年），赣州城三面临水，暴涨灌城，知州刘彝建水闸十二座，视水消长而启闭，以息水患[97]。

另外，江西鄱阳湖水系的其他江湖堤防也时有兴筑。宋仁宗嘉祐四年（1059年），崇仁知县苏缄筑宝塘堤；南宋宁宗嘉定二年（1209年），县令潘方砌石[97]。南宋孝宗淳熙年间（1174～1189年），江西转运副使程大昌修清江县堤[97]。淳熙七年（1180年），南康（治今星子）知军朱熹修复城西石堤[97]。元仁宗延祐元年（1314年），新城（今黎川）知县王暄筑南津堤，长三余里[97]。

2. 长江上游堤防的兴筑

据新修《四川省水利志》考，宋代长江上游多洪灾，四川一些县城相继兴修防洪工程。

宋仁宗时（1023～1063年前），阆州（今阆中县东）通判李孝基决水泄洪。“阆州江水啮城几没，郡吏多引避。孝基率其下，决水归旁谷，城赖以全。”[98]

据宋代文同的《新堰记》载，中江县“为江所环，……岁岁内蚀，邑人惴恐，弗安厥居。”宋英宗治平二年（1065年），县令廖子孟“料材课工，补垣垫漏，填筑坚埴”，筑大小堤五座，“长共百三十七丈，高一丈，广倍其高，用人三万，计日四十五”[98]。

据《（民国）合川县志》载，合州（今合川）居嘉陵江、渠江之间，“每夏秋水涨，洪波汹涌。”治平四年（1067年），知州单煦“筑石堤七十余丈，斜遏江流，水患始息，人名之曰单公堤。南宋高宗绍兴十四年（1144年）、宁宗嘉定五年（1212年）相继修缮。”[98]

梓州（今三台县）东迫涪江，南临凯江，唐代筑有防洪堤。据宋代韩已百的《王公堤记》载，南宋宁宗庆元五年（1199年）仲秋，“一夕暴溢，高出堤背十有八尺，……江落堤溃”。自庆元五年十月至庆元六年三月，补筑护城堤“北自刘公堤之缺，南至考功堤之趾”，长三千六百余尺，用功三万八千四百，“堤崇十有六尺，级而两之，以防圮缺，以备泛滥”[98]。

3. 云南滇池的治理

滇池在云南府（今昆明市）城南，一名昆明池，亦曰滇南泽。《后汉书·西南

夷传》说:“有池，周回二百余里，水源深广，而末更浅狭，有似倒流，故谓之滇池。”[99]《读史方舆纪要》称:“滇池亦名积波池，周广五百里，盘龙江、黄龙溪诸水之所汇也，称南中巨浸焉。……水之下委为螳螂川，萦回安宁州治，过富民县而北达武定府东北界，注入金沙江。今城西南八十里为海口大河，即滇池导流处也。”[100]

盘龙江出嵩明峡谷后进入昆明平坝，流速减缓，淤积严重，河道宣泄不畅，每到汛期就洪水泛滥，而枯水季节又多干旱。宋仁宗庆历元初（1041～1044 年），大理国第十代王段素兴在盘龙江开金棱河（即金汁河）和银棱河（即银汁河）二渠，并修建金汁河的春登堤和盘龙江的云津堤，“捍御蓄泄，灌溉滋益”[101]。

元代以前，滇池湖域宽广，但其出口海口河宣泄不畅，湖水漫溢，淹及农田和城池。《读史方舆纪要》称:“海口财赋，岁以亿计，咽喉通塞，利害最大。”[102]元世祖至元十年（1273 年）张立道出任大理等处巡行劝农使，至元十一年（1274 年）赛典赤·瞻思丁首任云南行省平章政事。他们上任后首先着手解决滇池海口的淤塞问题。《（雍正）云南通志》载:“初，昆明池口塞，水及城市，大田废弃，正途壅抵。公（即赛典赤）命大理等处巡行劝农使张立道付二千役而决之，三年有成。”[103]《元史·张立道传》也载:“其地有昆明池，介碧鸡、金马之间，环五百余里，夏潦暴至，必冒城郭。立道求泉源所自出，役丁夫二千人治之，泄其水，得壤地万余顷，皆为良田。”[104]可见疏浚海口取得了良好的效果。

赛典赤·瞻思丁还在今昆明市东北的盘龙江出峡处筑松花坝（亦名松华坝），分泄盘龙江水入金汁河，又在银棱河入滇池处建南坝闸，调控蓄泄，以减轻来水对滇池的压力，并修筑盘龙江堤防。《读史方舆纪要》载:“松花坝在府城东北，为滇池上流。元赛典赤·瞻思丁增修二堰，灌田万顷。又有南坝闸，在府城南。东北诸泉旧经银棱河入滇池，恐其泛溢，故筑此障之，元赛典赤增修，今废。”[102]此处松花坝和南坝闸俱言“增修”，可能此前已建，但不完善，而增修；或已毁损，而重建。又载:“金棱河在府治东十里，俗名金汁，引盘龙江水，由金马山麓流经春登里，灌溉东乡之田，为利甚广。蒙段时，堤上多种黄花，名绕道金棱。元赛典赤·瞻思丁复修筑为堤，今废。”[102]

（二）淮河的治理

古代淮河与长江、黄河、济水齐名，并称为“四渎”。淮河原为经行于黄河、长江之间的独流河道，洪水为患的记载不多。流域西部、南部和东北部三面环山，中部是辽阔的平原。由于淮河北靠含沙量巨大的黄河，而淮河以北地势又北高南低，因此，自西汉文帝前元十二年（公元前 168 年）黄河在酸枣（今河南延津县西南）决口由泗水入淮以后，黄河屡次向南溃决侵淮。北宋黄河侵淮尤为频繁，直至南宋高宗建炎二年（1128 年）黄河夺淮，淮河的独流期终告结束。黄河夺淮之初，入淮流路变动频繁，到明后期黄河才固定由淮阴清口入淮入海。黄河夺淮以后，淮河流域的自然情况发生了巨大变化，黄河泥沙在淮河河道及下游平原区大量淤积，水患频繁，治理工程逐渐增多。

1. 北宋治理汴河

黄河夺淮之前，淮河虽屡受黄河南溃的侵扰，但其泛滥的范围仅局限于淮河

中游以北的区域，淮河干流仍为行流通畅、独流入海的大河，流域治理也多限于沟通黄淮的汴河防洪。

唐宋汴渠（亦称汴河）是南北大运河最重要的一段，其引水和首段与古汴渠相同，至开封以后，河线南移，经今杞县北、睢县南、宁陵南、商丘南、永城南、宿县南、灵璧南、泗县南、泗洪西南，经洪泽湖区至泗州（今江苏盱眙淮河对岸）入淮。北宋建都汴州（今河南开封），江淮漕运为国命之所系，到达京师的漕粮大部分由汴河运输。诚如宣徽南院使张方平所言："汴河之於京师，乃是建国之本。"[105]淳化二年（991年）六月，汴水溃决浚仪县。宋太宗乘步辇出乾元门察看险情时，对宰相、枢密说："东京养甲兵数十万，居人百万家，天下转漕，仰给在此一渠水，朕安得不顾。"车驾陷入泥淖，太宗便下车行百余步，从臣震恐。殿前都指挥使戴兴叩头恳请太宗回驾，他命戴兴督步卒数千人抢险堵决。直到水势得以控制，太宗才进膳，"亲王近臣皆泥泞沾衣"[106]。仅此可见，汴河漕运之通畅，对北宋王朝之至急至重。

汴河取水于黄河，由于黄河水量变化大，泥沙多，河势复杂，造成汴口引水流量的控制困难和汴河的严重淤积。因此，北宋对汴河的治理，一是采取工程措施，控制汴口的引水流量，确保通航水深；二是疏浚河道，修筑堤防，防止汴河洪水溃溢；三是导洛通汴，兴建清汴工程，另辟水源，减少泥沙淤积。

北宋以河南孟州河阴县南为汴河首受黄河之口。"大河向背不常，故河口岁易；易则度地形，相水势，为口以逆之。"是说汴河引黄河水的口门位置需要随黄河大溜的变化而不断变更。为了保持漕运所需的航深，又要防止汴河洪水溃溢，"每岁自春及冬，常于河口均调水势"。均调水势的要求是："止深六尺，以通行重载为准。"[106]宋代均调水势的方法，主要靠人工开挖和填筑引水口的宽度和深度，以控制汴口的引水流量和水位。水大时，填小口门，减少进水量；水少时，挖深扩宽汴口，以增加引水量。若因黄河河滩延伸，河水不能直接入汴，还需在河滩上开挖引水河。这种靠人工挖填来控制汴口引水量的方法虽然落后，但却简单易行，行之有效。因人工挖填役费甚巨，也曾有人建议设立比较固定的汴口斗门，以减少工役；又曾议加开訾家口，将汴口引黄改为两口，后只用訾家口作口门。

汴河引黄河为水源，黄河大量泥沙淤积于汴河，河床渐高，时有壅溢之患，需要经常疏浚。宋初每年岁修一次，后改为三年疏浚一次。以后岁修制度逐渐废弛，以致二十年不曾修浚，汴河河底高出堤外一丈二尺有余。汴河的疏浚方法主要是人工清掏，也采用过用浚川耙器具疏浚，以及在浅涩处筑锯牙束水和置木岸束河的束水冲沙措施。为防止汴河洪水溃溢，宋代在汴河上修筑堤防，设置斗门、水窦，开减水河，以泄洪。

由于黄河含沙量大，河滩不断淤淀和延伸，难以保证汴口所需的引水量；入冬以后，黄河冰凌进入汴河，对汴河堤岸和船只的威胁又大，因此有导洛通汴、另辟水源之议。仁宗皇祐年间（1049～1053年），郭谘首次提出导洛入汴的建议。神宗元丰元年（1078年），西头供奉官张从惠再次建议引洛水入汴河济运。都水监丞范子渊也提出了导洛通汴的具体意见，并力陈导洛通汴之十利。朝廷内外经过激烈的争论，内供奉宋用臣查勘复度后提出了导洛通汴的具体工程计划。"自任村

沙谷口至汴口开河五十里，引伊、洛水入汴河，每二十里置束水一，以刍楗为之，以节湍急之势，取水深一丈，以通漕运。引古索河为源，注房家、黄家、孟家三陂及三十六陂，高仰处潴水为塘，以备洛水不足，则决以入河。又自汜水关北开河五百五十步，属于黄河，上下置闸启闭，以通黄、汴二河船筏。即洛河旧口置水澾，通黄河，以泄伊、洛暴涨。古索河等暴涨，即以魏楼、荥泽、孔固三斗门泄之。计工九十万七千有余。仍乞修护黄河南堤埽，以防侵夺新河。"[107]朝廷批准了宋用臣的方案，并派宋用臣提举此项工程。元丰二年（1079年）四月兴工，六月完工，七月封闭引黄汴口，汴河改由洛水引水。因洛水较黄河清，故导洛通汴工程又称清汴工程。由于洛水暴涨暴落，暴涨时水流湍急，有碍行舟；暴落时水深不足，漕运受阻，仍需引黄河水济运。为了清汴工程的防洪安全，在一百零三里长的引水渠两岸修筑了防洪大堤。

宋室南渡以后，宋、金隔淮对峙，南北大运河被切断，汴河相应荒废。

表5－4　宋代汴渠的主要防洪工程

序号	兴修时间		工程主要内容
	年号	公元	
1	建隆二年	961年	导索水自旃然，与须水合入于汴河[106]
2	建隆三年	962年	诏："缘汴河州县长吏，常以春首课民夹岸植榆柳，以固堤防。"[106]
3	太平兴国二年	977年	七月，汴水溢坏开封大宁堤，浸民田，害稼。诏发怀、孟丁夫三千五百人塞之[106]
4	太平兴国三年	978年	正月，发军士千人修复汴口。六月，宁陵县汴河溢，堤决。诏发宋、亳丁夫四千五百人，分遣使臣护役[106]
5	太平兴国四年	979年	八月，汴水决于宋城县，以本州诸县人夫三千五百人塞之[106]
6	淳化二年	991年	六月，汴水决浚仪县。诏殿前都指挥使戴兴督步卒数千塞之。是月，汴水又决于宋城县，发近县丁夫二千人塞之[106]
7	景德元年	1004年	九月，宋州汴河决，浸民田，坏庐舍。遣使护塞，逾月功就[106]
8	景德三年	1006年	六月，京城汴水暴涨，诏觇候水势，并工修补，增起堤岸[106]
9	大中祥符二年	1009年	八月，汴水涨溢，自京至郑州，浸道路。诏选使乘传减汴口水势。既而水减，阻滞漕运，复遣浚汴口[106]

10	大中祥符八年	1015 年	六月，诏自今后汴水添涨及七尺五寸，即遣禁兵三千，沿河防护。八月，从太常少卿马元方之请，浚汴河中流；又于沿河作头踏道擗岸（即马道），其浅处为锯牙，以束水势；又于中牟、荥泽县开减水河[106]
11	天圣四年	1026 年	三年汴水流浅，特遣使疏汴口[106]。本年七月，汴水大涨，堤危，为保京城，敕八作司决陈留隄及京城西贾陂冈地，泄之于护龙河。水既落，命开封府界提点张君平调卒复治其堤防[108]
12	天圣六年	1028 年	为汴河防洪，在中牟县万胜镇置斗门，祥符界北岸置水窦，以分减溢流，并增置孙村之石限（即侧向溢洪堰）[106]
13	天圣九年	1031 年	调畿内及近州丁夫五万，浚汴渠[109]
14	皇祐三年	1051 年	二年，命使诣中牟治汴堤。本年八月，河涸，舟不通，令河渠司自口浚治，岁以为常[106]
15	嘉祐元年	1056 年	诏三司自京至泗州置狭河木岸，仍以入内供奉官史昭锡都大提举，修汴河木岸事[110]
16	嘉祐六年	1061 年	汴水浅涩，常稽运漕。从都水奏，因应天府至汴口段岸阔浅漫，筑木岸狭河，限以六十步阔，扼束水势令深驶。岸成，河道裁弯取直，疏浚浅滩，操舟往来便之[106]
17	熙宁四年	1071 年	因原汴口淤积，在其上游另开訾家口（河南荥阳北），日役夫四万，一月而成。但三月又浅淀，乃役万工复开旧口，而水稍顺。其后，汴河引水存两口，因防洪与引水之矛盾，訾家口几度闭启[106]
18	熙宁八年	1075 年	都水监丞侯叔献主持疏浚汴河，自南京至泗州，概深三尺至五尺。唯虹县以东，有礓石三十里余，不可疏浚，乞募民开修[106]
19	熙宁十年	1077 年	范子渊用濬川杷疏浚汴河，六月兴工[106]

20	元丰二年	1079 年	元年五月，西头供奉官张从惠建议引洛水入汴。二年三月，以宋用臣都大提举导洛通汴。四月兴工，六月清汴成，用工四十五日。自任村沙口至河阴县瓦亭子，并汜水关北通黄河，接运河，长五十一里。两岸为堤总长一百三里，引洛水入汴。七月闭汴口，十一月诏差七千人，赴汴口开修河道〔107〕
21	元丰三年	1080 年	因洛水入汴至淮，河道漫阔，多浅涩，欲置草屯浮堰壅水。后从宋用臣之建议，筑木岸狭河六十里，为二十一万六千步。四月兴役，十月工毕〔107〕
22	元丰六年	1083 年	八月，从范子渊之请，于武济山麓至河岸并嫩滩上修堤及压埽堤，又新河南岸筑新堤，计役兵六千人；裁弯取直，整理河道，长六十三里，广一百尺，深一丈，役兵四万七千有奇。一月成。十月，从都提举司之建议，于万胜镇旧减水河、汴河北岸修立斗门，开淘旧河，创开生河一道，下合入刁马河，役夫一万三千六百四十三人，作二年开修。七年四月，武济河溃。八月，诏罢营闭，纵其分流，止护广武三埽〔107〕
23	元祐五年	1090 年	四年，御史中丞梁焘以导洛通汴后，广武、雄武等堤埽屡次危及京师，奏请恢复汴口引黄。本年十月，诏导河水入汴。七年后，于绍圣四年再次恢复导洛通汴〔107〕

2. 金元治理淮河

黄河夺淮之初，正值南宋末年南北用兵的混战时期，各方对黄淮之灾都无暇顾及。相反，南宋理宗端平元年（1234 年）八月，蒙古兵灭金后，为了水淹宋军，“又决黄河寸金淀（今河南开封北）之水，以灌南军”〔111〕，加快了河水南移，夺涡入淮。

黄河夺淮以后，南行河道（即今废黄河）将原来淮河下游水系分割成淮河水系和沂沭泗水系两大系统，淮河成为黄河的支流，大量泥沙被带到淮河中下游平原，淮北平原上百个湖泊被黄河泥沙逐渐淤平，淮河中游各支流也被淤为平陆或地上河，并在干流两侧形成一连串的新湖塘。由于汛期洪水不能顺利下行，造成淮河中下游平原大范围的严重洪涝灾害。

黄河夺淮以后的四十年间，黄河仍分为南北两支，北支由东北入渤海，南支在淮河以北的平原上多股漫流，沿汴水和泗水入淮河。元代对黄河治理不力，黄河决溢频繁，动辄淹没淮河流域数十州县，为害甚烈。由于黄河泥沙的大量淤积，淮河主流涡水、颍水两河口相继淤塞。元成宗大德元年（1297 年），黄河在杞县蒲口决口一千余步，直趋东北二百里，至归德（今河南商丘）横堤以下合古汴水泛道流入淮河。当时黄河以北的地方官怕主流北行对自己不利，竭力主张堵塞。朝廷也怕黄河北流危及会通河漕运，力主堵塞黄河北支，并避免南行河道北决，决定兴工堵塞蒲口决口。但此时陈留至睢县百余里已淤积得南高北低，大德二年“蒲口复决”。随后，几乎年年决溢，“塞河之役，无岁无之”[112]，终于导致惠宗至正四年（1344 年）黄河在曹县西南白茅堤决口，水势北侵，漫入会通河。为了保障漕运，元惠帝决定派贾鲁治河，贾鲁疏浚汴水泛道，使主流南行古汴渠故道入淮河，后称“贾鲁故道”，但黄河北流一支并未完全断绝。

（三）海河的治理

海河水系有五大支流：北运河、永定河、子牙河（包括滹沱河）、大清河、南运河（包括漳河、卫河）。海河流域雨量集中，多暴雨，常造成洪涝灾害。海河流域虽然开发较早，但发展比较缓慢。宋以前，防洪治河工程无大建树。宋代黄河东流、北流对海河水系干扰大，水灾增多。北宋时期，海河防洪治理工程时有兴筑，但为了阻止辽兵的侵扰，治河工程往往带有鲜明的军事性质。南宋，海河流域为金所辖。建炎二年（1128 年）黄河夺淮后，海河南系诸河归入南运河，流至天津静海与北运河合流为海河干流，东至天津塘沽入海。海河脱离了黄河的侵扰，成为独立入海的河流。元代建都大都（今北京），开通惠河、会通河。通惠河由北京东至通州入北运河，会通河北至临清接南运河，海河南系干流成为运河的一部分。为保障京都和漕运的安全，海河流域防洪开始得到关注。

1．北宋的治理

北宋仁宗庆历八年（1048 年），黄河在澶州（治今河南濮阳）商胡决口，主流经大名（今河北大名东北）、乾宁军（治今河北青县），至今天津附近北流合御河入海。此后，一直有黄河北流与回河之争，朝廷始终未着力治理和改善黄河北流状况，致使北流故道屡有决溢。直到南宋建炎二年（1128 年）黄河南下夺淮入海，黄河侵袭海河的局面才告结束。

宋辽连年战事，以海河流域的白沟河（相当于今大清河及海河一线）为界河，北宋为了阻止辽兵的侵扰，以水设险代兵，治河工程带有鲜明的军事性质。

太宗端拱元年（988 年），六宅使何承矩领潘州刺史，命护河阳屯兵。后任沧州节度副使，实专郡治。因辽兵经常侵扰边防，何承矩疏请兴办河北塘泊屯田御敌，建议:“于顺安砦西开易河蒲口，导水东注于海，东西三百余里，南北五七十里，资其陂泽，筑堤贮水为屯田，可以遏敌骑之奔轶。俟期岁间，关南诸泊悉壅阗，即播为稻田。其缘边州军临塘水者，止留城守军士，不烦发兵广戍。收地利以实边，设险固以防塞，春夏课农，秋冬习武，休息民力，以助国经。如此数年，将见彼弱我强，彼劳我逸，此御边之要策也。”[113]太宗命何承矩为制置河北缘边屯田使，董其役。至真宗咸平二年（999 年），“边战棹司自淘河至泥姑海口，屈曲九百余里”，已成天险[113]。在今河北雄县、任丘、霸县、高阳等地区，构筑了自边吴淀（今河北安新县境）至天津直沽口以水御敌的军事防线。《宋史·河渠志》称:“自何承矩以黄懋为判官，始开置屯田，筑堤储水为阻固，其后益增广之。凡

并边诸河，若滹沱、胡卢（即衡漳水之别名）、永济等河，皆汇于塘。”[114]此后，河北引滹沱、胡卢、永济等河水注入宋辽边界之塘泊，屯田戍边的塘泊工程兴起。真宗景德二年（1005 年）宋辽议和停战，建立“澶渊之盟”后，才冲淡了河北塘泊工程的军事作用。

神宗熙宁年间，漳河、滹沱河的防洪治理工程时有兴筑。熙宁元年（1068 年），滹沱“河水涨溢，诏都水监、河北转运司疏治。”[115]四年（1071 年），开修漳河，“役兵万人，袤一百六十里”，次年工毕[115]。六年（1073 年），“深州、祁州、乾宁军修新河（今滹沱河）。”[115]八年（1075 年）正月，“发夫五千人”，整治滹沱河[115]。

黄河北流合御河入海，由于“御河狭隘，堤防不固，不足容大河分水”[115]，北宋后期屡有疏治。神宗熙宁二年（1069 年），“诏调镇、赵、邢、洺、磁、相州兵夫六万”，浚御河，次年六月河成[115]。熙宁四年（1071 年），程昉都大提举黄、御等河。其后，有沿黄河行运与入御河漕运之争议，元丰五年（1082 年）改由黄河纲运，哲宗绍圣三年（1096 年）复开御河漕运，并逐渐增修御河堤防。徽宗崇宁元年（1102 年）冬，“开临清县坝子口，增修御河西堤，高三尺，并计度西堤开置斗门，决北京、恩、冀、沧州、永静军积水入御河枯源。”[115]二年（1103 年）秋，“黄河涨入御河，行流浸大名府馆陶县，败庐舍，复用夫七千，役二十一万余工修西堤，三月始毕，涨水复坏之。”[115]徽宗政和五年（1115 年）正月，“诏于恩州（治今河北清河县）北增修御河东堤，为治水堤防，令京西路差借来年分沟河夫千人赴役。于是都水使者孟揆移拨十八埽官兵，分地步修筑，又取枣强上埽水口以下旧堤所管榆柳为桩木。”[115]

2. 金代的治理

南宋时期，海河流域为金所辖，海河也脱离了黄河的侵扰，海河治理工程相对较少，主要是修缮堤防。金世宗“大定八年（1168 年）六月，滹沱犯真定（今河北正定县，在滹沱河北岸），命发河北西路及河间、太原、冀州民夫二万八千，缮完其堤岸。”[24]大定十年（1170 年）二月，“滹沱河创设巡河官二员。”[24]大定十七年（1177 年），“滹沱河决白马冈，有司以闻，诏遣使固塞，发真定五百里内民夫，以十八年二月一日兴役”[24]。大定二十年（1180 年）正月，“诏有司修护漳河闸，所须工物一切并从官给，毋令扰民。”[24]大定二十五年（1185 年）五月，“卢沟决于上阳村。先是，决显通寨，诏发中都三百里民夫塞之，至是复决，朝廷恐枉费工物，遂令且勿治。”[24]章宗明昌二年（1191 年）六月，“漳河及卢沟堤皆决，诏命速塞之。”[25]明昌四年（1193 年），“修漳河堤埽计三十八万余工，诏依卢沟河例，招被水阙食人充夫，官支钱米，不足则调碍水人户，依上支给。”[24]

3. 元代的治理

元代建都大都（今北京），开通京杭运河，为保障京都和漕运的安全，滹沱河的整治受到重视。世祖至元三十年（1293 年），为分泄滹沱河洪水，“引辟冶河自作一流，滹沱河水十退三四”[116]。武宗至大元年（1308 年）七月，“水漂南关百余家，淤塞冶河口，其水复滹沱，自后岁有溃决之患”[116]。因此，成宗大德十年至仁宗皇庆元年（1306～1312 年），“节次修堤，用卷扫苇草二百余万，官给夫粮

备傭直百余万锭。”[116]皇庆元年（1312年），真定路提出：“历视滹沱、冶河合流，急注真定西南关，由是再议，照冶河故道，自平山县西北河内，改修滚水石堤，下修龙塘堤，东南至水碾村，改引河道一里，蒲吾桥西，改辟河道一里。上至平山县西北，下至宁晋县，疏其淤淀，筑堤分其上源入旧河，以杀其势。复有程同、程章二石桥阻咽水势，拟开减水月河二道，可久且便。下相栾城县，南视赵州宁晋县，诸河北之下源，地形低下，恐水泛，经栾城、赵州，坏石桥，阻河流为害。由是议于栾城县北，圣母堂东冶河东岸，开减水河，可去真定之患。”[116]次年修治，“总计治河，始自平山县北关西龙神庙北独石，通长五千八百六步，共役夫五千，为工十八万八百七，无风雨妨工，三十六日可毕。”[116]仁宗延祐元年（1314年）三至五月，又“修堤二百七十余步，其明堂、判官、勉村三处，就用桥木为桩，征夫五百余人”。七月，冲塌三处堤，长约一千二百步，“差夫筑月堤”[116]。延祐七年（1320年），“霖雨，水溢北岸数处，浸没田禾。”[116]因“数年修筑，皆于堤北取土，故南高北低，水愈就下侵蚀”，故于英宗至治元年（1321年）“补筑滹沱河北岸缕水堤一十处，通长一千九百一十步，役夫五百名，计一十六万七百三十九工。”[116]

元代对滦河堤防也进行了整修。成宗大德五年（1301年）六月，“滦河与淝、洳三河并溢”，冲圮平滦路（治今河北玉田县东）城墙，横流入城，死者甚众。“乃委吏部马员外同都水监官修之。东西两堤，计用工三十一万一千五十，钞八千八十七锭十五两”[117]。仁宗延祐四年（1317年）五月，滦河水涨决堤，“虎贲司发军三百”修治[117]。泰定帝泰定元年（1324年），“霖雨，水溢，冲荡皆尽，浸死屯民田苗，终岁无收。”次年，“督令有司差夫补筑”滦州堤防[117]。泰定三年（1326年）五月，“大西关南马市口滦河递北堤，侵啮渐崩”，“恐夏霖雨水泛”，预先修治；七月，“枢密院请遣军千二百人”，筑滦河护水堤[117]。

今永定河北魏时期称清泉河，辽金时期称为桑干河或卢沟河。元代，永定河称作浑河或小黄河，并被特别注明“以流浊故也”[118]，曾多次整修其堤防。武宗至大二年（1309年）十月，浑河“水决武清县王甫村堤，阔五十余步，深五尺许”，泛溢南流。次年二月，“大都路委官督工修治”左都威卫营西大堤，至五月工毕[118]。仁宗皇庆元年（1312年）二月，“浑河水溢，决黄埚堤一十七所”，“发军五百修治。”六月，又决堤口二百余步，“委官修治，发民丁刈杂草兴筑。”[118]延祐元年（1314年）六月，“浑河决武清县刘家庄堤口，差军七百与东安州民夫协力同修之。”[118]延祐三年（1316年）三月，浑河决堤堰，省议：“差官相视，上自石径山（即今石景山）金口，下至武清县界旧堤，长计三百四十八里。中间因旧修筑者大小四十七处，涨水所害合修补者一十九处，无堤创修者八处，宜疏通者二处。”恐“役大难成”，建议先“兴工以修其要处”，“枢府奏拨军三千，委中卫佥事督修”[118]。延祐七年（1320年），“督夫修治广武屯北陷薄堤与永兴屯北堤低薄各一处、落垡村西冲圮与永兴屯北崩圮各一处，以及北王村庄西河堤与刘邢庄西河堤，总用工五万三千七百二十二。”[118]泰定帝泰定“三年（1326年）六月内霖雨，山水暴涨，泛没大兴县诸乡桑枣田园”，次年，“差三千人修治”[118]。

（四）珠江的治理

珠江流域地势西北高，东南低，主要支流有西江、北江、东江三江。西江源远流长，北江较短促，东江上游约束于群山之间，三江下游缺乏湖泊调蓄，洪水在广州汇流入海。珠江三角洲常有泛滥之患，防洪工程以堤围为主，也专称为基围。宋代以前，珠江流域经济开发尚不充分，防洪问题并不突出。宋代以后，防洪工程逐渐增多，主要集中在中下游平原区和沿海一带。

珠江的筑堤防洪始于唐代，当时仅限于重要城市的防护。宋元时期，珠江流域远离战乱，相对安定，经济发展很快。由于人口不断增长，沿江低洼地大量开发，珠江三角洲的水灾记载也增多。从太宗太平兴国七年（982 年）到至道二年（996 年）的十余年间，珠江流域至少发生了五次较大的洪水，其中以至道二年（996 年）的洪水最大，为害最重[119]。大灾过后，人们开始大规模修筑堤围，以保障珠江下游及三角洲地区的防洪安全。

珠江下游大型防洪堤围的修筑始于宋初，兴于哲宗时期。哲宗元祐二年（1087 年），县令李岩在今东莞县东七十里主持修筑福隆堤，为东江南岸主要的防洪堤段。福隆堤上自司马头，下至京山镇，全长约一万二千八百丈，保护农田九千八百余顷。大堤与沿线山冈连接，分为七段，统称东仁堤，其中以福隆一段最为险要，故又称福隆堤。堤围内有多级堤防，从岔流到东江南岸形成多层次的防洪屏障。福隆堤后经历代维修，至今仍在发挥作用。元祐四年（1089 年），李岩又主持修建了十二道咸潮堤，长四千一百三十丈。宋代，珠江流域下游共筑堤围二十八条，总长约四百里。元代，共筑堤三十四条，总长约三百里[119]。

宋元时期所修筑的堤围大都是沿珠江主要干支流的防洪堤，很少闭合成围。这些堤围主要集中在珠江三角洲顶部，大致分布在西江羚羊峡以东的左岸，西江羚羊峡至马口峡的右岸，西江支流高明河两岸，思贤滘以南与甘竹滩以北的西江和北江夹持地区，东江田螺峡至石龙的两岸。这些地区距河道入海口较近，河床宽阔，淤塞不严重，洪水位也不高，所筑堤围均系低矮的土堤。清代珠江三角洲极负盛名的桑园围，地跨南海、顺德两县，位于西江与北江之间的海口沙洲上。北宋建中靖国元年（1101 年）兴工，历时三年，筑堤基长一千二百余丈。桑园围的修建，利用了沙洲北高南低的地势和北江水位高于西江的水文条件，布置堤围和设计围基的尺寸结构，并在东南隅留天然水口，任水流自由宣泄，以北堤拦北江洪水，东南泄围内积水入西江。宋元时期珠江三角洲主要堤围分布见图 5－10、图 5－11，宋元时期桑园围基示意图见图 5－12，宋元时期珠江三角洲主要堤围工程见表 5－5。

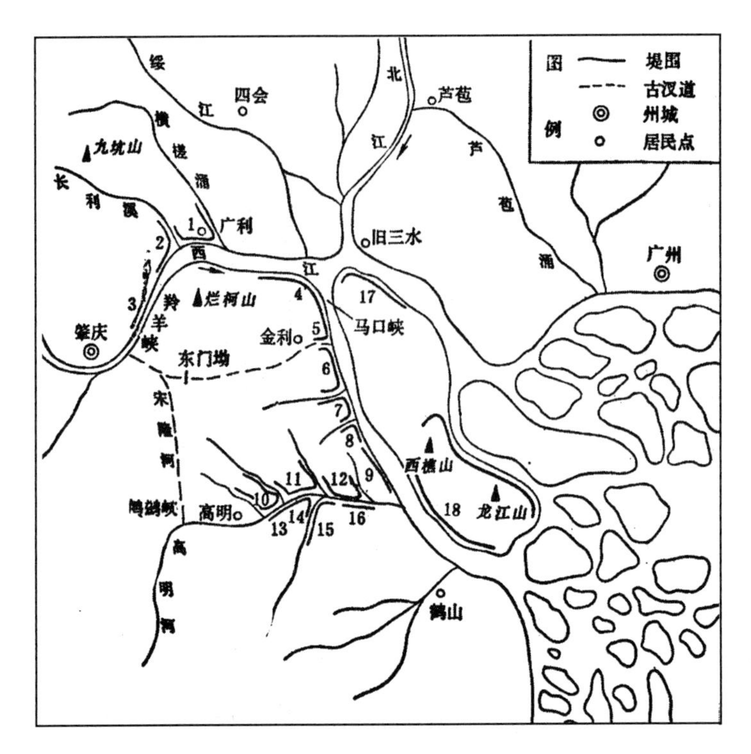

图5－10　宋元时期西江、北江三角洲主要堤围分布示意图[119]

1．榄江堤；2．塘步堤；3．柏树堤；4．金西堤；5．榕村堤；6．范洲堤；7．罗郁堤；8．横桐堤；9．大滨堤；10．大沙堤；11．小零堤；12．石奇堤；13．东坑堤；14．南岸堤、俊州堤；15．菰茭堤、企山堤、绿葱堤；16．伦埇堤；17．镇南堤；18．桑园围基

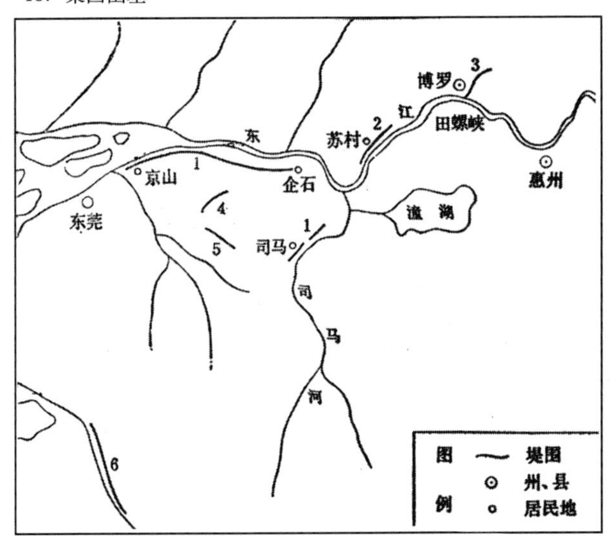

图5－11　宋元时期东江下游及三角洲主要堤围分布示意图[119]

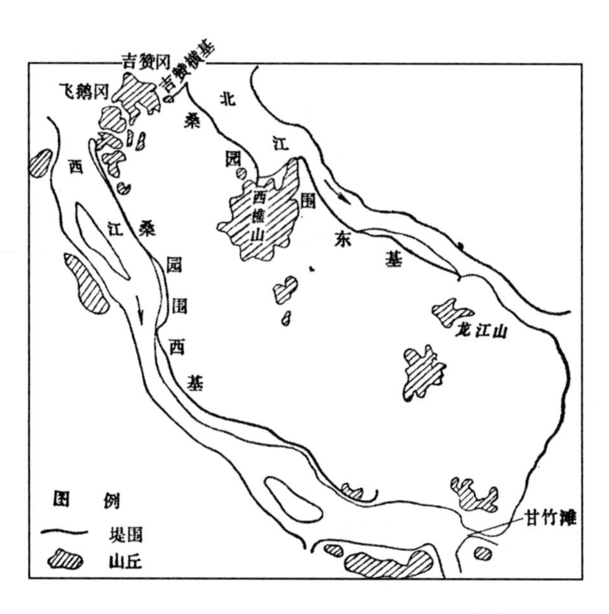

图 5－12 宋元时期桑园围基示意图[119]

表 5－5 宋元时期珠江三角洲主要堤围工程[119]

序号	兴筑时间		名称	工程主要内容
	年号	公元		
1	宋至道二年	996 年	榄江堤	高要城东七十里西江左岸，筑赤顶堤与长利堤，高二尺，周三千七百丈，捍田一百五十顷。乡民彭达雨等人联合修筑
2	宋至道中	996 年	金西堤	高要县东百里西江右岸，周一万三千丈，捍田一千二百余顷
3	宋元祐二年	1087 年	福隆堤	东莞县东七十里东江南岸，延袤万丈，护田九千八百余顷
4	宋元祐四年	1089 年	咸潮堤	东莞咸西獭步等处，共十二条
5	宋徽宗建中靖国年间	1101～1125 年	桑园围基	广南路安抚使张朝栋与尚书左丞何执中主持在南海县西南八十里西、北江夹持地带，筑东基捍北江水，筑西基捍西江水，筑吉赞横基捍上游大路峡诸水，长一万二千丈，捍田一千五百顷
6	宋乾道二年	1166 年	罗岸堤 横桐堤	高要城东一百四十五里高明河北岸，周一千六百余丈，捍田百余顷
7	宋淳祐元年	1241 年	西湖堤	东莞西湖村，长约一百八十丈

8	宋淳祐中	1244~1249年	随龙堤	博罗城东北小东门外，长二百五十丈
9	宋宝祐年间	1253~1258年	牛过蓢堤	东莞牛过蓢村，长三百丈，护田二百余顷
10	宋咸淳八年	1272年	大滨堤	高要县东一百五十里，周八千丈，捍田八百余顷
11	宋		苏村堤	博罗罗村，长六百丈
12	元至元元年	1335年	镇南堤	三水城南五里，障田四十八顷
13	元至正二年	1342年	塘步堤	高要城东六十里，周三千七百余丈
14	元至正十二年	1352年	范洲堤	高要城东一百二十里，周六千三百余丈
15	元至正十二年	1352年	柏树堤	距高要城二十里，周四千七百八十丈
16	元至正十二年	1352年	榕村堤	高要城东百里，周三千丈，捍田二百余顷
17	元至正中	1350~1360年	罗郁堤	高要城东南一百二十里，周三千一百丈，捍田二百五十顷
18	元至正中	1350~1360年	小零堤	高明城东三十里，周九百余丈，捍田八十余顷
19	元至正中	1350~1360年	石奇堤	高明城东四十里西江下游右岸，分上下二围，周二千五百余丈，捍田三百六十余顷
20	元至正年间	1341~1368年	大沙堤	高明城东十里，周约四千八百丈，包括上仓、清泰、杨梅、罗塘、田心五都田
21	元至正年间	1341~1368年	东坑堤	高明城东二十里，周八百余丈，捍田二十余顷
22	元至正年间	1341~1368年	南岸堤	高明城东三十里，周五百余丈，捍田约三十顷
23	元至正年间	1341~1368年	俊州堤	高明城东三十里，周二百余丈，捍田十二顷
24	元至正年间	1341~1368年	菰葵堤	高明城东三十五里，周七百二十丈，捍田一百五十顷
25	元至正年间	1341~1368年	企山堤	高明城东三十五里，周三百余丈，捍田二十余顷

26	元至正年间	1341～1368年	绿葱堤	高明城东三十五里，捍田七顷
27	元至正年间	1341～1368年	伦埇堤	高明城东四十里，周五百余丈，捍田五十余顷

三、太湖的治理

宋元时期，太湖治理方略尽管各有不同，但都有一个共同点，即都主张开江浚浦，因此太湖大量的治理工程主要是开浚河浦，解决下游洪水出路。

（一）北宋的治理

北宋前期治理太湖，仍立足于恢复三江排水格局，并成功地进行了三次吴淞江的裁弯取直。北宋后期，吴淞江屡疏屡塞，淤积渐向海口延伸，多次进行了大规模的淘浚，尤以赵霖开江浚浦的成绩最为显著。

太宗淳化年间（990～994年），“苏州太湖塘岸坏，及并海支渠多湮废，水侵民田。诏（赵）贺与两浙转运使徐奭兼领其事，伐石筑堤，浚积潦，自吴江东赴海。”[120]

真宗天禧二年（1018年），“江淮发运副使张纶督知苏州孙冕疏五湖及诸港浦，导太湖水入海。”[121]

仁宗景祐元年（1034年），范仲淹亲至海浦，开疏五河，“既导吴淞入海，又于常熟之北、昆山之东入江入海之支流普疏而遍治之。”[36]范仲淹又首次提出了吴淞江裁弯取直的设想[35]。四年后（宝元元年，1038年），两浙转运副使叶清臣对吴淞江盘龙汇实施了裁弯取直[51]。嘉祐三年（1058年），两浙转运使沈立之裁弯取直了昆山顾浦[52]。嘉祐六年（1061年），两浙转运使李复圭又裁弯取直了吴淞江白鹤汇[52]。

神宗熙宁元年（1068年）十月，从提举两浙开修河渠胡淮之请，诏：“杭之长安、秀之杉青、常之望亭三堰，监护使臣并以‘管干河塘’系衔，常同所属令佐，巡视修固，以时启闭。”[122]熙宁五年（1072年），令郏亶提举兴修太湖水利，仅一年罢役。熙宁六年（1073年），中书检正沈括建议：“浙西泾浜浅涸，当浚；浙东堤防川渎堙没，当修。请下司农贷缗募役。”乃命沈括“相度两浙水利。”[122]

哲宗绍圣二年（1095年），从工部之请，诏：“武进、丹阳、丹徒县界沿河堤岸及石礎、石木沟，并委令佐检察修护，劝诱食利人户修葺。任满，稽其勤惰而赏罚之。”[122]元符三年（1100年）二月，诏令“苏、湖、秀州，凡开治运河、港浦、沟渎，修垒堤岸，开置斗门、水堰等，许役开江兵卒。”[122]

徽宗时期，太湖洪涝灾害更加频繁，多次进行太湖的治理。崇宁二年（1103年），“议浚吴淞江，自大通浦入海”，“时又开青龙江，役夫不胜其劳”。提举常平徐确建议：“三州开江兵卒千四百人，使臣二人，请就令护察已开之江，遇潮沙淤淀，随即开淘。”到第二年三月，提刑司报：“开浚吴淞、青龙江，役夫五万，死者千一百六十二人，费钱米十六万九千三百四十一贯石，积水至今未退。”首次开浚吴淞江海口段失利，“于是元相度官转运副使刘何等皆坐贬降。”[122]大观元年（1107年），徽宗采纳中书舍人许光凝的建议：“欲去水患，莫若开江浚浦。……开

一江有一江之利，浚一浦有一浦之利”，于是“开江之议复兴”[122]。大观三年（1109年），两浙监司“请开淘吴松江，复置十二闸。其余浦闸、沟港、运河之类，以次增修。若田被水围，劝民自行修治。”但工部以“今所具三江，或非禹迹，又吴松江散漫”为由，提出“不可开淘泄水。”[122]大观四年（1110年），准户部所奏，“专委守、令籍古潴水之地，立堤防之限，俾公私毋得侵占。凡民田不近水者，略仿《周官·遂人·稻人》沟防之制，使合众力而为之。”[122]

徽宗政和元年（1111年），“诏苏、湖、秀三州治水，创立圩岸，其工费许给越州鉴湖租赋。”[122]太湖治理进入高潮。其中，成绩最为显著者为赵霖在时局十分艰难的情况下主持大规模治理太湖。政和六年（1116年）八月，因平江三十六浦“岁久湮塞，致积水为患”，“诏户曹赵霖相度役兴”。时因“两浙扰甚”，七年（1167年）四月，不得不“诏权罢其役，赵霖别与差遣。”[122]重和元年（1118年）六月，又诏：“两浙霖雨，积水多浸民田，平江尤甚，由未浚港浦故也。其复以赵霖为提举常平，措置救护民田，振恤人户，毋令流移失所。”政和六年至宣和元年（1116～1118年），赵霖先后“修浚华亭县的青龙江，江阴县黄田港，昆山县茜泾浦、掘浦，常熟县崔浦、黄泗浦，宣兴县百渎；筑常熟县塘岸界岸、长洲县界岸，俱随岸开塘；又围裹常熟县常湖、秀州、华亭泖为田；并开浚各泾浦各小河。”[123]宣和元年（1119年）三月，朝廷却以“赵霖坐增修水利不当，降两官。”六月，徽宗在下诏恢复赵霖所降两官时又改称：“赵霖兴修水利，能募被水艰食之民，凡役工二百七十八万二千四百有奇，开一江、一港、四浦、五十八渎，已见成绩。”[122]

北宋末年，臣僚上奏，回顾太湖围垦之反复，称：“东南濒江海，水易泄而多旱，历代皆有陂湖蓄水。祥符、庆历间，民始盗陂湖为田，后复田为湖。近年以来，复废为田，雨则涝，旱则涸。”拟奏请“尽括东南废湖为田者，复以为湖”，但未能实施。

（二）南宋的治理

宋室南渡后，对太湖的治理更为频繁，进行了大量的疏浚港浦和筑圩置闸，并禁兵卒在太湖侵据为田。

高宗绍兴十五年（1145年），“命浙西常平司措置钱谷，劝谕人户，于农隙拼力开浚华亭等处沿海三十六浦堙塞，决泄水势，为永久利。”[124]绍兴二十三年（1153年），右谏议大夫史才指出：“浙西民田最广，而平时无甚害者，太湖之利也。近年濒湖之地，多为兵卒侵据，垒土增高，长堤弥望，名为坝田。旱则据之以溉，而民田不沾其利；涝则远近泛滥，不得入湖，而民田尽没。”他提出：“望尽复太湖旧迹，使军民各安，田畴均利。”[125]朝廷接受了他的建议，禁止军下兵卒在太湖请据为田，并多次组织治湖浚浦。绍兴二十四年（1154年），大理寺丞周环指出：“临安、平江、湖、秀四州下田，多为积水所浸。缘溪山诸水并归太湖，自太湖分二派：东南一派由松江入于海，东北一派由诸浦注之江。其松江泄水，唯白茅一浦最大。今泥沙淤塞。”他建议：“决（白茅）浦故道，俾水势分派流畅。”[125]绍兴二十九年（1159年），“浚平江三十六浦以泄水”[126]。同年，两浙转运副使赵子潇“浚常熟东栅至雉浦入于泾谷；又疏凿福山塘，至尚市桥北注大江，分杀其

势，水患自息。”[127]

孝宗时期，疏浚港浦、修筑陂塘渐成高潮。乾道初年（1165年），平江守臣沈度、两浙漕臣陈弥作提出：“疏浚昆山、常熟县界白茆等十浦，约用三百万余工。其所开港浦，并通彻大海。遇潮，则海内细沙，随泛以入；潮退，则沙泥沉坠，渐致淤塞。今依旧招置阙额开江兵卒，次第开浚，不数月，诸浦可以渐次通彻。又用兵卒驾船，遇潮退，摇荡随之，常使沙泥随潮退落，不致停积，实为久利。”从之[124]。乾道二年（1166年），（秀州）“守臣孙大雅奏请，于诸港浦分作闸或斗门，及张泾堰两岸创筑月河，置一闸，其两柱金口基址，并以石为之，启闭以时，民赖其利。”[124]乾道七年（1171年），“诏两浙漕臣沈度专一措置修筑”丹阳练湖堤岸[124]。乾道“十五年（1179年），以两浙路转运判官吴坰奏请，命浙西常平司措置钱谷，劝谕人户，于农隙并力开浚华亭等处沿海三十六浦堙塞，决泄水势，为永久利。”[124]淳熙元年（1174年），诏平江守臣“开浚许浦港，三旬讫工。”[124]淳熙十三年（1186年），提举常平罗点奏开淀山湖[128]。淳熙年间，提举江南东路常平茶盐公事潘甸报告：“所部州县措置修筑浚治陂塘今已毕工。”其中，“江东（即江南东路，为今江苏西南部、安徽之长江以南和赣北）具到修治陂塘沟堰二万二千四百余所，……浙西（即两浙西路，为今太湖地区）二千一百余所”[128]。孝宗以后，太湖治理工程逐渐减少。

（三）元代的治理

由于豪强争相围垦，到元代，太湖下游河道港汊闭塞不能通流，洪涝灾害加剧，多次对吴淞江等河港进行疏浚，其中以任仁发治理历时最长、疏浚工程最多。

世祖至元二十一年（1284年），河道千户长任仁发奏请救治太湖、练湖、淀山湖和通海河港，但未被重视。至元二十四年（1287年），宣慰使朱清通海运，循娄江故道，导由刘家港入海[123]。至元二十八年（1291年），诏开淀山湖[123]。至元三十一年（1294年），役夫二十余万，疏浚太湖和淀山湖[129]。同年世祖崩，成宗即位。平章铁哥奏：“太湖、淀山湖昨尝奏过先帝，差倩民夫二十万疏掘已毕。今诸河日受两潮，渐致沙涨，若不依旧宋例，令军屯守，必致坐隳成功。”他奏请在淀山湖“募民夫四千，调军士四千与同屯守。立都水防田使司，职掌收捕海贼，修治河渠围田。”[129]成宗大德二年（1298年），立浙西都水庸田司，专主水利[123]。大德三年（1299年），置浙西平江河渠闸堰七十八处，浚太湖和淀山湖[123]。大德八年（1304年），任仁发再度上书陈疏导之法。同年十一月，设行都水监董其役，由浙江平章政事彻里负责，任仁发主持，役夫一万五，大浚入海故道，西自上海县吴淞旧江、东抵嘉定石桥洪，长三十八里，深一丈五尺，阔二十五丈，用功一百六十五万，次年二月工毕[123]。大德十年（1306年），行都水少监任仁发浚吴淞江等处漕河，复置涵闸，开江东西河道[123]。英宗至治三年（1323年），吴淞江又告淤塞。据地方呈报，须疏浚通海故道及新生沙涨碍水河道七十八处，其中常熟州九处、昆山州十一处、嘉定州三十五处、松江府二十三处，“而工役浩繁，民力不能独成。”次年（泰定帝泰定元年，1324年）十月，复立都水营田使司，右丞相旭迈杰提出：“吴松江等处河道壅塞，宜为疏涤，仍立闸以节水势。计用四万余人，今岁十二月为始，至正月终，六十日可毕；用二万余人，二年可毕。”他提

议:“专委左丞朵儿只班及前都水任少监董役。”得到批准后，开始疏治，“江浙省下各路发夫入役，至二年（1325 年）闰正月四日工毕。”[129]任仁发开吴淞旧江，于嘉定州之赵浦、嘉兴、上海县之潘家港、乌泥泾各置石闸[128]。

泰定四年（1327 年），朝廷以都水庸田使扰民，而罢之[123]。顺帝至正元年（1341 年），复立都水庸田使司，潦漉吴淞江，浚治各闸旧河直道，又浚松江府西门外漕渠及河道十处，自府南门至张泾堰，长六十三里[123]。因吴淞江淤塞难浚，至正十三年（1353 年）、二十四年（1364 年），张士诚二度疏浚太湖东北通江之刘家港、白茆塘[123]。

四、海塘工程建设

宋元时期，东南沿海海塘随海岸线的变化有较大发展，地方州县作为海塘兴建和管理的组织者，推动了沿海以海塘为主的防洪工程体系建设。钱塘江海塘在海塘结构和建筑材料方面也有较大突破。

（一）江浙海塘

宋代，江浙沿海地势发生了较大的变化，随着长江口和钱塘江口海岸线的变化，江浙海塘不断兴筑或沦没。

两晋以后的数百年间，长江口东北海岸向外延伸四十余里，长江口西南太湖东部海岸也进一步延展到高桥东、惠南镇一线。宋初，今上海市区大陆部分已基本成陆。宋初以后，长江口海岸延伸淤涨减慢，三百年间仅东伸三公里。

杭州湾北岸线内坍北移，至宋代北岸线已退至海盐、金山故城以南，沿海海塘相继沦入海中。杭州湾南岸线东晋时尚在临山、浒山、龙山一线，北宋前期已外移到沥海、庵东、观海卫以北约十六里。南宋中期海岸线开始呈凸弧形内坍，到元代已坍回到东晋时的临山、浒山、观海卫一带。

1. 北宋海塘的修筑

北宋江浙海塘的修筑主要在海潮冲刷严重的杭州湾，华亭（今上海松江县）也有兴筑。

真宗大中祥符五年（1012 年），杭州海潮“击西北岸益坏，稍逼州城，居民危之。”两浙转运使陈尧佐和杭州知州戚纶借鉴黄河埽工技术，“籍梢楗以护其冲”，即用一层薪柴一层土，夯筑海塘，在江浙海塘创立了柴塘。两年后（大中祥符七年，1014 年），发运使李溥等接手“经度，以为非便。请复用钱氏旧法，实石于竹笼，倚垒为岸，固以桩木，环亘可七里。斩材役工，凡数百万，逾年乃成；而钩末壁立，以捍潮势，虽湍涌数丈，不能为害。”[124]李溥等废柴塘，又恢复了五代吴越时期钱镠的竹笼石塘。

仁宗景祐中（1034～1038 年），因杭州六和塔至东青门一带十二里竹笼石塘积久不治，工部郎中张夏“因置捍江兵士五指挥，专采石修塘，随损随治，众赖以安”[124]，是为江浙海塘石塘之始。“捍江兵士五指挥”作为管理海塘的专门军事机构，每指挥以四百兵士为额。据《咸淳临安志》载丁宝臣的《石堤记》记述，仁宗庆历四年（1044 年），转运使田瑜和杭州知州杨偕在原石塘的基础上续修二千二百丈，“崇五仞，广四丈”，并于潮流最激之处布设竹络小石，以圆缓岸线，消减

冲力，是为盘头护岸之雏形[130]。

北宋上海地区最早在秀州华亭县修筑了海塘挡潮防冲护岸工程。仁宗皇祐四年至至和元年（1052～1054年），华亭知县吴及沿海筑堤，西南抵海盐界，东北抵松江，长百余里[131]。哲宗元祐年间（1086～1094年），华亭县新泾塘建闸，闸两旁贴筑咸塘[131]。

2．南宋海塘的修筑

南宋江浙海塘从长江口到钱塘江口都有修筑，但主要是在华亭、盐官、杭州。

华亭县“东南枕海，西连太湖，北接松江，江北复控大海。地形东南最高，西北稍下。柘湖十有八港，正在其南，故古来筑堰以御咸潮。元祐中，于新泾塘置闸，后因沙淤废毁。”[124]高宗绍兴十三年（1143年），两浙转运副使张叔献见华亭新泾塘、招贤港、徐浦塘三处“有咸潮奔冲，渰塞民田。今依新泾塘置闸一所，又于两旁贴筑咸塘，以防海潮透入民田。”即在闸两旁筑挡潮防冲的护岸工程。又“于招贤港更置一石础”[124]。华亭古有十八堰捍御咸潮，孝宗乾道七年（1171年），“其十七久皆捺断，不通里河；独有新泾塘一所不曾筑捺，海水往来，遂害一县民田。缘新泾旧堰迫近大海，潮势湍急，其港面阔，难以施工，设或筑捺，决不经久。”根据秀州守臣丘密的建议，改在“泾塘向里二十里，比之新泾，水势稍缓”的运港筑堰，捺断咸潮。“运港堰外别有港汊大小十六，亦合兴修。”次年工毕，称为里护塘，并诏“令所筑华亭捍海塘堰，趁时栽种芦苇，不许樵采。”[124]九年（1173年），“又命华亭县作监闸官，招收土军五十人，巡逻堤堰，专一禁戢，将卑薄处时加修捺。令知县、县尉并带‘主管堰事’，则上下协心，不致废坏。”[124]到光宗绍熙年间（1190～1194年），华亭捍海塘西南抵海盐，东北抵松江，长一百五十里[132]。

南宋秀州海盐县海塘也有修筑。孝宗淳熙九年（1182年），“命守臣赵善悉发一万工，修治海盐县常丰闸及八十一堰坝，务令高牢，以固护水势，遇旱可以潴积。”[124]理宗绍定年间（1228～1233年），海盐县令邱来筑捍海塘二十里[130]。度宗咸淳年间（1265～1274年），两浙转运使常楙筑海盐县新塘三千六百余丈，名海宴塘[130]。

高宗绍兴末年（1162年），“以钱塘石岸毁裂，潮水漂涨，民不安居，令转运司同临安府修筑。”[124]孝宗乾道九年（1173年），“钱塘庙子湾一带石岸，复毁于怒潮。诏令临安府筑填江岸，增砌石塘。”[124]次年，“淳熙改元，复令有司：‘自今江岸冲损，以乾道修治为法’”。[124]

盐官（今海宁）离海三十余里，旧无海患。由于杭州湾北岸陆地相继海陷，宁宗嘉定十一年（1218年），“海水泛涨，湍激横冲，沙岸每一溃裂，常数十丈。日复一日，浸入卤地，芦洲港渎，荡为一壑。”次年，诏“浙西诸司，条具筑捺之策，务使捍堤坚壮，土脉充实，不为怒潮所冲。”[124]

嘉定十五年（1222年），“盐官县海塘冲决，命浙西提举刘垕专任其事。”刘垕叙述了盐官海陷与海塘沦毁的过程：盐官“县东接海盐，西距仁和，北抵崇德、德清，境连平江、嘉兴、湖州；南濒大海，元与县治相去四十余里。数年以来，水失故道，早晚两潮，奔冲向北，遂致县南四十余里尽沦为海。近县之南，元有

捍海古塘亘二十里。今东西两段，并已沦毁，侵入县两旁又各三四里，止存中间古塘十余里。”他指出其危害：“万一水势冲激不已，不唯盐官一县不可复存，而向北地势卑下，所虑咸流入苏、秀、湖三州等处，则田亩不可种植，大为利害。”因此，他提出治理之策：“详今日之患，大概有二：一曰陆地沦毁，二曰咸潮泛溢。陆地沦毁者，固无力可施；咸潮泛溢者，乃因捍海古塘冲损，遇大潮必盘越流注北向，宜筑土塘以捍咸潮。所筑塘基址，南北各有两处：在县东近南则为六十里咸塘，近北则为袁花塘；在县西近南亦曰咸塘，近北则为淡塘。”〔124〕“咸塘”筑在海岸，抵御海水入侵；“淡塘”则防御因潮汐顶托江河引起的涌浪。刘垕具体建议：“势当东就袁花塘、西就淡塘修筑，则可以御县东咸潮盘溢之患。其县西一带淡塘，连县治左右，共五十余里，合先修筑。兼县南去海一里余，幸而古塘尚存，县治民居，尽在其中，未可弃之度外。今将见管椿石，就古塘稍加工筑垒一里许，为防护县治之计。其县东民户，日筑六十里咸塘。万一又为海潮冲损，当计用桩木修筑袁花塘以捍之。”〔124〕

3. 元代海塘的修筑

元代，潮灾频繁，大德三年（1299 年）、五年、十年，泰定三年（1326 年）、四年，多次海溢成灾，损失惨重，曾大力兴筑华亭、盐官海塘。而宋代潮灾严重的“杭州钱塘江，近年以来，为沙涂壅涨，潮水远去”〔30〕，海盐、平湖一带反倒相安无事，海塘修筑记载不多，仅至元二十一年（1284 年）海盐县令顾咏重筑捍海塘〔133〕。

成宗大德五年（1301 年），华亭县里护塘金山段被冲毁，北移二里六十步新筑海塘，西起今金山县裴家弄，东至华家角，长约六十四里，塘高一丈，面阔一丈，底二丈〔131〕。惠宗至正二年（1342 年），都水庸田使司增筑华亭县海塘，复修里护塘共八十九段，长约一千五百丈。因工料浩大，时急难完，改为怯薄者添土帮修，低洼者增高筑垒〔131〕。

钱塘江口北海岸的盐官县旧有捍海塘，元代受海潮冲蚀，经常坍塌。成宗大德三年（1299 年），“塘岸崩”，曾派礼部郎中游中顺前往视察，因“虚沙复涨，难于施力”，而放弃兴工〔30〕。仁宗延祐六、七年（1319 ~ 1320 年），“海汛失度，累坏民居，陷地三十余里。”当时，拟于盐官“州后北门添筑土塘，然后筑石塘，东西长四十三里，后以潮汐沙涨而止”〔30〕，石塘未能施工。

泰定帝泰定年间，钱塘江口北海岸潮灾频繁，潮水异常，连年兴筑海塘。泰定元年（1324 年）十二月，“杭州盐官州海水大溢，坏堤堑，侵城郭，有司以石囤木柜捍之不止。”〔134〕“石囤”，是为了防止在松软地基上修筑的海塘倾覆坍塌，用木柜装石和石囤筑塘。泰定三年（1326 年）八月，海潮波及范围大，“盐官州大风，海溢，捍海堤崩，广三十余里，袤二十里，徙居民千二百五十家以避之。”〔134〕泰定四年（1327 年）正月，“盐官州潮水大溢，捍海堤崩二千余步。”〔134〕二月，“风潮大作，冲捍海小塘，坏州郭四里”。当时曾采取一些临时抢险措施，如“先修咸塘，增其高阔，堵塞沟港，且浚深近北备塘濠堑，用桩密钉”〔30〕。“备塘濠堑”又称备塘河，系在塘身背水面之外，开修排水河沟。四月，“盐官州海水溢，侵地十九里，命都水少监张仲仁及行省官发工匠二万余人，以竹落木栅实石

塞之，不止。”[71]当时因“潮水异常，增筑土塘，不能抵御。议置板塘，以水涌难施工。遂作蘧篨木柜，间有漂沉，欲踵前议，垒石塘以图久远。为地脉虚浮，比定海、浙江、海盐地形水势不同，由是造石囤于其坏处垒之，以救目前之急。已置石囤二十九里余，不曾崩陷，略见成效。”[30]张仲仁先按常规抢险法增筑土塘，不能抵御汹涌的海潮。后考虑造石板塘，但因水涌难以施工，改用竹笼木栅充填石块堵塞，效果也不理想。因地基虚浮，又无法修筑石塘。最后创筑了石囤木柜塘护岸抢险，才略见成效。据《元史·地理志》记载:“泰定四年（1327 年）春，其害尤甚，命都水少监张仲仁往治之，沿海三十余里下石囤四十四万三千三百有奇，木柜四百七十余，工役万人。”[135]八月以后，又因“秋潮汹涌，水势愈大，见筑沙地塘岸，东西八十余步，造木柜石囤以塞其要处。本省左丞相脱欢等议，安置石囤四千九百六十，抵御锼啮，以救其急，拟比浙江立石塘，可为久远。计工物，用钞七十九万四千余锭，粮四万六千三百余石，接续兴修。”[30]

泰定帝致和元年（1328 年），再现险情。三月，省臣奏报:“江浙省并庸田司官修筑海塘，作竹蘧篨，内实以石，鳞次垒叠以御潮势，今又沦陷入海。”[30]“蘧篨”是在沙滩或浅水处用竹木粗席立两排墙,“内实以石，鳞次垒叠以御潮势。”[30]四月，庸田司与各路官议定接筑石囤十里，“东西接垒石囤十里，其六十里塘下旧河，就取土筑塘，凿东山之石以备崩损。”[30]

同年（改元文宗天历元年）十一月，都水庸田司报，东海北护岸鳞鳞相接，海岸沙涨，渐见南北相接，捍海塘与盐塘相连。本年八九月“大汛，本州岳庙东西，水势俱浅，涨沙东过钱家桥海岸，元下石囤木柜，并无颓圮，水息民安。”[30]由于盐官海塘历年修筑，终致钱塘江口北海岸沙涨淤高，形成“水息民安”的短暂局面，于是朝廷“改盐官州曰海宁州”。[30]

（二）钱塘江口南岸海塘与浙东海塘

宋元时期，钱塘江口南岸海塘和浙东海塘屡有兴筑，并渐成系统，海塘技术亦有提高。

1. 钱塘江口南岸海塘

南宋曾五次修筑萧绍海塘的部分地段。孝宗隆兴年间（1163～1164 年），加筑会稽县防海塘[130]。宁宗嘉定六年（1213 年），山阴县后海塘溃决五千余丈，修补、重筑海塘六千余丈，并将其中三分之一段改建成石塘，是萧绍海塘最早的石塘[130]。度宗咸淳六年（1270 年），重筑萧山县被冲毁捍海塘一千九十丈，并植柳一万多株护塘，称万柳塘[130]。

百沥海塘的最早记载是元成宗大德年间（1297～1307 年），上虞县令役民运竹木植楗、畚土为塘，以捍海潮。后曾四次修筑上虞海塘[130]。惠帝至元六年（1340 年），修筑上虞县海塘[130]。惠宗至正七年（1347 年），会稽、上虞一带海塘又被冲毁，一名小吏王永主持筑塘，用条石纵横错置筑成石塘一千九百四十四丈[130]。至正二十二年（1362 年），除修复被冲坍的旧石塘外，又将二百三十二丈土塘改筑成石塘[130]。

2. 浙东海塘

北宋仁宗庆历七年（1047 年），余姚县令谢景初在原有零星散塘的基础上，西

起云柯（今余姚历山镇），东抵上林（今慈溪桥头乡），筑土塘二千八百丈[136]。南宋宁宗庆元二年（1196年），余姚县令施宿将土塘向西延长到余姚临山，全长四千二百丈，其中筑石塘五百七十丈[136]。南宋理宗宝庆至元成宗大德年间（1225～1307年），余姚北部海岸内坍十六里[136]。元惠宗至正元年（1341年），余姚州判叶恒主持修筑石塘二千一百二十一丈，底宽九丈，顶宽四丈五尺，高一丈五尺，未毁土塘也加石修筑完善，叶恒对海塘结构布置有新的改进[137]。不久，达鲁花赤泰不华又续修石堤三百余丈，形成了西接上虞、东至慈溪洋浦的大塘，初名莲花塘。此后，杭州湾南岸线重新淤涨，随着不断筑塘围垦，围塘步步外移，莲花塘改名为大古塘，亦名头塘[136]。

北宋仁宗庆历七年（1047年），王安石知鄞县，在今宁波北仑区筑镇海至穿山的定海塘，后人称王公塘。王安石又创筑斜坡石级式海塘，名为坡陀塘[136]。

南宋孝宗淳熙四年（1177年），海潮败鄞县海堤五千一百余丈，坏定海（今宁波市镇海区）、余姚海堤各二千五百余丈，及上虞县海岸，诏令两浙修筑海溢所坏塘岸[136]。淳熙十六年（1189年），定海县令唐叔翰与水军统领王彦举修筑后海塘，创筑纵横叠砌石塘，并"仆巨石以奠其地，培厚土以实其背，植万桩以杀其冲。"[136]

宋元时期，还先后修筑了台州三门、温岭、玉环等县和温州永嘉（今温州市）、平阳等县沿海海塘[136]。如南宋孝宗淳熙年间（1174～1189年），将温州平阳县至瑞安间长三十五里废圮土塘改建成石塘，名为万全塘；宁宗嘉泰元年（1201年）和理宗淳祐七年（1247年），又将城南土塘改为石塘[136]。南宋理宗端平年间（1234～1236年），重筑台州三门县健阳塘[136]。元宁宗至顺三年（1332年），筑温州城区大石塘[136]。元惠宗至正年间（1341～1368年），筑台州温岭县多处海塘[136]。

（三）苏北海堤

黄河夺淮以前，淮河是清水河，河口段较为深阔。从南宋高宗建炎二年（1128年）黄河夺淮，到明中期刘大夏筑太行堤，其间一百二十六年，黄河处于多股分流的状态，黄河携带的大量泥沙主要淤积在淮河流域河南东部、山东西南、安徽和江苏北部一带的河道、洼地，淮河河口外伸并不迅速。宋元时期，淮河入海口仍在云梯关，潮波可达盱眙以上。

1. 北宋海堤的修筑

苏北海堤的兴建，始于南北朝，唐代开始较大规模地兴筑。宋代范公堤的兴筑，规模较唐时扩大，工程质量也有所提高。

北宋太祖开宝五年（972年），知泰州事王文祐增修五代十国时期崩坍的苏北捍海堰[138]。

"通州、楚州沿海，旧有捍海堰，东距大海，北接盐城，袤一百四十二里"[124]，系唐大历年间李承实主持修筑，宋代已颓圮不存。仁宗天圣元年（1023年），"风潮泛溢，渰没田产，毁坏亭灶"[124]。范仲淹时为泰州西溪盐官，建议修复古捍海堰，得到发运副使张纶的支持。当时有人反对修捍海堰，认为捍海堰可挡海潮，但也会造成内涝。张纶则认为海潮的危害占十分之九，而内涝仅占十分

之一，力主修筑。张纶推荐范仲淹任兴化县令，主持兴筑海堤工程。天圣二年冬，范仲淹“调四万余夫修筑”[124]，“起自海陵东新城，至虎墩（今小海镇）越小淘浦（今安丰镇）以南，值隆冬雨雪连旬，潮势汹涌，兵夫在泥淖中，死者二百余人”[138]。由于施工艰难，不得不暂停。范仲淹因母故而归家守孝，后由张纶主持。经过一段时间的准备，天圣五年（1027 年）重新开工。“越六年（1028 年）春，堰成，长二万五千六百九十六尺，计百四十三里，趾厚三丈，面三之一，崇（即高）半之，版筑坚固，砖甃周密，潮不能侵，自是流移复业者三千余户，人呼为范公堤。”[138]范公堤又名捍海堰，长一百四十三里，高一丈五尺，垒块石护坡。海堤筑成后，“遂使海濒沮洳潟卤之地，化为良田，民得奠居”[124]，成为滨海之屏障。范公堤修筑后，历代都有增筑和延伸，后人也将其统称为范公堤（见图 5－13）。

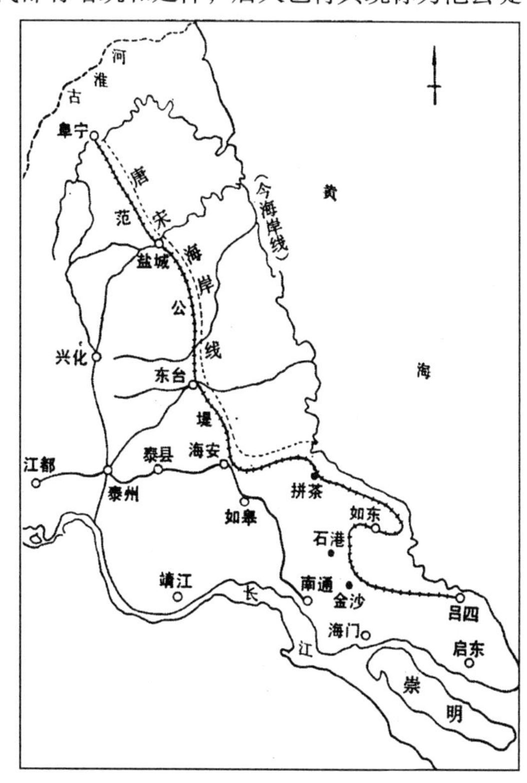

图 5－13　范公堤位置示意图[139]

仁宗庆历中（1041～1048 年），通州知州狄遵礼修捍海堰，西北起自南通县石港，东至余西镇，人称狄堤[138]。至和中（1054～1056 年），海门知县沈起以海涨病民，筑堤七十里，自吕四至余西，西接范公堤，为捍海堰的南段，人称沈公堤[138]。神宗熙宁中（1068～1077 年），通州州判徐勣修捍海堰[138]。

2. 南宋海堤的修筑

高宗绍兴五年（1135 年），“盐城县重修白波湫捍海础。”[138]绍兴二十七年（1157 年）十月，筑通州、泰州、楚州捍海堰[140]。

孝宗乾道七年（1171 年），“海潮冲击捍海堰二千余丈，泰损独多，泰州知州徐子寅修治。”[138]孝宗淳熙元年（1174 年），泰州知州张子正修捍海堰。次年，张子正修缮辛劳，丧于河口[138]。淳熙三年（1176 年）四月，“诏筑泰州月堰，以遏潮水。”[124]“月堰”为弯曲形的防海堤，以形如新月命名。淳熙四年（1177 年）十月，魏钦绪继张子正之后任泰州知州，续修捍海堰，“自桑子河以南，延袤三十有五里。其盐场灶所，别为堤岸，以避潮汐，后称马路。”[138]这是范公堤之外新修的避潮堤。淳熙八年（1181 年），提举淮南东路常平茶盐赵伯昌回顾了范公堤年久失修后海潮的危害：“自后寖失修治，才遇风潮怒盛，即有冲决之患。自宣和、绍兴以来，屡被其害。阡陌洗荡，庐舍漂流，人畜丧亡，不可胜数。”[124]他奏请：“今后捍海堰如有塌损，随时修葺，务要坚固，可以经久。”[124]赵伯昌的建议后被采纳。

宁宗庆元元年（1195 年），海陵县令陈之纲修捍海堰。[138]嘉定中（1208 ~ 1224 年），如皋县令魏甫元修筑捍海堰。[138]理宗端平元年（1234 年），“泰州风潮逆猛，损捍海堰四百余丈，逾年修筑。”[138]

3. 元代海堤的修筑

元代修筑海堤规模较大的有两次。一为元初，兴化县令詹士龙发九郡人夫，兴工十六个月，“修海堰三百余里。”[138]一为元末，惠宗至正二十七年（1367 年），“提举朱冠卿以堰损于潮，集兵夫，节修五千余丈。”[138]

（四）福建、广东海堤

福建至广东沿海海塘古代多称“海堤”，工程规模较小。这一带波浪强度较弱的海滩上生长着茂密的红树林，建在滩地上的土堤与树林互为屏障，具有很好的消波杀浪作用，这是福建、广东特有的海堤工程形式。

福建海堤始建于唐代。据《新唐书・地理志》记载[141]，太宗贞观元年（627 年），在连江县东北十八里筑有材塘。文宗大和二年（828 年）闽县（今福州市）县令李茸筑城东五里之海堤。大和七年（833 年）长乐县令李茸又筑城东十里之海堤，并立十斗门以御潮。明洪武十九年（1386 年），重修长乐海堤。

宋代，福建、广东一带海堤均有修筑的记载，福建海堤开始向兴化湾的海前平原延伸，形成绵亘百里的海堤工程。由于福建、广东潮汐影响较小，因而海堤的工程量和知名度都比江浙海塘和苏北海堤小得多。在比较暴露的海岸，明代开始修筑石质海塘。明世宗嘉靖十八年（1539 年）兴建的福建兴化遮浪、东角石砌海堤，临水面还建筑了四处挑水石矶，以杀潮浪。

第三节　宋元时期防洪工程技术的主要成就

宋元时期是河工技术发展的重要阶段，有关河工的著述和典籍远远超过前代，在堤工技术、埽工技术、堵口技术、疏浚技术、海塘工程技术和防洪管理等方面均有较大进展。

一、堤工技术

宋元时期，堤防的种类更多，分类更细，堤工技术进一步完善，特别是对刺水堤和护岸堤的运用有较大的发展。对堤防施工中土质的选择，以及主溜对堤防

所造成的险情，已有一定的认识；修防施工管理也有了科学的量化标准。

（一）堤防的分类

元《至正河防记》[33]依据堤防的不同用途，将堤防分为刺水堤、截河堤、护岸堤、缕水堤、石船堤等数种；按堤防的施工方法和规模，又分为创筑、修筑、补筑等类。"刺水堤"即挑水坝。"截河堤"即堵塞正河的拦河坝。"护岸堤"即护岸工，与月堤作用相同。"缕水堤"即束水缕堤，位于河滨。"石船堤"是用装石沉船法筑成的挑水坝。

宋元时期挑水坝的兴筑较多。挑水坝是从大堤向河中主溜修建，将大溜挑离此岸，以防止回溜淘刷的，其多用埽工修筑。为取得良好的挑溜效果，还可以连续修筑两道乃至三道挑水坝。宋代挑水坝有签堤和锯牙两种。

签堤即插入河身的堤。神宗熙宁元年（1068 年）七月，都水监丞宋昌言建议筑签堤："今二股河门变移，请迎河港进约，签入河身，以舒四州水患。"[3]签堤的挑溜作用在哲宗绍圣元年（1094 年）七月保护广武埽时得到充分发挥。广武埽位于黄河南岸，受黄河大溜顶冲，造成险情。当时在广武埽"为签堤及去北岸嫩滩，令河顺直"[11]。挖去北岸嫩滩，是使大溜顺直，不再顶冲南岸的广武埽，而在广武埽上游筑签堤，则是将大溜挑离本岸。

锯牙一般是依次排列的形似锯齿的埽工，形制较长可以起到挑流作用的称作挑水坝。宋代用锯牙挑流也比较普遍。神宗元丰六年（1083 年），在广武山一带"从南岸渐进锯牙，约水势入新河"[142]。元丰八年（1085 年），在大吴埽也曾"修进锯牙，擗约河势"[4]。

挑水坝除有挑溜保护堤岸的作用外，在堵口时，为减轻堵口施工的压力，也经常采用挑水坝，将主溜从决口处挑回原来的河道。元代贾鲁在堵塞白茅决口时，就曾在决口上游同岸修筑大型挑水坝："其西复作大堤刺水者一，长十有二里百三十步"[33]，以逼主流回归故道。

（二）黄河的堤防类型

宋元时期，黄河堤防已有遥堤、缕堤和月堤。但由于宋代及其以后的数百年，治黄以分流为主导方针，尤其是元代，为了维护北方政治中心的安定，以向南分流为主要的治黄手段，黄河下游主流长时间在颍水和泗水之间往返大幅摆动，所筑堤防主要用以约拦泛滥的洪水使之不致大范围漫流。因此，直至明万历年间潘季驯筑堤束水，黄河上的遥堤、缕堤、月堤才形成统一的堤防体系。

遥堤是在距离主河槽较远处修筑的大堤。五代时期，开始在黄河大堤以外、距离主河槽较远处修筑遥堤，以防御大洪水漫溢。宋代，黄河上屡有遥堤的兴筑。如太祖乾德二年（964 年），"但诏民治遥堤，以御冲注之患。"[3]不过，宋代对遥堤的作用有不同的认识。太宗太平兴国八年（983 年）五月，河大决滑州韩村，"诏发丁夫塞之。堤久不成，乃命使者按视遥堤旧址。使回条奏，以为'治遥堤不如分水势'"[3]。

缕堤是临近主河槽修建的大堤。北宋神宗熙宁七年（1074 年），都水监丞刘璯建议"宜候霜降水落，闭清水镇河，筑缕河堤一道以遏涨水，使大河复循故道。"[4]

月堤又称越堤，是在遥堤或缕堤的薄弱堤段修建的月牙形堤，两端弯接大堤，用以加固大堤。最早见于记载的月堤是在北宋真宗天禧三年（1019 年）。六月，“滑州河溢城西北天台山旁，俄复溃于城西南”，“初，滑州以天台决口去水稍远，聊兴葺之，及西南堤成，乃于天台口旁筑月堤。”[3]

（三）主溜对堤防所造成的险情

黄河由于含沙量高，水容量大，河槽冲淤变化剧烈，因此水溜形态各异，对堤防的危害形式也有所不同。《宋史·河渠志》总结了主溜对堤防所造成的各种险情。“其水势：凡移谼横注，岸如刺毁，谓之劄岸；涨溢逾防，谓之抹岸；埽岸故朽，潜流漱其下，谓之塌岸；浪势旋激，岸土上溃，谓之淪卷；水侵岸逆涨，谓之上展；顺涨，谓之下展；或水乍落，直流之中，忽屈曲横射，谓之径窬；水猛骤移，其将澄处望之明白，谓之拽白，亦谓之明滩；湍怒略渟，势稍汩起，行舟值之多溺，谓之荐浪水。”[3]

“劄岸”为洪水顶冲堤岸，造成大堤坍塌的险情。“抹岸”为洪水漫溢堤顶的险情。“塌岸”为埽岸朽败，潜流掏刷埽根，造成堤防塌陷的险情。“淪卷”为水漩浪激，造成堤岸损坏的险情。“上展”为河湾处受水顶冲，回溜逆水上壅，造成险工段上游的险情。“下展”为顺直河岸受水顶冲，主溜顺流下注，造成下游的险情。“径窬”为河水骤落，被河心滩所阻，形成斜河，激流横冲堤岸造成的险情。“拽白”或称“明滩”，为大水之后，主溜外移，原河滩水浅，露出白色沙滩的险情。“荐浪水”为洪涛刚过，涌波继起，危害行船安全的险情。掌握了不同水溜的特点，就可以在紧急的防汛斗争中及时采取针对性的工程措施，取得防汛的主动。

（四）堤防的护岸设施

宋元时期，堤防的护岸设施也有发展，护岸堤有木龙护岸和砌石护岸，还有植树护岸。

木龙护岸即木制的护岸设施，首创于北宋真宗天禧五年（1021 年）。当时陈尧佐知滑州，黄河水涨，城“西北水坏，城无外御，筑大堤，又叠埽于城北，护州中居民。复就凿横木，下垂木数条，置水旁以护岸，谓之‘木龙’，当时赖焉”[3]。元代贾鲁堵白茆决口时，也曾“以龙尾大埽密挂于护堤大桩，分折水势”[33]。

砌石护岸在北宋仁宗朝曾有修建。当年黄河主溜顶冲滑州（治今滑县东南）城，知州李若谷率兵连夜修筑大埽加固。事后又“制石版为岸，押以巨木，后虽暴水不复坏”[143]。即在桩基上修筑砌石护岸。砌石护岸的做法，北宋年间已有规范，大约是先挖地基，再打地钉桩，其上再修砌石堤。不过古代黄河上的砌石护岸较少，而在长江、珠江等南方江河上较多。

宋代重视植树护岸。太祖于建隆三年（962 年）十月的诏书中，要求“缘汴河州县长吏，常以春首课民夹岸植榆柳，以固堤防。”[107]开宝五年（972）正月，又下诏令“应缘黄、汴、清、御（今南运河）等河州县，除准旧制种蓺桑枣外，委长吏课民别树榆柳及土地所宜之木。”[3]真宗咸平三年（1000 年），“又申严盗伐河上榆柳之禁。”[3]至真宗景德三年（1006 年），仅京都开封一地，就“植树数十万以固堤岸”[144]。徽宗重和元年（1118 年）三月，又诏：“滑州、浚州界万年堤，全藉林木固护堤岸，其广行种植，以壮地势。”[11]

（五）堤防的土质

宋元时期，为了保证堤防工程的质量，对土方施工作了若干规定，特别强调土质的选择尤为重视。元沙克什在《河防通议》中根据土性和土色的区别，把河畔土壤分成胶土、花淤、牛头、沫淤、柴土、捏塑胶、减（应作碱）土、带沙青、带沙紫、带沙黄、带沙白、带沙黑、沙土、活沙、流沙、走沙、黄沙、死沙、细沙等种[145]。大致是按土的颗粒由细到粗排列，并特别注明其工程特性，分类之细，为前所未有。同时指出，活沙、流沙、走沙三种“活动走流，（筑堤）难以成功”。而对胶土的工程物理性质则有较好的评价，指出“若先见杂草荣茂，多生芦茭，其下必有胶土”。一般花淤（沙淤相间的土质）及沫淤（风化的淤土）适于修堤，淤土适于覆盖堤面。有了这种认识，筑堤时就能正确掌握，从而保证堤防的质量。

（六）施工定额标准

《河防通议》的第四门“功程”和第五门“输运”分别提出了堤埽施工通行的施工定额标准。

《河防通议·功程》按施工场面工作条件优劣、挑运距离及工种的不同，规定了修防中一个功所应完成的工作量。“开挑塞河：开挑装担，有泥泞以一百五十（立方）尺为功。无泥泞以三百（立方）尺为功”。“打筑堤道：开掘装担，以二百（立方）尺为功（地里远近，别计折除）；打筑以八十（立方）尺为功”[146]。

《河防通议·输运》中的“历步减土法”，对挖土、运输、夯土三个工序工人数量的合理配置，有恰当的计算方法。“凡一步内取土，以一百尺为功（即离堤一步内取土一百立方尺为一功）；每展一步，则减土积一尺（即二步取土九十九立方尺为一功）；展至五十步，以五十尺为功；每十人破锹杵二功（即每十人运土，所配的锹、硪工按二功计）。五十一步至一百步取土，每展五步，减土一尺；展至一百步，以四十尺为功；每十五人破锹杵二功。一百步至二百步取土，每展十步，减土一尺五寸；展至二百步，以二十五尺为功；每二十人破锹杵二功。二百一步至三百步取土，每展一十步，减土六寸；展至三百步，以一十九尺为功；每二十五人破锹杵二功。……四百一步至五百步取土，每展十步，减土三寸；展至五百，以一十一尺为功；每三十五人破锹杵二功。”[147]

“历步减土法”的基本思路是，根据筑堤时取土的远近不同来计算劳动定额，使每个标准劳动日在不同工作条件下所付出的劳动大体等值。随着取土距离的增长，运土时间加长，而装卸土所占时间减少，因此规定展步后的减土尺数和所需锹、硪工递减。这是在长期施工过程中经过细致考查总结出来的，对合理配备劳力和提高工效起到了积极作用。

《河防通议》对河防工程中水路运输的脚价、拧打绳索的规格、修埽工料、开河挖土等计算，也都有具体的规定。

二、埽工技术

埽工正式得名是在北宋初年，其时埽工已成为黄河修防的主要工程措施，实际上埽工即当时黄河的险工段。北宋的卷埽技术已经成熟，元代则对埽工的种类

有细微的划分。

(一) 北宋埽工的分布

北宋真宗天禧年间（1017～1021年），黄河上起孟州（今河南孟县南）下至棣州（今山东惠民），缘河诸州共有埽工四十五座。其中，孟州二埽，开封府一埽，滑州七埽，通利军二埽，澶州十三埽，大名府二埽，濮州四埽，郓州六埽，齐州二埽，滨州二埽，棣州四埽[3]。此后，黄河下游河道屡次北移，大多也随之续修埽工。神宗元丰四年（1081年）九月，根据主管官员李立之的建议，沿当时黄河北流河道，“分立东西两堤五十九埽”[4]。

北宋埽工均以所在地名命名，设置专人管理，所需维修经费也按年拨付。“凡一埽岸，必有薪茭、竹楗、桩木之类数十百万，以备决溢。使臣始受命，皆军令约束”[148]。

(二) 埽工的种类

元代，对埽工的种类有较细微的划分。根据其功用、形状的不同特点，分为岸埽、水埽、龙尾埽、拦头埽、马头埽等多种[33]。“龙尾埽”即挂柳，是将有枝叶的柳树倒挂于河岸，用绳缆系于堤顶桩上，在树冠坠压重物数处，使其入水。一般要数株或数十株并为一排使用，以杀水势。“拦头埽”是位于堤防顶冲处的埽。“马头埽”是较大型的护堤挑水埽。

(三) 卷埽的制作

古代埽工制作最早的形制是卷埽，至清代乾隆年间才演变成厢埽。《宋史·河渠志》对卷埽制作有较详细的描述:“先择宽平之所为埽场。埽之制，密布芟索，铺梢，梢芟相重，压之以土，杂以碎石，以巨竹索横贯其中，谓之‘心索’。卷而束之，复以大芟索系其两端，别以竹索自内旁出。其高至数丈，其长倍之。凡用丁夫数百或千人，杂唱齐挽，积置于卑薄之处，谓之‘埽岸’。既下，以橛臬阂之，复以长木贯之。其竹索皆埋巨木于岸以维之。”其中，“凡伐芦荻谓之‘芟’，伐山木榆柳枝叶谓之‘梢’，辫竹纠芟为索。以竹为巨索，长十尺至百尺，有数等。”[3]宋元时期，卷埽材料中，树木枝梢与芟草的比例为“梢三草七”[149]。

卷埽示意图见图5－14、卷埽施工示意图见图5－15。

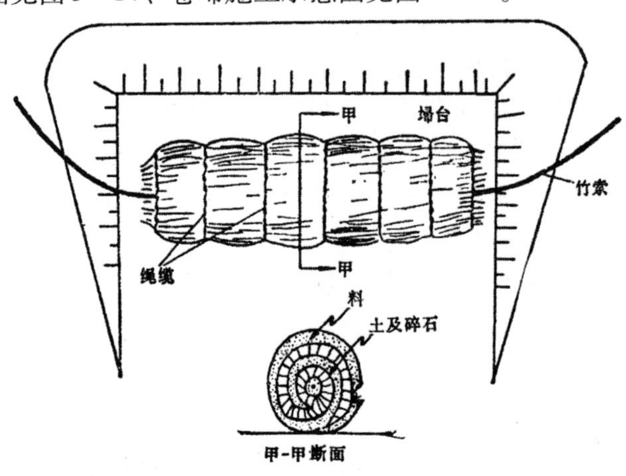

图5－14　卷埽示意图[150]

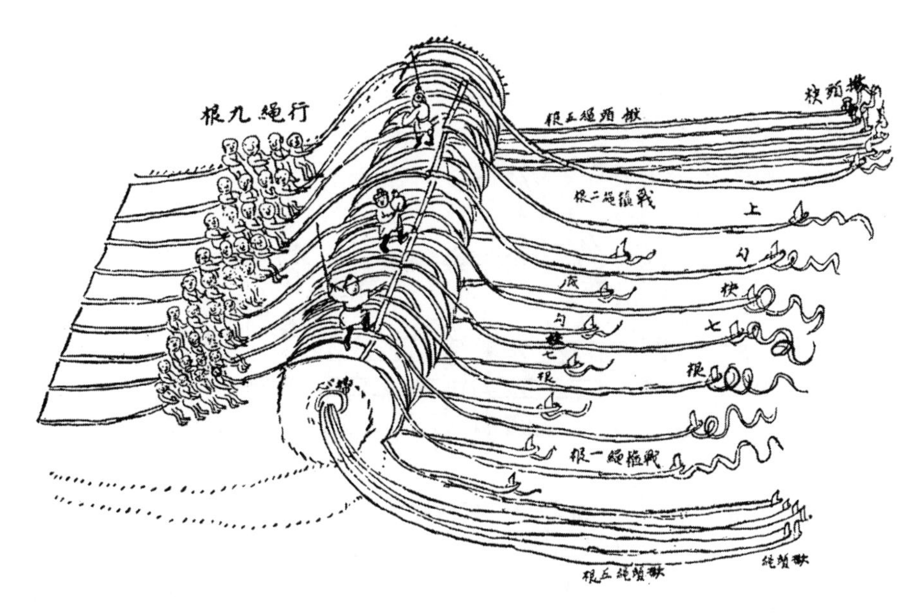

图5－15　卷埽施工示意图[151]

埽工的固定方式有两种：一是用长木桩贯穿埽体，直插河底；二是用绳索将埽体固定在事先埋于堤上的桩橛。有时两种固定方式并用，如《宋史·河渠志》所载；有时单纯使用绳索固定，如《河防通议·卷埽》所记载。元代贾鲁堵白茅决口时，埽工固定单纯依靠竹制绳索和桩橛。元代下埽的方法同宋代相比，也有一些改进，特别强调在全埽筑成后，以“龙尾大埽密挂于护堤大桩，分折水势”[33]。而明代潘季驯使用卷埽堵口，主要倚重签桩。“底埽着地，方才签桩。签桩需要酌中，埽埽钉着，方为坚固。倘有数寸空悬，无有不败事者。”[152]当险工段为了防止洪水季节水溜淘刷时，往往需要在汛前干地预先修埽。干埽施工对签桩要求更高，“此埽须土多料少，签桩必用长壮，入地稍深，庶不坍蛰”[152]。

各个埽捆纵横排列，其间用竹绳牵连形成整体。北宋年间，埽工修筑的险工，在临近主溜的地段，“积橐（单一埽捆）有长三二百步或至千步者。埽橐之高自十尺有至四十尺者”[153]，规模和耗资巨大。

三、堵口技术

北宋堵口技术达到了古代传统堵口技术之高峰。高超创“三节下埽法”，在庆历年间的黄河商胡合龙中取得成功。王居卿创软横二埽合龙技术，在元丰元年（1078年）的黄河曹村堵口中获得成功。元丰元年黄河曹村堵口，标志着我国河工堵口技术已经成熟。金《河防通议》规范了堵口施工程序。元代的贾鲁堵口，则在施工的难度和规模上都有重大突破。

（一）堵口的施工方法

《河防通议》称堵口为闭河，对其施工技术有专门的记述。“先行检视旧河岸口，两岸植立表杆。次系影水浮桥，使役夫得于两岸通过，兼蔽影河流。紧势于上口难前处下撒星桩，抛下树石，镇压狂澜。然后两岸各进草任三道、土任两道，又于中心抛下席袋土包子。若两岸进任至近合龙门时，得用手持土袋、土包多广

抛下，鸣锣鼓以战河势。既闭后，于任前卷拦头压埽，又于任上修压口堤。若任眼水出，再以胶土填塞牢固，仍设边捡以防渗漏。”[154]闭河示意图见图 5－16。

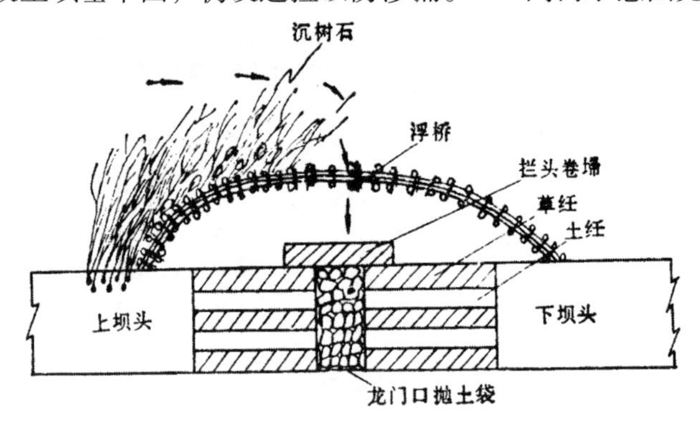

图 5－16　闭河示意图[150]

这种堵口施工方法是立堵与平堵相结合，其施工程序大致为：

（1）在决口口门两侧设立测量“表杆”；

（2）沿决口口门上游架设浮桥；

（3）沿上口下木桩，再于其上游抛石，以减轻堵口合龙压力；

（4）从决口两端分别向口门中央筑三道草埽、二道土堤推进，其间不严密处抛袋土包；

（5）堵口进至龙口，加大堵闭强度，抛下大量土包，并鸣锣击鼓以壮声威；

（6）合龙后，及时在龙口上游修压口道，如还有渗流，则用胶土填塞。

（二）高超的三节压埽法

堵口合龙与河势、水势、河床土质、当地材料、技术能力都有关系。因此，往往在出现特殊情况时，需作变通处理。北宋庆历年间在商胡埽（今河南濮阳县境）合龙时，治河工人高超提出三节下埽法就是一次杰出的创造。高超的事迹载于北宋著名科学家沈括（1031～1098）的《梦溪笔谈》中。

商胡埽堵口工程推进至龙门时，龙门长六十步（即口门处顺水流方向的长度，约合公制九十米）。按规定，合龙埽为整体施工，但屡塞不合。高超认为，埽身太长，人力难以压到水底，因而，水未断流，而埽工绳缆却已多处断绝。他建议：“今当以六十步为三节，每节埽长二十步，中间以索连属之。先下第一节，待其至底，方压第二、第三”[155]。即将九十多米的大埽，顺龙口水流方向平均分作三段，每段三十米，陆续下压。当时，一些墨守成规的人认为此法行不通，“二十步埽不能断漏，徒用三埽，所费当倍而决不塞。”高超解释说:“第一埽水信未断，然势必杀半。压第二埽止用半力，水纵未断，不过小漏耳。第三节乃平地施工，足以尽人力处置。三节既定，即上两节自为浊漏，所淤不烦人功。”[155]但主管官员不听，而未能堵合。最后还是采用了高超的办法，方才取得成功。

高超的三节下埽合龙示意图见图 5－17。

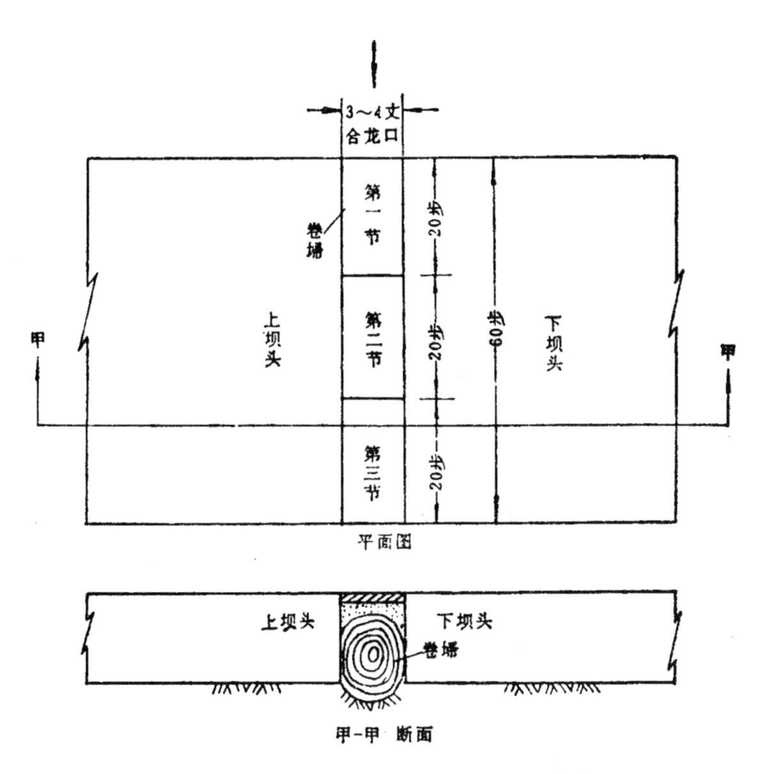

图 5-17　高超三节下埽合龙示意图[150]

（三）元丰堵口的技术成就

北宋神宗元丰元年（1078 年）的曹村堵口是这一时期堵口技术的典型代表。

熙宁十年（1077 年），河南西部一带连降大雨，黄河和洛水猛涨。七月，黄河先后漫“溢卫州（今汲县）王供埽及汲县上下埽、怀州（今沁阳）黄沁埽、滑州（今滑县东）韩村”，但均未夺溜。七月十七日，“大决于澶州（今濮阳县）曹村（位于濮阳西南），澶渊北流断绝，河道南徙”[4]。主流自决口向东冲入梁山泊后分为两股。北股由小清河入海，南股由泗水入淮。洪水泛滥所及达四十五郡县，淹没农田三十万顷，毁民屋三十八万家。数百里外的徐州城被洪水围困七十多天，最大水深二丈八尺，几乎漫过城墙。

当时对治理曹村决口曾提出过：改道由淮河入海、开挖故道河床、北岸决堤挽河北流等方案，最后决定采用堵复曹村决口，使黄河北入夏津故道。堵口准备工作从当年九月开始，次年（元丰元年，1078 年）闰正月十一日开始进占，到四月二十三日合龙方告完成。四月二十五日神宗将曹村埽改名灵平。堵口成功后，群臣称贺，于决口处建灵津庙，由孙洙撰《灵津庙碑文》，以资纪念。

当代学者周魁一先生在《元丰黄河曹村堵口及其他》一文中研究分析了曹村堵口的技术方法[156]。该文转引嘉靖《开州志》所载《灵津庙碑文》这样记述曹村堵口的方法:“方河盛决时，广六百步，既更冬春益侈大，两涯之间遂逾千步。始于东西签为堤，以障水；又于旁侧辟为河，以脱水；疏渠为鸡距，以酾水；横水为锯牙，以约水。然后河稍就道，而人得奏功矣。”[156]

堵口时，决口处口门宽约一千五百米，只能先从决口两端分别用签堤进占，

即“东西签为堤，以障水”。由于故道已严重淤高，为了减少堵口合龙的压力，需要给河水另辟一条出路，分引水流，以减轻合龙的压力，即“于旁侧辟为河，以脱水”。为减少引河的挖方量，在引河断面内开挖并列的三条小渠，形状类似鸡爪，即“疏渠为鸡距”；待分引水流通过时，再依靠水流冲力扩大引河泄水断面，用鸡距渠分引大河水溜入新河，即“以酾水”。为了加强鸡距河的分水效果，又在上游对岸修建挑流建筑物锯牙，将大河水溜挑向鸡距河，即“横水为锯牙，以约水”。

缩窄口门，建挑水坝，开引河等工程完成后，当即显示出成效，河水一部分流入新河，为合龙成功奠定了基础。

曹村决口合龙时，已至农历四月，黄河水量较大，加上口门已缩窄至十丈，单宽流量显著增大，口门外的跌塘深由最初的一丈八尺猛增至十一丈，龙口处水流湍急震撼。当时合龙主要采用了河北转运使王居卿发明的两项工程措施：“制为横埽，以遏绝南流”和“重埽九緷而夹下之”[156]。这两项工程措施将在下一目具体记述。

合龙之初，“埽下湫流尚驶，堤尚浮寓波上”[156]，工地气氛一度十分紧张。不过，由于主流被遏止，龙口处的流速骤减，促使泥沙落淤，龙口遂迅速闭气，堵口取得成功。

1984 年 5 月，黄河水利委员会黄河故道调查组对这一带古河道进行了调查，从曹村决口处现存地形地物，可以大致看出当年堵口工程布局的轮廓。故道调查后认为[157]：濮阳西南的金堤原是北宋黄河南岸大堤。经过王三寨和傅庄的古堤，为当年滩地堵口进占的圈堤。土垒头为曹村堵口时的龙口。黑龙潭和莲花潭为堵口合龙时形成的冲坑。当地群众称穿过王三寨和傅庄的古堤为大堤。现存大堤堤顶宽约二十米，残高三四米，断面明显可见人工夯实痕迹。在大堤延伸线上的土垒头为一东西向的人工堆积体，其中夹杂有大量碎砖瓦，或即“重埽”合龙的遗迹。此外，在大堤南面，相距三百至五百米处原有一土堤，群众称之为二堤，近几年才被平毁为耕地。大堤和二堤原在傅庄以东交会。此外，堵口合龙后，似以加固后的圈堤为主堤，即所筑之十四里新堤，而改筑原堤为月堤。河南濮阳西南古堤遗存及地形示意图见图 5 - 18。

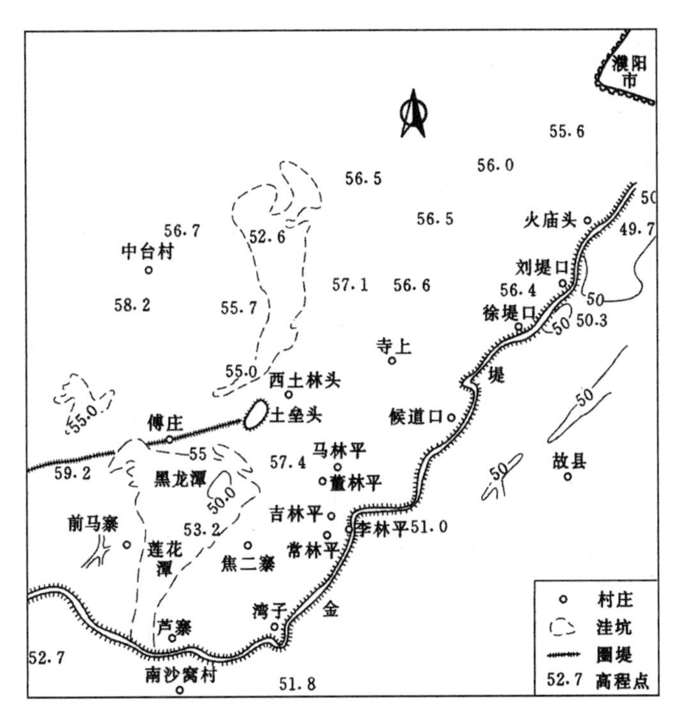

图 5－18　河南濮阳西南古堤遗存及地形示意图[156]

元丰黄河曹村堵口标志着我国河工堵口技术已经成熟，此后各代黄河堵口大工多采用这一套办法。清人编著的《大工进占合龙图》将这种堵口工程的总体布置清晰地描绘出来（见图 5－19）。直到 1946 年黄河花园口堵口，其总体布置和施工程序也大体遵循着元丰曹村堵口的模式。

图 5－19　大工进占合龙示意图[156]

（四）王居卿的软横二埽合龙技术

《宋史·王居卿传》这样记载王居卿的合龙方法："立软横二埽，以遏怒流，而不与水争"[158]；而《续资治通鉴长编》熙宁十年八月甲辰条记载为："京东转运使王居卿乞改制，连三灶，用薪蒭至少而见功多。"[159]"连三灶"和"软、横二埽"可能是一回事。但苦于记载过于简略，此后再未见到有关这一方法的其他记载，其形制尚难断定。

周魁一先生研究认为，从文字记述来看，"软横二埽"的施工方法与后代合龙时常用的二坝和关门埽颇为相近[156]。据清李大镛《河务所闻集》记载，在清代的合龙施工中，为了改善合龙和闭气的条件，常在"正坝以下数十丈酌作二坝一道，又曰托水坝。既可托平溜势，又作重门保障。其进占与正坝相同"[160]。即正坝施工的同时，在龙口下游作一月堤形的二坝，正坝与二坝之间的水位将低于正坝上游水位而高于二坝下游水位。由于二坝的托水作用，减小了龙口上下游的水位差，不仅龙口易于堵闭，也有利于龙口处泥沙落淤闭气。二坝横筑于口门后方，似可称之为横埽。此外，为保证龙口闭气，还常常在龙口上游"赶作关门占，俾工无罅漏，永固金汤"[161]。关门占（埽）自然以选用软料为主，关门埽或即软埽。合龙关门埽位置见图5－20。

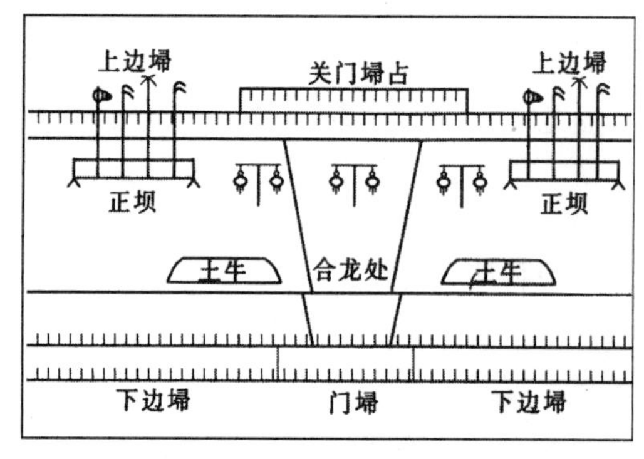

图5－20　合龙关门埽位置示意图[156]

又据清代徐端的《回澜纪要》载，双坝合龙时二坝相距"不可过远，当以二百丈内外为率。盖近则擎托得力，远则气长。气长则溜势伸腰，东西乱撞"[161]。《河务所闻集》对于大坝与二坝之间的合理距离则笼统记为数十丈。黄河水利委员会黄河故道调查组调查所得大堤和二堤相距三百至五百米，亦合此数。

周魁一先生研究认为，据《广雅疏证·释言》："造乃灶之俗字"，灶即造，"连三灶"即"连三造"[151]。另据《河防通议·卷埽》记载：草埽"举其一工以称之则曰紥。紥既下，又以薪蒭填之，谓之盘紥；两紥之交或不相接，则以网子索包之，实以梢草塞之，谓之孔塞。盘箄、孔塞之费有过于埽紥者，盖随水去者大半故也"[153]。因此，"连三灶"可以如上理解为埽紥、盘箄、孔塞三造。由于水位差被二坝分散，盘箄、孔塞的费用当显著减小，因而才取得"用薪蒭至少而见功多"的结果。

王居卿创造的堵口方法作用显著。据御史中丞蔡确说："河决曹村，方议塞决口未定，闻转运使王居卿建横埽之法，决口断流，实获其力"，并当即将其作为都

水监的施工规范肯定下来[162]。

（五）贾鲁白茅堵口

元至正十一年（1351 年），贾鲁采用“疏塞并举”的方法，成功地堵塞了白茅决口。有人认为这是贾鲁的创新，其实是二百七十多年前曹村堵口技术的发展。

贾鲁限于当时的历史情况，在施工程序上选择了先疏后塞。首先整治故道，疏浚减水河；再筑塞小缺口，培修堤防；最后才堵塞白茅决口。待到堵口之时已八九月正值大汛，堵口难度很大。

为了减弱口门溜势，贾鲁首先在决河同岸上游修筑剌水大堤三道，总长二十六里二百步，用以挑溜。然后修截河大堤，逼水入所浚故道，修黄陵北岸堤长十里四十一步，修南岸堤长七里九十七步。至八月二十九日，所浚故道已通流。

但因“先所修北岸西中剌水及截河三堤犹短，约水尚少，力未足恃。决河势大，南北广四百余步，中流深三丈余”。加上时值秋涨，决河之水仍“多故河十之八”。由于挑水坝长度不足，挑水不力，口门宽二百余丈、深三余丈，决口口门处的流量仍较流入故道的流量多一倍。此时，“两河争流，近故河口，水刷岸北行，洄漩湍激，难以下埽”，口门处波涛汹涌，堵口进展迟缓。如果下埽迟误，“恐水尽涌入决河，因淤故河，前功遂隳。”[33]

贾鲁“乃精思障水入故河之方”，决定“入水作石船大堤”[33]，采用沉船法修筑挑水大堤，以加强剌水大堤和截河大堤的挑溜作用。《至正河防记》详细记载了贾鲁沉船堤堵塞白茅决口的过程。

九月七日，贾鲁“逆流排大船二十七艘，前后连以大桅或长桩，用大麻索、竹絙绞缚，缀为方舟。又用大麻索、竹絙并船身缴绕上下，令牢不可破，乃以铁猫于上流硾之水中。又以竹絙绝长七八百尺者，系两岸大橛上，每絙或硾二舟或三舟，使不得下，船腹略铺散草，满贮小石，以合子板钉合之，复以埽密布合子板上，或二重，或三重，以大麻索缚之急，复缚横木三道于头桅，皆以索维之，用竹编笆，夹以草石，立之桅前，约长丈余，名曰水帘桅。”[33]在挑水大堤施工规划线上，逆流排列二十七艘大船。各船均用铁锚、竹绳固定在预定位置。每条船底先铺散草，船舱内装满小石子，其上用木板钉合。船舱上密布草土埽捆，用麻绳将其紧绑在船体上。各船之间，又用大木横连，麻绳绑缚。

沉船时，“选水工便捷者，每船各二人，执斧凿，立船首尾，岸上槌鼓为号，鼓鸣，一时齐凿，须臾舟穴，水入，舟沉，遏决河。”[33]

沉船后，“水怒溢，故河水暴增，即重树水帘，令后复布小埽、土牛、白阑长梢，杂以草土等物，随宜填垛以继之。石船下诣实地，出水基趾渐高，复卷大埽以压之。”凿船沉舟后，口门水势凶猛，立即树水帘，下小埽，抛草土，填压跺实，上加筑大埽。前船沉后，“势略定，寻用前法，沉余船以竟后功”，并在船堤之后加压三道草埽，“中置竹络盛石，并埽置桩，系缆四埽及络”[33]。

由于“船堤距北岸才五十步，势迫东河，流峻若自天降，深浅叵测”，于是在堵塞口门时，“先卷下大埽约高二丈者，或四或五，始出水面。”当修至河口一二十步时，“用工尤艰。薄龙口，喧豗猛疾，势撼埽基，陷裂欹倾，俄远故所”，形势十分危急。“观者股弁，众议腾沸，以为难合”。贾鲁镇定指挥、激励，“神色不

动，机解捷出，进官吏工徒十余万人，日加奖谕，辞旨恳至，众皆感激赴功”，终至十一月十一日，“龙口遂合，决河绝流，故道复通。”[34]

贾鲁堵口的基本方法虽非首创，但由于他在施工程序上选择了先疏后塞，其堵口施工的难度和规模均为前世所罕见。特别是他在刺水大堤和截河大堤的挑溜效果不佳的情况下，果断采取“入水作石船大堤”的措施加大挑溜长度，减轻了刺水堤洄漩湍激对龙口的威胁，也是对曹村堵口技术的重大发展。

四、河道疏浚技术

元末欧阳玄在《至正河防记》中总结治河的主要工作说：“治河一也，有疏，有浚，有塞，三者异焉。酾（分）河之流，因而导之，谓之疏。去河之淤，因而深之，谓之浚。抑河之暴，因而扼之，谓之塞。”[33]他所说的疏即开引河分流，他所说的浚即疏浚河道。

（一）开河分流

古代开河，历史久远，大禹治水采用的疏导之法主要当为开河、疏浚。开河又有开河分流、开河改道、开滩地引河、开河裁弯取直之别。开河分流是在主河槽上开支河，以分杀水势。开河改道是另辟新河或重开故道，如北宋年间黄河在今豫北和鲁西一带多次北决，曾三次回河东流。开滩地引河是在滩地上开挖引河，将主流引导至安全的地带。如西汉郭昌于黄河南岸东郡界内滩地上开三条引河，以改善贝丘县城被顶冲的不利形势。唐元和年间（806～820年）和北宋淳化年间（990～994年），在河南滑县下游开滩地引河，以解除滑县的险情。裁弯取直工程则是在严重弯曲如Ω形河道的狭颈处开一条顺直新河道，代替原河道，以增加河道泄量，降低水位。如唐开成年间（836～840年），在四川三台县境长江支流涪江裁弯，别为新江，使水道离城远去；北宋景祐年间（1034～1037年），裁弯取直吴淞江盘龙汇；嘉祐年间（1056～1063年），裁弯取直昆山顾浦和吴淞江白鹤汇。此外，堵口塞决，也在淤高的旧河道开挖深槽，逼水入故道，以减轻口门水势集中的压力，有时也需要新开河槽。

《河防通议》中专设“开河”一节[163]，总结开河的经验，强调开河的技术要点为：

（1）开河须先勘验地形水势。“自古但遇开河，宜先于上流相视地形，审度水性，测望斜高”。

（2）冬季备料，春季解冻后开挖。“于冬月记料，至次年春兴役开挑”。

（3）施工时在与旧河相接处留一隔堰，以利新河道干地施工，新河挖成后于涨水时节乘水势冲去隔堰。“仍于上口存留隔堰，必须涨月以前（开河）终毕。待涨水洪发，随势去隔堰，水入新河，乘势顺下，可以成功”。

（4）新河垂直或斜交于旧河，开挖方法有所不同。“开河之法，非止一端，又须审势疏导。假若河势丁字正撞堤岸，剪滩截角，撩浅开挑，费功不便，但可解目前之急。亦有久而成河者，如相地形取直开挑，先须钤下口望分水势，以解堤岸之危”。

（5）如欲将全河改走新道，须于上游修挑水坝，将主流挑至新河方向，便于

旧河自然淤塞:“若全要夺大势，更于对岸抛下树石修刺于刺影水势，渐以树石钤固河口，因复填实，损而复修，遂至坚固不摧塌，则新河迤逦行流，旧河自然淤塞矣。”

（二）疏浚河道

为了保证汴河的漕运通畅，宋代制定了每年疏浚的制度，并在治理汴河淤积时首创木岸狭河法。而铁龙爪扬泥车法和浚川杷的试制，则是器具疏浚的有益探索。

1. 汴河疏浚制度

隋开通济渠，引黄通淮，唐宋称为汴河或汴渠。黄河水量变化大，泥沙多，汴河自黄河引水流量较难控制。引水过多，会直接影响都城开封的防洪安全；引水不足，又会淤塞运道。为保障汴河顺利通漕，订有每年疏浚的制度，并在汴河河底埋放石板，作为每年人工疏浚深度的标准，汴河淤积得以控制。

真宗大中祥符三年（1010 年），阁门祗候使臣谢德权主管京畿沟洫的治理。他擅自调用汴河清淤工去维修开封地方沟渠，于是汴河改作三年一浚。他还将汴河统一疏浚改为地方分段管理，主管官员也改由地方官兼任。自此，疏浚制度松弛，“汴渠至有二十年一浚，岁岁堙淀”，以致从开封到雍丘（今杞县）、襄邑（今睢县）一带“河底皆高出堤外平地一丈二尺余”[164]。附近州县积水无法汇注汴河，导致开封一带积涝成灾。直到仁宗天圣二年（1024 年），新任阁门祗候使臣张君平奉旨视察今开封、商丘、亳县（今亳州市）、宿州等地，提出“疏决利害八事”，被批准后施工三年，才取得预期效果[165]。

2. 器具疏浚

人工清淤只能干地施工，如要在水下疏浚，则须借助器具。北宋年间曾针对黄河淤积问题，试图以人力和简单工具，借助水的流动来疏浚黄河。神宗熙宁六年（1073 年），选人李公义曾“献铁龙爪扬泥车法以浚河。其法：用铁数斤为爪形，以绳系舟尾而沉之水，篙工急棹，乘流相继而下，一再过，水已深数尺”，用船行拖动铁爪，扬起泥沙，达到疏浚的目的。“宦官黄怀信以为可用，而患其太轻。”王安石令李、黄二人“别制浚川杷。其法：以巨木长八尺，齿长二尺，列于木下如杷状，以石压之；两旁系大绳，两端矴大船，相距八十步，各用滑车绞之，去来扰荡泥沙，已又移船而浚。”[4]此法是否有效曾引起朝廷上下激烈的争论。王安石相信此法有效，熙宁七年还专门设置了疏浚黄河司。负责试验的虞部员外郎范子渊投其所好，谎报试验对稳定河道和降低洪水位有显著效果，后谎言被揭穿，有关官员分别受到处分[166]。

明代治河名臣万恭评价这种疏浚方法说:“治黄河之浅者，旧制：列方舟数百如墙，而以五齿爬、杏叶杓疏底淤，乘急流冲去之，效莫睹也。上疏则下积，此深则彼淤，奈何以人力胜黄河哉!”[167]

器具疏浚无疑是治淤的有益探索，是为日后机械疏浚之先导。但黄河泥沙淤积沉淀是由于水中泥沙含量过高，超出了水流挟沙能力的限度。而器具疏浚所能输入的能量极其有限，仅靠完全借助人力驱动木船，搅动疏浚器具，被搅动的泥沙流不远，势必又沉积在下游。当然，器具疏浚对改善局部河段的淤积状况，例

如，在运河局部淤积段，为增加航深，可以有效；对某些河口挡潮闸段的细颗粒泥沙沉积，顺流拖淤也可在短时段内加大过流能力。但若设想由此来增大黄河的过水断面和泄洪能力，则无疑是不现实的[168]。

3. 狭河木岸

用河水自身的能量冲刷河床上淤积的泥沙，关键是提高流速，增大河流的挟沙能力。而提高流速有两个途径：一是增加河床内的流量，二是缩窄河道断面。北宋治理汴河淤积时首次采用木岸狭河，将汴河宽度超过三十丈的地方统一修建木岸，缩窄河道断面，提高流速，达到水力冲淤的效果。

真宗大中祥符八年（1015 年），由于疏浚制度松弛，汴河淤浅散漫亟待解决。八月，"太常少卿马元方请浚汴河中流"。但使臣巡视后回奏："泗州西至开封府界，岸阔底平，水势薄，不假开浚。"建议："请于沿河作头踏道擗岸，其浅处为锯牙，以束水势。"[107] "头踏道擗岸"即在河岸筑马道，供河岸上下交通，又束窄河床。

嘉祐六年（1061 年），都水监建议："唯应天府（今河南商丘）上至汴口，或岸阔浅漫，宜限以六十步阔，于此则为木岸狭河，扼束水势令深驶。"即将汴河超过三十丈的地方，用木材密排打入河床，相接为木岸，使宽浅的河道束窄，刷深，以改善航运。对此建议，"众议以为未便"，宰相蔡京以"祖宗时已尝狭河"[107]为依据支持。治平三年（1066 年）完工，"岸成而言者始息。旧曲滩漫流，多稽留覆溺处，悉为驶直平夷，操舟往来便之"[8]，成效显著。元丰三年（1080 年），"洛水入汴至淮，河道漫阔，多浅涩"，再次"狭河六十里"，将木岸一直延伸到泗州的汴河入淮河口处[8]。

狭河木岸是人工运河渠化的成功先例。"扼束水势令深驶"，宋人的这一概念可以看作是明代潘季驯"束水攻沙"理论之雏形。

五、海塘工程技术

早期的海塘多为土塘，五代吴越钱氏政权修捍海塘时使用了竹笼石塘。北宋时开始修筑柴塘和石塘，元代石塘技术进一步发展，出现了石囤木柜塘。

（一）柴塘

北宋真宗大中祥符五年（1012 年），两浙转运使陈尧佐和杭州知州戚纶借鉴黄河埽工技术，修复杭州城西北岸毁坏海塘。"籍梢楗以护其冲"，即用一层薪柴一层土，夯筑海塘，在江浙海塘创立了柴塘[124]。

柴塘以树枝、荆条等捆成"埽牛"铺底，然后以一层土、一层柴相间夯实。塘身每长宽一丈，钉底桩二根、腰桩二根、面桩二根。于潮流顶冲之处打木桩，用蔑缆连接，塘背广培厚土。由于塘底以"埽牛"处理了地基，提高了基础的抗冲刷能力；塘身又用木桩加固，增强了柴塘的整体性。与竹笼和木柜石塘相比，柴塘重量轻，工程造价更为低廉。

柴塘作为临时性工程结构，需要经常更换。柴塘可以御潮却不能防风，在大风的吹袭下，往往层层掀去。故清代推行大石塘后，多以柴塘为副塘，筑在迎水面，以滞浪落淤，既护基又护滩。

（二）石囤木柜塘

石囤木柜塘是为了防止在松软地基上修筑的海塘倾覆坍塌，用木柜装石和石囤筑塘。石囤海塘在结构形式上与竹笼海塘相似，但抗冲性能胜于竹笼海塘。石囤或称木柜，是用木桩捆扎成矩形木框，内填大石（见图5－21），层层叠砌。最下层石囤的木桩下留四五寸插入地基中，用块石填塞紧密。各囤之间用整株长木联络，使之成为整体。

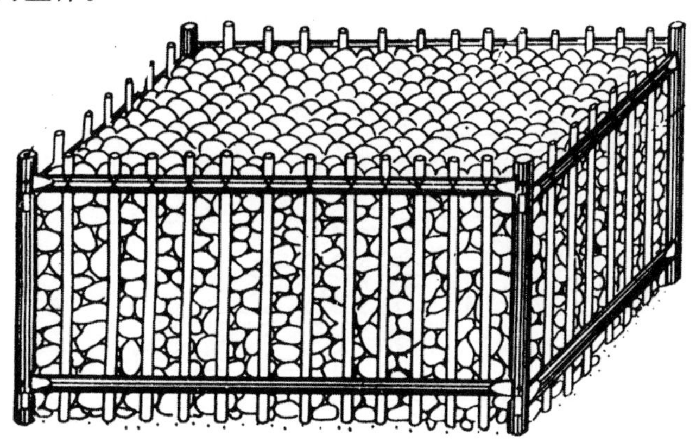

图5－21　木柜石囤

泰定帝泰定年间（1324～1327年），钱塘江口北海岸潮灾频繁。泰定元年（1324年）十二月，海潮冲毁盐官海塘，危及州城，曾用石囤、木柜捍御，未奏效。泰定四年（1327年），海潮波及范围更大，曾采取增高咸塘、堵塞沟港、密桩防护等临时抢险措施。四月，令都水少监张仲仁会同行省官员，役夫二万余人修治。张仲仁先后增筑土塘，筑石板塘，用竹笼木栅充填石块堵塞，但效果都不理想。最后创筑石囤木柜塘，在沿海三十余里范围内用了四十四万三千三百个石囤和四百七十个木柜，才略见成效。以后又几度修造木柜石囤塘接垒。由于盐官海塘历年的修筑，终致钱塘江口北海岸沙涨淤高，盐官因此改名为海宁[30]。

由于石囤整体性欠佳，在潮流顶冲下，难以抵御大潮的冲击，以后被砌石海塘所取代。但大体积的填石和块石间的缝隙，使石囤在改善地基承载力和吸纳潮浪冲击方面独具优势，清前期普遍用石囤为石塘消能护滩护塘。

（三）砌石海塘

北宋仁宗景祐中（1034～1038年），工部郎中张夏在杭州六和塔至东青门一带“专采石修塘”[124]，是为钱塘江石塘之始。仁宗庆历四年（1044年），转运使田瑜和杭州知州杨偕续修石塘时，在潮流最激处布设竹络小石，以圆缓岸线，消减冲力，是为海塘盘头护岸之雏形[130]。南宋时期，钱塘江海塘的砌石塘工已具有一定规模。

砌石海塘按其塘身结构形式分为直立式海塘和斜坡式石塘。明清时期发展为黄光升大石塘和鱼鳞大石塘。重力式砌石海塘的演变见图5－22。

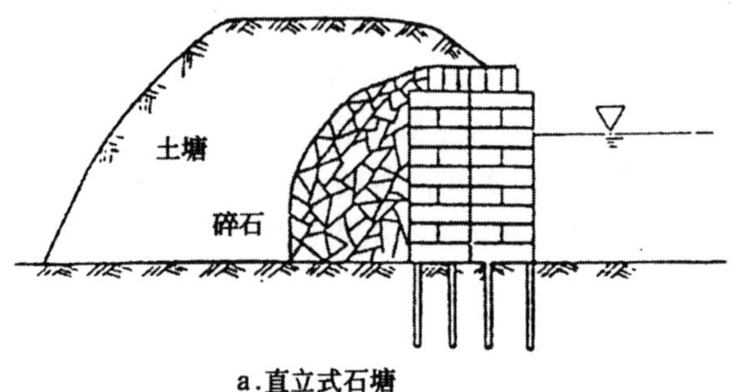

a.直立式石塘

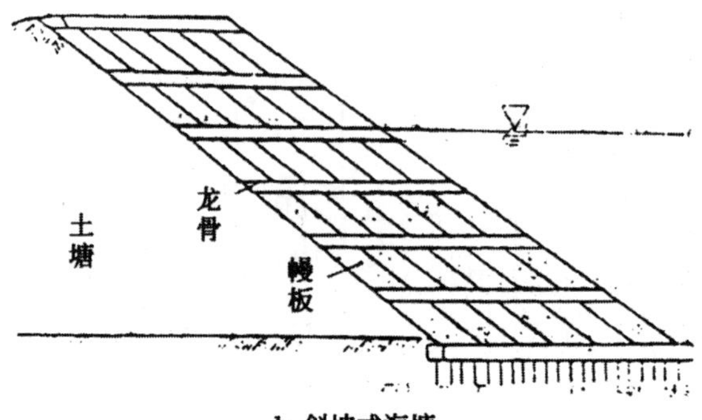

b.斜坡式海塘

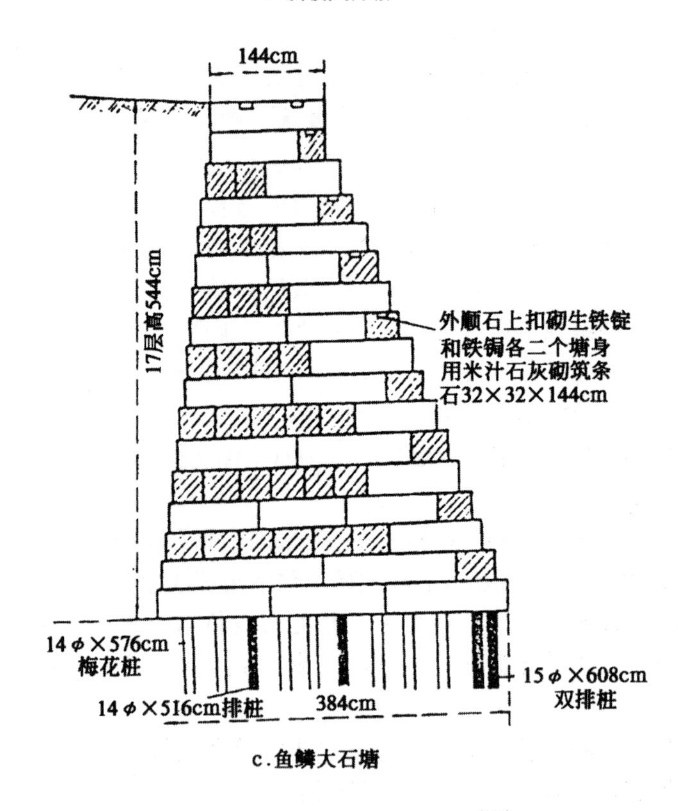

c.鱼鳞大石塘

图5－22　重力式砌石海塘的演变[169]

1. 直立式海塘

直立式海塘是类似挡土墙的海塘，迎水面用大石直立砌筑，背水面回填物由

碎石向土料过渡，一般高约二米。直立海塘的特点是石工工程量小，早期的砌石海塘多采用这种塘式。由于塘身断面较小，工程的抗冲性和结构稳定性差。元代王永在钱塘江口南岸修筑了典型的直立式海塘。

元惠宗至正七年（1347年），会稽、上虞一带海塘被冲毁，一名小吏王永主持修筑石塘一千九百四十四丈。王永修筑的石塘在海塘结构布置上采用了一些新的方法，并注意到基础的加固处理。王永石塘每一丈地基内打桩三十二根，排成四行，前后参差。每根桩木用周长一尺、长八尺的松木，尽入土内。桩基上平置长五尺、宽二尺五寸的四块条石，作为塘基。其上再用相同尺寸的条石纵横错置，犬牙相衔。一般叠砌到五至八层，顶部以条石侧置压上。石塘后填一丈多厚的碎石，碎石后培筑土塘底宽达二丈，顶宽一丈五尺，高度超过石塘三尺〔130〕。

在塘体的基础、砌石体、回填土体三部分中，最费工的是基础打桩过程。施桩处理的基础，将上部重力均匀分散；砌石纵横错缝砌筑，以增强塘身的抗剪强度和整体性；砌石体背部由碎石向土体过渡，呈反滤体结构。这样既增加了塘身整体重量，提高了稳定性，也减少了石材用量。直立塘式适用于潮水冲击不甚严重的地段。

2. 斜坡式石塘

斜坡式石塘迎水面呈斜坡状，以大条石堆砌，条石后填以小石，背坡以土堆筑，塘体为土石结构，塘体稳定性比直立式海塘好。宋代的斜坡式石塘主要在浙东海塘修筑，元代则在浙东海塘和钱塘江口南岸海塘得以发展。

北宋仁宗庆历七年（1047年），王安石知鄞县，在今宁波北仑区筑镇海至穿山的定海塘，后人称王公塘。王安石曾创筑斜坡式石塘，因外形而称“坡陀塘”〔136〕。

淳熙十六年（1189年），定海（今宁波市镇海区）县令唐叔翰与水军统领王彦举修筑后海塘，创筑纵横叠砌石塘，并“仆巨石以奠其地，培厚土以实其背，植万桩以杀其冲。”〔136〕以巨石奠基，其上纵横叠砌石块，塘后培土加固，塘前植桩消能。

元惠宗至正元年（1341年），余姚州判叶恒主持修筑上虞县宁远乡石塘二千一百二十一丈，底宽九丈，顶宽四丈五尺，高一丈五尺。叶恒修筑石塘在海塘工程结构上有新的改进。他采用木桩塘基，桩长八尺，全部打入土基中。第一行木桩后面埋设横木，称为“寝木”。横木上置条石，与木桩顶齐平。在基础上纵横交错砌置条石，顶部则侧置“衡石”封砌。石塘背后覆盖碎石作反滤层，最后夯筑一层土塘〔136〕。这项措施即提高了石塘的抗冲刷能力，又可在一定程度上解决因渗漏引起的塘土流失问题。

叶恒修筑的石塘断面示意图见图5－23。

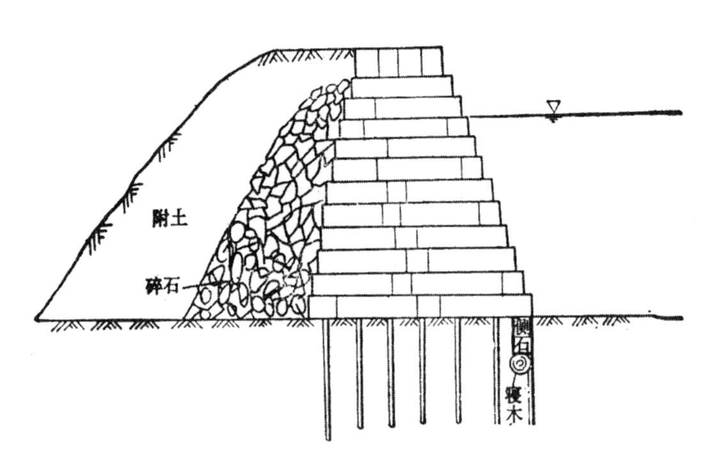

图5－23　叶恒修筑的石塘断面示意图[139]

斜坡式海塘坡度平缓，塘体稳定性和抗冲防浪效果优于直立式海塘。但在强潮流的作用下，护面内外的压力差容易使块石脱落，因此应用范围有一定局限。斜坡式海塘砌石体断面上的条石呈一横一纵修筑，后逐渐演化，应为清代鱼鳞大石塘之雏形。

六、北宋汴京的城市防洪

汴京（今开封）地处黄河流域中心。“隋大业初，疏通济渠（即汴河），引黄河通淮”[106]，自城东南至西北穿城而过。隋唐时期称汴州，为商业重镇。五代时为后梁、后晋、后汉、后周的都城，北宋建都后称汴京。元代以后开封为府治。

（一）汴京的水环境与防洪设施

北宋时期，汴京有汴河、惠民河、金水河、五丈河（又名广济河）四河从城中穿过（见图5－24）。汴河在汴京西北孟州河阴县南引黄河水，在汴京又有索水、京水等河流汇入，东南流与淮河相接通运。由于运河和城市生活、园林需水量较大，汴京供水工程规模较大且工程体系完善。汴京水源主要来自汴河和金水河。汴河引黄河水，水源丰沛但多泥沙。熙宁年间一度改引洛河，即清汴工程。金水河水源来自汴京以西荥阳黄堆山祝龙泉，又名“天源河”，因水质好而成为宫廷和民用主要水源[170]。太祖建隆二年（961年）春，“命左领军卫上将军陈承昭率水工凿渠，引水过中牟，名曰金水河，凡百余里，抵都城西，架其水横绝于汴，设斗门，入浚沟，通城濠，东汇于五丈河。”[170]金水河自城西入城，架水槽横跨汴河，沿渠道置斗门，方便引水，尾水入城濠，后汇入五丈河。古代城市生活用水多以井水为主，而汴京却能较大程度依靠地表径流，主要是水利工程系统较为完善，有较高的保障。

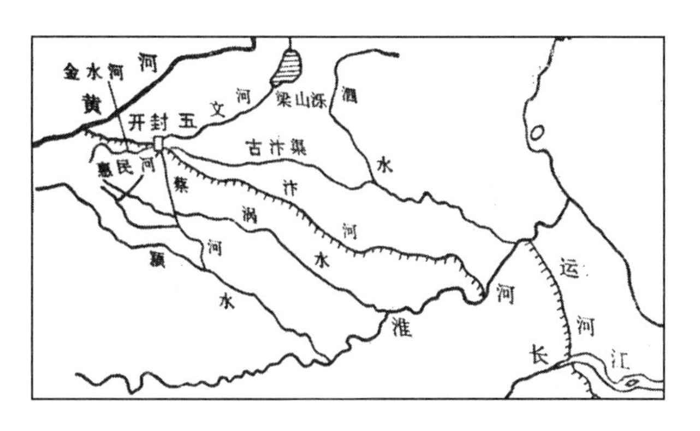

图 5－24 北宋汴京江河形势图[139]

北宋时期，汴京与黄河的最近距离尚有百余里，在汴京发生的大水灾中，直接由黄河干流洪水造成的大水灾并不多。在 993～1119 年的一百二十六年间，汴京共发生六次较大水灾。除景德三年、宣和元年的大水可能有黄河干流洪水汇入外，其余都是因暴雨洪水形成大面积积水造成的涝灾。

由于汴河以黄河为源，黄河水量变化大，泥沙多，河势复杂，一旦引水过多，就会直接影响到汴京的防洪安全。因此，北宋汴京的防洪建设有相当的规模（见图 5－25）。

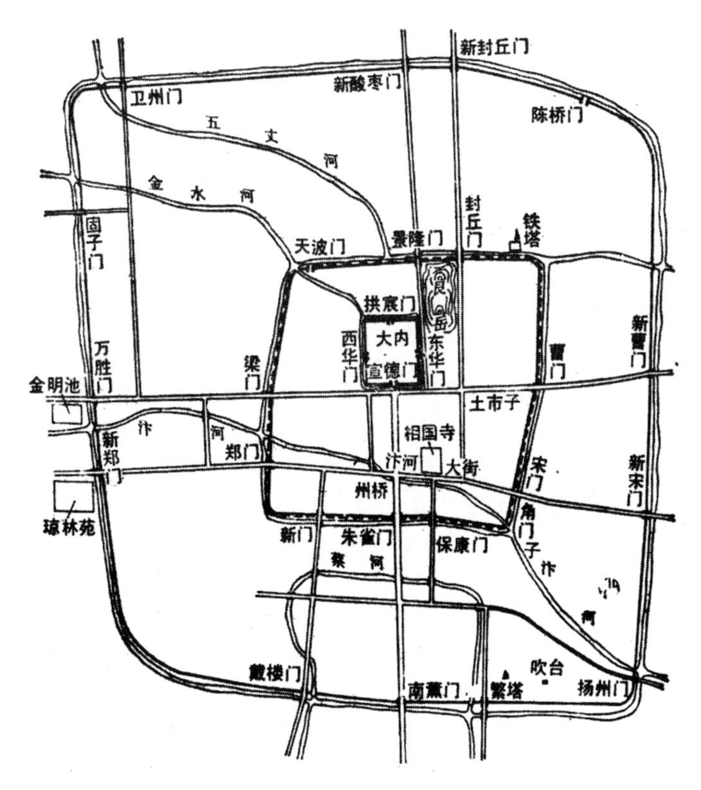

图 5－25 北宋汴京及城河系统示意图[139]

汴京有外城、里城和宫城三重城墙，各城外围又分别有三重城濠护卫。外城周长为五十里一百六十五步，九座城门；里城二十里一百五十五步，十二座城门；

宫城九里十八步，四面各有一座城门。外城濠称护龙河，岸堤称护龙堤。《东京梦华录》载："东都外城方圆四十余里。城濠曰护龙河。阔十余丈。濠之内外，皆植杨柳。"[171]由于城濠还有通运的功能，其过水断面相应较大。"真宗景德二年（1005年）五月，诏开京城濠以通舟楫，毁官水磑三所"[172]至北宋后期，城濠断面不断加大。"元丰五年（1082年），诏开在京城壕，阔五十步，深一丈五尺，地脉不及者，至泉止。"[172]断面宽深的城濠不仅是通航的需求，更可满足蓄滞洪水的需要，防洪功能显而易见。

北宋汴京人口逾百万，驻军数十万，官廪军粮主要通过汴河从江南运来。为了维系北宋王朝经济的命脉，汴河要保持常年通航，城中城濠和汴河沿岸大小塘泊都尽量蓄水备用，甚至城中还有专为蓄水而设的水柜。城中皇家园囿金明池和汴河上诸多济运水柜也都为城市提供了蓄滞洪水的空间。《东京梦华录》称："京师内外有八水口，泄水入汴。故京师虽大雨无复水害。"[171]

（二）汴京防洪工程的运用和管理

由于汴京的水利工程管理和水源调度首先要服从于保障供水这一大前提，因此防洪工程的运用和调度比较棘手。汴京的防洪管理主要是控制来水和加大蓄泄：节制上游水源引水口，京西水柜蓄滞分洪，以控制汛期入城洪水水量；利用城河排水滞洪，京东加强汴河的河道疏浚和堤防修守。这样全程防范，从而减少汴京的洪水灾害。

1. 汴河引水口的水量节制

汴河引水口的运用，既关系到汴河通航，又关系到汴京防洪。汴口管理的原则主要是满足漕运用水的需求，并兼顾防洪、城市用水等各方利益。

汴口口门形制由官方额定，为保持漕运所需航深，并防止汴河洪水溃溢，口门深度控制在六尺。"每岁自春及冬，常于河口均调水势，止深六尺，以通行重载为准。"[107]北宋置专官管理，"其浅深有度，置官以司之，都水监总察之。"[107]因黄河多泥沙，冲淤变化大，"大河向背不常，故河口岁易"[107]。口门随黄河大溜的变化而不断更换位置，需要综合用水量和防洪要求予以控制。"易则度地形，相水势，为口以逆之。"[107]真宗大中祥符二年（1009）八月，"汴水涨溢，自京至郑州，浸道路。诏选使乘传减汴口水势。既而水减，阻滞漕运，复遣浚汴口。"[107]

汴口管理动用数州劳役和数目可观的工程经费，然而，"吏又并缘侵渔，而京师常有决溢之虞"[107]，可见汴河口门流量的有效控制不只是工程设施的问题。

2. 城濠与沟渠蓄滞泄洪的功能与管理

汴京外城濠和外城墙是防洪的第一道屏障。城濠蓄滞洪水，外城墙阻挡洪水入城。仁宗天圣四年（1026），汴河"大涨堤危，众情恟恟忧京城，诏度京城西贾陂冈地，泄之于护龙河。"[107]汴河洪水危及大堤安全，仁宗下诏自城西贾陂分洪，下泄护龙河，发挥了蓄滞洪水的作用。当代学者吴庆洲根据汴京城濠断面尺寸估算出汴京城濠的蓄水量。以边坡2:1计，计算断面为372.48平方米，三条城濠分别约长30公里、12公里、5.4公里，总长47.4公里，得出蓄水总量为1765.6万立方米。即使按30%出入考虑，汴京城濠的蓄水量也超过1000万立方米[173]。

城濠具有通航、蓄水和行洪的功能，而分布于汴京城内的沟渠则是专为排水

而设。《宋史·河渠志》载:"京畿沟洫，汴都地广平，赖沟渠以行水潦。"[172]城区沟渠形成比较完备的排水系统，逐级汇流最后入汴河和蔡河。

沟渠的管理也在不断健全。真宗景德三年（1006），"分遣入内内侍八人，督京城内外坊里开浚沟渠。先是，京都每岁春浚沟渎，而势家豪族，有不即施工者。帝闻之，遣使分视，自是不复有稽迟者，以至雨潦暴集，无所壅遏，都人赖之。"[172]后又整理街区的下水系统，形成分片集中汇流。仁宗天圣元年（1023 年）八月，"内外八厢创置八字水口，通流雨水入渠甚利，虑所置处豪富及势要阻抑，乞下令巡察"[172]。"八字水口"应是分布于街区的排水沟，汇流入渠的进口。次年又颁行《疏决利害八事》，规范城区沟渠的管理[172]。

3. 京西分洪滞洪与京东泄洪的综合工程措施

由于汴河自黄河引水，口门又没有控制引水流量的设施，五代后汉时就有人提出在汴河堤上置立斗门（即侧向溢流堰），将汴河过量洪水分泄到两岸旧河道和低洼陂泽地带，以保障汴河堤的安全[174]。北宋初，在万胜镇（今中牟县西数十里）建有减水斗门。汴河在中牟以西，先后有京水和索水等小河汇入，需设斗门分减洪水。真宗景德二年（1005 年），开封府曾因汴河分流入广济河，万胜斗门堙塞不通，主张废弃。真宗说，此斗门原为泄京河、索河洪水而置，若废弃于汴京防洪不利。他不仅不同意废弃，而且"令多用巨石，高置斗门，水虽深大，而余波亦可减去。"[175]

北宋在京西汴河堤上先后设置斗门，开减河，沿程分减洪水，节制汴河水量。又将京西郑州至中牟沿汴河的大白龙坑及三十六陂辟为济运水柜，蓄积汴河渗水，这些陂塘与减水斗门相通，可以有效地蓄滞洪水。

北宋京西数十里间有四斗门：万胜斗门、孔固斗门、孙贾斗门和汴河北岸斗门。孔固斗门泄水入黄河，孙贾斗门泄入广济河，万胜斗门和汴河北岸斗门有减水河分别向南北两岸洼地泄洪[107]。真宗大中祥符二年（1009）八月，汴河涨溢，自今郑州至汴京两岸被淹。其后又采取了一些补充措施。大中祥符八年（1015 年），"于中牟、荥泽县各置开减水河。"[107]仁宗天圣六年（1028 年），又于"祥符界北岸请为别窦，分减溢流"，并"增置孙村之石限"[107]。即增开减水河，增置侧向溢洪堰，以增强分减洪水的能力。

由于分洪斗门的防洪能力有限，此后又增添了若干石础，以加强对汴河水量的节制能力。神宗熙宁三年（1070 年），都水监建议:"中牟县曹村袁家地可创水础一座，水涨出时任其自流。比之修斗门，倍省公费。又因而可以淤民田千余顷。从之。"[176]元丰六年（1083 年）六月，因"汴水增涨，京西四斗门不能分减，致开决堤岸"，汴河洪水进入汴京。是年十月，"开淘旧河，创开生河一道，下合入刁马河，役夫一万三千六百四十三人"[107]。

汴河从汴京东南出城。太宗至道二年（996 年），内殿崇班阎光泽、国子博士邢用之建议在京东开白沟，"自京师抵彭城吕梁口，凡六百里，以通长淮之漕。"[177]工程动工后遭到反对，说邢的田园在襄邑（今河南睢县），经常被水，他是为一己之私利开渠，"遂罢其役"。真宗咸平六年（1003 年），邢用之出任度支员外郎，"又令自襄邑下流治白沟河，导京师积水，而民田无害。"[177]白沟在汴京

东北，汴河北岸，“无山源，每岁水潦甚则通流”[177]，东南流入淮，枯水期则干涸。白沟河成为京东的主要排水通道，至北宋末徽宗时仍在运行。

4. 汴河通流的岁修和抢险措施

汴河以黄河为水源，黄河大量泥沙淤积于汴河，需要经常疏浚。“（汴河）每岁兴夫开导，至石板石人为则。岁有常役，民未尝病之，而水行地中。”[171]真宗大中祥符八年（1015 年），太常少卿马元方提出汴河疏浚应该控制断面。“疏浚中流，阔五丈，深五尺，可省修堤之费。”[107]中泓以外的河槽和滩地落淤，可以加固堤防，也节省了修堤费用。真宗“遣使计度修浚。使还，上言：‘泗州西至开封府界，岸阔底平，水势薄，不假开浚。请止自泗州夹冈，……仍请于沿河作头踏道擗岸（即马道），其浅处为锯牙，以束水势，使其浚成河道。’”[107]宋初汴河每年岁修疏浚一次，采取锯牙束水冲沙以后，“自今汴河淤淀，可三五年一浚。”[107]

汴河和京城沟渠疏浚的工程量巨大，由京畿附近各县分段承担，往往每年只能疏浚所管地段的二三成，须二三年才能完工。神宗熙宁元年（1068 年），都水监建议：“请令府界提点司选官，与县官同定紧慢功料，据合差夫数，以五分夫，役十分工，依年分开淘，提点司通行点校。”以后，改为将附近各县分工组织的夫役统一管理，以年份分段疏浚[172]。

汴河是京城防汛的重点。真宗大中祥符八年（1015 年），“诏自今后汴水添涨及七尺五寸，即遣禁兵三千，沿河防护。”[107]汛期防洪可调度的兵种有：“禁兵、八作、排岸兵，负土列河上以防河。”[107]参加防汛的兵士，“满五日，赐钱以劳之，曰‘特支’”。仁宗皇祐三年（1051 年），改制为“防河兵日给钱”[107]。

七、防洪管理

宋元时期河患频繁，为了保障漕运，在防洪管理方面逐渐加强了河防之责，主要体现为河官与专业管理机构的设立，专业化汛兵制度的建立，以及河防规章制度的制定。金朝颁布的《河防令》则为历史上第一部防洪法规。

（一）河官及其管理机构

1. 中央水官

宋初继承了唐代三省六部及司监制，后来逐渐变为中书门下主管政务，枢密院管军政，盐铁、度支和户部三司管财政，三足鼎立的中央官制。

为了加强中央集权，尚书省的官称和实职分离，三省、六部、二十四司官多为虚名，只有皇帝特命，才任实职。北宋初，工部下的水部如同虚设，凡川渎陂池、沟洫河渠，均属三司管理。神宗元丰（1078～1085 年）以后，水部实权加强，主要体现在改制后员外郎实行本司事，规划水利工程、调度经费和对地方官员水利政绩的考核。水部下设六分案，有官员三十余人。

宋代三司主管财政、漕运和河防。盐铁司下设七案，其中的河渠案负责漕运、防洪和堤防的兴建。度支司下设八案，其中的发运案负责防洪工程建设经费的筹集和经营。户部下设五案。三司中的河渠使和发运使由皇帝任命外派，行使其管理职责。北宋中央对水利的行政管理常有政出多门的现象，有时也任命不属三司的转运使和提点刑狱管理。

北宋仁宗皇祐三年（1051 年）置河渠司，专事黄河、汴河等河堤。嘉祐三年（1058 年）撤销河渠司，设立都水监，管理黄河、汴河堤防和汴京（今开封）沟渠。宋代都水监的职能主要是防洪、防汛管理。都水监以监和少监为正副长官，属官设丞和主簿。都水监的官员经常受命外派，与负责漕运的使职和地方共同受命兴工治河；也根据需要设置临时机构，如疏浚黄河司、提举汴河司、提举东流故道等均为因工程而临时设置。都水监对地方重要水利工程行使督导职能，派出监使巡查，工程则由路直接主持，府（州）、县负责征集劳力进行施工和施工管理。

北宋将漕运管理分为两个系统，在汴京设立排岸司和纲运司。排岸司负责运河工程管理，纲运司负责押运。这标志着跨行政区划的运河、漕运主管部门管理制开始取代临时性的遣使制度。

元代废除门下与尚书省，由中书省、枢密院、御史台分掌政务、军务、监察三权。地方设行中书省，为中央的派出机构。元代都水监的主要职能是防洪和运河管理，但驻外的河渠司则参与地方水利工程。都水监下领河道提举司。与此前的外派使者不同，元代都水监经常根据需要设置机构，仿行省之制。如，都水监在京畿外设行都水监，管理河堤和防洪；在河南、山东设河南、山东都水监，专事河决之疏塞；在松江设都水庸田使司，以疏浚太湖下游河道；在大都设大都河道提举司，管理漕河。元代都水监、都水分司、行都水监的设置，标志着跨行政区划的防洪和农田水利的主管部门管理制开始取代临时性的遣使制度。

元代河渠司不同于宋代河渠司，为工部屯田司派驻地方监管重要水利工程的机构，长官称屯田总管兼河渠司事，官阶较低。

2. 地方水官

北宋初年，朝廷未专置河官，每年只派一些官员行堤巡视和督率治堤堵口。太祖乾德五年（967 年），鉴于“河堤屡决”，兼设河官，加强河防。“诏开封、大名府、郓、澶、滑、孟、濮、齐、淄、沧、棣、滨、德、博、怀、卫、郑等州长吏，并兼本州河堤使”[3]太祖开宝五年（972 年），又诏“开封等十七州府，各置河堤判官一员，以本州通判充；如通判阙员，即以本州判官充。”[3]进一步加强了各地河防之责。北宋以后，除直属于皇帝的御史台之外，地方也有独立于行政长官的御史建制，对防洪建设与管理进行监察。

南宋时期，金朝占据黄河流域，金承宋制，仍设立都水监，总管河防事宜。沿河“四府、十六州之长贰皆提举河防事，四十四县之令佐皆管勾河防事。”[24]并“命每岁将泛之时，令工部官一员沿河检视”。如以上官员“任内规措有方能御大患，或守护不谨以致疏虞，临时闻奏，以议赏罚。”[24]此外，“沿河上下凡二十五埽，六在河南，十九在河北，埽设散巡河官一员。”[24]初设黄汴、黄沁、卫南、浚滑、曹甸、曹济都巡河官六员，分管六辖区的河防，后又特设崇福上下埽都巡河官一员。随着河防任务的增加，世宗大定十九年（1179 年）九月增设京埽巡河官一员，二十年增设归德府巡河官一员。此后直至明清，地方长官均兼河防官制。

鉴于单靠地方官员无法应对日益严重的河患，于是又委转运使负责河防。宋真宗咸平三年（1000 年），诏“缘河官吏，虽秩满，须水落受代。知州、通判两

月一巡堤，县令、佐迭巡堤防，转运使勿委以他职”[3]。仁宗至和二年（1055年）十二月后，始设“都大管勾应副修河公事”、“修河钤辖”、“都大提举河渠司”、“修河都监”等专管和“都大修河制置使”[178]。自嘉祐三年（1058年）正式设立都水监后，机构日渐庞大，除内外都监丞外，下设主簿、管勾公干多人。神宗元丰三年（1080年），都水监主簿公事李士良指出，沿河巡视和提举各堤段的官员多达一百六十余人，“未必习知水事”。为免“举官泛滥”，他建议：“乞今后河埽罢举官之制，並委审官西院、三班院选差。”[179]

（二）防洪法规

宋元时期重视水利立法，先后出台了一些有关防洪的法规和条款，并颁布了我国历史上有据可查的第一部防洪法规——《河防令》。

1. 宋代的防洪法规

北宋元丰官制规定：“水部掌川渎河渠，凡水政，详立法之意，非徒为穿凿开导修举目前而已。”[180]指出，水行政管理部门不能只管眼前的水利建设，还应制定水法。

据《玉海》记载，宋徽宗宣和二年（1120年），编有《宣和编类河防书》。这部系统的河防法规长达二百九十二卷，可见其详密的程度，可惜已散佚。《玉海》称其为：“元丰之制，水部掌水政，崇宁二年十月有司请推广元丰水政”。[181]当为王安石奉行法家路线，卓有成效的法规建设。

宋代制定的水利法规则以神宗熙宁二年（1069年）十一月由制置三司条例司颁行的《农田水利约束》最为著称。《农田水利约束》不同于唐《水部式》，这是一部鼓励和规范大兴农田水利建设的行政法规，其包含有防洪的条款[182]。如，各县要上报应修浚的河流，并做出预算及施工安排；河流涉及几个州县的，各县都要提出意见，报送主管官吏；各县应修的堤防、应开挖的排水沟，都要提出计划、预算和施工办法，报请上级复查，然后执行；关系几个州的大工程，要经中央批准等。此前，庆历四年（1044年）宋仁宗发布劝农文书，其中第一项“兴水利，谓陂塘圩田之类，及逐处堤堰河渠可备水患者”[183]，就包括要求各地兴修和续建防御水灾的水利设施，并要逐处查勘登记上报和评价功绩大小。

宋代黄河决溢频繁，除在《宋刑统》中保留唐代有关护堤条例外，还有其他一些零星记载。例如哲宗元祐六年（1091年），针对有人盗拆黄河埽工木岸的情况，决定“以持杖窃论”；对于严重的毁堤事件，即使刑法条款规定可以不发配的，也要从严量刑而“配邻州”[184]。

2. 第一部防洪法规——《河防令》

金章宗泰和二年（1202年）颁布了历史上有据可查的第一部防洪法规——《河防令》。其内容为关于黄河和海河水系各河的河防修守法规，共十一条。《河防令》对各级河防官员和埽兵提出了如下明确规定：每年要选派一名政府官员沿河视察，督促地方政府和水利主管机关落实防洪措施；水利部门可以使用最快的交通工具传递防汛情况；州县主管防洪的官员每年六月初一到八月底要上堤防汛，平时分管官员也要轮流上堤检查；沿河州县官吏防汛的功过都要上报；河防军夫有规定的假期，医疗也有保障；堤防险工情况要每月上报朝廷，情况紧急要增派

夫役上堤等。

现保存在元代沙克什所著《河防通议》中的《河防令》十条显然经过删节：

“一、每岁选旧部官一员，诣河上下，兼行户工部事，督令分治都水监及京府州县守涨部夫官，从实规措，修固堤岸。如所行事务有可久为例者，则关移本部，仍候安流就便检复。次年春，工物料讫，即行还职。

二、分治都水监官道勾当河防事务。

三、州县提举管勾河防官，每六月一日至八月终，各轮一员守涨，九月一日还职。

四、沿河兼带河防州县官，虽非涨月，亦相轮上提控。

五、沿河州县官若规措有方，能御大患；及守护不谨，以致堤岸疏虞者，具以闻奏。

六、河桥埽兵遇天寿、圣节，及元月、清明、冬至、立春，各给假一日。祖父母、父母吉凶二事，并自身婚娶，各给假三日。妻子吉凶二事，只给假二日。其河水平安月份，每月朔各给假一日。若河势危急，不用此令。

七、沿河州府，遇防危急之际，若兵力不足，劝率于碍水手人户，协济救护。至有干济或难迭办，须合时暂差夫役者，州府提控官与都水监及巡河官同为计度，移下司县，以近远量数差遣。

八、河防军夫疾疫须当医治者，都水监移文近京州县，约量差取所须用药物，并从官给。

九、河埽堤岸遇霖雨涨水，作发暴变时分，都水监与都巡河官、往来提控官兵，多方用心固护，无致为害，仍每月具河埽平安，申复尚书、工部呈省。

十、除滹沱、漳、沁等河，其余为害诸河，如有卧著、冲刷、危急等事，并仰所管官司，约量差夫作急救护。其芦沟河行流去处，每遇泛涨，当该县官与宠福埽官司一同叶济固护，差官一员系监勾之职，或提控巡抚，每岁守涨。”[185]

（三）岁修役夫和专业化汛兵制度

宋太祖乾德五年（967 年），“帝以河堤屡决，分遣使行视，发畿甸丁夫缮治。自是岁以为常，皆以正月首事，季春而毕。”[3] 正式建立了河堤岁修制度。

宋代岁修，沿河附近州县按田亩数征发河工劳役，无力承担劳役者可改交“免夫钱”。如遇堵口大工，如就近劳役数量不足，要从远处征调。王安石变法时，鉴于劳役制度弊病甚多，提出免役法，又称募役法。即取消农民劳役而改为收取免役钱，再用这笔经费就近雇夫。王安石变法失败后，免役法随之废除，重新恢复差役制。

北宋岁役河防丁夫年年增加，到哲宗元祐七年（1092 年），“都水监乞河防每年额定夫一十五万人，沟河夫在外”。朝廷决定减少额定夫数，自次年起，“除逐路沟河夫外，其诸河防春夫，每年以一十万人为额”，“如遇逐路州县灾伤五分以上及分布不足，须合于八百里外科差”[54]。

每年的黄河岁修役夫，成为沿河百姓的沉重负担。宋神宗元丰年间（1078 ~ 1085 年）黄河水灾严重，大量征调劳役，以致“本路不足，则及邻路，邻路不足，则及淮南”[11]。据《宋史·食货志》记载，当时“淮南科（派）黄河夫，夫钱十千，富户有及六十夫者”[186]，可见科敛之重。徽宗大观二年（1108 年），“黄河调发人夫修筑埽岸，每岁春首，骚动数路，常至败家破产。”[11]朝廷下诏可有钱出钱，有力出力，“河防夫工，岁役十万，滨河之民，困于调发。可上户出钱免夫，下户出力充役”[11]。

黄河岁修，除每年征役十万直接参加修堤外，河堤各埽每年所备春料所动用的役夫和所费资材尤为庞大。“旧制，岁虞河决，有司常以孟秋预调塞治之物，梢芟、薪柴、楗橛、竹石、茭索、竹索凡千余万，谓之‘春料’。诏下濒河诸州所产之地，仍遣使会河渠官吏，乘农隙率丁夫水工，收采备用。”[3]

宋代还有专业化汛兵制度。仁宗景祐中（1034～1038 年），工部郎中张夏在杭州“置捍江兵士五指挥，专采石修塘”[124]。“捍江兵士五指挥”即管理海塘的专门军事机构，兵士每指挥以四百为额。黄河修防除雇用民夫外，在抢险堵口等紧急情况下，也调动军队参加。

金承宋制，黄河修防役夫征调仍沿用宋代的办法。沿河上下二十五埽，设散巡河官统领埽兵，每年负责备料岁修河防。“凡巡河官，皆从都水监廉举，总统埽兵万二千人，岁用薪百一十一万三千余束，草百八十三万七百余束，桩杙之木不与，此备河之恒制也。”[24]世宗大定二十六年（1186 年）河决卫州堤后，鉴于河患频繁，所设埽兵不足应付修堤塞决，仿“宋河防一步置一人”之制，“添设河防军数”[24]。大定二十九年（1189 年）堵复曹州决口时，工部估算“用工六百八万余，就用埽兵军夫外，有四百三十余万工当用民夫”，并“诏命去役所五百里州、府差雇，于不差夫之地均征雇钱”[24]。同时，政府给予少量补助。此外，加派五百名兵士维护治安。

（四）修防经费开支

宋代河工经费沿袭汉制，由国库开支，临时借支的途径则有常平仓司和封桩钱库。

神宗元丰元年（1078 年）黄河曹村堵口，将诸埽储备的抢险梢料用尽，都水监“乞给钱二十万缗下诸路，以时市梢草封桩。”[4]宋神宗同意由皇室内藏库的封桩钱库借支十万缗。

哲宗元祐八年（1093 年），拟导河回复东流。“京东、河北五百里内差夫，五百里外出钱雇夫，及支借常平仓司钱买梢草，斩伐榆柳。”[11]“出钱雇夫”当是预拨之工程款，而“支借常平仓司钱”日后须归还。

此外，某些河工专门用料，还指定某些地区交钱采买。唐代规定黄河修防所需竹索由江西州县交纳，宋代改为交纳“黄河竹索钱”。这一规定也为据有黄河流域的金政权沿用，由司竹监每年采买，春秋两次转交都水监“备河防”[187]。

第四节　宋元时期的主要防洪著述

宋元时期是防洪工程技术发展的重要阶段，关于防洪的议论和防洪工程技术的记载较多，也较为详细。除了正史和地方志有大量的记载之外，这一时期开始有了专门的防洪著作——《河防通议》、《至正河防记》。这些河工著作，都是这一

时期河防理论和河工技术经验的重要总结。

一、两宋时期的防洪著述

防洪著作《河防通议》原为北宋屯田员外郎沈立所著，成书于仁宗庆历八年（1048 年），已散佚。元人赡思（1278～1351 年）收集南宋初周俊《河事集》中所收北宋沈立著八篇《河防通议》和金代都水监《河防通议》两书，于英宗至治元年（1321 年）合编为今通行本《河防通议》。后由清人自《永乐大典》中辑出，并将赡思改译为沙克什。该书分为六门：一、河议，介绍治河历史，堤埽利病，信水和各种波浪名称，土脉辨析及河防规章制度等；二、制度，介绍开河、闭河、定平（水平测量）、修岸、卷埽等施工方法；三、料例，介绍修堤筑岸，安设闸坝以及卷埽、造船的用料和计工定额；四、功程，介绍修筑、开掘、砌石岸、筑墙及采买物的规格和计算；五、输运，介绍各类船只装载量、运输计工、所运物料体积的估算，以及土方劳动定额的历步减土法等；六、算法，举例说明各种物料和建筑物构件体积及物料配置的计算。《河防通议》反映了宋元时期的河工技术水平，是现所见最早记载具体河工技术的珍贵著作。书中称汴本者即为沈立旧本，称监本者为金都水监本。近人汪胡桢重印的《水利珍本丛书》所用版本较佳。

宋代论太湖水利的专篇有单锷的《吴中水利书》。明代归有光的《三吴水利录》收录了北宋郏亶、单锷、郏侨等人纵论太湖水利的各专篇；姚文灏的《浙西水利书》也多抄录宋人记载。这些治理太湖的水利著述，是对水网湖区防洪排涝方略的有益探索，极大地丰富了防洪思想的内涵。南宋魏岘的《四明它山水利备览》是浙东水利专著，记述了唐代以来它山堰的发展，也是一本珍贵的水利文献。

宋代治水资料十分丰富，《宋史・河渠志》是重要的水利文献，但内容较混杂，舛误不少，需要认真分析。《宋史・五行志》、《食货志》和各纪、传中的水利资料也不少，但也有粗疏混淆的毛病。其他史书，李焘所编《续资治通鉴长编》记载北宋治水资料完备，可惜有残缺。清人黄以周的《续资治通鉴长编拾补》，多根据杨仲良《续资治通鉴长编纪事本末》而作。李心传的《建炎以来系年要录》及《建炎以来朝野杂记》专记南宋高宗一朝三十余年之事，资料较为可信。徐梦莘的《三朝北盟会编》纪事起自北宋政和中，止于南宋高宗，多抄录当时文献原文。清人所辑《宋会要辑稿》的食货部分，记载治水最为详细，但该书并不完整。

宋代地方志多有记述治水的内容，元代志书中记南宋事也不少。南宋偏安江南，浙中水利发达，文渊阁《钦定四库全书》收录的浙中古志就有：南宋《乾道临安志》、《剡录》、《嘉泰会稽志》、《宝庆会稽续志》、《嘉定赤城志》、《澉水志》、《景定严州续志》、《咸纯临安志》，以及元代的《至元嘉禾志》，都记有南宋的水利资料。宋代浙东地方志也有很多保存了下来，如《乾道四明图经》、《宝庆四明志》、《开庆四明续志》等，其中都有大量关于浙东水利的资料。其他保留至今的宋代方志还有：《淳熙三山志》、《新安志》、《嘉定镇江志》、《景定建康志》等，都有关于当地治水的资料。

大型类书中，宋末王应麟的《玉海》有不少治水的记载。南宋郑樵的《通志》和元初马端临的《文献通考》所记虽然各有侧重，但以马端临的《文献通考》更

为突出。他不仅记录了古今治水的情况，而且对南宋水利的记述尤为翔实。

宋代的地理书和文集中有不少治水之论。朱长文的《吴郡图经续记》、范成大的《吴郡志》多记有当时太湖地区的情况，范仲淹的《范文正公文集》中也有涉及。北宋乐史的《太平寰宇记》和南宋王象之的《舆地纪胜》收罗弘富。沈括的《长兴集》和《梦溪笔谈》中有河工技术的片断资料。

宋代的笔记、杂记、小说等较多，往往有一些具体的治水事迹。如孟元老《东京梦华录》记汴河事，周密《武林旧事》记临安河湖，周密《齐东野语》记南宋时期蒙古兵决黄河事。王禹偁《东都事略》记北宋事，《宋季三朝政要》记南宋事等。

二、金、元时期的防洪著述

元代水利专著有：任仁发的《浙西水利议答录》和欧阳玄的《至正河防记》、王喜的《治河图略》。《浙西水利议答录》又名《水利集》，专论太湖水利。《至正河防记》详记贾鲁治河的工程措施。《治河图略》专记宋、金、元三代黄河史事，是有关至正治河仅存的另一著作。

贾鲁治河成功后，元惠宗“特命翰林学士承旨欧阳玄制河平碑文，以旌劳绩。”欧阳玄作河平碑文后，有感于“司马迁、班固记《河渠》、《沟洫》，仅载治水之道，不言其方，使后世任斯事者无所考则”[33]，便通过大量的调查、访问、查阅文牍资料，终于完成《至正河防记》。为了使该书能起到“欲使来世罹河患者按而求之”[33]的作用，《至正河防记》首先阐述了治河三法（疏、浚、塞）、疏浚四别（生地、故道、河身、减水河），归纳了堤工的分类（创筑、修筑、补筑，刺水堤、截河堤、护岸堤、缕水堤、石船堤）、埽工的分类（岸埽、水埽、龙尾埽、栏头埽、马头埽）和塞河的分类（缺口、豁口、龙口）。然后按照贾鲁治河“用功之次第”，详细记述了所采取的各项工程措施和施工程序，每项工程的规模尺寸及用工、用料；特别是对难度最大、关系成败的关键——堵塞口门过程中刺水堤的修筑、卷埽的制作、石船大堤的抢筑、龙口的闭合，记述尤详。最后总结了贾鲁治河的四个难点。该书对一项工程记述之详尽，前所未有。

金元两代的正史对治水的记述则不足。《金史·河渠志》记黄河等修防多为大定、明昌至泰和年间之事，前缺三四十年、后缺二三十年。所记规章、法则多为章宗时较为完备的制度。《金史》纪、传、志中亦有一些治水资料。《元史》是明初宋濂等人仓猝撰成，其《河渠志》只收录了一些元代的文牍档案，未经考订整编，不仅杂乱无章，而且缺略甚多。如元初情况就少有记载，顺帝一朝只收录了欧阳玄《至正河防记》一文。《五行志》及纪、传记载则较详，有关资料不少。清末民初柯绍忞所著《新元史》体例严谨，但增加的水利资料不多。

元代经史子集中记治水的内容也不如宋代。苏天爵的《元文类》中有些文章涉及水利较多。王祯的《农书》详记水利田制及水利机械，材料完整。元好问的《遗山集》多记金元间史事，也有一些治水资料。《经世大典》系会典性质，内容繁复，惜已散失。《元一统志》有近人赵万里辑本，残缺过甚。

元代地方志尚可见的有：熊梦得《析津志》、于钦《齐乘》、张铉《至大金陵

新志》、佚名《无锡县志》、杨譓《昆山郡志》及佚名《至顺镇江志》等。陈括著《上虞五乡水利本末》为一地之水利志。

参考文献

〔1〕《宋史》卷九十六“范祖禹传”，中华书局，1977年。

〔2〕武汉水利电力学院:《中国水利史稿》中册，第154～169页，水利电力出版社，1987年。

〔3〕周魁一等:《二十五史河渠志注释》，“宋史·河渠志一”，第37～66页，中国书店，1990年。

〔4〕周魁一等:《二十五史河渠志注释》，“宋史·河渠志二”，第67～88页，中国书店，1990年。

〔5〕武汉水利电力学院:《中国水利史稿》中册，第173页，水利电力出版社，1987年。

〔6〕清·康基田:《河渠纪闻》卷六，中国水利工程学会《水利珍本丛书》，1936年。

〔7〕宋·李焘:《续资治通鉴长编》卷二十四“太宗太平兴国八年”，上海古籍出版社，1985年。

〔8〕宋·王应麟:《玉海》卷二十二“地理·河渠”，第445页，江苏古籍出版社、上海书店，1988年。

〔9〕宋·李焘:《续资治通鉴长编》卷一百零八“仁宗天圣七年”，上海古籍出版社，1985年。

〔10〕宋·李焘:《续资治通鉴长编》卷一百十一“仁宗明道元年”，上海古籍出版社，1985年。

〔11〕周魁一等:《二十五史河渠志注释》，“宋史·河渠志三·黄河下”，第89～103页，中国书店，1990年。

〔12〕宋·李焘:《续资治通鉴长编》卷一百三十一“仁宗庆历元年”，上海古籍出版社，1985年。

〔13〕《宋史》卷三百三十一“韩贽传”，中华书局，1977年。

〔14〕宋·李焘:《续资治通鉴长编》卷四百八十一“哲宗元祐八年”，上海古籍出版社，1985年。

〔15〕周魁一等:《二十五史河渠志注释》，“宋史·河渠志一”，第47页，中国书店，1990年。

〔16〕宋·李焘:《续资治通鉴长编》卷三百三十二“神宗元丰六年”，上海古籍出版社，1985年。

〔17〕宋·李焘:《续资治通鉴长编》卷七十六“真宗大中祥符四年”，上海古籍出版社，1985年。

〔18〕宋·李焘:《续资治通鉴长编》卷八十四“真宗大中祥符八年”，上海古籍出版社，1985年。

〔19〕宋·李焘:《续资治通鉴长编》卷九十七“真宗天禧五年”，上海古籍出版社，1985年。

〔20〕宋·李焘:《续资治通鉴长编》卷一百三十三“仁宗庆历元年”，上海古籍出版社，1985年。

〔21〕宋·李焘:《续资治通鉴长编》卷一百七十“仁宗皇祐三年”，上海古籍出版社，

1985年。

〔22〕《宋史》卷三百三十一“周沆传”，中华书局，1977年。

〔23〕《宋史》卷二百九十一“宋昌言传”，中华书局，1977年。

〔24〕周魁一等：《二十五史河渠志注释》，“金史·河渠志”，第211～233页，中国书店，1990年。

〔25〕武汉水利电力学院:《中国水利史稿》中册，第206～207页，水利电力出版社，1987年。

〔26〕黄河水利委员会:《黄河水利史述要》，第209、217页，水利电力出版社，1984年。

〔27〕《金史》卷七十一“宗叙传”，中华书局，1975年。

〔28〕《金史》卷一百零四“高霖传”，中华书局，1975年。

〔29〕武汉水利电力学院:《中国水利史稿》中册，第289～294页，水利电力出版社，1987年。

〔30〕周魁一等:《二十五史河渠志注释》，“元史·河渠志二”，第272～289页，中国书店，1990年。

〔31〕《元史》卷一百七十“尚文传”，中华书局，1976年。

〔32〕《元史》卷五十“五行志一”，中华书局，1976年。

〔33〕周魁一等:《二十五史河渠志注释》，“元史·河渠志三·黄河”，第299～310页，中国书店，1990年。

〔34〕周魁一:《中国科学技术史·水利》，第224页，科学出版社，2002年。

〔35〕长江水利委员会：《长江志》第22册《人文》，第三章“治江文选”引北宋·范仲淹:“上吕相公并呈中丞咨目”，第109页，中国大百科全书出版社，2006年。

〔36〕清·康基田：《河渠纪闻》卷六，第34页，中国水利工程学会《水利珍本丛书》，1936年。

〔37〕长江水利委员会：《长江志》第22册《人文》，第三章“治江文选”引北宋·范仲淹:“答手诏条陈十事”，第110页，中国大百科全书出版社，2006年。

〔38〕清·陈瑚:《筑圩说》，江苏广陵古籍刻印社，1990年。

〔39〕北宋·范成大:《吴郡志》卷十九《水利下》，第288页，中国大百科全书出版社，2006年。

〔40〕北宋·范成大:《吴郡志》，卷十九《水利下》引赵霖:“体究治水利害状”，第288页，江苏古籍出版社，1999年。

〔41〕明·徐光启:《农政全书校注》，卷十三“水利·东南水利上”引元·任仁发:“水利集”，第317页，上海古籍出版社，1979年。

〔42〕北宋·范成大:《吴郡志》，卷十九《水利上》引郏亶:“吴门水利书”，第364～280页，江苏古籍出版社，1999年。

〔43〕武同举:《江苏水利全书》第三册，卷三十二“太湖流域二”引南宋·黄震:“代平江府回马裕斋催泄水书”，南京水利实验处印行，1950年。

〔44〕水利水电科学研究院:《中国水利史稿》下册，第73页，水利电力出版社，1989年。

〔45〕长江水利委员会:《长江志》第22册《人文》，第三章“治江文选”引北宋·单锷:“吴中水利书”，第112页，中国大百科全书出版社，2006年。

〔46〕长江水利委员会:《长江志》第22册《人文》，第三章“治江文选”引明·归有光:“水利论”，第127页，中国大百科全书出版社，2006年。

〔47〕北宋·范成大:《吴郡志》，卷十九《水利下》引北宋·郏侨:“水利书”，第280～285页，中国大百科全书出版社，2006年。

〔48〕清·金友理撰，薛正兴校点：《太湖备考》卷三“水议”，第125页，江苏古籍出版社，1998年。

〔49〕江苏省水利厅：《太湖水利史稿》，第118页，河海大学出版社，1993年。

〔50〕《宋书》卷九十九“二凶传”，中华书局，1974年。

〔51〕《宋史》卷二百九十五“叶清臣传”，中华书局，1977年。

〔52〕清·顾炎武：《天下郡国利病书》第四册“苏上·历代水利”，第7页，《四部丛刊三编·史部》，上海涵芬楼景印昆山图书馆稿本。

〔53〕长江水利委员会：《长江志》第22册《人文》，第三章“治江文选”引元·周文英：“论三吴水利”，第124页，中国大百科全书出版社，2006年。

〔54〕宋·李焘：《续资治通鉴长编》卷四百七十六“哲宗元祐七年”，上海古籍出版社，1985年。

〔55〕宋·李焘：《续资治通鉴长编》卷二“太祖建隆二年”，上海古籍出版社，1985年。

〔56〕宋·李焘：《续资治通鉴长编》卷四“太祖乾德元年”，上海古籍出版社，1985年。

〔57〕宋·王应麟：《玉海》卷二十三“地理·陂塘堰湖、堤”，第474页，江苏古籍出版社、上海书店，1988年。

〔58〕宋·李焘：《续资治通鉴长编》卷八十八“真宗大中祥符九年”，上海古籍出版社，1985年。

〔59〕《宋史》卷十二“仁宗四”，中华书局，1977年。

〔60〕周魁一：《中国科学技术史·水利》，第353、354页，科学出版社，2002年。

〔61〕水利部淮河水利委员会淮河志编纂委员会：《淮河志》，第二卷第二篇“淮河流域水系”，第83页，中国水利水电出版社，1997年。

〔62〕宋·李心传：《建炎以来系年要录》卷一百五十四，第2486页，中华书局，1956年。

〔63〕《元史》卷一百七十“尚文传”，中华书局，1976年。

〔64〕《元史》卷十四“世祖十一”，中华书局，1976年。

〔65〕《元史》卷十五“世祖十二”，中华书局，1976年。

〔66〕《元史》卷十七“世祖十四”，中华书局，1976年。

〔67〕《元史》卷十九“成宗二”，中华书局，1976年。

〔68〕《元史》卷二十一“成宗四”，中华书局，1976年。

〔69〕元·苏天爵：《元文类》卷六十八“参知政事王公神道碑”，上海古籍出版社，1993年。

〔70〕《新元史》卷一百九十四“任仁发传”，中国书店，1988年。

〔71〕《元史》卷二十九“泰定帝一”，中华书局，1976年。

〔72〕《元史》卷三十“泰定帝二”，中华书局，1976年。

〔73〕《元史》卷三十六、三十七“文宗五”，中华书局，1976年。

〔74〕《元史》卷四十一“顺帝四”，中华书局，1976年。

〔75〕武汉水利电力学院：《中国水利史稿》中册，第288、303、305页，水利电力出版社，1987年。

〔76〕《元史》卷四十二“顺帝五”，中华书局，1976年。

〔77〕《元史》卷一百八十六“成遵传”，中华书局，1976年。

〔78〕清·傅泽洪：《行水金鉴》第二册，卷十七“河水”注引，第262页，国学基本丛书本，商务印书馆，1936年。

〔79〕清·胡渭著，邹逸麟整理：《禹贡锥指》卷十三下“附论历代徙流”，第521页，上海古籍出版社，1996年。

〔80〕清・贺长龄、魏源等：《清经世文编》下，卷九十六“工政二”，靳辅：“论贯鲁治河”，第2343页，中华书局，1992年。

〔81〕明・潘季驯：《河防一览》卷六“贯鲁河纪”，中国水利工程学会，《水利珍本丛书》，1936年。

〔82〕明・蒋一葵：《尧山堂外记》卷七十四“元・脱脱”，明万历刻本。

〔83〕监利县水利局：《监利堤防志》，第407页，湖北人民出版社，1991年。

〔84〕《宋史》卷三百三十三“姚涣传”，中华书局，1976年。

〔85〕周魁一等：《二十五史河渠志注释》，“宋史・河渠志七・东南诸水下”，第185～209页，中国书店，1990年。

〔86〕《宋史》卷三百八十九“张孝祥传”，中华书局，1976年。

〔87〕宋・张孝祥：《于湖居士文集》第三册，卷十四“金堤记”，《四部丛刊初编》，商务印书馆，1922年。

〔88〕清・顾祖禹：《读史方舆纪要》，卷七十八“湖广四・荆州府”，第3340、3342、3344页，中华书局，2005年。

〔89〕毛振培等点校：《万城堤志・万城堤续志》，清・倪文蔚：《荆州万城堤志》卷二“水道・穴口”，第77页，湖北教育出版社，2002年。

〔90〕《宋史》卷二百七十一“赵延进传”，中华书局，1976年。

〔91〕湖北省水利志编纂委员会：《湖北水利志》，第三篇第二章“堤防工程”，第352～353页，中国水利水电出版社，2000年。

〔92〕《宋史》卷三百七十七“陈桷传”，中华书局，1976年。

〔93〕清・顾祖禹：《读史方舆纪要》，卷七十九“湖广五・襄阳府”，第3374页，中华书局，2005年。

〔94〕清・顾炎武：《天下郡国利病书》第二十四册“湖广上・水利”，第3页，《四部丛刊三编》，上海商务印书馆，1936年。

〔95〕四邑公堤志编委会：《四邑公堤志》，第二章“大堤兴筑”，第51页，湖北人民出版社，1991年。

〔96〕湖南省水利志编纂办公室：《湖南省水利志》，第一分册“湖南水利大事记”，第16～18页；第三分册“洞庭湖水利”，第18～19页，1985年。

〔97〕江西省水利厅：《江西省水利志》，“大事纪年”，第19～25页，江西科学技术出版社，1995年。

〔98〕四川省水利电力厅：《四川省水利志》，第一卷“大事记”，第32、41页，1988年。

〔99〕《后汉书》卷八十六“西南夷传”，中华书局，1965年。

〔100〕清・顾祖禹：《读史方舆纪要》，卷一百十三“云南一”，第4589页，中华书局，2005年。

〔101〕云南省水利水电厅：《云南省志・水利志》，“大事”，第9页，云南人民出版社，1998年。

〔102〕清・顾祖禹：《读史方舆纪要》，卷一百十四“云南二・云南府”，第4598～4599页，中华书局，2005年。

〔103〕清・鄂尔泰等：《（雍正）云南通志》卷二十九之九“艺文・表”，赵子元：“赛平章德政碑”，文渊阁《钦定四库全书》，武汉大学出版社电子版。

〔104〕《元史》卷一百六十七“张立道传”，中华书局，1976年。

〔105〕宋・李焘：《续资治通鉴长编》卷二百六十九“神宗熙宁八年”，上海古籍出版社，1985年。

〔106〕周魁一等:《二十五史河渠志注释》,“宋史·河渠志三·汴河上”,第103~114页,中国书店,1990年。

〔107〕周魁一等:《二十五史河渠志注释》,“宋史·河渠志四·汴河下”,第115~124页,中国书店,1990年。

〔108〕宋·李焘:《续资治通鉴长编》卷一百零四“仁宗天圣四年”,上海古籍出版社,1985年。

〔109〕宋·李焘:《续资治通鉴长编》卷一百一十“仁宗天圣九年”,上海古籍出版社,1985年。

〔110〕宋·李焘:《续资治通鉴长编》卷一百八十四“仁宗嘉祐元年”,上海古籍出版社,1985年。

〔111〕清·毕沅:《续资治通鉴》卷一百六十七“宋纪一百六十七”,上海古籍出版社,1987年。

〔112〕《元史》卷一百七十“尚文传”,中华书局,1976年。

〔113〕《宋史》卷二百七十三“何承矩传”,中华书局,1976年。

〔114〕周魁一等:《二十五史河渠志注释》,“宋史·河渠志五·塘泊”,第147~154页,中国书店,1990年。

〔115〕周魁一等:《二十五史河渠志注释》,“宋史·河渠志五·漳河、滹沱河、御河”,第140~147页,中国书店,1990年。

〔116〕周魁一等:《二十五史河渠志注释》,“元史·河渠志一·冶河、滹沱河”,第257~261页,中国书店,1990年。

〔117〕周魁一等:《二十五史河渠志注释》,“元史·河渠志一·滦河”,第254~256页,中国书店,1990年。

〔118〕周魁一等:《二十五史河渠志注释》,“元史·河渠志一·卢沟河、浑河”,第243~247页,中国书店,1990年。

〔119〕珠江水利委员会:《珠江水利简史》,第99~104页,水利电力出版社,1990年。《珠江志》,第一卷“大事记”,第17~19页,广东科技出版社,1991年。

〔120〕《宋史》卷三百零一“赵贺传”,中华书局,1976年。

〔121〕武同举:《江苏水利全书》第三册,卷三十一“太湖流域一”,南京水利实验处印行,1950年。

〔122〕周魁一等:《二十五史河渠志注释》,“宋史·河渠志六·东南诸水上”,第170~183页,中国书店,1990年。

〔123〕武同举:《江苏水利全书》第三册,卷三十二“太湖流域二”,南京水利实验处印行,1950年。

〔124〕周魁一等:《二十五史河渠志注释》,“宋史·河渠志七·东南诸水下”,第185~209页,中国书店,1990年。

〔125〕《宋史》卷一百七十三“食货志上一”,中华书局,1976年。

〔126〕《宋史》卷三十一“高宗本纪八”,中华书局,1976年。

〔127〕《宋史》卷二百四十七“赵子潚传”,中华书局,1976年。

〔128〕清·顾炎武:《天下郡国利病书》第四册“苏上·历代水利”,第19、21页,《四部丛刊三编·史部》,上海涵芬楼景印昆山图书馆稿本。

〔129〕周魁一等:《二十五史河渠志注释》,“元史·河渠志二·吴淞江、淀山湖”,第290~294页,中国书店,1990年。

〔130〕浙江省水利志编委会:《浙江省水利志》,“大事记”,第45~49页;第三编第九章

"钱塘江海塘"，第251～261页，中华书局，1998年。

〔131〕上海水利志编委会：《上海水利志》，"大事记"、第三编第一章"海塘"，上海社会科学院出版社，1997年。

〔132〕武同举：《江苏水利全书》第三册，卷三十八"江南海塘"，南京水利实验处印行，1950年。

〔133〕清·方观承：《两浙海塘通志》引《至元嘉禾志》，广陵书社，2006年。

〔134〕《元史》"五行志一"，中华书局，1976年。

〔135〕《元史》卷六十二"地理志五"，中华书局，1976年。

〔136〕浙江省水利志编委会：《浙江省水利志》，"大事记"，第45～49页；第三编第十一章"浙东海塘"，第295～297页，中华书局，1998年。

〔137〕清·方观承：《两浙海塘通志》卷三，广陵书社，2006年。

〔138〕武同举：《江苏水利全书》第三册，卷四十三"江北海堤"，南京水利实验处印行，1950年。

〔139〕水利水电科学研究院：《中国水利史稿》下册，第208、210、232页，水利电力出版社，1989年。

〔140〕《宋史》卷三十一"高宗本纪八"，中华书局，1976年。

〔141〕《新唐书》卷四十一"地理志五"，中华书局，1975年。

〔142〕宋·李焘：《续资治通鉴长编》卷三百三十八"神宗元丰六年"，上海古籍出版社，1985年。

〔143〕《宋史》卷291"李若谷传"，中华书局，1977年。

〔144〕宋·李焘：《续资治通鉴长编》卷六十四"真宗景德三年"，上海古籍出版社，1985年。

〔145〕元·沙克什：《河防通议》卷上，第一门"河议·辨土脉"，文渊阁《钦定四库全书》，武汉大学出版社电子版。

〔146〕元·沙克什：《河防通议》卷下，第四门"功程"，文渊阁《钦定四库全书》，武汉大学出版社电子版。

〔147〕元·沙克什：《河防通议》卷下，第五门"输运·历步减土法"，文渊阁《钦定四库全书》，武汉大学出版社电子版。

〔148〕宋·张师正：《括异志》卷一"大名监埽"，第9页，《四部丛刊续编》，商务印书馆，1932年。

〔149〕元·沙克什：《河防通议》卷上，第三门"料例·卷埽物色"，文渊阁《钦定四库全书》，武汉大学出版社电子版。

〔150〕黄河水利委员会：《黄河水利史述要》，第183、186、188页，水利电力出版社，1984年。

〔151〕周魁一：《中国科学技术史·水利》，第333页，科学出版社，2002年。

〔152〕明·潘季驯：《河防一览》卷四"修守事宜"，第100～101页，中国水利工程学会《水利珍本丛书》，1936年。

〔153〕元·沙克什：《河防通议》卷上，第二门"制度·卷埽"，文渊阁《钦定四库全书》，武汉大学出版社电子版。

〔154〕元·沙克什：《河防通议》卷上，第二门"制度·闭河"，文渊阁《钦定四库全书》本。

〔155〕宋·沈括：《梦溪笔谈》卷十一"官政一"，第127页，中华书局，1963年。

〔156〕周魁一："元丰黄河曹村堵口及其他"，《水利学报》，1985年1期。

〔157〕黄河水利委员会黄河志总编室：《河南武陟至河北馆陶黄河故道考察报告》，1984年5月。

〔158〕《宋史》卷三百三十一“王居卿传”，中华书局，1976年。

〔159〕宋·李焘：《续资治通鉴长编》卷二百八十四“神宗熙宁十年”，上海古籍出版社，1985年。

〔160〕清·李大镛：《河务所闻集》，中国水利工程学会《水利珍本丛书》，1937年。

〔161〕清·徐端：《回澜纪要》卷上，嘉庆癸酉版。

〔162〕宋·李焘：《续资治通鉴长编》卷二百九十五“神宗元豐元年”，上海古籍出版社，1985年。

〔163〕元·沙克什：《河防通议》卷上，第二门“制度·开河”，文渊阁《钦定四库全书》本。

〔164〕宋·李焘：《续资治通鉴长编》卷二百四十八“神宗熙寧六年”，上海古籍出版社，1985年。

〔165〕《宋史》卷三百二十六“张君平传”，中华书局，1977年。宋·李焘：《续资治通鉴长编》卷一百二“仁宗天圣二年”，上海古籍出版社，1985年。

〔166〕此事在《宋史·河渠志》、《续资治通鉴长编》等文献中都有记述。对这一事件引发的朝廷内部两个政治派别斗争的内幕，司马光《涑水纪闻》卷15中有详细说明。可见当年政治斗争对科技进步的干扰和科学屈从政治的情况。

〔167〕明·万恭著，朱更翎整编：《治水筌蹄》卷下，第23～24页，水利电力出版社，1985年。

〔168〕钱宁、张仁、周至德：《河床演变学》，第500页，科学出版社，1987年。

〔169〕周魁一：《中国科学技术史·水利》，第384页，科学出版社，2002年。

〔170〕周魁一等：《二十五史河渠志注释》，“宋史·河渠志四·金水河”，第130～131页，中国书店，1990年。

〔171〕宋·孟元老：《东京梦华录》卷一“东都外城”，第28页，中华书局，1982年。

〔172〕周魁一等：《二十五史河渠志注释》，“宋史·河渠志四·京畿沟洫”，第133～135页，中国书店，1990年。

〔173〕吴庆洲：《中国古代城市防洪研究》，第128页，中国建筑工业出版社，1995年。

〔174〕周魁一：《水利的历史阅读》，“石𥕢源流考”，第361页，中国水利水电出版社，2008年。

〔175〕周魁一等：《二十五史河渠志注释》，“宋史·河渠志四·广济河”，第128～130页，中国书店，1990年。

〔176〕清·徐松辑：《宋会要辑稿》第一百五十二册“食货六一”之九八，第5922页，中华书局，1987年。

〔177〕周魁一等：《二十五史河渠志注释》，“宋史·河渠志四·白沟河”，第132～133页，中国书店，1990年。

〔178〕宋·李焘：《续资治通鉴长编》卷一百八十一“仁宗至和二年”，上海古籍出版社，1985年。

〔179〕宋·李焘：《续资治通鉴长编》卷三百一十“神宗元丰三年”，上海古籍出版社，1985年。

〔180〕清·徐松辑：《宋会要辑稿》第一百二十四册“食货七”之三十二，第4921页，中华书局，1957年。

〔181〕宋·王应麟：《玉海》卷二十二“地理·河渠”，第450页，江苏古籍出版社、上海

书店，1988 年。

〔182〕清·徐松辑:《宋会要辑稿》第一百五十五册“食货六十三”之一百八十四，第 6078 页，中华书局，1957 年。

〔183〕清·徐松辑:《宋会要辑稿》第一百五十五册“食货六十三”之一百八十，第 6076 页，中华书局，1957 年。

〔184〕清·徐松辑:《宋会要辑稿》第一百九十三册“方域十五”之十四，第 7566 页，中华书局，1957 年。

〔185〕元·沙克什:《河防通议》卷上，第一门“河议·河防令”，文渊阁《钦定四库全书》，武汉大学出版社电子版。

〔186〕《宋史》卷一百七十五“食货志上三”，中华书局，1977 年。

〔187〕《金史》卷四十九“食货志”，中华书局 1975 年。

第六章　明代防洪工程技术的发展

明代迁都北京，朝廷赋税收入主要取自江南，京杭运河的漕运成为国家之命脉。明代前期，黄河河道摆动频繁，向北决口经常冲断运河，而高含沙量的黄河水流又严重影响到黄淮运交汇处清口的畅通，因此，黄河治理以“治河保漕”为原则，而黄河、淮河、运河的交叉治理尤为困难。明代前期，治河以“分流杀势”为主，辅以疏浚和筑堤，以解决黄河干流行洪能力不足的矛盾，同时满足运道水量不足的需要。在技术措施上，为了防止黄河向北冲毁运道，逐渐确立了“北堵南分”的方针，刘大夏主持修筑黄河北岸大堤——太行堤，截断了黄水北犯之路。但分流治河，却加剧了黄河主漕和各支泛道的淤积，造成河道混乱，河患愈演愈烈。

明代后期，治河方略发生了较大的转变。潘季驯在治河实践中把握住黄河多沙善淤和洪水暴涨暴落的水文泥沙特征，提出“筑堤束水，以水攻沙”的治河方略，将治黄几千年来单纯治水的主导思想转变为注重治沙、沙水并治，堤防的功能也由“以堤防洪”扩展为“以堤治河”。他四任总河期间对黄河进行了系统治理，建立完善黄河下游徐州至淮安之间的堤防工程体系，一度稳定了黄河下游河道。

针对清口及清口以下至海口的黄淮尾闾淤积问题，潘季驯提出“逼淮入黄，蓄清刷黄”的治理思想，对黄、淮、运进行综合治理，建成以高家堰为主体的防洪大堤，制导了清口地区黄、淮、运的分离进程，促成了明万历至清乾隆年间清口枢纽——洪泽湖的形成。明代潘季驯“蓄清刷黄”同杨一魁“分黄导淮”的争议，对其后淮河的变化与治理产生了深远的影响。

明代，其他大江大河的防洪建设也全面开展。嘉靖年间堵塞荆江北岸的最后一个穴口，荆江大堤自堆金台至拖茅埠段连成一线。海河、珠江继续修筑江河堤防。明初，朝廷鼓励农耕和兴修水利，推动了长江中下游湖区大规模围垦和圩堤建设。明中叶以后，土地兼并盛行，对湖区大肆盲目的围垦，造成河网水系的紊乱，加剧了河湖洼地的洪涝灾害，朝廷又不得不多次禁围，平原湖区防洪排涝工程的兴修也相应增多。明初，吴淞江严重淤塞，夏原吉“掣淞入浏”，开范家浜导水归海，此后黄浦江逐渐演变为太湖地区的主要排洪通道，从而缓解了太湖地区泄洪排涝的矛盾。

明代江浙海塘与黄河堤防、京杭运河同为朝廷重视的重要工程。随着长江口和钱塘江口海岸线的变化，江浙海塘加快兴筑。嘉靖年间黄光升首创五纵五横石

塘，是为清代鱼鳞大石塘之先河。明代，沿海挡潮闸修建较多，其中以嘉靖年间在萧绍平原兴建的绍兴三江闸规模最大。

明代堤工技术的显著成就，是由遥堤、缕堤、格堤、月堤和减水坝组成的黄河统一堤防体系的形成及系统堤防修守制度的建立。为了控制河槽和巩固滩岸，在河道险工段修建了具有挑溜、护岸、护滩等功能的河工工程。

第一节 明代防洪思想的进步

明代，朝廷赋税收入主要取自江南。成祖永乐九年（1411 年）宋礼恢复会通河后，罢海运，专倚漕运。永乐十九年（1421 年），明迁都北京。黄河夺淮南行后，下游在今江苏云梯关入海，作为国家命脉的京杭大运河有两个节点与黄河密切相关：一是黄河徐州至宿迁段，这一段黄河一旦决口，洪水北泛往往冲断京杭运河，危及漕运；一是黄河、运河和淮河相交的清口，高含沙量的黄河洪水逐渐抬高下游河床，给运河的通航、供水和防洪带来诸多问题。明代黄河中下游特有的自然条件和政治经济地位，决定了黄河的治理不再以防洪为首要任务，而是以“治黄保漕”为基本原则，也决定了黄河、淮河、运河区段——清口治理的难度，防洪治河技术因此更为丰富，而其发展也局限于此。

明代关于防洪方略的讨论，仍然主要集中在黄河。由于明前期（洪武至嘉靖年间）和明后期（隆庆至崇祯年间）的治黄方略有根本性的转变，而淮河、运河的治理又都与黄河治理密不可分，并主要受到治黄的制约，因此本节将分列为明前期治河方略的讨论、明后期束水攻沙治黄方略的探索、黄淮运综合治理思想的探讨，以及海河的治理主张与水利营田的争论。

明代长江、海河、珠江等其他大江大河的防洪问题开始突出，但治理规模尚不大，而对太湖的治理意见未能超越宋元时期的治理主张。

一、明前期（洪武至嘉靖年间）治黄以“分流治河”为主导

元代黄河主流自南向北摆动，到明初变为由北向南摆动，明代中期演变趋势又改为由南向北摆动。摆动范围，北至今黄河南，南以颍河为界。由于河道摆动频繁，分合不定，明代前期黄河河患严重，几乎无岁不灾。据《明实录》《明史·河渠志》《行水金鉴》等史籍记载，明前期的近二百年间，在分道漫流、无系统堤防的条件下，仍有五十五年发生决溢，平均约每三年半就有一年发生严重决溢的记载，其他由于漫流而非“决溢”造成的洪灾更是不计其数[1]。河患范围几乎遍布黄淮平原，尤以河南、安徽为甚。黄河下游干流沿岸，颍水、涡水、濉水支流沿岸，即今河南的大部、山东西南部、安徽的淮北地区，经常处于黄河冲决改道的威胁之中。

明代前期，黄河在郑州至开封段北趋，开封以下向东南摆动，黄河主流的变迁大致可分为以下两个时期。

太祖洪武至成祖永乐时期（1368～1424 年），黄河以南流为主，北流未断，在郑州以下大致分为五支。其中，北路二支：一由曹州双河口东北入安山运河出大

清河，一由曹州双河口东南入塌场口入运，南流通淮；中路一支，即元末贾鲁所开故道；南路二支：一由颍水入淮，一由涡河入淮。这一时期黄河多往南决口。河道的主流，洪武二十四年（1391 年）前行径贾鲁故道，后一度由颍入淮，永乐十四年（1416 年）后又行经涡河入淮（见图 6－1）。

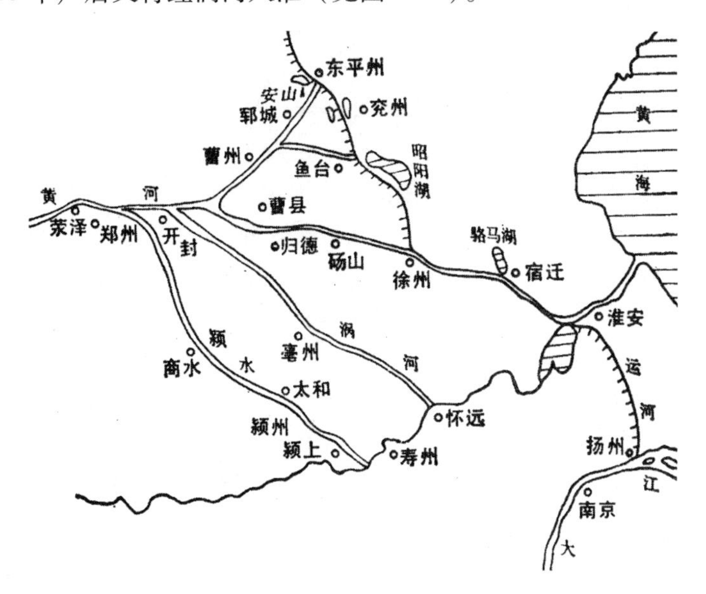

图 6－1　洪武至永乐时期黄河泛道示意图[1]

宣宗宣德至世宗嘉靖前期（1426～1546 年），刘大夏治河前，黄河基本上是南北分流，但河道非常不稳定，南行已显现出行水不畅的趋势，黄河北岸决溢次数增加，对京杭运河的会通河（即山东运河）造成极大威胁。黄河北泛主要由今山东曹县北经张秋入运河，由运河南行入泗，然后入淮。成祖永乐十九年（1421 年）迁都北京后，为确保运河畅通，采取了北堵南疏的策略，尤其是孝宗弘治六年至八年（1493～1495 年）刘大夏主持修筑黄河北岸大堤——太行堤，截断了黄水北犯之路，以后黄河北流渐少。黄河多支分道东流的主要泛道有五支：南路二支，一由涡河入淮，一由濉水入泗入淮；东路三支，一由贾鲁故道经徐州小浮桥入泗入淮，一由曹县东经沛县飞云桥入运，一由上支再分出一支由谷亭入运。河道主流在南至宿迁、北至沛县之间由南而北、再由北而南地摆动，最后向北集中到丰县、沛县、徐州、砀山之间（见图 6－2）。

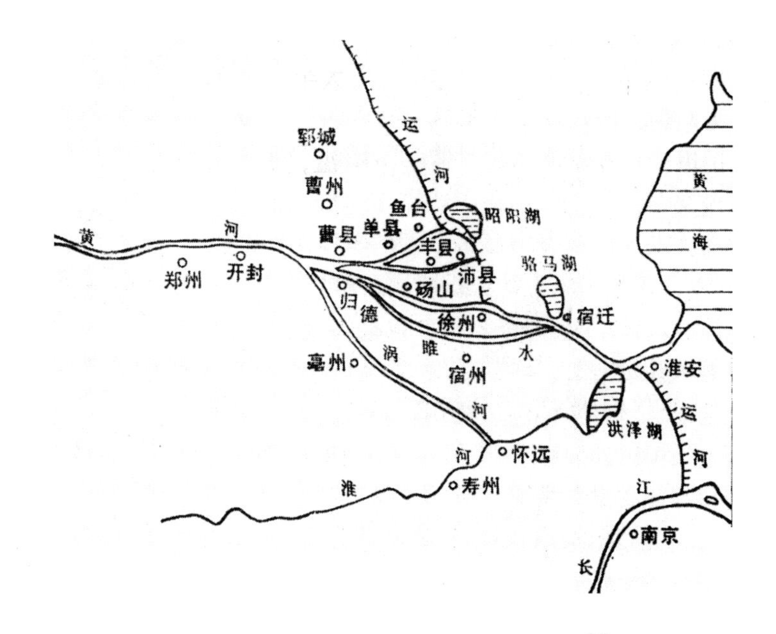

图6－2　正德至嘉靖前期黄河泛道示意图[1]

明前期，黄河尚处于无稳定水路阶段，河道紊乱，频繁向北决口，常冲断运河，使漕运陷于瘫痪。明朝迁都北京后，确保运河畅通和漕运安全成为黄河防洪的重点，黄河治理主要解决两个根本问题：一是防止黄河北决，冲断和淤塞运道；二是稳定黄河南行水道，使漕运淮安至徐州段水源不致枯竭。既要使运河避黄河之害，又要用黄河之利，在此原则指导下，明代前期的治河思想以“分流杀势”为主，辅以疏浚和筑堤。在技术措施上，为了防止黄河向北冲毁运道，逐渐确立了开封徐州间“北堵南分”的方针；为了保证黄河水道水源，维持正常航深，采取徐州以下至清口段筑堤束水的措施。明前期治河方略，分流始终占主导地位，而其他的治河主张较典型的则有陆深的“修湖陂”和周用的“沟洫治河”，既开辟蓄滞洪区和排水渠的办法缓解洪水压力。

（一）徐有贞治河

黄河南徙，先夺泗水，至清口汇淮河，经淮河尾闾入海。黄河夺泗水后，徐州至清口河段同时成为河行漕运的一段，连接山东运河和淮扬运河，为明清治河之关键。英宗正统初年，黄河屡次北决，威胁运道。正统十三年（1448 年）七月，“新乡八柳树口亦决，漫曹、濮，抵东昌，冲张秋，溃寿张沙湾，坏运道，东入海。徐、吕二洪遂浅涩。”[2]黄河在河南新乡八柳树决口，东北直冲山东张秋。明代张秋为会通河与大清河交汇处，多次受黄河决溢，为明前期治河的重点地段。沙湾在张秋镇南，会通河左岸，今属阳谷县，明代前常受黄河冲决，屡兴工程，系明代运道要冲。徐、吕二洪即徐州城东的徐州洪和徐州城东南的吕梁洪，吕梁洪又分上中下三洪。徐、吕二洪是黄河徐州至宿迁段的两处险段，河道狭窄，也是南北运道上的两处障碍。八柳树决口令朝廷十分惊恐，命工部侍郎王永和修沙湾，未成功。又“令山东三司筑沙湾，趣（王）永和塞河南八柳树，疏金龙口，使河由故道。”[2]

正统十四年（1449 年）正月，“河复决聊城。至三月，（王）永和浚黑洋山西湾，引其水由太黄寺以济运河。修筑沙湾堤大半，而不敢尽塞”。他又在沙湾运道东岸设三座减水闸，放水自大清河入海；西岸置二座减水闸，作为引黄入运的控制闸；而八柳树口未堵。“是时，河势方横溢，而分流大清，不耑向徐、吕（二洪）。徐、吕益胶浅，且自临清以南，运道艰阻。”[2]

代宗景泰二年（1451 年），派山东巡抚都御史洪英、河南巡抚都御史王暹协力同治，务使河水归漕，二人治水无绩。又命工部尚书石璞往治。石璞“浚黑洋山至徐州以通漕”，又“筑石堤于沙湾，以御决河”[2]。

景泰三年（1452 年）五月，沙湾堤成。六月，“复决沙湾北岸，掣运河之水以东，近河地皆没。命（洪）英督有司修筑。”[2]

景泰四年（1453 年）正月，河复决新塞口之南，四月决口乃塞。五月，河“复决沙湾北岸，掣运河水入盐河，漕运尽阻。帝复命（石）璞往。”石璞“乃凿一河，长三里，以避决口，上下通运河，而决口亦筑坝截之，令新河、运河俱可行舟。”[2]

因黄河北决，沙湾连年被冲决，帝恐石璞所兴工程不能长久，景泰四年十月，命徐有贞为佥都御史，主持治理沙湾。

徐有贞到任后，对河情水势进行实地勘察，在此基础上提出“治河三策”。一是仿王景之法，置造水门，“水小则可拘之以济运河，水大则疏之使趋于海。”他认为:“沙湾地土皆沙，易致坍决，故作坝作闸皆非善计。”二是开分水河，分杀黄河水势，接济运道水源。他认为:“凡水势大者宜分，小者宜合。分以去其害，合以取其利。今黄河之势大，故恒冲决；运河之势小，故恒干浅。必分黄河水合运河，则可去其害而取其利。”他建议：相度“黄河地形水势，于可分之处，开成广济河”分水，可以“使黄河水大不至泛滥为害，小亦不至干浅以阻漕运。”三是挑深运河，恢复挑疏制度，维持运道畅通[3]。

当时有人反对徐有贞分河的主张，廷臣议而不决，便派人到徐有贞处询问为什么主张分水。“使者至，徐出示二壶，一窍、五窍者各一。注而泄之，则五窍者先涸。使归而议决。”[4]徐有贞用一孔壶与五孔壶同时泄水的实验，说明了多开支河可以提高泄洪能力。

徐有贞的建议得到朝廷批准后，景泰四年底兴工，至景泰六年七月竣工。“凡费木铁竹石累数万，夫五万八千有奇，工五百五十余日。”[2]

徐有贞治理黄河的指导思想是:“先疏其水，水势平乃治其决，决止乃浚其淤。”[5]据此，他主要实施了以下工程:

（1）开广济渠，分杀黄河水势，引黄济运。徐有贞“疏水之渠起张秋金堤之首，西南行九里而至于濮阳之泊，又九里而至于博陵之陂，又六里而至于寿张之沙河，又八里而至于东西影塘，又十有五里而至于白岭之湾，又三里而至于李堆之涯，由李涯而上又二十里而至于竹口莲花之池，又三十里而至于大伾之潭，乃踰范暨濮，又上而西。凡数百里，经澶渊以接河沁。”[5]这条渠线大致沿着正统十三年黄河从新乡八柳树北决、东北冲张秋的旧河道。徐有贞充分利用旧河道和古堤，引黄河北决泛流入今东平天然湖塘，以蓄滞洪水。

(2) 在分水河岸傍修侧堰九座，使河水既不东冲沙湾，又能接济漕运。徐有贞认为："河沁之水，过则害，微则利。故遏其过而导其微，用平水势。"因此，"凡河流之旁出而不顺者，则堰之。"[5]

(3) 在运河东岸修减水大堰，堰上置水门，以节制水量。"堰之崇三十有六尺，其厚十之。长伯之门之广二十有六丈，厚倍之。堤之厚如门，崇如堰，而长倍之。"[5]即堰高三丈六，厚三十六丈，长三百六十丈。最大的水门宽二十六丈，闸室长五十二丈。堰两边与长堤相接，堤厚如水门，高如堰，长为堰的二倍。

(4) 疏浚运河，长四百五十里。"导汶、泗之源，而出诸山；汇澶濮之流，而纳诸泽。遂浚漕渠，由沙湾而北，至于临清，凡二百四十里。南至于济宁，凡二百一十里。"[5]

(5) 在东昌的龙湾、魏湾建减水闸八座，以调节运河水量和水位，泄水由古河道入海。"为水之度，其盈过丈，则放而泄之，皆通古河以入于海。"[5]

徐有贞总结他治理沙湾决河的基本思路是："上制其源，下放其流，既有所节，且有所宜，用平水道。由是水害以除，水利以兴。"[5]由于徐有贞采取了上述工程措施，"沙湾之决垂十年，至是始塞。亦会黄河南流入淮"[2]，运道得以恢复。

在徐有贞之后，金景辉也主张北分黄河泛流入湖，既减洪水亦济运。英宗天顺七年（1463 年）二月，金景辉分析指出黄河南徙的危害，一是"旧河、支河俱堙"，淮河难以容蓄；二是"漕河因而浅涩"，运道无水济运。他认为："河不循故道，并流入淮，是为妄行。今急宜疏导以杀其势。"他提出相度黄河故道，往北分流："先疏金龙口宽阔以接漕河，然后相度旧河或别求泄水之地，挑浚以平水患。"[2]金景辉的主张提出后得到了实行。

(二) 白昂治理开封徐州水道

明前期黄河屡屡北决，对张秋运道形成威胁，弘治以后往南分流的主张自然占了主导地位，主要的代表人物是白昂和刘大夏。

孝宗弘治二年（1489 年）五月，"河决开封及金龙口，入张秋运河，又决埽头五所入沁。郡邑多被害，汴梁尤甚，议者至请迁开封城以避其患。"[2]因布政司反对而制止。九月，命白昂为户部侍郎，会同山东、河南、河北巡抚，修治上源决口至运河的河道。

白昂受命后，到实地查勘，弘治三年（1490 年）正月向朝廷提出治理方案。他首先分析了上源决口南北分行之大势：决水入南岸者三成，入北岸者七成。南决者，分三支分别由颍水和涡河入淮；北决者，"其一支决入金龙等口，至山东曹州，冲入张秋漕河。去冬，水消沙积，决口已淤，因并为一大支，由祥符翟家口合沁河，出丁家道口，下徐州。"他指出：南行"合颍、涡二水入淮者，各有滩碛，水脉颇微"，而北行"合沁水入徐者，则以河道浅隘不能受，方有漂没之虞"。据此，他提出"南北分治"之策：对水盛北决者，"宜于北流新经七县，筑为堤岸，以卫张秋"，而对水微南决者，"宣疏浚以杀河势。"[2]

白昂治河的重点是保护张秋运道。他在郎中娄性的协助下，役夫二十五万，主要实施了以下工程：

(1) 筑阳武长堤，以防河水北冲张秋[2]；

（2）疏浚入淮各支水道，往南分泄洪水。“引中牟决河出荥泽阳桥以达淮，浚宿州古汴河以入泗，又浚睢河自归德饮马池，经符离桥至宿迁以会漕河”。并在疏浚河道沿岸，“上筑长堤，下修减水闸”[2]。“宿州古汴河”指隋唐时期的通济渠故道，“漕河”指古泗水宿迁段；

（3）“又疏月河十余以泄水，塞决口三十六，使河流入汴，汴入睢，睢入泗，泗入淮，以达海。”[2]

（4）白昂又考虑到“河南入淮非正道，恐卒不能容”，为防止黄河北犯张秋，“复于鱼台、德州、吴桥修古长堤；又自东平北至兴济凿小河十二道，入大清河及古黄河以入海。河口各建石堰，以时启闭。”[2]“大清河”约今黄河所经行的河槽，“古黄河”指唐宋时期的黄河故道。但“凿小河十二道”工程未及施行。

白昂施行“南北分治，而东南则以疏为主”的治理方策后，“水患稍宁”[2]。

（三）刘大夏筑太行堤

白昂治河后仅二年，“河复决金龙口，溃黄陵冈，再犯张秋”，运道中断。朝廷派工部侍郎陈政“督夫九万治之”[6]，陈不久病卒。

弘治六年（1493年）二月，经由“廷臣会荐才识堪任者”[2]，命刘大夏为副都御史，主持治理张秋决河。朝廷在给刘大夏的诏书中提出：“古人治河，只是除民之害，今日治河，乃是恐妨运道，致误国计，其所关系，盖非细故。”[6]明确规定了治河方针是保证漕运的畅通。

刘大夏上任时，巡按河南御史涂升提出“治河四策”：一为疏浚，对“上流东南之故道，相度疏浚，则正流归道，余波就壑，下流无奔溃之害，北岸无冲决之患”；二为扼塞，“既杀水势于东南，必须筑堤岸于西北”；三为用人；四为久任，“则请专信大夏”。涂升发展了白昂“南北分治”的思想，主张北对“黄陵冈上下旧堤缺坏，当度下流东北形势，去水远近，补筑无遗”，南则“排障百川悉归东南，由淮入海”[2]，即北障南分，令黄河全部入淮。

刘大夏分析当时黄河下游的形势：“西南高阜，东北低下，黄河大势，日渐东注，究其下流。俱妨运道。”为了确保运道不受黄河之害，他提出和涂升相同的主张：“必须修整前项堤防，筑塞东注河口，尽将河流疏道南去，使下徐、邳，由淮入海。”[7]根据朝廷提出的治河服从保漕的原则，采取北筑太行堤，阻断黄河北犯张秋之路，南疏各支流，分水入淮的治理方策。

当时许多人对治河缺乏信心，议论沸腾。弘治七年（1494年）五月，朝廷增派太监李兴、平江伯陈锐协同刘大夏共治张秋。刘大夏认为：“治河之道，通漕为急。”[8]因此，他的治河步骤为，先开河通漕，后分河杀势，再堵塞决口，最后筑北岸大堤。刘大夏主要实施了以下工程：

（1）于上流开月河，通运道。“决口西南开越河三里许，使粮运可济”[2]，“于是舳舻相衔，顺流毕发，欢声载道。”[9]

（2）上游浚河分水。张秋决口“河流湍悍，决口阔九十余丈”，屡堵不成。刘大夏总结教训认为：“是下流未可治，当治上流。”因此，在决口上游“浚仪封黄陵冈南贾鲁旧河四十余里，由曹出徐，以杀水势。又浚孙家渡口，别凿新河七十余里，导使南行，由中牟、颍川东入淮。又浚祥符四府营淤河，由陈留至归德分为

二：一由宿迁小河口，一由亳涡河，俱会于淮。”[2]刘大夏往南分流是分黄河四支并行入淮：一由贾鲁故道经徐州入泗入淮，一经中牟由颍入淮，一由涡入淮，一由濉水入泗入淮。刘大夏的这一方策是明代往南分流的典型，后来主张南分者，多循此策。

（3）堵塞张秋决口。上游分杀水势，下游水势消缓，刘大夏随即组织堵塞张秋决口。他采用平堵法，“沿张秋两岸，东西筑台，立表贯索，联巨舰穴而窒之，实以土。至决口，去窒沉舰，压以大埽”[2]。“立表贯索”，是打上志桩，以绳索相联。“联巨舰穴而窒之”，是将大船并排连接，船底钻洞，再以木楔堵塞。大船队装满土，到龙口处拔楔沉船，再压以大埽。由于决口时间较长，决口较宽，塞决工程十分艰巨。决口“合且复决，随决随筑。吏戒丁励，畚闸如云，连昼夜不息，水乃由月河以北。决既塞，缭以石堤，隐若长虹，辅以浘柱，森然如星。又于上流作减水坝，又浚南旺湖诸泉源，又堤河三百余里，漕道复通。”[9]弘治七年（1494 年）十二月，堵决工成。“用军民凡四万余人，铁为斤一万九千有奇，竹木二万七千，薪为束六十三万，刍二百二十万。”[8]为了庆贺张秋塞决成功，改张秋镇为安平镇。

（4）堵塞其他决口。刘大夏指出，张秋堵决，运道已通，“然必筑黄陵冈河口，导河上流南下徐淮，庶可为运道久安之计。”因为“黄陵冈居安平镇之上流，其广九十余丈，荆隆等口又居黄陵冈之上流，其广四百三十余丈。河流至此宽漫奔放，皆喉襟重地。”[2]因此，弘治八年（1495 年）正月筑堵黄陵冈、荆隆口（即金龙口）等七处决口。因“黄陵冈屡合而屡决，为最难塞。是后，特筑堤三重以护之，其高各七丈，厚半之。”[8]

（5）筑黄河北岸大堤，后称太行堤。为了阻止黄河北犯，使黄河“恒南行故道，而下流张秋可无溃决之患”[8]，刘大夏在黄河北岸筑太行堤。“起胙城，历滑县、长垣、东明、曹州（今菏泽）、曹县抵虞城，凡三百六十里。其西南荆隆等口新堤起于家店，历铜瓦厢、东桥抵小宋集，凡百六十里，大小二堤相翼，而石坝俱培筑坚厚，溃决之患于是息矣。”[2]太行堤建成后，在黄河北岸形成防洪屏障，即令黄河北决，也只放弃沿黄河北岸至太行堤宽约百里的区域容纳洪水，而绝不允许洪水冲断黄河以北的运河。因此明清两代曾多次大规模扩充和维修，并规定了严格的定期维修制度。刘大夏筑太行堤截断黄河北犯之路以后，河患移至金乡、鱼台之下。

刘大夏发展了白昂“南北分治”的思想，确立了“北堤南分”的治河方策，黄河北岸系统堤防开始逐渐形成。这种以保漕为目标的防洪治河措施一直延续到清代，给黄河南岸的淮北平原造成严重灾害，由此改变了淮河下游的河道特性。

（四）刘天和稳定黄河徐州水道的努力

黄河南分，虽起到了分洪的作用，但却加快了南流各支河道的淤积，行水已显困难，黄河主流又开始由南而北自行摆动，黄河北决东溃日渐频繁。由于北面有太行堤屏障，南面淤高，河患逐渐集中于徐州、丰县、沛县、砀山之间的地带，给运道造成了极大的威胁。嘉靖年间，黄河日渐南徙，造成徐、吕二洪浅阻，运道受阻。

世宗嘉靖十三年（1534年），命刘天和为总河副都御史治河。“是岁，河决赵皮寨入淮，谷亭流绝，庙德口复淤。天和役夫十四万浚之。已而，河忽自夏邑大丘、回村等集冲数口，转向东北，流经萧县，下徐州小浮桥。”[2]

刘天和受命后，沿黄河和各支泛道实地调查，绘制了“黄河图”。他反对继续往南分水，以免徐吕二洪浅阻和危及皇陵安全。他说：“今赵皮寨河日渐冲广，若再开渡口，并入涡河，不唯二洪水涩，恐亦有陵寝之虑。”[2]他继续实行“北堤南分”的治河方略，主张：“黄河之当防者唯北岸为重，当择其去河远者大堤、中堤各一道，修补完筑，使北岸七八百里间联属高厚。”[2]他提出选择修补大堤、中堤的条件是：“择诸堤去河最远且大者及去河稍远者各一道，内缺者补完，薄者帮厚，低者增高，断绝者连接创筑。”[10]同时，刘天和堵塞南决溃口，疏浚河道，使水归槽，徐、吕二洪漕路畅通。

刘天和治河，从嘉靖十四年（1535年）正月中旬动工，四月初竣工，主持的主要治河工程有[2]：

（1）浚河东分，“浚鲁桥至徐州二百余里之淤塞”；

（2）筑缕水堤，“自曹县梁靖口东岔河口筑压口缕水堤”；

（3）筑长堤，“复筑曹县八里湾至单县侯家林长堤”。

在三个月中，“凡浚河三万四千七百九十丈，筑长堤、缕水堤一万二千四百丈，修闸座一十有五，顺水坝八，植柳二百八十余万株，役夫一十四万有奇，（耗）白金七万八千余缗，木以根计一万七千四百余，稍草以束计一十九万五千余，铁以斤计六万五千九百余，麻布砖石之类称是。”[10]

刘天和治河，注意总结治河的经验。在他所著的《问水集》一书中，系统阐述了黄河迁徙不定的六条原因；指出治河“不必泥古法”，应当随“时异势殊”而采取相应的措施。在堵决施工、河道疏浚、筑堤技术、测量技术、施工管理等方面，刘天和都有不少总结和发明，他提出的“植柳六法”对于保护堤岸起了重要作用，一直被后代沿用。

嘉靖十六年（1537年），总河副都御史丁湛提出：“开地丘店、野鸡冈诸口上流四十余里，由桃源集、丁家道口入旧黄河，截涡河水入河济洪。”[2]嘉靖十八年和二十一年，先后开浚考城孙继口等口，“以杀归、睢水患”，“使东由萧、砀入徐济运”[2]。

至嘉靖二十六年（1547年），黄河在曹县决口，洪水北溃东泛再南下入运河，徐、吕二洪不再需要接济，黄河南决，泛流南入涡、颍等河成为常态。

（五）分蓄滞洪

明前期，除了分流治河外，还有一些其他的治河主张，比较典型的有陆深的“湖陂治河”和周用的“沟洫治河”。

1. 陆深的“湖陂治河”

世宗嘉靖十一年（1532年），陆深分析河患有二：“曰决，曰溢。决生于不能达，溢生于无所容。徙溃者，决之小也；泛滥者，溢之小也。虽然，决之害间见，而溢之害频岁有之。被害尤大者，则当其冲也，是与河争也。”他指出，河道决口，是由于河床壅塞，水流不能通达所致；河水泛滥，是由于河床容蓄能力不足所致。如果河床容蓄能力这一关键问题不解决，即便年年堵决、修防、疏浚，也不能从根本上消除决溢之害。因此，他提出:“今欲治之，非大弃数百里之地不可。先作湖陂以蓄漫波，其次则滨河之处，仿江南圩田之法，多为沟渠，足以容水，然后浚其淤沙，由之地中，而后润下之性，必东之势得矣。”[11]

陆深提出消除河患的办法，一是“作湖陂”，二是“多为沟渠”。即在河床两岸留出数百里之地，兴筑湖陂，蓄纳洪水；在滨河之地仿照江南圩田，挖横沟纵渠，以滞纳洪水；再疏浚淤积，导水东流。这是在黄河下游两岸蓄滞洪水的主张，是西汉贾让滞洪思想的继承和发展。虽然在具体技术措施上有待进一步探讨，但这种意见指出了解决下游洪水威胁的一条可供选择的途径。

2. 周用的“沟洫治河”

世宗嘉靖二十二年（1543 年），周用提出“沟洫治河”。他认为:“黄河所以有徙决之变者无他，特以未入于海之时，霖潦无所容之也。”因此，他提出:“天下之水，莫大于河。天下有沟洫，天下皆容水之地，黄河何所不容？天下皆修沟洫，天下皆治水之人，黄河何所不治？水无不治，则荒田何所不垦？一举而兴天下之大利，平天下之大患。以是为政，又何所不可。”[12]

周用的“沟洫治河”，是要在黄河下游两岸大修沟洫，把干支流的夏秋洪水分散于纵横交错的沟洫之中，分而治之，既除害，又兴利。这种将造田与防洪相结合的主张，是治河思想的一种新见解，与当代提倡的小流域规划治理思想相近。但对于多泥沙的黄河而言，如何解决沟洫的严重淤积和分水后黄河主河槽的淤积问题，却是难以克服的困难。而且，封建社会的土地私有制也不可能实行统一的沟洫规划。

陆深和周用的治河主张虽然各有其积极的一面，但都脱离了明代政治、经济和科技水平的实际，因此都无法实行。

二、明后期（隆庆至崇祯年间）“束水攻沙”治黄方略的形成

明代前期，治黄方略以分流为主，主要是为了解决黄河干流行洪能力不足的矛盾，同时满足运道水量不足的需求，即以“治河保运”为原则。但分流只能解决水的问题，只能减洪，也只有在夏秋洪水季节才起作用，而不能治河，不能治沙。但黄河的主要矛盾是多沙，大水挟大沙，分洪必分沙。因此，分流治河，一方面给分水河带进大量泥沙，加快了各支泛道的淤积；另一方面又分杀干流水势，降低了主河道的挟沙能力，也加剧了主河槽的淤积。而且，当时分流并无控制，下分几支，每支分多少水，都带有任意性，常出现主溜夺支的危险。由于长期分流，黄河从弘治初分流二三支，到嘉靖后期分流达十三支。多支分流造成了河道的混乱，分水无效，河患愈演愈烈，迫使明代后期人们开始探索新的治黄方略。

明后期，治理黄河的方略发生了较大的转变，从而产生了“筑堤束水，以水攻沙”的治河方略。这一根本转变出现的直接原因是黄河长期泛滥造成的灾害导致了社会动荡，人们迫切需要一条有稳定河道的黄河，而不是平日黄沙铺地、汛期洪流遍野的黄河。从河道自然演变规律来看，经过二百多年的多支泛流，黄河入淮的主河道开始形成，已具备了通过工程措施实现黄河独流的条件。因此，“束

水攻沙”治河方略在明代后期出现并逐渐在治河思想中占主导地位，既有长期积累的认识和实践基础，又是特定历史条件和科学技术水平的产物。

（一）“束水攻沙”思想产生的背景

明代后期黄河河势的变化和前期治河的教训，是“束水攻沙”治河方略产生的历史背景。嘉靖后期，河患频繁，集中在徐州、沛县之间的地区。世宗嘉靖三十七年（1558 年），黄河在徐州上游二百余里处的曹县新集附近决口。决水后的一大支“趋东北段家口，析而为六”[2]，分成大溜沟、小溜沟、秦沟、浊河、胭脂沟、飞云桥六小支，全部冲入运河，然后折而南下至徐州洪；另一大支则“由砀山坚城集下郭贯楼，析而为五”[2]，分为龙沟、母河、梁楼沟、杨氏沟、胡店沟五小支，然后由小浮桥也汇入徐州洪。而原来黄河主流较长时间行经的新集至小浮桥故道二百五十余里的贾鲁故道则被完全淤塞。

此后的近十年中，黄河在徐州、沛县、砀山、丰县之间南北决口，洪水横流，沙淤崇积，运道和民生都受到黄河洪水的严重威胁。这样一种不堪收拾的局面无疑与前期实行北堤南分、多支分流的治河方略密切相关。人们开始认真思考，总结以往的教训，探索新的治河方略。正如《明史·河渠志》所说：“水得分泄者数年，不致壅溃。然分多势弱，浅者仅二尺，识者知其必淤。”[2]于是，筑堤束水，固定河槽，以水攻沙的主张应运而生。

历史时期积累的认识和实践，是“束水攻沙”治河方略产生的基础。早在西汉时，张戎提出“水性就下，行疾则自刮除成空而稍深”，就已认识到水的流速与挟沙能力之间的关系，流速越大，水的挟沙能力越强。到宋代，不仅对黄河泥沙的淤积规律有了进一步的认识，而且有过在汴河汴京段修筑木岸狭河“扼束水势令深驶”的攻沙实践。“束水攻沙”的主张，正是概括了前人关于水流本身的挟沙规律和堤防对水流的能动作用这两方面的认识成果和实践经验而产生的。

（二）“束水攻沙”思想的产生

1. 万恭对束水攻沙思想的阐述

隆庆万历年间，河臣万恭首先对“束水攻沙”思想进行了明确阐述，并主张运用于治河实践。

穆宗隆庆六年至神宗万历二年（1572～1574 年），万恭任兵部侍郎，总理河道，主持治理黄河二年。万恭上任后，虞城（今河南商丘东北）的一位秀才向他进言，着重分析了怎样利用水沙规律，通过修建适当的水工建筑，来处理黄河的泥沙问题。这位秀才说：“以人治河，不若以河治河也。夫河性急，借其性而役其力，则可浅可深，治在吾掌耳。”他提出的具体办法是：“如欲深北，则南其堤而北自深；如欲深南，则北其堤而南自深；如欲深中，则南北堤两束之，冲中坚焉，而中自深。此借其性而役其力也，功当万之于人。又其始也，假堤以使河之深；其终也，河深而任堤之毁。”[13]这是冲淤深河之法。秀才接着分析，如果要淤滩，则将前述办法“反用之耳。其法为之固堤，令涨可得而踰也。涨冲之不去，而又逾其顶。涨落，则堤复障急流，使之别出，而堤外水皆缓，固（故）堤之外悉淤为洲矣。”[13]这位秀才不仅提出了利用水沙内在规律来治理河道的思想，而且还提出了具体的工程措施；不仅可以冲深河槽，而且可以淤滩固堤。这就是“束水攻沙”方略的雏形。

万恭采纳了这一意见，作为治理黄河的基本方案向朝廷提出，并称他亲身实践后效果很好。“余试之为茶城之洲，为徐、沛之河，无弗效者。”[13]他指出：“欲河不为暴，莫若令河专而深；欲河专而深，莫若束水急而骤；束水急而骤使由地中，舍堤别无策。”[14]只有筑堤以束水，水急则河深，河深则地下行，自然不会再暴溢。他从水沙特性进一步阐述说：“夫水之为性也，专则急，分则缓；而河之为势也，急则通，缓则淤。若能顺其势之所趋，而堤以束之，河安得败？”[14]

万恭总结前人的治河经验和自己的治河实践，将自己治理河运的经历和对黄河规律的认识，写入他的《治水筌蹄》一书中。这部重要的河工专著，为“束水攻沙”治河方略的形成奠定了基础，其主要思想为潘季驯和后代河臣所吸收。

2. 朱衡对“束水攻沙”思想的贡献

朱衡在嘉靖、隆庆、万历三朝更迭之际任工部尚书并经理河工，他关于治理黄河的很多意见与筑堤束水的主张相近，并对万恭和潘季驯治河产生过一定的影响。

朱衡的治河主张介于疏浚和筑堤束水之间，在很多问题上与“束水攻沙”的观点相近。他认为：“国家治河，不过浚浅、筑堤二策。浚浅之法，或爬或捞，或逼水而冲，或引水而避，此可人力胜者。”[2]在这里他提出了“浚浅”也可以采用“逼水而冲”之法。他进一步指出：“筑堤则有截水、缕水之异，截水可施于闸河，不可施于黄河。盖黄河湍悍，挟川潦之势，何坚不瑕，安可以一堤当之。缕水则两岸筑堤，不使旁溃，始得遂其就下入海之性。盖以顺为治，非以人力胜水性，故至今百五六十年为永赖焉。”[2]在这里他又提出了筑堤“缕水”可以使“其就下入海”。

对于黄、淮、运交汇处的淤沙，他则认为：“然茶城与淮水会则在清河，茶城、清河无水不浅。盖二水互为胜负，黄河水胜则壅沙而淤；及其消也，淮漕水胜，则冲沙而通。”[2]他在这里首次提出了“淮漕水胜，则冲沙而通”的观点。他主张对于清河之淤积，“应视茶城，遇黄河涨落时，辄挑河、潢，导淮水冲刷，虽遇涨而塞，必遇落而通”[2]。这是潘季驯以后提出在清口“以清刷黄”之先声。

开泇运河前，黄河与运河在茶城（今徐州北）汇合，口门有镇口闸。朱衡认为“清河至茶城，则黄河即运河”，因此他明确提出治理黄河、保证漕运的总原则应当是：“茶城以北，当防黄河之决而入；茶城以南，当防黄河之决而出。”[15]朱衡强调黄河与运河汇合前，防洪的重点是阻止黄河北泛进入运河，以免运河被泥沙淤塞和下游黄河干流因缺水致漕运受阻；而在黄运合流后的吕梁二洪段，防洪的重点则是防止黄河决口，筑堤束水，保证黄河通运。这一原则后为潘季驯所接受，并在其防洪工程建设和防洪管理中得到较好的实施。

穆宗隆庆六年（1572年）春，朝廷命工部尚书朱衡经理河工，万恭以兵部侍郎总理河道。他们根据筑堤束水攻沙的思想，在潘季驯二任总河所做工程的基础上，“修筑长堤，自徐州至宿迁小河口三百七十里，并缮丰、沛大黄堤”[2]，整治修理了丰县、沛县一带的大堤。万恭麾下管堤副使章时鸾，主持修筑了黄河南岸缕堤，自赵皮寨至虞城县凌家庄长二百三十里。这是明代在徐州以上黄河南岸第

一次较大规模兴修的堤工，截断了除孙家渡外前期黄河向南分流的口门。经过这一番局部整治，暂时出现了“正河安流，运道大通”的局面[2]。

3．潘季驯集“束水攻沙”思想之大成

世宗嘉靖四十四年（1565年）、穆宗隆庆三年（1569年）、神宗万历六年（1578年）、万历十六年（1588年），潘季驯先后四次出任总理河道。潘季驯在治河实践中紧紧把握住黄河多沙善淤和洪水暴涨暴落的水文泥沙特征，全面总结了束水攻沙的思想，提出“以堤束水，以水攻沙”的治黄方针，并付诸于工程实践。他七十岁著成《河防一览》一书，详尽地记述了治理黄、淮、运的规划方略，以及“束水攻沙”的理论与实践。

潘季驯是南方人，对黄河原无认识，在治黄的实践中才逐渐认识到黄河泥沙问题的严重性。他反复强调：“黄流最浊，以斗计之，沙居其六。”[16]因此，他反对按照清水河的治理方法开河分流杀水势。他指出：“分流诚能杀势，然可行于清水河，非所行于黄河也。”[17]因为黄河自“兰州以下，水少沙多”，“若水分则势缓，势缓则沙停，沙停则河塞”，“支河一开，正河必夺”[16]。

在治水实践中，潘季驯主张筑堤塞决，“挽全河之流以还故槽。”[18]他驳斥分流杀势的意见说：“徒知分流以杀其怒，而不知水势益分，则其力益弱，水力既弱又安望其能导积沙以注于海乎？”[19]他强调必须堵塞全部决口，“河淤者必先旁决，分杀故也，若留一决，则正河必难深广。”[18]他认为要导沙入海，“唯当缮治堤防，俾无旁决，则水由地中，沙随水去，即导河之策也。”[20]

潘季驯认为靠人力或机械挑浚解决黄河河道泥沙的淤积是不可能的。他认为偌大一条黄河，“沙饱其中，不知其几千万斛，即以十里计之，不知用夫若干万名，为工若干月日，所挑之沙不知安顿何处。纵使其能挑而尽也，堤之不筑，水复旁溢，则沙复停塞，可胜挑乎？”[16]他主张依靠水的自然力，以水刷沙，“人力虽不可浚，水力自能冲刷”[20]。因此，他进一步提出：“筑堤束水，以水攻沙，水不奔溢于两旁，则必直刷乎河底，一定之理，必然之势。”[16]

潘季驯实现“筑堤束水，以水攻沙”的主要工程措施是在黄河干流兴建双重堤防。“欲图久远之计，必须筑近堤以束河流，筑遥堤以防溃决，此不易之定策也。”[21]

潘季驯提出的黄河干流上的双重堤防是：河道中临近常年行水河槽的缕堤即“近堤”和远离河槽在河滩地上的遥堤（见图6－3）。缕堤用以缩窄河道行水，利用中小洪水刷深河槽，稳定中泓。遥堤用以防范汛期洪水漫溢，洪水落淤后可以固滩固堤。

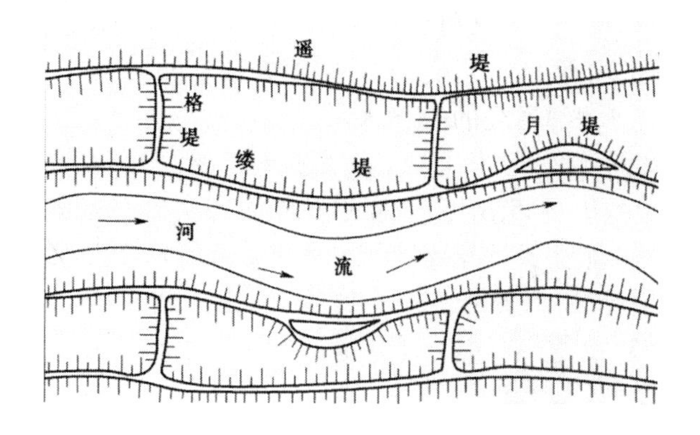

图6－3 双重堤防示意图

在束水攻沙的最初阶段，为急于保证通漕，并限于财力和其他条件，潘季驯只是依靠单重缕堤束水，缩窄洪水期的河床断面，增大主河槽流速，提高水流挟沙能力。隆庆六年，万恭和潘季驯等人在徐州至邳州河段有过实践，并一度收到了“沙随水刷”的效果。但是，缕堤逼近主河槽而修，过水断面狭窄，遇到不能容纳的大洪水便漫堤溃决。堤防一旦溃决，下游河槽随即淤积。

潘季驯看到了单一缕堤束水的弊病和问题的严重性，指出:“黄河唯恃缕堤，而缕堤逼近河滨，束水太急。每遇伏秋，辄被冲决，横溢肆出，一泻千里，莫之底极。”〔22〕因此，他强调：“盖黄河伏秋盛涨之时，缕堤逼水，必难恃以为安”。〔23〕

为了解决束水攻沙与洪水溃堤的矛盾，潘季驯提出了双重堤防的思想。在原有缕堤之外再远筑一道遥堤，以缕堤束水攻沙，以遥堤拦洪防溃，缕堤和遥堤配合使用，以解决黄河的泥沙淤积和洪水决滥的双重难题。

潘季驯概括缕堤和遥堤的作用为:“遥堤约拦水势，取其易守也，……缕堤拘束河流，取其冲刷也”〔24〕。有了双重堤防，“譬之重门待暴，则暴必难侵；……虽不能保河水之不溢，而能保其必不夺河；固不能保缕堤之无虞，而能保其至遥即止。”〔22〕

双重堤防的建立，也带来了一系列问题。一是缕堤常溃常修，负担很重；二是缕堤和遥堤之间河滩地的居民迁移困难，影响堤防安全；三是遥堤安全受到缕堤溃决冲刷堤根的威胁。随着缕堤暴露的问题越来越多，潘季驯越发依靠遥堤，开始在局部河段放弃缕堤。对于断面狭窄的桃源至清河段，他说:“北岸自古城至清河，亦应创筑遥堤一道，不必再议缕堤，徒糜财力。”〔19〕对灵壁双沟，他也认为:“弃缕守遥，固为得策。”〔23〕潘季驯在局部河段放弃缕堤，他对“束水攻沙”的理解又有了新的认识。

潘季驯从治河实践中逐渐认识到，实行“束水攻沙”的关键不在缩窄河槽，而在于固定河槽。他说:“治河之法，别无奇谋秘计，全在束水归槽。……束水之法亦无奇谋秘计，唯在坚筑堤防。……故堤固，则水不泛滥而自然归槽。归槽，则水不上溢而自然下刷。沙之所以涤，渠之所以深，河之所以导而入海，皆相因而至矣。”〔25〕因此，在后期潘季驯对“束水攻沙”的解释更强调为“束水归槽”了。

4. 潘季驯“淤滩固堤”思想的形成

潘季驯在实施双重堤防的过程中感到，每当缕堤溃决，洪水顺遥堤而下，都会冲刷遥堤堤根，威胁到遥堤的安全。为了防止漫溃之水对遥堤的冲刷，便沿着河道横断面方向修筑了格堤。这样，“纵有顺堤之水，遇格即返，仍归正槽，自无夺河之患”[23]。在格堤的运用中，潘季驯发现利用格堤可以淤高滩地，“水退，本格之水仍复归槽，淤溜地高，最为便益。”[23]就这样由“攻沙”进而为“用沙”，他总结出了“淤滩固堤”之法。潘季驯在黄河南岸从徐州房村至宿迁峰山的遥、缕二堤之间修了七道格堤，作为淤滩固堤的措施（见图6－4）。

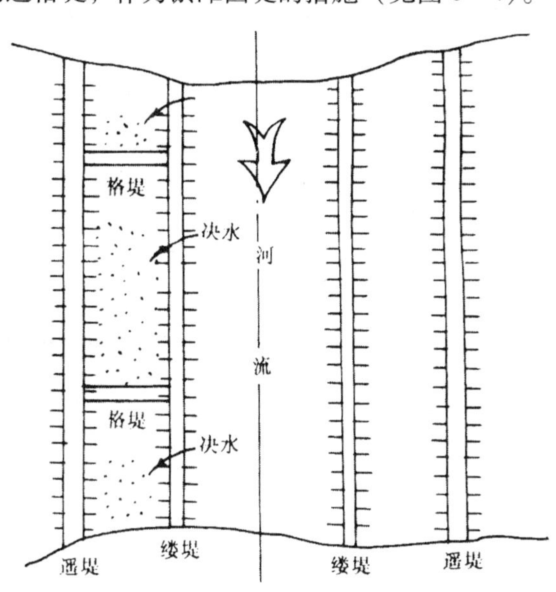

图6－4　格堤淤滩示意图

在攻沙和防洪的矛盾冲突下，潘季驯的认识在实践中又有了发展。他发现，在宿迁以南一带只有遥堤，没有缕堤和格堤，也照样可以淤留岸高。他说：“宿迁以南，有遥无缕，水上沙淤，地势平满。民有可耕之田，官无岁修之费，此其明效也。”[26]因此，神宗万历十九年（1591年）他向朝廷建议：“放水淤平内地（遥、缕二堤之间的滩地），以图坚久”[26]，正式把“淤滩固堤”作为利用泥沙、治理黄河的一条重要措施。他提出的具体办法是：“先将遥堤查阅坚固，万无一失，却将一带缕堤相度地势，开缺放水内灌。黄河以斗水计之，沙居其陆。水进则沙随而入，沙淤则地随而高。”[26]即在确保遥堤“约拦水势”的前提之下，不等缕堤决溢，而主动引水淤滩。他设想等到淤滩可以“拘束水流”之时，甚至可以替代缕堤。“二三年间，地高于河，即有涨漫之水，岂能乘高攻实乎？缕堤有无，不足较矣”[26]。据此，潘季驯得出结论：“与其以人培堤，孰若用河自培之为易哉！至于人夫桩科，岁省尤为不赀，诚为上策。”[26]

潘季驯“淤滩固堤”的措施，也符合黄河“大水淤滩”的自然规律，对减少主槽淤积、淤高滩地、巩固堤防作用显著。淤滩固堤示意图见图6－5。

遥堤与缕堤间放淤

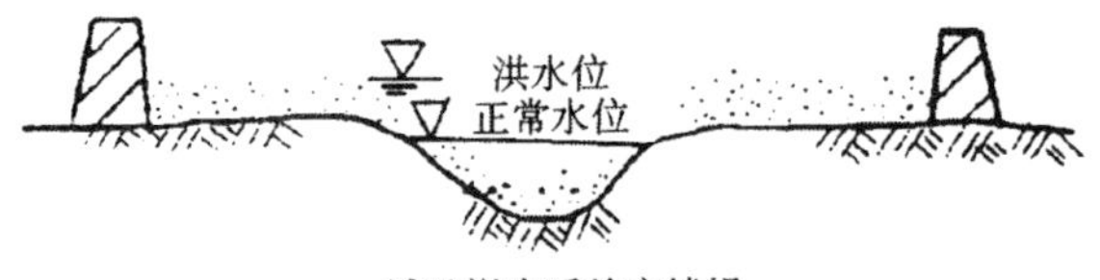

滩地淤高后放弃缕堤

图6－5　淤滩固堤示意图

5．对潘季驯治河方略的评价

潘季驯的治河总方略是“以河治河，以水攻沙。”他试图利用黄河水沙关系的自然规律，加大水流的挟沙能力来刷深河槽，减少淤积，增大河床的容蓄能力，从而达到防洪保运的目的。

潘季驯“以水攻沙”的基本措施是“筑堤束水”，坚筑堤防，缩小黄河过流断面，提高河流挟沙能力，减少河道淤积，从而改善黄河的行洪能力。从此，堤防的功能得到进一步拓展，不仅是防洪挡水的手段，而且成为治河治沙的工具。

潘季驯在治河方略上把几千年来单纯治水的主导思想转变到注重治沙、沙水并治的轨道。治河方略的这一转变，标志着对黄河下游演变规律更深的认识和防洪思路的新进展，即黄河防洪的根本措施是治河，治河必须治沙。

潘季驯不仅在理论上不断完善和发展“以水攻沙”的治河思想，而且将其建立在相应的工程措施上。他在工程实践中总结出的“淤滩固堤”之法，又将治沙由“攻沙”进而为“用沙”。

但潘季驯毕竟是生活在黄河下游长期泛滥造成的灾害导致社会动荡的明代后期，他的治河方略必须以减少决溢和保证漕运为出发点，并以此作为治理成效的最终目标。因其有效，潘季驯的治河方略直至清代都作为朝廷的治河方针。

由于历史的局限性，潘季驯的治河方略不可能解决黄河的泥沙问题，也不能作为当代黄河综合治理的基本方针。因为黄河多泥沙的根源在中上游，不控制中上游特别是中游的来水来沙，就不可能改变黄河河道淤积的趋势。潘季驯的治河方略不涉及黄河中上游水土流失的治理，而专事于下游河道的冲淤，只能是将河床淤积的泥沙由一个河段向下一个河段及入海口输移，虽然可以暂时减少局部河段的决溢，但却不断抬高了下游河床，最终导致黄河治不胜治而大改道。

仅就束水攻沙而言，由于影响河槽冲淤的因素是多方面的，潘季驯的“束水攻沙”方略仅注意到了流速与河床断面的定性关系，限于当时的科学技术水平，对堤距、底坡、流量、含沙量等因素均不具备定量的认识，不可能确定下游堤距的合理宽度，更不可能根据流量和含沙量的变化来科学设计河床断面的大小和河床的底坡。这不仅影响到束水攻沙的效果，而且在工程实践中给潘季驯带来新的

困惑。这也促使潘季驯不断探索，逐步修正和发展自己的治河思想。由“缕堤束水”到“双重堤防”，由“束水攻沙”到“束水归槽”，力求使其在力所能及的历史条件下更能够符合黄河河流泥沙运动的客观规律。而这也正是潘季驯治河方略的可贵之处。

三、黄、淮、运综合治理思想的探讨

南宋高宗建炎二年（1128 年）黄河夺淮以后，黄河分为南北两支，北支从东北入渤海，南支在淮河以北多股漫流入淮，南北数百里皆为南泛区。元惠宗时，为了保障京杭运河会通河段的畅通，令贾鲁治河，使黄河南行古汴渠故道入淮，但黄河北流一支仍未断绝。

明初，会通河于徐州茶城接黄河，淮扬运河于淮安清口接黄河，黄河徐州至淮安河段成为运河的一段，也称“河漕”。黄河夺淮入海，没有固定的河槽，航道走泗水故道，水量丰枯不定，航运条件难以保证，是运河航道中的一个突出问题。同时，黄河在徐州上游常决口北流，冲断会通河，水流泄出，泥沙淤积运河河道，成为运河通航的又一大问题。有人归纳运河与黄河的关系时说:“利运道者莫大于黄河，害运道者亦莫大于黄河。”[27]

明成祖迁都北京后，京杭运河成为明王朝南粮北运的生命线，加上明祖陵和皇陵邻近淮河，因此明朝治黄、治淮以保运、护陵为原则。按照这一原则，明中后期，与运河供水、防洪和通航息息相关的淮河沂、沭、泗河水系，黄、淮、运交汇的清口，黄淮下游入海尾闾的治理，都成为国家的主要政务之一。

明代潘季驯最早提出了“逼淮入黄，蓄清刷黄”的主张和综合治理黄、淮、运的规划思想。他综合治理黄、淮、运的思想集中反映在《两河经略疏》中，以后又不断进行了阐述和发展。

（一）潘季驯“蓄清刷黄”思想的提出

潘季驯的“束水攻沙”主要解决清口以上河道的淤积问题，而他提出的“逼淮入黄，蓄清刷黄”则主要是解决清口及清口以下至海口的黄淮尾闾淤积问题。

清口在今江苏淮阴市西南，原为泗水（又称清水）入淮河口。清水入淮时分二支岔河，左为大清河，右为小清河。小清河口在今马头镇对岸，称小清口，大清口在其下游约十里。清口以下至云梯关海口原为淮河入海故道，自金代中期黄河大举夺淮入海以后，便成了黄淮二河入海之路。黄河夺淮后，先后由颍、涡、濉、泗等河道分流夺淮入海，泗水常为黄河主流所经，黄淮于清口交汇，因淮水清黄水浊，清口的含义发生变化，转为指淮河的入黄河口。明嘉靖以后，一直是小清河通流，通常所指清口为小清口。明后期，潘季驯束水攻沙治理黄河，将黄河下游河道固定于徐州以下泗水故道经清口入淮入海，清口又成为黄河、淮河、运河交汇之处，清口也泛指黄淮运交叉的河口区域（见图 6 –6）。

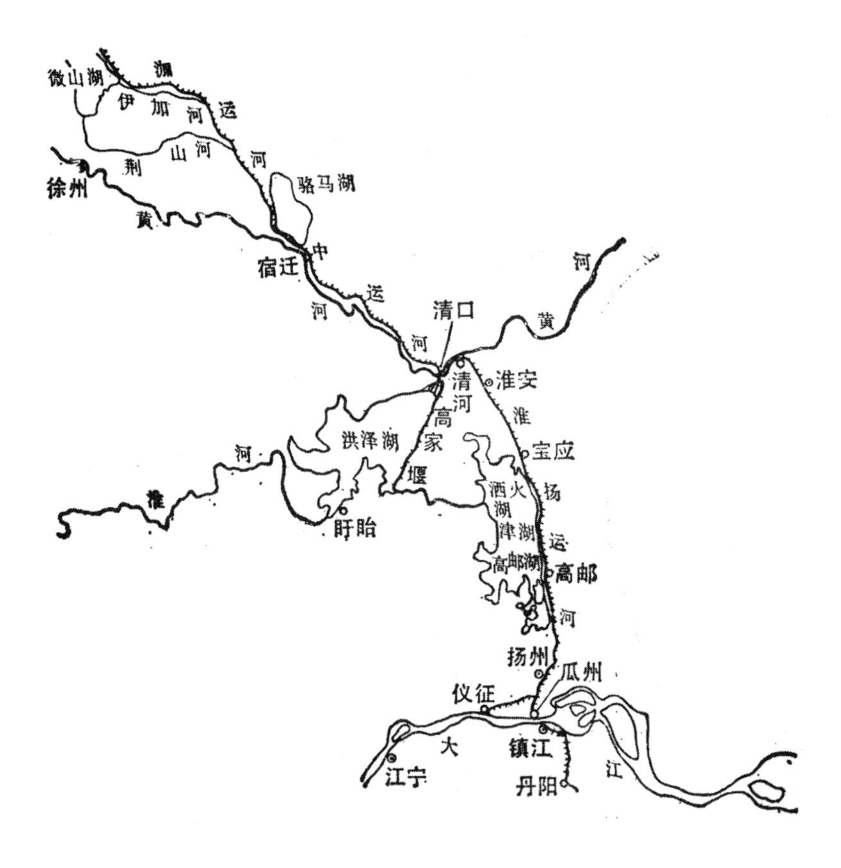

图6-6 黄河、淮河、运河交汇形势图[28]

明后期，黄河泥沙不断淤积在淮河入海故道，抬高了淮河下游水位，洪泽湖区水面不断扩大，淮河会黄之前，已与洪泽湖汇为一体。由于黄河水位的顶托，清口淮河出水日渐不畅，汛期常决开洪泽湖东西堤防，夺路东去。运河与黄河交汇处不断被泥沙淤塞，黄水倒灌。隆庆、万历年间，清口及清口以下至云梯关的黄淮入海尾闾淤积已十分严重，不仅威胁到漕运的安全，而且给淮扬地区造成极大危害。潘季驯针对这一情况，提出了解决清口泥沙问题的方针——“逼淮入黄，蓄清刷黄”。

神宗万历六年（1578年），黄河决崔镇而北，淮河决高家堰而东，清口全被淤塞，清口至海口也严重淤塞。当时不少人主张浚清口，浚河道，浚海口。潘季驯提出了完全不同的方针：“今日浚海急务，必先塞决以导河，尤当固堤以杜决，……沿河堤固，而崔镇口塞，则黄不旁决而冲槽力专。高家堰筑，朱家口塞，则淮不旁决而会黄力专。淮、黄既合，自有控海之势。”[20]这里他提出了淮黄合流刷沙的思想。

潘季驯在黄河上堵决口，筑遥堤，挽河归槽；在淮河上筑高家堰，堵塞洪泽湖大堤决口，导淮水尽出清口。潘季驯的这些措施保证了黄淮合流，冲沙入海，收到了明显的效果。“高堰初筑，清口方畅，流连数年，河道无大患。”[20]

潘季驯指出黄淮合流的作用是：“使黄、淮力全，涓滴悉趋于海，则力强且专，下流之积沙自去，海不浚而辟，河不挑而深，所谓固堤即以导河，导河即以浚海

也。”[20]他进一步说明了黄淮合流刷沙的原因是:“水合则势猛，势猛则沙刷，沙刷则河深，寻丈之水皆由河底，止见其卑。”[16]

但潘季驯强调的“水合则势猛”是有条件的，他反对两条多沙河流相合。当时有人主张引沁水入卫河，以分杀黄河之势。潘季驯坚决反对说:“卫水固浊，而沁水尤甚，以浊益浊，临德一带必致湮塞，不可也。”[16]他认为卫河已经够浑浊了，再汇入一条含沙量更大的沁水，是“以浊益浊”，不仅不能刷沙，反而会淤塞得更快。

潘季驯主张将清水河汇入多沙河。濉河是条相对黄河小的清水河，归仁集以上的邸家湖、白鹿湖也是清水湖。潘季驯在论述归仁坝的作用时说:“遏睢水、湖水，使之并入黄河，益助冲刷，关系最为重大。”[23]

可见，潘季驯强调的“水合则势猛”，是将清水河汇入多沙河，用清水稀释浑水，降低河流的含沙量，增大挟沙能力，起到“益助冲刷”、减少河床淤积的作用。这正是潘季驯“以清释浑”的思想。

潘季驯说，淮河和黄河“二渎交流，俨若泾渭。”[23]他用“泾渭分明”来比喻淮河之清和黄河之浊。他认为:“黄淮并注，水涤沙行，无复壅滞。”[23]黄淮合流是以淮河之清水冲涤黄河之泥沙，可以使清口“无复壅滞”。

潘季驯又指出:“清口乃黄淮交汇，而淮黄原自不敌。然清口所以不致壅淤者，以全淮皆从此出，其势足以敌黄者也。”[29]淮河小于黄河，原不应敌黄，但若逼淮河以全河之水汇入清口，在这一局部地区却能敌黄。因此，他强调要逼全淮入黄:“所籍以敌黄而刷清口者，全淮也。淮若中溃，清口必塞。”[16]这正是潘季驯“逼淮入黄，蓄清刷黄”的思想。清代人将这一思想称为“逼淮注黄，以清刷浊”[30]，或称为“筑堤障水，以清刷黄”[31]，近代则通称为“蓄清刷黄”。

潘季驯进一步指出:“云梯关外海口甚阔，全赖淮黄二河，并力冲刷。若决高堰，清口必淤；止余浊流一股，海口必塞；海口塞，则下壅上溃，黄河必决，运道必阻，此前岁之覆辙也。”[22]清口和黄淮入海尾闾之所以经常淤塞，是因为高家堰经常溃决，淮水东分，不能以全河之水汇入清口，以清释浑刷沙。因此，潘季驯“逼淮入黄，蓄清刷黄”的主要工程措施是修筑高家堰大堤，严防淮水东溃。

潘季驯以清刷浊的思想，不只是应用于清口及黄淮入海尾闾，凡是清水河与黄河交接处，他都提倡这一主张。“此在清口、直河、小河口，凡系清黄相接处皆然。”[16]除前述睢水与黄河交接处外，又如运河与黄河交接处的茶城，即使是远弱于黄河的汶、泗水，也可以等黄水削落或通过闸门控制，来借清刷沙。潘季驯说:“黄水浊而强，汶、泗清且弱，交汇茶城。伏秋黄水发，则倒灌入漕，沙停而淤，势所必至。然黄水一落，漕即从之，沙随水去，不浚自通，纵有浅阻，不过旬日。往时建古洪、内华二闸，黄涨则闭闸以遏黄流，黄退则启闸以纵泉水。”[20]

“逼淮入黄，蓄清刷黄”，在一定程度上减缓了清口的淤积，延缓清口以下黄淮入海尾闾河床抬高的速度，可以在一定时期内保证京杭运河的基本畅通。但黄河下游泥沙淤积的根源在中上游，蓄清刷黄无法阻挡其淤积的趋势。至于以筑高家堰堤作为“蓄清刷黄”的主要工程措施，由于黄河的顶托，洪泽湖水位势必抬高，从而扩大淹没范围，势必给洪泽湖周围和淮河下游一定区域内造成更大的损

失。因此，“逼淮人黄，蓄清刷黄”方针一直是人们争论的焦点之一。

（二）潘季驯治理黄、淮、运的规划思想

黄河、淮河、运河交汇于清口，使这一地区呈现复杂局面。黄河有决口之患，清口有淤塞之患，高宝诸邑有淮水东溃淹没之患，运道有淤堵冲决之患。面对这种情况，有人主张“导淮入江以避黄”，有人主张让决口“冲刷成河，以为老黄河入海之路”[15]。这实际上是将黄淮分而治之，在清口以北，分黄杀势；清口以西，分淮导流。

潘季驯反对头痛医头、脚痛医脚、分而治之的主张，他认为应当把治黄与治漕、兴利与除害结合起来考虑。他指出：“自永乐以后，由淮及徐，藉河资运，欲不与之争得乎？”[16]徐州至淮安运河水源匮乏，决定了要借黄济运。“资黄济漕而欲不为害，即神禹复生未有完策。”[32]既要借黄济运，又要漕运不受黄河之害，就算大禹再生也没有办法。既然借黄济淮势在必行，而漕受黄害又必不可免，不如治漕必治黄，治黄即治漕。他说：“以治河之工而兼收治漕之利，漕不可以一岁不通，则河不可以一岁不治，一举两得，乃所以为善也。”[16]

当时翁大立等人见河漕合一，为害甚大，便想将运河与黄河分开，提出“请开泇河以避黄险”[15]，以保证漕运。潘季驯指出：“泇河必从直河、沂河等处出口，复与黄合。而中段相隔之地，近者仅三四里。每岁水涨，势必漫入，可不治乎？”[16]即使河漕分开，漕运也摆脱不了黄河的影响。而且，河漕分离，“既治河而又别治漕，是以财委壑也。”[33]治河治漕二役并兴，国力、民力也难以支持。

潘季驯认为应该把治黄、治淮、治运三者结合起来统筹安排，他强调：“治河之法，当观其全。”[34]他全面分析黄、淮、运三者的相互关系和主要矛盾，指出：“通漕于河，则治河即以治漕；会河于淮，则治淮即以治河；合河淮而同入于海，则治河淮即以治海”[35]。

按照其总体规划思路，在处理黄、漕关系时，主张以治河之功兼收治漕之利，反对只治漕而不治黄；在处理黄、淮关系时，主张不仅要考虑泗州及其以上地区的水患，还要考虑里下河地区的水灾，更要考虑有利于黄河入海尾闾的治理和漕运的畅通。

潘季驯认为由于黄、淮、运交汇于清口，要解决清口的问题，必须大筑高家堰，使全淮之水尽出清口。因此他强调高家堰“为两河关键，不止为淮河堤防也。”[16]对治黄而言，筑高家堰，使淮水尽出清口，可以“蓄清刷黄”，解决清口的淤塞；而且由于下流不再壅塞，还能解决清口以上徐邳河段的溃决。对治淮而言，筑高家堰，防淮水东溃，可解决淮南地区的水患；同时由于解决了清口的壅塞，也有利于消除泗州以上淮河两岸的水患。

他认为“逼淮人黄，蓄清刷黄”兼治黄淮，对治理海口也有作用。“黄不旁决而冲槽力专。……淮不旁决而会黄力专。淮、黄既合，自有控海之势。……使黄、淮力全，涓滴悉趋于海，则力强且专，下流之积沙自去，海不浚而辟，河不挑而深，所谓固堤即以导河，导河即以浚海也。”[20]

潘季驯综合治理黄、淮、运的全面规划思想反映在他的《两河经略疏》中，以后又不断进行阐述和发展。潘季驯的一位下属河官佘毅中归纳了潘季驯按照总

体规划思路提出的工程总体布局:“尽塞诸决，则水力合矣；宽筑堤防，则衡决杜矣；多设减坝，则遥堤固矣；并堤归仁，则黄不及泗矣；筑高堰复闸坝，则淮不东注矣；堤柳浦，缮西桥，则黄不南浸矣；修宝应之堤，浚扬仪之浅，则湖捍而渠通矣。”[33]潘季驯治理黄淮运规划示意图见图6－7。

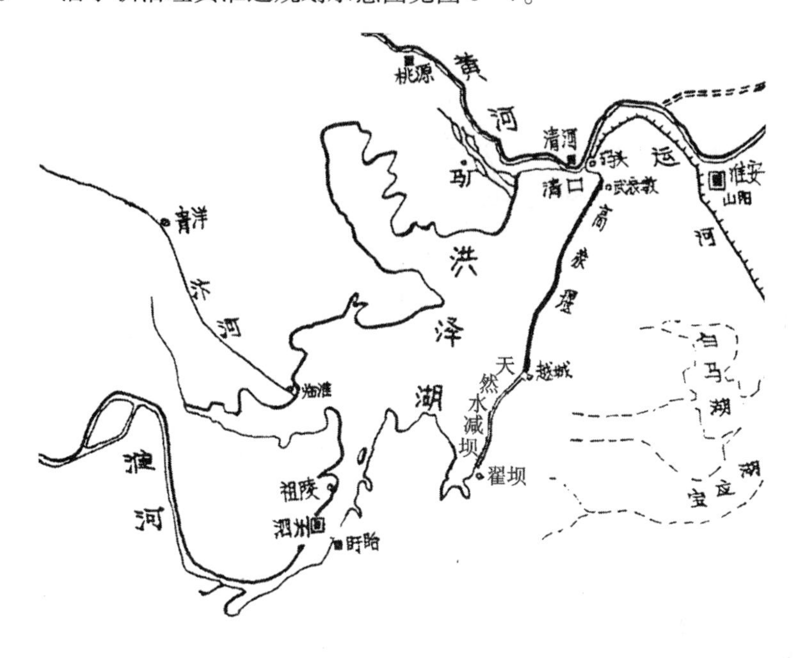

图6－7　潘季驯治理黄淮运规划示意图[36]

黄淮下游综合治理的主要河段有：闸漕段、河漕段、清口地区、湖漕段。闸漕段即会通河，北至临清与卫河会，南出茶城口与黄河会，是运河全线地势最高的河段，资汶、洸、泗水及山东泉源济运。河漕段即黄河徐州至淮安的五百里河段，上自茶城与会通河会，下至清口与淮河会。湖漕段即邗沟，由淮安至扬州三百七十里河段，地势低洼，多湖泊，著名的湖泊有：山阳（今淮安）的管家湖、射阳湖，宝应的白马湖、氾光湖，高邮的石臼湖、甓社湖、武安湖、邵伯湖。

潘季驯分析黄淮下游各段河道的主要问题，制定了相应的治理措施，其综合治理黄、淮、运工程总体规划的主要内容可以概括如下[36]。

闸漕段没有大的江河接济，主要靠湖水和泉水济运，因此不能让湖水、泉水任意走泄，以保证调节南旺两边闸河水量。实现这一目标的工程措施是：修坎河大坝、何家坝，截汶水入南旺诸湖；修南旺东西湖、马踏湖、蜀山湖、马场湖、安山湖等五湖界堤，以便潴蓄汶、泗之水；隔一定距离或在关键位置建斗门闸坝，严格控制闸漕用水。闸漕段工程布置示意图见图6－8。

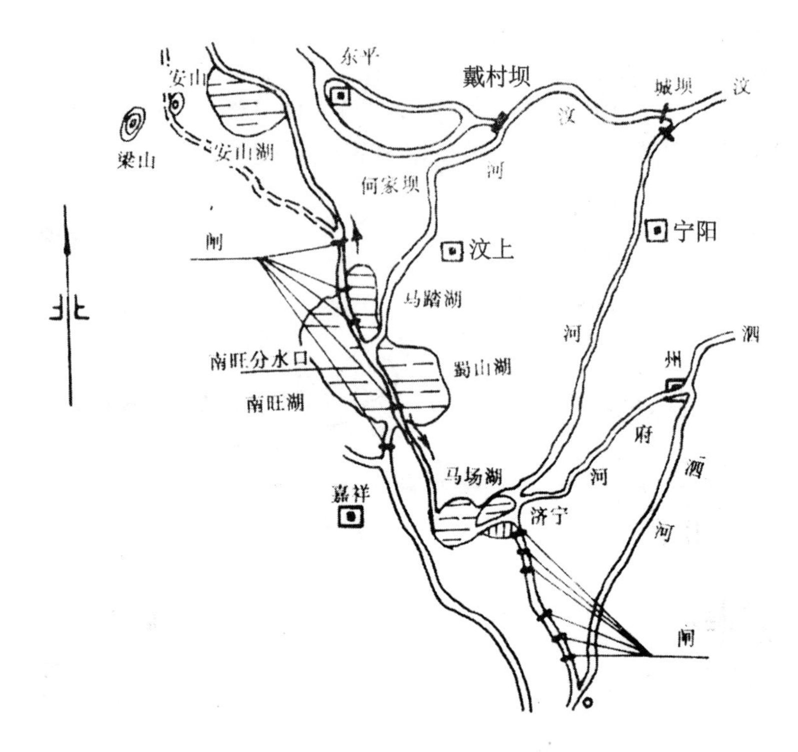

图 6-8　闸漕段工程布置示意图[36]

（据《淮系年表》）

河漕段黄河决溢迁徙频繁，分流时间长，且有徐、吕二洪的急流险滩，因此不能让黄河决口分流，只能稍减暴涨之水，既实现束水攻沙的目的，又避免河道决口漫流之患。实现这一目标的工程措施是：高筑徐州以下两岸遥堤，约拦水势；在崔镇等适当位置修建减水坝，分杀异常洪水；修筑归仁堤，既逼睢水、湖水等清水入黄，又防黄水南入泗州。因北岸直河口至古城段有骆马湖可以容蓄泛涨之水，而湖外高冈乃天然遥堤，南岸孙家湾至烟墩也系高冈，故两处不筑堤。河漕段工程布置示意图见图 6-9。

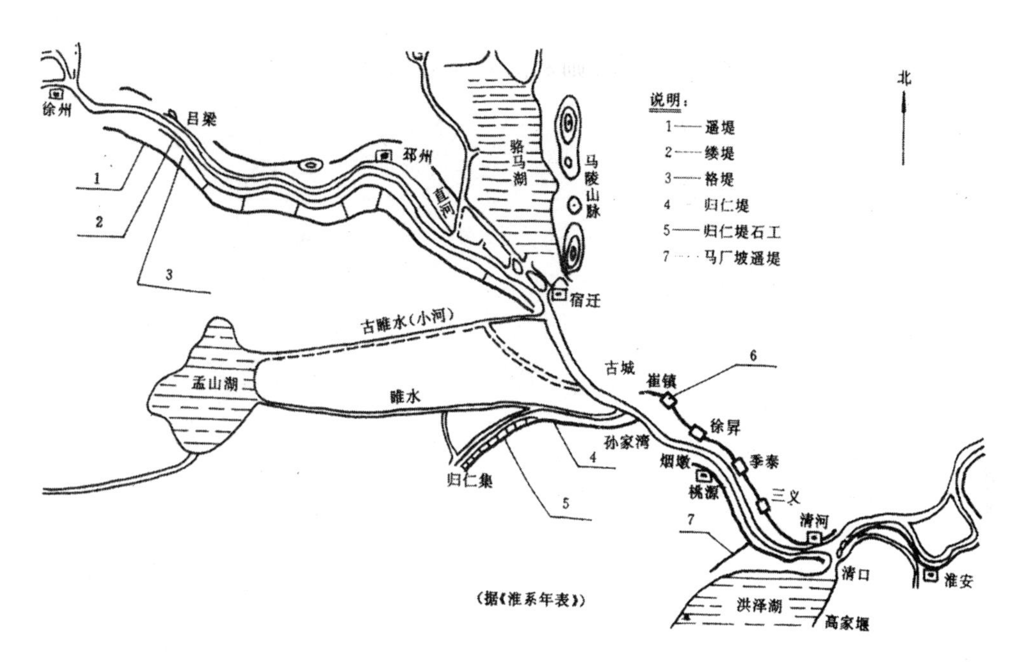

图6－9　河漕段工程布置示意图[36]

（据《淮系年表》）

在清口地区，不让淮水从洪泽湖东溃，使其尽出清口。这样既可以借清刷黄，又可以消除淮南水患。实现这一目标的工程措施是坚筑高家堰大堤。

在湖漕段，严防湖水泛滥，既保证运道无阻，又使今里下河地区免受涝灾。实现这一目标的工程措施主要是修宝应堤、西土堤，加固邵伯堤。湖漕段工程布置示意图见图6－10。

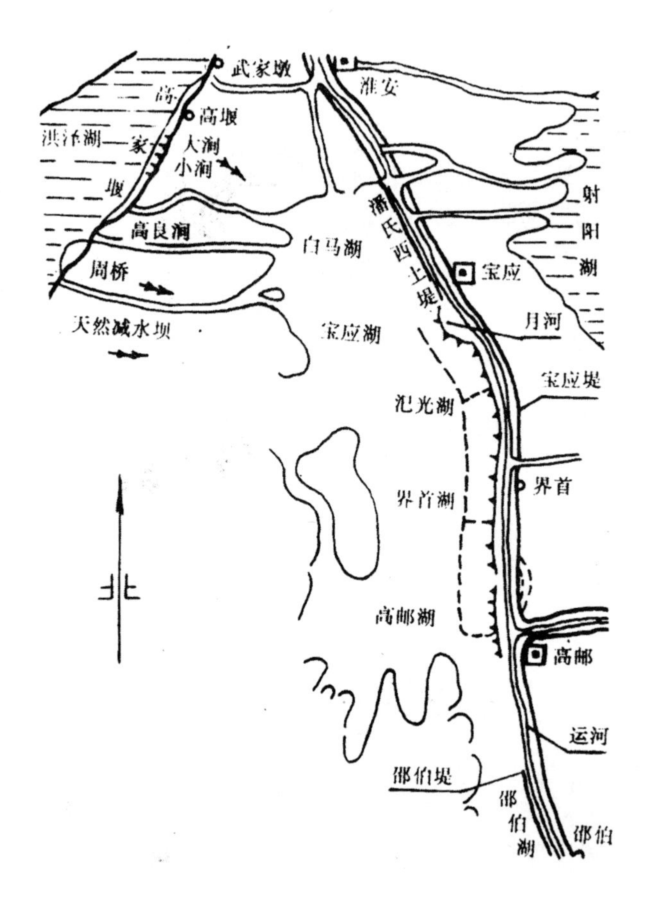

图 6-10 湖漕段工程布置示意图[36]

（据《淮系年表》）

另外，在清水和黄水交接的茶城、清口等处运口，严防黄水倒灌、泥沙淤塞。实现这一目标的工程措施是增建或改建船闸，并严格启闭制度。

做好以上工程后，还要时时维护，岁岁修守。

从这些总体规划布局可以看出，潘季驯既看到黄、淮、运三者的区别和矛盾，更重视彼此的联系和制约，他的主张和措施把三者作为一个整体来对待。这标志着，明代我国在跨流域治理规划方面已具有较高的水平。潘季驯之后直至清末，绝大多数河官的治理方案，都不出其规划范围。

但毕竟潘季驯综合治理黄淮运的规划思想只是治理黄淮下游清口及其以下局部河段，并不是真正意义上的黄淮运的综合治理，自然不可能改变黄河上中游的来水来沙状况。因此，“蓄清刷黄”只能在一定程度上减慢清口的淤积，延缓黄淮入海尾闾的抬升；大筑高家堰，虽然可以保护里下河广大地区，但却抬高了洪泽湖水位，加大了淮水东溃的威胁。

四、海河的治理主张与水利营田的争论

元明时期建都今北京，由于京城大兴土木，对太行山、燕山森林过度砍伐，水土流失严重，海河下游各河道加快淤积，河道迁徙频繁。明代海河防洪治河工

程发展迅速，五大支流中的南运河、北运河和大清河已稳定于今日之形势，而永定河和子牙河尚未形成堤防系统。

（一）海河的治理主张

明代，海河防洪的工程措施仍以疏浚为主，代表性的防洪规划意见为嘉靖年间徐元祉的“疏浚六策”。世宗嘉靖十一年（1532 年）海河大水，郎中徐元祉受命赈灾。他指出：“河本以泄水，今反下壅；淀本以潴水，今反上溢。故畿辅（泛指京都附近地区）常苦水，顺天（顺天府为今北京）利害相半，真定（今正定县北，濒滹沱河北岸）利多于害，保定害多于利，河间（在子牙河西北）全受其害。”他认为筑堤排决成效不大，“弘（治）、正（德）间，尝筑长堤，排决口，旋即溃败。”因此，他提出：“今唯疏浚可施，其策凡六。一浚本河，俾河身宽邃。九河自山西来者，南合滹沱而不侵真定诸郡，北合白沟而不侵保定诸郡。此第一义也。一浚支河。令九河之流，经大清河，从紫城口入；经文都村，从涅槃口入；经白洋淀，从蔺家口入；经章哥窪，从杨村河入。直遂以纳细流，水力分矣。一浚决河。九河安流时，本支二河可受，遇涨则岸口四冲。宜每冲量存一口，复浚令合成一渠，以杀湍急，备淫溢。一浚淀河。令淀淀相通，达於本支二河，使下有所泄。一浚淤河。九河东逝，悉由故道，高者下，下者通。占据曲防者，抵罪。一浚下河。九河一出青县，一出丁字沽，二流相匝於苑家口。故施工必自苑家口始，渐有成效，然后次第举行，庶减诸郡水害。”[37]徐元祉浚本河，浚支河，浚决河，浚淀河，浚淤河，浚下河的“疏浚六策”，全都围绕着疏浚，后被批准实行。

霸州道观察王凤灵则强调滞、泄、分三者兼顾，以洼淀滞蓄洪为主。明代海河流域的洼淀虽较宋代大为收缩，但仍较今日宽广。王凤灵指出：“余观直沽之上有大淀、小淀，有三角淀，广延六七十里，深止四五尺，若因而增益之，又为之堤，淀蓄众水而委输于海，水固有所受也。”[38]他提出的治理主张是：在洼淀周围筑堤，增大滞洪容积；疏浚淤浅的河道；增开支河泄水。

（二）海河水利营田的争论

元明清三代建都今北京，国家的政治中心在北方，经济重心在南方。鉴于南粮北运的困难，为了改善京都粮食供应的状况，畿辅水利兴起并达到较大规模。畿辅一般泛指京都附近地区，明清时期，海河流域水利往往称为畿辅水利。

最早提出兴修畿辅水利意见的是元代翰林学士虞集。元泰定帝泰定年间（1324～1328 年），虞集建议在海河和滦河下游“用浙人之法，筑堤捍水为田。”[39]按屯田办法组织百姓屯垦。能组织多少人，就由朝廷授多少田地，并对组织者设立百夫长、千夫长、万夫长，制定相应的考核管理制度，对其中成绩显著者给以奖励。当时有人认为，此法一兴，必贿赂丛生，终不可行。三十年后，元末丞相脱脱采纳了这一建议。惠宗至正十二年（1352 年），南方农民起义，海道漕运不通。脱脱建议：“京畿近地水利，召募江南人耕种，岁可得粟麦百万余石，不烦海运而京师足食。”[40]得到批准后，他亲自主持大司农司，拨发牛具、农器、谷种和贷款，又计划从江浙、淮东召募善于种植水田和修筑围岸的技师各一千人，每人给钞十锭，允许一年后返回原籍。在他的大力推行下，至正十三年（1353 年），“西至西山，东至迁民镇（今临榆县），南至保定、河间，北至檀（今密云）、顺州

（今顺义），皆引水利，立法佃种，岁仍大稔。”[41]至正十五年（1355年），又在保定、河间、景县、蓟县设四处大兵农司，推进水利营田。由于元朝随即灭亡，畿辅水利未能取得较大进展。

明代，首先重提虞集旧议的是弘治年间的大学士丘浚。他建议推广虞集的屯田主张，选派得力大臣勘察沿海一带，“然后招集丁夫，随宜相势，分疆定半，因其多少，授以官职，一如虞集之策。”他进一步提出：“大凡滨海之地多咸卤，必得河水以荡涤之，然后可以成田。故为海田者，必筑堤岸以拦咸水之入，疏沟渠以导淡水之来，然后田可耕也。”他特别强调，在直沽一带实行，应“依《禹贡》逆河法，截断河流，横开长河一带，收其流而分其水，然后于沮洳尽处，筑为长堤，随处各为水门，以司启闭。外以截咸水，俾其不得入；内以泄淡水，俾其不至于漫，如此则田可成矣。”他认为，在沿海开水田，“凡有淡水入海所在，皆依此法行之，则沿海数千里无非良田，非独民资其食，而官亦赖其用。如此则国家坐享富盛，远近皆有所资矣。”[42]当时的都御史林俊也是屯田的积极支持者。

明代提倡海河水利营田的是丘浚，而实际施行并有所成就的则是万历年间的徐贞明。神宗万历三年（1575年），徐贞明任给事中，上疏神宗说，要改变“神京北峙，而财赋全仰于东南之漕”的现状，“尝请兴西北水利如南人圩田之制，引水成田。”[37]万历十三年（1585年），徐贞明任尚宝司少卿，后兼监察御史，领垦田使，受命兴修水利营田。他“先治京东州邑”，选择京东永平府（今卢龙县）一带试行。到第二年，“东西百余里，南北百八十里。垦田三万九千余亩。”[37]然后他“又遍历（畿辅），穷源竟委，将大行疏浚。”[43]正当他准备按自己的主张对海河流域水利进行综合整治时，畿辅籍“阉人勋戚之占闲田者，恐水田兴而己失其利，争为蜚语，流入禁中。”[43]御史王之栋家在畿辅，也罗列了十二条理由反对水利营田，断言：“滹沱非人力可治，徒耗财扰民。”[37]明神宗听信谗言，欲加罪建议水利营田者。后虽经朝臣劝阻，“徐贞明得无罪，而水田事终罢。”[37]

关于海河水利营田的争论，实质是关于如何处理防洪除害和营田兴利关系的争论。徐贞明著有《潞水客谈》，阐述了水利营田十四条利好，驳斥反对意见，提出了实施的具体办法。他强调除水害与兴水利互为表里，说：“北人未习水利，唯苦水害。不知水害未除，正由水利未兴也。盖水聚之则为害，散之则为利。”他进一步分析海河水利形势：“今顺天、正定、河间诸郡桑麻之区，半为沮洳，由上流十五河之水惟泄于猫儿一湾，欲其不泛滥与壅塞势不能也。”因此，他提出：“今诚于上流疏渠浚沟，引之灌田，以杀水势；下流多开支河以泄横流；其淀之最下者留以蓄水，（淀之）稍高者皆如南人筑圩之制，则水利兴，水患亦除矣。”[43]徐贞明认为，海河水利营田配合上分下泄，是海河流域兴水利、除水害的有效措施。上游应开渠灌田，下游应开支河分泄洪水，淀泊洼地留以蓄水，附近高地开辟圩田，如此则水利兴而水害除。

御史王之栋则罗列了十二条反对水利营田的理由，特别反对在滹沱河兴水田。他认为，河流迁徙无常，非人力可治；本地土质不好，筑堤不坚固；河水含泥沙多，不宜灌溉；如兴大役，耗财扰民。

左光斗、汪应蛟、董应举等人极力赞同徐贞明的主张，反驳王之栋的观点说，

气候不同，水源不同，习惯不同，皆无妨兴水利。

第二节　明代的防洪工程建设

明代，黄河的防洪治河工程，前期有徐有贞等人以分流为主对黄河的治理，后期有潘季驯“以堤束水，以水攻沙”对黄河的治理。由于黄河夺淮，治淮又始终和治黄、治运交织在一起，明代不仅有潘季驯对黄、淮、运的综合治理，还有潘季驯“蓄清刷黄”同杨一魁“分黄导淮”工程措施之争议。明代，长江的荆江大堤连成一线，海河、珠江继续修筑江河堤防，随着太湖圩田、海河营田、珠江围田的不断发展，解决平原湖区兴利除害矛盾的防洪治河工程也相继兴筑。明代海塘工程与沿海拦潮闸的修筑也有较快的发展。

一、黄河的治理

明代前期，黄河的治理始终以保证漕运安全畅通为中心，治河以“分流杀势”为主，辅以疏浚和筑堤。明代前期，以徐有贞、白昂、刘大夏、刘天和主持的治河较为著名。经过整治，逐渐形成了“北堤南分”的黄河防洪工程体系。明代后期则有潘季驯“以堤束水，以水攻沙”对黄河的治理，建立了黄河下游的堤防系统。

（一）明代黄河主要的防洪治河工程

明代黄河主要防洪治河工程见表6－1。

表6－1　明代黄河主要防洪治河工程

序号	兴筑时间		工程主要内容
	年号	公元	
1	洪武元年	1368年	河决曹州双河口（今菏泽东），入鱼台。徐达开塌场口（济宁西，决水经鱼台东注入会通河处），引河入泗水以济运[2]
2	洪武三年	1370年	刘大昕修济宁西二十里之耐牢坡石闸，控制黄运分流[44]
3	洪武八年	1375年	河决开封太黄寺堤，诏河南参政安然发民夫三万人堵塞[2]
4	洪武十七年	1384年	河决开封东月堤，自陈桥（今开封东北四十五里）至陈留横流数十里，又决杞县，入巴河（开封东至商丘西的古河道，明后湮没）。遣官塞河[2]
5	洪武十八年	1385年	九月，筑黄河、沁河、漳河、卫河、沙河所决堤岸[45]

6	洪武二十三年	1390 年	春，河决归德州东南凤池口（今商丘县东南）。发兴武等十卫士卒，与归德民拼力堵筑[2]
7	洪武二十五年	1392 年	上年，河水暴涨，决原武黑洋山（今河南原阳县西北），东南入淮，贾鲁河故道与会通河遂淤。本年，河复决开封阳武，泛陈州等十一州县。发民丁及安吉等十七卫军士修堵。冬大寒，役未成而罢[2]
8	永乐二年	1404 年	九月，河水坏开封府城，命发军修筑[46]
9	永乐三年	1405 年	河决温县堤四十丈，济、涝二水交溢，淹民田四十余里，命修堤防[2]
10	永乐四年	1406 年	修阳武黄河决堤[2]
11	永乐七年	1409 年	二月，河南陈州卫奏河水冲决城垣三百七十六丈、护城堤岸二千余丈，请以军民兼修[47]
12	永乐九年	1411 年	上年秋，河决开封，坏城二百余丈，灾民万四千余户，淹田七百五十余顷[2]。本年，帝复用工部侍郎张信言，使兴安伯徐亨、工部侍郎蒋廷瓒会金纯，浚祥符鱼王口（今开封城北）至中滦下，复旧黄河故道，以杀水势，使河不病漕。时工部尚书宋礼开会通河，帝发民丁十万，令宋礼总其役[48]。七月，河复故道，自封丘荆隆口（在封丘县南，黄河北岸），经徐、吕二洪南入淮。是时，会通河已开，黄河与之合，漕道大通，而河南水患亦稍息[2]
13	永乐十年	1412 年	河决阳武中盐堤，漫中牟、祥符、尉氏，工部主事蔺芳编木成大囤，贯椿其中，实以瓦石，复以木横贯椿表，牵筑堤上，为杀水固堤之长策，其后筑堤者遵用其法[49]
14	永乐二十年	1422 年	河决，开封土城堤数溃，工部请浚其东故道[2]
15	宣德六年	1431 年	七月，河决溢开封等八县[50]。浚祥符至仪封黄陵冈（今曹县西南，黄河故道北岸）淤道四百五十里。金龙口（又作荆隆口，在封丘县南，黄河北岸）渐淤，河复屡溢开封。十年，浚金龙口[2]
16	正统二年	1437 年	九月，河决阳武、原武、荥泽，发民二万筑决岸[2]
17	正统十年	1445 年	九月，河决金龙口、阳谷堤、张家黑龙庙口，而徐、吕二洪水渐浅，命山东三司亟修完。十月，河南睢州等十四州县河决，漂没民田屋宇畜产无算，命河南三司率夫修治[51]

18	正统十三年	1448 年	五月，陈留水涨，河决金村堤和黑潭南岸。六月，堵筑决口，随即复决。七月，河决新乡八柳树口，漫流山东曹州、濮县，抵东昌，冲张秋（今山东阳谷张秋镇，明代为会通河与大清河交汇处），溃寿张沙湾（寿张即今阳谷县，沙湾紧邻张秋南，为明代运道要冲），坏运道，东入海，徐、吕二洪浅涩。命工部侍郎王永和修沙湾，未成功。又令山东三司筑沙湾，趣王永和塞八柳树口，疏金龙口，使河由故道[2]
19	正统十四年	1449 年	正月，河复决聊城。三月，王永和浚黑洋山西湾，引水由太黄寺济运。筑沙湾堤大半，而未敢尽塞；在沙湾运道东岸设三座减水闸，放水自大清河入海；西岸设二座减水闸，以泄上流，为引黄入运的控制闸。河分流大清河，徐、吕二洪更加艰阻[2]
20	景泰二年	1451 年	工部尚书石璞治河，浚黑洋山至徐州，以通漕运；筑石堤于沙湾，以御决河；在运河决口上下游开月河，引水以益运河，且杀决势[2]
21	景泰三年	1452 年	五月，沙湾堤成。六月，河复决沙湾北岸，掣运河之水以东，近河地皆没。命山东巡抚都御史洪英督有司修筑[2]
22	景泰四年	1453 年	正月，河复决开封新塞口之南。四月，决口乃塞。五月，河复决沙湾北岸，掣运河水入盐河，漕运尽阻。命石璞往治，凿新河长三里，以避决口，上下通运河，而决口亦筑坝截之，令新河、运河俱可行舟。十月，帝恐不能久，又命左佥都御史徐有贞治理沙湾。五年十一月，徐有贞献治河三策：一置水闸门，一开分水河，一挑深运河[2]
23	景泰六年	1455 年	六月，河决开封高门堤二十余里，修筑。徐有贞治沙湾，疏广济渠，起张秋金堤之首，凡数百里，经澶渊以接河、沁；堵沙湾决口，筑九堰以御河流旁出者，长各万丈，实之石而键以铁。发夫五万八千余，工五百五十余日，费木铁竹石数万。七月，功成，已决十年的沙湾始塞。自此河水北出济漕，而阿、鄄、曹、郓间田出沮洳者，百数十万顷。乃浚漕渠，由沙湾北至临清，南抵济宁，复建八闸於东昌，用王景制水门法以平水道，而山东河患息矣[2]

24	景泰七年	1456 年	夏，河决开封、河南、彰德。秋，畿辅、山东诸水并溢，堤岸多冲决。命徐有贞修筑，未几，事竣[2]
25	天顺元年	1457 年	修祥符护城大堤[2]
26	天顺七年	1463 年	春，河南布政司照磨金景辉上言："先疏金龙口宽阔以接漕河，然后相度旧河或别求泄水之地，挑浚以平水患，为经久计。"命如其说行之[2]
27	弘治二年	1489 年	五月，河决开封及金龙口，入张秋运河，又决埽头五所入沁河，又决黄陵冈入海。决水分三四支，南、东北分流。九月，命户部侍郎白昂修治河道，令会山东、河南、北直隶三巡抚，自上源决口至运河，相机修筑[2]
28	弘治三年	1490 年	白昂役夫二十五万，北筑阳武长堤，以防张秋；东引中牟决河入淮，浚宿州古汴河（即隋唐时期的通济渠故道）入泗，又浚睢河以会漕河（即古泗水宿迁段）；上筑长堤，下修减水闸。又疏月河十余以泄水，塞决口三十六，使河流入汴，汴入睢，睢入泗，泗入淮，以达海。水患稍宁。复于鱼台、德州、吴桥修古长堤；又自东平北至兴济凿小河十二道，入大清河及古黄河以入海。河口各建石堰，以时启闭[2]
29	弘治五年	1492 年	河决张秋戴家庙，掣漕河与汶水合而北行，遣工部侍郎陈政督治。陈政"请浚旧河以杀上流之势，塞决河以防下流之患。"陈政方渐次修举，未几卒官[2]
30	弘治七年	1494 年	上年，命副都御史刘大夏治张秋决河。本年五月，刘大夏先在决口西南开越河三里济运；浚仪封黄陵冈南贾鲁旧河四十余里，以杀水势；又浚孙家渡口，别凿新河七十余里，导使南行，由中牟、颍川东入淮；浚祥符四府营淤河，由陈留至归德分二支入淮。然后沿张秋两岸，东西筑台，立表贯索，联巨舰穴而窒之，实以土。至决口，去窒沉舰，压以大埽，且合且决，随决随筑，连昼夜不息。决既塞，缭以石堤，隐若长虹。十二月工成，改张秋名为安平镇[2]

31	弘治八年	1495 年	正月，刘大夏筑塞黄陵冈及荆隆等口七处，十五日毕。河水复南流故道，入淮达海，堵后筑堤三层防护。又筑北岸大名府之长堤，起胙城，历滑县、长垣、东明、曹州、曹县抵虞城，凡三百六十里。其西南荆隆等口新堤起于家店，历铜瓦厢、东桥抵小宋集，凡百六十里。大小二堤相翼，而石坝俱培筑坚厚，溃决之患於是息矣[2]
32	弘治十一年	1498 年	河决归德。管河工部员外郎谢缉建议:“请亟塞归德决口，遏黄水入徐以济漕，而挑沁水之淤，使入徐以济徐、吕，则水深广而漕便利矣。”帝从其请[2]
33	弘治十三年	1500 年	荆隆口堤内旧河通贾鲁河，由丁家道口下徐州。徐、吕二洪藉河、沁二水合流东下，以相接济。丁家道口（今商丘东北）上下河决堤岸者十有二处，共阔三百余丈，而河淤三十余里。修筑丁家道口上下堤岸[2] 六月，河决李家、杨家等口，洪水横流，淹曹县、单县等处。曹县知县建议筑长堤以捍水。次年春修完，复决。又督夫二万人，给以粮，加修之。两月告成，堤长一百五十里，高一丈五尺[52]
34	正德四年	1509 年	河决曹县、单县，趋沛，出飞云桥，命工部侍郎崔岩往治。崔岩发丁夫四万余人，塞决[53]
35	正德五年	1510 年	六月，崔岩奏，奉命治河，自祥符董盆口浚四十余里，荥泽县孙家渡浚十余里，贾鲁河浚八十余里，亳州浚四十余里，并堵长垣诸县决口，唯曹县外堤梁靖决口未塞，功未就而骤雨，堤溃，建议筑北岸堤。九月，河自仪封北徙，冲黄陵冈，入贾鲁河，泛溢横流，直抵丰、沛。改命侍郎李堂治河，亦请起大名三春柳至沛县飞云桥，筑堤三百余里，以障河北徙。次年二月，工未竣[54]
36	正德七年	1512 年	九月，总河刘恺筑曹县、单县大堤，起魏家湾至双堌集，长八十余里。都御史赵璜续筑三十里，曹、单以宁[53]

37	正德十年	1515 年	河决陈家等口，为患甚剧，于荥泽东浚分水河，郑州西凿须水河，疏亳州河渠，至是水势渐杀，不为害[54]
38	嘉靖元年	1522 年	总河副都御史龚弘奏称，曾筑堤，自长垣经黄陵冈抵山东杨家口长二百余里。今请于距堤十里外再筑一堤，延袤高广如之，以防旧堤决溢。从之。自黄陵冈决，开封以南无河患，而河北徐、沛诸州县河徙不常[2]
39	嘉靖六年	1527 年	河决曹县、单县，城武杨家、梁靖二口、吴士举庄，冲鸡鸣台，入昭阳湖，运道大阻。其冬，以盛应期为总督河道右都御史。盛应期请於昭阳湖东改为运河，乃集民夫万人，分标开凿新漕。其地居河上流，土皆沙淤，工弗就[53]
40	嘉靖七年	1528 年	罢新河之役。乃别浚赵皮寨（今兰考县境）、孙家渡、南北溜沟，以杀上流；修武城迤西至沛县南堤，以防北溃；于济、沛间加筑东堤，以遏入湖之路；更筑西堤，以防黄河之冲[2]
41	嘉靖八年	1529 年	六月，单、丰、沛三县长堤筑成[2]
42	嘉靖九年	1530 年	五月，孙家渡河堤成。六月，河决曹县，自胡村寺分三支入运河。单、丰、沛三县长堤障之，不为害。自是，丰、沛渐无患，而鱼台数溢[2]
43	嘉靖十三年	1534 年	河决赵皮寨入淮，谷亭流绝，庙德口复淤。总河刘天和役夫十四万浚之。十月，全河南徙，河忽自夏邑大丘、回村等集冲数口，转向东北，流经萧县，下徐州小浮桥。刘天河奏请浚鲁桥至徐州二百余里之淤塞[2]
44	嘉靖十四年	1535 年	刘天和自曹县梁靖口东岔河口筑压口缕水堤，复筑曹县八里湾至单县侯家林长堤各一道。冬，刘天和建议黄河防护唯北岸为重，当择其去河远者大堤、中堤各一道，修补完筑，使北岸七八百里间联属高厚[2]

45	嘉靖十六年	1537 年	冬，开地丘店（今睢县东北）、野鸡冈（黄河南岸，考城西南）诸口上流河道四十余里，由桃源集（今宁陵北）、丁家道口入旧黄河，截涡河水入河济运[2]
46	嘉靖十八年	1539 年	正月，总河胡缵宗开考城南孙继口、孙禄口黄河支流，以杀归、睢水患，且灌徐、吕二洪济运；并筑二口筑长堤，堵筑马牧集决口[2]
47	嘉靖二十年	1541 年	上年，黄河南徙，决睢州野鸡冈，由涡河经亳州入淮，旧决口俱塞。其由孙继口及考城至丁家道口，虞城入徐、吕二洪者，亦仅十之二。总河郭持平久治弗效。本年五月，命兵部侍郎王以旂督理河道，协郭持平治河。王以旂役丁夫七万，开李景高（今兰考东北）支河一道，引水出徐济运，八月而成，粮运无阻。寻复淤[53]
48	嘉靖二十四年	1545 年	河决野鸡冈，南至泗州入淮，凤阳沿淮州县多水患。浚砀山河道，引水入徐、吕二洪，以杀南注之势[2]
49	嘉靖二十六年	1547 年	秋，河决曹县，水入城二尺，淹金乡、鱼台、定陶、城武，冲谷亭。总河詹瀚请开赵皮寨、孙家渡诸口支河，以分水势[2]
50	嘉靖三十一年	1552 年	河决徐州房村集至邳州新安，运道淤阻五十里。总河曾钧浚房村至双沟、曲头淤河，筑徐州高庙至邳州沂河堤。浚徐、邳将工毕，一夕，水涌复淤。曾钧请急筑浚草湾（大清河口）、刘伶台，建三里沟闸，迎纳泗水清流；浚徐州以上至开封支河，以分杀水势。冬，漕河工竣[2]
51	嘉靖四十四年	1565 年	七月，河决沛县，上下二百余里运道俱淤。全河逆流，徐州以上河大淤，分为十余股，河道极为混乱。命朱衡为工部尚书兼理河漕，又以潘季驯为佥都御史首任总理河道[2]

52	嘉靖四十五年	1566年	朱衡开盛应期所凿新河（即南阳新河），自鱼台南阳至沛县留城百四十余里，浚旧河自留城以下至茶城五十余里，与黄河会。开宽黄河南殷秦沟，又筑沛县马家桥堤三万五千二百八十丈，石堤三十里，遏河出飞云桥，趋秦沟以入洪。于是黄水不东侵，漕道通而沛流断。方工未成，河复决于沛县，败马家桥堤（沛县飞云桥东）。未几，工竣[2]
53	隆庆元年	1567年	上年朱衡所开南阳新河成，各支流尽趋秦沟，而南北诸支河悉并流焉。然河势亦大涨[2]
54	隆庆三年	1569年	七月，河决沛县，自考城、虞城、曹、单、丰、沛等县抵徐州俱受其害，茶城淤塞，漕船受阻。黄河水横溢沛地，秦沟、浊河口淤沙旋疏旋塞。工部及总河都御史翁大立皆请於梁山之南别开一河以漕，避秦沟、浊河之险，后所谓泇河者也。诏令相度地势，未果行。潘季驯二任总河[2]
55	隆庆五年	1571年	四月，自灵壁双沟而下，北决三口，南决八口，支流散溢，大势下睢宁出小河，而古邳州附近匙头湾八十里正河悉淤。潘季驯役丁夫五万，尽塞十一口，浚匙头湾，筑正河缕堤三万余丈，恢复故道。但船行新溜中，多漂没，潘季驯罢职[2]
56	隆庆六年	1572年	春，命工部尚书朱衡经理河工，兵部侍郎万恭总理河道。二人主持修徐州至宿迁小河口两岸长堤三百七十里，修缮丰县、沛县大黄堤，正河安流，运道大通[2]。管堤副使章时鸾筑黄河南岸缕堤，自兰阳赵皮寨至虞城县凌家庄长二百二十九里，用工五十万七千七百四十一工，除调拨徭夫外，仍募夫一十六万余工，仅七十日竣[55]
57	万历元年	1573年	河决徐州房村，筑沛县洼子头至秦沟口堤七十里，接古北堤。徐邳新堤外，别筑遥堤，而河稍安，运道亦利[55]

58	万历三年	1575 年	八月，河决砀山及邵家口、曹家庄、韩登家口而北，淮亦决高家堰而东，徐、邳、淮南北漂没千里。自此桃、清上下河道淤塞，漕船数年不通，淮、扬多水患。总河傅希挚改筑砀山月堤，暂留三口为泄水之路。其冬，并塞之[20]
59	万历四年	1576 年	二月，督漕侍郎吴桂芳建议开草湾河入海。八月，工竣，长万一千一百余丈，塞决口二十二，役夫四万四千。七月后，河决曹县韦家楼，又决沛县缕堤，丰、曹二县长堤。开河、护堤之争未定，次年八月，河复决桃源崔镇[20]
60	万历六年	1578 年	夏，潘季驯三任总河，条上六议，主张塞决口以挽正河，筑堤防以杜溃决，复闸坝以防外（运）河，创滚水坝以固堤岸，止浚海工程以省靡费，寝开老黄河之议以仍利涉。他大兴堤工，筑高家堰堤六十余里、归仁集堤四十余里、柳浦湾堤东西七十余里，塞崔镇等决口百三十，筑徐、睢、邳、宿、桃、清两岸遥堤五万六千余丈，砀、丰大坝各一道，徐、沛、丰、砀缕堤百四十余里，建崔镇、徐升、季泰、三义减水石坝四座，迁通济闸於甘罗城南，淮、扬间堤坝无不修筑，费帑金五十六万有奇。次年十月，两河工成。高堰初筑，清口方畅，流连数年，河道无大患[20]
61	万历十五年	1587 年	河南封丘、偃师、东明、长垣屡被冲决。工科都给事中常居敬修筑大社集至白茅集长堤百里[20]。是年，河又决荆隆口，冲溃长堤，入长垣、东明二县，寻塞之。后二年，复创筑封丘至东明遥堤二千九十丈，以防涨溃[56]
62	万历十七年	1589 年	上年，潘季驯四任总河。本年六月，河决开封兽医口（与荆隆口相对，明代是黄河南决口门之一）月堤，漫李景高口（在赵皮寨下游）新堤，冲入夏镇内河。十月塞决口[20]。又添筑丰县清水河月堤长二千五百丈，筑塔山堤长九百余丈。次年，自赵皮寨起至李景高口加筑遥堤，长二千三百二十九丈[57]
63	万历十八年	1590 年	河大溢，徐州城积水逾年。潘季驯浚魁山支河以通之，起苏伯湖至小河口，积水乃消[20]。又筑塔山堤长七百余丈[57]

64	万历二十四年	1596年	淮扬连年水患，危及祖陵，张企程、杨一魁共议欲分杀黄流以纵淮，别疏海口以导黄。杨一魁总督河道，兴役分黄导淮。役夫二十万，开桃源黄河坝新河，自黄家嘴，至安东五港、灌口，长三百余里，分泄黄水入海，以抑黄强。导淮辟清口沙七里，建武家墩泾河闸，泄淮水由永济河达泾河，下射阳湖入海；又建高良涧减水石闸、子婴沟周家桥减水石闸，泄淮水三道入海。又挑高邮茆塘港，通邵伯湖，开金家湾下芒稻河入江，以疏淮涨。本年十月，工成。于是泗陵水患平，而淮、扬安矣[58]
65	万历二十七年	1599年	总河刘东星浚赵家圈至两河口故道，长四十里，下接萧县北三仙台新渠，以通运，又分水入小浮桥。十月工成[20]
66	万历三十一年	1603年	春，总河曾如春开虞城王家口，并塞其下之蒙墙口，挽全河东归。时蒙墙决口广八十余丈，所开新河未及其半，塞而注之。四月，水暴涨，冲鱼台、单、丰、沛间，如春以忧卒。乃命李化龙为工部侍郎，代其任。秋，河大决单县苏家庄及曹县缕堤，又决沛县四铺口太行堤，灌昭阳湖，入夏镇，横冲运道。李化龙议开泇河，属之邳州直河，以避河险。次年八月，分水河成[20]
67	万历三十三年	1605年	上年秋，河决丰县，由昭阳湖穿李家港口，出镇口，上灌南阳，而单县决口复溃，鱼台、济宁间平地成湖。本年十一月，用夫五十万，兴工开单县朱旺口（曹县王家口以下）出小浮桥故道。次年四月功成，自硃旺达小浮桥延袤百七十里，渠广堤厚，河归故道[20]
68	万历四十年	1612年	九月，河决徐州三山，冲缕堤二百八十丈、遥堤百七十余丈，梨林铺以下二十里正河悉为平陆，邳、睢河水耗竭。总河刘士忠开韩家坝外小渠引水入故道，其坝以东始通漕舟。次年复塞[20]
69	天启元年	1621年	河决灵璧双沟、黄铺，由永姬湖出白洋、小河口，仍与黄会，故道湮塞。总河陈道亨役夫筑塞。时淮安黄、淮暴涨数尺，而山阳里外河及清河决口汇成巨浸，水灌淮城，舟行街市。久之始塞[20]

70	崇祯二年	1629 年	春，河决曹县十四铺口。四月决睢宁，七月城尽圮。总河李若星请迁城避之，而开邳州坝泄水入故道，且塞曹家口匙头湾，逼水北注，以减睢宁之患[20]
71	崇祯四年	1631 年	夏，河决原武湖村铺，又决封丘荆隆口，败曹县塔儿湾大行堤。六年始塞。六月，黄、淮交涨，海口壅塞，河决建义诸口，下灌兴化、盐城，水深二丈，村落尽漂没。七年，始堵建义决口[20]
72	崇祯八年	1635 年	总河刘荣嗣以骆马湖运道溃淤，创挽河之议，起宿迁至徐州，别凿新河，分黄水注其中，以通漕运。计工二百余里，金钱五十万。坐罪下狱死[20]
73	崇祯十六年	1643 年	上年九月，李自成围开封久，明守臣决朱家寨引黄河水灌义军。义军乘水涨决上游三十里之马家口灌城。二股合流入城，溺死居民数十万。崇祯帝令总河黄希宪急往捍御，命工部侍郎周堪赓督修汴河。本年四月，堵朱家寨决口，修堤四百余丈。马家口堵决未成，忽冲东岸，诸埽尽漂没，迄明亡而未塞[20]

（二）潘季驯治理黄河

明世宗嘉靖年间（1522～1566 年），黄河下游河道分支超过十道，江苏丰县、沛县、徐州，安徽砀山、盱眙一线黄河决口不断，河患频仍，是黄泛的重灾区。嘉靖三十七年（1558 年），黄河在徐州上游二百余里处的新集附近决口，决河东南而下分成十一支汇入徐州洪，而新集至小浮桥的黄河故道二百五十余里完全淤废。此后近十年中，黄河忽东忽西无有定向，特别是徐州、沛县、砀山、丰县一带洪水横流。嘉靖四十四年（1565 年），河决沛县，上下二百余里运道俱淤。全河逆流，徐州以上河道大淤，支河分为十余股，曾经水流迅急的徐、吕二洪全部淤平，漕行河运终结，运道改由清口穿黄河，至宿迁入泇河。这是黄淮形势的重大改变。

黄河不堪收拾的局面，迫使朝廷痛下决心大举治河。潘季驯先后于嘉靖四十四年（1565 年）、隆庆三年（1569 年）、万历六年（1578 年）、万历十六年（1588 年）四次出任总河，对黄河进行了较为系统的整治。

1．潘季驯首任总河

世宗嘉靖四十四年（1565 年）七月，“河决沛县，上下二百余里运道俱淤。全河逆流”，北分二支后，北流者“又分而为十三支，或横绝，或逆流入漕河”，洪水“散漫湖陂，达于徐州，浩渺无际，而河变极矣”。[2] 八月，朝廷命朱衡为工部尚书，兼理河漕。十一月，潘季驯升为都察院右佥都御史，总理河道，简称总河。

潘季驯首次出任总河，经过实地考察，针对黄河上淤下塞的实际情况，提出

了最初的治河主张：疏浚故道。他反对另开新河，认为："新河土浅泉涌，劳费不赀，留城以上故道初淤可复也。"[2]他指出："治水之道，不过开导上源与疏浚下流二端。"[58]他所指的"开导上源"是指新集与庞家屯等处，原系贾鲁故道；所要疏之"下流"是指留城以上运河为黄水所侵害的地段。

而掌握治河大权的朱衡在实地考察后则主张开新河：按嘉靖六年盛应期所凿新河故迹，将鱼台南阳至沛县留城一段运河由原昭阳湖西岸改到湖东岸，以避黄河冲淤之害。

由于长期苦于河患，朱衡的意见切中漕运面临的问题，而潘季驯疏浚故道又路远费巨，所以朱衡的意见支持者众。但潘季驯坚持自己的意见，提出，如果实在认为"开导上源"是"地远费广，且虑河已弃故道开亦无益"，则"下流在所当疏"。否则，黄河将更向北淤，"他日之鱼台，必为今日之沛县"。[59]

两种意见针锋相对，朝廷当然以保证漕运为治河之前提。廷议的结果，"用衡言开新河，而兼采季驯言，不全弃旧河"。[2]"不全弃旧河"，即保留了从留城至境山一段五十三里的旧运河。

潘季驯与朱衡分工主事，他首任总河治理范围主要在徐州以上的徐、沛地区（见图6－11）。

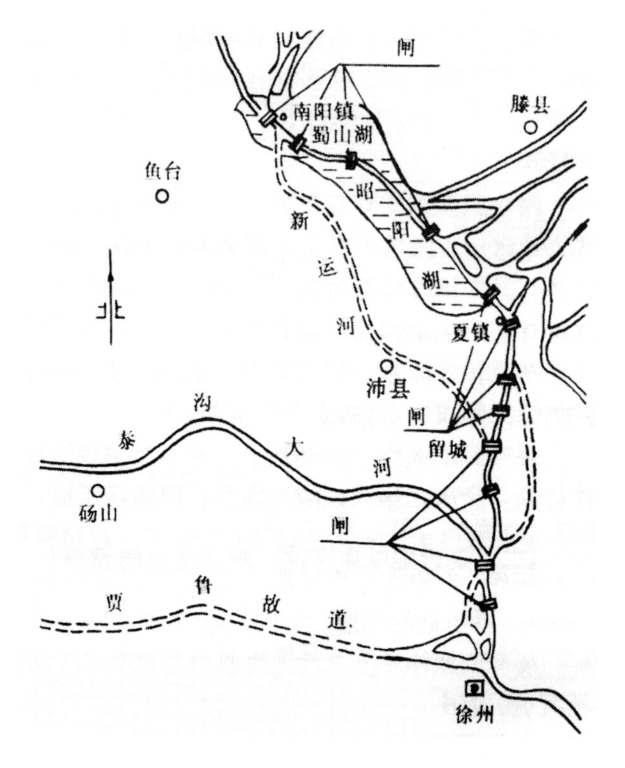

图6－11　潘季驯首任总河治理范围[60]

（引自《淮系年表》）

嘉靖四十四年（1565年）十一月至次年九月，潘季驯主持开挑南阳至留城的新河一百四十一里八十八步，疏浚挑深留城以南至境山一带旧河五十三里，由此与黄河会。全部工程补葺修缮完成，则在第三年（隆庆元年）五月。

潘季驯虽然服从了朝廷的决定，但并未放弃自己的主张。新河刚成，他又请勘上源，希望能实现复贾鲁故道的设想。他说："治河之道，固先以开导上源为急，而通漕之计，又当挑浚运河为先。"[61]前因"运道未通，国家无赖"，所以自己不得不服从开新河的决定。他认为此次治河只是"急则治其标也"[61]。但潘季驯的意见又被朱衡以"五不可"否决，仅同意"开广秦沟，使下流通利，修筑南岸长堤以防奔溃"[2]。嘉靖四十五年十一月，潘季驯因母故而离任回籍守制。

对潘季驯的"复故道"与朱衡的"开新河"之争，清代河臣康基田有中肯的评价："衡与季驯同理河事，衡欲循盛应期之旧迹，季驯思复贾鲁之故道。……衡以治漕为先，季驯以治河为急……唯衡所见在近，季驯所见在远，治黄而运在其中。"[62]

潘季驯首任总河所提出的"开导上源，疏浚下流"治黄方针，虽未越出当时分疏的主导思想，但他已经认识到黄河不治，漕运难保。这也成为他以后治河的一项原则。

2. 潘季驯二任总河

穆宗隆庆三年（1569 年）七月，河"决沛县，自考城、虞城、曹、单、丰、沛抵徐州，俱受其害，茶城淤塞，漕船阻邳州不能进。已虽少通，而黄河水横溢沛地，秦沟、浊河口淤沙旋疏旋塞"[2]。

隆庆"四年（1570 年）秋，黄河暴至，茶城复淤，而山东沙、薛、汶、泗诸水骤溢，决仲家浅运道，由梁山出戚家港，合于黄河。（总河翁）大立复请因其势而浚之。是时，淮水亦大溢，自泰山庙至七里沟淤十余里，而水从诸家沟傍出，至清河县河南镇以合于黄河"[2]。八月，朝廷第二次命潘季驯总理河道，并加提督军务之职。

九月，潘季驯已奉诏但尚未赴任，"河复决邳州，自睢宁白浪浅至宿迁小河口，淤百八十里，粮艘阻不进"。前任总河翁大立条陈治河三策，"开泇河，就新冲，复故道"，而廷议未决[2]。

潘季驯上任后，即往邳州勘察河势灾情，十一月上《勘计河工疏》，认为："自徐至淮，屡沙壅，河身渐高，水易散漫，若非两岸高筑如大王金堤，则明秋冲决必不可免。"[63]因此，他建议在徐州、邳州河段两岸高筑大堤，拦约水势。但考虑到当时的财力和人力，他建议先将现有缕水堤"增益高厚，曲加保护，姑为目前之计"[64]；而燃眉之急则是堵塞决口，挑深淤河，保证漕运。《明史·河渠志》所称"季驯则主复故道"[2]，已不再是复贾鲁故道，他所要复之故道是指决口前主流行经的邳睢河道。

当时有人主张留一决口，以便通运。潘季驯反对说："河淤者必先旁决分杀故也，若留一决，则正河必难深广。"他"决意筑塞，挽全河之流以还故漕"。[65]朝廷采纳了他的意见。

潘季驯二任总河治理范围主要在邳州上下曲头集至直河口一带（见图 6－12）。

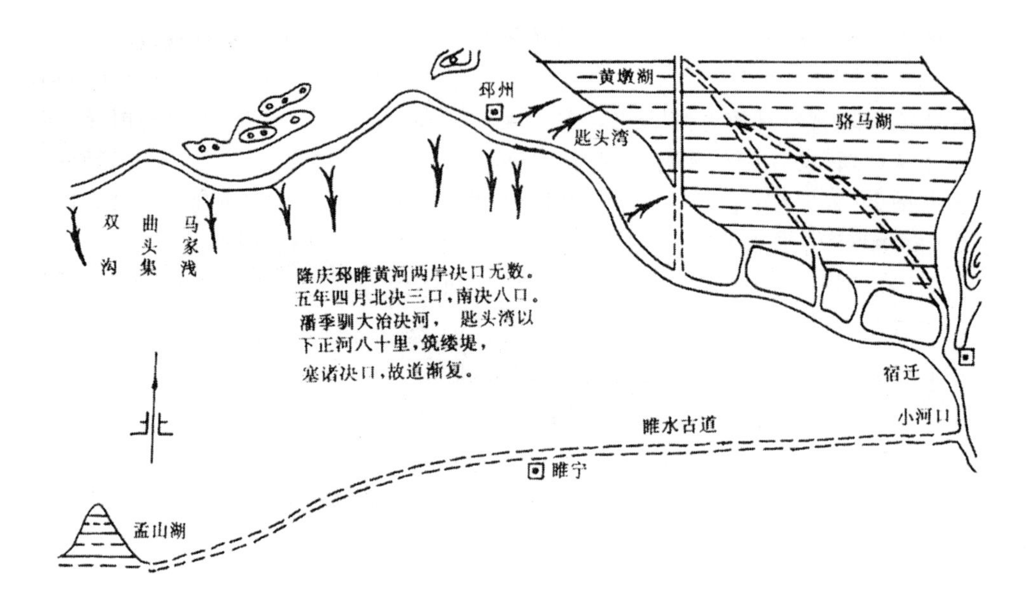

图 6－12　潘季驯二任总河治理范围图[60]

隆庆五年（1571 年）正月动工，大治邳睢决河，仅二十天即挑浚完毕。随后“一面筑决，一面缕堤”。但两岸工区长达三百余里，工程甚大，取土又远，正当决口堵筑就绪时，暴雨骤至。四月，黄水又至，“乃自灵璧双沟而下，北决三口，南决八口，支流散溢，大势下睢宁出小河，而匙头湾（邳州附近）八十里正河悉淤。季驯役丁夫五万，尽塞十一口，且浚匙头湾，筑缕堤三万余丈，匙头湾故道以复”。[2]在工程十分危急之时，潘季驯乘舟巡河，亲守筑口。由于风急浪大，他所乘小船挂在树梢上，几乎沉没。至六月初，工程基本告竣。共疏浚匙头湾以下正河八十余里，筑缕堤三万余丈，尽塞诸决口，故道渐复，运道遂通。八月，潘季驯又前往巡视邳睢河段两岸新工及水势，并“细访每岁河决之由”[66]。

邳睢河工完成后，朝廷却以“漕船行新溜中，多漂没”[2]，治河而误漕之罪责罢免了潘季驯。隆庆六年（1572 年）春，朝廷命朱衡以工部尚书经理河工，命兵部侍郎万恭总理河道。朱衡、万恭在潘季驯所做工程的基础上，“专事徐、邳河，修筑长堤，自徐州至宿迁小河口三百七十里，并缮丰、沛大黄堤，正河安流，运道大通”[2]。潘季驯和万恭的这次治河，是明代在徐州以上黄河南岸第一次较大规模兴筑的堤工，从而截断了前期黄河向南分流的除孙家渡之外的通道。

潘季驯二任总河，深深认识到堤防的重要性。他总结这次治河的经验说：“黄河之患，何代无之？然筑堤修岸，以防之于未患之先，塞决开渠，以复之于既患之后，治法不雒两端。”[67]他认为使黄水“拦束归槽惟兹一堤”[68]。因此，他二次上《议筑长堤疏》，指出：“黄河淤塞，多由堤岸单薄，水从中决，故下流自壅，河身忽高”，“欲图久远之计，必须筑近堤以束河流，筑遥堤以防溃决，此不易之定策也”。[21]这是潘季驯二任总河所得出的宝贵结论。

3. 潘季驯三任总河

神宗万历元年（1573 年），河决徐州东南房村。万历二年（1574 年）秋，黄淮并溢。万历三年（1575 年）八月，“河决砀山及邵家口、曹家庄、韩登家口而

北，淮亦决高家堰而东，徐、邳、淮南北漂没千里。自此桃、清上下河道淤塞，漕艘梗阻者数年，淮、扬多水患矣”。万历四年（1576 年）八月，“河决韦家楼（在山东曹县），又决沛县缕水堤，丰、曹二县长堤，丰、沛、徐州、睢宁、金乡、鱼台、单、曹田庐漂溺无算”[20]。

万历五年（1577 年）八月，“河复决崔镇，宿、沛、清、桃两岸多坏，黄河日淤垫，淮水为河所迫，徙而南”[20]。黄河在崔镇（今江苏泗阳境内）向北决口，淮河在洪泽湖高家堰决口，以致淮扬地区一片泽国，而黄淮运汇合的清口几乎断流，运道完全中断。

面对严重的河患，治河官员与漕运官员意见发生分歧。总河傅希挚主张堵塞决口，束水归槽。万历三年（1575 年），他“改筑砀山月堤，暂留三口为泄水之路。其冬，并塞之”[20]。而督漕侍郎吴桂芳则主张任决口冲刷成河，作为黄河的又一入海通道。双方意见相持不下，后虽将河漕事权合一，但河患益甚，有的主张疏浚入海口，有的主张开复黄河故道，有的主张筑堤塞决，治河意见莫衷一是。

万历六年（1578 年）二月，在宰相张居正的推举下，潘季驯第三次出任总理河道兼管漕运，并升为右都御史兼工部侍郎。

潘季驯到任后，率领河道官员沿河巡视查勘，讨论治河对策。他认为，黄淮下游入海口的严重淤积，“人力虽不可浚，水力自能冲刷，海无可浚之理。唯当导河归海，则以水治水，即浚海之策”。对黄河下游河道的严重淤积，“河亦非可以人力导，唯当缮治堤防，俾无旁决，则水由地中，沙随水去，即导河之策”。因此，当今之急务，“必先塞决以导河”，只有堤固决塞，“则黄不旁决而冲漕力专……淮不旁决而会黄力专。淮、黄既合，自有控海之势”[20]。

潘季驯根据查勘结果和讨论意见，奏上《两河经略疏》，批驳人工疏浚海口、多支分流、开老黄河故道等意见，阐述“以堤束水，以水攻沙”的治河思想，并对治理黄河下游黄、淮、运交叉的复杂局面提出了全面规划。

潘季驯在《两河经略疏》中“条上六议”，提出了治理黄淮下游的基本方针：“曰塞决口以挽正河，曰筑堤防以杜溃决，曰复闸坝以防外河，曰创滚水坝以固堤岸，曰止浚海工程以省靡费，曰寝开老黄河之议以仍利涉。”[20]他提出的具体施工方案是：在徐、沛河段“高筑南北两堤，以断两河之内灌”[20]，挽河归槽，实现束水攻沙；堵塞高家堰决口，逼淮水尽出清口，实现以清刷黄；建减水坝，以防伏秋异常暴涨之水；修筑两岸遥堤。

由于反对的议论很多，潘季驯又上《河工事宜疏》，进一步落实工程措施，要求排除阻力，并请以三年为期，如无治绩，情愿治罪。同时，对怠慢河工、以言惑众者，严加惩处，以维护工程顺利进行。有了朝廷的有力支持，潘季驯开始大刀阔斧地实施治河方案，两河工程相继开工。

潘季驯把北起徐州，南至扬州，包括清口为中心的黄河、淮河、运河与洪泽湖地区的河工工程，分为八大工区。黄河北岸三个区，共筑遥堤一百九十里，建滚水坝二座；黄河南岸二个区，筑遥堤近百里，筑归仁集堤三十五里，修月堤二，建滚水坝一座；清口及以下三个区，筑堤，建闸坝，挑浚河道。

两河八大工区工程是潘季驯实现束水攻沙、以清刷黄、治理黄淮运的主要工程措施。为了加强组织管理，每大工区由一名总管官负责，配两名副手，每名副手各配十名下属官员，分工负责各工区河工事务。两河工程全面铺开后，潘季驯根据实际情况又上《恭报续议工程疏》，增加和调整了一些工程。增加的工程主要在淮北，调整的工程主要在淮南。

潘季驯首任总河的治理范围主要在徐州以上的徐沛地区，二任总河的治理范围主要在邳州上下，三任总河的治理范围则主要以清口为中心，涉及黄淮下游的主要地区（见图6－13）。

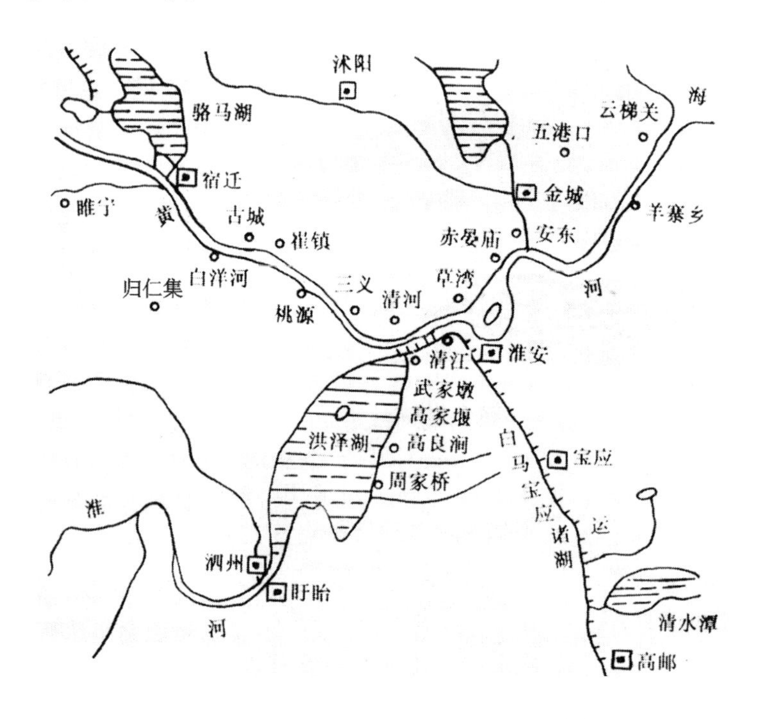

图6－13　潘季驯三任总河治理范围图[60]

万历七年（1579年）十月，两河工程告竣。此役，共“筑高家堰堤六十余里，归仁集堤四十余里，柳浦湾堤东西七十余里，塞崔镇等决口百三十，筑徐、睢、邳、宿、桃、清两岸遥堤五万六千余丈，砀、丰大坝各一道，徐、沛、丰、砀缕堤百四十余里，建崔镇、徐昇、季泰、三义减水石坝四座，迁通济闸于甘罗城南，淮、扬间堤坝无不修筑，费帑金五十六万有奇”。两河工程竣工后，“高堰初筑，清口方畅，流连数年，河道无大患”[20]。潘季驯治河有功，迁升为工部尚书、南京兵部尚书。

在这一任期内，潘季驯力排众议，全力实施“束水攻沙”、“蓄清刷黄”的治河方略，加高加固洪泽湖高家堰，修筑徐州至淮安之间的黄河大堤，修治淮扬运河和会通河堤，构筑了由遥堤、缕堤和格堤组成的以堤治河的黄河堤防工程体系。通过一系列工程措施，使淮河通过洪泽湖，然后经清口而出，全力冲刷黄河河道。这一治黄方略和工程措施后来为靳辅所沿用，对于延缓黄河河道南行路线发挥了重要作用。

潘季驯三任总河兴建的两河工程都在徐州以下，而对徐州以上河南境内的黄

河河段未及治理。但他看到了问题的严重性，并提出解决该河段问题的基本方针是开复贾鲁故道。当两河工程顺利进展之际，潘季驯“又请复新集至小浮桥故道”[20]。开复新集至小浮桥的贾鲁故道，潘季驯在首任总河时就已提出，三任总河时又多次提出。他强调，这是针对这段河道的地势特点，顺其南趋之势，防其北决之虑。[69]他指出开复贾鲁故道有五利：“从潘家口出小浮桥，则新集以东一带河道俱为平陆，曹、单、丰、沛之民，永无昏垫之苦，一利也；河身深广，受水必多，每岁免泛滥之患，虞、夏、丰、沛之民得以安居乐业，二利也；河从南行，去会通河甚远，闸渠可保无虞，三利也；来流既深，建瓴之势，荡涤自易，则徐州以下，河身亦必因而深刷，四利也；小浮桥之来流既安，则秦沟可免复冲，而茶城永无淤塞之虞，五利也。”[70]他希望能在“南工报完，即行议举复故道之工”[71]。

经过多次踏勘，朝廷和多数官员认为，开复新集故道工大费巨，不同意潘季驯的主张。潘季驯便提出，如果不能开复故道，就应严守徐州以上黄河各处险工，以防不测。万历八年十月，潘季驯正式离任。在他三任总河期间终究未能对徐州以上河南境内的黄河河段进行治理。

张居正去世后，反对派趁机攻击，潘季驯也受牵连，万历十一年（1583 年）再度被削职为民。

4．潘季驯四任总河

神宗万历十三年（1585 年），黄河在淮安城东的范家口决口。第二年（1586 年），再决范家口，水灌淮城，几夺全河。万历十五年（1587 年），黄河在河南多处决口，“封丘、偃师、东明、长垣屡被冲决”。因“河所决地在三省”，朝廷派工科都给事中常居敬修治。常居敬督修“大社集东至白茅集长堤百里”[13]。

当时，治河之议，莫衷一是。督漕佥都御史杨一魁主张“复黄河故道，请自归德以下丁家道口浚至石将军庙，令河仍自小浮桥出”[20]。给事中王士性主张复“河故道由三义镇达叶家冲与淮合”[20]，即古泗水入淮北支大清河，为桃源县东的老黄河故道。又“有欲增堤泗州者，有欲开颜家、灌口、永济三河，南甃高家堰、北筑滚水坝者”[20]。

由于河患日频，治河乏人，许多官员一再保举，万历十六年（1588 年）五月，潘季驯第四次出任总河。他在前三次治河的基础上，主持了对郑州以下黄河的整治和两岸堤防的加固。四任总河，是潘季驯担任河官任期最长、督工范围最广的一次，西自河南武陟，东至云梯关海口，北起山东东明，南抵江苏高宝，又尤以黄、淮、运交错的区间工程兴作甚多。

潘季驯上任前，常居敬会同舒应龙已上疏河工事项十四条。潘季驯上任后，沿河勘视河工，定夺修改、增减了前议工程。在全面勘视的基础上，他提出整治河南、山东河工的全面计划，并“分派司道各官，以便责成，以图早竣”[72]。这些工程包括筑堤、建闸、疏浚、修滚水坝。他强调：“治河之法，别无奇谋秘计，全在束水归漕”，而“束水之法，亦无奇谋秘计，唯在坚筑堤防”[25]。

八月，潘季驯上《申明修守事宜疏》，针对河防问题，总结以往的经验，提出了加强河防修守的一系列措施：久任部臣，以精练习；责成长令，以一事权；禁调官夫，以期专工；预定工料，以便工作；立法增筑，以固堤防；添设堤官，以

免遥制；加帮真土，以保护堤；接筑旧堤，以防淤浅。

九月，潘季驯全面安排好山东、江苏两省的河防工程后，又从济宁出发，巡视河南、山东、北直隶境内堤防。他上《河南岁修事宜疏》，对黄河两岸堤防各处险工、应创筑或加固工程之处，均逐一分派，并将这些工程分为急工和缓工，次第修筑。潘季驯的这一安排，体现了他对河南黄河问题的高度重视，这也是他三任总河时主张的继续。他特别强调："河南虽非运道行经之处，而河情水势与徐淮无异，则当以治徐淮者治之。"[73]

万历十七年（1589 年）四月，山东、江苏（包括今安徽一部分）境内的黄、淮、运各项工程通报完工。潘季驯上《河工告成疏》，逐一分析了从临清至仪征各段河道的特点及主要问题，说明了各项工程的作用，并详细开列了竣工的工程项目和工程量。

六月，山东、江苏两省河工刚竣工，就遇"黄水暴涨，决兽医口（南岸决口，在今开封西北，与荆隆口相对）月堤，漫李景高口（南岸决口，在赵皮寨下游）新堤，冲入夏镇内河，坏田庐，没人民无算"[20]。潘季驯一面下令拘捕了出事地段的责任官员，一面严令各级河官州县掌印谨加提护，亲督修守。而潘季驯在妻子去世、自己病势渐重的情况下，仍"董率官夫，躬亲防御"，"负痛奔驰，万苦俱集"[74]。十月，终堵决口，潘季驯又带病检视河南河工。

万历十八年（1590 年），潘季驯已七十高龄，以年迈病重请辞河官，朝廷未允。秋，徐州城外黄河"大溢，徐州水积城中者逾年。众议迁城改河"[20]。潘季驯反对改河，亦不同意迁城。他采纳了徐州卫镇抚薛守田的提议，决定开魁山（又称奎山）支河以泄徐州积水。万历十九年（1591 年），"季驯浚魁山支河以通之，起苏伯湖（即今徐州云龙湖）至小河口，积水乃消"[20]。

潘季驯重病在身，仍继续处理河工事务，同时抓紧总结治河经验，该年终于辑成代表他治河思想体系的著作《河防一览》。

万历二十年（1592 年），潘季驯离任前，又上《条熟识河情疏》，逐一批判了当时流行的一些观点，重点阐述了治理黄河的基本思想，特别强调要从地形、地势、河势的实际出发，从水流、泥沙的自然规律出发，最后落实到堤防的修守。

潘季驯在四任总河期间总结制定了黄河堤防修守制度，这些制度主要包括：铺夫制度、堤防加固制度、"四防一守"制度、岁修工料准备制度、防汛报警制度等。明代后期建立起的这些黄河堤防修守制度，也是黄河得以在固定的河道中行经三百多年的重要因素之一。

5. 对潘季驯治河方略的争议

潘季驯"束水攻沙"方略从理论上指出了以堤治河的可能性，但黄河的水沙特性决定了单纯以束水攻沙治河存在着较大的困难。由于无法控制黄河的来水和来沙，也就难以通过调整堤距，拟定合理的河床断面和坡降，实现控制流速，达到冲淤平衡的目的。随着堤防的不断加强和完善，黄河结束了夺淮后多年多支漫流的状况，逐渐形成独流入淮，因此泥沙集中淤积到下游河道的趋势也就不可避免。

随着束水攻沙方针的实施与逐步强化，黄河下游河槽状况发生了明显的变化。

这种变化主要表现为：河患地区下移，下游河槽淤积加剧，入海口迅速外推。

据《明史·河渠志》和《行水金鉴》统计有确切决溢地点的记载，明前期的七十七次决溢记载中，有七十四次在徐州以上，只有三次在徐州以下；明后期的三十次决溢记载中，有十六次在徐州以上，有十四次在徐州及以下。这说明随着下游系统堤防的不断完善，泥沙沿程淤积，河患逐渐下移到徐州以下的狭窄河槽段。

强化堤防系统、固定河槽的结果，一方面使泥沙不断在主河槽中迅速淤积，下游河床不断抬高，堤防也相应增高；另一方面，部分泥沙被集中输送到主河槽入海口，使入海口逐渐向海中推进，河道加长，坡度更加平缓。

随着束水攻沙方针的实施和下游两岸系统堤防的完善，徐州至清口河段漕运受黄河洪水的干扰较大。黄河的洪水和泥沙倒灌运河和洪泽湖，清口淤垫，阻碍运道；淮水出路不畅，洪泽湖水位逐年抬高，湖水东溃，又威胁到皇陵。因此，明代后期对潘季驯筑堤束水有较大的争议。批评的焦点主要是认为，筑堤束水攻沙加速了主河槽的淤积，造成悬河，不仅未能解除洪水的威胁，反而增大了洪水的潜在威胁。

批评筑堤束水方针最激烈的是总督漕运杨一魁。他主张疏，反对障，认为筑堤会造成“地上悬河”，潜在巨大危险。他说:“善治水者，以疏不以障。年来堤上加堤，水高凌空，不啻过颡。滨河城郭，决水可灌。”[20]他坚决反对潘季驯以堤治水的方略和措施。

与杨一魁同时的给事中王士性也提出了同样的批评意见:“自徐而下，河身日高，而为堤以束之，堤与徐州城等。束益急，流益迅，委全力于淮而淮不任。故昔之黄、淮合，今黄强而淮益缩，不复合矣。黄强而一启天妃、通济诸闸，则灌运河如建瓴。高、宝一梗，江南之运坐废。淮缩则退而侵泗。为祖陵计，不得不建石堤护之。堤增河益高，根本大可虞也。河至清河凡四折而后入海。淮安、高、宝、盐、兴数百万生灵之命托之一丸泥，决则尽成鱼虾矣。”[20]

潘季驯去职以后，对以堤治水的批评更多。御史陈邦科明确否定束水攻沙的效果，认为:“固堤束水未收刷沙之利，而反致冲决。”[20]主张改筑堤为浚河。

给事中吴应明也批评随着堤防的逐步强化和完善，造成了悬河:“先因黄河迁徙无常，设遥、缕二堤束水归槽，及水过沙停，河身日高，徐、邳以下居民尽在水底。”[20]

诚然，堤防不能解除洪水的威胁，筑堤还会加速主河槽的淤积，可能造成悬河，这是堤防的弊病。但正是因为明后期坚筑堤防，黄河才能在较长时段内被固定在徐州、邳州、桃源、清河一线，从而维持了漕运，减少了黄河两岸决溢的危害。正是因为潘季驯坚筑堤防“约拦水势”、“束水归槽”固定河道的思想，使“筑堤束水，以水攻沙”的治河方针更容易为后代河官所接受。在还没有更好的办法抵御下游洪水的时候，堤防作为防洪治河的基本手段，其历史作用仍然是无法取代的。因此，尽管对筑堤束水的批评很尖锐，堤防建设始终在不断发展和完善。

二、淮河的治理

黄河夺淮前，淮河北有沂、沭、泗、汝、颍五大支流。黄河夺淮后，将原淮

河下游水系分割成淮河水系和沂沭泗水系。明代前期，黄河在淮河流域广大地区南北漫流，河道紊乱，迁徙不定。黄河主流在颍、涡、濉、泗河间大范围摆动，决溢频繁，黄河所挟带的大量泥沙在洪泛区沿途沉积落淤，进入清口的含沙量相对较小，淮阴以下河床尚未淤高，黄、淮还能循淮河尾闾故道勉强安流入海。

黄河夺淮日久，黄河下游河道逐渐淤积，淮河中游开始行水不畅。黄河河道尚不稳定，在淮河以北的广大地区多支分流。其中一支自开封东流，沿贾鲁故道，经徐州由泗水至清河（今江苏淮阴）入淮，再东经安东至云梯关入海。而京杭运河在徐州茶城以下至清河，借用了被黄河夺占的泗水河道。淮水到清口后，大部分黄淮合流归海，小部分南流济运。黄、淮、运在清口交汇，治黄、治淮、治运交织在一起，关系极为复杂。

而明代祖陵又在淮河入洪泽湖口不远的古泗州城郊，皇陵在临淮的凤阳。因此，淮河的安流与否，不仅直接影响到运河和黄河，还威胁着皇陵，使本已复杂的黄、淮、运关系更为复杂。

明后期，潘季驯“筑堤束水，以水攻沙”，“蓄清刷黄”，综合治理黄、淮、运，黄河下游河道才被稳定，在清口会淮后黄淮合流由淮河尾闾入海。而黄河大量的泥沙也集中淤积到清口以下的淮河下游河道和入海口，河床逐渐抬高，泄流日渐困难，淮河下游地区洪涝灾害不断，治理难度越来越大。

（一）明前期的治淮工程

明代要确保运河的畅通，一怕黄河改道北行，使徐州至清河段黄运合一的河道得不到黄水的接济，而造成漕运中断；二怕黄河北决，冲淤山东境内的会通河和昭阳湖运道。而任黄河南行，在淮河以北广大地区多支分流，不仅不会冲击运道，而且可借黄水济运，虽对淮河流域有害，但对保运有利。因此，明前期多采取抑河南行夺淮的治河方策，对淮河下游地区则主要靠建高家堰堤防护淮水东溢。

明初，黄河主流基本上仍走贾鲁故道，即自河南开封而东，经商丘、砀山至徐州，夺泗水，至清河注淮，东流入海。太祖洪武二十四年（1391 年），河水暴溢，决原武黑洋山（今河南原阳县西北），会通河、贾鲁故道俱淤。成祖永乐九年（1411 年），工部尚书宋礼、侍郎金纯开会通河，浚贾鲁故道。“（宋）礼以会通之源，必资汶水。乃用汶上老人白英策，筑堽城及戴村坝，横亘五里，遏汶流，使无南入洸（河）而北归海。汇诸泉之水，尽出汶上，至南旺，中分之为二道，南流接徐、沛者十之四，北流达临清者十之六。南旺地势高，决其水，南北皆注，所谓水脊也。因相地置闸，以时蓄泄。自分水北至临清，地降九十尺，置闸十有七，而达于卫；南至沽头，地降百十有六尺，置闸二十有一，而达于淮。”[48]宋礼筑堽城坝、戴村坝，引汶济运，南旺分水，解决了会通河漕运的水源。“又开新河，自汶上袁家口左徙五十里至寿张之沙湾，以接旧河。其秋，礼还，又请疏东平东境沙河（即戴村以下汶水正流）淤沙三里，筑堰障之，合马常泊（即马场湖）之流入会通济运。又于汶上、东平、济宁、沛县并湖地设水柜、陡门。在漕河西者曰水柜，东者曰陡门，柜以蓄泉，门以泄涨。（金）纯复浚贾鲁河故道，引黄水至塌场口会汶，经徐、吕入淮。运道以定。”[15]会通河漕运得以恢复。

宋礼治会通河功成后，朝廷欲罢海运，恢复运道，命平江伯陈瑄总管漕运。

当时，江南漕船到淮安，需盘坝过淮，达清河。成祖永乐十三年（1415 年）“（陈）瑄用故老言，自淮安城西管家湖，凿渠二十里，为清江浦，导湖水入淮，筑四闸以时宣泄。又缘湖十里筑堤引舟，由是漕舟直达于河，省费不訾。其后复浚徐州至济宁河。又以吕梁洪险恶，于西别凿一渠，置二闸，蓄水通漕。又筑沛县刁阳湖、济宁南旺湖长堤，开泰州白塔河通大江。又筑高邮湖堤，于堤内凿渠四十里，避风涛之险。”[75]陈瑄主持开通清江浦河道，导水自淮安城西管家湖至淮河边的鸭陈口入淮。建新庄四闸，扼运河入黄河口，运河与黄河相通。新庄运口与北岸的清河口相对。又在新庄闸外筑坝，抵御洪水冲击，洪水退后即行拆除。陈瑄“虑淮水涨溢，则筑高家堰堤以捍之，起武家墩，经大、小涧至阜宁湖，而淮不东侵。又虑黄河涨溢，则堤新城北以捍之，起清江浦，沿钵池山、柳浦湾迤东，而黄不南侵”[20]。新城北堤为淮安大河南堤，长四十里。陈瑄治理运河，黄淮下游始建防洪工程，清口枢纽格局初步形成，黄、淮、运交汇后基本可以各行其道，新庄运口运行了一百二十多年。明代清口与运口位置示意图见图 6 – 14。

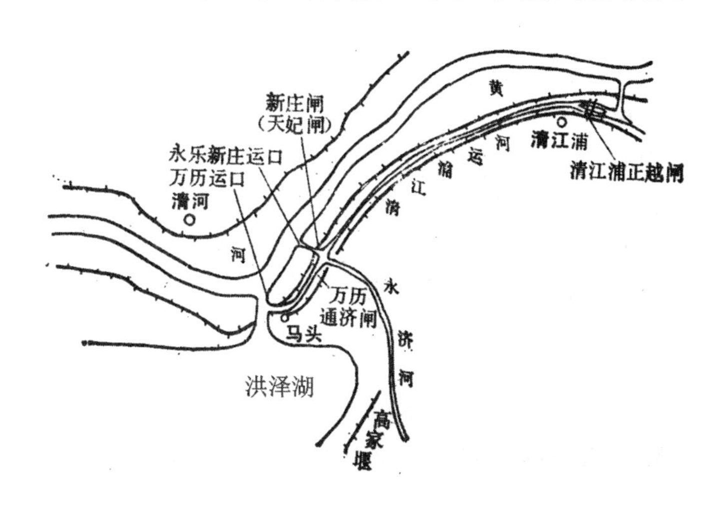

图 6 – 14　明代清口与运口位置示意图[28]

英宗正统二年（1437 年），黄、淮泛涨，淮北、淮南大水，淮安城内水深数尺，里运河堤间有冲毁。正统十三年（1448 年），黄河决河南新乡八柳树口，东北直冲张秋，淤塞运道，徐、吕二洪浅涩。景泰六年（1455 年）徐有贞治理沙湾，开分水河，置水闸门，挑深运河，北决堵塞，而南决由颍河、涡河同注于淮。

孝宗弘治二年（1489 年），黄河在开封和金龙口决口，决水入南岸者三成，入北岸者七成。南决者，分三支分别由颍水和涡河入淮。弘治三年（1490 年），户部侍郎白昂为保护张秋运道，采取了“北堤南疏”之策，疏浚入淮各支河道，往南分泄洪水，“又疏月河十余以泄水，塞决口三十六，使河流入汴，汴入睢，睢入泗，泗入淮，以达海”[2]。他在高邮湖以北开康济月河，以避高邮湖行船风涛之险，在康济月河的东西两堤上建四座减水闸，并开涵洞。运河需水时开西闸供水，汛期则开东西闸泄水东排，经里下河入海。神宗万历十二年（1584 年），在宝应湖东岸开弘济新河时，也兴建过类似的泄洪工程设施。

白昂治河后仅二年，黄河又决金龙口，溃黄陵冈，分数道再犯张秋运道，运

道中断。孝宗弘治七年、弘治八年（1494 年、1495 年），副都御史刘大夏为了确保运道不再受黄河之害，采取“北堤南分”之策。筑黄河北岸太行堤，阻止黄河北犯；浚淤河，凿新河，令黄河在开封以下分四支南行由淮入海。但不到十年，弘治十八年（1505 年），颍河、涡河相继淤塞，黄河主流又逐渐北徙。

嘉靖初，黄河主流向东北方向偏移，淮河主流更加偏向东南，使得清口日渐淤塞。世宗嘉靖三十一年（1552 年）九月，总河副都御史曾钧上“治河方略”，建议“增筑高家堰长堤”[2]。穆宗隆庆六年（1572 年），王宗沐“檄守陈文烛，以军饷六千余金”[76]筑高家堰堤，捍淮东侵。次年（万历元年），又“募夫筑郡西长堤”[76]。高家堰堤“北自武家墩起，至石家庄止，计三十里而遥，为丈五千四百。堤面广五丈，底广三之；而其高则沿地形高下，大都俱不下一丈许。而又于大涧、小涧、具沟、旧漕河、六安沟诸处，筑龙尾埽，以遏奔冲。堤内自涧口以达张家庄，浚旧河以泄湖水，使不侵啮。工凡五十日而毕。”[76]郡西长堤“自清江浦药王庙起，东历大花巷，由西桥相家湾，直抵新城，过金神庙，至柳铺湾，六十里而近，为丈八千七百九十八。堤面广四丈，底广三之；高可七尺余，蜿蜒如长虹，以障郡城之北，工凡三月而毕。”[76]因经费所限，所筑土堤卑薄易溃，仍阻挡不住滔滔洪水。

隆庆年间，河决邳、濉、睢诸水，濉河又决高家堰，洪水不断冲击运道，淮扬及里下河地区洪灾连年不绝，高家堰和淮安大堤受黄淮冲击，已失去防洪能力。

（二）潘季驯对淮河的综合治理

随着淮河入海河道的淤垫，淮水下泄愈来愈困难，洪泽湖的蓄水量逐渐增加，低矮单薄的高家堰土堤已不能阻挡洪水东侵，不仅黄淮决溢，洪灾频繁，而且运堤溃决，危及漕运。为了治理淮河，人们提出了种种方案。其中，以潘季驯和杨一魁为代表的蓄泄之争，对其后淮河的变化与治理有着深远的影响。

神宗万历五年（1577 年），“河复决崔镇，宿、沛、清、桃两岸多坏，黄河日淤垫，淮水为河所迫，徙而南”[20]。淮河桃源至清口，只剩下一条小沟，淮河开始抛弃黄淮交汇段的河道，直入洪泽湖。淮河主流的汇入使洪泽湖不堪重负，高家堰决口频繁；淮水下泄入湖，使清口至淮安间运河水量减少；淮河旁泄，运河供水只能取自黄河，淤积更为严重，不得不掘开朱家口引淮河水入运河冲沙。

万历六年（1578 年），潘季驯三任总河，兼提督军务，并准其享有“便宜行事，不加中制”的权力。他到任后，亲赴河道率诸官沿河巡视踏勘，讨论研究治河对策，提出了“筑堤束水，以水攻沙”，“逼淮入黄，蓄清刷黄”的治理主张。潘季驯首次把黄、淮、运联系在一起，提出“通漕于河，则治河即以治漕；会河于淮，则治淮即以治河；合河、淮而同入于海，则治河、淮即以治海”[35]的综合治理思想，反对此前抑河南行夺淮的消极保运方策。

潘季驯把高家堰作为治淮、治河之首务。他指出：“高堰，淮、扬之门户，而黄、淮之关键也。欲导河以入海，必藉淮以刷沙。淮水南决，则浊流停滞，清口亦堙。河必决溢上流，水行平地，而邳、徐、凤、泗皆为巨浸。是淮病而黄病，黄病而漕亦病，相因之势也。”[77]由于黄水的顶托和高家堰堤的拦蓄，洪泽湖逐渐扩大，清口成为洪泽湖的主要出口。只有加高加固高家堰堤，洪泽湖才能积蓄足

够的清水，刷黄济运。若高家堰堤决，则淮水南泛，不仅湖水不足以刷黄，反而黄水会倒灌入湖，淤塞清口；湖水东泄，首冲里运河，阻碍运道，且为害里下河地区。而下游淤高，上流行水不畅，又致黄河决溢，为害邳、徐、凤、泗诸邑。

明代高家堰堤曾几度兴溃，“陈瑄凿清江浦，因筑高家堰旧堤以障之。淮、扬恃以无恐，而凤、泗间数为害。嘉靖十四年，用总河都御史刘天和言，筑堤卫陵，而高堰方固，淮畅流出清口，凤、泗之患弭”[77]。至万历三年（1575 年），“高家堰决，高、宝、兴、盐为巨浸。而黄水蹑淮，且渐逼凤、泗。乃命建泗陵护城石堤二百余丈，泗得石堤稍宁”[77]。

潘季驯决定，一方面兴建清口工程，逼黄河循淮河故道入海；另一方面兴建高家堰，导淮河与黄河合流，加大下游流量，以刷深黄淮的入海水道，保障祖陵和淮扬运河的安全。

万历六年（1578 年）九月，潘季驯派郎中张誉、指挥俞尚志等人率锐士和民夫，动工筑高家堰堤。他自己也深入险工地段，入冬则“冲冒风雪，暴露堰上，与徭夫同辛苦”。至次年春季大风雨时，“又与百执事，往来泥淖中，飞涛扑面，矻矻不少休”[78]。他此次治淮主要主持兴修了以下工程（见图 6－15）。

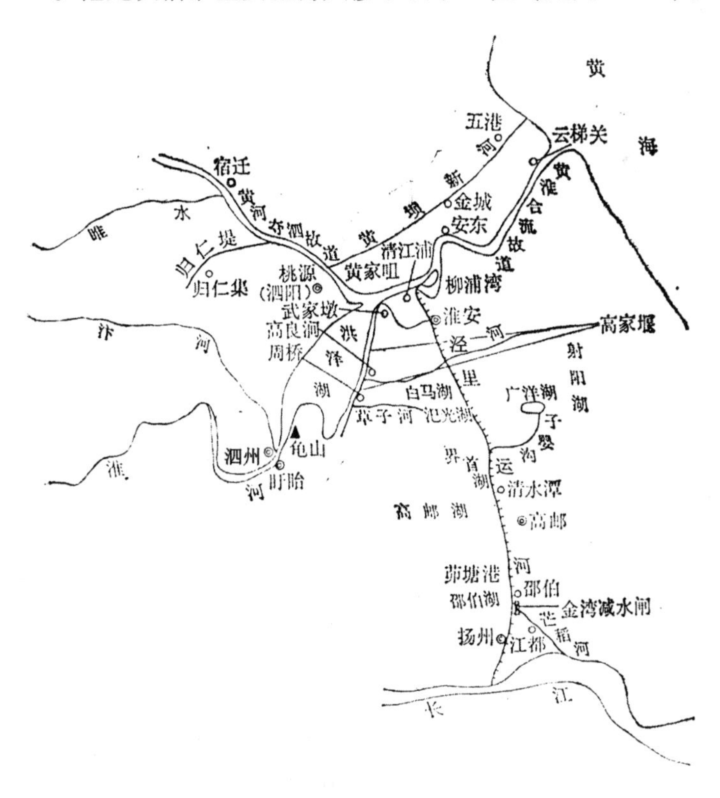

图 6－15　潘季驯“蓄清刷黄”工程示意图[79]

（1）筑高家堰堤六十余里，“起武家墩，经大小涧，至阜宁湖，以捍淮东侵”[80]。堤高一丈五尺，厚五丈，基厚十五丈。又塞大堤中段大涧等决口，“内砌大涧口等处石堤，三千一百一十丈”[79]，并“于诸堰密布桩入地，深浪不能撼。桩内置版，版内置土，土则致自远，皆坚实者”[78]。

（2）筑柳浦湾堤东西七十余里，“起清江浦，沿钵池山、柳浦湾迤东，以制河南移”[80]。

（3）“塞崔镇等决口百三十，筑徐、睢、邳、宿、桃、清两岸遥堤五万六千余丈，砀、丰大坝各一道，徐、沛、丰、砀缕堤百四十里，建崔镇、徐升、季泰、三义减水石坝四座。”[20]束水归槽，并防黄水暴涨。

（4）筑“归仁集堤四十余里”[20]，起自桃源孙家湾，抵宿迁县归仁集，截睢水使尽入黄河，不使濉、黄水入淮。

（5）筑桃源与清河两县交界处的马厂坡遥堤七百四十六丈，堤上设闸，节制黄、淮出入之路，为淮河、洪泽湖之屏障。

（6）“又以淮水北岸有王简、张福二口泄入黄河，水力分，清口易淤浅，且黄水多由此倒灌入淮，乃筑堤捍之。使淮无所出，黄无所入，全淮毕趋清口，会大河入海。”[77]塞朱家口，不使淮水直灌运河，约束淮水专出清口，全力刷黄。

（7）万历八年（1580年），又加筑大堤中部大涧口极洼处石工三千丈，以固高家堰堤。

经过潘季驯前后三年大规模的综合整治，黄河既筑缕堤、遥堤，水无所分，则以全河夺淮、泗；淮河又以高家堰为障，以全淮敌黄出清口，黄、淮合流，出云梯关入海。“两河归正，沙刷水深，海口大辟，田庐尽复，流移归业，禾黍颇登，国计无阻，而民生亦有赖矣。”[22]清口航运相对稳定了一个时期，黄淮也自此安流了五六年，综合治理收到了一定的效果。

但潘季驯对黄、淮、运的综合治理，是以服从漕运为前提，以保护明祖陵为掣肘。因此，他只能着眼于黄淮下游的治理，而不可能治理上中游的来水来沙。随着黄河结束夺淮以后多年多支漫流的状况，而逐渐形成独流入淮入海，黄河上中游泥沙集中淤积到黄淮下游河道的趋势也就不可避免。同时，由于黄强淮弱这一基本事实，“蓄清刷黄”的措施也很难持续下去。故清人有评：“黄河南行，淮先受病，淮病而运亦病。由是治河、导淮、济运三策，群萃于淮安、清口一隅，……盖清口一隅，意在蓄清敌黄。然淮强固可刷黄，而过盛则运堤莫保，淮弱末由济运，黄流又有倒灌之虞。”[81]

随着黄河新河槽的河床逐渐淤高，淮水出清口逐渐困难。黄水倒灌洪泽湖，致使清口淤塞，淮河没有出路，必然四处决溢。在下游，高家堰不断决口，洪水经常停蓄于高、宝诸湖，造成洪水泛滥，冲击运道，为害里下河地区；在中游，凤、泗一带，频年被淹受灾，时时威胁着明祖陵的安全。万历十六年（1588年），“潘季驯复为总河，加泗州护堤数千丈，皆用石”[77]。

万历十九年（1591年），潘季驯“请易高家堰土堤为石，筑满家闸西拦河坝，使汶、泗尽归新河。设减水闸於李家口，以泄沛县积水。从之”[15]。九月，“泗州大水，州治淹三尺，居民沉溺十九，浸及祖陵。而山阳复河决，江都、邵伯又因湖水下注，田庐浸伤”[20]。朝内外官员议论纷纷，有的主张开傅宁湖，至六合入江；有的主张浚施家沟、周家桥，入高、宝诸湖；有的主张开寿州瓦埠河，以分杀淮水上流；有的主张开张福堤，以泄淮口；有的主张开家营老黄河故道，以汇黄淮之水。总之，都是主张分泄淮水。潘季驯时四任总河，上言却认为：“水性不

可拂，河防不可弛，地形不可强，治理不可凿。人欲弃旧以为新，而臣谓故道必不可失；人欲支分以杀势，而臣谓浊流必不可分。”并坚信泗州水系“霖淫水涨，久当自消”[82]。但潘季驯言未就验，攻者言更急，他再次请辞，次年免职放归故里。

（三）杨一魁的分黄导淮

由于黄河的侵袭淤积，清口倒灌，淮河出清口后的入海出路逐渐为泥沙淤积所阻，淮河尾闾开始寻找自己的出路。黄淮主流东南出洪泽湖后，经高邮、宝应之间的湖泊洼地，河势呈现出两个演变趋势：一为穿过运河东堤多支入海，一为行淮扬运河南下与长江汇合。

淮河自古一直是一条独流入海的大河，江淮并不通流。春秋时期，吴王夫差开凿邗沟，江淮才开始沟通。但“江高淮低”，邗沟水流由长江往北，淮水并不能入江。黄河夺淮以后，不仅垫高了淮河下游的河床，使淮河入海不畅，而且使淮河两岸土地及里运河北段淤高，江淮之间的地形变为北高南低。特别是明代洪泽湖形成以后，大筑高家堰，淮高江低之势更加明显，这就为导淮入江创造了先决条件。

早在潘季驯大筑高家堰之前，就有“分黄导淮”之议，即于清口以上分黄河水东入海，导淮河水东入海、南入江，具体方案有多种。

神宗万历初年万恭曾有导淮入江的设想，但未正式提出。万历四年（1576年），漕运总督吴桂芳提出“分黄”的意见。他说:“淮、扬洪潦奔冲，盖缘海滨汊港久堙，入海止云梯一径，致海拥横沙。”因此他认为：“如草湾及老黄河皆可趋海，何必专事云梯哉?”[20]吴桂芳主张让黄河尾闾段多支分道入海，他曾开挖草湾新河，“长万一千一百余丈，塞决口二十二，役夫四万四千”[20]，为黄淮下游分黄之始。

万历五年（1577年），山阳、高、宝诸湖与淮水弥漫，礼科左给事中汤聘尹首议“导淮入江以避黄”[20]，提出“导淮入江，于瓜州入江之口，分流增闸，以杀水势”[83]的建议。

万历八年（1580年），正当潘季驯加筑高家堰大涧口极洼处石工时，泗州常三省上揭帖反对，倡言导淮。他陈述了当时泗州城的水患和祖陵受淹的情况，指出：“淮水自桐柏而来，凡二千里，中间溪河沟涧，附淮而入者亦且千数。当夏日水涨，浩荡无涯，而必以海为壑。往者一由清口泄，一由大涧口泄，两路通行无滞，犹且有患。今泥沙淤则清口碍，高堰筑则大涧闭，上游之来派如此其涌，而下流之宣泄如此其艰，则其腾溢为患，尚可胜言哉!”他主张决开高家堰，但如“以为堰不可动，亦必须多建闸座，以通淮水东出之路。如大涧口阔，可建闸十余座。高良涧窄，可建闸五、七座。盖水势甚大，闸少则宣泄不及，故必至十数座始得。一面建闸，一面挑浚清口以上淤塞”。对于闸的启闭，他提出:“如果挑浚已通，可尽泄水，则闸虽设，自可常闭。如或清口挑浚，尚未疏通，或虽以疏通，尚未能尽泄大水，则随时酌量水势高下，为启闭板多少。水高则多启闸板，水下则少启闸板，要不至侵犯陵寝，伤害地方而已。如水未发，或虽小发不为害，则闸板俱不必启。”他指出:“大涧、清口实淮流不可缺一之道。而处高堰，浚壅淤，亦今日不可缺一之功。诚使两加处治，俾淮水通流于以措时宜而弭深患，则虽便于凤、泗，实亦不病淮扬。不唯拯救民艰，实亦奠安陵寝。”[84]常三省的建议，当时不仅未被采纳，反而因此获罪，废黜为民。

此后，“分黄”与“导淮”两种方案逐渐联系起来，形成“分黄导淮”的方略。

万历二十年（1592年），潘季驯年迈病退，南京兵部尚书舒应龙继任总河。万历二十一年（1593年），淮水大涨，冲决洪泽湖堤高良涧（今江苏洪泽县地）等二十二口、高邮南北运堤二十八口。万历二十二年（1594年），“湖堤尽筑塞，而黄水大涨，清口沙淤垫，淮水不能东下，于是挟上源阜陵诸湖与山溪之水，暴浸祖陵，泗城淹没”[20]。虽然事关国家根本，但官员多因循坐视，有的主张拆高家堰，有的主张周桥开口泄水，争执不决。明神宗怒，“以水患累年，迄无成画，迁延靡费，罢应龙职为民，常居敬、张贞观、彭应参等皆谴责有差”[20]，科臣陈洪烈、刘宏宝，降级边方杂职，连已退居在家的潘季驯也令吏部、工部查明具报[85]。

万历二十三年（1595年），河“又决高邮中堤及高家堰、高良涧，而水患益急矣”[20]。由于明祖陵一浸再浸，洪泽湖大堤一决再决，朝野议论纷纷。有的主张“开老子山，引淮水入江”；有的主张“疏周家桥，裁张福堤，辟门限沙”，以辟入海之路；有的主张“浚芒稻河，且多建滨江水闸，以广入江之途”；有的主张“自鲍家营至五港口挑浚成河，令从灌口入海”[20]。意见主要集中在是保障漕运通畅，继续洪泽湖以下黄淮合流的局面，还是为保住祖陵，放弃高家堰。工科给事中张贞观主张：“泄淮不若杀黄。而杀黄于淮流之既合，不若杀于未合。但杀于既合者与运无妨，杀于未合者与运稍碍。”[20]礼科给事中张企程则认为导淮入江是“急救祖陵第一义”[20]。御史牛应元折衷其说，提出：“导淮势便而功易，分黄功大而利远。”[20]各种方案顾此失彼，难以决策。

其时，杨一魁继任总河，派张企程前往泗州查勘。“议者多请拆高堰，总河尚书杨一魁与企程不从，而力请分黄导淮。”[77]针对朝臣的种种议论，杨一魁“被论，乞罢，因言：‘清口宜浚，黄河故道宜复，高堰不必修，石堤不必砌，减水闸坝不必用。’帝不允辞，而诏以尽心任事”[20]。

张企程查勘后，与杨一魁议“分黄导淮”之策。他在朝廷进言时先回顾了淮河为患的缘由：“前此河（指淮河）不为陵患，自隆庆末年高、宝、淮、扬告急，当事狃于目前，清口既淤，又筑高堰以遏之，堤张福以束之，障全淮之水与黄角胜，不虞其势不敌也。迨后甃石加筑，堙塞愈坚，举七十二溪之水汇于泗者，仅留数丈一口出之，出者什一，停者什九。河身日高，流日壅，淮日益不得出，而潴蓄日益深，安得不倒流旁溢为泗陵患乎？”[20]他认为，淮水之暴涨虽因高堰之筑，但高堰为“屏翰淮、扬，殆不可少”，其工程浩巨，未可议废。他建议实施“分黄导淮”之策：“莫若于南五十里开周家桥注草子湖，大加开浚，一由金家湾入芒稻河注之江，一由子婴沟入广洋湖达之海，则淮水上流半有宣泄矣。于其北十五里开武家墩，注永济河，由窑湾闸出口直达泾河，从射阳湖入海，则淮水下流半有归宿矣。”[20]他主张洪泽湖以下黄淮分流，高家堰作为保护淮扬的关键工程，高家堰以下设置减水坝，导淮两路入海，一路入江。为了护陵、保运，明神宗最终采

纳了他的意见。这一方案后来成为明清时期导淮归海入江规划的核心。

在施工程序上，也有较大争议。杨一魁主张先分黄，次导淮。督漕尚书褚鈇主张先泄淮，而徐议分黄。给事中林熙春则指出："导淮固以为淮，分黄亦以为淮。"工部奏批："先议开腰铺支河以分黄流，……请令治河诸臣导淮分黄，亟行兴举。"[20]在杨一魁主持下，征调山东、河南、江北民夫二十万人，大举分黄导淮。万历二十四年（1596年）八月，杨一魁"兴工未竣，复条上分黄导淮事宜十事。十月，河工告成"[20]。杨一魁主要主持兴修了以下工程（见图6-16）。

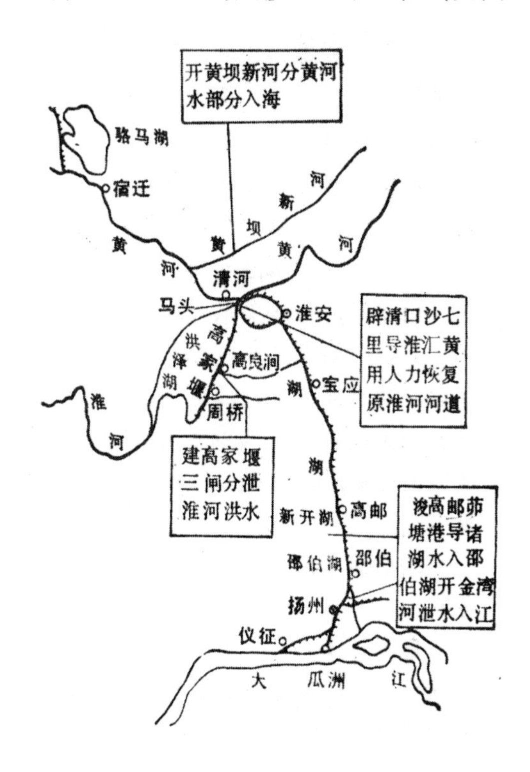

图6-16　明代"分黄导淮"工程示意图[86]

（1）"开桃源黄河坝新河，起黄家嘴，至安东五港、灌口，长三百余里，分泄黄水入海，以抑黄强。"[20]杨一魁一改潘季驯治黄集中冲沙的办法，分黄试图减少黄水对淮水的遏制。

（2）"辟清口沙七里"[20]，导淮汇黄，试图用人力恢复原淮河通道。

（3）"建武家墩、高良涧、周家桥石闸，泄淮水三道入海"[20]。武家墩闸，泄淮水经永济河（万历十年新开）入运，由运河东岸的泾河（在淮安县南）至射阳湖；高良涧闸，泄淮水入岔河（约为后来的浔河），经白马湖入运，由东岸泾河入射阳湖；周家桥闸，泄淮水由草子湖、宝应湖入运，出运东经子婴沟（在宝应界首镇南）入广洋湖（在射阳湖南，已淤塞）；在泾河和子婴沟首亦建闸。即在洪泽湖大堤上修建三座减水闸，分泄淮河洪水经运河下泄至运河东的射阳湖、广洋湖，再由新疏浚的白驹石䃮海口入海。

（4）浚高邮茆塘港（即今毛塘港，接连高邮湖和邵伯湖出口），导诸湖水入邵伯湖，在湖尾开金湾河（在扬州邵伯镇南）十四里，泄水至芒稻河，导淮水入长

江。为了解决蓄泄问题，又在金湾河头建南、中、北三闸，芒稻河建东、西二闸。但终明之世，淮河自洪泽湖下泄洪水的主要出路仍为向东经里下河地区入海，而通过金湾河和芒稻河入江则是次要的。

万历二十六年（1598年），刘东星继任总河，“守一魁旧议”。二十八年，“开邵伯月河，长十八里，阔十八丈有奇，以避湖险。又开界首月河，长千八百余丈。各建金门石闸二”[15]。邵伯月河在运河西侧，南自扬州邵伯镇，北至露筋镇，倚邵伯湖为渠，南北建闸，建减水石坝一座。界首月河也在运河西侧，高邮县界首镇境内，倚界首湖为渠，南北建闸。至此，自淮安至扬州，除高邮西南通湖港口外，已是越河与堤防全面连接，实现了河湖分离。且都建有减水坝，有的建有平水闸，使水有所泄，以保护运河及其东堤。

杨一魁的“分黄导淮”工程，虽为因黄河淤积而失去出路的淮水找到了新的出路，对减轻洪泽湖的灾害作用显著，一时也收到了“泗陵水患平，而淮、扬安”[20]的效果，但仍不能解决黄、淮下游的淤积和溃决问题。

工程竣工不久，分黄的“桃源黄河坝新河”即淤废。由于分黄工程横穿沂沭河，夺灌河口入海，打乱了苏北水系，给苏北地区带来了深重的灾难。导淮入海工程又由高家堰东注，穿过运河大堤，直下里下河地区。运河成为淮水入海的通道，三闸一开，淮河洪水滔滔东下，高宝漕堤荡为湖海，运船纤挽无路，影响运道；淮扬各郡邑，田庐漂荡，数百万生灵悉为鱼鳖；滨海盐场，尽被淹没。到明末崇祯年间，“分黄导淮”就不断遭到里下河地区官员和百姓的反对，而被搁置一边。

（四）沂、沭、泗水系的治理

泗水原为淮河北最大的支流，沂水入泗水至清口汇入淮河，另有沭水等河独流入海。黄河夺淮后，黄河长时间在淮北、苏北地区摆动，形成了泗水、汴水、濉水、涡水、颍水五条泛道，并侵夺了徐州以下的泗水故道和淮阴以下的淮河故道。黄河带来的大量泥沙淤高了被其侵袭的泗水和淮河下游河道，将淮河流域分割为以北的沂沭泗水系和以南的淮河干流水系。由于黄强淮弱，黄高淮低，淮河和沂、沭、泗水的出路受阻，在江苏盱眙和淮阴之间的低洼地带逐渐形成了洪泽湖。由于徐州以下泗水河道被侵夺，在山东境内的泗水沿岸洼地和小湖也逐渐形成了南四湖，在泗水与沂水交汇处逐渐形成骆马湖。明代沂、沭、泗水系的治理主要是兴建运河与黄河分离的工程和解决蓄清刷黄给里下河地区带来的防洪问题。

1. 运河与黄河分离的工程

明前期京杭运河的徐州至淮阴段利用的是黄河所侵占的泗水故道，会通河于徐州接黄河，淮扬运河于淮阴接黄河。徐州以上的黄河北决，不仅会冲断和淤塞山东境内的会通河和昭阳湖运道，而且使徐州至淮阴黄运合一的河段得不到黄水的接济。黄河南决，也会使徐、吕二洪浅涩。为此，明代先后开南阳新河，开泇河，使运河与黄河分离（见图6-17）。

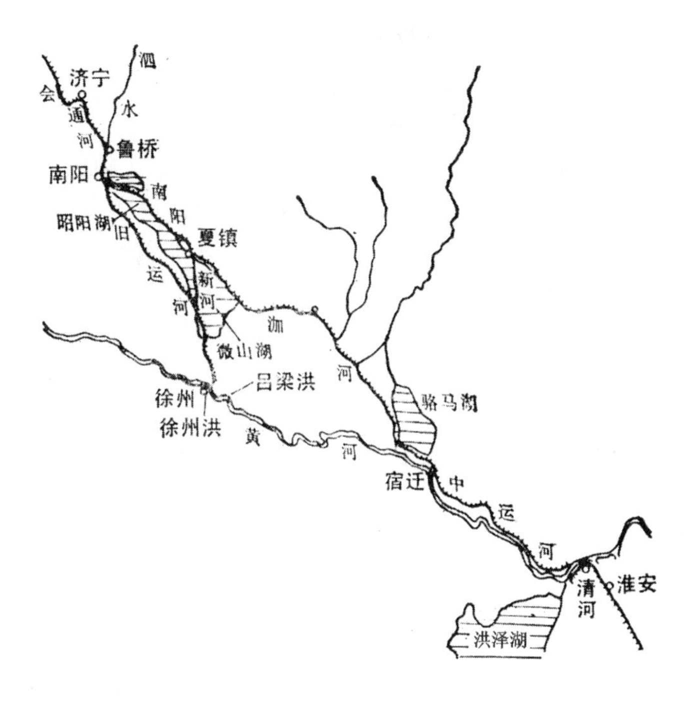

图 6－17　南阳新河、泇河、中运河示意图[86]

明前期，会通河沛县以南河段在昭阳湖西，黄河北决，水淹运河，漕运受阻。嘉靖初年，左都御史胡世宁建议，在昭阳湖东开新河通运，并厚筑湖西岸堤[2]，既可保护运道不被冲毁，又有湖泊容蓄，防止黄河泛溢。总河盛应期提出具体的规划布局，被批准后抓紧施工。但终因反对者以种种理由阻挠，工程过半而被迫停工。世宗嘉靖四十四年（1565 年）七月，“河决沛县，上下二百余里运道俱淤。全河逆流”[2]。工部尚书朱衡兼理河漕，重开南阳新河。“衡乃开鱼台南阳抵沛县留城百四十余里，而浚旧河自留城以下，抵境山、茶城五十余里，由此与黄河汇。”[2]穆宗隆庆元年（1567 年）五月，南阳新河建成，长一百九十四里。从此，运河南阳至留城段不再走湖西，南阳新河自北而南穿微山湖入黄河，改善了防洪压力。

南阳新河开成后，南阳至留城之间的运道得到改善，但留城以下仍受黄河泛滥和泥沙淤积的威胁。穆宗隆庆三年（1569 年），总河翁大立建议:“于梁山之南别开一河以漕，避秦沟、浊河之险，后所谓泇河者也。”[2]因黄河水落，计划搁置。神宗万历三年（1575 年），总河傅希挚提出开泇河的规划方案，因有人认为工期太长和影响黄河的治理，而未能实施。万历二十一年（1593 年），总河舒应龙开韩庄新河，把微山湖一带广大水域与泇河联系起来。万历二十八年（1600 年），总河刘东星受命开泇河，工程完成三成，便病故。万历三十二年（1604 年），“总河侍郎李化龙始大开泇河，自直河至李家港二百六十余里，尽避黄河之险”[15]。新开泇河替代了留城至黄河段的运河和徐州至直河口的黄河。清康熙年间，靳辅又在泇河以下开张庄运口，在黄河北岸遥缕二堤内另开中运河，以避黄河之险。

南阳新河、泇河、中运河的开凿，实现了徐州至淮阴段黄河与运河的分离，虽可避黄河之险，却又带来了水源不均的问题。其后形成的微山湖逐渐成为防洪

济运的主要水柜。在南阳新河和伽河未开之前，微山湖为运河之西的一系列小湖和洼地。穆宗隆庆元年（1567 年）南阳新河开通后，在薛河筑坝，引薛水南下，遂使这些小湖逐渐扩大，隆庆六年（1572 年）被列为水柜。神宗万历三十二年（1604 年）开伽河，这些小湖被运河西堤阻止，上承南阳、独山、昭阳三湖来水，而下泄不畅，再加黄水和东西坡河水交相灌注，湖面迅速扩大，形成微山湖。由于微山湖处在南四湖的下端，可以接纳南阳、独山、昭阳三湖来水，以及鱼台、沛县一带的坡面积水。在洪水季节，沙河、薛河、彭河诸水注入运河而不能容时，可以通过运河西的闸坝将洪水排泄入湖蓄存。枯水季节，伽河水浅，又可由韩庄闸和运河上的台庄诸闸控制，放水济运。

2. 里下河地区的治理

清人称淮南运河以西诸小河为上河，运河以东入海诸小河为下河，而称淮扬运河以东、范公堤以西地区为里下河区。黄河夺淮后，黄河泥沙在淮河海口不断淤积，海岸线逐渐东移，范公堤以东新淤陆地普遍高出里下河地区。里下河区地势低洼，经常积涝成灾，堤、塘、闸、堰时有兴筑。里下河地区水利形势图见图 6 – 18。

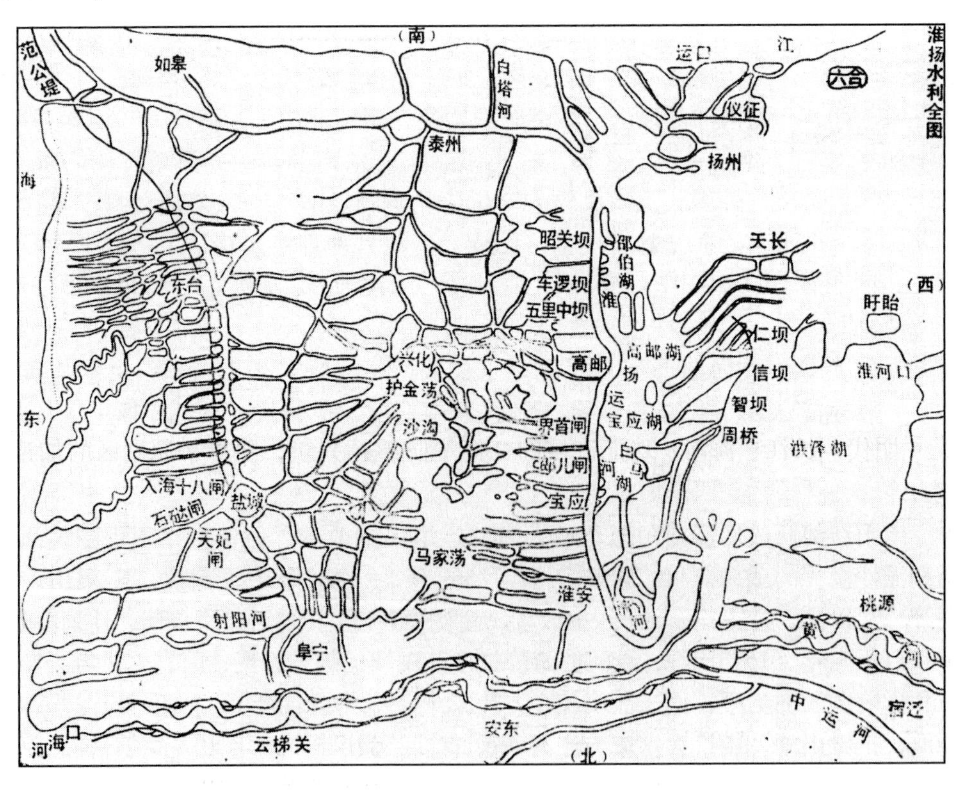

图 6 – 18 里下河地区水利形势图[86]

（据《淮阳水利图说》绘制）

黄河夺淮后直至明嘉靖年间，黄河经常处于多支分流的状况，泥沙沿途沉积，对里下河区的洪灾影响不大。明初，为防止淮扬运河与诸湖东溃，在运河东岸修筑东堤，并修建了一些运湖分离的工程，但大部分区段仍利用湖区通运。为避开

湖中风浪之险，孝宗弘治三年（1490 年），白昂在高邮湖外新开康济越河，并建闸泄洪；神宗万历十二年（1584 年），仿康济越河模式，在宝应新开弘济越河。万历十六年（1588 年），因黄河淤积与倒灌，黄淮间通航只能靠清江浦运河诸闸，在淮安通船闸侧开月河，以便挽漕，并作疏浚或维修时备用。万历二十八年（1600 年），在运西诸湖的下口邵伯湖挑挖邵伯越河，长十八里；又开界首越河，长一千八百八十九丈。至此，自淮安至扬州，除高邮西南通湖港口外，已有越河与堤防全线连接，实现了运湖分离，且都兴建了减水闸或平水闸，使水有所泄。

潘季驯实行“蓄清刷黄”、“束水攻沙”治黄方略，黄河大量泥沙沉积到被大堤约束的河道中，下游河段淤高，形成对洪泽湖的倒灌。淮河不能畅出清口，洪水期间从洪泽湖东溃，涌入高邮、宝应诸湖，再横穿运河进入里下河区。虽在运河东岸建了一些泄水河，泄水入射阳湖再入海，但泄水河容量有限，有些区段还没有泄水通道，因此里下河区洪涝频繁。万历二十三年（1595 年），“黄、淮涨溢，淮、扬昏垫。议者多请开高家堰以分淮。宝应知县陈煃为御史，虑高堰既开，害民产盐场，请自兴、盐迤东，疏白涂河、石础口、廖家港为数河，分门出海；然后从下而上，浚清水、子婴二沟，且多开瓜、仪闸口以泄水”[37]。陈煃请求疏浚里下河区入海通道。给事中祝世禄进一步指出：“议者欲放淮从广阳、射阳二湖入海。广阳阔仅八里，射阳仅二十五丈，名为湖，实河也。且离海三百里，迂回浅窄，高、宝七州县水唯此一线宣泄之，又使淮注焉，田庐盐场，必无幸矣。广阳湖东有大湖，方广六十里，湖北口有旧官河，自官荡至盐城石础口，通海仅五十三里，此导淮入海一便也。”[37] 而总河杨一魁提出：“黄水倒灌，正以海口为阻。分黄工就，则石础口、廖家港、白驹场海口，金湾、芒稻诸河，急宜开刷。”[37] 但杨一魁实行分黄导淮以后，淮扬运河成为导淮入海入江的通道，进一步加剧了里下河区的洪涝灾害。

三、其他江河的治理

明代，长江、海河、珠江流域的江河堤防继续兴筑，随着平原湖区的加速围垦，解决兴利除害矛盾的防洪排涝工程也相继兴筑。

（一）长江的治理

明代，长江流域人口急剧增长，长江中下游围垸快速发展，对防洪提出了更高的要求。为了减轻洪涝灾害的损失，除续修荆江大堤和汉江堤防外，长江中下游其他河段开始逐步筑堤，长江上游堤防也时有兴筑。

明初开始修筑武汉附近江堤和汉阳鹦鹉堤；武宗正德年间（1506～1521 年）在武汉城区沿江段修筑驳岸；毅宗崇祯年间修筑汉口沿江堤防。成祖永乐二年（1404 年），修筑长江中游北岸黄梅、广济两县境内的黄广大堤，永乐四年竣工。上起广济盘塘，经武穴、龙坪、蔡山至孔龙镇，沿驿路堤到清江镇，经段窑与同马大堤相连。永乐三年，又在安徽长江北岸无为、和县境内修筑江堤，以后连成今无为大堤。

据《明史·河渠志》记载，成祖永乐至宣宗宣德年间（1403～1435 年），湖北境内先后修筑了安陆、京山、黄梅、广济、天门、监利、江陵、枝江等地沿长

江、汉水的堤防和塌岸[37]。世宗嘉靖二十一年（1542 年），堵塞荆江北岸的最后一个穴口——郝穴，荆江大堤自堆金台至拖茅埠段连成一线，成为江汉平原重要的防洪屏障。但由于荆江河道泄流能力远小于干流峰高量大的大洪水，荆江两岸原有众多穴口可以分流，特别是江南穴口注入洞庭湖，可供调蓄。穴口堵塞后，荆江河段洪水水位抬高，洪水历时加长，河道淤积加快，江患加剧。明末清初议治江者，多主张开穴口分流。

明代兴修的长江主要堤防工程见表 6 – 2。

表 6 – 2　明代长江的主要堤防工程

序号	兴筑时间		工程主要内容
	年号	公元	
1	洪武二十五年	1392 年	凿江苏溧阳银墅（为东坝五堰之银淋）东坝河道（即浚胥溪，由溧阳至东坝），由十字港抵沙子河胭脂坝四千三百余丈，役夫三十五万九千余人[37]
2	永乐元年	1403 年	修湖北安陆、京山的汉水塌岸，安徽潜山、怀宁陂堰，江苏句容杨家港、王旱圩等堤，河南南阳高家、屯头二堰及沙、澧等河堤，修筑安徽和州保大等圩百二十余里，蓄水陡门九[37]
3	永乐二年	1404 年	修江苏泰兴沿江圩岸、六合瓜步等屯，浚丹徒通潮旧江。以扬州民协筑海门张墩港、东明港百余里溃堤。修筑安徽当涂慈湖（濒江，东抵丹阳湖，西接芜湖），且谕工部，安徽、苏松，浙江、江西、湖广，凡湖泊卑下，圩岸倾颓，亟督有司治之。修安徽含山崇义堰，和州铜城闸（上抵巢湖，下通扬子江）所决圩岸七十余处，及桃花桥至含山三十里圩堤[37]
4	永乐三年	1405 年	修无为州周兴等乡及鹰扬卫乌江屯江岸[37]
5	永乐四年	1406 年	修筑安徽宣城十九圩和怀宁斗潭河、彭滩圩岸，江苏溧水决圩与江都刘家圩港。筑湖广广济武家穴等江岸。新建石头冈圩岸、江浦沿江堤[37]。湖广石首县临江万石堤三百七十余丈，当大江之冲，间为洪水所决，邻境华容、安乡皆受其患，命修筑[87]
6	永乐七年	1409 年	修湖北安陆州渲马滩决岸，筑江苏泰兴拦江堤三千九百余丈，浚大港北淤河，抵县南，出大江，四千五百余丈[37]

7	永乐八年	1410 年	修江苏丹阳练湖塘，湖北松滋张家坑、何家洲堤岸[37]
8	永乐九年	1411 年	修湖南安仁饶家陂、寿光堤，湖北安陆、京山景陵圩岸，长乐官塘，监利车木堤四千四百余丈，浙江长洲至嘉兴石土塘桥路七十余里，泄水洞百三十一处，浚江苏江阴青阳河道[37]
9	永乐十年	1412 年	修湖北黄梅临江决岸百二十余里，海门捍潮堤百三十里。筑湖南华容、安津等堤决口四十六[37]
10	永乐十一年	1413 年	修安徽芜湖陶辛、政和二圩[37]
11	宣德四年	1429 年	湖北潜江民言："蚌湖、阳湖皆临襄河，水涨岸决，害荆州三卫、荆门、江陵诸州县官民屯田无算。乞发军民筑治。"从之[37]
12	宣德六年	1431 年	修湖广浏阳、广济诸县堤堰，江苏溧水永丰圩周围八十余里圩岸[37]。湖广石首临江三堤，长一千九百四十余丈，江水冲击，颓圮其半，命军民并力修筑[87]
13	宣德八年	1433 年	复安徽和州铜城堰闸[37]
14	宣德九年	1434 年	湖广江水泛溢，冲决江陵、枝江二县江堤三百五十余丈，发军民修筑[87]
15	正统二年	1437 年	修湖广江陵、松滋、公安、石首、潜江、监利六县溃决近江堤岸，又修汉江溃决襄阳老龙堤[37]
16	正统四年	1439 年	荆州府城西四十里，江水高城十余丈，倘遇霖潦坏堤，水即灌城。命通判等常巡堤，稍坏即修[88]
17	正统六年	1441 年	筑安徽芜湖陶辛圩新埂。浚海宁官河及花塘河、硖石桥塘河，筑瓦石堰二所。疏南京江洲，杀其水势，以便修筑塌岸[37]
18	正统七年	1442 年	筑南京浦子口、大胜关堤，武昌临江塌岸。浚江陵、荆门、潜江淤沙三十余里[37]
19	正统八年	1443 年	浚南京城河[37]

20	正统九年	1444年	挑无锡里谷、苏塘、华港、上村、李走马塘诸河，东南接苏州苑山湖塘，北通扬子江，西接新兴河，引水灌田。浚武进太平、永兴二河。疏海盐永安河，茶市院新泾、陶泾塘诸河[37]
21	正统十一年	1446年	湖广龙阳县决洞庭湖堤，民多溺死，命布政使亟发人夫修完湖堤[88]
22	正统年间	1436～1449年	荆江大堤的黄潭堤在江陵县东荆江北岸，当江流二百里之冲，溃决则江陵、监利、荆门、潜江皆受其害，至险至要。知府钱昕筑堤，长数十里[89]
23	景泰三年	1452年	筑绵州（今四川绵阳）西岔河通江堤岸，浚剑州（今四川剑阁）海子[37]
24	天顺七年	1463年	襄阳老龙堤环护城郭，久为汉水冲击，已渐坍决，命巡抚湖广左都御史王俭督有司修筑[88]
25	成化初	1465年	荆州知府李文仪沿黄潭堤甃石，是荆江大堤最早见于记载的护岸工程[89]
26	成化三年	1467年	湖广江夏县江水冲击堤岸长八百五十余丈，逼近城址，命有司役军民修筑[88]
27	成化八年	1472年	堤襄阳决岸[37]
28	成化十五年	1479年	修南京内外河道[37]
29	成化二十二年	1486年	浚南京中下二新河[37]
30	成化年间	1465～1487年	御史吴道宏增筑湖广郢县吴公堤三百里[90]
31	弘治七年	1494年	浚南京天、潮二河，备军卫屯田水利[37]
32	弘治十三年	1500年	荆州府护城堤岸长五十里，近崩坏，致江水冲决城门，命修筑[88]
33	弘治年间	1488～1505年	嘉鱼知县姜溥主持修筑嘉鱼沿江长堤二百余里[91]

34	正德十一年	1516 年	荆州知府姚隆增筑黄潭堤月堤三处，长约千余丈[89]。本年汉水大溢，破襄阳新城三十余丈，襄阳副使聂贤主持砌筑襄阳护城堤，自北门起至东长门长二百八十丈，用长条石纵横垒砌呈梯槎状，以消能防浪，石堤上再筑子堤，人称聂公堤[92]
35	正德十四年	1519 年	工部尚书吴廷举主持，集嘉鱼、咸宁、蒲圻、江夏四县合力修筑嘉鱼沿江长堤，耗银一万两[91]。本年汉江溢，漂溺人口，用承奉张佐筑堤四十余里[88]。浚南京新江口右河[37]
36	正德十五年	1520 年	御史成英奏："应天等卫屯田在江北滁、和、六合者，地势低，屡为水败。从金城港抵浊河达乌江三十余里，因旧迹浚之，则水势泄而屯田利。"诏可[37]
37	嘉靖元年	1522 年	荆州府潜江县沿江淤洲，并工疏浚，以弭水患[88]
38	嘉靖二年	1523 年	筑江苏仪真、江都官塘五区[37]
39	嘉靖十二年	1533 年	上年，江决荆州万城堤，直冲郡西，城不浸者三版。本年，有司挽筑，更筑李家埠重堤护之[93]
40	嘉靖十八至二十一年	1539～1542 年	都御史陆杰、佥事柯乔等人主持培修江陵、公安、石首、监利、沔阳、景陵、潜江江堤千六百余里[94]
41	嘉靖二十一年	1542 年	堵塞荆江北岸的最后一个穴口——郝穴，荆江大堤自堆金台至拖茅埠段连成一线[95]
42	嘉靖二十四年	1545 年	浚南京后湖[37]
43	嘉靖二十六年	1547 年	给事中陈斐请仿江南水田法，开江北沟洫，以祛水患，益岁收。报可[37]
44	嘉靖二十九年	1550 年	决荆州万城堤，江陵县专为修理，始得无虞[93]
45	嘉靖三十九年	1560 年	汉水大溢，各垸堤俱溃，竹筒河冲塞五十里，其张池口江身浅狭，水多壅滞于钟祥、景陵（今天门县）间。上自河口，中经排子口，至东湖流水口，淤塞一千三百一十二丈，旧河身甚曲，新改直势，以顺水性，募夫开浚，河势大通。本年后，岳州知府李时渐雇募夫役，用办砖石，缮修岳阳城垣，自岳阳楼而南，二百六十余丈，城下筑土堤，以杀水势[93]

46	嘉靖四十五年	1566 年	十月，江堤大决数十处。荆州北岸江陵、监利二县江堤四万九千余丈，南岸枝江、松滋、公安、石首四县江堤五万四千余丈，荆州知府赵贤重修，三年后工成。始立《堤甲法》，建立了荆江大堤的堤防管理制度。本年，汉江洪水四溢，襄阳郡治及各州县城俱溃，民漂流数万计，郡西老龙堤决，直冲城南而东，副使金世龙等先后条议估修，二年工成[93]
47	嘉靖年间	1522 ~ 1566 年	潜江知县萧廷选、黄学准均修潜江县汉水堤，以捍县城[90]
48	嘉靖年间	1522 ~ 1566 年	梁盈守眉州（今四川眉山），岷江势暴悍善徙，梁盈截江筑堤百八十丈，导使中流，城乃不危，至今赖之。夹江县修青衣江防洪堤，向君堤在（夹江）县西南，延袤数里。因江水啮岸，知县向某捍之，插泥泞中得白金二篋，资以就堤，一名白金堤[96]
49	隆庆二年	1568 年	襄阳护城堤溃，新城崩塌，襄阳副使徐学谟请加固老龙堤，于东西南城门外各去城二里筑护城堤[92]
50	隆庆三年	1569 年	开湖广竹筒河，以泄汉江[37]。嘉鱼知县刘元相会同咸宁、蒲圻、江夏三县协修长堤[91]
51	万历二年	1574 年	从巡抚侍郎徐栻议，复开海盐秦驻山，南至澉浦旧河。筑荆州采穴，承天泗港、谢家湾诸决堤口。复筑荆、岳等府及松滋诸县老垸堤[37]
52	万历三十六年	1608 年	筑湖广常德府溃决江堤[93]
53	万历三十九至四十三年	1611 ~ 1615 年	在大司马熊廷弼等人的建议下，嘉鱼知县葛中选和江夏知县徐日久等人主持增筑嘉鱼新堤四十余里，并对旧堤增高培厚，使长堤从马鞍山至赤矶山绵亘百余里[91]
54	万历年间	1573 ~ 1620 年	知州郭侨重筑潜江县南总口堤，长数十里，因堤壮阔坚固而著名。曾任总河的杨一魁主持重修襄阳老龙石堤[90]

（二）海河的治理

明代，海河流域为京都所在地，防洪治河工程得到迅速发展。代表性的防洪规划意见为嘉靖年间徐元祉的“疏浚六策”：浚本河，浚支河，浚决河，浚淀河，

浚淤河，浚下河，后被批准实行，工程措施仍以疏浚为主。明代海河水系示意图见图6－19。

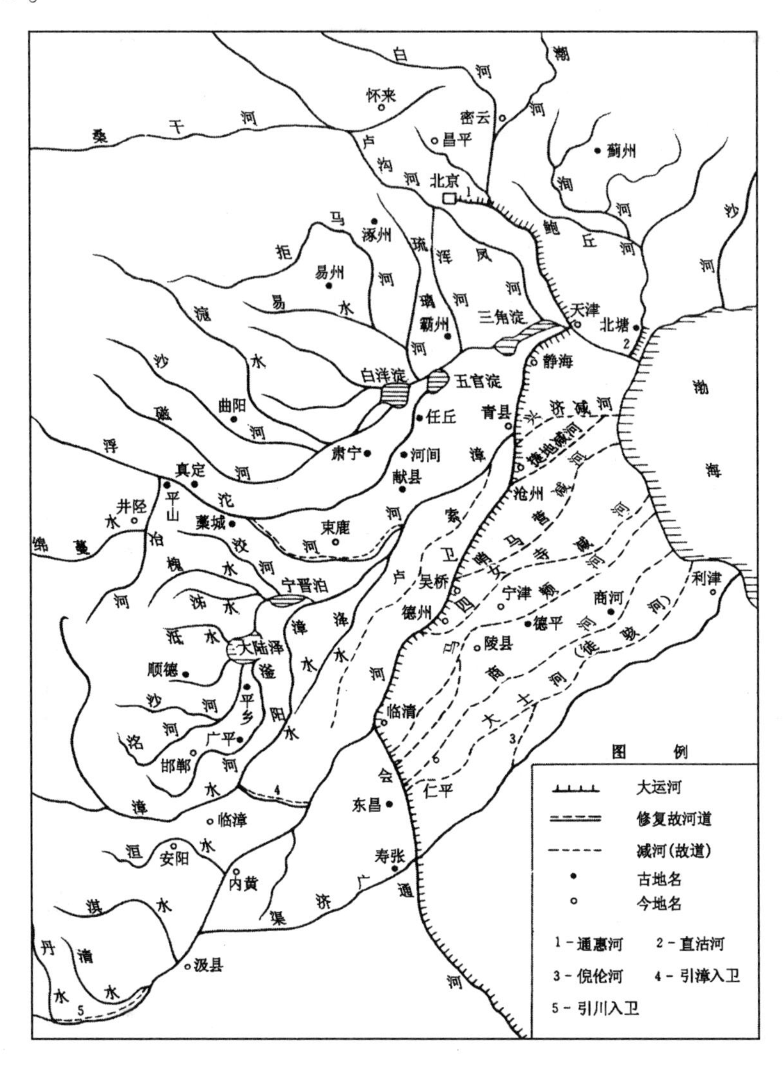

图6－19　明代海河水系示意图[97]

明代，海河流域五大支流中的南运河、北运河和大清河已稳定于今日之形势，堤防兴筑的重点为永定河。永定河横贯北京、天津，河道迁徙不定，含沙量高，历史上有“浑河”、“无定河”、“小黄河”之称。五代以前，永定河两岸没有堤防。辽以幽州（今北京西南）为南京，永定河开始筑堤。金以北京为中都，修筑了保护北京的防洪堤，但对永定河治理的着眼点尚在利用河水通漕。元代定都北京，开始重视永定河的堤防建设，永定河下游堤防从石景山金口延伸到天津武清。明代，为了保护京都，在永定河看丹口以下南支河道（即浑河）兴筑了不少堤防工程。

明代，永定河（即浑河）上源为桑干河，在宛平县看丹口分为二支，一支东由通州高丽庄入白河，南流经通州，合通惠及榆、浑诸河，亦名潞河，至天津直沽会卫河（即御河）入海；另一支南流霸州，合易水，至天津丁字沽入漕河，为

卢沟河，亦即浑河。《明史·河渠志》指出：“（浑）河初过怀来，束两山间，不得肆。至都城西四十里石景山之东，地平土疏，冲激震荡，迁徙弗常。”[98]湍急而浑浊的浑河水冲出山谷后，在平原地区迅速沉淀，河流主槽左右摇摆，河道迁徙不定。并进一步指出：“上流在西山后者，盈涸无定，不为害”，而“下流在西山前者，泛溢害稼，畿封病之，堤防急焉。”[98]

《明史·河渠志》又指出：东支白河“杨村以北，势若建瓴，底多淤沙。夏秋水涨苦潦，冬春水微苦涩。冲溃徙改颇与黄河同。耍儿渡者，在武清、通州间，尤其要害处也。自永乐至成化初年，凡八决，辄发民夫筑堤。”[99]

明代永定河的主要防洪工程见表6-3。

表6-3　明代永定河的主要防洪工程

序号	兴筑时间		工程主要内容
	年号	公元	
1	洪武十六年	1383年	浚桑干河，自固安至高家庄八十里，霸州西支河二十里，南支河三十五里[98]
2	洪武十七年	1384年	漳河决临漳，敕守臣防护，并诏军民兼筑漳、卫、沙河所决堤岸[100]
3	永乐五年	1407年	卫河自临清抵渡口驿决堤七处，发卒塞之[99]
4	永乐七年	1409年	浑河决固安贺家口，发卒修治[98]
5	永乐九年	1411年	漳河决西南张固村河口，与滏阳河合流，筑沁州及大名等府决堤[100]
6	永乐十年	1412年	坏卢沟河堤岸，发卒修治[98]
7	永乐十五年	1417年	修浑河固安孙家口及漳河临漳固冢堤岸[37]
8	永乐二十一年	1423年	筑通州抵直沽白河堤岸，有冲决者，随时修筑以为常[99]
9	洪熙元年	1425年	漳河、滏阳河并溢，决临漳堤岸二十四处，发军民修筑。宣德八年复筑[100]。浑河决东狼窝口，发卒修治[98]
10	宣德三年	1428年	溃卢沟河堤，发卒修治[98]
11	宣德六年	1431年	山水暴涨，冲坏滹沱河堤岸，发军民浚之[101]
12	宣德九年	1434年	浑河又决东狼窝口，命都督郑铭往筑[98]

13	正统元年	1436 年	复命侍郎李庸修筑浑河东狼窝决口，及卢沟桥小屯厂溃岸，次年工竣[98]。白河决，为害尤甚，发五军营卒五万及民夫一万筑决堤；又役五万人，去河西务二十里凿河一道，导白水入其中[99]。滹沱河溢献县，决大郭鼋窝口堤，命有司修筑[101]
14	正统四年	1439 年	滹沱河溢饶阳，决丑女堤及献县郭家口堤，淹深州田百余里，皆命有司修筑[101]。白沟、浑河二水俱溢，决保定县安州堤五十余处，复命侍郎李庸治之，筑龙王庙南石堤[98]。筑青县卫河堤岸[99]
15	正统七年	1442 年	筑浑河口[98]
16	正统八年	1443 年	筑浑河固安决口[98]
17	正统十一年	1446 年	疏滹沱河晋州故道[101]
18	正统十三年	1448 年	从御史林廷举请，引漳入卫，以杀漳河激湍之势[100]
19	成化十九年	1483 年	命侍郎杜谦督修卢沟河堤岸[98]
20	弘治二年	1489 年	修真定县白马口及近城滹沱河堤三千九百余丈[101]。浑河决杨木厂堤，命官军二万人修筑[98]
21	弘治五年	1492 年	筑真定滹沱河护城堤二道。后连年大水，真定城内外俱没，改挑新河，水患始息[101]
22	正德元年	1506 年	筑浑河狼窝决口，久之，下流支渠尽淤[98]。浚滏阳河新旧河，并筑漳河与滏阳河堤[100]
23	嘉靖元年	1522 年	筑滹沱河束鹿城西决口，修晋州柴城口堤[101]
24	嘉靖十年	1531 年	发卒浚导桑干河[98]
25	嘉靖十一年	1532 年	滹沱河连年大水，自藁城张村至晋州故堤筑堤十八里，高三丈，广十之，植椿榆诸树，并浚河三十余里，导河南行，使归故道。又用郎中徐元祉策，于真定浚滹沱河以保城池，导束鹿、武强、河间、献县诸水，循滹沱河出[101]
26	嘉靖四十一年	1562 年	命尚书雷礼修卢沟河堤，次年工竣，筑东西岸石堤九百六十丈[98]

27	万历九年	1581年	增筑滹沱河雄县横堤八里，任丘东堤二十里[101]
28	万历三十一年	1603年	挑通州至天津白河，深四尺五寸，所挑沙土即筑堤两岸[99]

（三）珠江的治理

明代，珠江下游及三角洲地区人口不断增长，随着大量围垦河滩地，江河出海通道逐渐缩窄延长，泥沙淤积导致江河洪水水位抬高，水流流速减慢，洪水持续时间延长，洪涝灾害加重。为了抗御和减轻洪涝灾害，当地民众在宋元时期堤围的基础上，更大规模地修围筑堤。

明代，珠江下游三角洲共筑堤围一百八十多条，总长二十二万余丈。所筑堤围主要分布在西江干流三榕峡以下及其支流新兴江、粉洞水、高明河；北江干流飞来峡以下及其支流绥江、芦苞涌、西南涌；西江、北江、绥江交汇附近和思贤滘以下的珠江三角洲中西部。

西江堤围以高要县的景福大围为肇庆府之首，西起三榕峡，东抵羚羊峡，北接横跨旱峡的水矶堤。该围始于明初所筑水矶堤、莲塘堤，明中叶相继增筑水基堤和莲塘堤的下蒙基、榭家基，明末增筑附郭堤。其次为羚羊峡下游北岸的丰福大围，地跨高要、四会两县，明永乐中筑，捍田千余顷，并包围相近周一万一百丈、捍田八百余顷的横槎堤。明代所筑长数千丈的西江堤围还有：高要县的迪塘堤、头溪围、大橄堤和西江支流新兴江的新江堤；新会县的大田围、麦村大水围、古劳大围、越塘园洲围、罗江围等[102]。

北江堤围以清远县的石角围为主，明中后期自清远县石角围至三水县长冈堤的北江堤防已基本形成。明代所筑长数千丈的北江堤围还有：清远县的上、中、下围堤；三水县的长冈堤、高丰堤、良凿堤、灶冈堤等[102]。

思贤滘以上，北江支流绥江在四会县境内的仓丰围、隆伏围、大兴围、姚沙围、埔桥堤、白泥堤，在三水县境内的灶冈堤等，各长数千丈，均为明代修筑[102]。

思贤滘以下的珠江三角洲地区，沿官窑涌、西南涌两岸筑堤，与北江汇合。其中，以南海县筑堤围最多，嘉靖年间已筑四十二处，障田六千九百余顷。明初，宋代初建的桑园围甘竹滩以下河床已淤成沙坦，为消除倒灌之患，太祖洪武二十九年（1396年）用沉船法堵塞倒流港水口，由甘竹滩筑堤越天河抵横冈，络绎数十里。桑园围经明清持续扩建维修，而成为广州府最大的堤围。珠江三角洲地区明代所筑长数千丈的堤围还有：南海县的罗格围、大栅围、闩门围、碧岸围、鼎安围、西围、良安围、大良围、大有围、茯洲沙围、良凿围；三水县的高丰堤等[102]。

东江地区筑堤围较少，明代所筑长数千丈的东江堤围有东莞县的三村圩堤[102]。

珠江的堤围工程与长江中下游的堤垸属于同类型的防洪工程。珠江的堤围工程主要由大堤和窦闸组成。大堤防御洪水，窦闸用于围内水量调节，大围内各级子围间可有多级堤防和窦闸。如景福围，与两江相通处有大闸，各子围间又有窦

闸形成二级调节，各级围之间可以引水灌溉，又可通船。

四、长江流域湖区的治理

“明初，太祖诏所在有司，民以水利条上者，即陈奏。越二十七年，特谕工部，陂塘湖堰可蓄泄以备旱潦者，皆因其地势修治之。”[37]成祖永乐二年（1404年），又“谕工部，安徽、苏松、浙江、江西、湖广凡湖泊卑下，圩岸倾颓，亟督有司治之”[37]。朝廷鼓励农耕和兴修水利，推动了长江流域湖区大规模的围垦和圩堤的兴筑。明中叶以后，土地兼并盛行，对湖区大肆盲目的围垦，造成河网水系紊乱，加速了湖区泄水河道的淤塞，加剧了洪涝灾害，朝廷又不得不多次禁围，湖区防洪排涝工程的兴修也相应增多。

明代，长江流域的太湖区、鄱阳湖区、洞庭湖区、滇池等湖区都是主要的农业经济区，均有较多的治理，而对国家重要粮仓之地——太湖区和洞庭湖区的治理尤为重视。

（一）太湖区的治理

明初，吴淞江已严重淤塞，户部尚书夏原吉“掣淞入浏”，开范家浜，导水归海，舒缓了太湖区泄洪排涝积年之困。

成祖永乐元年（1403年），“命夏原吉治苏、松、嘉兴水患”。夏原吉分析苏松嘉地区的水利形势:“浙西诸郡，苏、松最居下流，嘉、湖、常颇高，环以太湖，绵亘五百里。纳杭、湖、宣、歙溪涧之水，散注淀山诸湖，以入三泖（即泖湖）。”指出苏、松、嘉诸府水患是因下游泄水不畅，“顷为浦港堙塞，涨溢害稼。拯治之法，在浚吴淞诸浦”。但自宋元以来，吴淞江“前代常疏之。然当潮汐之冲，旋疏旋塞”。他认为，如今吴淞江已难疏浚，“自吴江长桥抵下界浦，百二十余里，水流虽通，实多窄浅。从浦抵上海南仓浦口，百三十余里，潮汐淤塞，已成平陆，滟沙游泥，难以施工”。他吸取前朝的教训，决定放弃吴淞江海口，改道由刘家港出海。“嘉定刘家港即古娄江，径入海，常熟白茆港径入江，皆广川急流。宜疏吴淞南北两岸、安亭等浦，引太湖诸水入刘家、白茆二港，使其势分。”[37]

夏原吉为了改善淀山湖一带积水排泄不畅，又采纳叶宗人的建议，开范家浜，上接黄浦江，下至南仓浦口，扩大了向东出海通道。“松江大黄埔乃吴淞要道，今下流遏塞难浚。旁有范家浜，至南仓浦口径达海。宜浚深阔，上接大黄埔，达泖湖之水，庶几复《禹贡》‘三江入海’之旧。水道即通，乃相地势，各置石闸，以时启闭。每岁水涸时，预修圩岸，以防暴流，则水患可息。”[37]明初开范家浜位置图见图5－5。

永乐二年（1404年），夏原吉又开浚白茆、福山等港浦，以泄东北地区之水。“夏原吉复奉命治水苏、松，尽通旧河港。又浚苏州千墩浦、致和塘、安亭、顾浦、陆皎浦、尤泾、黄泾共二万九千余丈，松江大黄浦、赤雁浦、范家浜共万二千余丈，以通太湖下流。”[37]

夏原吉“掣淞入浏”，将吴淞江水并入刘家港后，刘家港一度成为太湖地区泄洪出海的大河，并保持了三百五十余年的通畅局面。夏原吉开范家浜后，黄浦之水改由范家浜东流至复兴岛附近与吴淞江汇合，向西北流至吴淞口入长江。

夏原吉之后，治水者多拘泥于吴淞江乃太湖排水正脉，仍致力于疏浚吴淞江，及东北入江之常熟白茆港、太仓七浦塘。直至武宗正德十六年（1521 年），工部尚书李充嗣发军民夫数十万，在疏浚吴淞江下游旧河道的同时，又开新河，经北新泾至曹家渡以下，东通黄浦口〔103〕。穆宗隆庆三年（1569 年），“巡抚都御史海瑞疏吴淞江下流上海淤地万四千丈有奇。江面旧三十丈，增开十五丈，自黄渡至宋家桥长八十里”〔37〕。海瑞大开吴淞江下游段，从嘉定县黄渡至上海县宋家桥，在今外白渡桥附近连通黄浦江。此后，吴淞江成为黄浦江的支流，而黄浦江则逐渐演变为太湖地区的主要排洪通道。

嘉靖年间（1522～1566 年），吕光恂治理太湖，将其工程措施归纳为“治水五要”:“一曰广疏浚，以备蓄泄；一曰修圩岸，以固横流；一曰复板牐，以防淤淀；一曰量缓急，以虑工费；一曰重委任，以责成功。”〔103〕万历年间，常熟知县耿桔提出联圩并圩的主张，并疏浚福山塘及干支各河〔103〕。

明代太湖区治理的主要工程见表 6－4。

表 6－4　明代太湖区治理的主要工程

序号	兴筑时间		工程主要内容
	年号	公元	
1	洪武六年	1373 年	发松江、嘉兴民夫二万，开上海胡家港，自海口至漕泾千二百余丈〔37〕
2	洪武九年	1376 年	开浚刘家港、白茆塘近昆承湖南诸泾，及至和塘等处淤浅，题设长洲、常熟、昆山三县吐纳湖海堰坝〔103〕
3	建文四年	1402 年	浚吴淞江〔37〕
4	永乐元年	1403 年	凿上海嘉定小横沥以通秦、赵二泾，浚昆山葫芦等河。工部尚书夏原吉治苏、松、嘉兴水患，浚华亭、上海运盐河，金山卫闸及漕泾分水港〔37〕。夏原吉凿吴淞江浦，疏昆山夏界浦，擎吴淞江北达娄江；挑嘉定西顾浦，南引吴淞江水，北贯吴塘，由娄江入海；浚常熟白卯塘、福山塘、耿泾，导昆承阳城诸湖水，入扬子江；浚上海范家浜，接黄浦引湖茆水入海〔103〕
5	永乐二年	1404 年	夏原吉复奉命治水苏、松，尽通旧河港。又浚苏州千墩浦、致和塘、安亭、顾浦、陆皎浦、尤泾、黄泾共二万九千余丈，松江大黄浦、赤雁浦、范家浜共万二千丈，以通太湖下流〔37〕
6	永乐四年	1406 年	修溧水决圩，浚常熟县福山塘三十六里〔104〕

7	永乐五年	1407 年	修长洲、吴江、昆山、华亭、钱塘、仁和、嘉兴堤岸，金山等溃堤[37]
8	永乐十年	1412 年	浚上海蟠龙江[37]
9	永乐十一年	1413 年	浚江苏昆山太平河[37]
10	永乐十二年	1414 年	苏州府同知柳敬中征民夫十万，浚昆山县太平河，西自福兴河，东至半泾以通大海，长三十六里，次年工竣[103]
11	永乐十三年	1415 年	修南京羽林右卫刁家圩屯田堤。吴江县丞李升请浚常熟白茆诸港，昆山千墩等河，长洲十八都港汊，吴县、无锡近湖河道，以泄太湖下流，并修蔡泾等闸。从之[37]
12	宣德三年	1428 年	中书舍人陆伯伦奏:“常熟七浦塘东西百里，灌常熟、昆山田，岁租二十余万石。乞听民自浚之。”诏可[37]
13	宣德六年	1431 年	常熟耿泾塘，南接梅里，通昆承湖，北达大江。洪武中，浚以溉田。今壅阻，疏导之[37]
14	宣德七年	1432 年	命巡抚周忱与苏州知府况钟，疏浚苏、松、嘉、湖等府的太湖、庞山、阳城、沙湖、昆承、尚湖[37]
15	宣德九年	1434 年	毁苏、松民私筑堤堰[37]
16	正统五年	1440 年	修太湖堤[37]。巡抚周忱浚昆山县顾浦、常熟县奚浦，开复吴淞江故道[103]
17	正统七年	1442 年	吴中大水，巡抚周忱增修低圩岸塍，浚金山卫独树营、刘家港、白茆塘沿海各河[103]
18	景泰二年	1451 年	浚常熟顾新塘，南至当湖，北至扬子江[37]。松江知府叶冕发府民修筑淀山湖堤万余丈[103]
19	景泰三年	1452 年	浚常熟七浦塘，疏常州孟渎河浜泾十一[37]
20	景泰四年	1453 年	浚江阴顺塘河十余里，东接永利仓大河，西通夏港及扬子江[37]
21	景泰五年	1454 年	夏，大水，经久不退。户部侍郎李敏、苏州知府王浒挑浚青墩浦、横沥塘共五六里，以通白茆塘；凿开三堰，约三四里，引水通鲇鱼口；挑浚海口丛苇千余亩，水得归海[103]

22	天顺二年	1458 年	巡抚崔恭大治吴淞江。起昆山夏界口，至上海白鹤江，又自白鹤江至嘉定卞家渡，迄庄家泾，凡浚万四千二百余丈。又浚曹家港、蒲汇塘、新泾诸水。民赖其利[105]
23	成化八年	1472 年	水利佥事吴瑞浚吴淞江，东起嘉定徐公浦，西至昆山夏界浦，长一百三十里[103]
24	成化十年	1474 年	巡抚都御史毕亨浚吴淞江，自夏驾口至西庄家港，共一万一千七百余丈[103]
25	成化十四年	1478 年	巡抚都御史牟俸言，太湖乃东南最洼地，而苏、松尤最下之冲，请设提督水利分司一员，随时修理。帝即令牟俸兼领水利，听所浚筑。功成，乃专设分司[37]
26	弘治元年	1488 年	代理苏松水利浙江佥事伍性浚吴淞江中段四十余里及诸浦。嘉定知县陈遵毅浚盘龙江、盐铁塘、娄塘、蒲华塘、东阳泾、顾泾港[103]
27	弘治七年	1494 年	命提督水利工部侍郎徐贯、巡抚都御史何鉴经理浙西水利。徐贯乃令苏州通判张旻疏各河港水，潴之大坝。旋开白茆港沙面，乘潮退，决大坝水冲激之，沙泥刷尽，潮水荡激，日益阔深，水达海无阻。又令浙江参政周季麟修嘉兴旧堤三十余里，易之以石，增缮湖州长兴堤岸七十余里。徐贯督官浚吴江长桥，导太湖散入淀山、阳城、昆承等湖泖。复开吴淞江并大石、赵屯等浦，泄淀山湖水，由吴淞江以达於海。开白茆港白鱼洪、鲇鱼口，泄昆承湖水，由白茆港以注于江。开斜堰、七铺、盐铁等塘，泄阳城湖水，由七丫港以达于海。下流疏通，不复壅塞。乃开湖州之溇泾，泄西湖、天目、安吉诸山之水，自西南入于太湖。开常州之百渎，泄溧阳、镇江、练湖之水，自西北入于太湖。又开诸陡门，泄漕河之水，由江阴以入于大江。上流亦通，不复堙滞。共役夫二十余万，修浚河、港、泾、渎、湖、塘、陡门、堤岸百三十五道，次年工毕[37]

28	弘治八年	1495 年	修娄江堤，自苏州府城娄门起，至太仓卫城。巡抚朱瑄开淘三江，浚下流，杀湖水东泄之势。嘉定知县王术浚盘龙江、练祁塘、横沥北、盐铁塘、娄塘、东杨泾，置闸八。县丞杨继荣督浚境内支河[103]
29	弘治九年	1496 年	浚白茆塘、福山塘[103]
30	弘治十年	1497 年	工部主事姚文灏委浚至和塘，长四千九百余丈；浚七鸦浦五千五百余丈；又开常熟县界盐铁、马沙等塘[103]
31	弘治十一年	1498 年	提督水利工部郎中傅潮浚至和塘，及昆山、嘉定二县各泾浦，并立斗门。通判陈玮浚盐铁塘，自太仓北门至七浦。嘉定县浚顾浦、徐公浦、小徐公浦[103]
32	弘治十八年	1505 年	修筑常熟塘坝，自尚湖口抵江，及黄、泗等浦，新庄等沙三十余处[37]
33	正德七年	1512 年	巡抚俞谏请浚白茆港，又浚宜兴县河渎浜港[103]
34	正德十六年	1521 年	工部尚书李充嗣发军民夫数十万，浚白茆港故道，自常熟东仓至双庙八千八百余丈；改凿新河，自双庙至海口三千五百余丈；浚白茆上流尚湖、昆承湖、阳城湖各泾溇十九道。次年，浚吴淞江，自昆山夏驾口至嘉定旧江口六千三百余丈，并建石闸节制江流；又浚吴江长桥，及昆山、上海二县大石、赵屯、大盈、道褐等浦，以入吴淞江；并浚各处支河及塘岸堰坝，不可胜数[103]
35	嘉靖二年	1523 年	工部郎中林文沛檄昆山县开杨林河，泄阳城湖水入于海；开南大虞浦，泄阳城湖水入于娄江。檄吴县开光福塘、胥口塘，长四千九百四十六丈，以泄太湖水入娄江。又督率华亭县开泾塘一万九千四百九十五丈，上海县开泾塘一万六千五百五十丈，以泄当湖、三泖、淀山湖诸水，使各通黄浦、吴淞江入海。开吴江县港浦一千五百八十七丈，开宜兴县河浦九千五百八十六丈，开无锡县江港二百四十五丈，疏通上游诸水入太湖。又开运河塘北诸河一万二千五百丈，以泄运河之水，使归常熟宛山塘，散入白卯诸港[103]

36	嘉靖四年	1525 年	命水利佥事蔡乾浚嘉定、松江、上海等县塘浦河港[103]
37	嘉靖二十四年	1545 年	巡按吕光恂洵奏“苏松水利五事”：广疏浚以备潴泄，修圩岸以固横流，复板闸以防污淀，量缓急以处工费，重委任以责成功。督浚昆山大瓦等浦、常熟许浦、太仓嘉定顾浦、吴塘，又筑太仓娄江堤，浚嘉定冈陇支河[103]
38	嘉靖四十二年	1563 年	给事中张宪臣因苏、松、常、嘉、湖五郡水患叠见，奏请浚支河，通潮水；筑圩岸，御湍流，疏导白茆港、刘家河、七浦、杨林及凡河渠河荡壅淤沮洳者。帝以江南久苦倭患，民不宜重劳，令只酌浚支河[37]
39	嘉靖四十五年	1566 年	参政凌云翼请专设御史，督苏、松水利。诏巡盐御史兼之[37]
40	隆庆二年	1568 年	巡抚林润浚太仓七浦坝外海口三千八百丈；浚杨林、盐铁二河，各八千丈；浚嘉定青鱼泾、吴塘、顾浦，各三千丈。常熟知县建白卯港石闸。昆山浚吴乡诸浦，浚河三十四，共长二万七千六百九十四丈[103]
41	隆庆三年	1569 年	巡抚都御史海瑞疏吴淞江下流上海淤地万四千丈有奇。江面旧三十丈，增开十五丈，自黄渡至宋家桥长八十里[37]
42	隆庆四年	1570 年	海瑞请开白茆，计浚五千余丈，役夫百六十四万余；昆山夏驾口、吴江长桥、长洲宝带桥、吴县胥口及凡可通流下吴淞者，逐一挑毕[37]
43	万历三年	1575 年	开黄浦、白卯、吴江诸湮塞口[103]
44	万历四年	1576 年	巡抚都御史宋仪望奏：杭、嘉、湖、常、镇势绕四隅，苏州居中，松江为诸水所受，最居下，乞专设水利佥事。部议遣御史董之[37]

45	万历五年	1577 年	巡按御史林应训浚吴淞江中段，自昆山县漫水港至嘉定县徐公浦，长四十五里，宽二十丈，深一丈二尺；又浚吴淞江，自艾祁至昆山漫水港，长六十余里；开吴江县长桥南北滩，浚自庞山湖口至长桥，上达吴家港接太湖；并浚黄浦横潦泾，经秀州塘入南泖，至山泾港等处，共用工食银十万余两[103]
46	万历六年	1578 年	御史林应训督松江府浚大川六、支流四十七、港浜九十一，求圩岸之故迹，尽修筑之，筑水利圩岸，逾年乃成；檄浚白茆港，长四十五里，面阔十二丈，底阔八丈，深一丈二尺[103]
47	万历八年	1580 年	林应训又开浚苏松诸郡支河数十[37]
48	万历十六年	1588 年	特设苏松水利副使，以许应逵领之。乃浚吴淞江八十余里，筑塘九十余处，开新河百二十三道，浚内河百三十九道，筑上海李家洪老鸦嘴海岸十八里，发帑金二十万。应逵以其半讫工[37]
49	万历三十二至三十四年	1604～1606 年	常熟知县耿桔浚福山塘，及干支各河。太仓知州陈随浚七浦、杨林浦[103]
50	万历四十年	1612 年	太仓知州王万祺浚七浦，长四千八百余丈，面阔十丈，深八尺[103]
51	天启七年	1627 年	巡抚都御史李待问檄太仓、昆山、嘉定三县浚夏驾浦，长五千余丈，面阔十二丈，加深五尺[103]
52	崇祯二年	1629 年	巡抚曹文衡檄同知钱永澄浚华亭、上海诸河万余丈，修筑黄浦塘岸二千余丈。太仓浚七浦塘，长四千八百余丈[103]

（二）鄱阳湖区的治理

《禹贡》曾记载古代长江河道上的彭蠡泽，大约相当于今湖北省黄梅、广济以东，安徽省宿松、望江以西，江西省湖口地区以北，包括长江北岸龙感湖、大官湖等水域在内的长江中游河谷地区。泽内水陆相间，古长江穿泽而过。到汉代，长江主泓逐渐形成。由于东汉班固误指江南湖口断陷水域为《禹贡》的彭蠡泽，以后便将长江南侧的河湖称为“彭蠡”。三国以后，湖水向南扩张到今星子县附近的宫庭庙，“彭蠡”又称“宫庭湖”。唐宋时期，鄱阳湖大体形成了今天的范围和形态。唐初王勃有“秋水共长天一色”的诗句，可见湖面之辽阔。元明两代，随

湖区的沉降，鄱阳湖逐渐向南扩展，日月湖扩展为军山湖。鄱阳湖东、南、西三面承接饶河、信江、抚河、赣江、修水五河尾闾，北面在湖口与长江相通。

明代，鄱阳湖区人口不断增长，大量开垦荒地湖滩，朝廷也实行军事屯田，并多次下令兴修水利，围田迅速发展到遍布湖滨平原。神宗万历三年（1575 年），九江长江北岸筑堤堵小池口，九江、湖口一带江面由四十里束窄为二至六里，长江和鄱阳湖的洪水位明显抬高，进一步促进了沿江滨湖不围而垦的湖滩地兴筑圩堤。万历四年（1576 年），潘季驯巡抚江西，调动大量军民修筑九江桑落洲堤。万历五年（1577 年），瑞昌县修梁公堤。鄱阳湖滨湖圩堤大量兴筑[106]。

鄱阳湖区的圩堤，唐宋时期多建于沿江滨湖的南昌、丰城、九江、波阳等较大城镇附近，到明末已遍及沿江滨湖的平原地区。圩堤所围田亩一般可达数千亩，大者甚至超过一万亩。由于围田发展过快，圩堤土质不好，质量差，常遭溃溢。每逢大水年，官府与圩民都要投入大量人力、财力，防汛抢险，堵口复堤。

明代鄱阳湖区治理的主要工程见表 6－5。

表 6－5　明代鄱阳湖区治理的主要工程

序号	兴筑时间		工程主要内容
	年号	公元	
1	洪武二年	1369 年	修余干县溃决圩堤三十里[106]
2	洪武二十四年	1391 年	修筑丰城县赣江西岸圩堤，上接安沙下抵罗湖数十里[106]
3	永乐元年	1403 年	修余干龙窟坝塘岸[37]
4	永乐二年	1404 年	帝谕工部，安徽、苏松、浙江、江西、湖广，凡湖泊卑下，圩岸倾颓，亟督有司治之[37]
5	永乐四年	1406 年	修丰城穆湖圩岸与吉水刘家塘、云陂[37]。筑堤堵长乐港原决口，导丰水东入县南，合富水、槎水，至小港口入赣江，自此清江、丰城二县赣江东岸堤连成一线[106]
6	永乐九年	1411 年	修安福丁陂等塘堰，高安华陂屯陂堤[37]
7	永乐十一年	1413 年	筑丰城内河堤[106]
8	宣德三年	1428 年	巡按江西御史许胜奏:“南昌瑞河两岸低洼，多良田。洪武间修筑，水不为患。比年水溢，岸圮二十余处。丰城安沙绳湾圩岸三千六百余丈，永乐间水冲，改修百三十余丈。近者久雨，江涨堤坏。乞敕有司募夫修理。”诏可[37]
9	宣德六年	1431 年	修丰城西北临江石堤及西南七圩坝[37]

10	正统元年	1436年	修吉安沿江圩堤[37]
11	正统二年	1437年	修新会鸾台山至瓦塘浦颓岸[37]
12	正统六年	1441年	筑丰城沙月诸河堤[37]。修吉安府城南江堤[88]。重修九江甘棠湖堤，嘉靖、万历年间数次增筑[106]
13	正统七年	1442年	修广昌江岸，九江临江塌岸[37]
14	正统八年	1443年	修弋阳官陂三所[37]
15	景泰三年	1452年	修泰和新丰堤[37]
16	弘治十二年	1499年	南昌知府祝瀚役工十余万，修富有大有圩堤三十余里；并修南昌圩堤六十四处、新建圩堤四十一处，进贤、梓溪圩堤三处，丰城石埽土埽[106]
17	弘治十五年	1502年	修临江府坏堤七十二处[106]
18	正德元年	1506年	兵备道冯显筑九江城西堤路长六里，并植柳数千株，以防崩溃[106]
19	正德九年	1514年	九江知府李从立筑九江李公石堤[106]
20	正德十二年	1517年	南康（今星子）知县筑学前堤，后多次加固[106]
21	嘉靖十四年	1535年	南昌知府焦孟龙筑府城西南赣江堤。太常卿万思廉捐筑府城东万公堤，以御抚河[106]
22	嘉靖三十五年	1556年	筑修水县南门堤[106]
23	万历三年	1575年	江西巡抚杨成委德化知县，在长江北岸封郭洲筑堤，自小池口至德化嘴，并建小池口闸。泰和知县唐伯元筑赣江破口塘堤，长一千三百五十余丈，并建石矶护岸五座，各高一丈五尺，阔一丈二尺，长十二丈。兴国县筑东山上堤。龙南县筑塔下堤[106]
24	万历四年	1576年	潘季驯巡抚江西，令九江同知宋纯仁专责筑桑落洲堤，调德化、湖口、黄梅、宿松四县之民和南昌、九江、蕲州三屯之兵，筑堤长八千四百余丈，沿堤植柳数十万，堤外当冲处布桩卷埽，堤内开渠排涝[106]
25	万历五年	1577年	瑞昌知县梁尚忠筑长江南岸梁公堤，长三千八百八十丈，并完成上年改河筑堤护城工程。抚州知府古之贤募工修筑千金堤[106]

26	万历十四年	1586年	赣江、修水大水，南昌知府请发库银三千一百余两，令南昌县筑大有圩等堤一百三十八处，建青山闸。新建县筑圩堤一百七十四处。吉水县筑恩江堤[106]
27	万历十五年	1587年	南昌知府范涞因府城东湖淤塞，檄县挑浚，并重建闸[107]
28	万历三十六年	1608年	南昌县修圩堤一百八十五处、石枧七十六座、石闸十座。新建县修圩堤一百六十处。建昌县筑永兴圩西堤[106]
29	万历四十一年	1613年	德化长江北岸封郭洲外堤溃七口，募夫培筑，复其故堤三千八百丈[106]。筑德化甘棠湖石堤，长一里，名西城堤，又建西城闸，以便蓄泄[108]
30	天启七年	1627年	余干知县王如春筑万年堤，自龙津至坝口数十里[106]

（三）洞庭湖区的治理

先秦时期，长江中游的古云梦泽南连长江，北通汉水，荆江尚处于漫流状态，洞庭湖则为河网交错、缓慢沉降的平原。由于长江、汉水泥沙的淤积和流域的开发，到魏晋南北朝时期，云梦泽逐渐萎缩。随着长江、汉水冲积扇的不断推进，荆江由漫流状态变为分汊河流，荆江水位相应抬高，两岸有许多穴口和汊道分流。《水经注》称："凡此四水（即湘、资、沅、澧）同注洞庭，北会入江"[109]，湘、资、沅、澧四水与江水分流进入凹陷下沉的洞庭湖平原，洞庭湖面迅速扩大，"湖水广圆五百里"[109]。唐宋时期，古云梦泽已不复存在，而演变为江汉平原上的江汉湖群，洞庭湖则进一步向西扩展，横亘七八百里。明代，堵塞荆江北岸穴口，荆江大堤连成一线，长江大量水沙南下洞庭湖，湖底不断淤高，湖面不断扩展，西洞庭湖和南洞庭湖逐渐形成。由于荆江的正常泄洪能力远不足以宣泄上游峰高量大的大洪水，因此洞庭湖对调蓄湘、资、沅、澧四水和荆江洪水具有重要作用。而荆江来沙又不断淤垫洞庭湖，从而加速了滨湖滩地的围垦，不仅加重了洞庭湖区的洪涝灾害，而且影响到洞庭湖调蓄荆江洪水的作用。

宋元时期洞庭湖区开始有在重要城镇附近筑堤防洪的记载，但湖区的筑堤围垸却始于明初。沅江和华容二县最早筑垸，但旋即溃废。嘉靖年间堵塞荆江北岸穴口，水沙大量南倾，洞庭湖区的淤洲日见增长，湖区的龙阳（今汉寿）、澧州、安乡、益阳、武陵（今常德）、湘阴等县先后筑堤围垸。明代，洞庭湖区也有单纯为防洪而修筑的堤防。据光绪《湖南通志》载，明代筑岳阳堤防有护城堤、九龙堤、永济堤、南津堤四处，汉寿堤防十七处，常德堤防十处，澧县堤防二处[110]。随着河湖的淤积变迁，这些堤防有的发展成为围垸，有的则崩圮废弃。

明代洞庭湖区治理的主要工程见表6-6。

表6-6　明代洞庭湖区治理的主要工程

序号	兴筑时间		工程主要内容
	年号	公元	
1	洪武元年至十一年	1368~1378年	沅江县最早筑堤围垸，在县东四十里的蒋保地区筑垸十三处，万历年间又重筑十垸，均溃废还湖[111]
2	洪武三年	1370年	华容县筑堤垸四十八处[111]
3	永乐十年	1412年	筑华容、安津等堤决口四十六[37]
4	宣德六年	1431年	修浏阳县堤堰[37]
5	正统七年	1442年	筑九江临江塌岸[37]
6	正统十一年	1446年	修洞庭湖堤[37]
	正统年间	1436~1449年	湘阴县筑堤挽垸，旋即溃废。万历年间修复[110]
7	成化五年	1469年	澧县建护城堤，障澧水[110]
8	成化十一年	1475年	龙阳（今汉寿）北建大围堤，绵亘百二十里，上接辰、沅诸水，下滨洞庭湖，围田数万顷。后屡决屡修[111]
9	成化十九年	1483年	知府李镜在岳阳府城北十五里筑永济堤，号李公堤，长四千丈，广二丈，旁夹树柳二万[112]
10	弘治年间	1488~1505年	知府张金在岳阳县南十五里洞庭湖之侧筑南津堤[112]
11	嘉靖十三年	1534年	龙阳筑堤十七处，修障二十九处。后屡溃屡修[111]
12	嘉靖三十九年	1560年	武陵县（今常德）沅江涨，诸堤尽决，自是岁尝修筑，民始有宁[113]
13	隆庆元年	1567年	重修岳阳西城下护城堤[110]
14	万历二十二年	1594年	知州管承泰建澧县管公堤，北接护城堤[110]
15	万历年间	1573~1620年	湖区各县纷纷筑垸。安乡县筑十三垸，益阳县筑三垸，武陵县修障三，湘阴县修围二，沅江县筑十垸，澧州筑十垸[111]

（四）滇池的治理

自元世祖至元十三年（1276年），云南行省平章政事赛典赤·瞻思丁主持兴建盘龙江松花坝和疏浚海口后，明代持续治理。孝宗弘治十四年（1501年），滇池泛溢，水患滋甚。十五年，云南巡抚陈金主持疏挖治理海口河。起借六卫军与安宁、昆阳、晋宁三州，昆明、呈贡、归化、易门四县民夫二万余人，先在海口筑坝堵水，再凿挖河床基岩，以降低水位；又在海口河两岸筑防止水土流失的旱坝十五座，以拦榭两山水冲壅塞河道之患。陈金任巡抚期间，还制定了海口河岁修、大修条例，规定“每年三月，必挖海口”[114]。神宗万历三年（1575年），云南省布政使方良曙主持大修。他通过查勘了解到，海口河上段有龙王庙洲将河道一分为二，过去左侧的主河道泄水十之六七，现因淤塞仅流一二。因此，改变以往侧重治理河道下段为以整治河道上段为主。施工仅三月，上段左侧主河道已可泄水一半，工银仅费四成[114]。

明代滇池治理的主要工程见表6-7。

表6-7　明代滇池治理的主要工程

序号	兴筑时间		工程主要内容
	年号	公元	
1	洪武十五年	1382年	王沐英主持，调集夫役万余人，疏挖滇池出口海口河[114]
2	弘治十五年	1502年	云南巡抚陈金主持疏挖治理海口河，集六卫军、三州、四县民夫二万余人，在海口筑坝堵水，凿挖河床，河两岸修旱坝十五座[114]。自螺壳滩至青鱼滩，修浚二十余里，通畅河流，定有大修岁修之例[115]
3	成化八年	1472年	巡抚云南副都御史吴诚，为保证盘龙江的治理，将每年修理河道闸坝的岁修经费定为银七百两[114]
4	正德四年	1509年	滇池涨溢，筑堤数十里，患遂息[114]
5	嘉靖二十八年至三十四年	1549~1555年	浚主河，自汉厂至石龙坝长三千二百余丈，修子河，建泄水坝九座[114]
6	万历元年	1573年	巡抚邹应龙循“三年一大修”之例，调集指挥千百户若干员，役夫一万五千余人，筑坝闸水，分段兴工，开挖凡二十余里[114]
7	万历三年	1575年	云南省布政使方良曙主持大修，改以往偏重治理龙王洲以下河道的办法，而以整治河道的上段为主，施工三月，主河道泄水一半[114]

8	万历四十六年	1618 年	云南省水利道朱芹“条议大修”，将元初所建松华坝的土木结构坝闸改建为石闸，两年后竣工[114]

五、海塘工程与沿海拦潮闸的兴筑

明代，江浙粮赋占全国的百分之四十以上，海塘防御潮灾的作用尤为突出，海塘与黄河堤防、运河同为朝廷重视的主要工程。江、浙、闽、粤诸省海塘工程广泛兴筑，江浙海塘的石塘增多，海塘工程的技术水平和管理水平都有很大提高。

（一）江浙海塘

明代，随着长江口和钱塘江口海岸线的变化，江浙海塘加快兴筑，每次较大规模的兴工都耗资巨大。如成祖永乐十一年（1413 年）一次潮灾之后，朝廷“命工部侍郎张某监筑堤岸，役及杭嘉湖严衢诸府军民十余万”，用竹笼木柜装石修砌塘岸，“修筑三年，费财十万”[116]。

明代，杭州湾北海岸坍塌不止，海塘线不断内移，海盐县城东半里，南至澉浦，北抵乍浦，均已濒海。遂以海盐、平湖一线海塘作为修筑的重点，先后修筑坍毁海塘四十二次，平均六七年兴修一次[117]。洪武年间开始，将险要地段逐步改筑石塘，但所筑石塘结构简单，仍难以抵御风潮冲击。永乐、宣德年间，海塘随毁随筑。至世宗嘉靖二十一年（1542 年），浙江水利佥事黄光升在海盐知县王玺纵横交错叠砌法的基础上，创筑五纵五横鱼鳞大石塘，方不易坍毁。此后，海盐石塘采用黄光升新法修筑，并添培土塘，顺塘开备塘河排水，以相辅助。明代，浙江杭州、海宁一线先后修筑坍毁海塘十六次[117]；上海金山海塘也多次修筑，并在崇祯年间建成上海地区第一座石塘。由于澉浦、黄湾临海诸山的阻挡和海塘工程的不断兴筑，杭州湾北岸线才逐渐稳定在大约相当于现代的位置。

历史时期，长江口具有陆域南坍东涨、岛屿南坍北涨的特点。明代，长江口南岸线内坍，多处海塘沦海，尤以宝山岸段内坍最多。成化年间，在上海古防海垒后加筑新海垒和备塘，形成三重海塘。而东部海岸不断淤涨，海塘线随之外移，万历年间在老护塘外加筑外捍海塘。明后期形成的崇明岛，也开始修建一些海堤。

明代修筑江浙海塘的主要工程见表 6－8。

表 6－8　明代修筑江浙海塘的主要工程

序号	兴筑时间		工程主要内容
	年号	公元	
1	洪武三年	1370 年	浙江海盐县潮水圮毁塘岸，县令监筑，将险要塘段改筑成石塘二千三百七十丈[117]
2	洪武十四年	1381 年	筑浙江海盐海塘[37]
3	洪武二十三年	1390 年	修筑崇明、海门决堤二万三千九百余丈，役夫二十五万人[37]

4	洪武年间	1368～1398年	敕工部遣官修筑刘家河至嘉定县界海塘，长一千八百余丈，底宽三丈，顶宽二丈，高一丈[118]
5	永乐二年	1404年	秋，海溢。户部尚书夏原吉命水官何傅督修华亭、嘉定等县海塘，增高至二丈[118]
6	永乐五年	1407年	治杭州江岸之沦者[37]
7	永乐七年	1409年	修海盐石堤[37]
8	永乐九年	1411年	七月，浙江潮溢，冲决仁和（今属杭州）、海宁（今盐官）塘岸。命保定侯孟瑛征苏湖九郡之民夫，修筑仁和、海宁、海盐县土石塘一万一千余丈，历时十三年功成[117]筑仁和黄濠塘岸三百余丈，孙家围塘岸二十余里[37]
9	永乐十一年	1413年	五月，大风潮涌，仁和县塘毁。命工部侍郎调集杭、嘉、湖、严、衢诸府军民十余万，用竹笼木柜装石修砌，重筑仁和县被毁海塘，历时三年，费财十万[117]
10	永乐十九年	1421年	上年，潮没海宁等县海塘二千六百余丈，仁和、海宁坏长降等坝，沦海千五百余丈。东岸赭山、严门山、蜀山旧有海道，淤绝久，故西岸潮愈猛。乞以军民修筑。本年修海宁等县塘岸[37]
11	永乐二十一年	1423年	修嘉定至松江潮圮圩岸五千余丈[37]
12	宣德五年	1430年	海盐石嵌土岸二千四百余丈，被潮水冲毁。令嘉、严、绍三府协夫举工，筑新石于岸内，而存其旧者以为外障[37]
13	宣德十年	1435年	筑海盐潮决海塘千五百余丈[117]
14	正统五年	1440年	修海盐海岸[37]
15	景泰三年	1452年	工部奏："海盐石塘十八里，潮水冲决，浮土修筑，不能久。"诏别筑石塘捍之[37]
16	成化五年	1469年	平湖县宣德五年从海盐县分出，本年比照海盐县修筑石塘，成化七年重修[117]
17	成化六年	1470年	上海县民捐筑捍海塘数百丈[118]。修平湖周家泾及独山海塘[37]

18	成化七年	1471 年	潮决钱塘江岸及山阴、会稽、乍浦，命侍郎李颙修筑[37]
19	成化八年	1472 年	巡抚毕亨檄松江知府白行中督修华亭、上海、嘉定三县捍海土塘，东自嘉定，西抵海盐，共长五万二千五百余丈，底宽四丈，顶宽二丈，高一丈七尺；嘉定知县白思明主持，在宝山至刘家河防海垒旧岸外，增筑护塘，外又加筑备塘。沿古捍海十八堰故址，加高垒筑，在宝山至平湖界修筑了五十三里的“里护塘”，与老护塘构成双重防线[118]
20	成化十年至十三年	1474～1477 年	修复海宁因岸崩而坍毁的海塘，并筑备塘十里[117]
21	成化十三年	1477 年	二月，海盐、海宁海水泛溢。按察使杨瑄仿王安石之法，改筑海盐县旧塘为坡陀塘，长二千三百丈，筑海宁县竹笼木柜石塘，并筑备塘十里[117]
22	成化二十年	1484 年	修嘉兴等六府海田堤岸，特选京堂官往督之[37]
23	弘治元年	1488 年	海盐知县谭秀等重筑坡陀塘九百余丈，并改进杨瑄的施工方法，采用了内横外纵砌石法。塘身断面底宽十五丈，顶宽五丈，高一丈八尺，下施木桩，上加以石[117]
24	弘治五年	1492 年	修筑海宁因岸崩而坍毁的海塘[117]
25	弘治十三年	1500 年	海盐知县王玺采用纵横交错叠砌法，筑内直外坡式石塘二十丈，创鱼鳞石塘之雏形，一度被称为“样塘”[117]
26	嘉靖四年	1525 年	提督水利佥事蔡乾修宝山海岸[118]
27	嘉靖七年	1528 年	修筑海宁因岸崩而坍毁的海塘[117]
28	嘉靖二十一年	1542 年	浙江水利佥事黄光升在海盐创筑五纵五横鱼鳞大石塘三百余丈，底宽四丈、顶宽一丈、高三丈三尺，由十八层条石砌成，顺塘开备塘河以排水，并首创以《千字文》字序为海塘编号，总长二千八百丈[117]
29	嘉靖二十二年	1543 年	巡抚檄川沙县修捍海塘九十里，置水洞八个。太仓知州冯汝弼修筑海塘，长六十余里[118]
30	嘉靖二十三年	1544 年	嘉定知县张重增筑捍海塘，自吴淞所至上海草荡[118]

31	嘉靖四十二年	1563年	巡抚巡按修华亭县捍海塘[118]
32	嘉靖四十四年	1565年	崇明县创筑吴家沙官坝，以御咸潮[119]
33	隆庆四年	1570年	筑海盐海塘[37]
34	万历三年	1575年	受海宁海啸影响，决华亭漴阙、川沙等处海塘。巡抚侍御史邵陛、巡抚中丞宋仪望、松江知府王以修等捐银修华亭漴阙海塘八百五十余丈，高厚各一丈五尺[118]
35	万历五年	1577年	修筑海宁为风潮所毁的海塘[117]
36	万历十二年	1584年	上海知县颜洪范主持在今川沙、南汇两县老护塘外加筑外塘，亦称外捍海塘，俗名小护塘，长九千二百余丈，高广与老护塘同[118]
37	万历十六年	1588年	水利副使许应逵修筑上海县李家浜老鸦嘴海岸十八里[118]
38	万历二十一年	1593年	崇明县筑北洋海堤，长五十里。天启七年（1627年）重修[119]
39	万历二十六年	1598年	上海县筑捍海塘[118]
40	万历二十九年	1601年	崇明知县筑北洋海堤，天启七年（1627年）重筑[119]
41	万历三十三年	1605年	兴筑钱塘宝船厂塘堤[117]
42	万历年间	1573～1620年	巡抚徐栻修筑海盐县石塘时首开备塘河，循已湮塞的白洋河故道，开新河三千丈，分泄越塘潮水，并以开河之土筑新塘[117]
43	崇祯六七年	1633～1634年	华亭漴阙海塘迭溃决，松江知府方岳贡、华亭知县张调鼎创建漴阙石塘，长二百九十丈，为上海第一座石塘[118]
44	崇祯十三年	1640年	松江知府方岳贡于华亭漴阙石塘东西两端接筑石塘，通长三里半[118]

（二）钱塘江口南岸海塘与浙东海塘

钱塘江口南岸海塘的兴废变迁，受控于杭州湾潮溜的变化。当大溜迫近南岸

时，滩涂坍海塘毁，塘线被迫内移；当大溜北趋时，南岸滩涂淤涨，塘线外移，重重修筑。明代，钱塘江口南岸线重新淤涨，随着不断的筑塘围垦，围塘步步外移。明代，在钱塘江南岸修筑萧绍海塘三十七次，大多在西江塘（临浦麻溪山至西兴段）和北海塘（西兴东至瓜沥段东首）；修筑上虞海塘十余次，重点在上虞后海塘[117]。明代修筑钱塘江口南岸海塘与浙东海塘的主要工程见表6－9。

表6－9　明代修筑钱塘江口南岸海塘与浙东海塘的主要工程

序号	兴筑时间		工程主要内容
	年号	公元	
1	洪武四年	1371年	将上虞县百沥海塘的一段长一千三百丈土塘改建成石塘。到嘉靖二十三年（1544年）先后修筑七次[117]
2	洪武十二年	1379年	修筑定海（今宁波镇海）后海塘[120]
3	洪武二十二年	1389年	将萧绍海塘北海塘的四十余里土塘改筑为石塘[117]
4	洪武二十四年	1391年	修宁海、奉化海堤四千三百余丈；筑上虞海堤四千丈，改建石闸[37]
5	洪武年间	1368～1398年	萧山县筑西江塘，以御钱塘江潮[117]。将余姚大古塘延伸到镇海龙场（今慈溪龙场）。至此，上虞、余姚、慈溪、镇海四县海塘连成一线，长一百二十余里[120]
6	永乐十年	1412年	修浙江平阳捍潮堤岸[37]
7	洪熙元年	1425年	修台州黄岩县滨海闸坝，并视永乐初增设府判一员，专司其事[37]
8	正统七年	1442年	修萧山长山浦海塘[37]
9	成化七年	1471年	潮决钱塘江岸及山阴、会稽、萧山、上虞，乍浦、沥海二所，钱清诸场。命侍郎李颙修筑[37]
10	成化十七年	1481年	象山县再筑岳头塘及芩岽塘，围海涂近三万余亩[120]
11	正德七年	1512年	将萧绍海塘东江塘（瓜沥宋家楼至上虞嵩坝口头山段）险要地段改建后毁坏的石塘复改为土塘[117]
12	弘治至正德年间	1488～1521年	台州黄岩县沿海先后筑丁进塘长约六十里，筑洪辅塘长约五十里，筑四府塘长约五十里，三道海塘共围海涂近十万亩[120]
13	嘉靖十八年	1539年	修复萧绍海塘西江塘，长二十余里[117]

14	嘉靖年间	1522～1566年	总兵戚继光重筑健跳所健阳塘（在今三门县）。筑温州沙城塘，即海滨长堤，用块石砌筑，长二千六百余丈[120]
15	万历十四年	1586年	将萧绍海塘北海塘西兴官巷至股堰一段改筑为丁石塘[117]
16	万历十七年	1589年	重建加固瑞安城东旧塘五百余丈[120]
17	万历二十三年	1595年	筑温州九都海塘[120]
18	崇祯十五年	1642年	筑台州温岭县海塘[120]

（三）苏北海堤

自南宋高宗建炎二年（1128年）黄河夺淮，至明孝宗弘治八年（1495年）刘大夏筑太行堤，黄河下游多股分流，泥沙在黄淮平原沿途淤积，淮河入海口外伸较慢。潘季驯“束水攻沙”治理黄淮后，黄河的大量泥沙集中到河口入海，苏北海岸线不断向外延伸。明代修筑苏北海堤的次数较多，洪武和万历年间曾有大规模的修筑。

明代修筑苏北海堤的主要工程见表6－10。

表6－10　明代修筑苏北海堤的主要工程

序号	兴筑时间		工程主要内容
	年号	公元	
1	洪武二十三年	1390年	役苏、松、淮、扬四府人夫，修筑通州捍海堰[121]
2	洪武二十九年	1396年	盐城县创建大通䃮[121]
3	永乐十年	1412年	平江伯陈瑄督丁夫四十万，修筑海门县捍潮堤岸，长一万八千丈[121]
4	景泰三年	1452年	淮安知府邱陵委修捍海堰[121]
5	成化七年	1471年	起淮、扬二郡人夫，修筑捍海堰[121]
6	成化十三年	1477年	巡盐御史雍泰修筑通州捍海堰，逾月堰成[121]
7	弘治十二至十八年	1499～1505年	都御史张敷华委官修捍海堰[121]
8	正德七年	1512年	巡盐御史刘绎檄各盐场修筑捍海堰[121]
9	嘉靖十七年	1538年	盐城县修筑捍海堰[121]

10	嘉靖二十八年	1549 年	巡盐御史杨选檄各盐场修筑捍海堤[121]
11	嘉靖三十一年	1552 年	增筑通州捍海堤，多创墩台[121]
12	隆庆三年	1569 年	通州运判筑包公堤，自彭家缺直接石港[121]
13	万历十年	1582 年	河道尚书凌云翼奏修范堤数十里，并建泄水涵洞、水渠十七处，石闸一座，估银四万二千余两[121]
14	万历十一年	1583 年	泰州分司蔡文范修筑范公堤[121]
15	万历十五年	1587 年	巡抚都御史杨一魁委盐城县令复修范公堤，从庙湾河浦头起，历盐城、兴化、泰州、如皋、通州，共长五百八十二里，沿堤筑墩台四十三座、闸洞八个[121]
16	万历二十四年	1596 年	通州人陈大立修范公堤四十余丈[121]
17	万历四十三年	1615 年	巡盐御史谢正蒙修筑范公堤，自吕四场至庙湾场，共八百余里[121]
18	崇祯四至六年	1631 ~ 1633 年	盐城县动帑修筑冲决范公堤[121]

（四）沿海拦潮闸

沿海河流受海潮顶托，下泄困难；咸潮内侵，也恶化水质。因此，浙闽两省沿海河口，自唐代已有修建堰闸挡潮的记载。据《新唐书·地理志》载，山阴（今浙江绍兴市西）“北三十里有越王山堰，贞元元年（785 年）观察史皇甫政凿山以蓄泄水利，又东北二十里作朱储斗门”[122]。朱储斗门为挡潮泄洪闸，内水大时由斗门经由三江口排入海。山阴“西北四十六里有新迳斗门，大和七年（833 年）观察使陆亘置”[122]。新迳斗门也是挡潮泄洪闸，内水大时由斗门排水入西小江。绍兴越王山堰建在若耶溪上，朱储斗门建于曹娥江的支流入江口，新迳斗门建在西小江的支流入江口。福建长乐县“东十里有海堤，大和七年（833 年）令李茸筑。立十斗门以御潮”。十斗门建在海堤上，“旱则蓄水，雨则泄水”[122]。

明代，沿海挡潮闸修建较多。在兴建的挡潮闸中，以世宗嘉靖十六年（1537 年）在萧绍平原北部三江口兴建的绍兴三江闸规模最大。

萧绍平原位于钱塘江南岸，东濒曹娥江，西临浦阳江，南屏会稽山，北以萧绍海塘为界。古代萧绍平原背山面水，地势低洼，上游受山洪侵袭，下游受钱塘江洪水和海潮冲蚀。东汉顺帝永和五年（140 年），会稽太守马臻主持兴筑了鉴湖，调蓄山区的暴雨径流，基本消除了山洪的威胁。唐代，又多次兴筑海塘防御海潮，并在绍兴北部河口陆续修建了越王山堰、朱储斗门和新迳斗门等蓄泄设施，农业生产条件大为改善，平原地区迅速开发。但到南宋，鉴湖被围垦殆尽。鉴湖湮废后，萧绍平原会稽山三十六源之水失去调蓄，洪水直泄平原，加上浦阳江多次借

道钱清江，出绍兴三江口入海，汛期洪潮涌入，水利条件恶化。

明宣宗宣德十年（1435 年）前不久，浦阳江改道北入钱塘江而不再经西小江，三江口以上咸潮威胁增加。宪宗成化九年至十八年（1473～1482 年），绍兴知府彭谊和戴琥先后主持开碛堰，修麻溪坝，建柘林、新灶、扁拖、甲蓬、新河、龛山、长山诸闸，以蓄泄山阴、会稽、萧山三县之水。成化十二年（1476 年），戴琥又立山会水则碑，对不同季节、不同高程的农田耕作所需的正常水位和涵闸启闭作出明确的规定，以控制河网水位〔123〕。孝宗弘治年间（1488～1505 年），将越王山堰改建为七孔玉山斗门。三江闸建成后玉山斗门失去作用，称为“老闸”。武宗正德六年（1511 年），知县张焕增建扁拖南闸三孔和泾溇闸〔124〕。

上述工程措施和管理措施，使萧绍平原的水患有所缓解，但这些闸都分布在支流上，规模小，标准低，未能解决根本问题。特别是正德年间（1506～1521 年）又堵碛堰，复开临浦坝建闸，浦阳江又借道钱清江而横入，萧绍平原依然水旱频仍〔124〕。

世宗嘉靖十四年（1535 年），知府汤绍恩上任后，查勘绍兴的水利形势，见“山阴、会稽、萧山三邑之水，汇三江口入海，潮汐日至，拥沙积如丘陵。遇淫潦则水阻，沙不能骤泄，良田尽成巨浸，当事者不得已决塘以泻之。塘决则忧旱，岁苦修筑”。据此，他选定三江口建闸。最初他倾向选址于浮山之西，后“遍行水道”至浮山之南、三江城西的彩凤山与对江的龙背山处，“见两山对峙，喜曰：‘此下必有石根，余其于此建闸乎？’募善水者探之，果有石脉横亘两山间，遂兴工”〔125〕。他选择在绍兴县东北钱塘江、浦阳江、曹娥江三江汇合的三江口岩基上建闸（见图 6－20）。

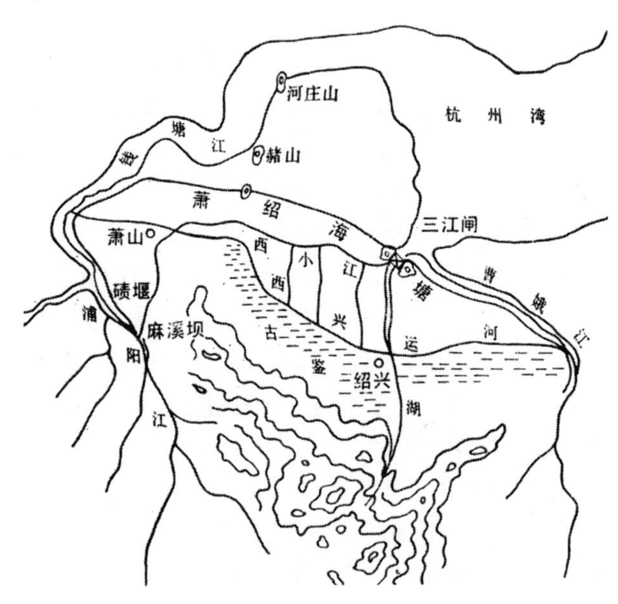

图 6－20　萧绍海塘与三江闸位置示意图〔126〕

嘉靖十五年（1536 年），知府汤绍恩主持兴建三江闸。石闸建在岩基上，用千斤以上的巨石砌筑闸身。“牝牡相衔，胶以灰秫，其底措石，凿榫于活石上，相与

维系，灌以生铁。”闸墩两端“则剡其首”，俗称梭墩，以顺水流。每隔五孔置一大梭墩，全闸共五座大梭墩，二十二座小梭墩。墩侧凿有前后两道闸槽，放置木闸门，筑泥以止漏。闸底设有内外石槛，以承闸板。闸上有石桥[124]。

嘉靖十五年七月三江闸动工，十六年三月建成，计费五千余两。“为闸二十有八，以应列宿”[125]，二十八孔对应二十八星宿，故又名应宿闸。古三江闸是现存我国古代最大的水闸，1935 年实测闸的尺寸为：全闸长 108.15 米，分 28 孔，每孔净宽 62.74 米。推算全闸最大泄量 384 立方米/秒[127]。1935 年测绘三江闸闸墩断面图见图 6－21。

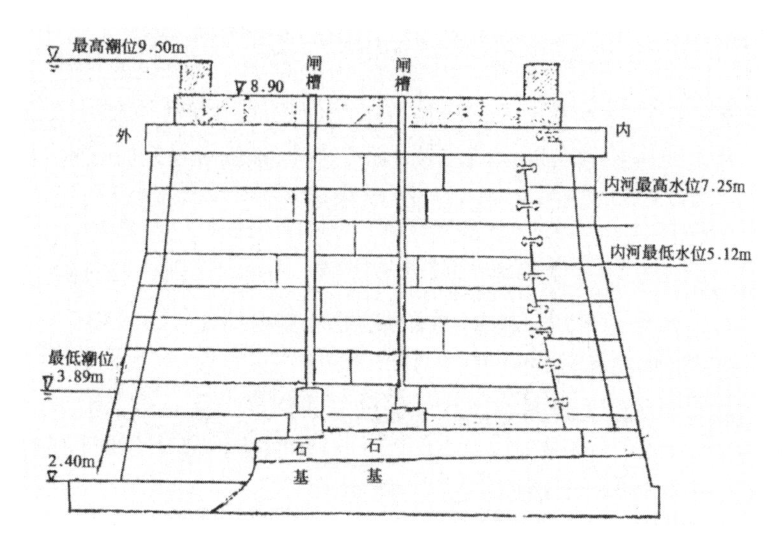

图 6－21　三江闸女字洞小闸墩纵断面图[128]

（据 1935 年测绘图改绘）

汤绍恩兴建的三江闸配套工程还包括：“闸外筑石堤四百余丈扼潮，始不为闸患。”[125]在闸两旁修筑海塘，使三江闸与东西海塘相衔接；“于内为备闸三，曰经溇，曰撞塘，曰平水，以防大闸之溃”[125]。又“刻水则石间，俾后人相水势以时启闭”[125]。三江闸建成后，“自是，三邑方数百里间无水患矣。士民德之，立庙闸左，岁时奉祀不绝”[125]。

三江闸建成后，又相继完成了以下工程[124]：

（1）重开碛堰，使浦阳江经由渔浦入钱塘江；

（2）在三江城西门之南建六孔平水闸，又称减水闸；

（3）在玉山斗门东北建一孔撞塘闸，后又增一孔；

（4）对原鉴湖堤上的堰闸，改筑水浒，使东西百余里遂成通衢；

（5）在古嵩口斗门附近建一孔清水闸，与三江闸成首尾呼应之势。

三江闸及其后续工程建成后，增强了抵御海潮和调蓄内河水量的作用，钱清江成为内河，统一的三江水系形成，萧绍平原面貌随之改观。由于钱塘江下游主槽出南大门，紧靠山会平原北缘海塘，闸外无泥沙淤积，泄水通畅，三江闸的效益得以充分发挥。

汤绍恩建闸后，三江闸有两个水则，一个在闸址，一个在绍兴城里，后者有

校核水位的作用。水则分金、木、水、火、土五划。神宗万历十二年（1584 年），知府萧良干具体规定了三江闸依据水则的调度原则："水至金字脚各洞尽开，至木字脚开十六洞，至水字脚开八洞，夏至火字头筑，秋至土字头筑。"闸门由三江巡检督促闸夫启闭〔124〕。

三江闸后经历代维修，至今保存完好。明末以后，钱塘江下游河道北移，曹娥江东摆，闸外泥沙淤涨，泄水受阻，三江闸的效益日渐减弱，直至 1977 年被兴建的新三江闸所替代〔124〕。

第三节 明代防洪工程技术的主要成就

明代防洪工程建设不断增强，防洪技术相应发展，特别是在堤防技术与管理、坝工技术、海塘工程技术、河道疏浚技术、护岸护滩技术等方面有较大提高。

一、堤工技术

明代堤工技术的显著成就主要是，由遥堤、缕堤、格堤、月堤和减水坝组成的黄河统一堤防体系的形成，以及系统堤防修守制度的建立。

（一）黄河的堤防体系

虽然遥堤最早见于记载是在五代十国的后唐同光三年（925 年），月堤最早见于记载是在北宋真宗天禧四年（1020 年），但直到明代隆庆年间以前，遥堤、缕堤、月堤尚未形成统一的堤防体系。

明世宗嘉靖四十四年（1565 年）以后，潘季驯四次出任总河，实行"以堤束水，以水攻沙"的治黄方针，才逐步实现黄河的堤防体系建设。潘季驯设计的堤防体系是由缕堤、遥堤、格堤、月堤和遥堤上的减水坝共同组成的堤防体系，达到了我国古代堤防的最高水平（见图 6－22）。

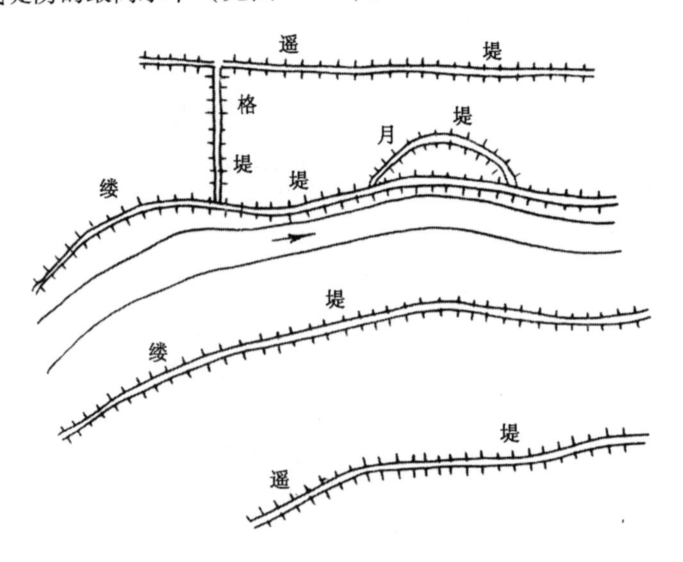

图 6－22　黄河堤防体系示意图

缕堤是临近主河床的大堤，用以约束主流，提高流速，是实现“束水攻沙”的骨干堤防。由于缕堤离主槽较近，容蓄水量有限，只能照顾到河床断面、流速和水流挟沙能力之间的关系，而难以满足攻沙与河槽容蓄洪水之间的矛盾，遇到大汛，流量超出主河槽的容蓄能力，势必漫溢。

遥堤是在缕堤之外二三里的地方修建的大堤，以增大河床对洪水的容蓄能力。按照潘季驯的说法：“缕堤拘束河流，取其冲刷”，“遥堤约拦水势，取其易守”[24]。遥堤与缕堤配合运用，较好地解决了防洪与冲沙的矛盾。

格堤是位于遥堤和缕堤之间、每隔一定距离修建的横向堤，以防洪水溢出缕堤后，沿遥、缕二堤之间漫延并冲刷遥堤堤根。由于格堤阻滞漫溢洪水的横行，因此也有促淤的作用。潘季驯很重视格堤，称赞：“防御之法，格堤甚妙。格即横也。盖缕堤既不可恃，万一决缕而入，横流遇格而止，可免泛滥；水退，本格之水仍退归槽，淤留地高，最为便宜。”[23]

月堤也称越堤，是在遥堤或缕堤的薄弱堤段修筑的月牙形堤防，两端弯接大堤，用以加固大堤。

减水坝是修建在遥堤上的砌石滚水坝。当出现非常洪水，两岸遥堤之间的河床仍不足以容纳时，则通过减水坝溢往遥堤之外。

明代最完善的堤防系统是在徐州至淮安之间的黄河河段。在这一河段上，堤防作为骨干性防洪工程：缕堤束水刷沙，直接与河流中的水沙接触；遥堤与缕堤之间是一个狭长的滞洪区，可以滞蓄一定洪水；格堤横隔在遥缕二堤之间，既可保护遥堤堤根不受冲刷，又可截留洪水携带的大量泥沙，淤高滩地，巩固堤防。遇到大汛，可以通过减水闸分泄部分洪水；遇到更大的洪水，则通过滚水坝泄洪。洪水消退后，遥缕二堤之间低洼处的积水由涵洞排走。这样一个配合有序的防洪系统工程，对于稳定河道、减少洪水灾害起到重要的作用，是十六、十七世纪世界上最完善的堤防工程系统。明代河南灵璧县境内黄河堤防图见图 6－23。

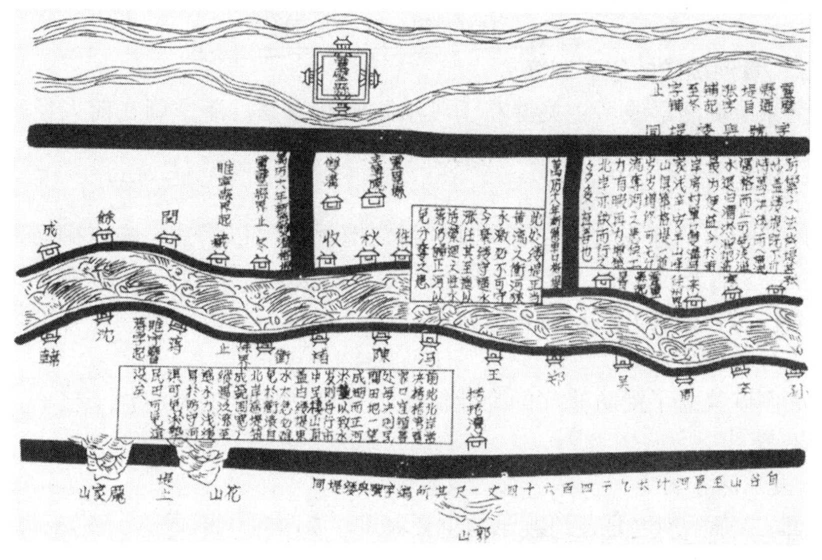

图 6－23　明代河南灵璧县境内黄河堤防图[129]

在实际运用中，这一堤防体系也有所变化。由于“缕堤逼近河滨，束水太急。每遇伏秋，辄被冲决”[22]，维修工程量过于庞大。因此，潘季驯后期治河，在一些河段开始放弃缕堤。缕堤的局限并未影响“束水攻沙”的实行，而是转为依靠遥堤“束水归槽”，再实现对河床淤积的冲刷。

明代，由遥堤、缕堤、格堤、月堤配合的堤防系统，格堤兴建较少，月堤兴筑较多。凡是险工地段，在迎溜顶冲的缕堤后面，几乎都筑有月堤，以防不测。

明代十分重视利用含沙量高的河水放淤来加固堤防，尤其是在迎溜顶冲、临水面与背水面的水位差较大的险工堤段，引用浑水淤积堤背，以加大堤防断面，增大渗径，减小水力坡降。放淤固堤在堤防维修中是行之有效的办法，并且由黄河推广到南运河等多沙河流的堤防培修工作中，是利用天然、省却人功的巧妙设计。清代实行的“放淤固堤”则主要是在大堤背水面修筑月堤，再开挖引水沟将浑水引入大堤与月堤之间，泥沙沉淀，抬高背水面高程（见6－24）。为了保证放淤的安全，先在下游开顺清沟，引含沙量较小的水将大堤和月堤之间充满，再在上游开引黄沟，引入含沙量高的浑水。由于其间先行充水，迎溜开引黄沟既不会出险，又可提高淤滩的效果[130]。

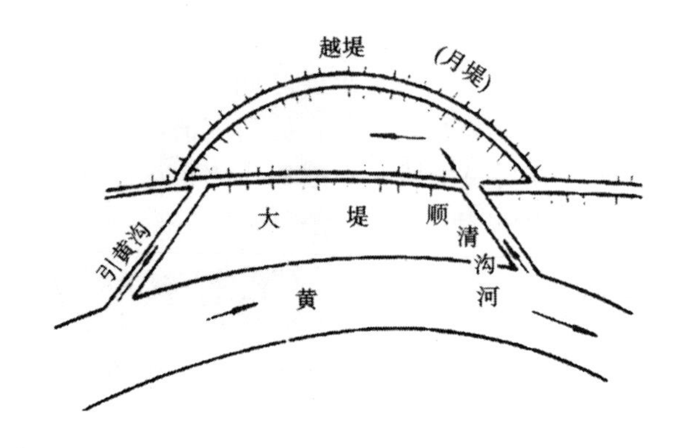

图6－24　黄河放淤固堤示意图

（二）黄河堤防的修守制度

黄河系统堤防形成后，关键在于渡汛防守和岁修。潘季驯在前人经验的基础上，总结治河实践，提出了一套系统的黄河堤防修守制度。

1. 铺夫守堤制度

潘季驯指出：“守堤之役，有夫即守城之有兵。兵以御寇，夫以御河，必不可缺者也。”[131]铺夫的编制，因堤防的重要性而定。如大名长堤每五里建铺一座，每铺设铺老一名，铺夫九名；而黄河大堤，则规定每三里设铺一座，每铺设夫三十名，每夫分守堤十八丈。

铺夫制度建立了堤防修守的专业队伍，是堤防安全的基本保证之一，一直为后代所沿袭。

2. 渡汛防守制度

“四防二守”制度是黄河渡汛的重要制度。“四防”即昼防、夜防、风防、雨防；“二守”即官守和民守。

“四防”把汛期守堤的主要问题考虑得十分周密细致，制定了相应的应急措

施，以防范各种可能出现的险情。如对伏秋防汛工作量最大的“昼防”提出：“堤岸每遇黄水大发，急溜埽湾处所，未免刷损。若不即行修补，则埽湾之堤，愈渐坍塌，必致溃决。宜督守堤人夫，每日卷土牛小埽听用，但有刷损者，随刷随补，毋使崩卸。少暇则督令取土堆积堤上，若子堤然，以备不时之需。”[132]“风防”则针对风大浪激的特点，规定此时要特别加强防护：“水发之时，多有大风猛浪，堤岸难免撞损。若不防之于微，久则坍薄溃决矣。须督堤夫捆扎龙尾小埽，摆列堤面。如遇风浪大作，将前埽用绳桩悬系附堤水面。纵有风浪，随起随落，足以护卫。”[132]

“二守”是从防汛队伍的组织上保证安全渡汛的重要措施，“官守”从防汛指挥系统上加以健全并责成专责；“民守”从人力配备上明确汛期在常年编制之外临时加派民夫的办法。“四防二守”制度切实可行，后世一直沿用。

3. 防汛报警制度

河防一处出事，必须立即互相通报，以便救应和防护，避免造成更大的损失。潘季驯吸收万恭等人的经验，进一步总结出一套以悬旗、挂灯、敲锣为信号，通报进行紧急抢救的措施。报警制度在渡大汛时尤为重要。

4. 培修加固制度

潘季驯重视堤防培修工作，提出“立法增筑，以固堤防”。强调：“每岁务将各堤顶加高五寸，两旁汕刷及卑薄处所一体帮厚五寸，年终管河官呈报各该司道。要见本堤原高阔若干，今加帮共高阔若干。司道官躬亲验核，开报总河衙门复核，年终造册奏缴，不如式者指名参究。庶河防永固，而国计民生俱有赖焉。”[24]

对行人车马穿行堤防的堤口地段，更需每年补修。为保证额定高程，嘉靖年间就有在堤口处“横埋丈余圆木，上覆以土，守堤者每遇践踏木露，即仍以土覆之”[10]的做法。神宗万历三十五年（1607 年）曹县黄河大堤堤口由于数年未进行培垫，一夜之间河水灌城，死亡数千人。此后，进一步规定堤口要一年一修垫，与梢栏门闸板相平。

5. 岁修物料制度

潘季驯指出：“河防全在岁修，岁修全在物料。”[132]为保证岁修质量，他规定，每年十一月必须把工料准备完毕。针对当时经费匮缺、贪污成风的状况，他提出做工料计划和采买工料应分设专人，堵塞贪污漏洞；同时又制定了堤夫自备部分工料的制度。

以上各项制度组成一个完整的堤防修守制度，对于保护大堤、稳定河道、减少洪灾起着重要作用，所以一直沿用到近代。

（三）修防管理

1. 黄河堤防的施工管理

潘季驯在《河防一览》中对堤防施工、验收有明确的规定[132]。黄河遥堤应远筑，大致离河岸二三里，以便滞蓄较多的洪水；堤的高度应统一控制堤顶高程，不能以筑高若干为准，地势低洼的地方应多筑，地势高处少筑；大堤边坡宜缓，边坡系数一般约在 1:2.5；筑堤用的土质应取真正老土；取土应远离堤根，以免危及大堤安全；施工时每加高五寸，要夯筑二三遍；如土中有淤泥，应先晒凉才能

夯填。堤防竣工后要严格验收，验收的方法有两种，类似现代的锥探和槽探。由于有一整套严格的技术质量要求，当时的堤防质量较好。

刘天和认真总结堤防施工的经验，在《问水集》中也提出了明确的要求。对土堤的施工用料，要求“凡创筑堤，必择坚实好土，毋用浮杂沙泥，必干湿得宜。燥则每层须用水洒润”。对取土，要求“必于数十步外平取尺许，毋深取成坑，致妨耕种；毋仍近堤成沟，致水浸没”[133]。他指出：“筑堤如何使其坚？全在行硪得法耳。”明代堤防夯筑主要用杵和夯，单人、双人或四人同时操作。对堤身夯筑，要求“必用新制石夯。每土一层，用夯密筑一遍。次石杵，次铁尖杵，各筑一遍，复用夯筑平”。对加固大堤，要求“凡帮堤，必止帮堤外一面，毋帮堤内，恐新土水涨易坏”。对施工验收，要求“凡验筑堤之工，必逐段横掘至底而后见”[133]。这就是现代的“槽探”。

徐光启则强调，对河流和与河流相关的堤防、湖泊应加强测量，在此基础上制成图册，颁发给有关部门，由此“一可得各河容受吐纳之数，二可得堤防所宜增卑倍薄之数”[134]。在了解河势现状之后，要对其此后的演变随时进行监测，据以提出应修补的工程，并可预见未来可能出险的重点地段。

明代堤防的石工技术日趋成熟，特别是胶结、衬砌技术。当时石堤的条石之间普遍用糯米汁粘结，其牢固程度不低于现代的水泥砂浆。条石的横向之间又锁以燕尾形铁锭，竖向楗以铁棒，以增强石堤的整体性和抗御洪水冲击、掏蚀的能力。这些技术在当时堤防工程中已普遍应用。当时对堤防防渗体的认识尚不足，在洪泽湖高家堰的砌筑上，一般在砌石之后直接加砖砌，砖砌之后再接土堤。

明代堤防溃决后的堵口施工，仍采用卷埽。潘季驯堵口，主要倚重签桩固定埽工。在水中施工时，“底埽着地，方下签桩。签桩需要酌中，埽埽钉着，方为坚固。倘有数寸空悬，无有不败事者”[132]。潘季驯特别重视签桩固定埽体，是因为只靠绳索固定，约一个月绳索就会腐朽，埽体难免蛰陷或被冲动。

明代修防的定额估算比较简便。如世宗嘉靖十五年（1536 年），总河刘天和根据实际测算的平均值制定定额。筑堤定额是：每夫就近取土，筑堤长宽各一丈、高六寸，为一工；取土稍远，筑高五寸，为一工；取土最远，筑高四寸，为一工；如取土场位置较低，定额再减半。挖河定额是：每夫挖河一平方丈，挖深一尺为一工；泥水中定额减半；全由水中捞取，减十之七八[133]。

2. 长江的堤工管理

明代中叶，长江大堤修防开始有系统的管理制度。世宗嘉靖四十五年（1566 年）至穆宗隆庆二年（1568 年），荆江知府赵贤主持大修江堤后创立《堤甲法》。“每千丈堤老一人，五百丈堤长一人，百丈甲一人，夫十人。江陵北岸，总共堤长六十六人。松滋、公安、石首南岸，总共堤长七十七人。监利东西岸，总共堤长八十人。夏秋守御，冬春修补，岁以为常”[93]。据此推算，当时荆江大堤修守人员近二千八百人。

万历《湖广总志》载有《护守堤防总考略》和《修筑堤防总考略》。《修筑堤防总考略》共十条，分别是：审水势，察土宜，挽月堤，塞穴隙，坚杵筑，卷土埽，植杨柳，培草鳞，用石甃，立排桩[135]。

《护守堤防总考略》针对堤防溃决的三种情况提出了四种管理措施。“决堤之故三”分别为：堤甚坚厚，而立势稍低，漫水一寸即流开水道而决；堤形颇峻，而横势稍薄，涌水撼激即冲开水门而决；堤虽高厚，而中势不坚，浸水渐透即平穿水隙而决。“条议有四”即：立堤甲，豁重役，置铺舍，严禁令〔135〕。

太湖圩堤需经常维修，施工组织较为完善。神宗万历六年（1578 年），水利御史林应训制定了圩田施工章程〔136〕。主要内容有：①圩堤有固定尺寸规格，临近河荡处的断面应适当增加；②取土筑圩之田，其损失由全圩计亩出银津贴，日后再陆续挖取河泥填平；③圩堤修筑经费和劳务计亩摊派；④施工前塘长分段插标，由圩甲通知各户按时出工；⑤圩甲主持施工，负责处置违纪者，不负责的要受处罚。圩长是义务性质，无津贴；⑥施工结束，由县府派员查勘，并追究施工草率和拖延工期的负责人的责任。

二、坝工技术

潘季驯在建立黄河堤防体系时，十分重视溢流建筑物的设置，减水坝就是修建于遥堤上的砌石滚水坝，即今之溢流坝。当两岸遥堤之间的河床不足以容纳出现的非常洪水时，可通过减水坝溢出遥堤之外（见图 6 – 25）。

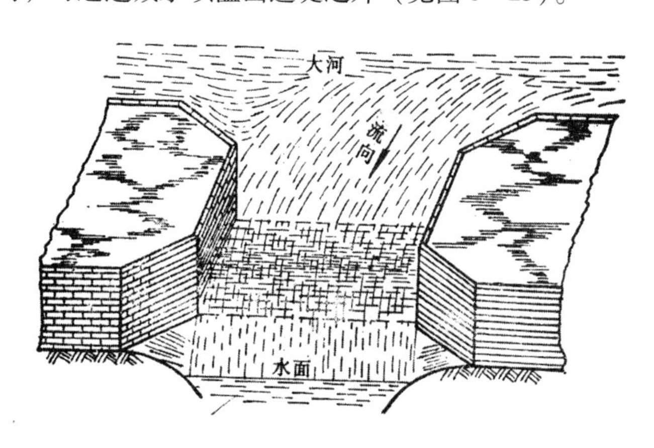

图 6 – 25　砌石滚水坝图

潘季驯强调减水坝的作用，他说：“万一水与堤平，任其从坝滚出，则归槽者常盈，而无淤塞之患；出槽者得泄，而无它溃之虞。全河不分，而堤自固。”〔137〕“出槽者得泄”，可免大堤之决溢；“归槽者常盈”，可保河床之冲沙。而若是开支河分流杀势，则会加剧淤积；如任决口分流，则“决口虚沙，水冲则深”，恐“擎全河之水以夺河”〔16〕。因此，潘季驯坚持以缕堤束水攻沙，以遥堤约束溢出河槽的洪水，用减水坝宣泄过量的洪水。

明代在修建滚水坝、减水闸方面积累了丰富的经验。潘季驯在《河防一览》中对如何合理确定坝顶溢流高程、坝上水深、泄洪断面等都有具体规定。图 6 – 26 为神宗万历八年（1580 年）潘季驯三任总河时在桃源县（今江苏泗洪）黄河北岸兴建的崔镇等减水坝结构示意图，正常水位、临河地面、减水坝顶与遥堤顶的高程相对位置如图所示。

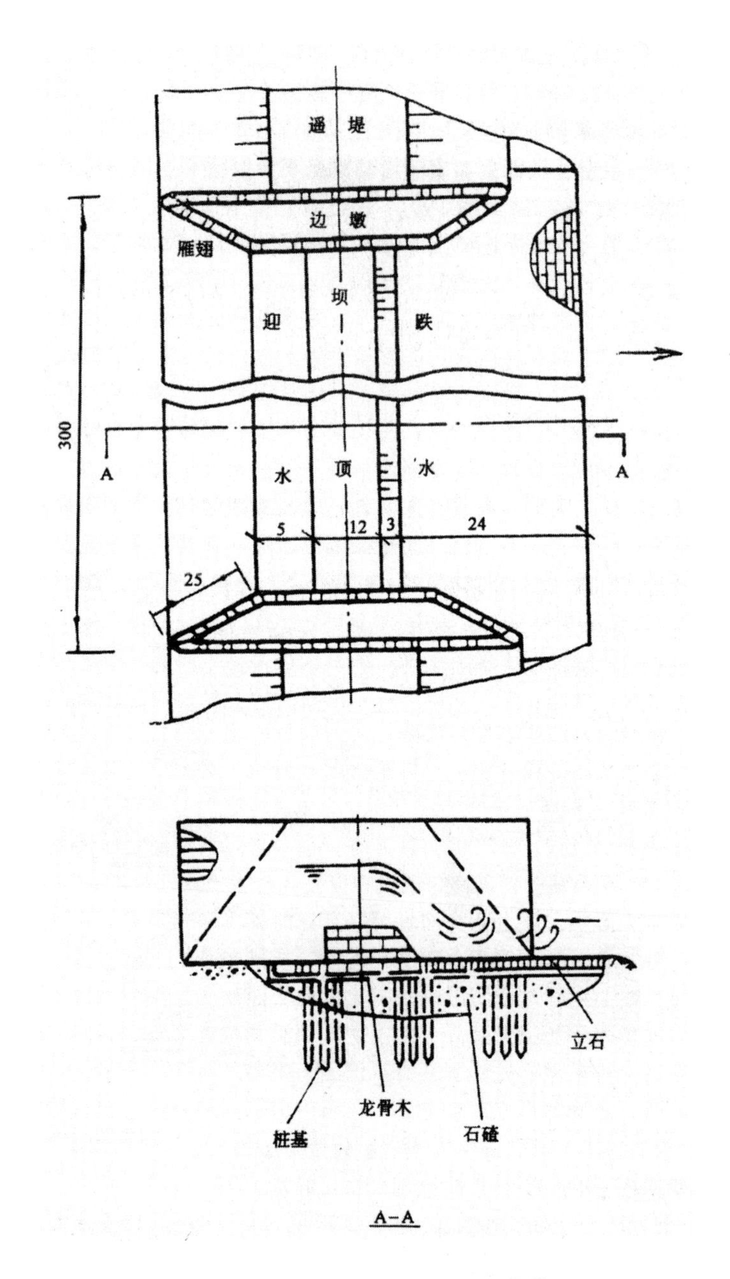

图 6－26　黄河减水坝结构示意图[138]

（据《河防一览》绘）

潘季驯对当时的设计经验有较详细的总结。减水坝每座一般长三十丈。河岸地面比正常水位高八至十尺，减水坝顶比河床正常水位高五六尺，比滩岸或缕堤顶低三四尺，比遥堤顶低七八尺。顺水流方向设置了迎水、坝身和跌水，共长四丈四尺。其中，“跌水宜长，迎水宜短，俱用立石”[132]。迎水相当于今闸坝工程之上游护坦，一般宽五尺。跌水则为下游护坦和海漫，宽约二丈四尺四寸。此外，坝身上下游设置八字型雁翅，即今之八字翼墙。“雁翅宜长宜坡”[132]，每个长二丈五尺。上游翼墙可平顺引导水流进入减水坝，下游翼墙有助于水流扩散和消能。

减水坝的泄洪能力决定于坝长和坝顶高程。坝顶高程过低，泄洪量过大，增加了堤外的淹没损失，并影响到河槽冲刷；坝顶高程过高，泄洪量不足，将危及大堤安全。最初，潘季驯在《两河经略疏》中提出，减水坝顶比遥堤顶“低二三尺”[137]。经过实践，他感到坝顶高程偏高了危险。他二任总河时建议在磨脐沟羊山附近修建二座减水闸，提出降低泄洪高程，“两闸底约与常流河水相平”[139]，即遇到正常洪水就开始由减水闸泄洪。其后，他意识到减水坝不能分泄一般洪水，而只应分泄异涨之水。因此，在他三任总河兴建崔镇减水坝时，减水坝顶定为高出“常流河水”五六尺，即比遥堤顶低七八尺。

清代，靳辅对减水坝的规模和高程有进一步的说明：“闸之底深于岸，其宽不过二丈四至三丈而止。坝之宽为丈者可以百，而其底则与岸平。若（涵）洞之径仅三尺而已。其减水之用大小不同，而其为减则一也。”即规模上，减水坝长可以数十丈至百丈，闸宽三丈以内，洞径不过三尺；高程上，坝顶与堤顶平，闸次高，涵洞最低。规模和高程不同，有助于起到“上既有以杀之于未溢之先，下复有以消之于将溢之际”的作用[140]。

《大清会典事例》对黄河减水坝的规模和修筑有固定的规范，且江南河工与直隶河工减水坝尺寸有所不同。如在规模上，减水坝长增至七十丈，迎水雁翅长三丈，退水雁翅长十丈；在修筑方面，由砌石扩展为砌面石、里石，加砌河砖，再接土堤[141]。

减水坝坝顶溢流，除坝身要坚实外，坝基处理也十分重要。潘季驯强调建坝要选择坚实地基，并对基础进行严格的人工处理。基础处理一般是用结实的木料打桩，工序与近代基础处理十分相似（见图6－27）。首先挖基坑，叫“固工塘”；用水车抽干基坑内的水；然后打桩木，称“地钉桩”；锯平桩头，用石楔缝；在桩顶平铺“龙骨木”和“地平板”；桩和龙骨木之间的空隙用石渣填满并浇灌铁水，形成整体；最后用“灰麻”勾缝。在桩基上再砌石筑坝。

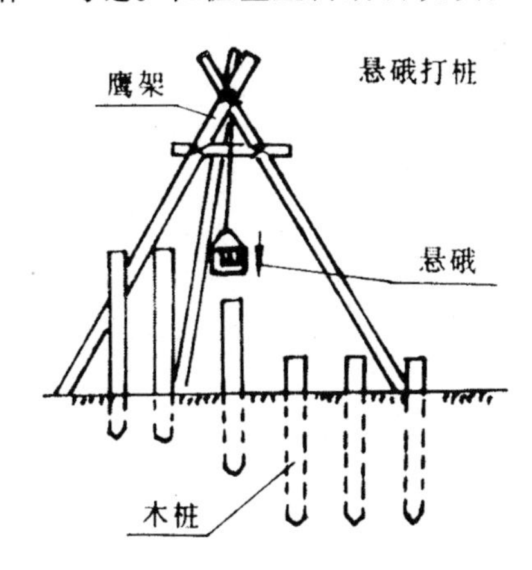

图6－27　减水坝基础处理图[142]

潘季驯在总结减水闸闸基的施工经验时也强调：“建闸节水，必择坚地开基。先挖固工塘，有水即车干，方下地钉桩。将桩头锯平，揸缝，上用龙骨木地平板铺底，用灰麻捻过，方砌底石。”[132]（见图6－28）

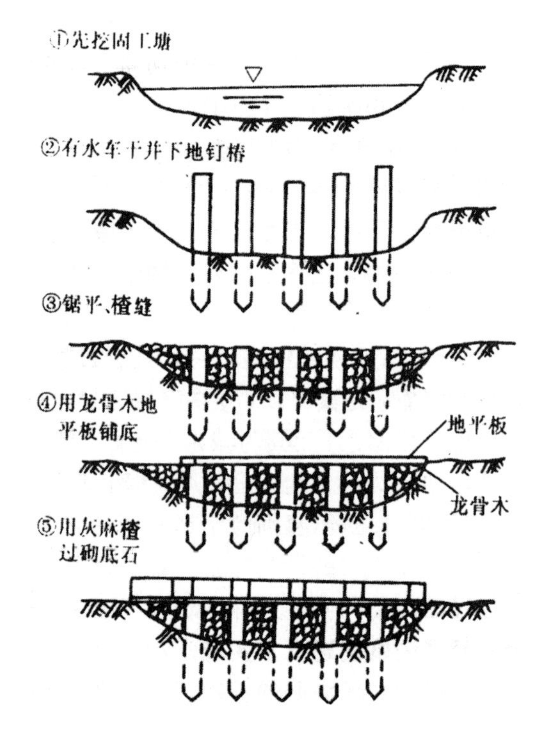

图 6－28　减水闸地基处理工序图[142]

三、海塘工程技术

明代，江、浙、闽、粤诸省海塘工程广泛兴建，江浙海塘石塘逐渐增多，海塘工程技术水平和管理水平都有较大提高。

宋代运用于杭州的砌石海塘到明代引起重视，并在今浙江海盐开始系统建设。但受钱塘江口所特有的地质和潮浪动力条件限制，这种具有良好抗冲性的砌石工程进展缓慢。宋代王永修筑的上虞石塘作为典型的直立式海塘，在明洪武年间增修，并逐渐在浙江绍兴一带推广，但其发展受到塘身稳定性的制约。斜坡式海塘在明代不断有新的发展，但在强潮流的冲刷下，护面内外的压力差容易使块石脱落，使其应用范围也受到一定的局限。明永乐以后，经过不懈的努力和尝试，新型的砌石塘工在工程技术上取得突破，黄光升改进创建了五纵五横鱼鳞石塘，钱塘江海塘的砌石塘工逐渐成为主流塘工形式。而长江口海塘自明代开始系统兴筑，土石塘工并用，清雍正年间才形成系统规范的砌石海塘。

明宪宗成化十三年（1477 年），浙江按察使杨瑄仿王安石之法，改筑海盐县旧塘二千三百余丈为坡陀塘。“先是，塘石皆叠，砌势陡孑。瑄以为潮激之生怒易溃，乃仿宋王安石居鄞修筑定海塘式，砌法如斜坡，用杀潮势。石底之外俱用木桩，以固其基。初下石块用一横石为枕，循次竖砌，里用小石填心，外用厚土坚筑。”[143]为了解决基础软弱、承载力差的问题，下施木桩，上加以石，以固其基。杨瑄所筑坡陀塘十余年后坍圮。

孝宗弘治元年（1488 年），海盐知县谭秀认为，坡陀塘“用石斜甃，岁久仄

压，向内势也”，于是“仍叠石如旧法，而略仿坡陀意，内横外纵，以渐减缩令斜，以杀潮势”。谭秀对杨瑄的施工方法作了一些改进，采用内横外纵砌石法重筑坡陀塘九百余丈。“下施木桩，上加以石，纵叠于外，横叠于内，外渐收缩”，“内则上下齐直，厚筑以土，以防侧倒。石塘下阔一丈五尺，上阔一丈，高一丈八尺。土塘厚一丈八尺，高一丈二尺。每一丈用木桩六十三株，石一百九十五块”。[144]该塘建成后不久，仍为风潮所坏。

弘治十三年（1500 年），海盐知县王玺又对谭秀的施工方法加以改进，首先要求所用石料凿平整，然后纵横交错砌筑，“有一纵一横，有二纵二横，下阔上缩，内齐而外坡”[144]，筑成内直外坡式石塘二十丈，以增强塘身的整体性。嘉靖元年（1522 年）大潮，海盐一带海塘多被冲毁，只有王玺修筑的这段王公塘保留下来，因此一度被称为“样塘”。

世宗嘉靖二十一年（1542 年），浙江水利佥事黄光升对王玺的筑塘方法进行改进，采用五纵五横砌石法，在海盐修筑了长三百余丈、底宽四丈、顶宽一丈、高达三丈三尺，塘身由十八层条石砌成的重力型海塘，首创了五纵五横鱼鳞石塘。

黄光升认真分析总结此前石塘坍塌的原因，指出：“予筑海塘，悉塘利病也。最塘根浮浅病矣，夫磊石高之为塘，恃下数桩撑承耳；桩浮即宣露，宣露败易矣。次病外疏中空，旧塘，石大者，郛不必其合也；小者，腹不必其实也；海水射之，声汩汩四通，侵所附之土，漱之入，涤以出，石如齿之疏豁，终拔尔。”[145]“塘根浮浅”，石塘高立，基础不深，仅靠几根木桩支撑，容易毁坏。“外疏中空”，塘身结构不紧密，容易受海水侵蚀掏刷。据此，黄光升认为修筑石塘的关键在于：基桩必须打入实土，不能浮桩，对于河口地带的粉砂基础尤为重要；塘体砌石形制一致，务求合缝严整。因此，黄光升在修筑海盐大石塘时，把握住了基础处理和砌石设计施工这两个主要环节。

黄光升首先做好塘基处理，在布桩之前，要求“先去沙涂之浮者四尺许，见实土乃入桩”[145]。在塘底靠临水面一侧布设八排木基桩，桩顶与实土平，待沉实后再置石。在塘底靠背水面一侧不布基桩，但需挖去浮土至实土止。超过一米多的基桩夯入滩地，提高了基础的承载能力，基本解决了刚性结构与软基结合的问题。

黄光升对塘体砌石方法进行了变革。塘体采用条石，“长以六尺，广厚以二尺”，十八层条石纵横交错砌筑。与塘体垂直放置为纵石，平行放置为横石。层与层之间跨缝，品字形砌筑。条石的放置事先有周密的设计：一二层，纵横各五；三四层，五纵四横；五六层，四纵五横；七八层，纵横各四；九、十层，三纵五横；十一、十二层，纵横各三；十三、十四层，三纵二横；十五层，二纵三横；十六层，纵横各二；十七层，二纵一横；十八层为塘面，一纵二横。其中，一二层在桩基、实土平面之上，沙涂之下，两层条石砌置一致，从临水面至背水面，先纵置后横置，纵横相间，以奠塘基，前后拥土筑实。塘身所用条石一律“琢必方，砥必平”[145]，条石之间用铁锭联结，石塘背后培筑土戗。大石塘外形综合了坡陀塘和直立塘的特点，在迎水面和背水面断面上砌石逐层微微内收。这种纵横交错的骑缝叠砌法，使砌石互相牵制，增加了塘身的整体稳定和抗风浪、抗冲刷

能力。黄光升五纵五横鱼鳞石塘断面结构图见图6－29。

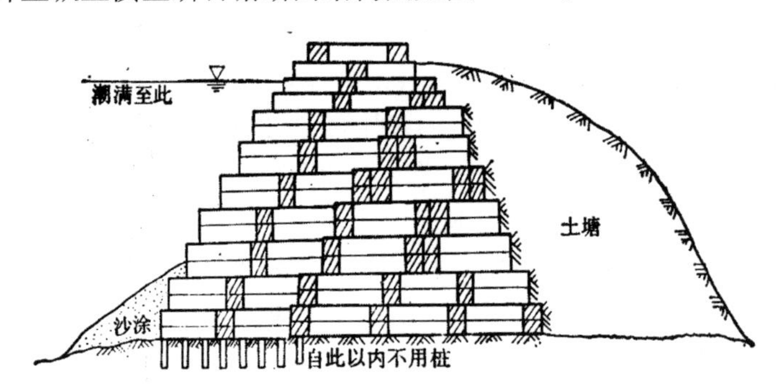

图6－29　黄光升五纵五横鱼鳞石塘断面结构图[146]

黄光升在海盐成功地建成大型砌石海塘，其塘体结构和施工技术开创了清代鱼鳞大石塘之先河。黄光升只修筑了三百余丈五纵五横鱼鳞石塘，万历三年大潮后黄清用黄光升的方法又修筑了七百五十丈。至今这段明代海塘尚存，被称为“万年塘”。

黄光升在海塘管理方面的一大贡献是将海盐县二千八百丈海塘按《千字文》的字序编为一百四十号，每号二十丈。这种编排方法利于管理，为后世所沿用。

神宗万历五年（1577年），修复海盐石塘时，“虑湍激为患，有荡浪木桩以砥之；虑直荡堤岸，有斜阶以顺之。其累石，下则五纵五横，上则一纵二横。石齿钩连，若亘贯然。计百计撼之不摇也”[147]。塘身施工更强调砌石纵横交错，使结构整体抗剪性能增强，这种阶梯状的外形也有利于消纳波浪。

明代砌石海塘的发展，也是海塘护岸工程逐渐完善的过程。砌石海塘的护基、护塘、护滩工程，几乎包含了临时性海塘的各种工程形式。鱼鳞石塘塘背起支撑稳固作用的附塘（或称子塘），一般采用土塘；鱼鳞石塘的护基大多采用木桩工；鱼鳞石塘迎水面的消能工主要是竹笼工、石囤工、木柜工。

明代修建石塘，已经注意到护滩工程的重要，坦水作为护滩的重要设施得以发展。随着石塘规模的扩大，坦水由临时性的木桩、竹笼结构向永久性的砌石结构过渡，块石的砌筑形式也逐渐多样。

四、水力疏浚技术

明代为了减少黄河泥沙淤积造成河床抬高而引起的漫溢，采用了水力冲沙来疏浚河床。最早提出水力刷沙的是西汉末年的张戎。他主张减少上游灌溉引水，增大河床流量，以提高流速，增强黄河的挟沙能力。北宋治理汴河淤积时，在汴河宽度超过三十丈的地方统一修建木岸，缩窄河道断面，以提高流速，达到冲沙的效果。

明代，万恭和潘季驯采用筑堤逼溜和筑堤缩窄主槽的方法，束水攻沙，借水力来疏浚黄河和运河淤积的泥沙。

世宗嘉靖年间（1522～1566年），山东运河进入江苏后，在茶城口与黄河交汇。由于黄河泥沙的淤积，茶城口成为航运的重大障碍。万恭在茶城口修建了一

条半里长的东大堤，逼黄河主溜离开茶城口，径直南下，不再倒灌；而且大堤挑溜又冲走了旧淤滩，使西堤也渐淤渐厚。

万恭还制造了活闸和刮板，用来疏浚运河淤浅的河身。活闸是在航道淤积部位上游两岸修筑临时性建筑物，以缩窄河道，加大流速，冲刷淤积。刮板是由一人在水中扶持，数人在岸上牵拉，以清除局部淤沙。活闸和刮板虽不能提高航道的整体挟沙能力，但毕竟可以清除航道的局部淤积，保持最小航深，以维持通航。万恭的运河疏浚法在潘季驯治理黄、淮、运时得到了进一步的发挥。

神宗万历年间（1573～1620年），潘季驯在治理黄河时，希望通过修筑两岸缕堤，缩窄河槽，束水攻沙，达到以河治河的目的。但由于缺乏对黄河的综合治理，尚难以奏效。

潘季驯在治理清口时，采用“蓄清刷黄”的方法却收到了明显的效果。他在洪泽湖上修筑高家堰，抬高洪泽湖水位，以抵抗黄河河床的抬升带来的对淮河的顶托。同时，在黄河与淮河汇合后，引入淮河的水量，加大黄河下游河床的流量，以提高流速，并引进淮河清水稀释黄河的含沙量，从加大水量和减少含沙量两方面提高了下游的输沙能力。潘季驯总结的运河疏浚技术也被收入清代的国家规范《清会典事例》中。后人推崇潘季驯的这一措施说:“逼淮注黄，以清刷浊，沙随水去，此理之不易者也。”〔30〕

明代对挑浚河道已有一套完整的办法和技术要求。潘季驯提出，挑浚河道时，河面宜宽，河槽宜深，断面像锅底形，这样可以使中流刷深，且河岸不易坍塌。

五、护岸护滩技术

河流制导工程是为了保护堤防的安全和河滩地的稳定，以控导洪水和泥沙顺利下泄。尤其是在像黄河下游这样的游荡性河流，主槽的摆动将造成滩岸崩塌及险情变化。明代，为了控制河槽的相对稳定和保护滩岸的安全，在河流主槽顶冲堤段修建了大量挑溜、护岸、护滩工程。明代，护岸工程以兴建挑水坝和堤防植柳护岸较为突出；护滩工程则多使用护滩工。

（一）挑水坝

挑水坝是从堤防向河中大溜修建用以将大溜挑离此岸的建筑物，多用埽工修筑。挑水坝主要用于保护堤岸，防止回流淘刷，还可以用于减轻堵口施工的压力。

挑水坝宋代称作签堤，明代又称顺水坝。潘季驯总结顺水坝的作用和筑法时说:“顺水坝俗名鸡嘴，又名马头，专为吃紧迎流处所。如本堤水刷汹涌，虽有边埽，难以久持。必须将本堤首筑顺水坝一道，长十数丈或五六丈。一丈之坝可逼水远去数丈。堤根自成淤滩，而下首之堤俱固矣。安埽之法，上水厢边埽宜出，将里头埽藏入在内。下水埽宜退，藏入里头埽内，庶水不得揭动埽也。”〔132〕挑水坝通常用在“水刷汹涌”、“吃紧迎流”之处，可以挑溜保护堤岸，而且挑水坝下游形成回流，“堤根自成淤滩”，又有助于固“下首之堤”。

挑水坝除有挑溜护岸的作用外，在堵口时可将主溜从决口处挑回原河道，以减轻堵口施工的压力。元代贾鲁在堵塞白茅决口时，曾在决口上游同岸修筑刺水大堤，以逼主溜回归故道。潘季驯归纳堵口施工经验时提到:“即于上首筑逼水大坝

一道，分水势射对岸，使回溜冲刷正河，则塞工可施矣。”[132]刺水大堤和逼水大坝，都是配合堵口施工的挑水坝。

万恭在茶城运河入黄河的口门处所建半里长的东大堤即为挑水坝。既起到冲深茶城运河口门，防止黄河倒灌淤积的作用，又取得了“西岸堤渐淤渐厚，是以堤而拥堤”的效果[148]。

（二）堤防植柳

世宗嘉靖年间（1522～1566年），总河刘天和对堤防种柳经验有系统的总结。他看到黄河江苏段树草丰茂，而河南段少有，于是提出“植柳六法”并推广应用。“植柳六法”有卧柳、低柳、编柳、深柳、漫柳、高柳之分。其中，卧柳和低柳是在堤内外坡自堤根至堤顶普遍栽种，编柳则主要栽于堤防迎水面的堤根。三种种法插柳的直径和柳干出露高度有所不同，但主要都用在堤防不迎溜处以护堤。而在水溜顶冲堤段，为起到消浪防冲作用，则需种植深柳。深柳可连栽十多层，“下则根株固结，入土愈深；上则枝梢长茂，将来河水冲啮亦可障御”[149]。漫柳主要栽种在滩地上。高柳必须用长柳桩种植，有遮阴作用，尤其在运河两岸堤面上应用最广。

对于堤防种柳，潘季驯的认识却有所不同。潘季驯强调应用卧柳和长柳两种，并只宜栽种在“去堤址约二三尺（或五六尺）”的滩面上，有消浪和提供埽工用料的作用。同时，潘季驯主张在堤根处栽种芦苇，芦苇繁茂后，“有风不能鼓浪”。潘季驯不主张在堤坡上种柳，只赞成种草，“虽雨淋不能刷土矣”[132]。清代也有人认为，堤身种柳将松动土脉，树根腐烂后形成空洞，且不利于埽工施工作业。

临湖土堤也有防风浪问题。潘季驯“蓄清刷黄”高筑洪泽湖高家堰时，堰身除有三千丈石堤外，其余均为土堤。湖面宽广，风浪冲刷是对土堤的重大威胁，而临湖又深不能植树防冲。万历年间，在高家堰土堤临水面采用帮护之法。“于冬春间桩内贴席二层，紧捆草牛，挨席密护，毋使些须漏缝。然后实土坚夯。则是以桩席护草牛，以草牛护土，浪窝何从得来。”[150]即在临水面打一排木桩，木桩后紧贴二层席，席后用柴草捆札草牛密护，后接土堤。以木桩、席片、草牛抵御风浪的冲刷，只是席、草牛易腐，不易维修。

（三）护滩技术

黄河是冲积性河流，容易形成有主河槽和河滩地的复式河床，而且河道有显著的弯曲游荡特征，构成了黄河下游防洪的难点。因此，保护河滩地对于黄河防洪具有十分重要的意义。

护滩工程至迟在明代已普遍兴筑。成祖永乐十年（1412年），工部主事蔺芳建议改进埽坝形制：“若用木编成大囤，若栏圈然，置之水中，以桩木钉之，中实以石，却以横木贯于桩表，牵筑堤上，则水可以杀，堤可以固。”[151]此类埽坝就是河流顶冲处的护滩工。

潘季驯实施“束水攻沙”治黄方略，最初主要仰赖缕堤“束水攻沙”。但“缕堤逼近河滨，束水太急，每遇伏秋，辄被冲决”[22]，安全难以保证。因此，在其治河后期，在自古城至清河等堤段，不再议筑缕堤来“束水攻沙”，而是依靠遥堤“束水归槽”，以稳定主河槽和河滩，同样实现刷深河床的目标。他在四任总河时

强调指出:“治河之法别无奇谋秘计，全在束水归槽”[25]，“堤能束水归槽，水从下刷，则河深可容”[152]。缕堤束水攻沙的作用被替代后，缕堤原有保护滩地的作用也逐渐被兴建护滩工程所替代。

潘季驯治河多使用护滩工，尤其是在其治河后期。当时的护滩工有埽坝、鸡嘴、大埽、挑水坝等多种形式。《河防一览·全河图说》有多处关于护滩工的说明。兰阳县（今河南兰考县）马坊营险工仅次于黄河扫湾主溜顶冲处，“尤恐缕堤难支，今于背后创筑月堤一道。缕堤改为埽坝，岁加修防，可恃无虞矣”。中牟县刘兽医口，“埽坝逼临河滨”，以维持河势稳定。河南类似的埽坝护滩工程还有封丘县的陈留寨、铜瓦厢、陈桥集，阳武县的于家店、荆隆口、中栾城、脾沙岗，考城县的芝麻庄、陈隆口，仪封县的炼城口、荣花树、三家庄等工段[153]。随着缕堤地位的下降，护滩工程在黄河修防中越来越被重视，近代以来完全取代了缕堤的地位，成为下游修防的主要工事。

六、防洪管理

明代河漕总督的创立，使隋唐以来的重要水利事务部门都水监被总督领导下的分司和道所取代。而以都察院和太监充任的使职，则强化了对防洪建设和管理的稽查。

（一）河漕管理机制的强化

明太祖洪武十三年（1380 年），废中书省，设立以大学士为首的内阁，六部作为中央的重要政务机关事权得以加强。明代，六部直接归皇帝统辖，设有尚书、侍郎等职。水利与土木工程建设归工部所管。工部分总部、虞部、水部、屯田部四部，洪武二十九年改称营缮、虞衡、都水、屯田四清吏司。工部设尚书、侍郎、郎中、员外郎、主事等职，尚书各司官皆为实际任职之人。水部（后为都水）负责管理黄河、运河的防洪，其他江河湖泊的防洪均归地方管理，工部只负责督导。除工部之外，六部中的户部、兵部的官员也被派出专责主持重大工程或特殊使命，如户部侍郎白昂堵口，兵部尚书刘大夏治张秋决河。

明前期中央不设河漕专官，遇有重大工程和突发事件，由皇帝派出主管官员。洪武十三年（1380 年）置都察院，由都察院派遣御史巡视河防和督理漕运。永乐年间开始派遣工部、户部、兵部侍郎以及都御史治河督运。如工部尚书宋礼重修会通河和堵口，佥都御史徐有贞治理沙湾。

成祖永乐九年（1411 年），直接由皇帝委派总理河道，开始实行河道和漕运总督负责制。代宗景泰二年（1451 年）命都御史王竑总督漕运，尚不属专职。宪宗成化七年（1471 年）命王恕为工部侍郎，总理河道，简称总河。总理河道一职负责黄河与运河的河道和工程，漕运则由御史系统的漕运总官兵负责。由此，起源于北宋排岸司和纲运司的漕运专业分司管理机构，逐渐完善成为专业性质河漕分司的独立管理体系。明代总河、总漕多兼都御史、巡抚，或工部、兵部、户部侍郎等衔，管理体制演变为军事性质，河道总督和漕运总督的权力超越行政区划，形成了水利管理文职和武职两个并列系统。

明代运河在长江以北归中央管理，分段设都水分司，实行分司驻地制；长江

以南属地方管理。明代水利工程中还有海塘和长江防汛实行流域性质的分司驻守，但官员由州县派出，归省督统一调度，州县则按辖区范围组织劳力和物料。

明代将历代相承的御史台改为都察院，并按当时的行政区划设立十三道监察御史，明末增为十五道。中央都察院设左右都御史、副都御史、佥都御史，地方则称道御史。各道御史承担对本道地方政府的监察责任，并承担中央不定期的监察任务。朝廷派出的巡按御史主要监察地方官，派出的都御史、佥都御史监管地方军民和财政，如巡视防洪和漕运。御史对人事和水利行政管理的稽查，甚至关系到河官的升迁和罢免，以及水利机构的设置和撤销。

（二）河夫的征募

明代河工大都出自徭役，河工“皆近河贫民，奔走穷年，不得休息”[154]。世宗嘉靖年间（1522～1566年），御史谭鲁针对按地亩面积征派河夫的缺点，提出由经济比较富裕的上等和中等人户出银，而用以雇募贫民赴河役的办法。此法虽经批准，但“后银有余，而岁征如故”[154]，百姓负担反而加重。神宗万历年间（1573～1620年），河工夫役劳苦愈甚，礼部主事陈应芳指出：地方指派河夫赴工，到了工地，河官千方百计勒索刁难，逼迫河工逃跑，尔后再以到工不足，重新向地方追派。“官徒有募夫之名，而害归于籍名者之家，利归于管工者之手”[155]，暴露出明代河工征派的弊病所在。

万历年间张居正实行赋税改革，时任总河的万恭曾建议改革河工制度。“官自雇募，民出总银。官免岁编之劳，民亡月扰之累。”[154]即河工经费向地方征派之后，官方用此经费雇夫赴役。为节约河工开支，他还建议将河工分为两种，长年在工者称长夫，汛期临时雇募者称短夫。短夫厚给工资，不怕临时招募困难。但似未实行。

第四节　明代重要的防洪专著

明代水利文献远多于前代。正史中，《明史·河渠志》是记述明代二百七十六年间全国水利建设的专史，清代张廷玉等撰，乾隆四年（1739年）成书，以中华书局的标点本最为通行。共六卷：卷一、二黄河，卷三、四运河、海河，卷五淮河、泇河、卫河、漳河、沁河、滹沱河、桑干河、胶莱河，卷六直省水利。该书是有关明代水利的基本文献，但疏漏太多，记述黄河和运河较为详细，其他河流记述都很简略，远不能全面反映明代的水利建设。《明史》中的《本纪》《食货志》《地理志》也类似。编年体史书如《明通鉴》中有一些治河资料。其他，《明实录》记述历朝水利兴废较准确详细。《明会典》有弘治和万历两种版本，记载典章制度，工部类下的水利法制颇为详细。

明代治河防洪著作以黄河为多。最早的是成化年间车玺所撰《治河总考》，汇编历代河议与治迹，但已佚；世宗嘉靖十二年（1533年），吴山重新改编为《治河通考》十卷，汇集河源考、历代河决、治河议论、治绩、职官等内容。嘉靖十四年（1535年），刘天和著《问水集》六卷。神宗万历初年，万恭著《治水筌蹄》二卷。万历十八年（1590年），潘季驯著《河防一览》十四卷。潘季驯之后论治

河的以朱国盛的《南河志》较好，记述其治河经验，可资借鉴之处多。此外还有：潘大复的《河防一览榷》，庞尚鸿的《治水或问》，黄克缵的《古今疏治黄河全书》，黄承元的《河漕通考》，郑大郁的《河防考》。

明代河臣的奏疏也多论及治河。除潘季驯的《总理河漕奏疏》十四卷外，文渊阁《钦定四库全书》著录或存目的还有：首任总河侍郎王恕的《王端毅公奏议》及《王介庵奏稿》，王以旂的《漕河奏议》四卷，李颐的《奏议》，曹时聘的《治河奏疏》一卷，李化龙的《治河奏疏》四卷，李若星的《总理河道奏议》四卷，周堪赓的《治河奏疏》二卷等。

明代记述太湖治理的著述有：孝宗弘治年间，姚文灏著《浙西水利书》三卷，汇集宋代以来的各种治理意见，并有评论和取舍；武宗正德年间，伍余福著《三吴水利论》一卷，记吴中水利要害；世宗嘉靖十七年（1538 年），吴韶著《全吴水略》七卷；嘉靖四十年（1561 年），归有光著《三吴水利录》四卷，收入前人治理意见七篇、自己的议论二篇，资料完备；嘉靖四十三年（1564 年），沈岱著《吴江水考》五十六卷，分十考，颇精审；神宗万历八年（1580 年），张内蕴、周大韶著《三吴水考》十六卷，分十二考，对水道、水官、议疏、水田等逐一考证，较为详备，内容多为林应训之治绩；万历四十三年（1615 年），王圻著《东吴水利考》十卷，内有历代名臣奏议；毅宗崇祯十二年（1639 年），张国维著《吴中水利书》二十八卷，仿《三吴水考》之例，所记明代史事，颇为详细。

其他如：世宗嘉靖年间，胡应恩著《淮南水利考》二卷，记淮扬水利；穆宗隆庆二年（1568 年），施笃臣著《江汉堤防图考》三卷；神宗万历三年（1575 年），徐贞明著《潞水客谈》一册，是记述海河畿辅水利的重要代表作；万历十五年（1587 年），仇俊卿著《海塘录》八卷，是现存较早的海塘专著，只是内容过于简略；万历十五年（1587 年），周梦旸著《水部备考》，分类叙述工部都水司所掌职责；万历年间，陈应芳著《敬止集》，论里运河东上下河治理，颇为详备；毅宗崇祯八年（1635 年），徐光启著《农政全书》六十卷，体例略同元代王祯的《农书》，其中水利类九卷，记载水利议论和史事较多，尤其是《泰西水法》卷记载了当时西方传教士所带来的水利技术。

明代的地方志，如全国《一统志》和各府、州、县志，都记述了大量防洪治河的史料。其中距成书时间近的内容和著录当地金石碑记的资料较为可信，转录早期的史料则需要考辨求证。

明人文集众多。其中，明末陈子龙等辑的《皇朝经世文编》收有不少治河议论，黄宗羲的《明文海》也有涉及。

一、刘天和的《问水集》

世宗嘉靖十四年（1535 年），刘天和任总河，治理黄河和运河，根据当时的形势并总结自己的治河实践经验，著《问水集》六卷。前两卷记其案视所在，形势利害，及处置事宜。后四卷为其奏议之文。1936 年，中国水利工程学会将其收入《中国水利珍本丛书》刊印。

刘天和治河时间不长，治河方针也无新颖之处。他的突出特点在于比较注意

总结经验，在施工技术、管理方法上有不少创新。他的《问水集》，是继《河防通议》之后又一部重要的河工专著，对后代防洪治河有积极的影响。其中“植柳六法”，常为后人所征引。他在理论和实践上的主要贡献是：

（1）系统阐述了黄河迁徙不定的六条原因：“河水至浊，下流束隘停阻则淤，中道水散流缓则淤，河流委曲则淤，伏秋暴涨骤退则淤，一也。从西北极高之地建瓴而下，流极端悍，堤防不能御，二也。易淤故河底常高，今于开封境测其中流，冬春深仅丈余，夏秋亦不过二丈余，水行地上，无长江之深渊，三也。傍无湖陂之停潴，四也。孟津而下，地极平衍，无群山之束隘，五也。中州南北悉河故道，土杂泥沙，善崩易决，六也。”[10]这些论述，都比较恰当，基本符合现代科学原理。

（2）他从五个方面论证了“古今治河同异”，指出不同历史时期治河都具有特定的历史条件和特定的任务。因此，应当随着“时异势殊”而采取适当的措施和办法，“不必泥古法”。他认为，就明代当时的条件而言，“正宜因其所向，宽立堤防，约拦水势，使不致大段漫流尔”[10]。

（3）他通过组织对黄河下游及其主要泛道河床的实际测量，认为黄河在“孟津而下，夏秋水涨，河流甚广（荥泽漫溢至二三十里，封丘、祥符亦几十里许），而下流甚隘（一支出涡河口广八十余丈，一支出宿迁小河口广二十余丈，一支出徐州小浮桥口亦广二十余丈，三支不满一里）”[10]。指出，这种上宽下窄的河道是造成河南多水患的重要原因。

（4）在堵塞决口的施工方法上，他总结出“治河决必先疏支河以分水势，必塞始决之口，而下流自止”[10]的原则。

（5）他提出了“植柳六法”。根据不同情况，沿堤岸种植卧柳、低柳、编柳、深柳、漫柳、高柳，以保护堤岸。这一方法被后代沿用。

（6）在河道疏浚、筑堤技术、测量技术、施工管理等方面，刘天和都有许多总结和创新。

二、万恭的《治水筌蹄》

万恭（1515～1592年），字肃卿，江西南昌人。穆宗隆庆六年至神宗万历二年（1572～1574年），万恭任兵部左侍郎，总理河道二年。他上任后采纳一位河南生员的建议，实施筑堤束水，以河治河。在任时，他总结前人的治河经验和自己的治河实践，将自己治理黄河、运河的经历和对黄河规律的认识，著成《治水筌蹄》一书。

《治水筌蹄》采用札记的方式记录心得议论，共一百四十八篇，论及黄河、运河及其他。原书漫无条理，内容多由《行水金鉴》转引。1985年经朱更翎整编出版，书前影印明孤本，书后附“万恭治水文辑”和“附录”。

万恭在《治水筌蹄》中首先提出，治理黄河的关键在泥沙，可以用黄河本身的水量来治沙。“以人治河，不若以河治河也。夫河性急，借其性而役其力，则可浅可深，治在吾掌耳。”[13]

其次，他指出筑堤以束水，水急则河深，河深自然不会暴溢。“欲河不为暴，

莫若令河专而深。欲河专而深，莫若束水急而骤，使由地中，舍堤别无策。”[14]

他进一步从水沙特性强调了治理黄河不能靠分流，而应攻沙。“夫水之为性也，专则急，分则缓；而河之为势也，急则通，缓则淤。若能顺其势之所趋，而堤以束之，河安得败?”[14]

他提到利用水工建筑不仅可以冲深河槽，而且可以淤滩固堤。“其法为之固堤，令涨可得而踰也。涨冲之不去，而又逾其顶。涨落，则堤复障急流，使之别出，而堤外水皆缓，固（故）堤之外悉淤为洲。”[13]

他还指出了建立报汛制度的重要。

《治水筌蹄》这部重要的河工专著，为“束水攻沙”方略的形成奠定了基础，其主要思想为潘季驯和后代河臣所吸收。万恭的著作还有《京营奏议》《漕河奏议》《洞阳子集》及《续集》等。

三、潘季驯的《河防一览》

潘季驯（1521～1595 年），字时良，浙江乌程（今湖州）人。世宗嘉靖四十四年（1565 年），首任总理河道，协助工部尚书朱衡治河。次年母故离职。隆庆四年（1570 年）复任总河，隆庆六年罢职。神宗万历四年（1576 年），三任总河，兼管漕运。万历九年（1581 年）升迁。万历十六年（1588 年），第四次出任总河。万历八年（1580 年），潘季驯的僚属将当时的河工奏疏和别人对潘季驯的赠言汇编成集，名《宸断大工录》，共十卷。后经潘季驯重编和增补，于万历十八年（1590 年）辑成《河防一览》。潘季驯的治河奏疏有二百多道，收在《总理河漕奏疏》一书中，《河防一览》收录了其中重要的四十一道。

《河防一览》十四卷。卷一敕谕图说，卷二河议辩惑，卷三河防险要，卷四修守事宜，卷五河源河决考，卷六宋代以来的治河议论，卷七至卷十二为潘季驯的治河奏疏，卷十三、十四为阐明观点引证前人的著述、奏疏、题记、碑文四十余篇。1936 年，汪胡桢以乾隆本点校重印，收入《中国水利珍本丛书》。

《河防一览》是潘季驯毕生治河的经验总结，他在理论和实践上的主要贡献在于：

（1）全面总结了“束水攻沙”的治河思想，提出“筑堤束水，以水攻沙”的治黄方针。从而紧紧把握住了黄河多沙善淤和洪水暴涨暴落的水文泥沙特征，在治黄方略上把几千年来单纯治水的主导思想转变到注重治沙、沙水并治的轨道。

（2）提出了建立双重堤防的思想，堤防不仅作为防洪挡水的手段，而且成为治河治沙的重要工具。缕堤和遥堤配合使用，以解决束水攻沙与洪水溃堤的矛盾。

（3）在解决攻沙和防洪矛盾的过程中，由“攻沙”到“用沙”，总结出了“淤滩固堤”之法，并试图用“引水淤滩”来逐渐替代缕堤“拘束水流”的作用。在双重堤防中，由主要依靠缕堤“束水攻沙”转变为主要依靠遥堤“束水归槽”。

（4）在综合治理黄河、淮河、运河的规划方案中，提出了“逼淮入黄，蓄清刷黄”的治理方针，以解决清口泥沙淤积问题。并提出了综合治理黄、淮、运的总体规划思想及其工程总体布局。

（5）针对河防问题，总结以往的经验，提出加强河防修守的一系列措施，制

定了黄河堤防的修守制度。这些制度主要包括：铺夫制度，堤防加固制度，“四防二守”制度，岁修工料准备制度，防汛报警制度等。

潘季驯的《河防一览》是我国古代重要的河工著作，对后世产生了巨大的影响。

参考文献

〔1〕水利水电科学研究院:《中国水利史稿》下册，第52～55、56、59页，水利电力出版社，1989年。

〔2〕周魁一等:《二十五史河渠志注释》，“明史·河渠志一·黄河上”，第319～355页，中国书店，1990年。

〔3〕明·陈子龙等选辑:《明经世文编》第一册，卷三十七“徐武功文集”，徐有贞:“言河湾治河三策疏”，第284页，中华书局，1962年。

〔4〕明·陈子龙等选辑:《明经世文编》第一册，卷五十四“李西涯文集”，李东阳:“宿州符离桥月河记”，第425页，中华书局，1962年。

〔5〕明·陈子龙等选辑:《明经世文编》第一册，卷三十七“徐武功文集”，徐有贞:“敕修河道工完碑略”，第286页，中华书局，1962年。

〔6〕清·傅泽洪:《行水金鉴》第二册，卷二十“河水”，第304、306页，国学基本丛书本，商务印书馆，1936年。

〔7〕明·陈子龙等选辑:《明经世文编》第一册，卷七十九“刘忠宣集”，刘大夏:“议疏黄河筑决口状”，第697页，中华书局，1962年。

〔8〕明·陈子龙等选辑:《明经世文编》第一册，卷五十三“刘文靖公奏疏二”，刘键:“黄陵冈塞河功完之碑”，第416页，中华书局，1962年。

〔9〕明·陈子龙等选辑:《明经世文编》第二册，卷一百二十“王文恪公文集”，王鏊:“安平镇治水功完之碑”，第1154页，中华书局，1962年。

〔10〕明·刘天和:《问水集》，中国水利工程学会，《水利珍本丛书》，1936年。

〔11〕明·陈子龙等选辑:《明经世文编》第二册，卷一百五十五“陆文裕公文集”，陆深:“黄河”，第1561页，中华书局，1962年。

〔12〕明·陈子龙等选辑:《明经世文编》第二册，卷一百四十六“周恭肃集”，周用:“理河事宜疏”，第1458页，中华书局，1962年。

〔13〕明·万恭著，朱更翎整编:《治水筌蹄》卷下，第24～25页，水利电力出版社，1985年。

〔14〕明·万恭著，朱更翎整编:《治水筌蹄》，“万恭治水文辑”第137页，“卷上”第15页，水利电力出版社，1985年。

〔15〕周魁一等:《二十五史河渠志注释》，“明史·河渠志三·运河上”，第387～414页，中国书店，1990年。

〔16〕明·潘季驯:《河防一览》卷二“河议辩惑”，第60～65、75～78页，中国水利工程学会《水利珍本丛书》，1936年。

〔17〕明·潘季驯:《总理河漕奏疏》四任卷六“条熟识河情疏”，第13页。以下凡引用《总理河漕奏疏》均可参见：中国水利学会水利史研究会、黄河水利委员会:《潘季驯治河理论与实践学术研讨会论文集》，郭涛:“潘季驯治理黄河的思想与实践”，第1页，河海大学出版社，1996年。

〔18〕明·潘季驯:《总理河漕奏疏》二任卷三“河漕通复疏”，第5页。

〔19〕明·潘季驯:《河防一览》卷七“两河经略疏”，第174页，中国水利工程学会《水利珍本丛书》，1936年。

〔20〕周魁一等:《二十五史河渠志注释》，“明史·河渠志二·黄河下”，第356~385页，中国书店，1990年。

〔21〕明·潘季驯:《总理河漕奏疏》二任卷三“议筑长堤疏”，第19页。

〔22〕明·潘季驯:《河防一览》卷八“河工告成疏”，第209页，中国水利工程学会《水利珍本丛书》，1936年。

〔23〕明·潘季驯:《河防一览》卷三“河防险要”，第90页，中国水利工程学会《水利珍本丛书》，1936年。

〔24〕明·潘季驯:《河防一览》卷十二“恭报三省直堤防告成疏”，第376页，中国水利工程学会《水利珍本丛书》，1936年。

〔25〕明·潘季驯:《总理河漕奏疏》四任卷一“申明修守事宜疏”，第24页。

〔26〕明·潘季驯:《总理河漕奏疏》四任卷五“条议河防未尽事宜疏”，第22~23页。

〔27〕明·陈子龙等选辑:《明经世文编》第三册，卷一百八十四“王司马奏疏”，王轨:“处河患恤民穷以裨治河疏”，第1874页，中华书局，1962年。

〔28〕水利水电科学研究院:《中国水利史稿》下册，第156、159页，水利电力出版社，1989年。

〔29〕明·潘季驯:《河防一览》卷十一“河工告成疏”，第336页，中国水利工程学会《水利珍本丛书》，1936年。

〔30〕明·潘季驯:《河防一览》卷首“（清·高斌）重刻河防一览序”，中国水利工程学会《水利珍本丛书》，1936年。

〔31〕明·潘季驯:《河防一览》张师载序，中国水利工程学会《水利珍本丛书》，1936年。

〔32〕明·潘季驯:《总理河漕奏疏》四任卷四“条陈闸河事宜疏”，第60页。

〔33〕明·潘季驯:《河防一览》卷六“太常卿佘毅中全河说”，第138页，中国水利工程学会《水利珍本丛书》，1936年。

〔34〕明·潘季驯:《留余堂尺牍》二“上阁下书”，转引自《潘季驯年谱》。

〔35〕清·傅泽洪:《行水金鉴》第二册，卷三十二“河水”转引王锡爵《潘季驯墓志铭》，第474页，国学基本丛书本，商务印书馆，1936年。

〔36〕中国水利学会水利史研究会、黄河水利委员会黄河志编委会:《潘季驯治河理论与实践学术研讨会论文集》，郭涛:“潘季驯治理黄河的思想与实践”，第47、48页，河海大学出版社，1996年。

〔37〕周魁一等:《二十五史河渠志注释》，“明史·河渠志六·直省水利”，第460~493页，中国书店，1990年。

〔38〕清·顾炎武:《天下郡国利病书》卷四引“霸州志·舆地志”，第3页，慎记书庄石印本。

〔39〕《元史》卷一百八十一“虞集传”，中华书局，1976年。

〔40〕《元史》卷四十二“顺帝纪五”，中华书局，1976年。

〔41〕《元史》卷一百三十八“脱脱传”，中华书局，1976年。

〔42〕明·陈子龙等选辑:《明经世文编》第一册，卷七十二“丘文庄公集二”，丘浚:“屯营之田”，第608页，中华书局，1962年。

〔43〕清·贺长龄、魏源等:《清经世文编》卷一百零八“工政十四”，赵一清:“书徐贞明遗事”，第2615页，中华书局，1992年。

〔44〕明·程敏政:《明文衡》，卷三十一，“新建耐牢坡石闸记”，《四部丛刊初编》，上海商务印书馆，1922年。

〔45〕《明实录》“明太祖实录”卷一百七十五，第4页，中央研究院历史语言研究所校印，1962年。

〔46〕《明实录》“明太宗实录”卷三十四，第3页，中央研究院历史语言研究所校印，1962年。

〔47〕《明实录》“明太宗实录”卷八十八，第5页，中央研究院历史语言研究所校印，1962年。

〔48〕《明史》卷一百五十三“宋礼传”，中华书局，1974年。

〔49〕《明史》卷一百五十三“蔺芳传”，中华书局，1974年。

〔50〕《明史》卷二十八“五行志一”，中华书局，1974年。

〔51〕《明实录》“明英宗实录”卷一百三十三，第10页；卷一百三十四，第4页，中央研究院历史语言研究所校印，1962年。

〔52〕清·傅泽洪:《行水金鉴》第二册，卷二十一“河水”，第322页，国学基本丛书本，商务印书馆，1936年。

〔53〕清·谷应泰:《明史纪事本末》第二册，卷三十四“河决之患”，第507~509页，中华书局，1977年。

〔54〕清·傅泽洪:《行水金鉴》第二册，卷二十二“河水”，第329~332页，国学基本丛书本，商务印书馆，1936年。

〔55〕清·傅泽洪:《行水金鉴》第二册，卷二十七“河水”，第398~399页，国学基本丛书本，商务印书馆，1936年。

〔56〕清·傅泽洪:《行水金鉴》第二册，卷三十二“河水”，第464页，国学基本丛书本，商务印书馆，1936年。

〔57〕清·傅泽洪:《行水金鉴》第二册，卷三十三“河水”，第484~485页，国学基本丛书本，商务印书馆，1936年。

〔58〕清·傅泽洪:《行水金鉴》第三册，卷三十七“河水”，第537~538页，国学基本丛书本，商务印书馆，1936年。

〔59〕明·潘季驯:《总理河漕奏疏》首任卷一“浚秦沟等处下流疏”，第4页。

〔60〕中国水利学会水利史研究会、黄河水利委员会黄河志编委会:《潘季驯治河理论与实践学术研讨会论文集》，郭涛:“潘季驯治理黄河的思想与实践”，第11、13、17页，河海大学出版社，1996年。

〔61〕明·潘季驯:《总理河漕奏疏》首任卷一“候勘上源疏”，第59~60页。

〔62〕清·康基田:《河渠纪闻》卷六，第34页，中国水利工程学会，《水利珍本丛书》，1936年。

〔63〕明·潘季驯:《总理河漕奏疏》二任卷一“勘计河工疏”，第33页。

〔64〕清·傅泽洪:《行水金鉴》第二册，卷二十六“河水”，第389页，国学基本丛书本，商务印书馆，1936年。

〔65〕明·潘季驯:《总理河漕奏疏》二任卷二“正漕通复疏”，第6页。

〔66〕明·潘季驯:《总理河漕奏疏》二任卷三“定明例以固河防疏”，第29页。

〔67〕明·潘季驯:《总理河漕奏疏》二任卷二“积鉴空虚疏”。

〔68〕明·潘季驯:《总理河漕奏疏》二任卷二“议保新堤疏”，第66页。

〔69〕明·潘季驯:《总理河槽奏疏》三任卷三“会议徐北河工疏”。

〔70〕明·潘季驯:《河防一览》卷八“黄河来流艰阻疏”，第224页，中国水利工程学会

《水利珍本丛书》，1936 年。

〔71〕明·潘季驯：《总理河漕奏疏》三任卷三“会勘新集旧河疏”，第 51 页。

〔72〕明·潘季驯：《总理河漕奏疏》四任卷一“分派河道官兵，便责成河工疏”，第 9 ~ 12 页。

〔73〕明·潘季驯：《总理河漕奏疏》四任卷一“河南岁修事宜疏”，第 55 页。

〔74〕明·潘季驯：《总理河漕奏疏》四任卷三“患病乞休疏”，第 59 页。

〔75〕《明史》卷一百五十三“陈瑄传”，中华书局，1974 年。

〔76〕清·傅泽洪：《行水金鉴》第四册，卷六十二“淮水”转引《淮郡二堤记》，第 920 页，国学基本丛书本，商务印书馆，1936 年。

〔77〕周魁一等：《二十五史河渠志注释》，“明史·河渠志五·淮河”，第 432 ~ 436 页，中国书店，1990 年。

〔78〕明·陈子龙等选辑：《明经世文编》第四册，卷二百八十一“李石麓文集”，李春芳：“重筑高家堰记”，第 2976 ~ 2977 页，中华书局，1962 年。

〔79〕治淮委员会：《淮河水利简史》，第 209 页，水利电力出版社，1990 年。

〔80〕清·傅泽洪：《行水金鉴》第四册，卷六十二“淮水”转引《南河全考》，第 919 页，国学基本丛书本，商务印书馆，1936 年。

〔81〕周魁一等：《二十五史河渠志注释》，“清史稿·河渠志二”，第 558 页，中国书店，1990 年。

〔82〕清·谷应泰：《明史纪事本末》第二册，卷三十四“河决之患”，第 515 页，中华书局，1977 年。

〔83〕清·傅泽洪：《行水金鉴》第四册，卷六十二“淮水”转引《明神宗实录》，第 917 页，国学基本丛书本，商务印书馆，1936 年。

〔84〕武同举：《安徽通志水工稿》，转引清·顾炎武：《天下郡国利病书》，《四部丛刊三编》，上海商务印书馆，1936 年。

〔85〕清·傅泽洪：《行水金鉴》第四册，卷六十四“淮水”转引《明神宗实录》，第 942 页，国学基本丛书本，商务印书馆，1936 年。

〔86〕水利水电科学研究院：《中国水利史稿》下册，第 167、148、201 页，水利电力出版社，1989 年。

〔87〕清·傅泽洪：《行水金鉴》第四册，卷七十七“江水”，第 1143 ~ 1147 页，国学基本丛书本，商务印书馆，1936 年。

〔88〕清·傅泽洪：《行水金鉴》第四册，卷七十八“江水”，第 1149 ~ 1157 页，国学基本丛书本，商务印书馆，1936 年。

〔89〕毛振培等点校：《万城堤志·万城堤续志》，清·倪文蔚：《荆州万城堤志》卷三“建置”，第 85 页，湖北教育出版社，2002 年。

〔90〕湖北省水利志编纂委员会：《湖北水利志》，第三篇第二章“堤防工程”引嘉庆重修《大清一统志》卷三百四十五、卷三百四十八、卷三百四十九、卷三百三十六，第 353、358 页，中国水利水电出版社，2000 年。

〔91〕四邑公堤志编委会：《四邑公堤志》，“大事记”，第 11 页，湖北人民出版社，1991 年。

〔92〕清·顾祖禹：《读史方舆纪要》，卷七十九“湖广五·襄阳府”，第 3374 页，中华书局，2005 年。

〔93〕清·傅泽洪：《行水金鉴》第四册，卷七十九“江水”，第 1164 页，国学基本丛书本，商务印书馆，1936 年。

〔94〕湖北省水利志编纂委员会：《湖北水利志》，第三篇第二章“堤防工程”引明·邹守

益:《东廊邹先生文集》“江汉修复二堤记”，第356页，中国水利水电出版社，2000年。

〔95〕荆江大堤志编委会:《荆江大堤志》，第九章“大事记”，第347页，河海大学出版社，1989年。

〔96〕四川省水利电力厅:《四川省水利志》，第一卷“大事记”，第61、66页，1988年。

〔97〕海河志编纂委员会:《海河志》，第一卷第一篇“流域环境”，第122页，中国书店，1990年。

〔98〕周魁一等:《二十五史河渠志注释》，“明史·河渠志五·桑干河”，第452~455页，中国书店，1990年。

〔99〕周魁一等:《二十五史河渠志注释》，“明史·河渠志四·运河下”，第422~427页，中国书店，1990年。

〔100〕周魁一等:《二十五史河渠志注释》，“明史·河渠志五·漳河”，第445~447页，中国书店，1990年。

〔101〕周魁一等:《二十五史河渠志注释》，“明史·河渠志五·滹沱河”，第450~452页，中国书店，1990年。

〔102〕珠江水利委员会:《珠江水利简史》，第143~150页，水利电力出版社，1990年。

〔103〕武同举:《江苏水利全书》第三册，卷三十三“太湖流域三”，南京水利实验处印行，1950年。

〔104〕清·傅泽洪:《行水金鉴》第六册，卷一百六“运河水”，第1556页，国学基本丛书本，商务印书馆，1936年。

〔105〕《明史》卷一百五十九“崔恭传”，中华书局，1974年。

〔106〕江西省水利厅:《江西省水利志》“大事纪年”，第27~37页，江西科学技术出版社，1995年。

〔107〕清·尹继善等:《（雍正）江西通志》卷十四“水利一”，文渊阁《钦定四库全书》，武汉大学出版社电子版。

〔108〕清·顾祖禹:《读史方舆纪要》，卷八十五“江西三”，第3585页，中华书局，2005年。

〔109〕郦道元:《水经注》（王氏合校本），卷三十八“湘水注”，第583页，巴蜀书社，1985年。

〔110〕湖南省水利志编纂办公室:《湖南省志》，第八卷《农林水利志·水利》，第二篇“洞庭湖区水利”，第76页，中国文史出版社，1990年。

〔111〕湖南省水利志编纂办公室:《湖南省水利志》，第一分册“湖南水利大事记”，第23~27页，1985年。

〔112〕清·迈柱等:《（雍正）湖广通志》，卷二十一“水利志·岳州府”，文渊阁《钦定四库全书》，武汉大学出版社电子版。

〔113〕清·顾祖禹:《读史方舆纪要》，卷八十“湖广六”，第3436页，中华书局，2005年。

〔114〕云南省水利水电厅:《云南省志·水利志》，第五章“湖泊水利”，第401~402页，云南人民出版社，1998年。

〔115〕清·鄂尔泰等:《（雍正）云南通志》，卷十三“水利·滇池”，文渊阁《钦定四库全书》，武汉大学出版社电子版。

〔116〕清·戴璐等:《（乾隆）浙江通志》，卷六十二“海塘一·历代兴建”，文渊阁《钦定四库全书》，武汉大学出版社电子版。

〔117〕浙江省水利志编委会:《浙江省水利志》，“大事记”，第50~51页；第三编第九章“钱塘江海塘”，第253~259页，中华书局，1998年。

〔118〕武同举:《江苏水利全书》第三册，卷三十八“江南海塘一”，南京水利实验处印行，1950 年。

〔119〕武同举:《江苏水利全书》第三册，卷四十二“崇明县海塘”，南京水利实验处印行，1950 年。

〔120〕浙江省水利志编委会:《浙江省水利志》，“大事记”，第 50～51 页；第三编第十一章“浙东海塘”，第 295～297 页，中华书局，1998 年。

〔121〕武同举:《江苏水利全书》第三册，卷四十三“江北海堤”，南京水利实验处印行，1950 年。

〔122〕《新唐书》卷四十一“地理志五·江南道”，中华书局，1975 年。

〔123〕浙江省水利志编委会:《浙江省水利志》，“大事记”，第 50 页，中华书局，1998 年。

〔124〕中国水利学会水利史研究会、浙江省绍兴市水利电力局:《鉴湖与绍兴水利》，沈寿刚:“试议绍兴三江闸与新三江闸”，第 196 页，中国书局，1991 年。

〔125〕《明史》卷二百八十一“循吏·汤绍恩传”，中华书局，1974 年。

〔126〕水利水电科学研究院:《中国水利史稿》下册，第 214 页，水利电力出版社，1989 年。

〔127〕董开章:“修筑绍兴三江闸工程报告”，载《水利月刊》第五卷第一期，第 50 页，1935 年。

〔128〕周魁一:《中国科学技术史·水利》，第 315 页，科学出版社，2002 年。

〔129〕谭徐明:《中国灌溉与防洪史》，第 103 页，中国水利水电出版社，2005 年。

〔130〕水利水电科学研究院:《水利史研究室五十周年学术论文集》，姚汉源:《河工史上的固堤放淤》，第 23 页，水利电力出版社，1986 年。

〔131〕明·潘季驯:《总理河漕奏疏》四任卷一“议守大名长堤疏”，第 41 页。

〔132〕明·潘季驯:《河防一览》卷四“修守事宜”，第 100～105 页，中国水利工程学会《水利珍本丛书》，1936 年。

〔133〕明·刘天和:《问水集》卷一，第 15～16、18 页，中国水利工程学会《水利珍本丛书》，1936 年。

〔134〕明·陈子龙等选辑，《明经世文编》第六册，卷四百九十一“徐文定公集四”，徐光启:“漕河议”，第 5431 页，中华书局，1962 年。

〔135〕毛振培等点校:《万城堤志·万城堤续志》，清·倪文蔚:《荆州万城堤志》卷九“艺文·杂著”，第 256～257 页，湖北教育出版社，2002 年。

〔136〕清·鄂尔泰、张廷玉等纂:《钦定授时通考》卷十七“水利三”，中华书局，1956 年。

〔137〕明·潘季驯:《河防一览》卷七“两河经略疏”，第 175 页，中国水利工程学会《水利珍本丛书》，1936 年。

〔138〕周魁一:《中国科学技术史·水利》，第 304 页，科学出版社，2002 年。

〔139〕明·潘季驯:《总理河漕奏疏》二任卷三“条议善后疏”，第 39 页。

〔140〕清·靳辅:《治河方略》卷二，第 95 页，中国水利工程学会《水利珍本丛书》，1937 年。

〔141〕清·昆冈、李鸿章等:《钦定大清会典事例》，卷九百四“工部·河工·河工经费、岁修抢险一”，光绪二十五年石印本。

〔142〕中国水利学会水利史研究会、黄河水利委员会黄河志编委会:《潘季驯治河理论与实践学术研讨会论文集》，郭涛:“潘季驯治理黄河的思想与实践”，第 52～53 页，河海大学出版社，1996 年。

〔143〕清·翟均廉:《海塘录》卷一“疆域”，第 50 页，文渊阁《钦定四库全书》，武汉大

学出版社电子版。

〔144〕清·《天启海盐县图经》卷八。

〔145〕清·翟均廉:《海塘录》卷二十“艺文三·议”引明·黄光升:《海塘议》，第1~2页，文渊阁《钦定四库全书》，武汉大学出版社电子版。

〔146〕水利水电科学研究院:《中国水利史稿》下册，第213页，水利电力出版社，1989年。

〔147〕清·翟均廉:《海塘录》卷二十一“艺文四·考”引明·陈善:《捍海塘考》，第9~12页，文渊阁《钦定四库全书》，武汉大学出版社电子版。

〔148〕明·万恭，朱更翎整编:《治水筌蹄》卷下，第39页，水利电力出版社，1985年。

〔149〕明·刘天和:《问水集》，“植柳六法”，第20页，中国水利工程学会《水利珍本丛书》，1936年。

〔150〕明·潘季驯:《河防一览》卷三“河防险要”，第81页，中国水利工程学会《水利珍本丛书》，1936年。

〔151〕《明实录》“明太宗实录”卷一百三十二，第1页，中央研究院历史语言研究所校印，1962年。

〔152〕明·潘季驯:《河防一览》卷十“恭诵纶音疏”，第298页，中国水利工程学会《水利珍本丛书》，1936年。

〔153〕明·潘季驯:《河防一览》“全河图说”，中国水利工程学会《水利珍本丛书》，1936年。

〔154〕清·王庆云:《石渠余纪》卷一“纪河夫河兵”，第26~27页，北京古籍出版社，1985年。

〔155〕明·万恭著，朱更翎整编:《治水筌蹄》卷上，第47页，水利电力出版社，1985年。

第 七 章

清代大江大河防洪形势日趋严峻与防洪工程技术的进步

清代前期，康熙、雍正、乾隆三朝盛世，各大江河的防洪建设大规模展开。自乾隆以后，政治日益腐败，国力日衰。道光以后，帝国主义武力入侵，封建制度开始瓦解，并逐步沦为半殖民地、半封建社会，防洪事业日趋衰落。

清代治黄，“筑堤束水，以水攻沙”治河方略一直占主导地位。康熙年间，靳辅主持对黄、淮、运进行大规模的治理，黄河下游两岸形成了完善的堤防系统。随着黄河南行河道的不断淤积，河道行洪能力日益降低，决溢频繁，治河意见争论不休，只能疲于应付连年不断的堵口抢险。终于在文宗咸丰五年（1855 年），黄河在铜瓦厢夺路北流入渤海，从而结束了黄河南流入黄海七百年的历史，同时也开始了此后黄河下游新的防洪局面。近代黄河的这次大改道，给我国社会经济带来了极大的震动，也给近现代黄河治理提出了新的课题。为了记述的完整性，本章关于清代黄河的治理，记至咸丰五年（1855 年）铜瓦厢大改道。

清代，长江流域迅速开发，上游地区开山垦殖，中下游湖区盲目围垦，生态环境的变迁对江湖演变和防洪带来了严重的后果，洪涝灾害日益严重。尤其是长江荆江河段和汉江水灾频繁，严重威胁到封建经济重心地区的安全，因此朝廷对长江的治理十分重视，长江堤防和湖区圩垸工程大量修筑，讨论治江者也多以江汉治理为重点。高宗乾隆五十三年（1788 年）荆江大堤溃决二十余处，乾隆皇帝连发二十四道谕旨，严惩对此次水灾负有责任的官员，对以后承建荆江大堤作出“定限保固十年”的规定。但江堤和湖区圩堤仍屡筑屡溃，终于在文宗咸丰二年（1852 年）荆江藕池口决，穆宗同治十二年（1873 年）荆江松滋口决。自此，形成了荆江向洞庭湖四口分流的格局，荆江和洞庭湖的江湖关系更趋复杂，对近现代的治江带来了深远的影响。为了记述的完整性，本章关于清代长江的治理，记至同治十二年（1873 年）。

清代，淮河治理仍以保漕为先决条件，治理工程均在下游，尤其集中在清口、洪泽湖堤和入海入江水道的整治，完善了洪泽湖高家堰枢纽工程，促使黄淮分流，导淮归江入海。文宗咸丰元年（1851 年），淮河洪水冲破洪泽湖上的三河口，洪水由三河经宝应湖、高邮湖和入江水道流入长江，从此淮河干流由与黄河汇流入海改为入江。从地理上看，淮河成为长江的一大支流，苏北里下河地区洪涝治理成为当时社会的焦点问题之一，淮北地区的涝灾成为治理的难题。为了记述的完整性，本章关于清代淮河的治理，记至咸丰元年（1851 年）。

清代，为了京城的安全，康熙年间大规模整治永定河两岸堤防，导致永定河

所挟带的大量泥沙东下，使海河流域整体防洪形势严峻，出现了各种治理永定河和海河流域的意见。

清代大规模兴建防洪治河工程，并总结历史时期长期实践的经验，古代传统防洪工程技术达到了成熟阶段。尤其是在修防技术、疏浚技术、堵口抢险技术、海塘技术、防洪管理等方面，形成了系统的技术规范，直至近代西方水利技术的传入。

第一节　清代大江大河防洪思想的演进

清代，治黄方略仍以“筑堤束水，以水攻沙”占主导地位，虽治理意见争论不休，却难成新的方略。长江荆江河段和汉江下游河段水灾频繁，严重威胁到江汉平原和洞庭湖区的安全，讨论治江者多以这一带为重点。圣祖康熙三十七年（1698 年）大规模整治永定河两岸堤防，导致海河流域防洪形势严峻，对永定河和海河流域治理方略的讨论甚多。

一、治黄方略的争论

潘季驯治河以后，治河方略的争论十分激烈。明代后期，以总督漕运杨一魁为代表，激烈批评“筑堤束水”的治河方针。明末，黄河在河南开封决口，酿成巨灾，“其后屡塞屡决。世祖顺治元年（1644 年）夏，黄河自复故道，由开封经兰、仪、商、虞，迄曹、单、砀山、丰、沛、萧、徐州、灵壁、睢宁、邳、宿迁、桃源，东迳清河与淮合，历云梯关入海。秋，决温县”。顺治“二年夏，决考城（今兰考县），又决王家园。……七月，决流通集（在考城，黄河北岸），一趋曹、单及南阳入运，一趋塔兒湾、魏家湾，侵淤运道，下流徐、邳、淮扬亦多冲决”。顺治三年，“流通集塞，全河下注，势湍激，由汶上决入蜀山湖。五年，决兰阳。七年八月，决荆隆朱源寨，直往沙湾，溃运堤，挟汶由大清河入海”[1]。

顺治九年（1652 年），河“决封丘大王庙，冲圮县城，水由长垣趋东昌，坏平安堤（山东聊城境内的运河堤），北入海，大为漕渠梗。发丁夫数万治之，旋筑旋决。给事中许作梅，御史杨世学、陈斐交章请勘九河故道，使河北流入海”[1]。河道总督杨方兴反对复“禹王故道”，他强调为了保证藉黄济运，必须维持黄河南行。“黄河古今同患，而治河古今异宜。宋以前治河，但令入海有路，可南亦可北。元、明以迄我朝，东南漕运，由清口至董口二百余里，必藉黄为转输，是治河即所以治漕，可以南不可以北。若顺水北行，无论漕运不通，转恐决出之水东西奔荡，不可收拾。”[1]顺治十三年（1656 年），朝廷终于下决心堵塞北流决口，挽河南行，走明代故道。直至近代，文宗咸丰五年（1855 年）黄河在铜瓦厢（今河南兰考县城北约二十里）夺路北流入渤海，才结束了黄河南流入黄海的历史。

清代黄河南行期间，“筑堤束水，以水攻沙”治河方略一直占主导地位。但强化堤防和固定河槽的结果，是泥沙不断在河道淤积，入海口迅速向海中推进，河线延长，坡度更缓，河道容蓄和宣泄洪水的能力日益降低，决溢频繁。因此，治河主张的分歧和争论一直很激烈。

（一）靳辅对潘季驯治河方略的继承和发展

靳辅自圣祖康熙十六年至二十六年（1677～1687年）连续十年担任河道总督，主持治理黄、淮、运。靳辅在治河方略上继承了潘季驯“筑堤束水”、“蓄清刷黄”的思想，同时有所发展。

靳辅和潘季驯一样，反对多支分流，主张“束水攻沙”。他说：决口多，“则水势分而河流缓，流缓则沙停，沙停则底垫，以致河道日坏而运道因之日梗”[2]。他认为：“黄河之水，从来裹沙而行，水大则流急而沙随水去；水小则流缓而沙随水漫。沙随水去，则河身日深而百川皆有所归；沙停水漫，则河底日高而旁溢无所底止。”[2]为了攻沙，他“力请筑堤束水，用保万全”[3]。在他主持治河期间，将黄河堤防从云梯关内延伸到关外接近海口。

靳辅也认为：“黄河之沙，全赖各处清水并力助刷，始能奔趋归海而无滞也”[2]。他十分重视高家堰拦蓄淮水冲刷清口的作用，不仅主张“借清刷黄”，而且提出“黄淮相济”。一方面，大量增建洪泽湖大堤上的减水坝，扩大宣泄淮河洪峰的能力；同时，又让部分黄河水经过低洼地沉淀泥沙，变成清水，再注入洪泽湖，增加冲刷清口积沙的能力，这是对潘季驯“蓄清刷黄”思想的发展。

靳辅强调在以水冲沙的同时，还要辅以人工挑浚。他具体分析了淤沙的情况，说明久淤之泥要靠疏浚。“盖筑堤堵绝，用水刷沙，虽为治河不易之策，然河身淤土有新久之不同。三年以内之新淤，外虽板土而其中淤泥未干，冲刷最易。五年以前之久淤，其间淤泥已干，与板沙结成一块，冲刷甚难，故必须设法疏浚也。”[3]因此，他进而提出了“寓浚于筑”的思想：“况用水刷沙，即曰不必挑浚，而束水归槽，则又必须筑堤。既筑堤矣，与其取土于他处，何如取土于河身。寓浚于筑，而为一举两得之计也。”[3]

在对待海口积沙问题上，靳辅也未拘泥于潘季驯之见。潘季驯认为，海口积沙无法疏浚，应让水流自行冲刷。靳辅则认为：“治水者必先从下流治起，下流疏通，则上流自不饱涨”，所以他“切切以云梯关外为重”[3]。他主张挑浚和筑堤相结合，加强对黄河入海口的治理，说：“自云梯关外以至海口，尚有百里之遥。除近海二十里潮大土湿之处无容置疑外，其余八十里之河身情况，俱与云梯关内无异。若不量挑浚以导之，量筑堤以束之，则黄淮合流出关之际，河身既窄而浅，两旁又坚而厚，大水骤至，不能承受归槽，势必四处漫溢。虽关外漫溢与运道民生无涉，然一经漫溢，则正河之流必缓。流缓则沙必停，沙停则底必垫。关外之底既垫，则关内之底必淤。”[3]

靳辅的治河思想，反映了他朴素的唯物主义思想，能够鉴于古而不拘泥于古。正如陈潢所言：靳辅“有必当师古者，有必当酌今者”，“总以因势利导，随时制宜为主”[4]。

（二）清代前期对“筑堤束水”的批评意见

清代前期，以靳辅为代表的主流派力主筑堤之说，但对“筑堤束水”的批评意见也十分尖锐。比较突出的有：筑堤束水有害论，黄淮合流有害论，开两河轮疏行水论等。

1. 筑堤束水有害论

清代，反对“筑堤束水”的人不少，对堤防的批评与明代后期杨一魁等人的意见相近。大体可以归结为：①筑堤不能从根本上解除洪水的威胁；②修堤工大费巨，岁修岁坏，劳民伤财；③筑堤加速主河槽的泥沙淤积，造成悬河，增大了洪水的潜在威胁。

由于以靳辅为代表的主流派力主筑堤之说，批评者对“筑堤束水”方略深受当时治河者的拥护也无可奈何。高宗乾隆年间（1736～1795年），陈法在说明其有堤不如无堤的观点时，不得不承认“束水攻沙”之说已深入人心。“河决也，虽数里之遥堤，无不立溃，亦何益乎？明知其无益而筑之不已，且再三筑之，守贾让之下策，为不易之良法。盖束水攻沙之说深中人心，其流毒未有已也。今奈何复踵其覆辙乎……无堤则水势散漫平衍，何由而决？即水大而河溢，旁河之地反得填淤，麦必倍收，不为患，此事理之至明者也，不然，古无堤而河不烦治，今堤防峻，河何以多决也！”[5]

堤防虽然存在一些根本的弊病，但在还没有更好的办法抵御下游洪水的时候，堤防的历史作用仍然是无法替代的。有了堤防，洪水危害的概率可以大大减少，人们可以在一定限度内控制河流，在一定限度内利用人力、物力同洪水灾害作斗争。因此，尽管对“筑堤束水”的批评很尖锐，堤防建设却始终在不断推进和完善。

2. 黄淮合流有害论

黄淮合流，以清刷黄，是清代治河的重要措施之一。但有人则不以为然，对“以清刷黄”的效果提出完全相反的意见。乾隆年间，陈法在《河干问答》一书中明确提出黄河与淮河“二渎交流之害”。他认为：“黄性湍急，故能刷沙。清水合之，其性反缓，其刷沙也无力。”因此，淮河的清水“不惟不能助黄，而反牵制之。且沙见清水而沉，是不惟不能刷之，而反停淤之”[6]。

一般地讲，浑水加入清水，泥沙稀释之后，可以提高水流的挟沙能力。但是，当达到高浓度含沙量时，输沙能力反而会减小。陈法的见解表明他对黄河高浓度输沙的特性已经有了初步的感性认识。

3. 两河轮流行水论

乾隆年间，在治河方略的争论中出现了一种新的主张，即在黄河下游开凿南北两条河道，轮流行水。当一条河槽行水时，对另一条河槽进行疏浚，疏浚好后备用。这样，使过水的河道始终保持稳定的比降和过水断面，足以容纳、排泄洪水而不致壅溃。赵翼提出这一方案，并具体指明两河的行经路线：一条“寻古来曹、濮、开、滑、大名、东平北流故道，合漳、沁之水入会通河，由清、沧出海”；另一条“就现在南河（即当时黄河在江苏境的一段）大加疏浚，别开新路出海”。他阐述说：“虽有两河，而行走仍只用一河，每五十年一换。如行北河将五十年，则预浚南河”，“及行南河将五十年，亦预浚北河”。这样轮流使用，轮流疏浚，则可“使汹涌之水，常有深通之河便其行走，则自无溃决之患”[7]。这无疑是一个大胆的设想。但问题在于，黄河五十年中在一条河槽内沉积的巨量泥沙如何能挖尽？挖出后又如何处理？由于这些问题难以解决，因此赵翼的方案未能引起

人们的注意。

（三）清代后期治河主张莫衷一是

清代后期，河道日趋梗阻，河政日益腐败，河防日渐松懈，黄河连年决口，泛滥横流。面对黄河日益险恶的形势，朝廷上下众说纷纭，治河意见莫衷一是。治河的关键在哪里，认识很不一致。有的说是河道淤塞，有的说是海口不通，有的说是洪泽湖淤垫，有的说是清口梗阻。由于认识不一，治理主张五花八门。

认为整治河道淤塞是治河关键的，仍主张坚守"以堤束水，以水攻沙"。仁宗嘉庆四年（1799 年），东河总督吴璥强调指出："去淤之法，惟在束水攻沙，以堤束水。"[1]

认为海口治理是治河关键的，主张在黄河入海尾闾段筑堤束水和人工改道。宣宗道光六年（1826 年），东河总督张井提出黄河入海段局部改河方案。"请由安东东门工下北岸别筑新堤，改北堤为南堤，相距八里十里，中挑引河，导河由北傍旧河行至丝网滨入海。"[1]"安东改河"之议，以后多次有人提出。

认为解决洪泽湖淤垫是治河关键的，主张挑挖清口与洪泽湖之间的引河。高宗乾隆四十一年（1776 年），江南总督高晋提出："惟有将清口通湖引河挑挖，使得畅流，汇黄东注，并力刷沙，则黄河不浚自深，海口不疏自治，补偏救弊，惟此一法。"[1]

认为治理清口是治河关键的，主张大修闸坝，蓄清刷黄。仁宗嘉庆十年（1805 年），两江总督铁保提出："河防之病，有谓海口不利者，有谓洪湖淤垫者，有谓河身高仰者。此三者皆可勿论。既惟宜专力于清口，大修各闸坝，借湖水刷沙而河治。湖水有路入黄，不虞壅滞，而湖亦治。"[1]嘉庆十三年（1808 年），太仆寺卿莫瞻菉提出："今治南河，宜先治清口，保守五坝。五坝不轻启泄，则湖水可并力刷黄。黄不倒灌，运河自可疏通。"[1]五坝指洪泽湖东岸高家堰大堤上的礼、义、仁、智、信五座减水坝。

这些治河意见各执一端，虽各有一定道理，但都片面，此时黄河的河道形势已不是治理一两个地方能够解决问题的。由于争论不休，始终提不出一个系统的治理方针和相应的治理措施，只能疲于应付连年不断的决口。

二、治江主张的讨论

明清时期，"湖广熟，天下足"，江汉平原和洞庭湖区是重点的农业经济区。由于长江荆江河段和汉江下游河段水灾频繁，严重威胁到江汉平原和洞庭湖区的安全，因此讨论治江者多以这一带为重点。

荆江河段从湖北枝城到湖南城陵矶，全长原为四百二十公里。以藕池口为界，又分为上荆江和下荆江。荆江河曲十分发育，是长江中下游最为险要的河段，经常发生决溢改道，历代治理最勤。自东晋永和年间（345～356 年）创建荆州金堤，以后随着主溜对河岸冲刷段的变换，历代相继分段兴筑荆江堤防。由于各州县堤防分段兴筑，荆江两岸有许多分流穴口。宋以前，荆江河道尚宽广，诸穴开通，江患较少。宋代，河曲进一步发育，堤防不断延伸，众多穴口相继湮塞或堵筑。明嘉靖二十一年（1542 年），堵塞荆江北岸最后一个穴口——郝穴，荆江大堤连成

一线，只留下荆江南岸的虎渡河口和调弦口向洞庭湖分流。明清时期荆江与洞庭湖形势图见图7－1。

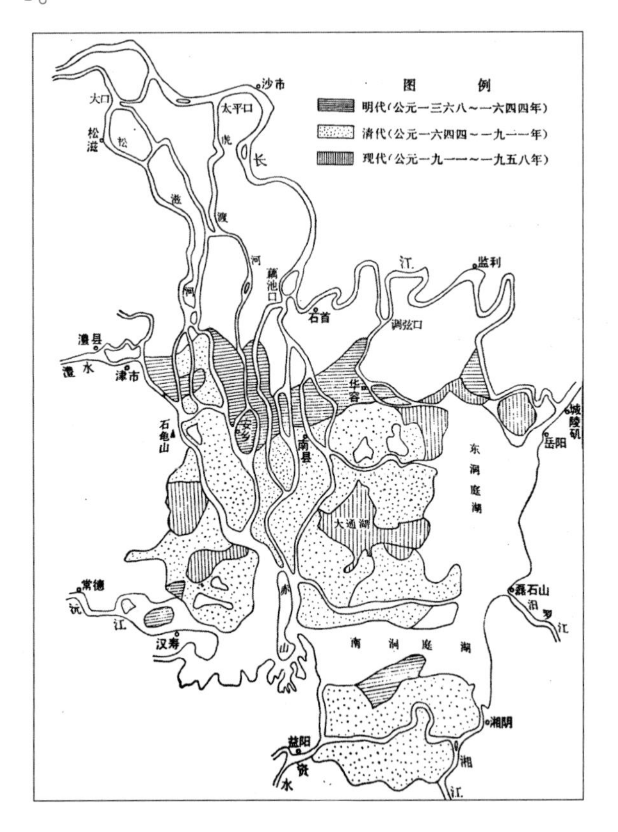

图7－1　明清时期荆江与洞庭湖形势图[8]

由于长江上游来水峰高量大，荆江河道宣泄能力不足，随着分流口相继堵塞，荆江堤防经常溃决成灾。清代关于治江首务的议论主要有：开穴分流，修守堤防，禁开山垦殖，禁私筑圩垸等几种。

（一）开穴分流

主张开穴分流者认为，荆江两岸原有众多穴口分流，“藉以分泄江流，防涨溢之患”，“宋以前诸穴开通，故江患差少”。[9]后代随着人口繁衍，扩大垦殖，穴口减少，所以元代又重开六口，明代重开二口。如今古穴口故道堙没，江患加剧。“为今之计，欲平江汉之水，必以疏通诸河之口为急务。”[10]

明末清初顾炎武著《天下郡国利病书》[11]，根据明代《湖广通志》论开穴口归纳了以下几点：

（1）“穴口所以分大江之流，必下流有所注之壑，中流有所经之道，然后上流可以分江澜而杀其势。……故穴口在南者，以澧江为所经道，以洞庭为所注壑。在北者，以潜、沔为所经道，以汉口为所泄地。”[12]

（2）“江水分流于穴口，穴口注流于湖渚，湖渚泄流于支河，支河泄入于江海。此古穴所以并开者势也。”[12]

（3）今湖渚渐平，支河渐堙，故道堙没，穴口多塞。而虎渡、郝穴二穴因有

支河会注，水道未堙，所以独存。

（4）“故荆南以开古穴为上策。然郝穴筑塞，而议开旧口，必先将支堤修筑就绪，然后开水门以受江流，方无东西泛滥之患。是穴口之有故道者，尚且开浚之难，况故道堙没者乎？”[12]

宣宗道光十三年（1833年）魏源著《湖北堤防议》，鉴于开浚穴口难，他主张因势利导，不堵决口，趁势浚支河，以便排泄；不复溃垸，任其成陂泽，以供调蓄。他说：“惟有相其决口之成川者，因而留之，加浚深广，以复支河泄水之旧，……惟乘下游圩垸之溃甚者，因而禁之，永不修复，以存陂泽蓄水之旧。”[13]

清代议治江者，多主张重开穴口，疏浚支河，分杀水怒，惟对重开哪些穴口，如何开穴口，争论不少。而荆江南北两岸之利害不同，往往成为争论的焦点。

道光末年监利王柏心著《导江三议》，在《浚虎渡口导江流入洞庭议》中建议南浚虎渡口。“因其已分者而分之，顺其已导者而导之，捐弃二三百里江所蹂躏之地与水，全千余里肥饶之地与民。”他主张对“已分者而分之”，不重开古穴口，也不新开穴口，只开浚尚存的南岸虎渡口，捐弃公安、石首、澧县、安乡等县水道所经之地，导江水入洞庭湖，而保全千余里良田，且节省堤防修守之费。他分析，虎渡河近于古江道，而公安、安乡本沮洳地，澧州多山，“江行公安而下安、澧，得洞庭八百里广大之泽”可供调蓄。惟虎渡口门过宽，束水无力，易淤积横决，需修治使口门宽不过三里，疏浚河道后再建遥堤，并免除水所经与泛滥处之粮额。他解释先不复北岸穴口是因为，“北岸数百里内无山，弥望皆平野耳，引河故道不可求，陂湖淤浅，水至既不能容，又不能去”[14]。他认为治虎渡是先解荆州之急，其后可浚调弦口，以后再通盘规划，南北各口并治。

宣宗道光二十八年（1848年）荆江两岸决口，王柏心主张留决口以分流。他说：“南决则留南，北决则留北，并决则并留。若以人力开凿之，役巨而怨重，孰敢任厥咎者？今幸天为开其途，地为辟其径，因任自然而可以杀江怒、纾江患，策无便于此者矣。”次年复大决，他仍主张“勿塞决口，顺其势而导之”[15]，认为迁民胜于修堤，修堤费巨，而一旦决溢危害更大。

宣宗道光三十年（1850年），江陵知县姜国祺在《申复疏宣水道禀》中提出，请修虎渡口，而不修虎渡河堤，不堵溃口，“任水所之，以畅其流，以杀其势”[16]。其说与王柏心同。南岸绅民驳弃溃堤议，提出堤防不能弃而不修，南岸圩垸不能无限容水；虎渡口宽只应疏浚，不能不治溃口；弃南堤无益于北堤。“南北均属赤子，又何以南为壑”，南岸灾民逃迁失所不能不考虑[17]。次年，江陵知县俞昌烈提出，虎渡口“自二十二年放宽之后，以数百丈大江之狂流骇浪灌注于数丈之支河，水以河窄而难容，堤以水壅而易溃”，请将支河口门束窄至原宽三十丈[18]。

其他主张荆江南分北堵者亦不少，但多为南岸所反对，并斥之为“舍南救北”。

文宗咸丰十年（1860年）藕池口决后，黄海仪著《荆江洞庭利害考》，主张恢复明嘉靖以前的穴口分流形势。他说：“江南诸口宜塞，惟虎渡禹迹仍旧；江北诸口亦宜塞，惟郝穴一处当浚。盖导江入湖，湖仍归江。”[19]即塞南岸诸口，只留虎渡口；堵北岸诸穴，应开郝穴。

除主张开浚荆江穴口外，道光年间亦屡议开浚汉水下游穴口。如宣宗道光十三年（1833年），御史朱逵吉提出："欲治江汉之水，以疏通支河为第一要策，而堤防次之。"他主张"疏江水支河，使南汇于洞庭湖。疏汉水支河，使北汇三台等湖。并疏江汉间之支河，使分汇于云梦七泽之间。然后堤防可得而固，水患可息"[20]。湖北、湖南地方官都以故道堙没、新开河道工程浩大等理由反对，结果只能维持已有的支河：荆江南岸的虎渡、调弦，汉北的牛蹄支河，汉南的通顺支河。

清代主张开穴分流者，也并非只要开穴分流，一概反对筑堵。仁宗嘉庆十一年（1806年），湖广总督汪志伊在《筹办湖北水利疏》中历数乾隆末、嘉庆初的江汉水灾，提出："其受害在上游者宜于堵，其受害在下游者宜于疏，或事疏消于防堵之先，或借防堵为疏消之用，通盘筹划，不徇一乡一邑之私见，使有此益彼损之虞。"他主张疏堵之法要因地制宜，通盘筹划。对上游水患应堵决、修堤，而对下游水患则应开河、疏浚。他举了两个事例作为说明。一是"钟祥、江陵、荆门、潜江四州县士民请开疏钟祥所属之铁牛关、狮子口等处古河，以分汉水之势"。经查，铁牛关、狮子口等古河自明代筑堤堵塞已数百年，河身淤高，若井河疏浚，不仅工程浩大，有碍城池田庐，而且其地在上游，开河后横溢直注京山、天门、汉川、应城、云梦等县，下游必受其害，"所请实不可行"。二是"天门县士民呈请堵塞天门县所属之牛蹄支河口门"。经查，天门县连年被淹，是因为上游钟祥堤工屡溃，而牛蹄支河原为分汉水之势，若塞其口反使汉水无从消纳，必致正河大堤漫溃，"亦不可行"[21]。

（二）修守堤防

长江大堤的兴筑始自东晋，至明清时期已经完备。清高宗乾隆五十三年（1788年）大决荆州万城堤后，荆江大堤的修筑和防守制度更为严密，要求不下于黄河。

清代治江的主导思想仍然是修守堤防。主张修守堤防者认为，开浚穴口虽有利于分泄江流，但"开穴之难，势有不行"。事实上，"荆郡沿江之穴八，一开于元，而得其六（郝穴、杨林、小岳、宋穴、调弦、赤剥），再开于明，而止得其二。今江陵郝穴久已闭塞，仅存者惟调弦一穴而已。然数十年江流安澜而无大涨决之害者，则全恃堤以为固也"。他们指出："百年以来，水道岁易月迁，非大者江堤，小者垸堤，多方捍蔽之，则国赋民生皆无所赖。"并进一步认为："古者疏于治堤，则不得不疏导穴口，以杀湍悍。今堤法日密，夹江上下，长堤之外，于极冲、次冲处所复筑重堤、月堤，以资捍御，堤苟无虞，则江可终古无患，何论穴口之通塞乎？"[22]

议治江者多认为江汉堤防不同于其他大河。道光年间江汉决溢频繁，议堤防利弊者不少，偏激者主张废堤，折衷者主张改筑，但主张加修堤防者仍为多数。以下仅述及认为长江堤防不同于其他大河的一些意见。

道光年间赵仁基著《论江水十二篇》，指出长江不同于黄河，江水量大，河道宽，以堤治水，工大费多，不能靠堤防"束水攻沙"。他提出："治江之计有二，曰：广湖潴以清其源，防横决以遏其流。"对于"防横决以遏其流"，他进一步阐述为："自汉阳而下至于海口，凡二千余里，两岸有山夹江对峙者十居六七。其山

下距江尚有余地者，悉以让之于江，使江水以山为限。其前后连属之山偶有断缺而中间地形较高江水不至溢入，即或泛滥而所至不远者，悉皆置之。其连属之山中有断缺、地势平衍、江水浸灌可以远及者，必为大防，使山与山相连；其地势平衍、山远不能连属者，则当就去水稍远、地形稍高之处为之，总使水不能远越而止。"[23]他主张是否筑堤应视地势而定，尽可能以山为防，堤防只起"防横决以遏其流"的作用。两岸有山时不必筑堤，将山麓到江之间的空地划作河道；两山之间的断缺，若地形较高，洪水不致大范围泛滥，也不筑堤；地势低、泛滥范围大的地段则筑大堤，堵住缺口。在无山可依的平原地区，在"去水稍远、地形稍高"的地方筑堤，"使水不能远越"。赵仁基的宽堤之说，是要"让地于水"。在人多地少的长江中下游平原地区，人们"与水争地"尚且不及，又怎么可能让江与山之间的大片肥沃土地重新沦为洪泛区。

王柏心在《导江三议》中力主废堤。他认为:"昔之为防者，犹顺其导之之迹，其防去水稍远，左右游波宽缓而不迫，又多留穴口，江流悍怒得有所杀，故其害也常不胜其利。后之为防者去水愈近，闭遏穴口，知有防而不知有导，故其为利也常不胜其害。"[14]以前的江堤"顺其导之"，去水较远，又有穴口分流，所以利多害少。现在的堤防离水近，又堵塞了穴口，只知有防不知有导，所以利不胜害。他认为长江防洪不能靠堤防，"以数千里汪洋浩瀚之江束之两岸间，无穴口以泄之，无高山以障之，至危且险，孰逾于此。况十数年来，江心骤高，沙壅为洲，枝分歧出，不可胜数。江与堤为敌，洲挟江以与堤为敌，风雨又挟江及洲之势以与堤为敌。一堤也，而三敌乘之，左堤强则右堤伤，左右俱强则下堤伤，堤之不能胜水也明矣"[14]。他主张开穴疏导，认为筑堤害民:"非江则害，堤实害之。堤利尽矣，而害乃烈。"[15]

宣宗道光二十年（1840 年），湖广总督周天爵上奏《查勘江汉情形酌拟办法疏》，首次明确提出荆江防洪应以南岸分洪、北岸固堤为主的治理主张。他认为，长江与汉水堤线太长，"一处疏防，百里为壑。纵每岁加高培厚，而极险地段，一坍数十丈，旋培旋圮，人力莫施。若仅恃筑堤，似属扬汤止沸，终非拔本塞源之计"[24]。

周天爵对长江提出了三条疏筑办法。他指出，荆江的险工主要在江湾，"湾处冲刷逼窄，溜趋一面，其险工倍难于汉水"。由于"水激成渊"，不易筑挑水坝，即便是强筑坝头，"亦不甚长，撑水无力。距堤十余丈，即若无堤者。然其坍卸，可以一年剥及堤根"。因此他建议，在对岸沙滩上游筑导水坝，开引河冲刷沙洲。对于堤防，他建议:"江工筑堤，宜并力于北岸，而南岸不可普施。"因为"北岸无山，而荆门、襄、郧所属数十州县万山之水，不入江与汉者，皆汇于江北岸之湖渚溪河"，"水大时，四五百里浩渺无际，而全赖一堤判隔江湖。堤堰不固，民不堪命矣"。因此，"江北岸非堤不可。"至于南岸，由于"江水自西蜀嵌束于万山之中，过枝江始得畅流，其水力正悍，必大分泄之，然后自荆之下流方得安轨"。而"长江南近洞庭，水多去一分，则江患轻减一分"。因此，应修虎渡河堤以分水，有江堤处也宜多留口门[24]。

周天爵对汉水也提出了三条疏筑办法。他指出：汉水"挟沙带淤，多湾多滩，

倍于大江……治之之法，多为挑坝”。他建议，在冬月水消之时筑坝挑水冲沙；若“前此设施未合机宜者，徒恃退挽月堤以避其险”，且为防百姓用以淤田，可建斗门控制；汉水下游多湖荡，“积年沉淹”，可在两岸低洼处建滚坝，“引渠以吸纳湖水”[24]。

周天爵将他的上述主张归纳为：“大江之中，以引坝剋沙夺溜为主，南岸分泄、北岸作挑坝堤堰次之。襄河之水，以挑坝撑溜刷沙为主，而堤堰之用石、用草作阧门次之。至滚坝宣泄湖水，其宜于江汉之间。”[24]

同治初，马征麟著《长江图说》，提出整治江湖水患的五项措施：“一曰禁开山以清其源，二曰急疏瀹以畅其流，三曰开穴口以分其势，四曰议割弃以宽其地，五曰修陂渠以蓄其余。”其中便无堤防。他赞同贾让的上中策：“开穴即贾氏（指贾让）之中策，割弃即其上策，必并行之。”他认为，堤防措施是“知私而不知公，见小而不见大，谋近而不及远，趋利而不能避其害”。堤防最初是用以防水侵袭，后来“堤防侵削壅遏之为害”，水受侵削束缚不能畅流，就泛滥成灾。人们又不断加高堤防，“河身愈积而愈高，塞之愈难，决之愈暴。北无所容，徙而之南；南无所容，徙而再北；南北并无所容，则江河所经在在皆为溪壑，其为祸患不堪设想”。因此，他不主张治江用堤防：“增堤塞溃，在前代或为下策，冀幸一时，自今日视之，直为非策矣。”[25]

（三）禁开山垦殖

宋元时期，人们已提及河流泥沙量增加是由于上源垦山。明代《湖广通志》指出：“近年深山穷谷、石陵沙阜莫不芟辟耕耨，然地脉既疏，则沙砾易圮，故每雨则山谷泥沙尽入江流，而江身之浅涩、诸湖之湮平职此之故。”[26]认为江身之淤、湖泊之堙都是上游水土流失的结果。清代，论长江水患持此类观点者不少，多主张禁上游开山垦殖、拦沙保土。

宣宗道光十一年（1831 年），湖广总督卢坤上奏《请调水利干员来楚修防疏》，指出：“迩因上游秦蜀各处垦山民人日众，土石掘松，山水冲卸，溜挟沙行，以致江河中流多生淤洲。民人囿于私见，复多挽筑堤垸，占碍水道。”[27]认为江汉频发水灾，是由于上游水土流失，导致中游“多生淤洲”，而百姓趁势挽筑堤垸，堵塞水道所致。这比明代的认识进了一步，已不是单纯的淤积。

宣宗道光十七年（1837 年），湖广总督林则徐上奏，明确指出汉水淤垫是由于上游大巴山森林地带的开垦。“自陕省南山一带，及楚北之郧阳上游，深山老林，尽行开垦，栽种包谷，山土日掘日松。遇有发水，沙泥随下，以致节年淤垫。”[28]

魏源在《湖北堤防议》中指出，上游垦山屡禁不止，汉水几成浊河。“秦、蜀老林棚民垦山，泥沙随雨尽下，故汉之石水斗泥，几同浊河，则承平生齿日倍，亦不能禁上游之不垦也。”[13]他在《湖广水利论》中进一步指出了上游水土流失与中下游圩垸的关系：“湖广无业之民，多迁黔、粤、川、陕交界，刀耕火种，虽蚕丛峻岭，老林邃谷，无土不垦，无门不辟，于是山地无遗利。平地无遗利，则不受水，水必与人争地，而向日受水之区，十去五六矣。山无余利，则凡箐谷之中，浮沙壅泥，败叶陈根，历年壅积者，至是皆铲掘疏浮，随大雨倾泻而下，由山入溪，由溪达汉达江，由江、汉达湖，水去沙不去，遂为洲渚。洲渚日高，湖底日

浅。近水居民，又从而圩之田之，而向日受水之区，十去其七八矣。”[29]上游水土流失造成中下游“洲渚”，“洲渚日高，湖底日浅”，近水居民“圩之田之”，遂成圩垸。

赵仁基在《论江水十二篇》中指出，连年大水灾，“水溢由于沙积，沙积由于山垦”。他分析，由于人口大量增长，垦殖已由平原到山陵。“古之耕者，平原广隰而已。今则平陆不足，及于山陵之田，层级垦辟而上，可以蓄流泉，植嘉禾，虽山田而与平陆同科。”由于开山垦殖要求不高，迅速蔓延，“其山形之陡峭者，流泉不能蓄，嘉禾不能植，于是种苞芦薯芋之属。不必耕地使平，因山之势斜行旁上，皆可下种，皆可有收。始而一二郡邑有之，继而数省有之。近且深山穷谷，人迹素罕，皆有户口错居其间，结草为棚，谓之棚民，无山不垦，无陵不植。……夫此开垦种植，既秦、蜀、楚、吴数千里皆是”。他说，这些棚民“谋开垦之利，自谓与人无患，与世无害”。殊不知，“山未垦之先，所生者树木，所积者草茅，……今将垦而为地，以种苞芦薯芋之属，则必锄削其树木，诛夷其草茅，使草尽土见，然后可以惟吾所植。……一遇霖雨，则数千里在山之泥沙皆归溪涧，而数千里溪涧之水又皆奔流激湍，转迁徙以达于江。江虽巨，其能使泥沙不积于江底哉？江底既积而渐高，复遇盛涨之时，其能使水不泛溢为患哉？”他进一步指出：“受病之始有其原，水溢由于沙积，沙积由于山垦是也；成病之后有其变，江涨而溜散，溜散而沙停是也。”由于泥沙长期的沉淀，“洲地日见其增，而容水之地狭矣；江底日见其高，而容水之地浅矣”。河势也相应发生变化，“向日江流宽不过十余里，兹则宽或百余里，或数十里。江水惟束之于地，则溜急而沙去。今乃以数十百里之宽，而使江流游衍其间，溜散则沙易停”[23]。

赵仁基提出，治江工大费巨，不易着手，而“目前之计”可行者为：“治江之计有二，曰：广湖潴以清其源，防横决以遏其流；治灾之计有二，曰：移灾民以避水之来，豁田粮以核地之实。”他认为：“清江之源，当申山之禁。”但禁山之举关系到上游数百州县、数千万民众的生活，难以实行。既然上游不能禁开垦，只有“广湖潴以清其源”，保持中游的湖泊蓄水沉沙。“今虽不能使尽复湖潴之旧，亦宜令夹汉居民勿复与水争地。未有之垸永禁私筑，已筑已溃之垸不许修复，庶几让地与水，使之纡回其间，泥沙稍停，江不受害。其洞庭、鄱阳诸湖虽能澄水使清，而湖底日高，不能蓄水，久之亦为江患。补救之法，亦惟有使四围居民勿侵湖地，使之宽为游衍，以缓其流。沿江小水既多，势不能一一施治，宜随地相度，视其泥沙尤重者，为陂以障之，使水既澄而后入江，以纾江底之患。”他说：“此或上游利害所由补救万一之术也。”[23]

马征麟在《长江图说》中指出，长江上游诸省，“深山穷谷，石陵沙阜，悉加垦辟，以为尽地力”。实不知自然界各司其职，山之利在林木，“山川原隰，各有其利。山之所利，在于竹木茶果，而不在于菽麦稻粱，此所贵于通功易事也”。如今，“山居之民，莫不髡秃其山，烧薙而犁锄之。究其收成，殊为瘠薄。而土脉疏浮，沙石迸裂，随雨流注，逐波转移”。山民们为了些许瘠薄的收成，不惜毁林开山，引起水土流失，是以贫瘠山地取代平原肥沃良田。“其沙石之重者，近填溪谷；其泥滓之轻者，荡积而为洲渚，平湮湖泽，远塞江河。溪谷填，则近山之田亩受其漫压。江河塞，则近水之田亩遭其漂荡。湖泽湮，则既虞水溢，旋虑旱干。山民之所利甚微，而原隰膏腴之产罹害何穷?”他进一步指出了上游开山和下游围田之弊在于:“围田之弊，贪其肥淤而害及井牧；开山之弊，苦其硗瘠而致废膏腴。围田者见利之在前，而不知害之在后也。开山者损材木自然之利于己，而显贻耕凿之害于人。”他主张:“开山、围田皆有例禁，而开山之禁尤当致严于围田也。”[25]

因此，马征麟在他提出的治江五法中，将“禁开山，以清其源”列为首务。为了解决禁山不易的难题，他提出禁垦后由下游受益户对原有山民补偿的办法:“须计现在山居户口，责于山水所及农田之家，均派以平其籴，示以年限，俟其竹木树艺之利既成而后已。其后时人山者，不得援以为例。”[25]

（四）禁私筑圩垸

虽然太湖流域南宋已有“废田还湖”之说，但至明代长江中游这种议论还不多。清代，湖南、湖北圩垸大增，毁私垸几乎成为治江者的共同意见。

宣宗道光五年（1825 年），御史贺熙龄上《请查濒湖私垸，永禁私筑疏》，记述了私垸的兴起和屡禁而不止。“自康熙年间，许濒湖居民各就湖边荒地，筑围成田。……嗣因居民增筑无已，占湖愈多，湖面愈狭。是以乾隆年间，经抚臣蒋溥、杨锡绂、陈弘谋先后奏准，永禁新筑，刨毁私围。”[30]高宗乾隆二十八年（1763 年），朝廷令地方官“每年亲行查勘，间一二岁，即将有无占筑情况，详悉具奏，永以为例”。后“查禁稍疏，民间复多私筑”[30]。仁宗嘉庆七年（1802 年），巡抚马慧裕勘查长沙各州县，续报私垸九十四处，仅刨毁三处，令其余私垸如遇水涨冲溃，不准复修。“然小民趋利，既不肯听其坍塌，不行补筑。而近来地方官复意存姑息，凡有私筑，不肯究办。上司间或委员查勘，亦第受规费而去。”[30]因此，私垸屡禁而不能止。

魏源在《湖广水利论》中指出:“为今之计，不去水之碍而免水之溃，必不能也。欲导水性，必掘水障。”[29]他主张，不论官垸、私垸，只要是碍水的垸就应当毁弃。“今日救弊之法，惟不问其为官为私，而但问其垸之碍水不碍水。其当水已被决者，即官垸亦不必修复；其不当水冲而未决者，即私垸亦毋庸议毁，不惟不毁，且令其加修、升科，以补废垸之粮缺。”[29]毁碍水之垸是为保更多不碍水的垸。“毁一垸以保众垸，治一县以保众县。”[29]他进一步指出:“欲兴水利，先除水弊。除弊如何？曰：除其夺水、夺利之人而已！”[29]他强调，要毁弃碍水之垸，就该“劾玩视水利之官，治私筑豪民之罪”[29]。他断言:“苟徒听畏劳畏怨之州县，循俗苟安之幕友，以姑息于行贿舞弊之胥役，垄断罔利之豪右，而望水利之行，无是理也。”[29]如不治人，水利难兴。试问，“人与水争地为利，而欲水让地不为害，得乎?”[12]

马征麟提出的治江五法，重点在禁开山和禁围田。他禁围田的措施是“议割弃以宽其地”和“修陂渠以蓄其余”。主张损少而利多，割弃碍水之圩垸而宽河道，陂障沼泽之地而蓄洪。

由于禁私垸之难，即便朝廷屡下禁令，圩垸仍愈筑愈多，因此，主张禁筑新垸和旧垸冲溃不准修复的折中意见较多。

三、海河治理的不同意见

清代前期，为了京城的安全，加强了对流经京城附近的永定河的治理，导致海河流域防洪形势严峻，出现了各种海河治理的不同意见。

（一）清代海河流域的防洪形势

海河洪水主要由暴雨形成。发源于太行山和燕山山麓的支流坡陡流急，挟带大量泥沙淤积下游河道；河流进入平原后，坡度陡降，河水消泄不畅。海河五大支流汇聚天津入海，洪水互相顶托，加剧了防洪的困难。宣宗道光四年（1824年），主持海河治理的程含章对海河防洪的不利自然形势有简要的归纳。他说："查直隶枕山近海，……枕山则雨水陡泄，挟沙带泥；近海则众水朝宗，地形洼下，平原广野则河水停积，消泄不速。故其受水患也独深。"[31]王善橚也说："尝观畿辅之间，冬春水涸，大泽名河多可徒涉；一遇伏秋，山水迅发，奔腾冲突。"[32]

在海河水系五大支流中，大清河和南北运河较为稳定，防洪矛盾不甚突出。子牙河自明代建西岸大堤后，下游汇入文安洼和东淀，再由海河入海，对海河防洪尚无大害。只有永定河含沙量大，善淤善徙，决溢频繁，所经又是政治中心区，防洪问题最为复杂。

永定河下游河道变迁的总趋势，是由北而南，再由南而北的摆动。元代，永定河出石景山后，东南至武清，再入三角淀。明代河道西移，主要流经固安、霸州一线以西，沿途州县各自建有防洪堤，但未成系统。水大时漫溢出槽，泥沙沉积于农田，清水汇集入淀，防洪问题仅限于本河，对海河水系影响尚小。清朝初年，社会动荡不安，京畿地区居民大量逃亡，加上内忧外患，朝廷无力顾及永定河的治理。据《清史稿·河渠志》载："永定河汇边外诸水，挟泥沙建瓴而下，重峦夹峙，故鲜溃决。至京西四十里石景山而南，迳卢沟桥，地势陡而土性疏，纵横荡漾，迁徙弗常，为害颇钜。于是建堤坝，疏引河，宣防之工亟焉。"[33]历代永定河变迁示意图见图7－2。清初永定河下游河道经行示意图见图7－3。

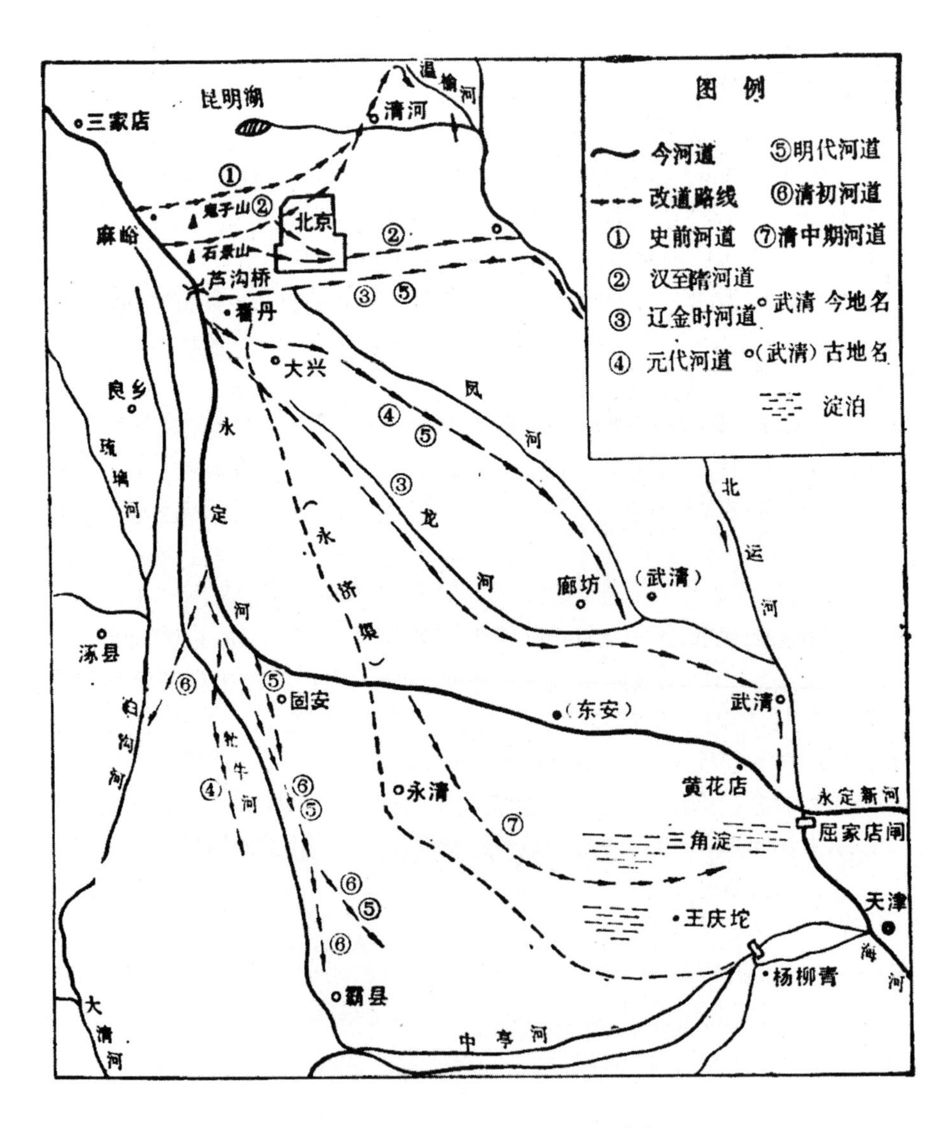

图 7－2　历代永定河变迁示意图[34]

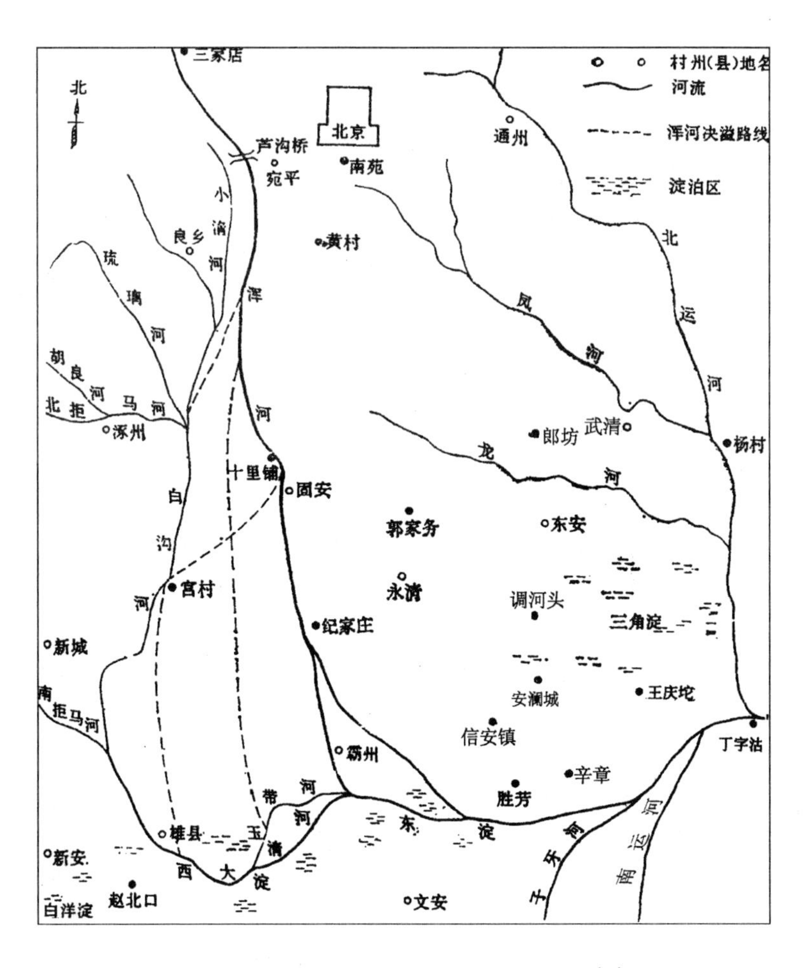

图 7－3　清初永定河下游河道经行示意图[35]

圣祖康熙三十七年（1698 年），为了稳定浑河，命“巡抚于成龙疏筑兼施，……浚河百四十五里，筑南北堤百八十余里”[33]。筑堤淤淀后，永定河的防洪形势明显好转，但海河流域整体防洪形势却趋严峻。筑堤后，永定河所挟带的大量泥沙长驱直入，逐渐淤积阻塞了自白洋淀（西淀）东下的大清河流路；东淀水位抬高后，南运河堤岌岌可危；淀泊淤塞，永定河河身也不断淤高，尾闾摆动加重。“于是淀病而全局皆病，即永定一河亦自不胜其病。”[36]世宗雍正三年（1725 年），遂将永定河向东另辟入海路径，以东淀西北之三角淀取代东淀作为永定河的淤沙库。仁宗嘉庆六年（1801 年），东淀水位过高，从独流镇至天津杨柳青一带穿过南运河向东入海，漕运因而受阻，海河入海尾闾的淤积显著增加。

清代海河防洪形势的严峻也与本地区经济开发和人口繁衍直接相关。高宗乾隆初年（1736 年），著名学者方苞在论述永定河水患加剧时提到其社会因素。康熙三十七年（1698 年）永定河筑堤入东淀之前，洪泛区“室庐甚少”；而筑堤之后，“民皆定居，村堡相望，势难迁徙”[37]。

淀泊是海河蓄滞洪水的关键，尤其是白洋淀（西淀）和东淀的蓄洪作用。“举畿辅全局之水，无一不毕潴于兹，以达津而赴海。则其通塞淤畅，所关于通省河渠之利害者，岂浅鲜哉。”[36]淀泊在水大时蓄水，水小时淀边土地涸出。滨水百姓

"惟贪淤地之肥润，占垦效尤，所占之地日益增，则蓄水之区日益减。每遇潦涨，水无所容，甚至漫溢为患。在闾阎获利有限，而于河务关系匪轻"[38]。白洋淀出口由赵北口桥向东经中亭河入东淀，至雍正年间已十淤其九。其中的一个原因就是，"桥西所有河道，被民间夹取垡泥垫成园圃，占碍河流之所致"[39]。

（二）永定河治理方略的讨论

永定河上游坡陡流急，中下游迁徙无定，含沙量高，洪枯水量变幅大，从康熙中期至乾隆末年，对永定河治理方略的讨论甚多。据当代学者贾振文、姚汉源先生研究归纳，主要有如下治理主张：筑堤束水，以水攻沙；河淀分治，水利营田；宽筑遥堤，落淤匀沙；改移下口，分泄洪流；回复南流，不治之治；上拦、中泄、下排，全面治理；疏浚河淀等[40]。

1. 筑堤束水，以水攻沙

由于永定河含沙量大，淤积严重，"筑堤束水，以水攻沙"，成为清代占主导地位的治理主张，康熙皇帝是这一主张的主要代表。他曾二十多次巡视永定河，亲自指导治理工作。

圣祖康熙三十八年（1699 年），康熙帝"巡视永定河堤，至卢沟桥以南，谕原任河道总督"时，指出:"此河性本无定，溜急易淤，沙既淤则河身垫高，必致浅隘，因此泛溢横决。……今欲治之，务使河身深而且狭，束水使流，藉其奔注迅下之势，则河底自然刷深，顺道安流，不致泛滥。"[41]

为实施"束水攻沙"方略，康熙三十七年（1698 年），即命总河于成龙主持大规模整治永定河。首先，浚河百四十五里，改河东流。"自良乡老君堂旧河口起，迳固安北十里铺、永清东南朱家庄，会东安狼城河，出霸州柳岔口三角淀，达西沽入海。"[37]然后，从卢沟桥以下至永清之朱家庄全长二百余里河道的两岸筑堤，南岸堤长一百一十余里，上接卢沟桥附近石堤，下至永清县郭家务村；北岸堤长约一百三十里，上接卢沟桥石堤，下至永清县卢家庄[33]。工程完工后，康熙帝赐名永定河。为了加强"束水攻沙"的效果，两岸大堤间距上宽下窄。为了减轻下口的淤积，康熙三十九年（1700 年），又"命河督王新命开新河，改南岸为北岸，南岸接筑西堤，自郭家务起，北岸接筑东堤，自何麻子营起，均至柳岔口止"[33]，将永定河下口改由柳岔口入大清河。为了"引清刷浑"，康熙四十年（1701 年）在今金门闸以南建竹络坝一座，"俟永定河将涸时，将牤牛河水逼入永定河，接济冲刷"[41]。康熙三十七年永定河筑堤改道示意图见图 7－4。

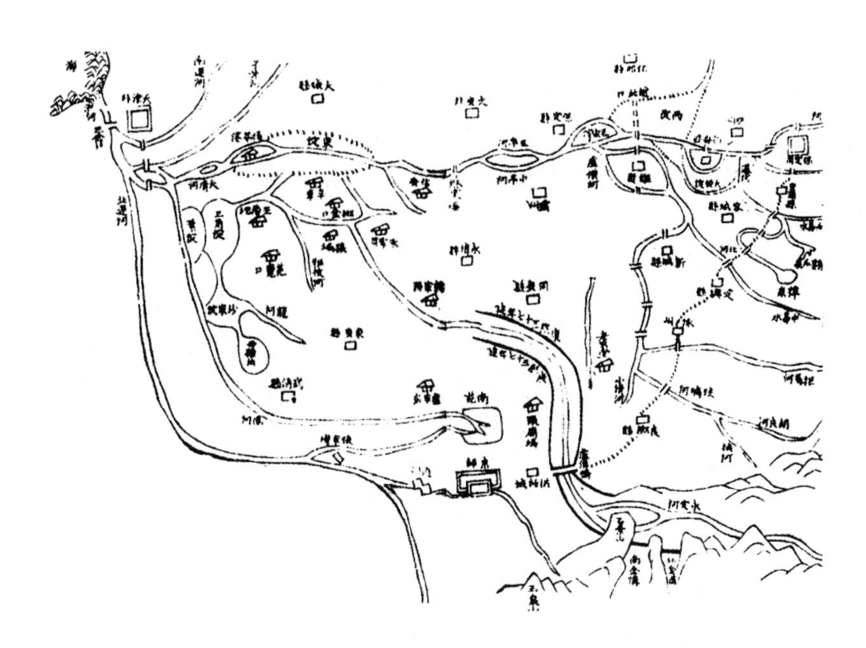

图 7－4　康熙三十七年永定河筑堤改道示意图[42]

永定河系统堤防形成后，稳定了河道，使洪水自然漫流、河道迁徙无定的状况得以控制。“自是浑流改注东北，无迁徙者垂四十年。”[33]康熙帝运用“束水攻沙”和“引清刷浑”等治黄经验治理永定河，是希望从永定河的治理实践中探求治理黄河的办法。他说:“此河告竣，则黄河亦可仿此修之。”[41]

对“筑堤束水”、改河东流方略，不论在当时或是后来，均有较大争议。反对者认为，永定河不同于黄河，黄河下游直达海口，而永定河下口入淀归津才能达海。“筑堤束水，以水攻沙”，虽能减轻永定河河道的淤积，但泥沙却集中沉淀淤塞了下口起调蓄洪水作用的天然淀泊，不仅加重了永定河尾闾的摆动，而且对海河水系整体有害。

2. *河淀分治，水利营田*

这一主张的主要代表为雍正年间的怡亲王允祥。康熙三十七年（1698 年）永定河筑堤后，下游进入东淀，不仅导致东淀严重淤积，缩小了淀泊调蓄洪水的能力，而且阻断了大清河泄水路径，致使直隶洪灾较重。怡亲王允祥注意到河淀相互影响、相互制约的关系，提出“治直隶之水，必自淀始”的意见，把海河治理方略从单纯着眼于治河，转移到河淀分治上来。允祥指出:“凡古淀之尚能存水者，均应疏浚深广，并多开引河，使淀淀相通；其已淤为田畴者，四面开渠，中穿沟洫，洫达于渠，渠达于河、于淀，……周淀旧有堤岸，加修高厚；无堤之处，量度修筑。”整治能容水的淀泊，扩大其调蓄洪水的能力；对已淤塞的淀泊，则进行水利营田。他建议，将永定河由柳岔口向北到王庆坨入三角淀归淀河，过丁字沽入海河；子牙河入淀河达津归海，使这两条多沙河流与东淀脱离，分道东流，走淀河入海河，“使河自河，而淀自淀”[43]。

雍正三年（1725 年），怡亲王主持治水，大学士朱轼协助。他们认为:“水聚之则为害，而散之则为利；用之则为利，而弃之则为害。”[44]他们“引浑河别由一道入海，毋使令入淀”[33]，将永定河下口改由柳岔口北，从郭家务导引入三角淀，归淀河达津入海；接筑两岸大堤，并筑子牙隔淀堤，使子牙河入淀河达津归海。同时筑围淀遥堤、隔淀坦坡堰，在京畿地区掀起了规模巨大的水利营田热潮，营田近六千余顷，将除水害与兴水利结合起来。雍正年间畿辅水利营田成绩示意图见图7－5。

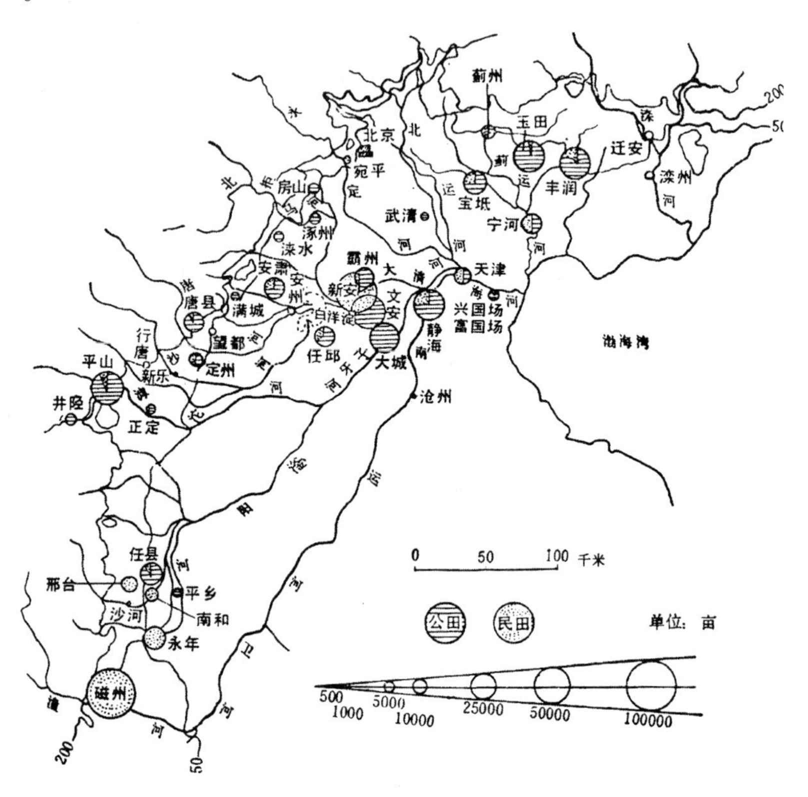

图7－5　雍正年间畿辅水利营田成绩示意图[35]

但这一方略的实行有较大的局限性。将永定河下游从东淀向东移至三角淀，只是把淤积部位转移到三角淀。为了维持淀河水位高于河水，下游每年需要设河兵民夫挑浚，费大工巨，淀河淤积仍在所难免。因此，在改永定河入三角淀后不足十年，“三角淀所余无几……若经汛之后再淤而南，则清水无路归津，……此目前之大患，全局之深病也”[45]。

3．*宽筑遥堤，落淤匀沙*

这一主张的主要代表是乾隆初年的吏部尚书顾琮。经过康熙、雍正两朝的整治，永定河系统堤防形成并逐渐巩固，河槽相对稳定，但河床淤积加快，决溢的威胁增大，决口后的堵复困难。乾隆初年，顾琮主张在永定河下游两岸宽筑遥堤，让洪水在宽阔的地带散漫落淤。顾琮认为，永定河未筑系统堤防之前，水大时散漫于数百里之远，深不过尺许，浅不过数寸，水退后，沙淤肥地，可收一水一麦之利。而筑堤后，永定河宽不过二三里，狭不过数十丈，既难以容受洪水，又无助于沉沙。他指出，在多沙河流，“筑堤防水则可，若以堤束水，是与水争地，而贻后患也”。他进而提出：“治浊流之法，以不治而治为上策，如漳河、滹沱等河之

无堤束水是也。此外，惟匀沙之法次之，如黄河之遥堤。”而如今，“永定河既然有堤，难言不治之治，惟用此匀沙之法，以图徐成”[46]。他建议，仿照黄河宽筑遥堤，让洪水退落时在遥堤之间落淤。南北遥堤的间距“连新改河身共留宽十里内外”，下游“并入清河与诸水会流”，仍由淀河归津达海。同时，将圈入遥堤之内的城镇、村庄迁移堤外，或用堤围护起来[46]。

顾琮这一主张的实质是“不与水争地”，同时还有在更广区域内处理泥沙的思想，以减少主河槽的泥沙淤积。他的主张提出后，引起了很大反响。桐城派著名学者方苞和辅佐怡亲王治水的陈仪等人均赞同这一主张。天津道陈宏谋也赞同说：“一查浑水，以无堤为上，让地为次之，皆不与水争地也。永定河业已有堤，一时难言尽废。惟用贾让策，于两岸之外，远筑遥堤。”[47]不过，他主张遥堤间距更为宽大，并提出待河水澄清后再入淀泊，使海河尾闾不致淤塞。

反对者则认为，遥堤筑成后，河流约束力减小，河道淤积量增加；堤距展宽，河流摆动加大，若主溜逼冲遥堤，易致溃溢；遥堤内居民的保护与迁移难以解决。由于双方争执不下，顾琮宽筑遥堤方略未能实施。

4．改移下口，分泄洪流

持这一主张的是大学士鄂尔泰。高宗乾隆二年（1737 年），鄂尔泰不同意顾琮宽筑遥堤的主张，他认为：“永定河之所以为患者，独以上游曾无分泄，下口不得畅流，经行一路，中梗磅礴，以故拂其性而激之变耳。”[48]因此，他主张移下口，改入淀河：“于半截河堤北改挑新河，即以北堤为南堤，沿之东下，入六道口，经三角淀，北至清沽港，西入河头大河”；同时，在卢沟桥以下南北两岸建减水坝，分泄洪流，以求达到“合清隔浊，条理自明”[48]。鄂尔泰的“下改中分”方略实施后，因新河线路地势低洼，积水过多，减水坝坝顶高程设计不合理，分流改道未能奏效。

乾隆十四年（1749 年），永定河下游河床淤高已接近两岸地面高程。直隶总督方观承指出：“就现在堤堰加倍高厚，则河身必致淤垫，行见河身日高，堤堰亦随之日长，束水而出之平地之上，长此不已，将复安穷。”[49]他提出“改移下口”，建议在鄂尔泰所开半截河故道改道下口。但乾隆皇帝认为，“加高堤堰固属治水下策，而挖改河口，亦未易轻言”[49]，而未予批准。乾隆十五六年，永定河多处溃决，并夺溜改道，方观承进行了顺流整治。乾隆二十年（1755 年），方观承提议并主持了永定河下游较大规模的改道，利用下游天然淀泊作为滞洪容沙区，“改下游由调河头入海”[33]。“改移下口”虽缓和了河槽淤积形成地上河的危机，却又加速了淀泊的淤积。

5．回复南流，不治之治

乾隆初年，直隶总督孙嘉淦认为永定河下游和淀泊的淤积是筑堤改河所造成的，主张回复南流故道。“永定河历年既久，下口屡经淤壅，亟应改移于固安城南、霸州城北，以顺其南趋之势，而引河两岸不设堤防，此实以不治为治之上策也。”[50]乾隆五年（1740 年），“孙嘉淦请开金门闸重堤，浚西引河，开南堤，放水复行故道”[33]。改河南行，两岸不设堤防，利用原有高于地面的旧河床作为防止洪水向北漫溢的天然屏障。次年，永定河放水南行后，两岸灾情较重。乾隆皇帝下

谕自称:“朕与孙嘉淦不能辞责也。”[50]顾琮分析其失败之原因为：散水匀沙区内居民增多，落淤区域减小；下游仍入东、西淀，淀淤废，漫溢加重；不设堤防，必然漫溢成灾。[50]回复南流失败后，即将金门闸引水口堵闭。但回复故道的主张，嘉庆时期又有人提出，与“不治之治”不同的是两岸要加筑堤防。

6. *上拦、中泄、下排，全面治理*

乾隆初年，对永定河治理的意见众说纷纭，莫衷一是。与此同时，先后采取多种工程措施，对下游河道进行了多方面的整治，为全面治理方略的提出奠定了基础。全面治理的思想到高斌治河时才开始形成。乾隆六年（1741 年），直隶河道总督高斌在对永定河上中下游河道实地查勘后，提出“上拦、中泄、下排”全面治理方略。

高斌的“上拦”是指在上游“所经宣化之黑龙湾（今响水堡水库一带），怀来之和合堡（今官厅水库附近），宛平之沿河口（今丰沙线沿河城）”三处山口，“就近取石，堆叠玲珑水坝”。同时，兴建上游引洪淤灌工程，以减少下泄水量沙量，并灌溉农田。他指出，在上游兴建这些拦洪滞沙的工程设施，“以勒其汹暴之势，则下游之患，可以稍减”[51]。高斌选择的坝址，从现代工程地质的角度来看，也较为合理。但由于当时工程技术水平和筑坝材料的限制，玲珑坝的拦洪拦沙对改善整个河道的情况仍起不了太大作用。

高斌的“中泄”是两岸修建分洪减水坝，以减少河槽中的洪峰流量。他说:“各坝宣泄汛涨，一年不过数次，一次不过数时，因堤为固，及分而止，不但田庐全无患害，且于肥淤大有利益。”[51]因此，他将鄂尔泰修建的金门闸减水石坝过水石龙骨降低，以达到能在汛期泄洪的要求。另外，增设减水坝，疏挖引河，既扩大分洪流量，又可将泄出之水由引河引走，实施放淤。

高斌的“下排”是下口避淀趋河，直达大河。雍正四年（1726 年）永定河下口改入三角淀后，三角淀逐渐淤高，使水无出路。高斌认为:“熟筹全河机宜，惟在使尾闾通畅，下不壅则上不溢，自然安流循轨。而下口之路必令通达大清河，顺溜急趋，始可收通畅之效。”因此，他提出下口应避淀趋河的主张，建议在下口开挖十八里长的引河，“藉天然坚实积淤之堤岸，挽郑家楼北折之水，乘建瓴之势，直注大清河”[51]。

乾隆三十七年（1772 年），工部尚书高晋、裘曰修和直隶总督周元理进一步完善了中下游的治理措施。提出:“救弊之法，惟有疏中洪、挑下口，以畅奔流，筑岸堤以防冲突，浚减河以分盛涨。”[33]

高斌“上拦、中泄、下排”的治理方略，是对一条河流全面规划、综合治理的初步尝试。特别是他提出在上游“层层截顿，以杀其势”的主张，在上游兴建拦洪、滞沙、淤灌等工程设施的思想，突破了历来治河只治下游、不问上游的局限，具有现代流域梯级开发的含义。尽管由于当时工程技术水平的限制，发挥的作用不大，但给后人留下了有益的启示。

7. *疏浚河淀*

这一主张在雍正年间允祥的“河淀分治”中提及并实行过，但一直不占主导地位。乾隆后期开始盛行，一度成为永定河治理的主导方针。乾隆三十六年

(1771 年)，永定河大水，南北二工漫一百七十余丈。两江总督高晋、工部尚书裘曰修和直隶总督周元理复勘后上疏指出："永定河所患，在于水停沙淤，河床淤高，致旁趋为害。"次年，裘曰修、周元理再次上疏，进一步分析，"永定河水性浑浊，夹沙而行，与黄河相等。但黄河不烦转输，直达于海。此则入淀穿运，然后达海，是以较黄河尤为难治。然黄河绵长数千里，此则二百余里内，人力犹有可施"，因此采用疏浚之法会有成效。他们批评，"向来河官止讲筑堤，不言浚河"。呼吁，"此下口之疏浚，在今日不可不亟讲也"。当时经批准，刊立石碑，将疏浚之法定为永定河永久治理之策，从每年岁修经费中拨出疏浚上口、中泓款，"水落之后，或有淤沙停积，用新设浚船挑浚，按工汛之险易，酌为分拨"。并明命："一切淀泊，毋许报垦升科，并不得横加堤堰。"[52]

嘉庆年间，吴邦庆重申疏浚之说。他认为，乾隆年间的疏浚"重在淀而不在河"，主要着眼于维持淀泊的蓄水容积，由于疏浚工程量大，难以取得明显的成效。鉴于"河淀淤浅至今已极，权宜补救"，他建议恢复疏浚，"今宜于专其力于淀中之河，而分其力于河旁之淀"[53]。

疏浚法立足于在河道下游挑挖淤积的泥沙，因此是对付泥沙淤积最直接的办法，也是最没有办法的办法。在多沙河流，疏浚法的作用只能是局部的、暂时的，对整个河淀的改观作用不大。

(三) 海河流域的防洪方案

康熙三十七年(1698 年)永定河筑堤淤淀，加剧了海河水系的防洪矛盾。自雍正以后，研究海河流域防洪方案不乏其人，先后提出过支流分散下泄、河淀分治、散水匀沙、疏浚河淀等方案。因河淀分治、散水匀沙、疏浚河淀等方案均为永定河治理方略，已如前述，本目仅记述支流分散下泄方案。

支流分散下泄方案是鉴于海河水系的永定河、子牙河、大清河和南北运河五大支流"众水朝宗"的不利汇流形势，强调将支流洪水分散下泄。

雍正十年(1732 年)，陈仪著《直隶河渠志》，指出："直隶之水，源派繁多，不可胜纪。迨其沦为大泽，汇为巨川，则约略可数矣。朝宗辐辏，厥为一途。"因此，他提出："欲治直隶之水者，莫如扩达海之口；而欲扩达海之口者，莫如减入口之水。"他赞同怡亲王的"于南、北运河，建坝开河，减水分流，使之别途归海"。他认为，只有使"入口之水减，则达海之口宽，而把北之永定、南之子牙、中之七十二清流乃得沛然入三岔口而东注"[54]，从而缓解下游的防洪压力。

近百年后，吴邦庆对此表示质疑。宣宗道光三年(1823 年)，他指出："是以南北运各设减河，皆所以减入口之水也。然此止减南北运之水耳。"但海河洪水主要来自永定、子牙、大清诸水，"七十二清河之汇于东淀；滹沱、滏阳、大陆、宁晋二泊之汇于子牙，专以三岔河(海河上口)一线为尾闾，独无法以减之乎？何公之未尝言及也？岂当时淀泊尚不似今日之淤浅，止此已足分其势而畅其流耶？"[55]

既然南北运河分泄入海对解决海河水系洪水作用不大，人们开始寻求永定河和子牙河的分泄途径。

乾隆初年，大学士鄂尔泰主张改移永定河下口，于永清县半截河堤北改挑新河，同时在卢沟桥以下南北两岸兴建分洪减水坝，分泄洪流[33]。

乾隆十四年（1749年），直隶总督方观承建议在鄂尔泰所开半截河故道改道下口。乾隆二十年（1755年），方观承提议并主持了永定河下游较大规模的改道，由调河头入海[33]。乾隆三十七年（1772年），方观承又提出了永定河从塌河淀泄水的设想[56]。

宣宗道光三年（1823年），程含章主持治水时指出："查天津为众水会归之处，全省之尾闾也。现止有海河一道消水入海。每至盛涨消泄不及，辄汪洋一片，淹没数百里，为害甚巨。应请多其途以泄之，使众水分道入海。"他提出："分泄之法，其要有三。"主要一路为"泄北运、大清、永定、子牙四河之水，使入塌河淀"，再入七里海，入蓟运河，以达北塘入海，相当今之新开河和金钟河一线；另两路分别为北运河、南运河下泄通道[57]。

近代，总督李鸿章于德宗光绪七年（1881年）对海河各支流开浚减河分泄洪水也提出了具体建议[58]，并于十七年付诸实施。直至20世纪60年代开挖永定新河、子牙新河等分洪河道，才彻底改变了海河"众水朝宗"的不利局面。

四、对珠江防洪的认识

珠江水系支脉众多，主要支流有西江、北江、东江。区内地势西北高，东南低。西江源远流长，北江短促，东江上游约束于群山之间，三江下游缺乏湖泊调蓄，洪水聚集珠江三角洲，往往泛滥成灾。清代，珠江三角洲防洪问题成为本地区的重要问题。

道光初年，著名学者凌扬藻在《粤东水利》一文中记述了番禺人方恒泰对珠江水灾和防洪的认识。方恒泰认为，珠江三角洲前代水灾较少，是因为"海口宽，河面阔"。随着海滩围垦渐盛，"增一顷沙田，即减一顷河面。田愈多，河愈窄，沙愈滞，水愈高，近水村庄不得不筑基围以自卫"。但基围无计划地大量兴筑，进一步削减了河道的行洪断面，加上洪水受海潮顶托，堤围经常溃决。"围筑遇涨，而奔驰益紧。涨大逢潮，而冲激尤横。潮与涨敌，而坚围溃矣"[59]。这时人们只知再加高培厚堤围，河再淤高，滩地再围垦，如此恶性循环。

方恒泰指出，珠江防洪"自应究其致患之所以然"。针对上述致患之原因，他提出西江分流、北江疏浚、禁止围垦的治理方案。鉴于西江水量最大，他建议从西江主要支流新兴江上游向南开河三十里，由汉阳江入海，同时加宽浚深新兴江和汉阳江，就能减排西江四成水量。对于三角洲地区，他建议疏浚北江之芦苞涌及下游的横江沙、雷公沙、佛山沙腰等水道，促使洪水顺利下泄，同时严禁继续围垦，以免泄水河道进一步恶化[59]。宣宗道光十三年（1833年），冯志超也提出了开河分泄西江洪水的建议。由于新开分洪河道中间有高山阻隔，施工困难，分洪方案未能实行。

第二节　清代的防洪工程建设

清代，人口大量繁衍，江河上游的山丘林地普遍垦殖，中下游河湖滩地围垦

加快，大江大河的洪涝灾害加剧，各大江河均兴建了大量的防洪治河工程。

一、黄河的治理

潘季驯治河以后，明代后期在治河方略上一度出现反复。以杨一魁为代表的一些朝臣批评“筑堤束水”方略，主张实行“分黄导淮”。明末清初连续四十多年的战乱，黄河堤防失修，河道决口频繁，运道日趋梗阻。明末，黄河在河南开封决口，酿成巨灾，其后屡塞屡决。

清初，河道总督杨方兴、朱之锡，特别是康熙年间的河官靳辅，承袭潘季驯“筑堤束水”的主张，大力加强堤防建设，增设泄洪设施，稳定了黄河河槽，运河得以维持通畅。其后，齐苏勒、嵇曾均、高斌、白钟山等人相继担任河道总督，基本沿用潘季驯、靳辅的主张和措施。乾隆以后，国力日衰，河政腐败，黄河连年决溢，黄河治理疲于应付堵口抢险，终致铜瓦厢大改道。

（一）清代前期黄河的治理

世祖顺治九年（1652 年），黄河在封丘大王庙决口，冲圮县城，北流入海，漕渠梗阻。朝廷“发丁夫数万治之，旋筑旋决”[1]。给事中许作梅，御史杨世学、陈斐等人交章请勘禹王故道，改河北流入海。河道总督杨方兴坚持维持南行，朝廷为了济运，同意维持南道。“乃于丁家寨凿渠引流，以杀水势。”[1]顺治十年（1653 年），河复决。户部左侍郎王永吉、御史杨世学提出，“治河必先治淮，导淮必先导海口”[1]，建议疏浚海口和下游河道。但议而未决。次年，河复决封丘大王庙。顺治十三年（1656 年），朝廷终于下决心堵塞了北流决口大王庙，挽河南行明代故道。此后，有清一代的黄河治理始终是为了勉力维持业已淤高的黄河南行河道。

顺治十四年（1657 年），河道总督朱之锡对堤防进行了初步整治。到康熙十六年（1677 年）河督靳辅治河，堤防建设形成高潮，并持续到乾隆前期。

但是，强化堤防系统和固定河床的结果，是泥沙不断在河槽中堆积，入海口迅速向海中推进。康熙三十五年（1696 年）十月，总河董安国指出：“云梯关迤下，为昔年海口。今则日淤日垫，距海二百余里。下流之宣泄既迟，上游之壅积愈甚。”[60]乾隆二十一年（1756 年），大学士陈世倌指出：“是以靳辅所言，往时关外即海，自宋神宗十年（1077 年）黄河南徙，至今几七百年，关外淤滩，远至百二十里。此言俱在可考。今自关外至二木楼海口，且二百八十余里。夫以七百余年之久，淤滩不过百二十里，靳辅至今仅七十余年，而淤滩乃至二百八十余里。”[61]由上述两段史料可见，宋神宗十年黄河南徙至康熙十六年靳辅治河，六百年间黄河入海口向外延伸一百二十里，平均每年延伸五分之一里。康熙十六年至康熙三十五年，二十年间黄河入海口向外延伸八十里，平均每年延伸四里。靳辅强化堤防系统后河道溃决减少，泥沙集中淤积到下游河床和海口，海口延伸加快。康熙三十五年至乾隆二十一年，六十年间黄河入海口又向外延伸八十里，平均每年延伸一里三。河线不断延长，坡度更加平缓，加速了河槽中泥沙的淤积，河床容蓄和宣泄洪水能力日益降低。尽管不断筑堤修防，但洪水期仍然决口频繁。

清前期黄河防洪治河工程，除靳辅主持大规模堤坝工程和疏浚工程外，还有多次规模不大的兴工。清前期黄河下游主要防洪治河工程见表 7－1。

表 7－1　清代前期黄河下游主要防洪治河工程

序号	时间		工程主要内容
	年号	公元	
1	顺治元年	1644 年	秋，河决温县，命内秘书院学士杨方兴总督河道[1]
2	顺治二年	1645 年	夏，河决考城，又决王家园。杨方兴建议乘水势稍减，鸠工急筑。上命工部遴员堪议协修。七月，河决考城流通集，次年塞[1]
3	顺治七年	1650 年	八月，河决荆隆朱源寨，冲沙湾运河，溃运堤，由大清河入海。杨方兴用河道方大猷策，先筑上游长缕堤，遏其来势，再筑小长堤。次年塞之[1]
4	顺治八年	1651 年	筑祥符单家寨堤、封丘李七寨堤，又筑陈桥堤、郑家庄堤[62]
5	顺治九年	1652 年	河决封丘大王庙，冲圮县城，北流入海，漕渠梗阻。发丁夫数万治之，旋筑旋决。乃用杨方兴策，于丁家寨凿渠引流，以杀水势。顺治十三年始塞，用银八十万两[1]
6	顺治十四年	1657 年	河决祥符槐疙瘩，随堵[1]。其后，连年河决，决溢渐下移，总河朱之锡岁岁塞决，加筑河南堤，直至康熙五年卒[62]
7	康熙元年	1662 年	五月，河决曹县石香炉、武陟大村、睢宁孟家湾。六月，决开封黄练集。七月，再决归仁堤[1]。俱筑堤堵塞[63]
8	康熙三年	1664 年	河决杞县及祥符阎家寨，再决朱家营，旋塞[1]
9	康熙九年	1670 年	河决曹县牛市屯，又决单县谯楼寺，灌清河县治。五月暴风雨，淮、黄并溢，撞卸高堰石工六十余段，冲决五丈余，高、宝等湖受淮、黄合力之涨，高堰几塌，淮扬岌岌可虞。于是起桃源东至龙王庙，因旧址加筑大堤三千三百三十丈有奇[1]

10	康熙十年	1671 年	春，河溢萧县。六月，决清河五堡、桃源陈家楼。八月，又决七里沟。总河王光裕请复潘季驯所建崔坝镇等三坝，而移季太坝于黄家嘴旧河地，以分杀水势。本年茆良口塞[1]
11	康熙十五年	1676 年	夏，河倒灌洪泽湖，高堰决口三十四，漕堤溃决三百余丈，扬属皆被水，漂溺无算。又决宿迁白洋河、于家冈，清河张家庄、王家营，安东邢家口、二铺口，山阳罗家口。塞桃源新庄[1]。筑兰阳铜瓦厢月堤[63]
12	康熙十六年	1677 年	靳辅任总河，各工并举。大挑清口、烂泥浅引河四，及清口至云梯关河道，创筑关外束水堤万八千余丈，塞于家冈、武家墩大决口十六，又筑兰阳、中牟、仪封、商丘月堤及虞城周家堤[1]。靳辅大筑徐州至海口堤工。南岸自白洋河至云梯关约三百三十里，北岸自清河县至云梯关约二百里，补筑新堤，共用土五百四十九万五千方，用银八十七万九千两。云梯关外至海口，创筑束水堤八十里，共用土六十九万余方，用银十一万五千两[2]。南岸白洋河以上至徐州堤工长二百八十里，北岸清河县以上至徐州堤工长四百里，旧堤残缺加倍，增筑楼堤、格堤[64]
13	康熙十七年	1678 年	靳辅创建王家营、张家庄减水坝二，筑周桥翟坝堤二十五里，加培高家堰长堤，山、清、安三县黄河两岸及湖堰，大小决口尽塞[1]。因云梯关数百里入海故道，自堰堤溃决，尽属沙淤，水难入海，故将翟坝至周桥二十五里湖陂速筑大堤，加高帮宽高家堰一带长堤，蓄水以冲海口。又相势挑挖引河，以导水势。本年，靳辅自龙王庙至四铺沟，接筑大堤二十七里余；自桃源东界至石人沟，筑缕堤十里[65]
14	康熙十八年	1679 年	靳辅建黄河南岸砀山毛城铺和北岸大谷山减水石坝各一，以杀上流水势[1]。建宿迁县之朱家堂、温州庙，桃源县之古城，清河县之王家营，安东县之茆良口等六座减水坝[65]
15	康熙二十年	1681 年	堵已决五年的宿迁杨家庄决口，增建高邮南北滚水坝八处，筑徐州长樊大坝外月堤千六百八十九丈[1]

16	康熙二十一年	1682年	河决宿迁徐家湾，随塞。又决宿迁萧家渡，次年堵塞，河归故道[1]。 本年，靳辅大修两河各堤工告竣，共加筑黄河两岸十二州县堤工，北运河两岸二州县堤工，南运河两岸五州县堤工，以及高家堰一带滨湖堤工[65]
17	康熙二十四年	1685年	靳辅加筑河南考城、仪封堤七千九百八十九丈，封丘荆隆口大月堤三百三十丈，荥阳埽工三百一十丈，又凿睢宁南岸龙虎山减水闸四[1]。靳辅又奏请加筑黄河两岸徐州、凤阳、淮安三府州所属十九州县束水堤，约长三十万丈，共需银一百五十八万四千两，六年内告竣[66]。康熙二十七年，靳辅被罢任，乃停筑重堤[1]
18	康熙三十五年	1696年	河决张家庄，又决安东童家营。总河董安国筑清河县拦黄大堤，于云梯关挑引河千二百余丈，于云梯关外马家港导黄由南潮河东注入海。去路不畅，上游易溃，而河患日亟[1]
19	康熙三十九年	1700年	以两江总督张鹏翮为总河，塞时家马头，先疏海口，尽拆云梯关外拦黄坝（三十五年董安国所筑），赐名大清口；建宿迁北岸临黄外口石闸，筑徐州南岸杨家楼至段家庄月堤[1]
20	康熙四十二年	1703年	秋，移建中河出水口于杨家楼，逼溜南趋，清水畅流敌黄，海口大通，河底日深，不虞黄水倒灌[1]
21	康熙四十六年	1707年	八月，河决丰县吴家庄，随塞[1]
22	康熙四十八年	1709年	六月，河决兰阳雷家集、仪封洪邵湾及水驿张家庄各堤。巡抚汪灏督官抢筑。其后，连年加筑黄河两岸挑水坝、领水坝[67]
23	康熙六十年	1721年	八月，河决武陟詹家店、马营口、魏家口，大溜北趋，夺张秋运河。九月，塞詹家店、魏家口。十一月，塞马营口[1]

24	康熙六十一年	1722 年	正月，马营口复决，灌张秋运河，注大清河。时王家沟引河成，引溜入正河，马营堤无恙。总河陈鹏年复于广武山官庄峪挑引河一百四十余丈，以分水势。九月，马营复漫开，十二月塞之[1]
25	雍正元年	1723 年	六月，河决中牟十里店、娄家庄，南入贾鲁河。齐苏勒为总河，上命兵部侍郎嵇曾筠驰往协议。七月，河决梁家营、詹家店，复遣大学士张鹏翮往协修，即塞。九月，河决郑州来童寨民堤，郑民挖阳武故堤泄水，冲决中牟杨桥官堤，寻塞[1]
26	雍正二年	1724 年	七月，河决仪封南岸之大寨、兰阳北岸之板厂，决口各十余丈，命田文镜会同副总河嵇曾筠率属协力堵筑。逾月，决口俱塞。八月，又加修阳武、中牟、郑州、祥符各险工，加帮河南黄河南岸堤工长七万六千四百余丈，北岸堤工四万八千一百丈，用银四十九万八千两[68]
27	雍正四年	1726 年	去年六月，河决南岸睢宁朱家海，东注洪泽湖，总河齐苏勒率兵夫塞之，未竣。本年四月复大决，命两广总督孔毓珣前往协办，十二月决口塞。埽土建挑水坝，坝后加筑月堤，对岸开疏引河，分倾下注，工成。本年，又加修南北两岸险工，增培两岸堤工，加筑土埽。共增培南岸河南堤工二万三千余丈，北岸河南、山东堤工一万七千余丈[69]
28	雍正五年	1727 年	总河齐苏勒以睢宁朱家海素称险要，增筑夹坝月堤、防风埽，并于大溜顶冲处削陡岸为斜坡，悬密叶大柳于坡上，以抵溜之汕刷。久之，大溜归中泓，柳枝沾挂泥渣，悉成沙滩，易险为平，工不劳而费甚省。因请凡河崖陡峻处，俱仿此行[1]
29	雍正六年	1728 年	齐苏勒奏，数年来将黄河、运河古堤旧岸卑薄残破之处通盘修治，七月完竣。黄河自砀山至海口，运河自邳州至江口，绵延三千余里，共帮修土堤十一万七千余丈，砖石等堤一千三百余丈，埽坝防风排桩等工一万四千余丈，创筑月堤、格堤二万八百余丈，疏浚河道五千四百余丈，修砌石闸六座[70]

30	雍正八年	1730 年	河决宿迁及桃源沈家庄，旋塞。大溜顶冲封丘荆隆口，开黑缸口至柳园口引河三千三百五十丈[1]
31	乾隆二年	1737 年	上年四月，河水大涨，由砀山毛城铺闸口汹涌南下，堤多冲塌。上谕今止议浚上源而无疏通下游之策，则水无归宿。南河总督高斌请浚毛城铺以下河道，以达洪泽，出清口会黄。本年，高斌疏浚毛城铺水道，别开新口塞旧口，以免黄河倒灌[1]。南河岁修、抢修每年用银三四十万两[71]
32	乾隆五、六年	1740～1741 年	五年，黄河大溜南逼清口，仿宋陈尧佐法，制设二木龙，挑溜北行。六年，高斌将运河南岸缕堤通筑高厚，筑黄河北岸遥堤，更于缕堤内择要增筑九格堤。工未成，高斌调直隶总督，完颜伟继之。原诏循康熙间旧迹，开陶庄引河，导黄使北。完颜伟虑开陶庄引河不就，于清口迤西、黄河南岸设木龙挑溜北行，引河之议遂罢[1]
33	乾隆七年	1742 年	河决丰县石林、黄村，夺溜东趋，又决沛县缕堤。旋塞，并添建滚水石坝二于天然南北二坝处，以分泄水势[1]
34	乾隆十一年	1746 年	建三木龙于安东西门，逼溜南趋，自木龙以上皆淤滩，化险为平[1]
35	乾隆十三年	1748 年	大学士高斌管南河，以云梯关下二套涨出沙滩，大溜南趋，直逼天妃宫辛家荡堤工，开分水引河，并修补徐州东门外蛰裂石堤。顾琮督东河，以祥符十九堡大溜趋逼堤根，建南北坝台，并于坝外下排桩，固定卷埽[1]
36	乾隆十六年	1751 年	六月，河决阳武，命高斌赴工，会顾琮堵筑，十一月堵塞[1]
37	乾隆十七年	1752 年	因豫省河岸大堤外有太行堤，年久残缺。命方观承勘修直隶境内太行堤；鄂容安查修山东界内太行堤。加帮卑薄山东曹、单二县太行堤大小残缺三千四百三十丈，补筑缺口三百三十余丈，疏浚堤南泄水河，以泄坡水[1]

38	乾隆十八年	1753 年	秋，河决阳武十三堡堤。九月，决铜山张家马路，冲塌内堤、缕堤、月堤二百余丈，南入洪泽湖，夺淮而下。以尹继善督南河，遣尚书舒赫德偕白钟山驰赴协理。是冬，河塞。铜山决口塞后，月堤内积水尚深，于引河导水坝南再开引河分溜，使新工不受冲击[1]
39	乾隆二十一年	1756 年	铜山县孙家集向无堤工，留以减泄黄流，保护徐州城。秋大水，孙家集漫溢，黄水夺溜东趋，十月筑堵[72]
40	乾隆二十二年	1757 年	徐州南北岸相距甚迫，一遇盛涨，时有溃决。南河总督白钟山、东河总督张师载请挑濬淤浅，增筑堤工，并堵筑北岸支河[1]
41	乾隆二十三年	1758 年	秋七月，河决窦家寨新筑土坝，直注毛城铺，漫开金门土坝。令开蒋家营、傅家洼引河仍导入黄[1]
42	乾隆二十六年	1761 年	七月，沁、黄并涨，河南武陟、荥泽、阳武、祥符、兰阳同时决十五口，中牟之杨桥决数百丈，大溜直趋贾鲁河。十一月堵决[1]
43	乾隆三十四年	1769 年	铜瓦厢溜势上移，于桃汛前拆修杨桥大工顶冲迎溜各埽，加镶层土层柴，镶压坚实。两岸堤外多支河引溜冲击，均筑土坝拦截[1]
44	乾隆四十三年	1778 年	河决祥符，旬日塞之。闰六月，决仪封十六堡，宽七十余丈。命江南总督高晋率熟谙河务员弁赴豫协堵。八月，上游迭涨，续塌二百二十余丈，十六堡已塞复决。十二月再堵塞。越日，时和驿东西坝相继蛰陷。次年，北坝复陷二十余丈[1]
45	乾隆四十五年	1780 年	二月，塞前年决口，用银五百余万两，堵筑五次始合。六月，决睢宁郭家渡，又决考城、曹县，未几俱塞[1]
46	乾隆四十六年	1781 年	五月，决睢宁魏家庄，大溜注洪泽湖。八月堵。七月，决仪封，漫口二十余，北岸水势全注青龙冈。十二月，将塞复蛰塌，大溜全掣由漫口下注[1]

47	乾隆四十七年	1782年	两次堵塞上年决口，皆复蛰陷。大学士阿桂等奏请自兰阳三堡大坝外增筑南堤，开挑引河百七十余里，导水下注，由商丘七堡出堤归入正河，掣溜使全归故道。次年二月引河成，三月塞决[1]
48	乾隆四十九年	1784年	八月，决睢州二堡。仍遣阿桂赴工督率，十一月塞[1]
49	乾隆五十一年	1786年	秋，河决桃源司家庄、烟墩，十月塞[1]
50	乾隆五十二年	1787年	夏，河复决睢州，十月塞[1]
51	乾隆五十四年	1789年	夏，河决睢宁周家楼，十月塞[1]
52	乾隆五十九年	1794年	六月，河决丰北曲家庄，寻塞[1]

（二）靳辅对黄河与运道的大规模治理

圣祖康熙十五年（1676年），黄淮涨水，黄河倒灌洪泽湖，高家堰大堤决口三十四处，淮扬七州县被淹，清口以下河道被淤，漕运严重受阻。严峻的局势迫使康熙帝下决心治理黄河。第二年，命时任安徽巡抚的靳辅为河道总督。靳辅从康熙十六年（1677年）至二十六年（1687年）连续十年担任河道总督，主持大规模治理黄、淮、运。

1. 靳辅治理黄河

靳辅就任河道总督后，接受幕友陈潢的建议，共同跋涉险阻，上下数百里，“遍阅黄淮形势及冲决要害”[4]，对黄河、淮河及决口、灾区进行实地考察，详细了解河情水势、堤防状况、水患灾情。为了寻求治理淮河、黄河的对策，他虚心向有实践经验的人求教，甚至连兵民以及工匠夫役人等，凡有一言可取、一事可行者，莫不虚心采择。在调查研究的基础上，靳辅提出黄河和运河应综合治理：“治河当审全局，必合河道、运道为一体，而后治可无弊。”[1]

靳辅指出，河患日多的根本原因是重漕运不重治河，是治河服从漕运的治河方针所造成的。他说：“河道之变迁，总由议治河者多尽力于漕艘经行之处，其他决口，则以为无关运道而缓视之，以致河道日坏，运道因之日梗。”[1]

靳辅承袭潘季驯“筑堤束水”、“蓄清刷黄”的主张，十分重视堤防的作用。他认为：“河水裹沙而行，全赖各处清水并力助刷，始能奔趋归海。今河身所以日浅，皆由从前归仁堤等决口不即堵塞之所致。”在分析河情水势后，靳辅提出了综合治理的八条意见：“分列大修事宜八：曰取土筑堤，使河宽深；曰开清口及烂泥浅引河，使得引淮刷黄；曰加筑高家堰堤岸；曰周桥闸至翟家坝决口三十四，须次第堵塞；曰深挑清口至清水潭运道，增培东西两堤；曰淮扬田及商船货物，酌纳修河银；曰裁并河员以专责成；曰按里设兵，画堤分守。”[1]

靳辅先后向康熙皇帝连续上疏八篇，系统提出了黄、淮、运的治理计划、经

费预算、机构调整和工程管理等问题。他的建议，最初被“廷议以军务未竣，大修募夫多，宜暂停”而搁置。靳辅再次上疏，并将运土用夫改为车运，终获朝廷批准[1]。在陈潢的协助下，靳辅立即组织施工，在黄淮下游千里河岸，兴起了声势浩大的筑堤、塞决、疏河工程。

康熙十六年（1677 年），靳辅主持“各工并举。大挑清口、烂泥浅引河四，及清口至云梯关河道，创筑关外束水堤万八千余丈，塞于家岗、武家墩大决口十六，又筑兰阳、中牟、仪封、商丘月堤及虞城周家堤”[1]。

康熙十七年（1678 年），靳辅又“创建王家营、张家庄减水坝二，筑周桥翟坝堤二十五里，加培高家堰长堤，山（阳）、清（河）、安（东）三县黄河两岸及湖堰，大小决口尽塞”[1]。

康熙十八年（1679 年），靳辅“建南岸砀山毛城铺、北岸大谷山减水石坝各一，以杀上流水势”[1]。

康熙二十年（1681 年），靳辅堵塞已决口五年的杨家庄，“增建高邮南北滚水坝八，徐州长樊大坝外月堤千六百八十九丈”[1]。“高邮南北滚水坝”即归海八坝，建在运河东岸，泄水入海。

由于黄河堤防破坏比较严重，决口多，决溢时间长，尽管经过连续的浩大工程，黄河水流并未完全回归故道，洪水仍继续为患。康熙二十一年（1682 年），河“决宿迁徐家湾，随塞。又决萧家渡。先是河身仅一线，（靳）辅尽堵杨家庄，欲束水刷之，而引河浅窄，淤刷鼎沸，遇徐家湾堤卑则决，萧家渡土松则又决”[1]。这时，反对派乘机发难。候补布政使崔维雅上疏《河防刍议》，条陈二十四事，要求中止靳辅的治河方案，并“欲尽毁减水坝，别图挑筑”。尚书伊桑阿等履勘后也说：靳辅“所建工程固多不坚，改筑亦未必成功。”靳辅为此申辩：“工将次第告竣，不宜有所更张。”朝廷命靳辅回京当廷辩论。靳辅坚持：“萧家口明正可塞，维雅议不可行。”[1]通过辩论，康熙帝仍命靳辅继续主持治河。

康熙二十二年（1683 年）春，萧家渡决口堵塞工毕，黄河完全复归故道。次年，康熙帝南巡阅河，特赐诗褒奖靳辅。

康熙二十四年（1685 年），靳辅对河南境内的黄河堤防进行大力整治。他认为，“河南地在上游，河南有失，则江南河道淤淀不旋踵”。于是“筑考城、仪封堤七千九百八十九丈，封丘荆隆口大月堤三百三十丈，荥阳埽工三百十丈，又凿睢宁南岸龙虎山减水闸四”[1]。

2. *靳辅治理运道*

在治理黄河的同时，靳辅主持对运道进行了大规模的整治。其具体工程措施主要是：重修高家堰，建减水坝；挑清口，开引河，全面挑挖运河；增筑堤岸，堵塞决口。

康熙十六年（1677 年），靳辅上任初即提出整治运道的方案。“请敕下各抚臣，将本年应运漕粮，务于明年三月内尽数过淮。俟粮艘过完，即封闭通济闸坝，督集人夫，将运河大为挑浚，面宽十一丈，底宽三丈，深丈二尺，日役夫三万四千七百有奇，三百日竣工。并堵塞清水潭、大潭湾决口六，及翟家坝（为高家堰的南端）至武家墩（为高家堰北端）一带决口，需帑九十八万有奇。”[73]

"运河自清口至清水潭，长约二百三十里，因黄内灌，河底淤高。"[73]为了使湖水重出清口刷黄，康熙十六年（1677年），靳辅"大挑清口、烂泥浅引河四"[1]。在清口拦门沙外修筑土坝截断黄流，然后开挖烂泥浅引河，十一月完工。以后又开挖了张福口引河、裴家场引河、帅家庄引河，总长六千余丈，康熙二十三年（1684年）完工。四条引河俱经冲刷宽深，成为引淮刷黄的主要通道，为运口治理奠定了基础。其中的烂泥浅和裴家场两条引河，则"愈加冲刷宽深，俱成大河"[74]。

康熙十七年（1678年），靳辅提出："运河既议挑深，若不束淮入河济运，仍容黄流内灌，不久复淤。请于高堰堤工单薄处，帮修坦坡，为久远卫堤计。"[73]于是，"加培高家堰长堤"[1]。靳辅又亲自指挥，"筑江都漕堤，塞清水潭决口"[73]。清水潭逼近高邮湖，康熙元年溃决后，随筑随圮，决口宽达三百余丈，为漕运之大患。康熙十五年清水潭决口后，尚书冀如锡曾勘估工费需五十七万，"犹虑工不成"。靳辅"周视决口，就湖中离决口五六十丈为偃月形，抱两端筑之，成西堤一，长六百五丈，更挑绕西越河一，长八百四十丈，仅费帑九万。至次年工竣"[73]。为了避免在深潭中施工，靳辅于决口上下退离五六十丈筑月堤，虽加长了堤线，施工难度却大为减小。康熙嘉奖，新河取名永安河，新堤为永安堤。为了改善运道，保证漕运畅通，靳辅又大"挑山（阳）、清（河）、高（邮）、宝（应）、江（都）五州县运河，塞决口三十二。（靳）辅又请按里设兵，分驻运堤，自清口至邵伯镇南，每兵管两岸各九十丈，责以栽柳蓄草，密种茭荷蒲苇，为永远护岸之策"[73]。

"明初，江南各漕自瓜（州）、仪（征）至清江浦，由天妃闸入黄。后黄水内灌，潘季驯始移运口于新庄闸，纳清避黄，仍以天妃名。"[73]但此运口离黄淮交汇处仅二百丈，黄水仍内灌，淤高运道，须年年挑浚，且"黄、淮会合，潆洄激荡，重运出口，危险殊甚"[73]。康熙十八年（1679年），为了解决黄水倒灌淤塞运口问题，靳辅决定改道运口。"（靳）辅议移南运口于烂泥浅之上，自新庄闸之西南挑河一，至太平坝，又自文华寺永济河头起挑河一，南经七里闸，转而西南，亦接太平坝，俱达烂泥浅"[73]。南运口改道，引洪泽湖济运，以清敌黄。"内则两渠并行，互为月河，以舒急溜，而备不虞。外则河渠离黄水交淮之处不下四五里，又有裴家场、帅家庄二水，乘高迅注，以为之外捍。"[74]"而烂泥浅一河，分十之二佐运，仍挟十之八射黄，黄不内灌，并难抵运口。由是重运过淮，扬帆直上，如履坦途。"[73]靳辅又沿运河堤岸修建了一系列减水坝工程。"是岁开滚水坝于江都鳅鱼骨，创建宿迁、桃源、清河、安东减坝六。"[73]

康熙十九年（1680年），靳辅"创建凤阳厂（山阳段运河上）减坝一，砀山毛城铺、大谷山，宿迁拦马河、归仁堤，邳州东岸马家集减坝十一。康熙初，粮艘抵宿迁，由董口北达。后董口淤塞，遂取道骆马湖"。湖浅难行，靳辅"创开皂河四十里，上接泇河，下达黄河，漕运便之"[74]。皂河在骆马湖南，为骆马湖通黄河新运道，河口在董口以西二十里。

康熙二十年（1681年）七月，"黄水大涨，皂河淤淀，不能通舟。众议欲仍由骆马湖，（靳）辅力持不可，亲督挑掘丈余，黄落清出，仍刷成河"[73]。靳辅随

即闭塞皂河口拦黄坝，阻止黄水涌入运河。“于迤东龙冈岔路口至张家庄挑新河三千余丈，使出皂河，石磡之清水尽由新河行，至张家庄入黄河，是为张庄运口。”[73]张庄运口在宿迁境内，运口有竹络坝。“增筑高邮南北滚水坝八，对坝均开越河，以防舟行之险，凡旧堤险处，皆更以石。”[73]

康熙二十五年（1686年），为了避开黄河风涛对运河的影响，靳辅又主持开挖中运河。“（靳）辅以运道经黄河，风涛险恶，自骆马湖凿渠，历宿迁、桃源至清河仲家庄出口，名曰中河。粮船北上，出清口后，行黄河数里，即入中河，直达张庄运口，以避黄河百八十里之险。议者多谓（靳）辅此功不在明陈瑄凿清口下。”[73]此后，京杭运河上南来北往的船只出清口，只需渡过二十余里的黄河，便从仲家庄运口驶入中运河，“中河安流，舟揖甚便”[73]。

3. 靳辅治理黄河入海口

靳辅主张挑浚和筑堤相结合，对黄河入海口加强治理。他认为:“今日治河之最宜先者，无过于挑清江浦以下，历云梯关至海口一带河身之土，以筑两岸之堤也。”[2]他指出:“治水者必先从下流治起，下流疏通，则上流自不饱涨。故臣又切切以云梯关外为重，而力请筑堤束水，用保万全。”[2]因此上任后，首先疏浚清口至云梯关河道，大筑两岸堤防，北岸自清河县至云梯关约长二百里，南岸自白洋河至云梯关约长三百三十里[75]；创筑云梯关外束水堤万八千余丈。为了保证筑堤束水的效果，他又提出“按里设兵”，加强对堤防和河道的管理。“外河自云梯关而下至于海口，为两河朝宗要道。每堤一里，必须设兵六名。每兵一名，管堤三十丈。堤根栽柳务活，堤旁蓄草务茂。堤内则乘暇添土，逐渐帮宽。……两岸共堤一百六十里，设兵九百六十名，给船六十四只。再设兵二百四十名，给船十二只，专令浚堤外至海口一带之淤沙。”[75]

对于海口的疏浚，靳辅总结出挑挖“川”字河的办法。即“于河身两旁近水之处，离水三丈，下锹掘土，各挑引水河一道，掘面阔八丈，底阔二丈，深一丈二尺，以待黄淮之下注。盖黄淮下注之口，中央既有一二丈旧有之河，左右又有八丈新凿之河，其所存两旁之地虽属坚土，而薄仅三丈，一经三面之夹攻，顺流之冲洗，不待多时，即可尽行刷去，将旧有并新凿之河俱合而为一矣”[2]。靳辅指出，挑挖“川”字河即可以冲深河床，又可以掘土筑堤。“又两旁既各挑深一丈二尺，则中央河心自可刷至二丈之外。河至深二丈，宽四十丈，使不窄浅，从此日洗日刷，日深日宽，自可免意外之变，而渐复当日之旧矣。……其所浚丈尺，计每地一丈，掘土六十方。即以之挑筑两岸之堤，底阔七丈，面阔三丈，高一丈二尺，每丈亦用土六十方也。”[2]挑挖“川”字河示意图见图7－6。

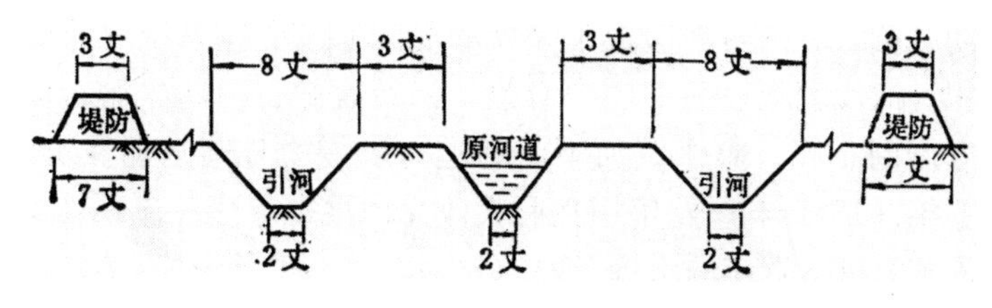

图7－6　挑挖“川”字河示意图

靳辅在十年河道总督任期内主持兴筑了一系列的治理工程，使黄河、运道出现了小安局面。靳辅治河，堤防工程得以进一步恢复、强化，并延伸到云梯关外海口。同时，较潘季驯时期增加了大量的溢洪设施——减水闸，对确保大堤安全，起了重要作用。

由于靳辅的一些具体措施，如在涸出的土地上屯垦，也引起了一些豪强官吏的反对和攻击。康熙二十七年（1688 年），“御史郭琇劾（靳）辅治河无绩，内外臣工亦交章论之”，于是将靳辅革职，并“停筑重堤”[1]。次年，康熙南巡，“以（靳）辅于险工修挑水坝，令水势回缓，甚善”[1]，而复其官。康熙三十一年（1692 年），朝廷再度任命靳辅为河道总督，当年即逝于任上。

4. 陈潢对治河的贡献

靳辅治河得力于陈潢的辅佐。陈潢出身于平民百姓，是位科举未中、胸有抱负的穷秀才。他注重对大自然的观察探究，且留心“经世致用”之学。他曾上行到宁夏一带对黄河进行实地考察，后被靳辅看中，成为靳辅治河的得力助手。靳辅提出的许多重要的治河方略和措施，多出自陈潢的建议。

靳辅刚受命主持治河，陈潢就向他介绍了黄河的特性，指出:“河之形有古今之异，河之性无古今之殊。水无殊性，故治之无殊理。”因此，“善治水者，先须曲体其性情，而或疏、或蓄、或束、或泄、或分、或合，而俱得其自然之宜”[76]。他主动向靳辅提出:“请为公跋涉险阻，上下数百里，一一审度，庶弘纲克举，而筹划乃可施尔。”[4]

靳辅十分重视堤防的作用，这与陈潢的主张是分不开的。陈潢认为:“治河者，必以堤防为先务”，“堤成则水合，水合则流迅，流迅则势猛，势猛则新沙不停，旧沙尽刷，而河底愈深”[77]。他指出，伏秋大汛是黄河防守的关键。“每当伏秋之候，有一夕而水暴涨数丈者，一时不能泄，遂有溃决之事。从来致患，大多如此。”[78]他用很形象、透彻的比喻来说明“以清刷浑”的思想:“若无清淮从而涤之，则海口尤易于淤。……譬之人食稠糜，必易于哽咽，若漱以清茗，有不利喉而下者乎?”[79]

由于陈潢的博学多才和科学精神，使靳辅对其十分敬重。凡是治河之事，无不向他垂询求教。靳辅屡次向朝廷举荐陈潢，在陈潢横遭诬陷、含冤去世后，靳辅义正词严地要求朝廷为他平反昭雪。陈潢的治河言论，由张霭生收集整理，编成《河防述言》共十二篇，附于靳辅《治河方略》一书后，是研究清代前期治河思想的重要史料。

（三）清代后期黄河的治理

清代前期，黄河下游两岸形成了完善的堤防系统，但系统堤防的形成也加速了河槽的淤积。清代乾隆以后，国力日衰，河政腐败，河防松弛，河道梗阻，清口淤塞，入海尾闾不畅，整个黄河下游河道行洪能力日渐衰弱。黄河连年决口，终于在咸丰五年（1855 年）发生铜瓦厢大改道，洪水夺路北流，结束了黄河自南宋以来夺淮入黄海近七百年的南流历史。

1. 清代后期黄河下游河道状况

清代后期，黄河下游河道淤塞十分严重，河道功能几近丧失殆尽。宣宗道光

五年（1825 年），东河总督张井指出:“历次周履各工，见堤外河滩高出堤内平地至三四丈之多。询之年老弁兵，佥云嘉庆十年以前，内外高不过丈许。闻自江南海口不畅，节年盛涨，逐渐淤高。又经二十四年非常异涨，水高于堤，溃决多处，遂致两岸堤身，几成平陆。”[80]次年，张井又指出:“履勘下游，河病中满，淤滩梗塞难流。”[1]由于河道主槽严重淤积，决口泛滥十分频繁，而决溢地段有自下而上移动的趋势。据《清史稿·河渠志》统计[1]，嘉庆、道光年间的五十五年中，发生严重决口的有十九年，平均近三年就有一次大决口，其他小的决溢不计其数。

黄河下游河道日趋梗阻，对清口的影响尤为严重。每到汛期，黄河洪水泥沙倒灌洪泽湖和运河，不仅阻塞运口，中断漕运，而且迅速淤垫洪泽湖东北部，“蓄清刷黄”方针已难施行。乾隆五十年（1785 年），大学士阿桂“履勘河工”时提出“借黄济运”的方案:“臣初到此间，询商萨载、李奉翰及河上员弁，多主引黄灌湖之说。本年湖水极小，不但黄绝清弱，至六月以后，竟至清水涓滴无出，又值黄水盛涨，倒灌入运，直达淮、扬。计惟有借已灌之黄水以送回空，蓄积弱之清水以济重运。”[73]即利用黄河倒灌，送空船入淮扬运河；同时，在洪泽湖积蓄清水，以济运载重船只。但“引黄济运”的结果更加剧了清口、运河、洪泽湖的淤积，不仅威胁到京杭运河的寿命，而且破坏了自明代形成并长期努力维持的黄、淮、运交汇的格局。

由于黄河下游河槽日渐淤高，黄河入海尾闾泄流不畅，决溢摆动频繁。也有人认为，正是黄河入海尾闾泄流不畅，加剧了全河的淤积。

2. 清代后期治河以堵口为主

清代后期，黄河河政腐败，河督更迭频繁，实为治河史上所少见。嘉庆年间二十五年，南河总督换了十二任，东河总督换了十八任，平均每年都有河督更换，有时一年内竟三易其人。主要治河官员走马灯似的更迭，无疑是导致治河混乱无术的一个重要原因。在这种形势下，少数较为能干的治河官员如吴璥、康基田、黎世序、粟毓美等人也只能是为堵口抢险而疲于奔命，虽在局部工程上有所作为，但对改变日益恶化的黄河河道形势却无能为力。

清代后期，官吏贪污成风，“黄河决口，黄金万斗”即为其生动之写照。由于河官肆无忌惮地弄虚作假，使河工经费剧增。仅仅几十年间，河工岁修经费增大十余倍，大工费用增至百余倍，而河防工程却日渐衰败，河道状况日益险恶。

清代后期，由于决口频繁，堵口工程不断，黄河下游的防洪工程主要是堵口，其他少有兴作。堵口工程的规模越来越大，这在黄河防洪史上也是特殊的一页。由于多次大规模的堵口工程，推动了堵口技术和埽工技术的改进和完善，也涌现出郭大昌那样的堵口专家。清代后期黄河主要堵口工程见表 7－2。

表 7－2 清代后期黄河主要的堵口工程

序号	堵口时间		堵口工程情况
	年号	公元	
1	嘉庆元年	1796 年	六月，河决丰汛六堡，刷开运河余家庄堤，入昭阳、微山各湖，穿入运河，漫溢两岸。南河总督兰锡第导水入蔺家山坝，引河由荆山桥分达宿迁诸湖，又启放宿迁十家河竹络坝、桃源顾家庄堤，泄水入河下注，并于漫口向南而东挑挖旧河，引溜直注正河。十一月，复因凌汛蛰塌坝身二十余丈。次年二月，堵塞成功[1]
2	嘉庆三年	1798 年	上年七月，河溢曹汛二十五堡。本年春，坝工再蛰。八月，河溢睢州，水入洪泽湖，减分上游水势，十月曹汛遂塞[1]
3	嘉庆四年	1799 年	正月，堵塞上年睢州决口。八月，河决砀山邵家坝。十二月，已塞复渗漏。次年冬，塞邵家坝[1]
4	嘉庆六年	1801 年	九月，溢萧南唐家湾，十一月塞[1]
5	嘉庆八年	1803 年	九月，河决封丘北岸衡家楼，大流奔注，东北由范县达张秋，穿运河东趋盐河，经利津入海。兵部侍郎那彦宝会同东河总督嵇承志堵筑，次年二月塞[1]
6	嘉庆十一年	1806 年	七月，河决宿迁周家楼。八月，决郭家房。先后堵塞[1]
7	嘉庆十二年	1807 年	六月，河漫马港口、张家庄，分流由灌口入海，旋塞。七月，决云梯关外陈家浦，分流过半由射阳湖入海。次年二月，塞陈家浦[1]
8	嘉庆十三年	1808 年	东河总督吴璥奏请修复故道，接云梯关外大堤，束水东注。上如其言。六月，河决堂子对岸千根棋杆及荷花塘，随塞，但荷花塘复蛰。次年正月塞[1]

9	嘉庆十五年	1810 年	十一月，大风激浪，决山盱属仁、义、智三坝砖石堤三千余丈，及高堰属砖石堤千七百余丈。南河总督徐端启高邮车逻大坝及下游归江各闸坝，并先堵仁、智坝以泄水势。吴璥言义坝应一律堵筑，高堰石工尤须于明年大汛前修竣。上嘉所论切要。未几，仁、义、智三坝及马港俱塞，河归正道入海[1]
10	嘉庆十六年	1811 年	四月，马港复决。五月，王营减坝蛰陷。七月，决邳州北绵拐山及砀山南岸李家楼，水入洪泽湖。八月，堵邳州决口。十二月，塞王营减坝。次年二月，堵李家楼决口[1]
11	嘉庆十八年	1813 年	九月，河决睢州及睢南薛家楼、桃北丁家庄。次年正月，吴璥再督东河，董理睢州堵决. 二十年二月，堵塞决口[1]
12	嘉庆二十四年	1819 年	七月，河溢仪封、兰阳、祥符、陈留、中牟。以李鸿宾督东河。未几，祥符、陈留、中牟俱塞。而武陟缕堤决，连堵沟槽五。又决马营坝，夺溜东趋，穿运河，注大清河，分二道入海。仪封决口寻涸[1]
13	嘉庆二十五年	1820 年	三月，马营口堵塞。马营坝在沁黄厅武陟汛段，地居北岸，上游土性纯沙，水深至十二余丈，引河抽沟，绵长八百余里，艰巨情形为从来大工所未有。是月，仪封又漫塌，十二月塞[81]
14	道光三年	1823 年	江督孙玉庭、河督黎世序加培南河两岸大堤，令高出盛涨水痕四五尺，除有工及险要处堤顶另估加宽，余悉以丈五尺及二丈为度。五月，工竣[1]
15	道光四年	1824 年	十一月，决高堰十三堡，山盱周桥之息浪菴坏石堤万一千余丈。十二月，十三堡、息浪菴均塞[1]
16	道光五年	1825 年	十月，增培河南十三厅、山东漕河、粮河二厅堤堰坝戗各工[1]
17	道光十一年	1831 年	七月，河决杨河厅十四堡及马棚湾，十二月塞[1]

18	道光十二年	1832 年	八月，河决祥符，九月塞。九月，桃源民因河水盛涨，盗挖于家湾大堤，放淤肥田，致决口扩大，掣全溜入湖。次年正月堵[1]
19	道光十五年	1835 年	原武汛串沟受水宽三百余丈，行四十余里，至阳武汛沟尾复入大河，又合沁河及武陟、荥泽诸滩水毕注堤下。两汛素无工，故无稭料，堤南北皆水，不能取土筑堤。东河总督栗毓美试用抛砖法，于受冲处抛砖成坝。六十余坝甫成，风雨大至，支河首尾决，而坝如故。屡试皆效。遂请减稭石银兼备砖价，令沿河民设窑烧砖，每方石可购二方砖。行之数年，省帑百三十余万，而工益坚。后以溜深急则砖不可恃，停之[1]
20	道光十九年	1839 年	栗毓美以砖工得力省费，允于北岸之马营、荥原两堤，南岸之祥符下汛、陈留汛，各购砖五千方备用[1]
21	道光二十二年	1842 年	去年六月，河决祥符，大溜全掣，水围省城。本年堵塞，用银六百余万两。七月，河决桃源北岸十五堡及萧家庄，溜穿运河由六塘河下注。未几，十五堡挂淤，萧家庄决口刷宽百九十余丈，掣动大溜，正河断流[1]
22	道光二十三年	1843 年	六月，河决中牟，水趋朱仙镇，历通许、扶沟、太康入涡会淮。复遣尚书敬征等赴勘，以锺祥为东河总督，工部尚书廖鸿荃督工[1]
23	道光二十四年	1844 年	正月，中牟堵口坝工蛰动，旋东坝连失五占。十二月堵塞，共用银一千一百九十余万两[1]
24	道光二十九年	1849 年	六月，决吴城。十月，命侍郎福济履勘，会同堵合[1]
25	咸丰元年	1851 年	闰八月，河决砀山蟠龙集之丰北厅下汛三堡，大溜全掣，正河断流。三年正月，堵塞丰北三堡。五月，水长流急，丰北大坝复蛰塌三十余丈[1]

3．铜瓦厢决口改道

铜瓦厢在兰阳县黄河北岸（今河南兰考县东坝头乡以西），是明清时期河防的险要地段。黄河西来，在此折向东南，其东北方向地形低洼。历史上黄河多次在此决口，冲向张秋运河，夺大清河入海。

咸丰五年（1855 年）六月中旬，黄河大水。从十五日至十七日，下游水位连续上涨，河南境内祥符、陈留、兰阳一段河道水位骤涨一丈以上，堤内洪水高出堤外十余米。十七日夜，又下大雨，水势更加汹涌。十八日，兰阳铜瓦厢三堡以下的无工堤段，塌三四丈，仅存堤顶丈余。晚上，南风大作，风卷狂澜，波浪掀天，堤岸崩塌加剧。十九日，大堤溃决。二十日，全河夺溜，南道断流。铜瓦厢决口后，溜分三股：南股由今山东菏泽赵王河东注，另两股由东明县南北分注，至张秋穿运河后复合为北股。以后北股渐淤，南股成为干流，夺大清河由利津入渤海。铜瓦厢改道示意图见图 7－7。

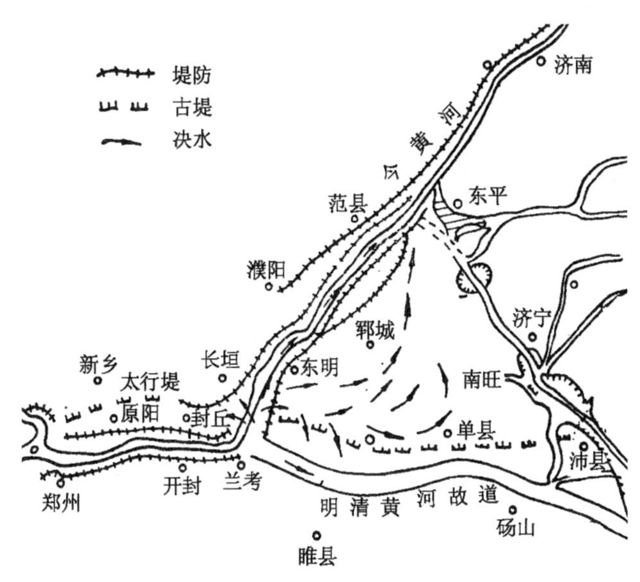

图 7－7　铜瓦厢改道示意图[82]

黄河冲决张秋运河，直接危及清廷的利益。因此，决口之初，拟兴工堵筑，计划于年内合龙。但当时正值太平天国和捻军农民起义迅速发展，清政府忙于全力扩充军队进行镇压，根本无力顾及决口之事。由于决口未及时堵复，口门不断刷宽。决口后一天，刷宽为七八十丈，到七月初已扩至一百七八十丈，堵复更为困难。

黄河这次大改道给当时整个中国的社会经济带来极大的震动。首先，是给河南、河北、山东三省人民造成了巨大的灾难，其中尤以山东受灾最重。其次，大溜三股合一，直冲张秋运道，堤毁岸崩，漕运梗阻。再次，铜瓦厢决口以下原有七百多公里河道迅速干涸，两岸水源中断，生态平衡被打乱。

二、长江的治理

清代，长江流域迅速开发，上游地区开山垦殖，中下游湖区盲目围垦，洪涝灾害日益严重。尤其是长江荆江河段和汉江、赣江下游河段水灾频繁，严重威胁到封建经济重心地区的安全。因此，朝廷对长江的治理十分重视，屡屡诏令加强堤防，长江堤防和湖区圩垸工程大量修筑，尤以长江中游江堤和堤垸修筑最为频

繁。图 7－8 为《楚北水利堤防纪要》所载清代江汉全图。

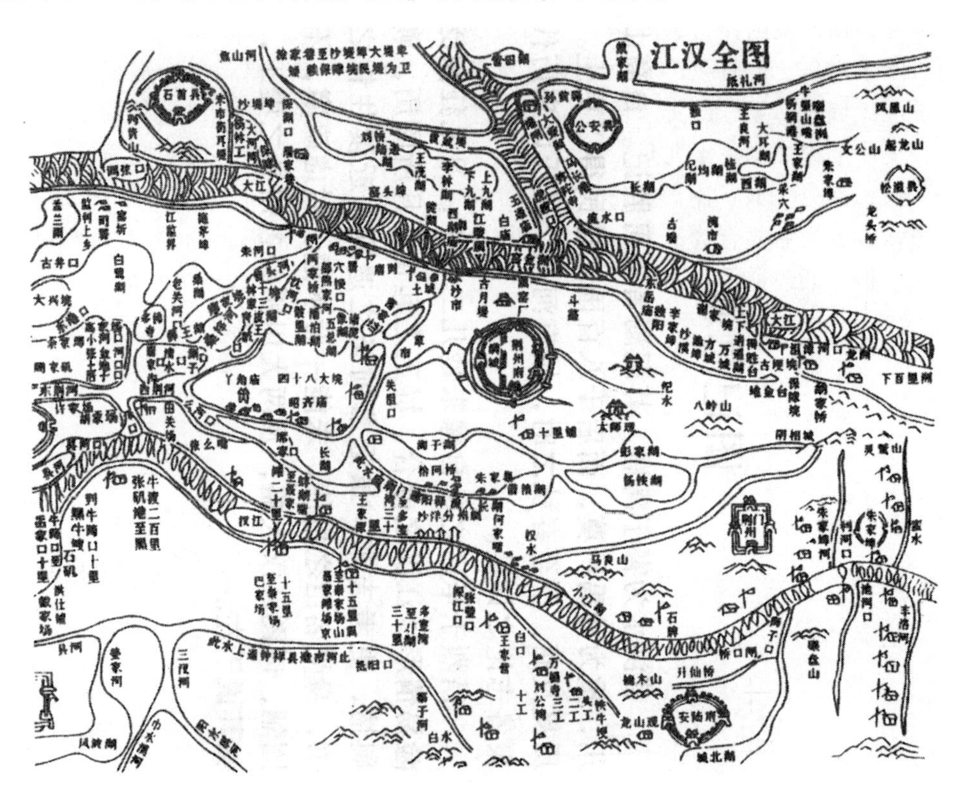

图 7－8　清代江汉全图[83]

世祖顺治十一年（1654 年），皇帝诏曰："东南财赋之地，素称沃壤。近年水旱为灾，民生重困，皆因水利失修，致误农工。该督抚责成地方官悉心讲求，疏通水道，修筑堤防，以时蓄泄，俾水旱无虞，民安乐利。"[84]

圣祖康熙十三年（1674 年），朝廷议准：湖北滨江一带地方官吏，每年夏秋汛涨，各于所属地方董率堤老圩甲上堤，搭盖棚房，昼夜巡逻；春冬则负责兴工修筑[85]。

康熙三十九年（1700 年），朝廷议准：湖广筑堤责令地方官于每年九月兴工，次年告竣。如修筑不坚，以致溃决，将巡抚按"总河例"、道府按"督催官例"、同知以下按"承修官例"议处[85]。

雍正四年（1726 年），又指出："荆州长江两岸堤防，关系民生，最为紧要。"[86]明确要求地方官员切实加强荆州长江堤防的建设。

清代，江汉堤防屡溃屡筑，渐成系统。荆江大堤明嘉靖年间堵筑郝穴后，自堆金台至拖茅埠连成一线。据《天下郡国利病书》所载，明末清初荆江大堤形势，"江当江陵、公安、石首、监利、华容间，自西而北而东而南，势多迂回。至岳阳，自西南复转东北，迸流而下。故决害多在荆州夹江南北诸县：各沿岸为堤，南岸自松滋至城陵矶，堤凡长亘六百余里；北岸自当阳至茅埠，堤凡长亘七百余里。咫尺不坚，千里为壑，且决口四通湖泊"[87]。乾隆五十三年（1788 年）六月

二十日，大堤溃决二十余处，大水入江陵城，兵民淹毙万余人。乾隆皇帝派大学士阿桂为钦差大臣，到荆州处理水灾善后。乾隆皇帝连发二十四道谕旨，严惩了对此次水灾负有责任的官员二十余人，对以后承建荆江大堤作了“定限保固十年”的规定。朝廷发帑银二百万两，调集宜都、德安、随州、襄阳、武昌、京山、应城、松滋、谷城、枝江、远安、钟祥等十二州县民夫，修堵堤防溃口，新建城垣，并按本年水痕，酌量加高培厚。自得胜台至万城，加高二至四尺，顶宽四至七丈不等；自万城至刘家港，加高四至六尺，顶宽八丈；自刘家港至魁星阁加筑土堰，高三至五尺；自魁星阁至塘楼横堤加筑土堰，高三四尺。又在杨林矶、黑窑厂、观音矶等处修建石矶[88]。次年三月完竣后，朝廷颁布《荆江堤防岁修条例》，并决定荆州水师营参与万城大堤的防护。此后，荆江大堤屡有修筑。“民国”七年，万城堤正式更名为荆江大堤，自堆金台至拖茅埠，长 124 公里。1951 年将其上段由堆金台延伸到枣林冈，1954 年又将其下段延伸到监利城南，全长为 182.35 公里。图 7－9 为《万城堤志》所载清代荆州万城大堤全图。

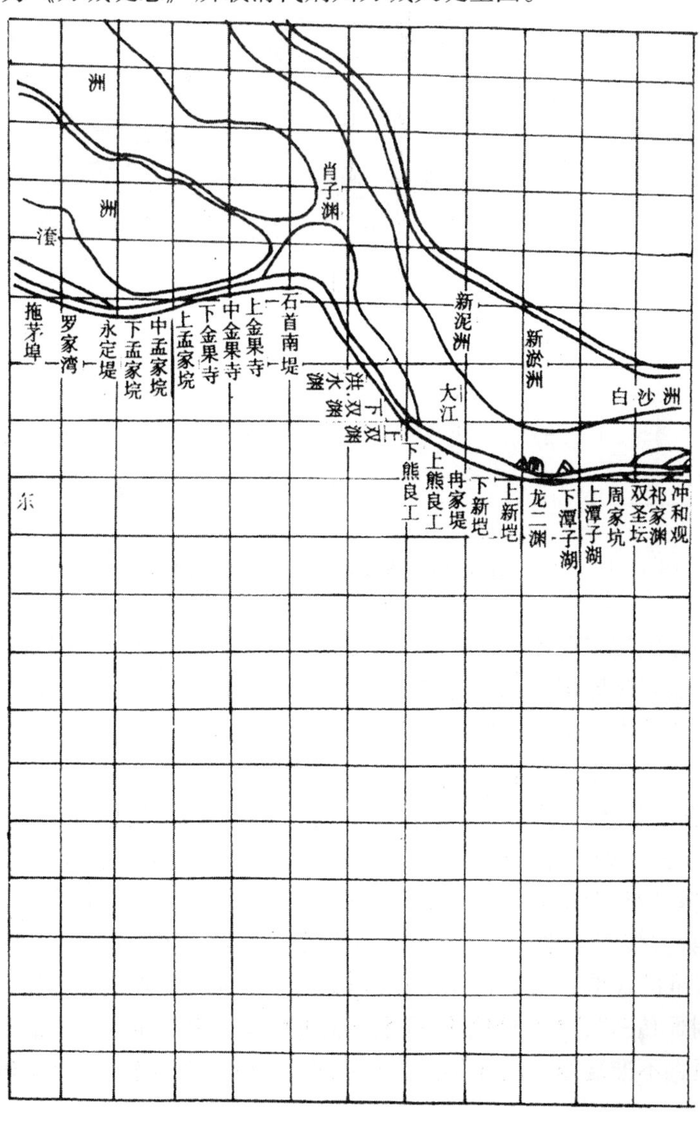

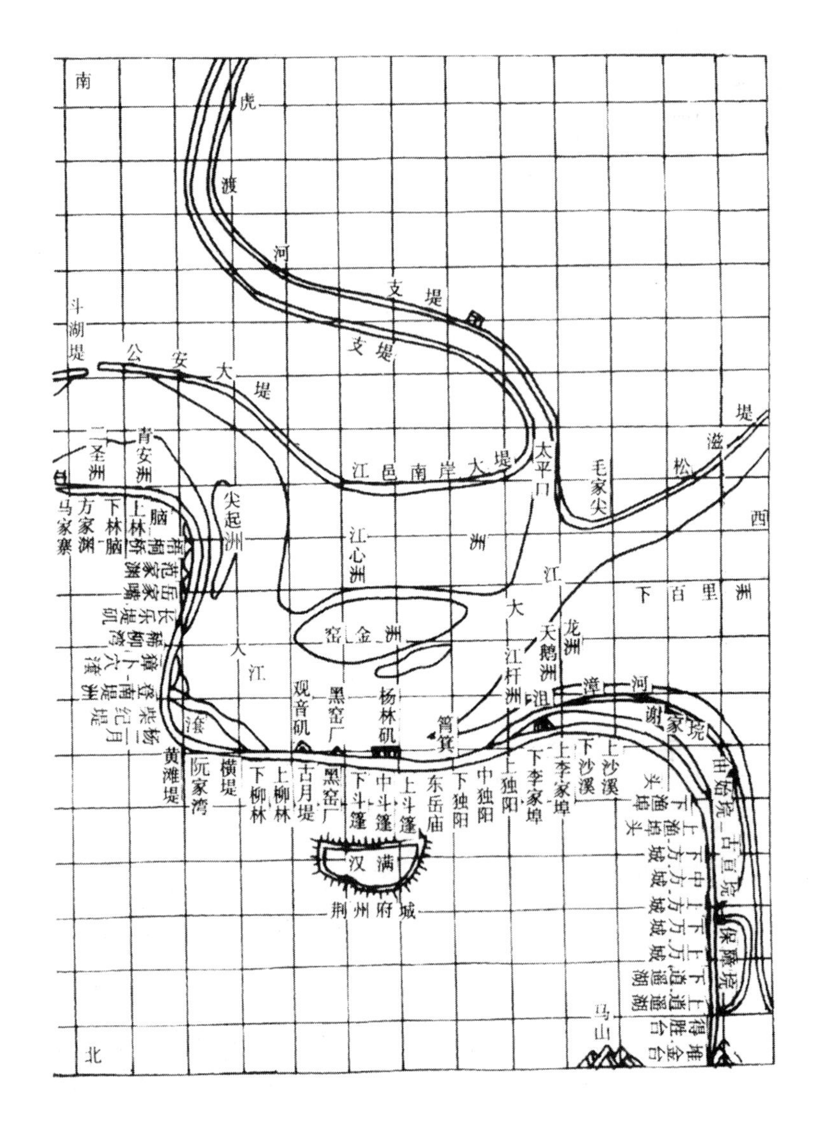

图7－9　清代荆州万城大堤全图

（选自《万城堤志》）[88]

明嘉靖年间堵塞荆江北岸穴口，水沙大量南倾，洞庭湖淤洲日见增长。清顺治年间，开始对湖区堤垸加高培修，以御水患。康熙年间，发帑修复各官垸，并许民各就滩荒筑围垦田，出现了围垸的高潮。这一时期所筑堤垸主要分布在汉寿、常德、益阳一带，以及东洞庭湖的岳阳、湘阴和湘江尾闾的长沙等处。由于围垦没有合理的规划，侵占水道，造成洪涝灾害，湖区防洪问题开始严峻。雍正年间，洞庭湖区堤垸的大量兴筑开始引起朝廷的注意。乾隆年间，朝廷提出“废田还湖”，并采取“核实该留该毁”的办法决定应毁堤垸。直至乾隆中期，围垦仍大都在湖边滩地，“核实该留该毁”之法也几经变更。最初主张留雍正年间发帑兴筑的官围和经奏准的民围，毁私筑民围。但私垸屡禁不止，又先后出现如下补充：“永禁新筑，刨毁私围”；“对腹内之围与洞庭湖水道不相干涉者”无庸查办；私垸如遇水涨冲溃，不准复修。道光年间，还有不论官垸、私垸，只要是碍水的堤垸就

应毁弃的主张。咸丰十年至清末的五十年间，由于荆江四口南流带来大量的泥沙淤垫，洞庭湖淤洲上筑堤围垦加剧，洞庭湖区不断缩小，终于分割成东、西、南三部分，从而加剧了荆江防洪的难度。据光绪《湖南通志》载："滨湖十州县共官围百五十五，民围二百九十八，刨毁私围六十七，存留私围九十一。"[89]

江西赣东大堤南起新干县溧溪牛皮山，沿赣江下游东岸，至南昌市将军渡，全长一百四十一公里，保护新干、清江、丰城、南昌等县，始建于东汉，唐代筑堤护城。清代，赣江东岸圩堤有较大发展。雍正十年至嘉庆七年（1732～1802年），江西巡抚令清江、丰城等县，在赣江东岸迎溜顶冲堤段修筑石堤、石埽，小港口堵口筑堤，连接两岸圩堤。道光十六年至十九年（1836～1839年），江西巡抚陈銮奏请拨库银修建小港口石闸，上自龙溪河下至大港口的赣江东岸圩堤连成一线。后经多次续修，"民国"三十六年（1947年）赣东大堤遂联成一体[90]。

咸丰二年（1852年），荆江南岸马林之堤溃决，未堵塞。咸丰十年（1860年），冲成藕池河。同治九年（1870年），荆江南岸松滋堤溃。同治十二年（1873年），冲成松滋河。此后终于形成了荆江向洞庭湖四口分流的格局，荆江和洞庭湖的江湖关系更趋复杂，对近现代的治江带来了深远的影响。

清代，长江流域上、中、下游江堤和中下游湖区圩堤屡溃屡筑，兴建的主要防洪工程见表7－3、表7－4、表7－5。

表7－3　清代长江流域上游兴建的主要防洪工程

序号	兴筑时间		工程主要内容
	年号	公元	
1	康熙二十七年	1688年	云南松花坝康熙二十年毁于战乱，本年重建[91]
2	康熙五十六年	1717年	四川绵远河大水决堤，绵竹县采用杩槎抢险[92]
3	雍正七、八年	1729～1730年	云贵广西总督鄂尔泰主持治理云南滇池海口河，疏浚所有海口河道壅淤处所，挖出所有老埂和牛舌洲滩，平地哨南新开子河一道，又于海口之外石龙坝两岸山脚，新筑堤埂，保护河基，合计银五千六百三十余两[91]
4	乾隆二年	1737年	命总督尹继善筹画云南水利，无论通粤通川及本省河海，凡有关民食者，及时兴修[91]。四川射洪县修涪江防洪堤[92]
5	乾隆二十八年	1763年	贵州石阡县修堤截流，又修上堤护之。乾隆五十年接修[93]

6	乾隆三十二年	1767 年	四川三台县城东当涪江之冲，土堤易圮，改筑石堤数十丈，名曰万年堤[92]
7	乾隆三十五年	1770 年	四川黔江县城筑防洪堤[92]
8	乾隆四十七年	1782 年	楚雄龙川江河溜逼城，云南巡抚刘秉恬奏请挑浚深通，导引河溜复旧[84]，共开挖引河长二百一十五丈，砌筑石岸长六十九尺[91]
9	乾隆五十年	1785 年	云贵巡抚刘秉恬主持疏浚云南海口河，自龙王庙至石龙坝共长二千七百七十五丈，疏挖一二尺至四五尺不等[91]
10	嘉庆九年	1804 年	四川什邡县石亭江水溢，冲开河三十余里，士民自议捐筑堤防[92]
11	嘉庆二十五年	1820 年	四川阆中县西城垣数百丈受冲，旧石堤屡修屡圮。川北道黎学锦等增筑嘉陵江护城石堤百余丈，以巨石沉潭底，高出水面，坚裹堤塍二三丈，填旧石坝为石柜。另增长石坝以遏回流，多置石梯挑水、小石坝、石塔，以杀水势。自是江患遂息[92]
12	道光三年	1823 年	贵州桐梓县开赤水河支流溱溪河泄水[93]
13	道光十二年	1832 年	綦江知县招捐修筑长堤，名金墉堤，长一百三十丈，宽五丈，为重庆綦江城东南屏障[94]
14	道光十六年	1836 年	云贵总督伊里布、巡抚颜伯寿等率绅民大修云南海口堤岸、闸坝、河道，并新开桃源箐子河及各漾塘，以泄水势。以往每次疏挖海口河，必先筑埝坝挡水，工竣撤坝放水，土石又淤塞海口河。本年秋，建屡丰闸，历时九月，建成南河闸九孔、北河闸四孔、中河闸九孔，石墩木闸，墩高二丈一尺[91]

表 7－4　清代长江流域中游兴建的主要防洪工程

序号	兴筑时间		工程主要内容
	年号	公元	
1	顺治八年	1651 年	江西丰城修赣江东堤[95]

2	康熙十二年	1673 年	江西南昌修复大有圩堤闸。康熙二十二年、乾隆三年，又多次修复[95]
3	康熙四十四年	1705 年	江西兴国修护城石堤[95]
4	康熙五十五年	1716 年	康熙年间，汉寿建堤垸三十七处，武陵建十六处，长沙建十三处，湘阴建十二处，巴陵修三处，益阳一处，华容修复明代堤垸四十八处。本年，湖南巡抚李发甲请发湖南各州县堤工银六万二千两，修筑上述官垸[96]
5	雍正五年	1727 年	湖北荆江沿州堤岸，着动用帑金修筑，修成之后仍为民堤，令百姓加意防护，随时补葺[85]。发帑修筑万城大堤郝穴下新开丁子月堤[97]
6	雍正六年	1728 年	发帑修筑湖北万城大堤黄潭堤，修筑文村堤，并浚小柳口、洪鱼口、柘林港、林家桥等处[97]
7	雍正十一年	1733 年	六月，万城大堤郝穴下十里堤决，郡守周钟瑄捐赀修筑郝穴以下堤段，长三百一十六丈，约费八千余金。沿堤柳皆合围，人称周公堤[98]
8	雍正十二年	1734 年	江西丰城屡坍塌，江西巡抚常安、丰城知县刘家贤奏请动用盐规银五千八百两，筑石堤一百七十三丈、土堤八百二十八丈[95]
9	乾隆三年	1738 年	奏准湖北武昌一带江塘护岸，加高二层；汉阳府江岸石堤，建筑正岸与护岸二百六十七丈，城南加筑二层护岸三十丈[99]
10	乾隆四年	1739 年	江西巡抚岳浚因丰城各处石堤坍塌，奏请动用盐规银八千余两修筑，并奏请每年动用盐规项下银一千五百两为岁修。乾隆十年改为土工照旧派夫修筑，石工由官府承办[95]
11	乾隆七年	1742 年	江西巡抚陈宏谋动用帑银三千八百余两，修复南昌大水决堤七处。十四年，修圩堤一百一十二所。三十七年，修复大有圩[95]

12	乾隆二十四年	1759 年	动员民力疏浚荆江虎渡口，规定地方官劝民疏渠，开渠多者，酌情记功[85]
13	乾隆二十九年	1764 年	修湖北溪镇十里长堤，及广济、黄梅江堤[84]
14	乾隆三十年	1765 年	雍正、乾隆年间多次发帑兴修湖南洞庭湖区堤垸，新建的大都在本年以前，且均属造报入官督修民围[96]
15	乾隆四十年	1775 年	修筑湖北武昌省城金河洲、太乙宫滨江石岸[84]
16	乾隆五十三年	1788 年	六月，万城大堤溃决二十余处，大水入江陵城，兵民淹毙万余人。朝廷发帑银二百万两，调集十二州县民夫，修堵堤防溃口，新建城垣，按本年水痕，酌量加高培厚，并在杨林矶、黑窑厂、观音矶等处修建石矶[88]
17	乾隆五十五年	1790 年	筑湖北潜江仙人旧堤千二百八十余丈。改建江西丰城赣江东西堤石工[84]
18	乾隆五十九年	1794 年	荆州沙市大堤因江流激射，势露顶冲，添建草坝[84]
19	嘉庆元年	1796 年	溃万城大堤木沉渊、杨二月，挽龙洲垸、天鹅垸[85]
20	嘉庆二十五年	1820 年	修湖北襄阳老龙石堤[84]
21	道光二年	1822 年	加筑湖北襄阳汉江老龙石堤。修江西丰城及新建惠民桥堤[84]
22	道光三年	1823 年	培修湖北天门、京山、钟祥堤垸，及监利樱桃堰、荆门沙洋堤[84]
23	道光四年	1824 年	培修荆州万城大堤横塘以下各工，及监利任家口、吴谢垸漫决堤塍。筑江西德化、建昌、南昌、新建四县圩堤[84]
24	道光五年	1825 年	修湖北监利江堤，筑荆州得胜台民堤，修襄阳汉江老龙石堤[84]
25	道光七年	1827 年	浚湖北汉川草桥口、消涡湖口水道。荆山王家营屡决，下游各州县连年被灾。命刑部尚书陈若霖等往勘，见京山决口三百二十余丈，钟祥溃口百七十余丈，建议挑除胡李湾沙塊，先畅下游去路，将京山口门挽筑月堤，展宽水道，钟祥口门于堵闭后，添筑石坝二，护堤攻沙。命湖广总督嵩孚驻工督办[84]

26	道光十年	1830 年	修湖北省会武昌江堤，并添建石坝，修公安、监利江堤[84]
27	道光十一年	1831 年	江汉大水，溃决堤塍七十余处。湖广总督卢坤、湖北巡抚杨怿曾，疏请动借帑银二十九万余两，堵筑溃口堤，共长三万三千零二丈[100]。修江西南昌、新建、进贤圩堤。修湖北天门汉水南岸堤工。命工部尚书朱士彦察勘江南水患，疏请修筑安徽无为及铜陵江坝[84]
28	道光十二年	1832 年	修筑江西南昌、新建圩堤，改丰城土堤为石堤[84]
29	道光十三年	1833 年	湖广总督讷尔经额请修湖北襄阳老龙石堤，修汉阳护城石堤，及武昌、荆州沿江堤岸。御史朱逵吉奏请疏湖北江水支河，使南汇洞庭湖；疏汉水支河，使北汇三台等湖，并疏江、汉支河，使分汇云梦[84]
30	道光十四年	1834 年	浚湖北沔阳天门、牛蹄支河，汉阳通顺支河，石首、潜江、汉川支河；修筑滨临江汉各堤，修荆州万城大堤，修潜江、钟祥、京山、天门、沔阳、汉阳六州县临江溃堤。修湖南华容等县官民各垸。筑江西南昌、新建、进贤、建昌、鄱阳、德安、星子、德化八县水淹圩堤[84]
31	道光十七年	1837 年	修湖北武昌沿江石岸，钟祥刘公庵与何家谭老堤，潜江城外土堤。修江西丰城土石堤工，并建小港口石闸石埽[84]
32	道光十八年	1838 年	修湖北黄梅堤[84]。黄梅、德化、宿松等县共建同仁堤，自黄梅段窑下董家口起，至宿松康公堤止[101]。至民国五年，同仁堤下依次建成丁字堤、初公堤、泾江长堤和马华堤，诸堤连接而成同马堤之雏形。1963 年，正式命名为同马大堤[101]
33	道光十九年	1839 年	修湖北武昌保安门外江堤、蕲州卫军堤、汉阳临江石堤。汉水盛涨，汉川、沔阳、天门、京山堤垸溃决[84]

34	道光二十年	1840 年	湖广总督周天爵疏报江、汉情形，拟疏堵章程，下所司议行。修湖北荆州大堤及公安、监利、江陵、潜江四县堤工。修湖南华容、武陵（今常德）、龙阳（今汉寿）、沅江四县官民堤垸[84]
35	道光二十二年	1842 年	江水盛涨，冲陷万城堤以上之吴家桥闸，并决下游上渔埠头大堤，直灌荆州郡城。湖广总督裕泰请修挽月堤一，并先于上下游各筑横堤[84]。此役共动用帑银八万八千九百余两，监修岳家嘴溃口，并石矶月堤[97]
36	道光二十四年	1844 年	修湖北江夏江堤。七月，荆州江势汛涨，万城大堤李家埠内堤决口，水灌城内。江陵虎渡口汛江支各堤亦多漫溢。谕总督裕泰筹款修筑，九月万城堤合龙[84]。此役共动用帑银四万四千五百余两，督修挽筑月堤四百六十丈[97]
37	道光二十八年	1848 年	修湖北江夏堤工、钟祥廖家店外滩岸[84]
38	道光三十年	1850 年	修湖北襄阳汉江老龙石堤、汉阳堤坝、武昌沿江石堤、潜江土堤、钟祥高家堤[84]
39	同治七至九年	1868～1870 年	江西连年大水。七年，江西巡抚刘坤一发制钱五万二千余串，修筑新建县十七圩堤。八年，又借官银近二万两，修筑南昌、余干、星子、永修、德化等县圩堤[95]
40	同治十年	1871 年	湖北沙市绅士捐修万城大堤刘大港石矶（十二年，接修四百余丈），并接修石岸四百丈[85]

表 7－5　清代长江流域下游兴建的主要防洪工程

序号	兴筑时间		工程主要内容
	年号	公元	
1	顺治九年	1652 年	御史秦世祯檄江苏华亭知县浚春申浦、六磊塘、蟠龙塘、俞塘等河道及支河二百余条[102]

2	康熙十年	1671 年	江苏巡抚马祐开浚刘河淤道二十九里，于天妃宫建大闸一座；浚吴淞江，自黄渡至黄浦口长一万一千八百余丈，于黄浦口建大闸一座，共用银十四万余两[102]
3	康熙十九年	1680 年	浚江苏常熟白茆港、武进孟渎河[84]
4	康熙二十年	1681 年	江苏巡抚慕天颜奏浚白茆港，自支塘至海口，浚淤道四十三里，并议修大闸一座，共需费五万六千两。二月初兴工，四月底工竣[102]
5	康熙四十七年	1708 年	总督邵穆布、巡抚于准浚刘家港，长三十里，面阔七丈，深八尺；建七鸦口闸[102]
6	康熙四十八年	1709 年	总督邵穆布、巡抚于准奏准开浚白茆、福山二港，修白茆旧闸，建福山新闸，共用帑银三万五千两[102]
7	康熙五十五年	1716 年	南京瓜洲江岸崩塌，建护城堤埽工长二百七丈，护城石工长三百一丈，花园港越埽长一百八十丈，开宽挑深渡军桥起等处河道[103]
8	雍正五年	1727 年	发帑兴修江南水利，开浚吴淞江、白茆河。春，浚太仓州刘家港，用帑银二万九千九百两。十月，浚吴淞江西段，自艾祁口至盘龙江口；次年正月，浚吴淞江东段，自盘龙江口至野鸡墩，共长三十六里。冬，浚白茆港，长七千七百余丈；次年春，浚徐六泾之梅里塘，长三千五百余丈；又浚常熟县福山塘，长四千三百余丈，共用帑银九万七千余两[102]
9	乾隆二十八年	1763 年	江苏巡抚庄有恭奏修三吴水利，拟清理太湖出水诸口，浚治吴淞江、娄江浅狭阻滞之处，铲除植芦冒占之区，加培圩岸，改移闸座。十二月兴工，先疏桥港，次及河身，并开吴淞江引河，及黄渡镇越河六百四十丈。次年三月工毕，用白金二十二万余[102]
10	乾隆二十九年	1764 年	浚江苏江都堰，开支河一，使涨水径达外江[84]
11	乾隆三十五年	1770 年	挑浚苏郡入海河道，白茆河自支塘镇至滚水坝，长六千五百三十余丈；徐六泾河自陈荡桥至田家坝，长五千九百九十余丈[84]。九月兴工，十一月竣工，借帑十五万一千一百余两[102]

12	乾隆四十一年	1776年	六月，瓜洲城外江岸坍塌入江约百余丈，西南城墙塌四十余丈。将瓜洲量为收进，让地于江，并沿岸筑土坝以通纤路[84]
13	乾隆四十三年	1778年	疏浚湖州漊港七十二；浚镇洋刘河，自西陈门泾上头起，至王家港止[84]
14	乾隆五十七年	1792年	瓜洲江岸均系柴坝，江流溜急，接筑石矶，不能巩固。于回谰旧坝外，抛砌碎石，护住埽根，自裹头坍卸旧城处所靠岸，亦用碎石抛砌，上面镶埽[84]
15	嘉庆十七年	1812年	挑浚江苏武进孟渎河和上海太仓刘河[84]
16	嘉庆二十一年	1816年	疏浚吴淞江[84]
17	嘉庆二十三年	1818年	江苏巡抚陈桂生等督浚吴淞江，自黄渡至万安渡，长一万一千余丈。次年，重浚吴淞江，江面挑宽九丈余至十二丈，底宽三丈五尺，深一丈至一丈五尺，工银二十八万三千余两，沿江三县出十之三，受益十三州县出十之七[102]
18	道光元年	1821年	修江苏湖州黑窑厂江堤[84]
19	道光二年	1822年	挑江苏江都三汊河子、盐河五闸淤浅，及沙漫州江口沙埂[84]
20	道光七年	1827年	江苏巡抚陶澍檄大浚吴淞江，自井亭渡至曹家渡，并逢湾取直，共长一万余丈，工银二十九万三千余两。九月兴工，次年二月工竣[102]
21	道光十三年	1833年	两江总督陶澍请修江苏六合双城、果盒二圩堤埂，浚孟渎、得胜、湾港三河，并建闸座。均如议行[84]

22	道光十四年	1834 年	二月，总督陶澍、巡抚林则徐奏浚刘河，借项兴挑，并浚白茆河，官民捐办。三月，浚刘家港，自吴家坟港口至白家厂基东，长七千三百余丈，平水面浚深九尺；又自盐铁东杨家浜至吴家坟港，长七百九十余丈，平水面浚深七尺；又议取直开挑，省工二千三百余丈，四月底完工。又建滚水涵洞石坝一道，御浑泄清，八月完工。共借帑十三万余两。三月，官民又捐挑白茆河、徐六泾，以工代赈，五月工竣。又建白茆老新闸，十月工竣。共用银十一万五千余两。八月，奏以刘河节省余款三万四千九百两，挑浚太仓七浦，次年春兴工[102]
23	道光十六年	1836 年	总督陶澍、巡抚林则徐会奏，验收上年至今苏、松、太各属续挑河道：苏州府属吴江县之瓜泾港等河，常熟昭文两县之福山塘等河，吴县之张家塘等河；松江府属上海县之蒲汇塘、肇家浜、新泾、薛家浜等河，川沙厅之白莲泾、长浜、吕家浜、小腰浜等河，华亭县之亭林镇、鹤颈汇等河，娄县之古浦塘等河，金山县之珠泾镇、互迎浜等河，青浦县之泖湖切滩；太仓州属太仓、镇江两境之杨林河及其他河，嘉定县之华亭泾等河。其中，尤以上海蒲汇塘等五河、常昭之福山塘河，川沙之白莲泾等四河、太镇之杨林各河，挑挖倍见深通，水势极形畅顺[102]
24	道光三十年	1850 年	正月，浚白茆河，自支塘至海口，长五千五百余丈；浚徐六泾，自塘桥至范孝思基，长四千九百余丈；浚许浦，自许浦桥至南桥，长一千七百余丈；浚高浦，自西坛至马桥，长一千九百余丈；旁浚支河六十八道，移建白茆老新闸，其徐六泾、许浦、高浦各于海口筑坝，蓄清拒浑，以时启闭，至五月工竣[102]
25	同治三年	1864 年	李鸿章主奏疏浚吴淞江，自老河口至双庙，又开浚曹家渡一带淤浅[104]
26	同治五年	1866 年	江苏巡抚郭柏荫奏浚刘河，长七千六百九十余丈，平水面浚深九尺；又重修刘河镇天妃闸。十一月开工，次年正月完工，用银十七万两[102]

27	同治九年	1870 年	浚白茆河道，改建近海石闸[84]。浙江巡抚杨昌浚开浚太湖溇港各工，至十一年共开浚九港二十四溇，建新闸五座[105]
28	同治十年	1871 年	江苏巡抚张之万请设水利局，兴修三吴水利。于是重修元和、吴县、吴江、震泽桥窦各工。最大者为吴淞江下游至新闸百四十丈，别以机器船疏之。凡太仓七浦河，昭文徐六泾河，常熟福山港河、常州河，武进孟渎、超瓢港，江阴黄田港、河道塘闸、徒阳河、丹徒口支河，丹阳小城河，镇江京口河，均以次分年疏导，几及十年，始克竣事[84]。此役苏城水利局动用库存水利经费银，大兴水利。正月，浚太湖溇港二十九处，共长一万一千余丈，用库银二万一千三百余两，次年三月完工。机器船间断开浚泖湖三十余里，以湖面中泓十丈为度，挖深五六尺，用库银五千八百九十余两，十一月完工。十月，浚吴淞江，自黄渡至新闸西，长九千余丈，用库银十一万八千二百余两，次年四月完工。十二月，机器船浚吴淞江，长七百余丈，用库银六千余两，次年九月完工[102]

三、淮河的治理

清代，淮河的治理仍以保漕为先决条件，因此治理工程均在下游，尤其集中在清口、洪泽湖堤和入海入江水道的整治。经过明清数百年的治理，建成并完善了洪泽湖高家堰枢纽工程，促使黄淮分流，淮河主流至清口入洪泽湖，经淮扬运河高邮、宝应诸湖归入长江，部分穿过洪泽湖大堤流经里下河地区入海。尽管由此使里下河地区成为洪涝渍灾害频发地区，但明清时期导淮归江入海的治河方略及其实施，为其后淮河下游的治理和防洪工程建设奠定了基础。

（一）清口的治理

清口原为泗水入淮之口，黄河夺淮后演化成淮河经洪泽湖入黄河之口，后广义推演为黄、淮、运交汇处之总称。因此，治理清口是明清时期治水的关键性工程，力求解决淮水出路和黄水淤积问题，以保障漕运的畅通。

1. 康熙年间清口的“蓄清刷黄”

明后期，潘季驯综合治理黄、淮、运，清口维持了十余年的相对稳定。清初，淮河高家堰屡决，黄水倒灌洪泽湖，清口淤积日甚，运道干浅。康熙十六年（1677 年），河道总督靳辅开始大规模治理黄、淮、运。他承袭潘季驯“蓄清刷黄”之方略，以清口为重点治理运河，工程措施主要为开清口引河和改道运口。靳辅时清口形势示意图见图 7－10。

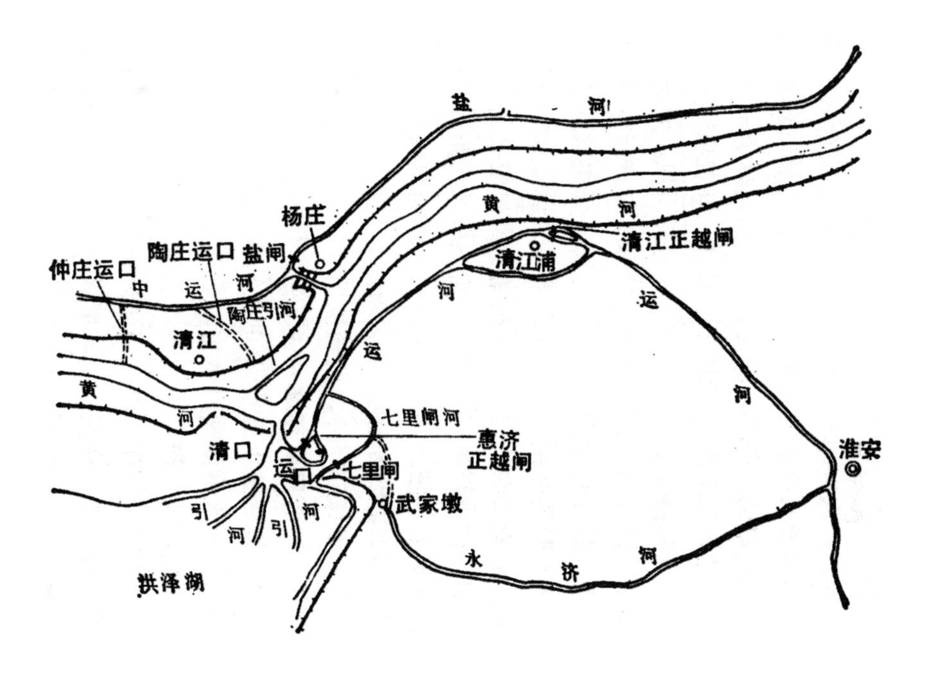

图 7－10　靳辅时清口形势示意图[106]

康熙十六年（1677 年），靳辅指出："洪泽下流，自高堰西至清口约二十里，原系汪洋巨浸，为全淮会黄之所。自淮东决、黄内灌，一带湖身渐成平陆，止存宽十余丈、深五六尺至一二尺之小河，淤沙万顷，挑浚甚难。惟有于两旁离水二十丈许，各挑引河一，俾分头冲刷，庶淮河下注，可以冲辟淤泥，径奔清口，会黄刷沙，而无阻滞散漫之虞。"[107]因此，他在清口二十里拦门沙外开挖烂泥浅引河、张福口引河、裴家场引河、帅家庄引河，总长六千余丈。康熙十八年（1679 年），又"大浚清口、烂泥浅、裴家场、帅家庄引河，使淮水全出清口，会黄东下"[107]。时人评说："四道引河，俱经冲刷宽深，淮流畅注，足以敌黄而无倒灌之患者，引河之力也。"[74]四道引河遂成引淮刷黄的主要通道，为运口治理奠定了基础。

为了解决黄水倒灌、淤塞运口的问题，康熙十八年（1679 年），靳辅又将新庄运口（即万历年间潘季驯通济闸运口）南移至七里闸，连接烂泥浅引河。南运口改道后，引洪泽湖济运，"烂泥浅一河，分十之二佐运，仍挟十之八射黄，黄不内灌，并难抵运口。由是重运过淮，扬帆直上，如履坦途"[73]。

康熙二十六年（1687 年）靳辅被罢官后，王新命、董安国、于成龙先后继任总河，对清口都做过一些工作。康熙三十七年（1698 年），为收束清口，总河董安国自张福口堤尾接筑临清堤，即清口西堤，移清口于风神庙前，并于此建东西束水坝，西坝御黄，东坝蓄清，中留二十余丈出水口门，以加大流速。湖水涨时，相机折展；湖水跌时，相机收束。为分导黄水，远离清口，董安国曾试挑陶庄引河，并于大河南岸建挑水坝，冬工未成，被遣解任[60]。

康熙三十九年（1700 年），张鹏翮任河道总督，大力治理黄淮。当时烂泥浅等引河出水只能入运，不能出清口会黄，每当黄水涨，立即倒灌运河与淮河。为此，张鹏翮尽塞高家堰决口，修砌高堰大堤；增挑清口三岔河引河，“使淮无所漏，悉归清口；又开张福、裴家场、张家庄、烂泥浅、三岔及天然、天赐引河七，导淮以刷清口；又以清口引河宽仅三十余丈，不足畅泄全湖之水，加开宽阔。于是十余年断绝之清流，一旦奋涌而出，淮高于黄者尺余”〔107〕。

康熙四十年（1701年），张鹏翮又“于张福口、裴家场二引河间，再开引河一，合力敌黄”。他见湖口清水已出，提出“宜筹节宣之法”。在清口内有两岸之堤处，横截清口，排桩下埽，仅留船行之口，漕船过完随即封堵；等漕船空回时，开坝过船。“若黄涨在粮艘已过，堵拦黄坝，使不得倒灌；涨在行船时，闭裴家场引河口，引清水入三汊河至文华寺济运。”〔73〕

此时，清口开挖的五条引河，加上淮水刷成的天然、天赐二条引河，共泄淮水会于清口。七条引河自西而东排列：张福、天然、张家庄、天赐、裴家场、烂泥浅、三汊，广一百余丈，总汇点北距清口束水东西坝约二里。此后十余年，清流顺畅而出清口，会黄入海，漕运无阻。

靳辅和张鹏翮大力治理清口，虽在一段时间内对维持漕运效果显著，但并不能从根本上解决黄河倒灌造成的清口淤积，随着时间的推移，清口的淤积又趋严重。

2. 乾隆年间清口的“陶庄改河”

为了改变清口的不利状况，自康熙三十八年（1699年）开始，多次在黄河左岸陶庄开挖引河，试图使黄河主流北趋，不直接顶托清口淮水出流，但效果都不好。“先是上以清口倒灌，诏循康熙中张鹏翮所开陶庄引河旧迹挑挖，导黄使北，遣鄂尔泰偕（高）斌往勘，以汛水骤至而止。旋完颜伟继（高）斌为河督，虑引河不易就，乃用斌议，自清口迤西，设木龙挑溜北趋，而陶庄终不敢议。”〔107〕乾隆四十一年（1776年），两江总督高晋提出：“清口西所建木龙，原冀排溜北趋，刷陶庄积土，使黄不逼清。但骤难尽刷，宜于陶庄积土之北开一引河，使黄离清口较远，至周家庄会清东注，不惟可免倒灌，淤沙渐可攻刷，即圩堰亦资稳固，所谓治淮即以治黄也。”〔1〕高晋和南河总督萨载主持开陶庄新引河。“清口东西坝基移下百六十丈之平成台，筑拦黄坝百三十丈，并于陶庄迤北开引河，使黄离清口较远，清水畅流，有力攻刷淤沙。明年二月，引河成，黄流直注周家庄，会清东下，清口免倒灌之患者近十年。”〔107〕“清口东西坝”为束水坝的东西二坝。黄河主流改道北行，清口出流利用了一段黄河旧河道至北运口杨庄入黄，使清口出流长度达五里，不但黄河不易倒灌，而且黄河与清口出流平行向东北方向平顺汇流，合力冲沙。乾隆四十一年清口陶庄改河示意图见图7-11。

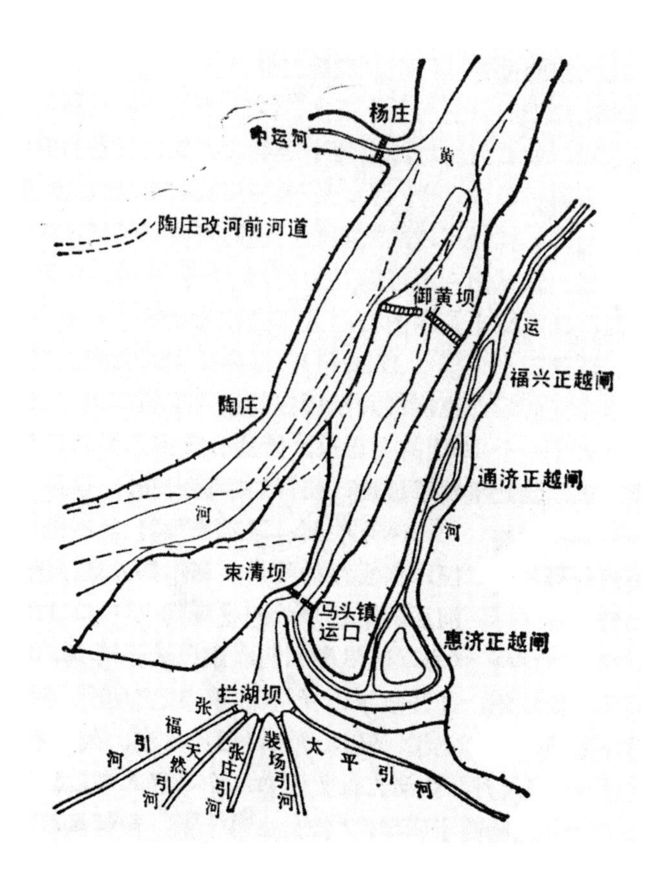

图 7－11　乾隆四十一年清口陶庄改河示意图[106]

陶庄改河之后，为保持新河势的稳定，将旧河两端堵塞，东为拦黄坝，西为顺黄坝。自拦黄坝南坝头起，斜至御黄坝顺水堤止，筑拦堰一道，长一百四十丈；自拦黄坝后起，至顺水堤尾止，创撑堤一道，长二百丈；自拦黄坝北尾起，到新河尾止，于新河南积土之北，筑束水堤一道，长八百九十一丈。束水堤是新黄河的南堤，左邻黄河，右邻清水，成为清黄界河。随着黄河河道淤高，嘉庆时又加筑一道束水堤。这一系列堤坝修建以后，在新束水堤与原黄河南堤之间，形成了一条洪泽湖清水出流入黄河的狭长通道，是二者间的缓冲带，也是漕船跨越黄河的必经之路，因此成为以后黄、淮、运治理的关键地带。

康熙三十七年（1698 年），董安国曾在清口筑东西束水坝。康熙“四十九年，加长御黄西坝工程”[107]。雍正元年（1722 年），“重建清口东西束水坝于风神庙前，以蓄清，各长三十余丈”[107]。乾隆四十二年（1777 年）陶庄改河之后，将清口东西束水坝下移一百六十丈到平成台，并筑拦黄坝百三十丈[107]。乾隆四十四年（1779 年），又将清口东西束水坝下移二百九十丈至惠济祠前[108]。乾隆四十六年（1781 年），于天妃运口之北建兜水坝，在运口前收束清口，逼清水入运河，兼有束水坝的作用。乾隆五十年（1785 年），洪泽湖水小，黄水大量倒灌。大学士阿桂履勘后提出：“借已灌之黄水以送回空，蓄积弱之清水以济重运。”[73]于是，“修清口兜水坝，易名束清坝。复移下惠济祠前之东西束水坝三百丈于福神巷前，加长东坝以御黄，缩短西坝以出清，易名御黄坝”[107]。在清水出流入黄河的狭长通道两端有了两道控制口门：在临清水的天妃运口之北有束清坝，控制清水冲沙；在临黄河的福神庵前有御黄坝，抵御黄水倒灌。自乾隆五十一年（1786 年）起，几乎每年都要拆展收束御黄坝和束清坝，来调节清水出流和防止黄水倒灌，有时还需通过启闭高家堰五坝来调整洪泽湖水位。

3. 嘉庆年间清口的“抑黄入淮”

清代后期，黄河下游河道不断淤高，汛期黄水常常倒灌运河和洪泽湖，淮水出流更加困难，清口“蓄清刷黄”基本无法实现。嘉庆年间，清口的治理由“蓄清刷黄”转为“抑黄入淮”，在清口运河穿黄段不得不采用工程措施济运，以维持漕运。嘉庆年间清口形势示意图见图 7－12。

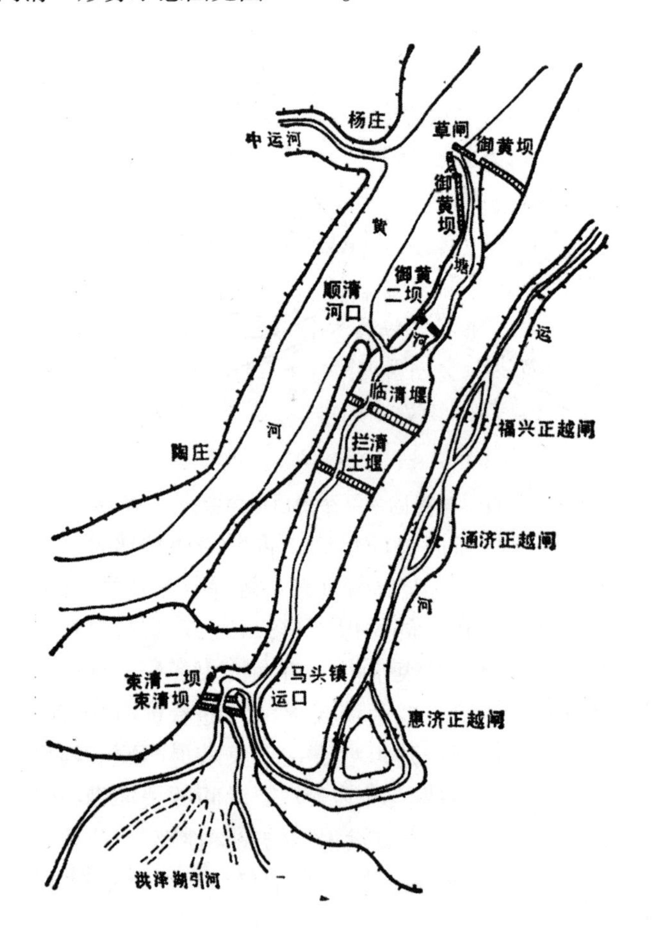

图 7－12　嘉庆年间清口形势示意图[106]

嘉庆十年（1805 年），清口淤高，无力冲沙，于“河口疏挑引河一千七百余丈”，并“于里河束清坝以下，至外河惠济祠以上，两岸各筑束水坝二道，藉资逼溜刷沙”[109]，希望冲成主槽通运，但效果不佳。于是，“河督徐端以束清坝在运口北，分溜入运，致不敌黄，请移建湖口迤南”[107]。即移束清坝于运口之南的五引河交汇处附近，使运口在二坝之间，以对清水能更有效地控制；并移御黄坝于河唇，以加长二坝间的距离，使清口出流更为顺畅，御黄坝后的引水渠与黄水脱离。

嘉庆十二年（1807 年），河口淤积严重，无法行船。为防止黄水再度倒灌，挑

挖五引河，于御黄坝口门和新挑引河河尾各设草闸，封闭御黄、束清二坝口门，二坝间形成狭长的封闭河段，如同船闸。过船时，先启引河河尾草坝，引清水灌入，漕船进入后关闭，再启御黄坝草坝出舟。这样以轮番拆闭清黄二坝口门的草坝来实现通航的方法，以后发展为道光年间的“灌塘济运”。

嘉庆十五年（1810 年），湖水大涨，因御黄坝泄水不畅，为应急，于福神庵前的旧御黄坝西坝滩面挑顺清坝，穿越临清束水堤为另一口门引清水外注。嘉庆十六年（1811 年），又于御黄坝外添筑钳口坝，在御黄坝南一百九十丈处添筑御黄二坝。嘉庆“二十三年（1818 年），增建束清二坝于束清坝北，收蓄湖水”[107]。从而在控制清水进出和防止黄水倒灌方面都有了二道坝控制，但清口的淤积仍有增无减。

4. 道光年间清口的“灌塘济运”

道光初年，洪泽湖与黄河交互涨落，互为高低，行船更为困难，御黄、束清四坝的启闭和顺清坝的使用频繁。道光六年（1826 年），试行“灌塘济运”过清口。筑拦清土堰于临清堰之南，建草闸于御黄坝外之钳口坝，又于钳口坝外两旁筑直堰，中筑拦堰，称临黄堰，从而在御黄坝和临清堰之间形成塘体。由于该塘体比嘉庆十二年（1807 年）的封闭河段要短得多，引水灌塘也省水省时，引水灌塘后形成较宽阔的河段，称为塘河。道光年间灌塘济运示意图见图 7－13。

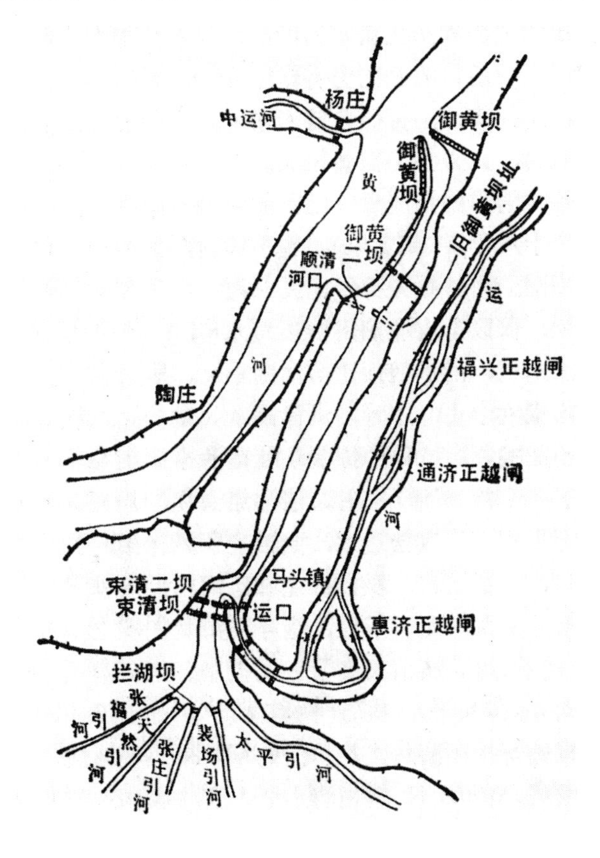

图 7－13　道光年间灌塘济运示意图[106]

塘河建成后，几乎年年都要倒塘灌运。南来的船艘，由临清堰口门入塘河，堵闭临清堰，开临黄堰，放船渡过黄河，北入对岸中运河。北来的船艘，由临黄堰入塘河，堵闭临黄堰后开临清堰，船入运河。堰闸启闭循环一次，需要花费大量的人力和时间。但为了保证漕粮运输不致中断，灌塘济运的工程措施运用了近三十年。清代后期清口形势图见图 7－14。

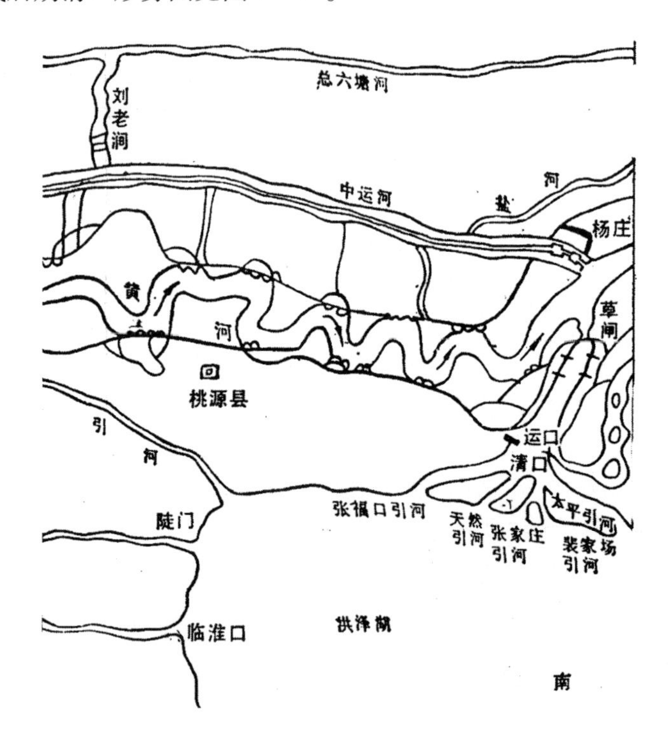

图 7－14　清代后期清口形势图[106]

（引自《行水金鉴》）

咸丰五年（1855 年）黄河北徙，清口黄水断绝，塘河已淤成平陆，淮水由洪泽湖不能再出清口，最终导淮入江。

（二）洪泽湖大堤的兴筑

洪泽湖东环大堤史称高家堰或高堰，可蓄淮水出清口刷黄。洪泽湖原为不与淮河直接连通的人工湖泊，相传为东汉献帝建安年间广陵太守陈登所开。陈登筑堰障淮，首筑高家堰，即捍淮堰，长三十里，在武家墩西南约十余里，堰西为阜陵湖。隋代始有洪泽之名。宋庆历年间发运使张纶和明永乐年间平江伯陈瑄、隆庆年间王宗沐曾修高家堰，防淮水东侵。高家堰一旦溃决，淮、扬诸州县顿成泽国，并冲击运道，而淮水东泄，洪泽湖水位下落，又会导致清口黄水倒灌。康熙初年，黄河多次决口，倒灌清口和洪泽湖，造成洪泽湖水涨沙淤，高家堰也多次决口。尤其是康熙十五年（1676 年），黄河倒灌洪泽湖，“高堰不能支，决口三十四。漕堤崩溃，高邮之清水潭，陆漫沟之大泽湾，共决三百余丈，扬属皆被水，漂溺无算”[1]。

1. 靳辅治理高家堰

康熙十六年（1677 年），靳辅开始大规模治理黄、淮、运。他在上疏“大修

事宜八”中列了五项重大工程项目：筑黄河大堤，开清口引河，加筑高家堰，堵高堰决口，挑运道筑运堤。堵塞高家堰决口和加高培厚旧堤是逼清水出清口刷黄和保障运河及淮扬地区安全的关键工程，就占了其中的两项：“曰加筑高家堰堤岸；曰周桥闸至翟家坝（为高家堰南端）决口三十四，须次第堵塞。”[1]明代潘季驯筑高家堰时，砌石堤三千余丈，但西南自周桥闸至翟家坝三十里地势较高并未筑堤，而是作为天然溢洪堰。明末清初随着洪泽湖底不断淤垫，湖水随之抬高，昔时这三十里高亢之地已成为分泄湖水的大缺口。因此，靳辅“将诸决尽塞，自清口至周桥九十里旧堤悉增筑高厚，并将周桥至翟坝三十里旧无堤之处也创建之”[110]。靳辅治理高家堰与运河工程示意图见图7－15。

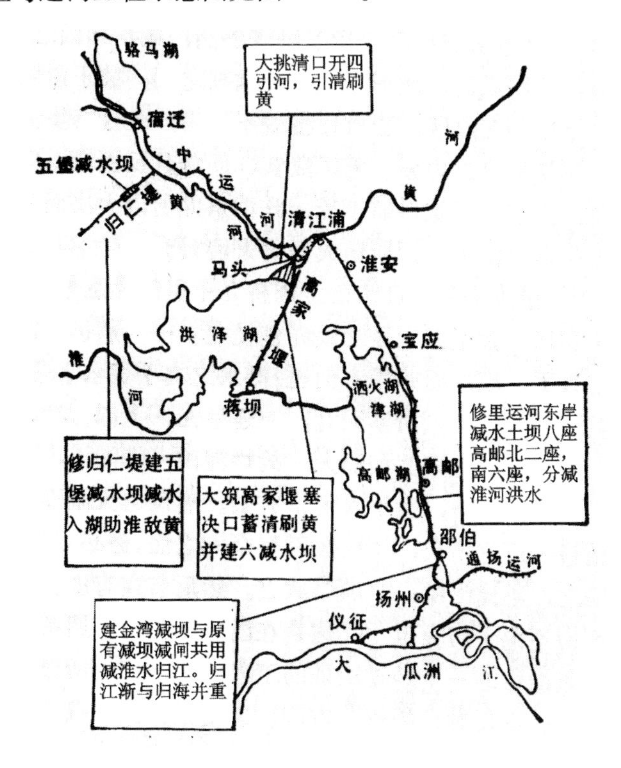

图7－15 靳辅治理高家堰与运河工程示意图[106]

考虑到洪泽湖风浪汹涌，靳辅在大修高家堰时作了两项技术改进。一是加高培厚堤防时，加筑坦坡。靳辅指出：洪泽湖“临湖一带堤岸，除决口外，无不残缺单薄，危险堪虞。板土固易坏，即石工之倾圮亦不可胜数”。因此，他提出：“今求费省工坚，惟有于堤外近湖处挑土帮筑坦坡。每堤一丈，筑坦坡宽五尺，密布草根草子其上，俟其长茂，则土益坚。至高堰石工，亦宜帮筑坦坡，埋石工于内，更为坚稳，较之用板用石用埽，可省二十一万有奇，且免冲激颓卸之患。”[107]靳辅十分重视坦坡的护堤作用。他说：“风猛浪倍而异寻常而汹涌之势，一遇坦（坡）而其怒自平，惟有随坡上下，而无所逞其冲突……故障淮以会黄者功在堤，而保堤以障者功在坦坡也。”[110]二是堵决时，“改下埽为包土，仍筑坦坡”。他指出：“堵此原冲成之九河，及高良涧、高家堰、武家墩大小决口三十四，需费七十万五

千有奇，皆系用埽，不过三年，悉皆朽坏。”[107]因此，他“斟酌变通，除镶边裹头必须用埽，余俱宜密下排桩，多加板缆，用蒲包裹土，绳扎而填之，费可省半，而坚久过之”[107]。

康熙十九年（1680年），为了解决洪泽湖泄洪问题，靳辅在创建高家堰周桥至翟坝段三十里堤防之后，又建周桥、高良涧、武家墩、唐埂、古沟东、古沟西等六座减水坝，共长一百七十余丈，皆三合土底，上加草土[111]。洪泽湖水涨至八尺五时，可以泄洪。

对于如何解决黄水倒灌问题，靳辅提出“杀黄济淮”之策。在“黄河两岸砀山毛城铺，徐州王家山、十八里屯，睢宁峰山、龙虎山等处为减水闸坝共九座”以泄水，“由睢溪口、灵芝、盂山等湖入洪泽而助淮。如遇淮涨而黄消，则淮自足以敌黄，而闸坝亦无可过之水。如遇淮消而黄涨，则九闸坝所过之水分流而并至，即借黄助淮以御黄，而淮之消者亦涨。倘更遇黄淮俱涨，则彼此之势略等，有中河以泄黄，周桥大坝以泄淮，亦不至偏强为害”[112]。这一措施以洪泽湖以北地区作为黄河的分洪区和沉沙地，造成淮河中下游各支流河床淤塞，洪泽湖水域扩大、水位抬高，洪泽湖蓄清刷黄与泄洪的矛盾逐渐加重。

2. 张鹏翮治理高家堰

康熙三十五年（1696年），黄淮大水，清口倒灌，各引河淤，高家堰决周桥等六减水坝。康熙三十六年（1697年），“上有宜堵塞高堰坝之谕。逾二年，总河于成龙申塞六坝之请。会病卒，未底厥绩。其年水复大至，已堵三坝，旋委洪流。三十九年，张鹏翮为总河，尽塞之，使淮无所漏，悉归清口”[107]。康熙三十九年（1700年），河道总督张鹏翮对黄、淮、运进行大规模治理，堵塞了溃决的洪泽湖六减水坝；修筑高堰石堤，先筑小黄庄至周家桥段，后延至古沟，再延至六坝；在大堤临湖面用柴草丁镶，以防风浪冲刷。

康熙四十年（1701年），张鹏翮又加筑武家墩至运口一带堤工，与高堰其余堤工相平；创筑拦湖坝一道，自新大墩至裴家场，束水御浪，敌黄济运。张鹏翮认为，靳辅所建高堰六减水坝，在保护高家堰不致漫决中起过重要作用，但如今情况已发生变化。为了保持洪泽湖必要的水位和水量，必须堵塞六坝，以逼淮水出清口刷黄。而待来年桃汛黄淮并涨，又需另开滚水坝，以泄溢槽之水。因此，他另开三座高堰滚水坝，并在坝下就原有草家河、唐曹河开为引河，引河两岸筑顺水堤，堤内宣泄溢水，保护堤外房屋和农田。为三滚水石坝施工需要，仍保留两座天然土坝，宽百十余丈，以备异涨。后这三座滚水石坝称作仁、义、礼坝。仁坝为北坝、义坝为南坝，各宽七十丈；礼坝为中坝，宽六十丈。三滚水坝的开启，仁、义二坝以高堰关帝庙前新石工出水三尺七为则，礼坝以新石工出水三尺二为则。张鹏翮治理高家堰工程示意图见图7－16。

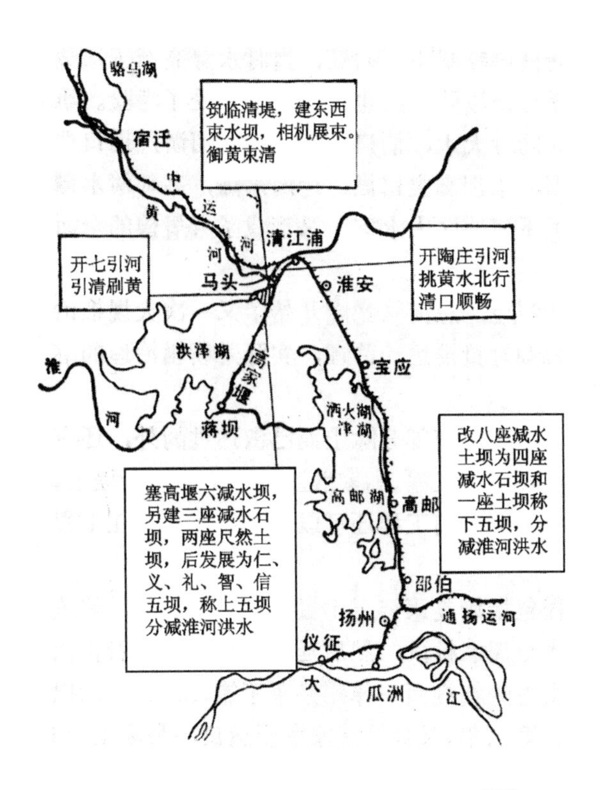

图7-16 张鹏翮治理高家堰工程示意图[106]

3．高家堰五坝

靳辅在高家堰筑减水坝，张鹏翮改建滚水石坝，成为控制洪泽湖水量和对黄河冲淤能力的关键性建筑。雍正、乾隆年间，环绕着泄洪和蓄清的矛盾，在滚水坝的高低和启闭上有过长期的争论和反复。

雍正三年（1725年），河“决睢宁朱家海，东注洪泽湖”[1]。高家堰三滚水坝泄水不畅，启放天然土坝，并挖宽两岸泄水。“总河齐苏勒因朱家海冲决，湖底沙淤，恐高堰难保，改低三坝门槛一尺五寸以泄湖水，而救一时之急。”[107]后又因洪泽湖泄水过大，“致力微不能敌黄，连年倒灌，分溜直趋”，乾隆四年（1739年），“用大学士鄂尔泰言，永禁开放天然二坝”[107]。乾隆七年，河湖并涨，冲决高堰，湖水东注，又有人动议在天然土坝处再建二座滚水坝。

乾隆十六年（1751年），乾隆帝南巡，听取各方意见后决定增建二滚水坝，并规定了滚水坝的过洪标准和启闭方式。“高宗纯皇帝亲临堰盱，谕天然坝永禁开放，添建智、信二坝，仍加封土。俟仁、义、礼三坝过水三尺五寸，始启智坝。仍不减，次及于信。又自新建信坝北雁翅以北，改建石工，南雁翅以南至蒋家坝，用石基砖甃，以期首尾完固。按仁、义、礼三坝旧制，高下一律，总以高堰水志深八尺五寸平水为度。”[113]河道总督高斌遵旨建智、信二坝，并修筑洪泽湖大堤，信坝以北一律补建石工，信坝以南至蒋家闸也改建石基砖工。以后又屡经改建加筑，洪泽湖大堤全部建成石工，高家堰五坝亦相应修砌。这对保障清口的正常运行和高邮、宝应一带运河安全起了一定的作用。《淮河水利简史》根据《续行水金鉴·淮水》整理高家堰五坝兴建沿革见表7-4。

表7－4　高家堰五坝兴建沿革[114]

名称	始建年代		工程概况
	年号	公元	
仁坝	康熙三十九年	1700年	建滚水石坝，长七十丈，坝高六尺八寸
	雍正五年	1727年	降低坝底高程一尺五寸，以加大泄洪
	乾隆三十三年	1768年	坝上加筑，封土护埽
	嘉庆二十三年	1818年	嘉庆十六年，坝顶过洪，跌成深塘，堵闭未修。本年筑成土堤，临湖面筑石工长九十五丈八尺，北砌石十六层，南砌石二十四层，石后筑堤长九十四丈
义坝	康熙三十九年	1700年	始建滚水石坝，长六十丈
	雍正五年	1727年	降低坝底高程一尺五寸，以加大泄洪
	乾隆三十三年	1768年	坝上加筑，封土护埽
	嘉庆二十三年	1818年	嘉庆十年、十五年，坝顶两次过水，跌成深塘，堵闭未修。本年，筑为土堤，临湖面筑石工长七十三丈五尺许，南北砌石十六层，中砌石二十层，石后筑堤长七十丈
礼坝	康熙三十九年	1700年	始建滚水石坝，长七十丈
	雍正五年	1727年	降低坝底高程一尺五寸，以加大泄洪
	乾隆三十三年	1768年	坝上加筑，封土护埽
	嘉庆十五年	1810年	抬高坝底高程三尺，以增加蓄水
	嘉庆二十三年	1818年	嘉庆十七年、十八年，坝顶二次过水，跌成深塘，未修复。本年筑为土堤，建石工，退后圈越，新石工与南北金刚墙裹头相接，共长一百四十七丈。南北砌石十七层，中砌石十九层，两金刚墙旧石工长四十八丈，也作临湖石工，石后筑堤长一百四十一丈

智坝	乾隆十六年	1751 年	始建滚水石坝，金门（无闸门的泄洪道）南北长六十丈，石底面宽二十丈四尺，墙高一丈许
	乾隆三十三年	1768 年	坝上加筑，封土护埽
	嘉庆十五年	1810 年	将坝底高程抬高四尺，以增加蓄水，每年在坝脊加筑埽戗，封堵过流坝段
信坝	乾隆十六年	1751 年	始建滚水坝，金门南北长六十丈，坝底东西宽二十八丈，墙高一丈许
	乾隆三十三年	1768 年	坝上加筑，封土护埽
	嘉庆十七年	1812 年	加高坝底一尺，每年启放，坝上加筑护埽

乾隆年间，高家堰五坝的开启严格按规定执行：五坝坝脊均以高堰水志八尺五寸平水为准，仁、义、礼三坝过水三尺五寸，始启智坝，次启信坝。一般情况下不开五坝，尽量保障洪泽湖蓄水冲沙。即使汛期洪水涨发，也只展宽清口束水坝泄水兼刷黄；只有当清口宣泄不及时，才有限制地逐步开启五坝。

乾隆后期至嘉庆年间，清口出流越来越难，五坝泄洪，不仅威胁到运河的安全，而且里下河地区遭受严重的洪水灾害。道光以后，洪泽湖北部逐渐淤成平陆，黄水经常倒灌，一遇淮河大水，湖水只能向南寻找出路，通过五坝宣泄，最终形成淮河改道入江的局面。

（三）淮河入海入江水道的整治

黄河夺淮数百年，黄河泥沙不断堆积，淮河中下游地势极为平缓，部分河段甚至成为倒比降，尾闾入海通道行洪不畅。清代整治淮河入海口，兴建了归海五坝和归江十坝，导淮归江入海。

1．淮河入海口的整治

宋以前淮河在云梯关入海，黄河夺淮后至清康熙时入海口已由云梯关下移百余里，入海水道淤浅。康熙、乾隆年间淮河入海示意图见图 7－17。

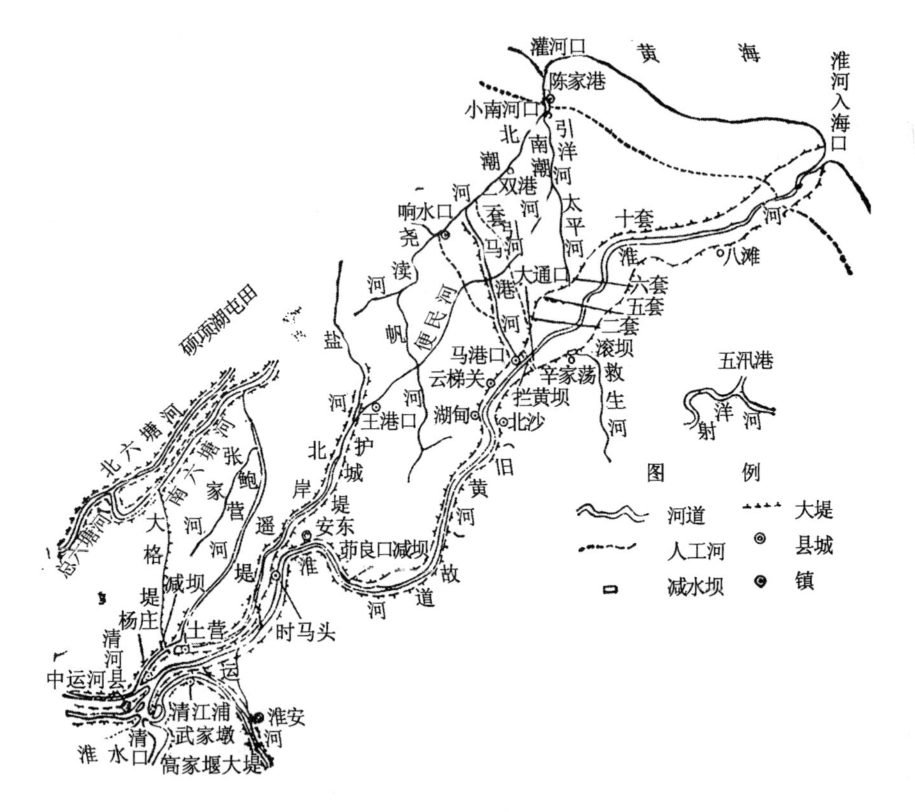

图 7－17 康熙、乾隆年间淮河入海示意图[114]

康熙十六年（1677 年），靳辅采用筑堤束水与人工挑浚相结合的办法，整治淮河入海口。他大筑入海河道两岸堤防，北岸自清河县至云梯关约长二百里，南岸自白洋河至云梯关约长三百三十里，并创筑云梯关外束水堤万八千余丈，以束水攻沙。同时，大挑清江浦以下河道，取河土筑堤，移海口于云梯关外。同时，“按里设兵”，加强对海口堤防和河道的管理[75]。

康熙三十九年（1700 年），张鹏翮尽拆前任总河董安国所筑云梯关外拦黄坝，以畅海口，并堵塞董安国误开海口马港引河，遏其旁流[115]。

乾隆二十九年（1764 年），江南河道总督高晋奏请废弃云梯关外缕堤，不再修守[116]。嘉庆十五年（1810 年），两江总督松筠、江南河道总督吴璥、副总河徐端查勘海口后奏，应“修复（海口）正河，使全黄仍归海口故道”，并“将云梯关以下两岸长堤，照原议先行赶筑”[117]。当年秋冬，挑挖海口正河，自马港口门至二木楼河长一万七千八百五十余丈，共九十九里，十二月马港合龙，河归故道[117]。“所筑新堤，南岸自灶工尾至二木楼止，长六千八百五十九丈，共三十八里；北岸自马港口尾至叶家社止，长一万五千七百六十四丈，共八十余里。”[118]这是自乾隆中叶放弃入海河道堤防管理以后，修治效果最好的一次。

道光年间，黄淮入海河道北岸南潮河及各支河均淤，只有北潮河尚可宣泄，河督多次会勘海口，议案纷纷，但终究治理无策。

2. *归海五坝*

归海五坝是淮扬运河下游高邮至邵伯间东堤上兴建的五座侧向溢流坝。洪泽

湖五滚水坝下泄的淮河洪水经淮扬运河由此东排，再由坝下引河入海。由于归海五坝与高家堰五坝上下相承，遥相对应，所以又称高家堰五坝为“上五坝”，归海五坝为“下五坝”。

归海坝为靳辅所创建。康熙十九年（1680 年），靳辅在高家堰建周桥、高良涧、武家墩、唐埂、古沟东、古沟西六座减水坝，宣泄洪泽湖过量洪水，入宝应、高邮诸湖。康熙二十年，靳辅在运河西岸建通湖二十二港，接纳宝应、高邮诸湖下泄的洪水，以减轻泄洪对运河的压力。又在运河东岸高邮南北“创建宝应子婴沟，高邮永平港、南关、八里铺、柏家墩，江都鳅鱼口减水坝共六座，改建高邮五里铺、车逻港减水坝二座”[119]，即为归海八坝，“以新建八坝抵泄周桥六坝之水”[120]。归海八坝中，子婴沟坝、永平港坝在高邮北，南关坝、五里铺坝、八里铺坝、柏家墩坝、车逻港坝在高邮南，鳅鱼口坝在江都邵伯镇。

运河西岸的通湖二十二港，在高邮南至露筋镇，用石块砌筑，平时用草土封闭港口，高家堰泄洪时扒口排洪。运河东堤的归海八坝，均为三合土材料砌筑，在中低水量时严禁开启，以保障漕运用水。汛期运河水位超过规定高度后，开归海坝泄洪，经里下河地区入海。淮扬运河东堤至范公堤之间的里下河地区地势低洼，只能靠横穿范公堤的通海各港排水，排泄能力极差。归海八坝开启，实际上以里下河地区为滞洪区，更加重了这一地区的灾害。康熙年间康熙帝曾六次南巡，勘察苏北一带河工，关注里下河地区的治理。归海坝与里下河区形势图见图 7－18。

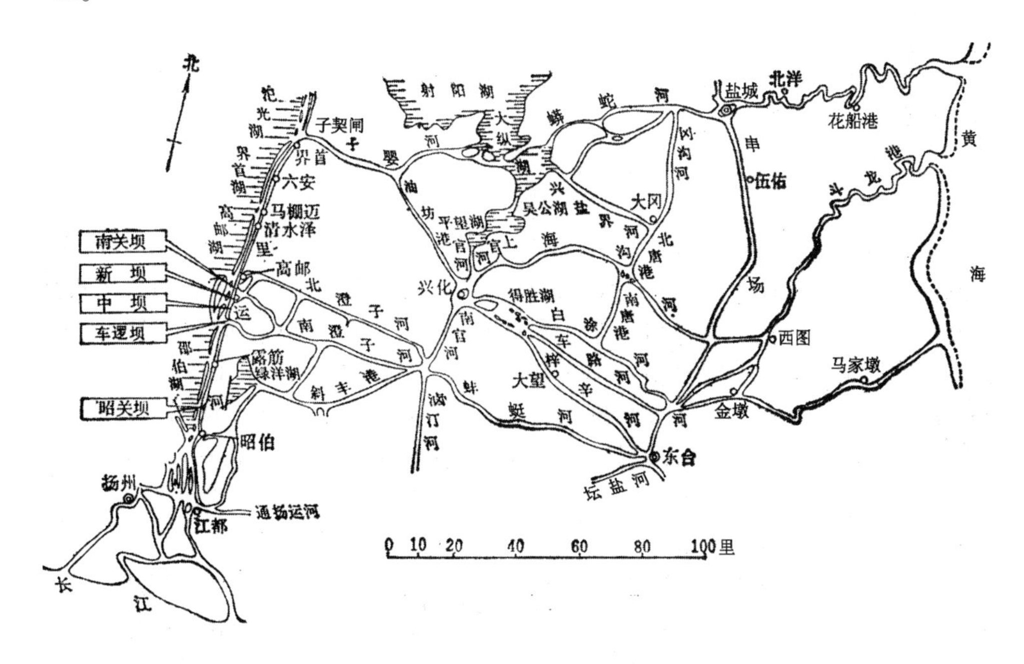

图 7－18　归海坝与里下河区形势图[121]

对归海坝泄洪进入里下河地区后积水如何排入黄海，当时有不同意见。康熙二十三年（1684 年）康熙第一次南巡，吏部尚书伊桑阿、安徽按察使于成龙等人主张挑挖里下河地区的河道，疏浚入海故道[119]。靳辅则主张在归海坝下游筑堤束

水直接排入黄海。他说："今若循先挑海口之议，则是引潮内侵，与范（公）堤障水之意相悖。不特积水必不能泄，而靡帑殃民，将无底止矣。治之之法，全在束水注海。夫内地既卑于海潮五尺，则应于内地筑堤高一丈六尺，以高一丈六尺之堤，自足以束高一丈之水。内水既束高一丈，则高过海潮五尺，其趋海之势必速，而无流滞之虞矣。"[122]但康熙却采纳了伊桑阿等人的意见，并将靳辅革职罢官。由于海口高阜，内河低洼，疏浚归海坝下河道后，积水仍不能出海。

随着运河淤积，河床抬高，归海坝的坝顶高程也在加高。后同高家堰一样，坝上加封土，平时挡水，增加运河水深，以保证航运；汛期除去封土，自溃而加大泄洪流量。以后减水坝逐渐设闸，称为"耳闸"，视水情而启闭。康熙三十八年（1699 年），总河于成龙指出：归海坝"开坝则有害于民田，闭坝则有伤于堤岸。欲其堤岸民田两相保固，难矣"。他提出："唯将泄水减坝俱改为滚水石坝，水长，听其自漫而保堤工；水小，听其涵蓄以济运道。较之开坝水尽东流，闭坝徒费钱粮者，相去不啻什伯也。"[123]康熙帝同意了这一意见，"廷议改高邮减坝及茆家园等六坝均为滚水坝"[73]。

康熙三十九年（1700 年）张鹏翮任河道总督后，将归海坝改建为砌石坝，并专注于疏浚下河，分南、中、北三路宣泄积水。在改建时，废除子婴沟和永平港二坝；堵闭旧南关坝和柏家墩，在五里铺坝址新建南关坝；在八里铺坝址建五里中坝，在车逻坝址南建新车逻坝，将鳅鱼口坝改建于昭关庙，称为昭关坝。乾隆二十二年（1757 年），又"添建高邮东堤石坝，酌定水则，视水势大小以为启闭"[73]。南关坝、五里中坝、新坝、车逻坝、昭关坝统称归海五坝，

康熙四十四年（1705 年）康熙第五次南巡时指出："高堰及运河减坝不开放，则危及堤堰，开泄又潦伤陇亩，宜于高堰三滚坝下挑河筑堤，束水入高邮、邵伯诸湖，其减坝下亦挑河筑堤，束水由串场溪注白驹、丁溪、草堰诸河入海。令江、漕、河各督勘估，遣官督修。自是淮、扬各郡悉免漫溢之患。"[73]

康熙四十六年（1707 年）康熙第六次南巡，根据变化了的形势提出："古今治河形势不同，旧时常患清水不足敌黄水，每有黄水倒灌之虞。今清水敌黄水有余，运河清水甚大，反流入高邮湖。设高邮湖水涨溢入运河，则运河东堤受险，少有疏虞，虽堵塞不难，而生民田庐不可问矣。应加紧防护，以保无虞。清口湖水，七分敌黄，三分济运。今应将大墩分水处西岸草坝再加挑宽大，使清水多出黄河一分，少入运河一分，则运河东堤不致受险。又于蒋家坝开河建闸，引水由人字河、芒稻河入江。新修五里滚水坝，由下河及庙湾等处入海。不惟洪泽湖之水可以宣泄，而盱眙、泗州积水田地亦渐次涸出。"[124]

清代后期，清口淤塞，洪泽湖底淤高，归海五坝泄洪频繁，里下河地区尽成水乡。治理的议论虽多，均无切实可行的方案。咸丰年间，归海五坝仅存南关坝、新坝、车逻坝三座，又称归海三坝。

3. 导淮入江

明万历年间即有淮河决高家堰，破高宝运堤，由运河、芒稻河入江的记载。万历二十四年（1596 年），总河杨一魁实施"分黄导淮"，在高家堰建武家墩、高良涧、周家桥三座减水闸，分泄淮河洪水经淮扬运河至里下河地区入海。因入海

不畅，抬高了高邮湖和宝应湖水位，造成高、宝湖地区的水患，便疏浚接连高邮湖和邵伯湖的茆塘港（即今毛塘港），导诸湖水入邵伯湖，又在湖尾开金湾河十四里，泄水至芒稻河，导淮水入长江。明代前期，淮扬运河为保持通航水位，主要是蓄水。导淮入江后需要蓄泄兼筹，又在金湾河头建南、中、北三减水闸，芒稻河建东、西二减水闸。但终明之世，淮河洪水仍主要经里下河地区入海。

清代，为了保障漕运安全，采取一系列措施扩大淮河洪水入海入江出路。一是将入海的主要出口南移到高邮以南，形成归海五坝，并在归海坝上封土，大水时才开启，从而使洪泽湖下泄的洪水由入海为主改为入江为主；二是扩大归江河道，并筑坝控制淮河洪水，由运河东经归江河道排往长江。随着洪泽湖容积的缩小和清口的逐渐淤塞，归江坝承担的泄洪任务不断增大，坝的规模和数量也相应增加，最后形成归江十坝。道光年间归江十坝包括：①拦江坝、②褚山坝、③金湾坝、④东湾坝、⑤西湾坝、⑥凤凰坝、⑦新河坝、⑧壁虎坝、⑨湾头坝、⑩沙河坝。道光年间归江十坝示意图见图7－19。

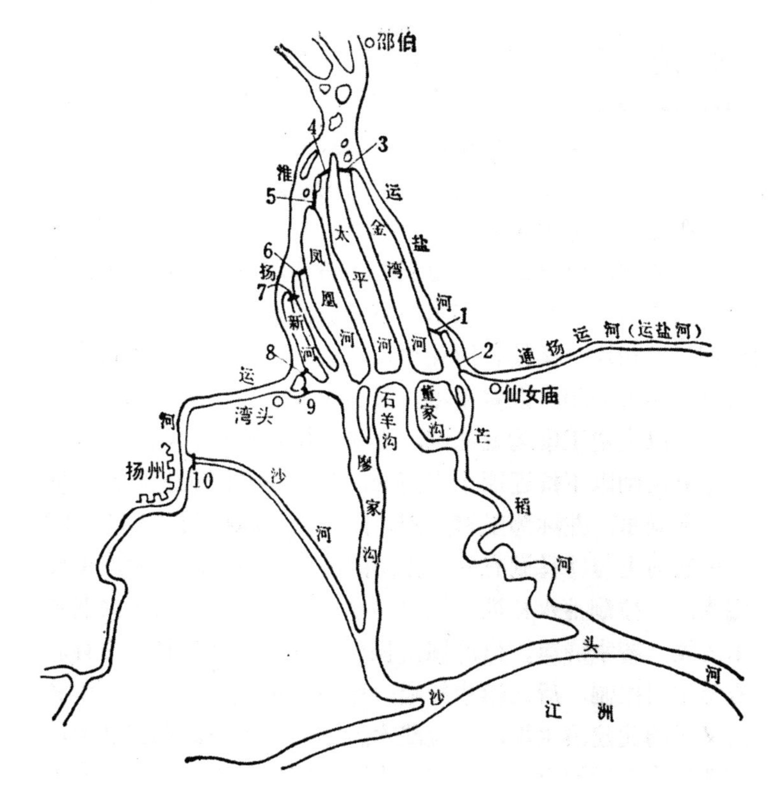

图7－19　道光年间归江十坝示意图[125]

康熙年间，总河靳辅于金湾闸以南建三合土减水坝，即金湾坝；凤凰三桥下建凤凰坝，壁虎桥下建壁虎坝和湾头老坝。此时，归江水量与归海水量相当。乾隆年间，在金湾坝和凤凰坝之间建东湾坝、西湾坝，坝下挑挖引河，即太平河；拆除金湾南闸和中闸，添建金湾新坝，挑金湾坝引河；在仙女庙北建褚山坝，并挖越河通航。此时，归江坝宣泄的洪水量已较归海坝大。道光年间，又在凤凰坝下游建新河坝，挑新河，在金湾河越河口下游建拦江坝，并将三合土坝改为草土

坝，平时挡水保运，洪水到来时垮坝加大下泄洪量。

归江河道众多，里运河在江都以北的六闸，往东南先后分出运盐河、金湾河、东湾河、西湾河、凤凰河、新河等六条支河，成为淮河入江的六条通道。

运盐河即今通扬运河，南行至仙女庙附近分为两支，一支向东可达泰州，一支南下称人字河。在人字河上筑有拦江坝，人字河下游与通扬运河相接处筑有褚山坝。大水时两坝都开，泄淮河洪水经芒稻河入长江，水小时闭坝，以保障清代作为里下河地区对外通道的运盐河的航深。

金湾河在运盐河西，北端筑有金湾坝。金湾河下游穿过古运盐河，经董家沟，由芒稻河入长江。

东湾河和西湾河在金湾河以西，其间只隔一个小岛，东西湾河合流后称为太平河。东湾河北口筑有东湾坝，西湾河北口筑有西湾坝。太平河穿古运盐河，经石羊沟河入廖家沟，经沙河入长江。

凤凰河和新河在太平河以西。凤凰河口筑有凤凰坝，新河口筑有新河坝。因新河底高水浅，新河坝不常堵闭。两河南行，在与古运盐河相交处会合，经廖家沟入长江。

另外，在湾头镇东北筑有壁虎坝，镇南筑有老坝（即湾头坝），两坝下游都汇入廖家沟。在扬州东沙河口筑有沙河坝，下游也汇入廖家沟。在归江十坝中，壁虎坝口门最宽，也是最重要的归江坝。运河在湾头镇北突然向西折，壁虎坝一经打开，淮水大溜就有直趋南下之势。

归江十坝中，沙河坝和湾头坝地势高，口门小，作用不大。其余八坝，据近代汪胡桢先生在《导淮工程计划与本年洪水量》一文中记载，壁虎坝口门宽三百米，新河坝、凤凰坝、金湾坝口门各宽一百二十米，东西湾坝各宽七十五米，拦江坝宽一百二十米，土山坝宽四十米。八坝共计口门宽九百七十米[121]。

咸丰元年（1851 年），淮河洪水冲破洪泽湖上的三河口，洪水由三河经宝应湖、高邮湖和入江水道流入长江，从此淮河干流由与黄河汇流入海改为入江。由于淮水全量入江，洪水来量较过去加大很多，原有的滚水坝闸被洪水冲毁，归江各坝闸已不可能再起节制作用，于是全部采用柴土草坝堵筑蓄水济运。这时入江水道遂由蓄泄兼筹变为以泄为主。到同治十二年（1873 年），淮河入江水道在古运盐河北有人字河、金湾河、太平河、凤凰河、新河、壁虎河等；在古运盐河南有廖家沟、石羊沟、董家沟及芒稻河等，当时河道总宽度已达八百三十米，比乾隆时的归江河道总宽度增加了近三倍。廖家沟、石羊沟、董家沟及芒稻河，又归并为廖家沟和芒稻河，下游并入沙头河。沙头河有两个入江口门：沙头口和三江营。因西端的沙头口水位高，江潮容易倒灌，泄水不畅，故淮河主要从三江营入长江。

（四）淮河兴建的主要防洪工程

清代淮河兴建的主要防洪工程见表 7－5。

表7－5 清代淮河兴建的主要防洪工程

序号	时间		工程情况
	年号	公元	
1	康熙九年	1670年	黄淮大涨，冲卸高家堰石工六十余段。筹修归仁堤、高家堰、翟家坝等工，兴辍不时，迁延数载。康熙十五年，黄淮复大决高家堰，诸堤工未竣尽废[126]
2	康熙十六年	1677年	河道总督靳辅奏陈经理黄淮运河工事宜八疏，主持各工并举。大挑清口、烂泥浅引河四，及清口至云梯关河道，创筑关外束水堤万八千余丈[1]。塞高家堰诸决口，修筑高堰旧堤，向南接筑至翟坝，向北增筑烂泥浅堤，全长百里，堤外筑坦坡，以杀淮怒，三载工成[126]
3	康熙十七年	1678年	总河靳辅创筑周桥翟坝堤二十五里，加培高家堰长堤[1]。筑江都漕堤，塞清水潭决口。挑山、清、高、宝、江五州县运河，塞决口三十二。又请按里设兵，分驻运堤，自清口至邵伯镇南，每兵管两岸各九十丈，责以栽柳蓄草，密种菱荷蒲苇，为永远护岸之策[73]
4	康熙十八年	1679年	总河靳辅大浚清口、烂泥浅、裴家场、帅家庄引河，使淮水全出清口，会黄东下[107]。移南运口于烂泥浅之上，自新庄闸之西南挑河一，至太平坝，又自文华寺永济河头起挑河一，南经七里闸，转而西南，亦接太平坝，俱达烂泥浅。开滚水坝于江都鳅鱼骨，创建宿迁、桃源、清河、安东减坝六[73]
5	康熙十九年	1680年	总河靳辅创建周桥、高良涧、武家墩、唐埂、古沟东、古沟西等六座减水坝，共长一百七十余丈，皆三合土底，上加草土[112]
6	康熙二十年	1681年	总河靳辅增建高邮南北滚水坝八[1]
7	康熙二十五年	1686年	总河靳辅以运道经黄河，风涛险恶，自骆马湖凿渠，历宿迁、桃源至清河仲家庄出口，名曰中河。粮船北上，出清口后，行黄河数里，即入中河，直达张庄运口，以避黄河百八十里之险[73]

8	康熙三十七年	1698 年	康熙三十五年，黄淮大涨，高家堰六坝大决，清口倒灌，各引河淤，运口垫为陆。本年，河道总督董安国自张福口堤尾接筑斜横堤，收束清口，并于清口建东西束水坝，西坝御黄，东坝蓄清。为分导黄水，远离清口，董安国曾试挑陶庄引河[127]
9	康熙三十八年	1699 年	春，河道总督于成龙挑浚裴家场、烂泥浅等引河，并筹堵高家堰六坝。修高堰大堤未完，夏秋溃决十余处，命户部尚书等领帑分修[126]。廷议改高邮减坝及茆家园等六坝均为滚水坝[73]
10	康熙三十九年	1700 年	张鹏翮为总河，尽塞高家堰六减水坝，使淮无所漏，悉归清口；又开张福、裴家场、张家庄、烂泥浅、三岔及天然、天赐引河七，导淮以刷清口；又以清口引河宽仅三十余丈，不足畅泄全湖之水，加开宽阔。于是十余年断绝之清流，一旦奋涌而出，淮高于黄者尺余[107]。又修砌高堰大堤古沟至六坝石工，拆砌武家墩至小黄庄旧石工[126]。张鹏翮尽拆前任总河董安国所筑云梯关外拦黄坝，以畅海口；并堵塞董安国误开海口马港引河，遏其旁流[115]
11	康熙四十年	1701 年	总河张鹏翮改建洪泽湖减水坝为滚水石坝三座（后称仁、义、礼坝）。北坝（即仁坝）和南坝（即义坝）宽七十丈，中坝（即礼坝）宽六十丈，仍留天然土坝二座，以备异涨。又估挑三滚水坝下引河，筑南北顺水堤工。二月，张鹏翮请加帮武家墩至运口一带堤工，以御湖水；又创筑拦湖坝一道，自新大墩至裴家场，束水御浪，敌黄济运。三月奏请加高沿湖堤工和镶柴子堤。四月，加镶高家堰龙门大坝柴工，并于高良涧、清水潭各加筑里越堤一道，又筑蒋家坝拦水堤，以资固护。又奏开陶庄引河[126]
12	康熙四十四年	1705 年	康熙帝南巡，阅高堰堤工，诏于三坝下浚河筑堤，束水入高邮、邵伯诸湖。又洪泽湖水涨，泗、盱均被水灾，应于受水处酌量筑堤束水[107]
13	康熙四十五年	1706 年	总河张鹏翮以运河水涨，堤岸难容，于文华寺建泄水石闸，闸下挑引河，运河水涨放水入白马湖[127]

14	康熙四十九年	1710 年	加长御黄西坝工程[107]
15	康熙五十一年	1712 年	创建清口外卞家汪挑水坝，蓄清御黄[126]
16	雍正元年	1723 年	重建清口东西束水坝于风神庙前以蓄清，各长二十余丈[107]
17	雍正三年	1725 年	河决睢宁朱家海，东注洪泽湖[1]。总河齐苏勒因朱家海冲决，湖底沙淤，恐高堰难保，改低三坝门槛一尺五寸以泄湖水，而救一时之急[107]
18	雍正四年	1726 年	四月，朱家海既塞复决，冲缺归仁坝，灌洪泽湖，湖水大溢。总河齐苏勒加修高家堰堤工，次年八月工竣[128]
19	雍正七年	1729 年	因高堰石工未能一律坚厚。发帑百万，命总河孔继珣、总督尹继善将堤身卑薄倾圮处拆砌，务令一律坚实。雍正十年功成[107]
20	雍正八年	1730 年	正月，江南河道总督孔毓珣奏修高堰石工，将小黄庄至古沟旧石工通身拆砌，并加修各处石工土工。当年土工完竣，次年大修石工六千三百余丈，雍正十年工成[128]
21	乾隆二年	1737 年	江南河道总督高斌奏移天妃运口于旧口之南七十五丈，即今里运河口，新运口内筑钳口草坝三道[128]
22	乾隆七年	1742 年	河湖并涨。开浚石羊沟旧河直达于江，筑滚坝四十丈，并开通芒稻闸下之董家油房、白塔河之孔家涵三处河流，增建滚坝，使淮水畅流无阻[107]
23	乾隆八年	1743 年	筑天妃运口临湖堤，自运口头拦坝至济运坝，长一千四百七十八丈[128]
24	乾隆十六年	1751 年	上以天然坝乃高堰尾闾，盛涨辄开，下游州县悉被其患，命立石永禁开放。南河总督高斌于高家堰三坝外增建智、信二坝，以资宣泄[107]。自信坝以北改建石工，信坝以南至蒋家坝用石基砖甃。仁、义、礼、智、信合为高堰五坝[128]

25	乾隆十八年	1753 年	伏秋黄淮大涨，冲坏高堰大堤砖石工四千余丈，启放五坝。冬，议补修高堰大堤石砖各工。以后，历次改建高堰大堤砖石工程[128]
26	乾隆二十六年	1761 年	七月，中牟决河，洪泽湖暴涨，暴风掣卸高堰大堤砖石工二千五百余丈，水由五滚水坝东注。十月，奏修高堰大堤砖石土工，估需银十四万余两[128]
27	乾隆三十三年	1768 年	伏汛，清口倒漾三月之久，各引河淤垫，黄水倒灌入运。节次收束清口东西坝，高堰五坝加筑封土护坝。此后，湖尾各引河每年冬令水落滩现，勘估兴挑，岁以为常[128]
28	乾隆四十年	1775 年	大修高家堰、盱各坝及临河砖石工。因清口倒灌，诏循康熙中张鹏翮所开陶庄引河旧迹挑挖，导黄使北，遣鄂尔泰偕高斌往勘，以汛水骤至而止。旋完颜伟继高斌为河督，虑引河不易就，乃用高斌议，自清口迤西，设木龙挑溜北趋[107]
29	乾隆四十一年	1776 年	清口东西坝基移下百六十丈之平成台，筑拦黄坝百三十丈；两江总督高晋、南河总督萨载于陶庄迤北开引河，使黄离清口较远，清水畅流，有力攻刷淤沙。次年二月，引河成，黄流直注周家庄，会清东下，清口免倒灌之患者近十年[107]
30	乾隆四十四年	1779 年	上年河决仪封，由涡水入淮，洪泽湖水涨，五坝全开。本年，将清口束水坝下移二百九十丈，建于惠济寺前[108]
31	乾隆四十五年	1780 年	乾隆帝南巡高家堰武家墩，令将卑矮石工酌量加高，砖工改石工，以为全湖屏障，分三年修砌[128]
32	乾隆四十六年	1781 年	于运口之北建兜水坝，每年大汛拆展，以泄湖水；冬初接筑，蓄水济运[128]

33	乾隆五十年	1785年	洪泽湖旱涸，黄流淤及清口。闭张福口四引河，浚通湖支河，蓄清水至七尺以上，始开王家营减水坝减泄黄水，尽启诸河，出清口涤沙，修清口兜水坝，易名束清坝。大学士阿桂、两江总督萨载、江南河道总督李奉翰奏移束水东西坝于惠济祠迤下三百丈之福神庵，并加长东坝以御黄，缩短西坝以出清，易名御黄坝[107]
34	嘉庆十年	1805年	清口淤高，于河口疏挑引河一千七百余丈，并于里河束清坝以下，至外河惠济祠以上，两岸各筑束水坝二道，藉资逼溜刷沙[109]。河督徐端以束清坝在运口北，分溜入运，致不敌黄，请移建湖口迤南。前议高堰大堤石工普律加砌一层，因赶办不及，先培土工，并将旧石工卑矮之处加高一至三层不等，六月工竣。因购石不易，次年兴工，改普律加砖，修砌碎石，并加高子堰二尺，共高六尺[129]
35	嘉庆十二年	1807年	春，淮水不出清口，藉黄济运。五、六月，河口益淤，挑挖河口淤浅，并挑挖五引河；又于御黄坝和新挑引河河尾各设草坝。夏秋，抛填高堰碎石坦坡[129]
36	嘉庆十四年	1809年	大修高家堰石工，加帮子堰，培筑高厚[129]
37	嘉庆十五年	1810年	洪泽湖水大涨，于福神庵前的旧御黄西坝滩面挑顺清坝，另拆口门外注[129]。两江总督松筠、江南河道总督吴璥、副总河徐端查勘海口后奏请修复（海口）正河，使全黄仍归海口故道，并将云梯关以下两岸长堤，照原议先行赶筑[117]
38	嘉庆十六年	1811年	挑五引河，又于御黄坝外添做钳口坝，并在御黄坝南添筑御黄二坝[129]
39	嘉庆二十三年	1818年	增建束清二坝于束清坝北，收蓄湖水[107]
40	道光二年	1822年	增修高堰石工[107]
41	道光五年	1825年	改洪泽湖湖堤土坦坡为碎石，于仁、义、礼旧坝处所各增建石滚水坝，以防异涨[107]

42	道光六年	1826年	帮培高堰大堤，次年工竣，用银一百四十八万余两。七月，江南副总河潘锡恩试行戽水灌塘，送船过黄，筑拦清土堰于临清堰之南，建草闸于御黄坝外之钳口坝，船由塘河进出，黄水不内灌[130]
43	道光年间	1821～1850年	归江十坝全部建成。康熙年间，靳辅建金湾坝、凤凰坝、壁虎坝、湾头坝；乾隆年间，建东湾坝、西湾坝、土山坝；道光年间，建新河坝、拦江坝、沙河坝，并将三合土坝改为草土坝。平时挡水保运，洪水到来时跨坝下泄洪水入江

四、海河的治理

清初，永定河含沙量大，上游坡陡流急，中下游迁徙无定，所经又是政治中心区，防洪问题复杂。但由于永定河主要流经固安、霸州一线以西，沿途州县各自建有防洪堤，尚未成系统，水大时漫溢出槽，泥沙沉积于农田，清水逐渐汇集入淀，因此永定河的防洪问题对海河水系的影响较小。

康熙三十七年（1698年），为了京城的安全，康熙皇帝命总河于成龙主持大规模整治永定河两岸堤防。“于成龙疏筑兼施，自良乡老君堂旧河口起，迳固安北十里铺、永清东南朱家庄，会东安狼城河，出霸州柳岔口三角淀，达西沽入海，浚河百四十五里，筑南北堤百八十余里，赐名永定。自是浑流改注东北，无迁徙者垂四十年。”[33]这一措施虽对控导永定河洪水有利，由此取得了永定河四十年之安澜，但永定河所挟带的大量泥沙亦长驱直入，阻塞了自白洋淀（即西淀）东下的大清河流路；而永定河河身和东淀也不断淤高，南运河堤岌岌可危，海河流域整体防洪形势变得更为严峻。

雍正三年（1725年），海河流域大水，七十余州县被淹。雍正帝命怡亲王允祥主持、大学士朱轼协助治理，为永定河向东另辟入海路径。但永定河向东别辟入海路径，必与北运河交叉，当年未能解决这一横穿运河的技术难题，只好将其下口向东摆动，以东淀西北之三角淀取代东淀作为永定河的淤沙库。允祥、朱轼“遂于柳岔口少北改为下口，开新河自郭家务至长淀河，凡七十里，经三角淀达津归海，筑三角淀围堤，以防北轶。又筑南堤自武家庄至王庆坨，北堤自何麻子营至范瓮口”[33]。自此，永定河两岸大堤规模，南岸共长约一百九十六里，北岸共长约二百三里[131]。允祥、朱轼又“疏请浚治卫河、淀池、子牙、永定诸河，更于京东之滦、蓟，京南之文、坝，设营田专官，经划疆理。召募老农，谋导耕种”[31]。

除系统筑堤外，又在永定河两岸修建减水引河。乾隆二年（1737年），依大学士鄂尔泰之议，改移永定河下口。“于北截河堤北改挑新河，以北堤为南堤，沿之东下”，由原来入三角淀改入淀河；同时，在卢沟桥以下“南北岸分建滚水石坝四，各开引河：一于北岸张家水口建坝，即以所冲水道为引河，东汇凤河；一于南岸寺台建坝，以民间泄水旧渠入小清河者为引河；一于南岸金门闸建坝，以浑河故道接牤牛河者为引河；一于南岸郭家务建坝，即以旧河身为引河”[33]。由于新

开引河线路地势低洼，积水过多，减水坝坝顶高程设计不合理，开引河分泄洪流，未能达到“合清隔浊，条理自明”的效果。

乾隆三十七年（1772 年），尚书高晋等人系统提出：“永定河自康熙间筑堤以来，凡六改道。救弊之法，惟有疏中洪、挑下口，以畅奔流，筑岸堤以防冲突，浚减河以分盛涨。”[33]此后，基本照此法治理。

清代海河兴建的主要防洪工程见表 7－6。

表 7－6　清代海河兴建的主要防洪工程

序号	时间		工程情况
	年号	公元	
1	康熙七年	1668 年	永定河决卢沟桥堤，命侍郎罗多等筑[33]
2	康熙三十一年	1692 年	永定河道渐次北移，永清、霸州、固安、文安时被水灾，用直隶巡抚郭世隆议，疏永清东北故道，使顺流归淀[33]
3	康熙三十五年	1696 年	拨款一万五千两，修筑新安县永定河东西两堤，即今千里堤。三十八年重修[131]
4	康熙三十七年	1698 年	为了稳定永定河，康熙皇帝命巡抚于成龙、河督王新命主持大规模整治永定河两岸堤防，改河东流。于成龙疏筑兼施，自良乡老君堂旧河口起，迳固安北十里铺、永清东南朱家庄，会东安狼城河，出霸州柳岔口三角淀，达西沽入海，浚河百四十五里，筑南北堤百八十余里，赐名永定。自是浑流改注东北，无迁徙者垂四十年[33]
5	康熙三十九年	1700 年	郎城淀河淤且平，上游壅塞，命河督王新命开新河，改南岸为北岸，南岸接筑西堤，自郭家务起，北岸接筑东堤，自何麻子营起，均至柳岔口止[33]。康熙帝巡视子牙河堤，命于阁、留二庄间建石闸，随时启闭[84]
6	康熙四十年	1701 年	加筑永定河南岸排椿遥堤，修永定河右岸大堤上的金门闸[33]。直隶巡抚李光地奏，漳河分四支，三支归运皆弱，一支归淀独强。遇水大时，当用挑水坝等法，使水分流，北不至挟滹沱以浸田，南不至合卫河以害运。如所请行[84]
7	康熙四十八年	1709 年	永定河决永清王虎庄，旋塞[33]

8	康熙五十六年	1717 年	修永定河两岸沙堤大堤，河决贺尧营[33]
9	康熙六十一年	1722 年	永定河复决贺尧营，随塞[33]
10	雍正二年	1724 年	修永定河郭家务大堤，筑清凉寺月堤，修金门闸，筑霸州堂二铺南堤决口[33]
11	雍正三年	1725 年	直隶大水。命怡亲王允祥、大学士朱轼相度修治，引永定河向东另辟入海路径。遂于柳岔口少北改为下口，开新河自郭家务至长淀河，凡七十里，经三角淀达津归海，筑三角淀围堤，以防北轶。筑南堤自武家庄至王庆坨，北堤自何麻子营至范瓮口[33]。允祥、朱轼因疏请浚治卫河、淀池、子牙、永定诸河，更于京东之滦、蓟，京南之文、霸，设营田专官，经画疆理。召募老农，谋导耕种[84]
12	雍正四年	1726 年	定营田四局，设水利营田府，命怡亲王总理其事，置观察使一。自五年分局至七年，营成水田六千顷有奇。后因水力赢缩靡常，半就湮废[84]
13	雍正十二年	1734 年	永定河决梁各庄、四圣口等处三百余丈，黄家湾河溜全夺，水穿永清县郭下注霸州之津水洼归淀。总河顾琮督兵夫塞之[33]
14	乾隆二年	1737 年	总河刘勷勘修永定河南北堤，开黄家湾、求贤庄、曹家新庄各引河，浚双口、下口、黄花套。六月，河涨漫南岸铁狗、北岸张客等村四十余处，夺溜由张客决口下归凤河。依大学士鄂尔泰之议，改移下口。于北截河堤北改挑新河，以北堤为南堤，沿之东下，由原入三角淀改入淀河。同时，在卢沟桥以下南北两岸兴建四座滚水石坝，分泄洪流[33]
15	乾隆四年	1739 年	直隶总督孙嘉淦请移永定河寺台坝于曹家务，张客坝于求贤庄；又于金门闸、长安城添筑草坝，定以四分过水。顾琮请发帑兴修郭家务、小梁村等处旧有遥河千七百丈；又请于金门闸、长安城两坝下引河分为两股，一由南洼入中亭河，一由杨青口入津水洼。均从之[33]

16	乾隆五年	1740 年	孙嘉淦请开永定河金门闸重堤，浚西引河，开南堤，放水复行故道[33]
17	乾隆六年	1741 年	从鄂尔泰议，堵闭新引河，展宽双口等河，挑葛渔城河槽，筑张客、曹家务月堤，改筑郭家务等坝[33]
18	乾隆八年	1743 年	浚新河下口，及董家河、三道河口，修新河南岸及凤河以东堤埝。又疏穆家口以下至东萧庄、凤河边二十里有奇[33]
19	乾隆九年	1744 年	命吏部尚书刘于义会同总督高斌，督率兴修宛平、良乡、涿州、新城、雄县、大城旧有淀渠，与拟开河道，并堤埝涵洞桥闸，次第兴工[84]
20	乾隆十年	1745 年	创建隔淀大堤，自大城县庄儿头起，历静海县，抵天津西沽，长八十四里[84]
21	乾隆十五年	1750 年	永定河水骤涨，由南岸第四沟夺溜出，迳固安城下至牛坨，循黄家河入津水洼。命侍郎三和同直督堵御，于口门下另挑引河，截溜筑坝，遏水南溢，使归故道[33]
22	乾隆十六年	1751 年	永定河凌汛水发，全河奔注冰窖堤口，即于王庆坨南开引河，导经流入叶淀，以顺水性[33]
23	乾隆二十年	1755 年	上年，永定河南埝水漫堤顶，决下口东西老堤，夺溜南行。本年，高宗临视，改下游由调河头入海，挑引河二十余里，加培埝身二千二百余丈[33]
24	乾隆二十一年	1756 年	直隶总督方观承请于北埝外更作遥堤，预为行水地，凤河东堤亦接筑至遥埝尾[33]
25	乾隆二十八年	1763 年	阿桂因子牙河自大城张家庄以下，分为正、支二河，支河之尾归入正河，形势不顺，奏请于子牙河村南斜向东北挑河二十余里；安州依城河为入淀尾闾，应挑长二千二百余丈；安、肃之漕河，应挑长三千七百余丈。其上游之姜女庙，应建滚水石坝，使水由正河归淀；新安韩家埝一带为西北诸水汇归之所，应挑引河十三里有奇。如所议行[84]

26	乾隆三十二年	1767 年	修筑淀河堤岸，自文安三滩里至大城庄儿头，长二千七百余丈[84]
27	乾隆三十三年	1768 年	滹沱河水涨，逼临正定城根。添筑城西南新堤五百七十余丈，回水堤迤东筑五座挑水坝，河神祠前筑鱼鳞坝八十丈。藁城东北两面滹水绕流，顺岸筑埽三百六十丈，埽后加筑土埝[84]
28	乾隆三十七年	1772 年	尚书高晋等疏:“永定河自康熙间筑堤以来，凡六改道。救弊之法，惟有疏中洪、挑下口，以畅奔流，筑岸堤以防冲突，浚减河以分盛涨。”遂兴大工，用帑十四余万。自是水由调河头迳毛家洼、沙家淀达津入海[33]
29	乾隆四十四年	1779 年	漳河下游沙庄坝漫口，淹及成安、广平，水无归宿。于成安柏寺营至杜木营，绕筑土埝千一百余丈[84]
30	乾隆五十五年	1790 年	培修大清河南岸千里长堤，潴龙河、大清河、卢僧河等堤，凤河东堤，及西沽、南仓、海河等叠道[84]
31	嘉庆六年	1801 年	永定河决卢沟桥东西岸石堤四、土堤十八，命侍郎那彦宝、高杞分驻堵筑，疏浚下游，集民夫五万余治之，二月余工竣[33]
32	嘉庆十一年	1806 年	疏筑直隶千里长堤，及新旧隔淀大堤[84]
33	嘉庆十五年	1810 年	永定河两岸同时漫口，直隶总督温承惠驻工堵合之[33]
34	嘉庆十六年	1811 年	以畿辅灾歉，命修筑任丘等州县长堤，并雄县叠道（即兼作交通道路的大堤），以工代赈[84]
35	嘉庆十七年	1812 年	修浚天津、静海两县河道[84]
36	道光二年	1822 年	直隶总督颜检请筑沧州捷地减河闸坝，浚青县、兴济二减河，修通州果渠村坝埝。皆如议行[84]

37	道光四年	1824 年	工部侍郎程含章办理直隶水利，疏请兴办九大工。如疏天津海口，浚东西淀、大清河，相度永定河下口，疏子牙河积水，复南运河旧制，估修北运河，培筑千里长堤，先行择办。此外，修各河堤工，浚各河道，泄北运、大清、永定、子牙四河之水入淀；挑西堤引河，添建草坝，泄淀水入七里海，挑邢家坨，泄七里海水入蓟运河，达北塘入海；东淀、西淀为全省蓄水要区，应择要修治[84]
38	道光五年	1825 年	安阳、汤阴广润陂，屡因漳河决口淤垫，命巡抚程祖洛委员确勘挑渠，将积水引入卫河，使及早涸复[84]
39	道光十年	1830 年	直隶总督那彦成请于大范瓮口挑引河，并将新堤南遥埝加高培厚[33]。挑浚漳河故道[84]
40	道光十三年	1833 年	户部请兴修直隶水利城工，命总督琦善确察附近民田之沟渠陂塘，择要兴修，以工代赈[84]
41	道光十四年	1834 年	永定河宛平界北中、北下汛决口，水由庞各庄循旧减河至武清之黄花店，仍归正河尾间入海。良乡界南二工决口，水由金门闸减河入清河，经白沟河归大清河。爰挑引河，自漫口迤下至单家沟，间段修筑二万七千四百余丈[33]

五、珠江的治理

清代，珠江三角洲向河口伸展，人口日增，水患加剧。据《清代珠江韩江洪涝档案史料》统计，从乾隆元年至道光十九年（1736～1839 年）的一百零三年间，高要县和珠江三角洲三县以上同时发生水灾约三十次，平均约三年半发生一次[132]。水灾波及范围愈来愈广，由干流地区扩展到支流地区，由三角洲内扩展到沿海地区。堤围的修筑，除对前代堤围加高培厚、维修加固外，新筑堤围继续从西北江三角洲顶部向中部和南部河网地区扩展，并逐渐向各江河口延伸。堤围的规模，也在小围基础上发展为较大堤围。到清代中叶，珠江下游三角洲的堤防系统已基本形成（图 7－20）。

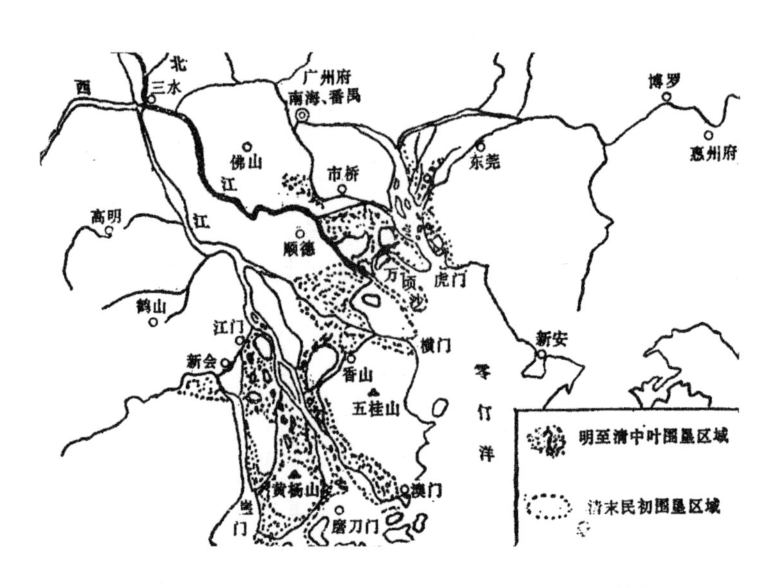

图 7－20　明至清中叶珠江三角洲围垦区域示意图[133]

乾隆元年（1736 年），两广总督鄂弥达奏准，将库盐银两借商生息，令广、肇二府岁修土筑围基增高培厚，在顶冲险要处改用石筑。此后，乾隆、嘉庆年间，桑园围的吉赞横基、三丫基、禾叉基、天后基、大洛口等顶冲险要堤段改筑石堤约十二里，并在海舟堡至下游甘竹滩堤外江面洪潦顶冲处，先后筑立挑流石坝十二道，以杀水势[134]。

清代，广东顺德县筑堤最多，从明代的十二处发展到九十一处。其中，地跨南海、顺德两县的桑园围，自明初堵塞甘竹滩倒流港筑堤以后，经历代维修扩建，先后增筑子围二十三处、窦闸五十一座，总堤长二万二千二百三十七丈，全围周百数十里，田塘一千数百顷[133]。乾隆二十二年（1757 年），广州成为全国唯一的通商贸易口岸，在基堤上植桑、围内挖塘养鱼的桑基鱼塘得以迅速发展。清代西北江三角洲基塘地区分布略图见图 7－21。

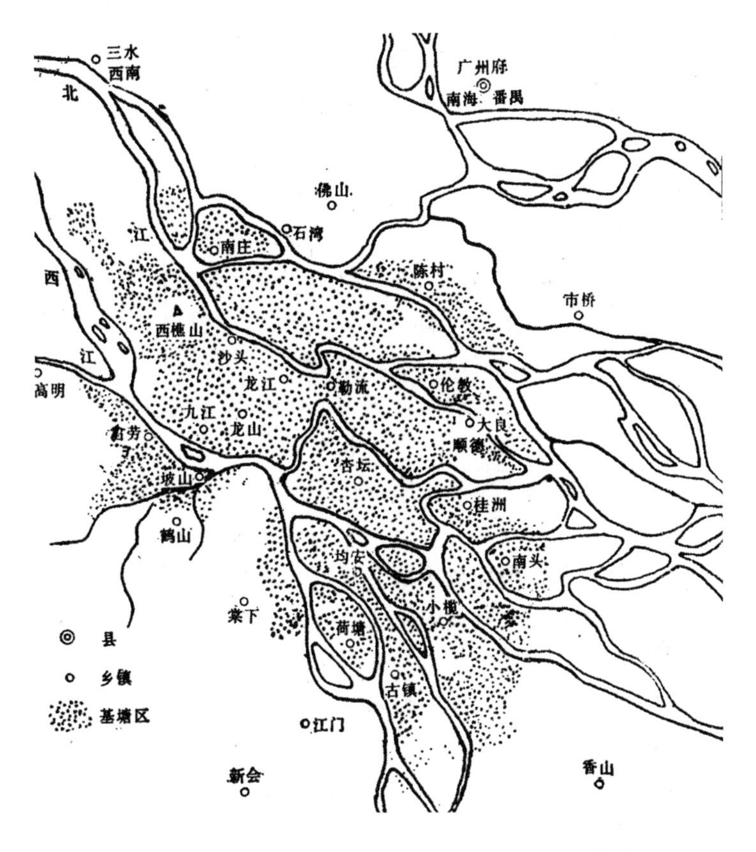

图7－21　清代西北江三角洲基塘地区分布略图[133]

清代，珠江流域各河口加速淤积，海坦围垦大发展。围垦地区主要在磨刀门、蕉门、横门等各大口门的出海水道及滨海地区。围垦新成之沙后，普遍采用投石筑坝、播植芦苇，加速海坦成田。筑堤规模虽小，但发展迅速。鉴于海坦大量围垦侵占出海水道，加重了水灾，乾隆、嘉庆、道光年间先后多次申令禁止在出海要道围垦海坦，但均未见效。

清代珠江兴建的主要防洪工程见表7－7。

表7－7　清代珠江兴建的主要防洪工程

序号	时间		工程情况
	年号	公元	
1	康熙二年	1663年	筑复广东北江左岸三水县长冈堤，自芦苞至大塘以上[133]
2	康熙二十六年	1687年	云南曲靖以南的南盘江上游亮子口河段，为诸水尾泄之处，多漫溢，知县劝民疏浚，下流无阻[91]
3	康熙四十年	1701年	广东高要附郭飞鹅潭堤裂，知县率民修复全堤，更名景福围，为肇庆府护城堤[134]

4	康熙五十七年	1718年	云南异龙湖出口的海口河河道淤积，常漫溢为患，知州叶世芳集工疏挖海口河，筑堤培埂，并订岁修条例[91]
5	康熙年间	1662～1722年	筑复广东北江清远县石角围[133]
6	乾隆元年	1736年	两广总督鄂弥达奏，广、肇二属沿江一带基围，关系民田庐舍，常致冲坍，请于险要处改土为石，陆续兴建。下部议行[84]
7	乾隆九年	1744年	贵州古州城（今榕江县）东北江水泛涨为患，在城北筑石堤近百丈。并疏导河水沿石堤流入都柳江[93]
8	乾隆十年	1745年	浚凿云南南盘江上游亮子口至黑宝滩河道二十里[134]
9	乾隆十九年	1754年	接筑贵州古州城东石堤近百丈，并疏导河水沿石堤流入都柳江[134]
10	道光七年	1827年	全面整治南盘江上游金龙沟至黑宝滩河段。该河段长一百五十里，位于云南沾益州和南宁县境内，出夫三万余人[91]

六、辽河的治理

辽河古称潦水，上游地处黄土山区，水土流失严重，东、西辽河泥沙甚多。每到汛期，洪水挟沙而下，淤塞河道，泛滥成灾，尤以东辽河为甚。由于这一地区农业经济发展较晚，明代以后才开始对辽河水系进行较大规模的整治。

元明时期，辽河干流无堤防，个别支流的局部河段筑有民堰和规模较小的堤防。《元史·本纪》载：泰定帝泰定二年（1325年），“咸平府清河、寇河合流，失故道，坏堤堰，敕蒙古军千人及民丁修之”[135]。咸平府为今辽宁开原县城北，境内的清河和寇河已有河堤。明英宗正统元年至三年（1436～1438年），辽东都督巫凯奏请修筑沿路河的堤岸[136]。路河是自广宁（北镇）东制胜堡至海州（海城）东昌堡的人工运河，兼有宣泄洪水的功能。

清代，雍正六年至八年（1728～1730年），奉天将军主持修筑今新民县西南柳河沟堤防[137]。辽河干流堤防则始终以民堰为主。嘉庆二十五年（1820年），盛京将军松筠鉴于辽河沿岸居民频遭水灾，奏请修筑辽河堤坝[136]，但只在靠近沈阳等重要城市附近河段修建了一些局部工程。以后，一些支流沿岸也自发修筑了一些民埝。道光年间，辽阳境内浑河、太子河下游两岸，“遇水辄涝，居民苦之，遂从河道下游岸侧筑堤，资以防水。人见甚有利也，于是逐段而上，愈延长，愈增高。沿至于今，几以堤为生命财产之保障”[136]。同治年间至光绪初年，台安、盘山沿

河群众集工修筑辽河堤[136]。光绪二十年（1894 年）辽河大水后，辽河两岸堤防才迅速发展，但也是群众捐修。

历史上对辽河水系的治理措施主要是，疏浚河道，开挖排洪减河。明嘉靖四年（1525 年）、嘉靖四十二年（1563 年），曾几度疏浚具有宣泄洪水功能的路河[136]。清乾隆十一年（1746 年），为疏浚绕阳河，曾派协办大学士高斌查勘。高斌详勘后认为："奉天所属广宁等处地势低洼，而新开（即柳河）、鹞鹰（即绕阳河）等河，向无河身，遇河水过多，漫衍四出。若开一大河，引水归海，不特孔道乡村可保无虞，于旗民荡田，均有裨益。"原准于三年开工疏浚，后因有争议，未能实施。至嘉庆二十四年（1819 年），才批准疏浚柳河[136]。道光十八年（1838 年），开挖柳河沟至八家子泄水河道五千四百余丈。但对辽河干流河道的整治则是近代咸丰十一年（1861 年）以后的事了。

七、海塘工程的发展

清代额定漕粮每年为四百万石，其中江浙地区几乎承担一半。因此，修筑海塘工程，保护沿海富饶地区，成为国家重点建设项目之一。乾隆皇帝南巡，四次巡视海塘，提出了许多具体要求，也反映出朝廷对海塘工程的重视。清代历朝海塘工程修筑不断。清代前期，康熙、雍正、乾隆三朝，浙西海塘"易土塘为石塘，更民修为官修"[138]，鱼鳞大石塘的工程结构较前代有进一步的发展。清代后期，国势衰微，海塘失修，虽也有修筑，但费多而工程草率。据《清史稿·河渠志》载，清代海塘"在江南者，自松江之金山至宝山，长三万六千四百余丈。在浙江者，自仁和之乌龙庙至江南金山界，长三万七千二百余丈。"[138]

清代，钱塘江口北岸的浙西海塘以海宁段修筑最多。康熙三年（1664 年）八月，连续三天台风将海宁海塘冲溃二千三百余丈。大修共用银二万七千余两，开始在海宁尖山险工段修筑低矮石塘[138]。康熙三十六年（1697 年）以后，潮水改走北大门，北岸海盐以南的海宁海塘屡建屡毁。康熙五十四年（1715 年）台风，海宁草塘和土塘尽毁，石塘也多处坍塌。三年内修塘三千三百九十七丈，用银近三万八千六百两[139]。在对前代石塘修复时发现，建在有深桩和块石改善后的地基上的海塘可以抵御更大潮浪的袭击。于是，康熙五十七年（1718 年），在海宁修筑大石塘九百五十八丈、土塘五千一百零六丈[139]。康熙五十九年（1720 年），浙江巡抚朱轼在海宁老盐仓以新法主持修筑二十层鱼鳞大石塘。原计划筑一千三百四十丈长，实际只筑了五百丈，其余八百四十丈皆因"土浮，不能置桩砌石"，只好仍筑土塘[139]。雍正年间，在海宁险要地段共筑乱石塘一千二百九十丈、条石塘五百余丈及柴塘、桩板塘，并在塘前筑盘头、建坦水，在塘后浚塘河、筑备塘[140]。雍正十三年（1735 年）台风，海宁、仁和海塘坍塌六十余里，五百丈鱼鳞大石塘得以保存。有鉴于此，乾隆元年（1736 年），江南河道总督嵇曾筠奏请于仁和、海宁二县酌建鱼鳞大石塘。乾隆二年（1737 年）四月，首先修筑了海宁绕城鱼鳞大石塘五百余丈。接着，大举兴建海宁城东西大石塘约六千余丈，乾隆八年（1743 年）建成，用银一百一十二万余两。为便于管理，嵇曾筠又以《千字文》字序统一编制钱塘江北岸海塘字号[140]。乾隆四十五年（1780 年），乾隆皇帝亲临海宁巡视塘工，命将大石塘向南修筑。至乾隆五十二年（1787年），已筑石塘八十七里[139]。乾隆年间，在海宁、仁和一线，共建成鱼鳞大石塘一万四千零八十六丈，修筑条石塘五百四十二丈、块石塘一千一百五十六丈、柴塘二千六百二十五丈，从而使仁和、海宁一线海塘得有百年安宁[140]。乾隆五十五年（1790年）以后，潮势一度南移，钱塘江北岸海塘修筑渐少。道光十年（1830年）以后又出现较大潮灾，修筑记载又有增加，但多为修补。

清代，钱塘江口南岸受潮灾影响较北岸略轻，但浙东海塘也有几次规模较大的修筑。康熙年间，将萧绍海塘冲要地段的土塘改建成块石塘、篓石塘或柴塘。乾隆、道光年间，又将新险工土塘和篓石塘改建成鱼鳞石塘或条块石塘。康熙后期，因潮势南趋，萧山和上虞海塘遭受潮灾，将萧山圮坏之西江塘和北海塘改建为石塘，重建上虞夏盖山以西石塘二千二百五十六丈[141]。雍正二年（1724年），会稽、上虞、余姚等县海潮冲毁塘堤七千余丈。次年又在上虞夏盖山东西两端新建条块石塘五千六百八十七丈[141]。乾隆年间，多次整修加固绍兴府境内石塘。嘉庆年间，萧山、山阴、上虞等县土塘曾被改建成柴塘[139]。

清代，长江口海塘受潮灾的影响不如钱塘江严重，除部分兴筑石塘外，仍保留了相当一部分土塘。乾隆年间，江南海塘向宝山以北延伸，崇明岛海塘在明末始建的基础上也有一定的发展。在苏北，范公堤虽已离海较远，但仍是清代重点修治的工程。

清代修筑江浙海塘和浙东海塘的主要工程见表7－8，修筑苏北海堤的主要工程见7－9。

表7－8　清代修筑江浙海塘和浙东海塘的主要工程

序号	兴筑时间		工程主要内容
	年号	公元	
1	顺治三年	1646年	上海修筑嘉定海塘[142]
2	顺治七年	1650年	松江知府缮修华亭、上海县土塘[142]
3	康熙三年	1664年	浙江海宁海溢，溃塘二千三百余丈。总督赵廷臣、巡抚朱昌祚请发帑修筑，并修尖山石堤五千余丈[138]
4	康熙二十七年	1688年	修浙江海盐石塘千丈[138]
5	康熙三十七年	1698年	飓风大作，海潮越堤入，冲决海宁塘千六百余丈，海盐塘三百余丈，筑之[138]
6	康熙五十三年	1714年	将浙东海塘萧山圮坏之西江塘和北海塘改建为石塘[141]

7	康熙五十四年	1715 年	台风，海宁草塘和土塘尽毁，石塘也多处坍塌。浙江巡抚徐元梦疏请整修。三年内共修筑三千三百九十七丈，用银近七万两[139]
8	康熙五十七年	1718 年	巡抚朱轼请修浙西海宁石塘，下用木柜，外筑坦水，再开浚备塘河以防泛溢[138]
9	康熙五十九年	1720 年	浙江总督满保和巡抚朱轼奏，上虞夏盖山迤西沿海土塘冲坍无存，其南大亹沙淤成陆，江水海潮直冲北大亹而东，并海宁老盐仓皆坍没[138]。巡抚朱轼在浙西海宁老盐仓主持修筑大石塘九百五十八丈、坦水三千九十七丈、土塘五千一百六丈，并开备塘河七千七百五十六丈，以防决溢。兴筑浙东上虞鹊子至夏盖山条块石塘二千二百五十六丈，以御南岸潮患。并奏准在杭州、绍兴、嘉兴三府各设海防同知一员，专司海塘岁修之职[141]
10	雍正二年	1724 年	帝以塘工紧要，命吏部尚书朱轼会同浙抚法海、苏抚何天培勘估杭、嘉、湖等府塘工，需银十万五千两有奇，松江府华、娄、上海等县塘工，需银十九万两有奇，部议允之[138]
11	雍正三年	1725 年	修筑江南海塘松江府一带条石新塘，长三千八百余丈[142]。兴建浙东上虞夏盖山东西两端条块石塘五千六百八十七丈[141]
12	雍正四年	1726 年	创筑江南华亭县捍海石塘，历时三年，筑长约二十里[142]
13	雍正五年	1727 年	修筑华亭县外护土塘。谕将江南吴淞海塘一律改筑石塘，至雍正七年完工[142]
14	雍正七年	1729 年	续建江南华亭县捍海石塘，就新石工东西接筑，历时三年，石工通长约四十里[142]
15	雍正十年	1732 年	秋，巡抚乔世臣查勘江南松江海塘，奏请筑奉贤、南汇、上海三县应修土塘，约长一百四十余里，并延修至宝山城，约长二十四里，估需土方银十一万七千余两。次年兴工[142]

16	雍正十一年	1733 年	江苏巡抚乔世臣檄宝山知县筑江东土塘四千一百余丈，加高三尺，共高一丈五尺[142]。特设海防兵备道，为海塘专管机构，统一调用钱塘江海塘文武官员。翌年，增设海防水利通判，专管疏浚引河及海塘工程[140]
17	雍正十二年	1734 年	为保护钱塘江北岸海塘安全，于海宁县尖山和海中塔山之间建挑水石坝，长八百米，雍正五年告竣。并改建草塘及条石块石塘为大石塘，更于旧塘内添筑上备塘[138]
18	乾隆二年	1737 年	上年，江南总河嵇曾筠奏请于浙西仁和、海宁二县酌建鱼鳞大石塘六千余丈[138]。本年，完成海宁绕城鱼鳞大石塘五百五丈；接着，兴筑海宁城东西老盐仓至尖山鱼鳞大石塘六千余丈，乾隆八年告竣，用银一百一十二万余两。经工部复准，嵇曾筠以《千字文》字序统一编制钱塘江北岸海塘字号，每二十丈为一个字号，竖碑碣为标志，以便巡视、维修、管理[140]
19	乾隆九年	1744 年	江苏巡抚陈大受奏请建宝山单石坝，外加椿石坦坡各百七十丈，并接筑沙塘，使与土塘联属，中设涵洞宣泄。下部议行[138]
20	乾隆十七年	1752 年	江南太仓知州朱楚望请筑海塘，自刘河口至昭文县（今常熟境），长五十里[143]
21	乾隆十九年	1754 年	御史陈作梅请筑江南昭文县海塘，自太仓州界至常熟县界，长六十里[104]
22	乾隆二十一年	1756 年	闽浙总督喀尔吉善奏，钱塘江水势南趋，北塘稳固，而险工在绍兴一带。请于宋家溇、杨柳港，照海宁鱼鳞大石塘式，建四百丈。南岸始有鱼鳞大石塘[138]
23	乾隆二十三年	1758 年	增筑浙江镇海县海塘[138]
24	乾隆二十七年	1762 年	乾隆帝第三次南巡，阅海宁海塘工。谕示，定岁修以固塘根，增坦水石篓以资拥护[138]。崇明知县赵廷健筑堤御潮，长百余里，人称赵公堤[144]

25	乾隆二十八年	1763 年	巡抚庄有恭奏，江南松江、太仓海塘土性善坍，华亭、宝山向筑坦坡，皆不足恃，应仿浙江老盐仓改建块石篓塘[138]。石塘几废。三十一年，总督高晋奏复其旧[143]
26	乾隆三十年	1765 年	乾隆帝第四次南巡，阅视海宁海塘，命将塘下坦水由两层补筑为三层，将应建之四百六十余丈一律添建。三月工竣[138]
27	乾隆四十五年	1780 年	乾隆帝第五次南巡，阅视海宁塘工，命将海宁老盐仓一带柴塘一律改建鱼鳞大石塘。次年起，至乾隆四十八年完竣，建成鱼鳞大石塘四千二百余丈[138]
28	乾隆四十九年	1784 年	乾隆帝第六次南巡，阅视海塘，命将海宁老盐仓一带柴塘后之土顺坡斜做，并于其上种柳，俾根株盘结，则石柴连为一势，即以柴塘为石塘之坦水，至乾隆五十二年完竣[138]
29	嘉庆四年	1799 年	浙江巡抚玉德请将浙东山阴土塘改为柴塘[138]
30	嘉庆十三年	1808 年	浙江巡抚阮元请将浙东萧山土岸改为柴塘[138]
31	嘉庆十六年	1811 年	浙江巡抚蒋攸銛请将浙东山阴各土塘堤一律改筑柴塘。江苏巡抚章煦请将华亭土塘加筑单坝二层[138]
32	道光十四年	1834 年	命浙江巡抚吴椿等整修浙西海塘和坦水。自念里亭汛至镇海汛，添建盘头三座，改建柴塘三千三百余丈；其西塘乌龙庙以东，接筑鱼鳞石塊；海宁绕城石塘，加高条石两层。十六年三月工竣，计修筑各工万七千余丈，用银一百五十七万余两[138]
33	道光十五年	1835 年	六月，风潮冲塌江南宝山县江东、江西海塘五千余丈。巡抚林则徐奏请大修土石塘工及护塘桩石坝工。三载工竣，共用银二十五万余两[143]
34	道光十七年	1837 年	夏秋，风损江南华亭县外护土塘之西段，势难修复。总督陶澍、巡抚林则徐等先后檄府县，增修西段石塘土坡，坡外垒加桩石坝，并加筑护滩、挑水各坝。十一月兴工，次年九月工竣，分西塘为十二段，用银二十三万余两[143]

表 7－9　清代修筑苏北海堤的主要工程[145]

序号	兴筑时间		工程主要内容
	年号	公元	
1	顺治九年	1652 年	修通州捍海堤岸
2	康熙九年	1670 年	修筑通州范公堤
3	雍正二年	1724 年	七月，山阴、盐城、兴化、泰州诸州县海潮漫过范公堤，伤毁场庐人畜，奉旨修筑
4	雍正五年	1727 年	十二月，两江总督范时绎奏请，加帮范公堤，自泰州东台场三里湾至兴化刘庄场，长一万一千丈
5	雍正十年	1732 年	江南河道总督嵇曾筠奏修范公堤，议将泰州属斜二场旧堤移进四五里，建筑越堤一道
6	雍正十一年	1733 年	河督嵇曾筠奏修范公堤，泰州应修堤约一千一百四十七丈，兴化应修堤约二百四十五丈，盐城应修堤六十余丈，共估银三千余两
7	乾隆十二年	1747 年	修筑范公堤一千二百四十四丈
8	乾隆二十三年	1758 年	江南副总河专办下河水利嵇璜等奏请修筑范公堤缺口，永禁挖堤放水
9	乾隆四十年	1775 年	徐文灿筑西长堤十二里，横截海洪，名徐公堤
10	道光七年	1827 年	修范公堤并通海各闸座

第三节　清代防洪工程技术的主要成就

清代，由于大规模兴建防洪治河工程和长期实践的积累，使古代传统河工技术达到了成熟阶段，尤其是在修防技术、堵口技术、河流制导技术、海塘工程技术等方面，形成了系统的工程技术规范，在防洪管理方面也积累了丰富的经验。

一、修防技术

清代的筑堤技术，在明代的基础上更为系统规范，从勘测、规划、施工到竣工验收，都有一整套明确的要求，尤其是在土堤夯筑、石堤砌筑、护岸工程和防汛抢险等方面。

（一）土堤夯筑

清代土堤在土料的选择和含水量调节、土体的夯实和堤基处理等方面都有明

确的规定。

1. 土料的选择

《修防琐志》是乾隆年间黄河修防的技术总结性著作，对各种土质筑堤均有中肯的评价，称:“筑堤应用何种土最好？无如三合土最好。”[146]三合土通常是由石灰、沙和黄土混合而成。但大型堤防只能就近取土，或用两种性质可以互补的土料掺混修筑。黄河筑堤的土料大多取自河滩，既可以减少滩地淤高，又不致影响农田。但滩地土质不同，《修防琐志》对各种土质筑堤也有明确的规定。

在各种土质中，用于筑堤，“总以老土为佳”。老土经过多年淤积、风化、和多种土壤掺和，物理力学性质较优越，只要“夯硪如法，无不保锥”。但老土较难寻，一般多在堤防完建后，“务寻老土，远觅胶泥，盖顶盖边，栽种草根，以御雨淋冲汕，以防风扬之虞”[146]。

黄河河滩多沙土，其力学性质最差。“筑堤最忌流沙”，只能用于堤身内层。其夯实的技巧，“贵在泼水，趁润夯杵，庶能凝结为一”[146]，并须用老土盖顶。

胶土多系伏汛之后的滩地淤积，力学性质也不太好，“湿则硪力难施，干则不能合一”[146]。其填筑的方法是将大块胶泥劈碎如鸡蛋大，浇水泡透后暴晒，并用尖嘴石夯带水杵打，堤上须用老土盖顶。

将性质相反的沙土和胶土掺合而成两合土，“筑成之堤最为坚牢”。夯硪时若加水喷洒，“水土合一，更加坚固，即经水浸，不致溃卸”。即使不另外加水，“惟有一尺一坯，多加夯硪亦可”[146]。

对于黄河河滩地取土，还规定，必须“取土宜于十五丈之外，切忌傍堤挖取，以致积水成河，刷损堤根”[147]，以免顺堤成河或引起堤基渗漏。

2. 土料含水量的调节

早在战国时期，人们就已认识到土料含水量对堤防夯筑质量的影响。清代河工施工的规范性著作《安澜纪要》对调节土料湿度办法有具体的记述[148]，如土料太干，在上一坯土前，先在堤边用锨做成临时水沟或水坑，将水倒入沟或坑内，用水慢慢将土料润湿。也有直接在土料上洒水的做法。至土料湿度合适，再行夯实。如施工场地缺少水源，则在上土时，须将表层土剥去，使用二锨以下潮润之土，并趁其潮润及时夯筑。

施工操作中，土料块体大小对湿润程度也有一定影响。《修防琐志》要求:“至于坯土，宜用润泽散土，则遇硪坚固，盛水不渗。如用焦干、大块，则夯硪不胶，遇水即漏。”[146]《河工纪要》[149]载：新加土料，先令锨夫将大块土料劈碎如鸡蛋大小，再令水夫向土料上洒水，使水分将土料泡透，经晾晒后，再用石夯趁湿杵打，则土堤无不坚固。

不过古代对土料适宜含水量的掌握尚缺乏具体度量，不同土料适宜含水量也无明确规定，具体施工中主要依据经验判断。

3. 土体的夯实

有了适宜含水量的土料，还必须夯实，以增加土体的紧密度和干容重，从而保证堤防抗倾覆的稳定性和抗渗透能力。清代常用的夯筑工具有硪、夯、杵等，主要是硪。据道光年间成书的《河工器具图说》记载，清代的石硪分为两大类:

云硪和地硪。云硪高高抛起空中，主要用于打桩。地硪用于土工夯筑，又分为主要用于平地的墩子硪和束腰硪，以及主要用于堤坡的灯台硪和片子硪。硪又可按重量分作大石硪、中石硪、小石硪等。一个乳硪有九十多斤的，往往四至十二人同时操作夯打。夯多为木制，一般二至四人同时操作。杵则单人使用。图 7－22 为杵与夯图，图 7－23 为四种地硪图。

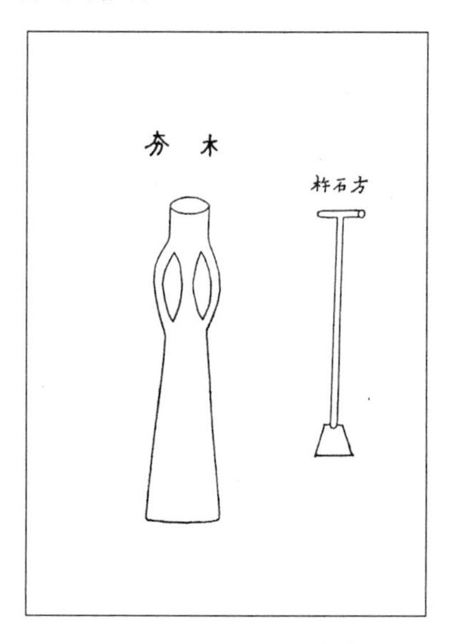

图 7－22　杵与夯图[150]

（选自《河工器具图说》）

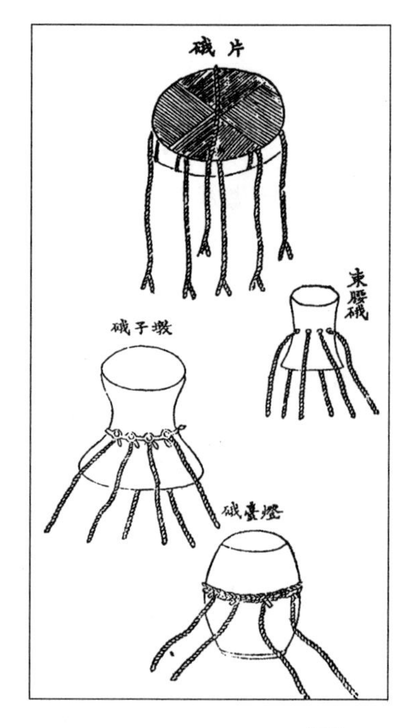

图 7－23　四种地硪图[150]

（选自《河工器具图说》）

大堤夯筑质量的关键在于每层土料厚度不能太厚，若每层土料过厚，虽有重硪，亦无能为力。康熙三十九年（1700年）河道总督张鹏翮制订的《治河条例》，对黄河堤防夯筑的要求是："每堆土六寸谓之一皮，夯杵三遍以期坚实，行硪一遍以期平整。虚土一尺，夯硪成堤仅有六七寸不等，层层夯硪，故坚实而经久。"[151]不过，在实际执行中，由于各河段的土料不同，夯筑工具和重量有差异，具体掌握也有所差别。

清后期，对硪工更加重视，故有"堤工坚实，全仗硪工"[152]之说。《河防辑要》规定："上土坯头愈薄愈妙，宜定以限制，俾知遵循。今定每坯以虚土一尺三寸，打成一尺为式。如估高一丈五尺之堤，令其十五坯做。倘少有不敷，再加一漫足矣。"[153]

《河工纪要》也说："如堤高六尺，必估四层行硪。初筑荒高二尺五寸即可行硪，得二尺实土。……每荒高一尺，硪实八寸，则坚实堪御暴涨矣。"又说，对个别重要堤段，若"要做十足好土，需得铲碎土块，拣净草根，泼水润透，用连环老硪。限定每坯荒高一尺，打实六寸，俱照六折合算，则坚之板矣"[149]。为了控制每层的上土量，在施工堤面上插竹签，作为衡量标志。同时特别强调两个工段之间的衔接部位，必须仔细督促检查。

为防止堤身渗漏，通常加大堤防断面，延长渗径，减小渗流坡降，并按规范夯实。清代规定，黄河大堤边坡收分为"外坦里陡，四二收分"。"如高一丈之堤，应筑宽六丈之堤底，共计顶宽二丈，底宽八丈，高一丈"，并"务要自底至顶，层层夯硪打就，则彻底坚固，可免渗水之患"[154]。

如果大堤断面不够，需要加帮宽厚者，夯筑必须保证新土与旧堤形成一体。因此，先要在帮宽的底宽上行硪二三遍，使根底坚实，然后向上逐层做坯。为保证新土与旧堤胶合，还须将老堤坦坡的树木草根铲尽，再将旧堤坡挖成阶梯形，每级宽尺余，每坯新土厚不超过一尺，泼水夯硪三遍，然后才加下一坯土。务使旧堤"与新土层层犬牙相吞"[155]。

4. 堤基处理

堤基是保证堤防稳定和减少地基渗流的重要部位，更需要加强基础清理和夯筑。清代认为，堤防建成后出现堤身蛰陷和堤基渗漏问题，主要原因是基础处理不够所致。因此，"筑堤以底土为吃紧"，"创筑堤工，每有蛰陷之病，皆因堤底虚松。应于筑堤之始，先将本地土上树木草根尽行刨除，行硪二三遍，是平地之病根已除，堤根无虚松之弊，他日可免蛰陷，亦无堤底渗漏之患。然后方铺底土"[147]。由于地基情况不同，作法也可相应变通。如地基为多年老土，沉陷已实，则用重硪套打一遍即可。如系近年新淤土，则需沿堤外沿挖一宽三丈、深二尺的底槽，然后先用重硪套打，再分二次回填新土，"追打坚实，锥试不漏，方准再行上土"[152]。

堤基渗漏容易引起堤防背水面管涌，即在高水位下堤基土壤发生流土和潜蚀。为此，《修防琐志》强调："筑堤利病何如？曰筑堤以底土为吃紧，承修堤工先将地面草根刨尽，行硪数遍，然后铺底土不过尺许，自底至顶逐层行鱼鳞套环之硪三四遍，庶无渗漏之患。"[156]

长江堤防亦重视堤基清理。康熙、雍正年间，湖北荆江筑堤必先察土宜，“一遇缺口，必掘浮沙，见根土乃筑堤基。其所加挽者，必用黄白壤”[157]。

夯筑质量的检查手段主要是锥探，所用工具为铁锥。《河工器具图说》载：铁锥长四尺，每打一坯或数坯试锥一遍。试锥时，将铁锥用木榔头打入新筑堤内，垂直拔起后，立即向锥孔中灌水。“若一灌即泻，名曰漏锥；半存半泻，名曰渗口；存而不泻，名曰饱锥。”[158]

为保证锥探效果，要特别注意防止起锥时作弊。常用的作弊方法有：“兵夫于提拔之时有意旋转，则灌水易保，名曰泥墙；灌水之时，故将泥浆及胶粘之水（通常采用山药汁等和水）灌入，名曰作料。”[159]

（二）石堤砌筑

清代，石堤的砌筑更趋规范，砌石之外又有砌砖和防渗体，而对桩基的施工要求也更为严格。

1. *砌石*

石堤所用砌石必须打凿平整，合乎规定。宋代规定，黄河大堤每块“各长一尺五寸，阔厚各一尺，重百二十斤”[160]。清代尺寸略为加大，“丁石务要长三尺以外，顺石务要长二尺四五寸，宽厚均要一尺二寸”[148]。

砌石最重要的是丁顺间砌。顺砌是石料长边与水流方向相同，丁砌则与水流方向垂直。“不拘大小石工，如得层层丁砌，自当格外坚固。否则，层丁层顺，间砌皆能垂久。如非吃紧大工，则估计顺砌居多，每层顺砌一丈，例用丁头石三块，每块长三尺六寸，庶与衬里砖石里外牵扯，方资巩固。”[161]如果丁头石长度不足，则面石与里石不相倾轧，易致面石倒卸坍塌。因此，砌石用量估算，一定要将丁头石数量估计充分。

石堤挡水，砌石之间必须用胶结材料胶合，形成整体，以防透水和保持大堤的稳定性，因此，胶结材料是保证石堤安全的关键之一。《安澜纪要》指出：“盖砌石砌砖，彼此本不相联属，恃有灰浆联为一体，所以成其固也……盖灰浆乃石工第一要事。”[162]清代常用石灰制作胶结材料，砌石所用灰浆的灰沙比一般为1:2。近代黄河河工应用水泥作为胶结材料，则最早始于光绪十四年（1888年）[163]。

石料砌缝务须密致，以竹篾签试不入为好。因里石虽见方，但不要求严整，安砌之时稍有厚薄不均之处，应用铁片加垫平稳，最忌垫放石块，极易因压碎而导致整体倾倒。砌好以后外面要勾缝，以期严整，防止水流冲刷破坏。

砌石收分有明收暗收之分。石堤、石坝多用明收，即面石逐层内收一寸至四五寸，表面呈斜坡状。闸座多采用暗收，表面呈垂直状，里石每隔数层向内减少一路。

2. *砌砖与防渗体*

砌石之外还有砌砖。砖工虽不及石工经久耐用，但经费节省。清代往往在石工之后辅以砖工，以节省开支。此外，在加高石堤时，由于考虑到基础承载能力的限制，往往也不再加砌石工，而改用砌砖[164]。对于砌石之后辅以砌砖，雍正年间以善于筑坝著称的河道总督嵇曾筠解释说：“墙石之后接砌里石，里石之后复衬河砖，盖土石性殊，难于联属。以砖贴土，诚有妙理。如或聪明自用，更改成规，

动谓砖性不坚，不如省去。不知土石性难融洽，分而不属，大有疏虞。是衬砖之贵乎如式者。"[161]是说石料和土料的弹性模数相差较大，采用弹性模数居中的砖料过渡，使其融洽巩固。

乾隆十八年（1753年）以前，洪泽湖"高堰石堤，向来做法止用石二进，石后用砖二进，即与堤土相连"。在砌石之后加砌砖，再接土堤。后来发现："砖石与土不能固结，一经风浪，则湖水浸入搜空，易致坍塌。必须于砖石背后，筑打灰土三尺，以御冲刷。"[165]"浸入搜空"是指在堤前静水压力作用下，水通过砖石接缝渗入堤身，再由土堤后逸出，从而形成漏洞、管涌等险情。为此，即在土堤与砖石砌体之间打一道防渗体，以杜绝上述险情发生。此后，这项技术成为高家堰施工定例。

《安澜纪要》记载了高家堰灰土防渗体的施工要求：砌石每块高约一尺二寸，每砌一层石料和其后的转体，就夯筑一道灰土。灰土一般采用匀细的石灰和黄土掺合，一般不加糯米汁拌合。每一尺二寸高要分二层筑打，每层夯实后为六寸。夯具不能用硪，而须用大夯细细夯打，以免震动太大，影响砌体的牢固。大夯用整木做成，四人相对，共持一夯筑打。每夯一次，"挪步仅可踰寸，举夯必使过眉，前后齐声合力，一步一夯……往返数遭，夯力匀则灰土自坚，可保滴水不漏"[162]。

3. 基础桩工

石堤多用于水溜顶冲的堤段，"石工之坚与不坚，全视底桩之有力无力"[162]，基础桩工最为吃紧。乾隆年间归纳的施工规范中，对闸坝堤等石工建筑的桩基施工记述如下："闸坝首在择地土坚实，照估定丈尺分中起槽牵线钉桩如估式。依线引桩，建立根基。桩上用大木方梁横亘桩上，将置梁处之桩较它桩稍矮，如梁之宽厚尺寸，陷梁于其中，长钉关稳。上铺二寸厚板，签钉牵连，合而为一。板缝用麻油如舱（腻）船法舱密，方砌底石，灌以灰浆，十分稳当。"[166]即按照预定桩木位置下桩，桩上钉木梁，梁上铺木板，板缝用腻子填补密实。

清代砌石堤坝一般由面石、里石、砌砖组成，其后填筑灰土，再与土堤衔接。石工基桩在面石、里石、砌砖层之下都要钉入桩木，以提高地基的承载力。

桩木的尺寸和排列方法，在石工的不同部位有所不同。据《修防琐志》记载，在石堤面石之外钉一道关石桩，防止砌石侧移。每丈石堤钉一根。面石一般砌筑一路，下有二路顶石马牙桩和一路梅花桩。马牙桩每丈每路二十根，梅花桩每丈十五根。里石二路，每路里石下有二路顶石梅花桩，每路每丈十五根[166]。砌砖层下有顶砖桩，桩数由地基状况确定。

底桩的长短和粗细，主要依据"以下之底土坚软、定桩之长短大小"[166]，视地基土层之坚松和水溜之缓急而有所不同。一般底桩周长一尺二寸至一尺六寸，常用杉木、红松、柏木，桩头箍以铁箍，桩尖加铁桩帽。木桩是否著底，以一硪打下，木桩只能下二三分为度。图7－24为清代石闸砌筑剖面图。

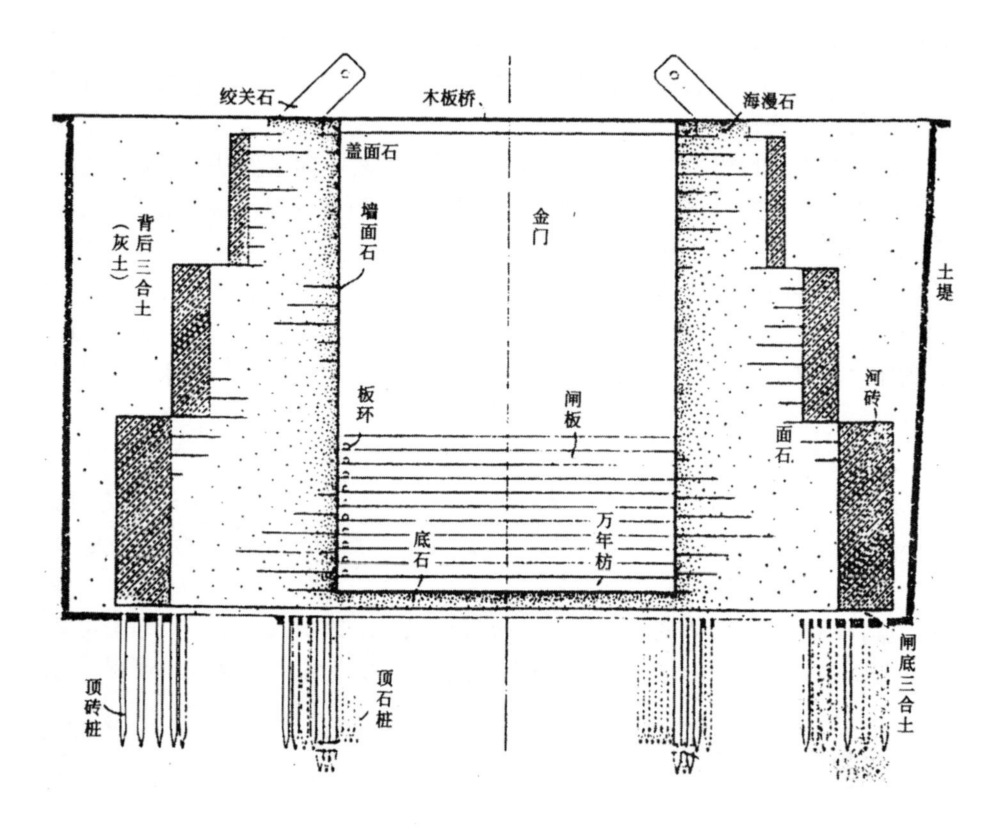

图 7－24　清代石闸砌筑剖面图[150]

（选自《清代官式石闸及石涵洞做法》）

（三）护岸

清代黄河堤防的护岸仍以埽工为主，后期石工护岸和砖工护岸有较大发展，而木龙护岸以其挑水性能也使用较多。

1. *木龙护岸*

木龙护岸首创于北宋，清代用得较多。康熙四十年（1701 年），河道总督张鹏翮的属下武进贤根据自己对河势的观察和民间的传说，建议："请聚木为大筏，联以竹缆，直接南北之坝，……以铁锚沉水钩定，……入水约可丈许，将黄河大溜，永如圣算，北流淮水自宽畅而出。"[167]同为桩木结构，沉入水中挑溜护岸，构造与北宋稍异，不叫木龙，而称木筏。

乾隆初年，泰州判官李昞读宋史有所发现，向河道总督高斌建议兴建木龙，在清口试用确有保护险工的作用。人称："盖木龙能挑水，护此岸之堤，而水挑即可刷彼岸之沙，较之下埽开河，事半功倍，防河良法也。"[168]乾隆十一年（1746 年），"山安厅属安东县（今江苏涟水县）之西门，因黄河溜势扫湾，直射堤根，逼近城垣"。顾琮用木龙挑溜，"及扎筏旬日，溜势渐觉外趋，埽坝下亦渐觉停淤"，而且埽工不再蛰陷[169]。

清代木龙的形制和构造在《河工器具图说》中有详细说明，见图 7－25。木龙用原木扎排，上下共九层，高约一丈八尺。平面长十丈，宽一丈，用竹绳捆扎成立体构架。另有地成障或水闸，长一丈八尺，宽一丈，也用原木捆扎成排，中间

用交叉小木和竹片编织。将地成障向下插入木龙构架的空档，则可起到“截河底之溜，所以溜缓沙淤，化险为平”[170]的作用。

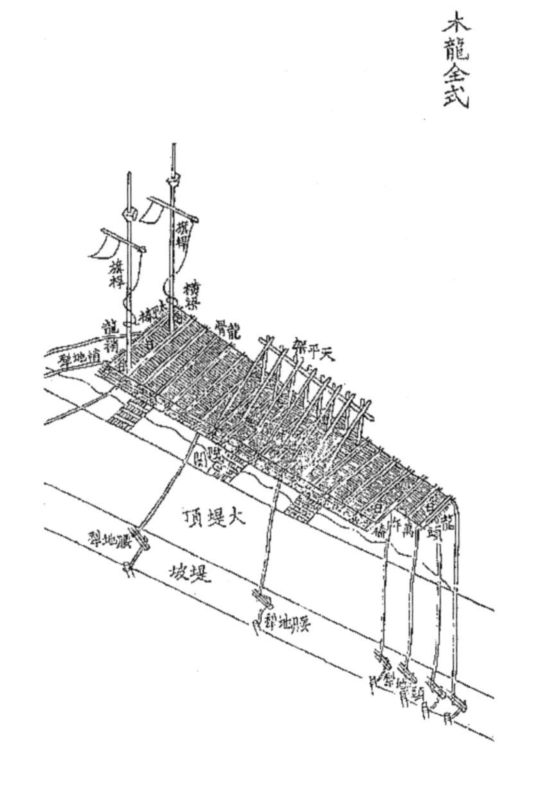

图7－25　清代木龙形制图[171]

（选自《河工器具图说》）

2. 埽工护岸

清代黄河护岸仍以埽工为主。清中叶，黄河在铜瓦厢以下两岸“堤身坐湾迎溜之险工约计不下百余处，鳞次栉比，全赖埽工御水”[172]。清代用于堤防护岸的埽工大体有如下几种（见图7－26）：

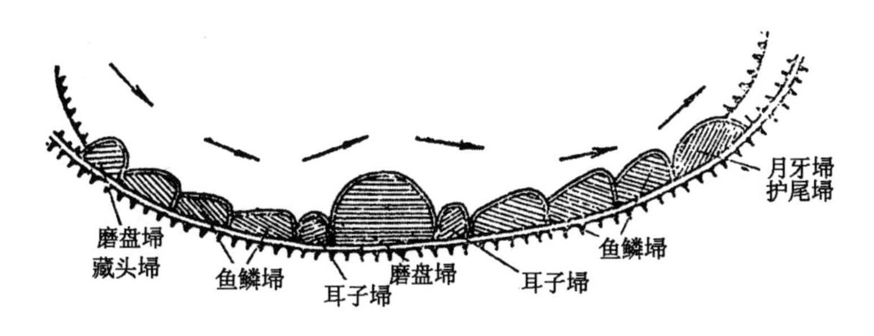

图7－26　清代护岸埽工图[171]

磨盘埽：是半圆形的石厢埽，用于弯道正溜、回溜交注之处，常常作为一段险工的主埽。

月牙埽：形似月牙，常用于险工段的首部和尾部，用以抵抗正溜或回溜。

鱼鳞埽：形似鱼鳞，头窄易于藏头，尾宽便于挑溜外移。

雁翅埽；头尖尾宽形似雁翅，段段相连以抵御水溜。

扇面埽；外宽内窄形似扇面，形制比磨盘埽稍小。

耳子埽：位于主埽两旁形制比较小的埽，因形似主埽之两耳而得名，主要用于防止回溜淘刷。

风尾埽：又名挂柳，即将砍伐的柳树树梢倒置河中，树干固定岸上，用以防冲护堤。

3. *石工护岸*

清代，长江干流险工段多用砌石构筑挑水石矶护岸。都江堰主要输水干渠上的护岸则大多采用竹笼块石构筑。图 8－27 为竹笼护岸图。

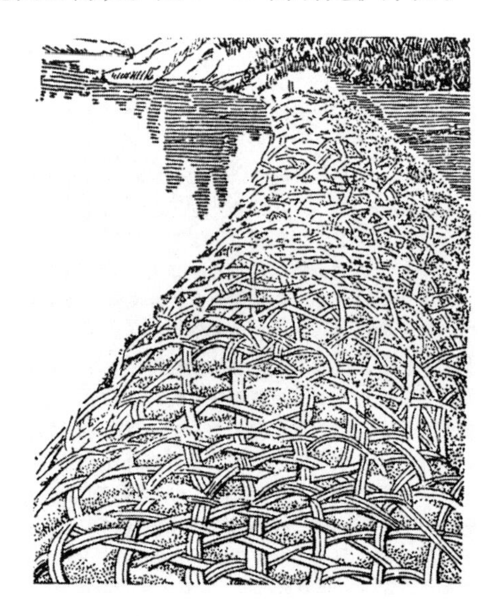

图 7－27　竹笼护岸图[171]

清代后期，黄河护岸的埽坝工程有一定改进，出现了石工和砖工。由于埽工易于腐朽，每岁拆旧换新，费用高。同时，埽工坡度陡立，经洪水淘刷，容易蛰塌。因此，乾隆后期开始在埽前抛碎石保护堤根。抛石护岸主要用于配合埽工或石工护岸，用以保护堤脚避免顶溜淘刷。抛石形成斜坡，也有消浪作用。道光初年，南河总督黎世序大力推行这一技术。他解释抛石护岸的作用，说:“自间段抛护碎石，上下数段，均倚以为固。且埽段陡立，易致激水之怒，是以埽前往往刷深至四五丈，并有致六七丈者。而碎石则铺有二收坦坡，水遇坦坡即不能刷。且碎石坦坡，黄水泥浆灌入，凝结坚实，愈资巩固。”[173]

道光十五年（1835 年），栗毓美任东河总督。“时原武汛串沟受水宽三百余丈，行四十余里，至阳武汛沟尾复入大河，又合沁河及武陟、荥泽诸滩水毕注堤下。两汛素无工，故无稭料，堤南北皆水，不能取土筑堤”，情况十分危急。“毓美试用抛砖法，于受冲处抛砖成坝。六十余坝甫成，风雨大至，支河首尾决，而

坝如故。屡试皆效。”栗毓美大力推广抛砖护岸，“遂请减稭石银兼备砖价，令沿河民设窑烧砖，每方石可购二方砖。行之数年，省帑百三十余万，而工益坚”[1]。栗毓美任东河总督五年，河南黄河无大灾。以后由于烧砖出现不少流弊，一些人竭力反对，于是停烧砖窑，仍用石工。

（四）堤防抢险

堤防多系土筑，汛期水势湍急汕刷或大溜顶冲，往往在堤防薄弱处出现险情，因此，江河防汛抢险历来都是保证防洪安全的一个重要环节。堤防险情可分首险和次险。一般堤坡滑坍和埽工平蛰称作明险，也称次险，较易处理。而埽下有透水洞穴等，则形势危急，称作暗险或首险。古代对于暗险的抢护积累有丰富的经验。清代后期，由于河道状况日益恶化，因而堤工险情频频发生，从而促进了抢险工程技术的改进和完善。

1. 堤防漏洞抢险

在汛期高水位情况下，堤防背水坡出现横贯堤身或基础的渗流孔洞，称为漏洞。如漏洞渗水由清变浑，说明漏洞正在扩大，必须迅速抢护。

《安澜纪要》专设“堵漏子说”，对堤防漏洞抢险的处理有细致的说明。堤防出现漏洞，往往发展很快，因此首先要迅速判明“堤身是淤土还是沙，离开远近，有无顺堤河形，测量堤根水深”[174]，然后视以下四种不同情况进行抢护。

（1）外堵法:“如发现水面有漩涡，即漏洞进水之口，应立即下水踹摸”，判明进水口的大小和形状。如漏洞为圆形或方形，可马上用铁锅扣住，“四面浇土，即可断流”；如漏洞为斜长形，“一锅不能扣住，应用棉袄等物，细细填塞，或用布袋装土一半，两人抬下”，根据漏洞形状进行堵塞，仍用土“四面浇筑，亦可堵住”[174]。外堵法至今仍普遍应用于堤防漏洞抢险（见图 7－28）。

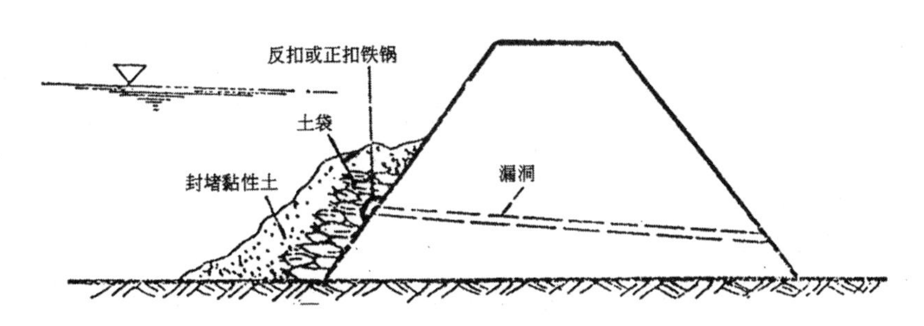

图 7－28　外堵法漏洞抢险图[171]

（2）内堵法：如水面不见漩涡，无法确定漏洞位置，则用内堵法。“于里坡抢筑月埝，先以底宽一丈为度，两头进土，中留一沟出水，俟月埝周身高出外滩水面二尺，然后赶紧抢堵。”[174]

（3）挖堵法：如堤顶宽阔，可在漏水处中心自堤顶向下挖一沟槽，见进水通道后，再用棉袄等物堵塞。

（4）如堤防系沙土填筑，经漏洞流水掏刷，可能导致漏洞至堤顶部分塌落。此时需急卷一埽枕（直径一般应大于漫顶水深二尺），将埽枕拦于外口，并用桩橛钉牢，再急下土料填筑。

2. 埽工走漏抢险

埽工施工如不规范，往往在汛期高水位时出现漏洞。《治河方略》专设“埽工走漏”一节，对各种埽工走漏情况的抢险，提出了相应的技术措施[175]。

（1）渗漏而无水溜，往往是由于签桩桩头不尖，签钉不紧所致。应掘开三四尺，削尖桩头，钉牢即可。

（2）渗水有细溜，往往是由于压土离裆所致，应加镶压土。

（3）渗漏水溜下游有翻花，如翻花远离埽根其漏必大，定是埽未落底。此时应于顶上加镶压土，自然平稳。如翻花近而溜大，定是埽下有深坑，埽体横担于深坑之上，情况更加危险。此时应在埽工上游处加修十至二十丈的边顺埽，并相填钉桩，然后将漏处固定埽体的绳索砍断，直拆到底，见深坑后用草卷土埽层层填之，以断溜为度。

3. 大溜顶冲险情抢护

汛期堤防险情中，以大溜顶冲堤岸最为危险，抢护方法首重预先防范。《治河方略》根据大溜顶冲形势的不同，分别对滩地有串沟和无明显串沟两种情况，提出了相应的技术措施[176]。

（1）滩地无串沟，如大溜距堤岸有百丈之远，则在离堤三四十丈的滩地上迅速开掘一深槽，槽深丈余，卷制直径丈许之钉埽埋入槽内，用签桩钉牢。钉埽长约百丈，其布置应与河势顺接。大溜上滩后，遇钉埽将改变顶冲溜向。若大溜距堤岸甚近，须先下顺埽保护堤岸，同时修筑挑坝或鸡咀坝，以挑离大溜。

（2）滩地上有串沟，大溜沿串沟向堤岸发展，又分有河头与无河头两类。其堵法详见“河流制导技术”之“护滩”目。

二、堵口技术

清代黄河决口频繁，堵口工程不断。由于多次大规模的堵口，在堵口技术方面积累了丰富的经验，并涌现出一批识水性、善施工的堵口能手，郭大昌即其中的代表。《大工进占合龙图》《回澜纪要》《修防琐志》等河工专著对堵口技术进行了全面的总结。

（一）导流围堰

堵口前须先开挖引河导流，将主溜从决口处引开，下游再回归正河。清代已认识到开引河同堵口的成败有密切关系，并提出了引河“不可太窄”、“不可太浅”、“不可过短”、“不可太直”的要求。引河导流技术详见“河流制导技术”之“开河”目。

清代对于导流围堰技术记载渐详。雍正年间，河道总督嵇曾筠总结水利石工建筑物的施工经验时，特别强调导流围堰的作用。他认为：“凡修砌石工，必先筑月坝拦水，法用两面排桩，衬以笆席，中填土心，挡溜闭气，不使少有渗漏，以便施工，此不易之则也。”[161]嘉庆年间，河道总督徐端对围堰高程的选择有重要补充：“修建石工，应于工外临水一边先筑土坝一道，将坝内之水车干，以便施工。务需酌定水势涨落深浅，以定坝身高低……如少卑薄，设遇风暴，以致撞掣，前工尽弃。”[148]是指在河床内导流、分期导流施工时，按照该季度多年平均水深加风

浪高度来确定围堰高程。

古代施工围堰一般多为土堰，有时也就近取材采用杩槎围堰或草土围堰。在江西临川文昌桥桥墩施工时，还采用过双重木柜竹笼围堰，本书不作记述。

1. 杩槎围堰

南方多卵石河道，岁修工程多用杩槎作为临时导流围堰。杩槎围堰的历史悠久。都江堰灌区各处堤堰、分水鱼嘴和溢流坝多用竹笼卵石修砌，较易损坏，而内外江河道和各堰口又有大量的卵石堆积，需要掏挖。因此，每年内外江都要先后截流，用杩槎作施工围堰，进行维修施工。

杩槎用当地竹、木、卵石、泥土等材料修筑，分为支架和拦水两部分。支架的主要作用是保证在江河流水作用下杩槎的稳定；而拦水则是在支架的支撑下，起到阻拦水流的作用。

支架由三根大木料组成，木料用杉木，上端由竹绳捆绑在一起，下端成鼎足状分立。两根木料组成迎水面，第三根木料在后面起支撑作用。这三根大木俗称杩脚料，一般长一丈八尺至二丈七尺，直径约一尺。迎水面两根称罩面，背水面一根称箭木。在杩脚料约二分之一高度的地方加绑横木，称盘杠，用以固定杩脚料和作为安放压重料的基座。盘杠上加捆横木，称压盘木。再在压盘上安放竹笼压重。三脚鼎足而立且有一定重量的支架，用以抵挡水的浮力和推力。杩槎结构示意图见图 7－29。

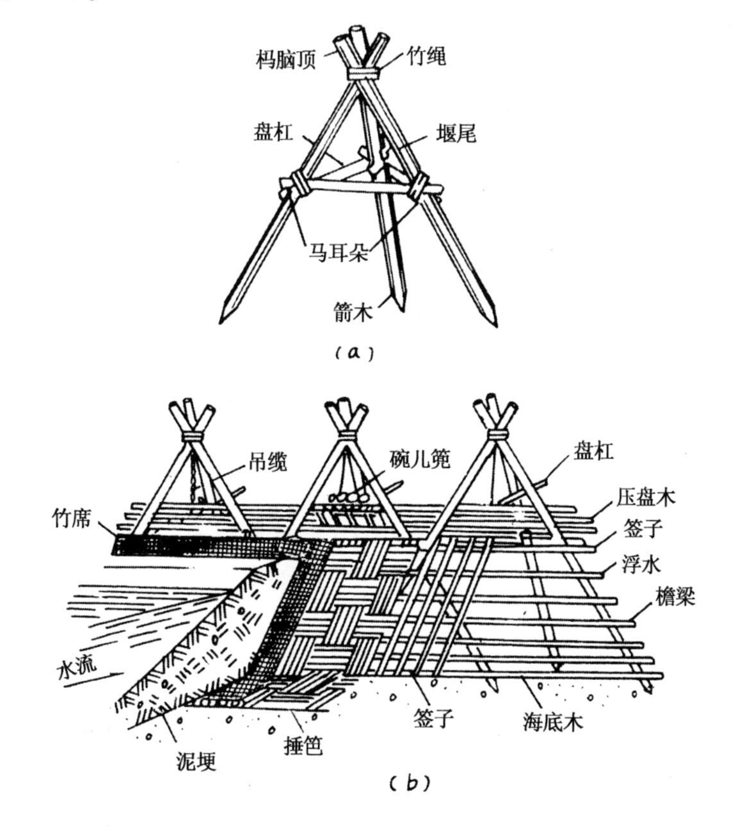

图 7－29　杩槎结构示意图[177]

挡水部分位于杩槎罩面前，依次安放檐梁、签子、花拦、捶笆、蕈席等逐渐加密的拦水物料。檐梁是捆绑于上游两根罩面杩脚料间的横木，檐梁根数视水深和流速大小而定。签子是檐梁前面捆绑竖向的木棍，每根签子的间距约六寸。花拦是签子上游铺设的竹篱笆。再上游铺设用竹片编制的捶笆和用竹篾细编的垫席。最后再在垫席上游倾倒泥土，构成挡水的堤梗。

多个杩槎互相联结排列，则构成一道临时的挡水施工围堰。杩槎围堰布置图见图 7－30。

图 7－30 杩槎围堰布置图[177]

杩槎围堰有就地取材、施工期短、用途广泛、拆除方便等优点，其安放、维护和拆除，都有一套行之有效、方便快捷的传统施工工艺。在水深小于 4 米，流速小于 3 米/秒的水流中应用，具有显著的优点[177]。

2. 草土围堰

草土围堰是以麦草、稻草和土料为主要材料构筑的临时施工围堰。草土围堰的最早记载是战国时期的“茨防”，用草、土构筑，用于堵塞决口和建造施工导流围堰。汉唐以来，宁夏引黄灌区每年都要在渠口用草土围堰截流，进行各级渠道的疏浚。

草土围堰可在流水中施工，有散草法、捆草法和埽捆法等方法。以捆草法为例，构筑材料主要是捆扎成束的草捆。草捆直径一般为一二尺，每捆长四尺五寸至六尺，重十至十四斤。施工时，逐层铺压草捆和土料，人工踏实，使草土围堰逐步下压，直至河底。草土围堰断面示意图见图 7－31。

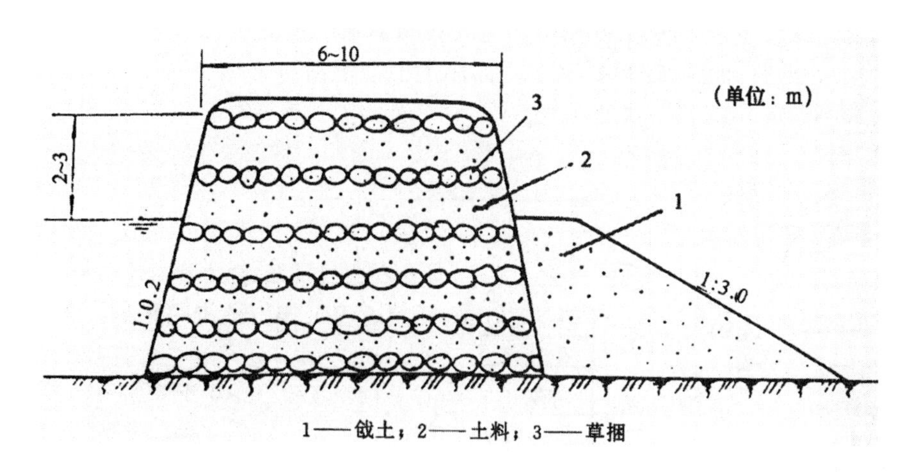

图7－31　草土围堰断面示意图[178]

草土围堰具有就地取材、施工方便、拆除方便、适应河床变形、防渗性能好等优点。一般适用于水深不超过6～8米，流速低于3.5米/秒的流水中。缺点是沉陷量较大，草料易腐朽，因此，使用时间一般不超过两年。至今，这种传统的施工方法仍在水利工程中使用，尤其在高含沙水流中更为适宜[179]。

（二）进堵

清代用于堵口的埽工有：萝卜埽、接口埽、门帘埽。萝卜埽上口大，下口小，用于堵口合龙，又称合龙埽。接口埽是堵口后在两点接合部用于堵漏。门帘埽是堵口合龙后在合龙占前所做的一段长埽。堵口埽占图见图7－32。

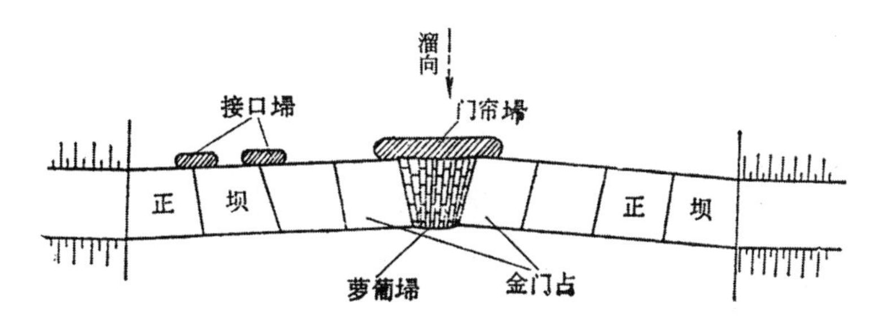

图7－32　堵口埽占图[178]

1．进堵方法

进堵方法根据决口口门宽窄、堵口时流量大小及口门处河槽土质的不同，分别采用单坝进堵、双坝进堵和三坝进堵。清代埽坝进堵，每进一埽一般长约四十八尺、宽约二十四尺，称为一占，因此，埽坝进堵往往称作进占。

当决口口门较小、水势较弱（如决口只是分水，原河道仍通流）、口门土质较好时，可采用单坝进堵。单坝进堵是从口门一端单独向另一端进占，俗称独龙过江；也可从口门两端同时向中间进占。随着埽坝进堵，在坝后接筑土戗，最后合龙。

当全河自决口夺流，口门溜势湍急，且土质较差时，可采用双坝进堵。即在正坝的上游加修一道边坝，以护卫正坝。正坝与边坝一般同时进占，而边坝要比

正坝缩后半占，以免两坝埽缝相对，造成埽间缝隙严重漏水。为了加固进堵坝体，减少渗水，正坝与边坝之间要填土，称作土柜。正坝与边坝布置及进堵示意图见图7－33。

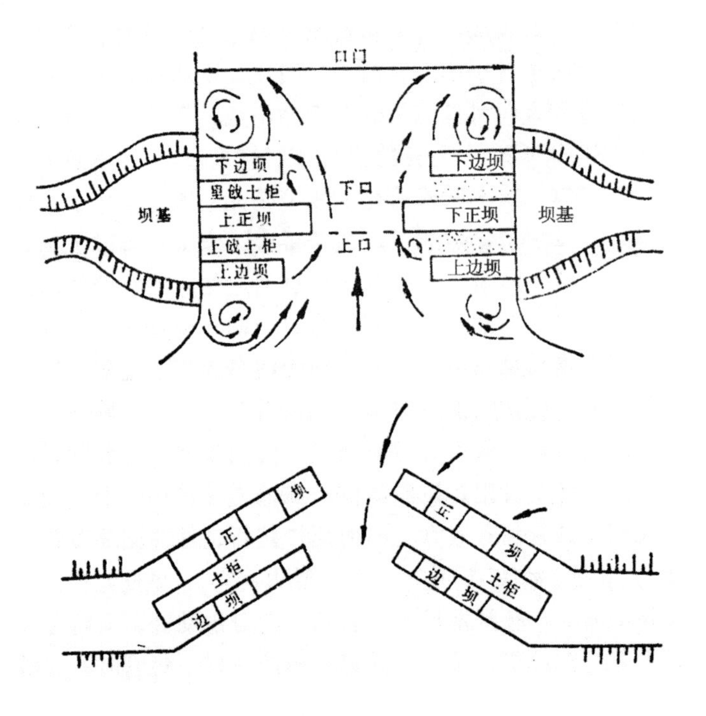

图7－33　正坝与边坝布置及进堵示意图[180]

如果决口口门溜势过于湍急，将导致合龙时上下水头差过大，则可在决口上下游各修一道边坝，采用三坝进堵。

2．二坝合龙

当堵口进展至最后阶段，口门缩窄至约六十尺时，水势愈加湍急，上下游水头差加大。这种情况一般可在下游再修一道坝，俗称二坝。《回澜纪要》说明了二坝的作用:“两坝口门收窄时，上水高于下水几至丈许，奔腾下注，势若建瓴。坝前愈刷愈深，因之蛰塌不已。如有二坝擎托，以水抵水，则大坝上水不过高下水三四尺，二坝上水亦高下水四五尺。丈许水头，分而为二，两坝各任其力，大坝(压力)得以减轻矣。惟二坝离大坝不可过远，当以二百丈内外为率。”[181]二坝进堵时，各坝下游还需同时修筑各自的边坝。如果三坝进堵，水头差将一分为三，进堵埽坝安全更有保障。正坝、二坝联合进堵示意图见图7－34。

图 7－34 正坝、二坝联合进堵示意图[178]

（三）合龙埽的施工

合龙施工有卷埽和厢埽的区别。清乾隆年间以前，埽工制作仍主要用卷埽。乾隆年间以后，埽工用料主要采用秸秆，埽工制作也由卷埽改为厢埽。但在合龙口门水势湍急、土质较差、捆厢难以施工时，仍常用卷埽。

1．卷埽施工

清代堵口难度加大，卷埽合龙的埽体容重要大。卷埽材料的比例宋元时期为“梢三草七”，清康熙年间改为“柳七而草三”。因为“柳多则重而入底，然无草则又疏而漏，故必骨以柳而肉以草也”[182]。至于梢草与土料的比例，黄河的经验是：“埽内宜软不宜硬，宜轻不宜重也。轻软则水入沙停，合而为一。硬重则桥搁攻挤，必致内溃。”[183]即充分利用黄河含沙量大的特点，借助水中泥沙进一步加固埽体。

卷埽定位仍主要依靠绳索固定。“沉系埽个，全在揪头绳索，其力尤重于桩，必须多而壮。”[184]待埽枕沉定后，再下签桩将埽体钉固在河底，同时将绳索拴牢在两边木桩上。

乾隆三十六年（1771 年），埽工签桩规范要求，旱地施工的岁修埽工，仍应在卷埽落位后加桩，而在埽工堵口时，则不再加桩。因堵口口门处水深，桩木入土不深无益，且堵口时埽工常有蛰动，急须加埽抢厢，桩木横梗其中，有碍施工[185]。至于埽体是否切实着底，清代依靠听桩法检验。

2．厢埽施工

乾隆年间，埽工制作由卷埽改作厢埽。卷埽需要宽敞的施工埽台，乾隆年间临河搭建的临时软埽台演化为捆厢船，埽的制作改在堤面与捆厢船之间进行。施工时用大船（捆厢船）横于坝头，在船和堤之间用绳索挂缆，在缆上铺施秸料（高粱秆）和土，再用绳和固定桩将之捆扎成整体为一坯，一坯一坯逐层将埽压向河底。险工段由多段埽工组成时，应将上游埽段做成体型较大的当家埽，以挑离水溜，避免各埽段均衡迎溜。厢埽纵剖面图见图 7－35。

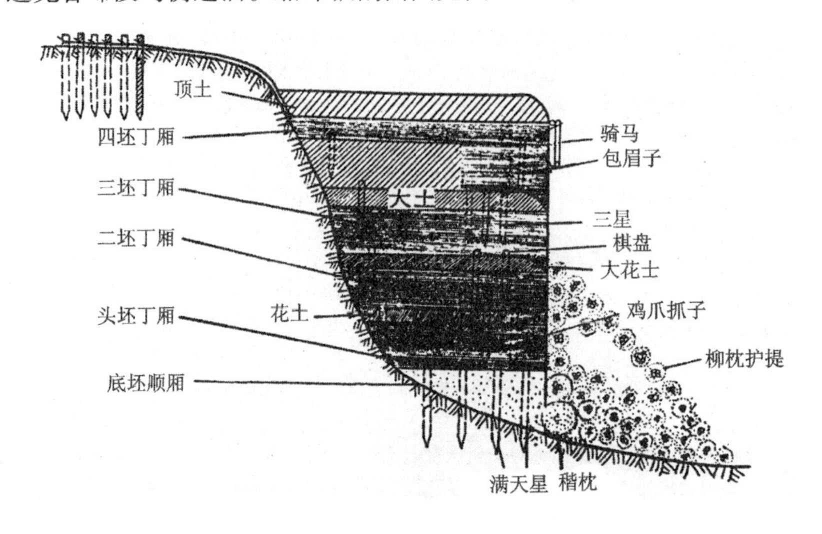

图 7－35　厢埽纵剖面图[178]

由于厢埽所用秸料轻软，能就地取材，可在短时间做成庞大埽体，比卷埽灵活省工。但秸料较轻，需用绳缆捆缚定位才不致漂移。“厢成之埽被溜掣动，全凭土压，绳缆无能为力”[186]。为增加埽体抵抗水溜的稳定性，各坯中的压土量逐步加大。因秸料易腐朽，且埽前陡立，大溜淘刷往往致数段埽工同时蛰塌出险。乾隆后期开始在埽前抛石。

厢埽按下埽的方向分为顺厢和丁厢。顺厢顺水流方向铺放，多用于堵口。丁厢除底部一坯外，其余各坯均垂直水流方向，多用于护岸。顺厢埽与丁厢埽示意图见图 7－36。

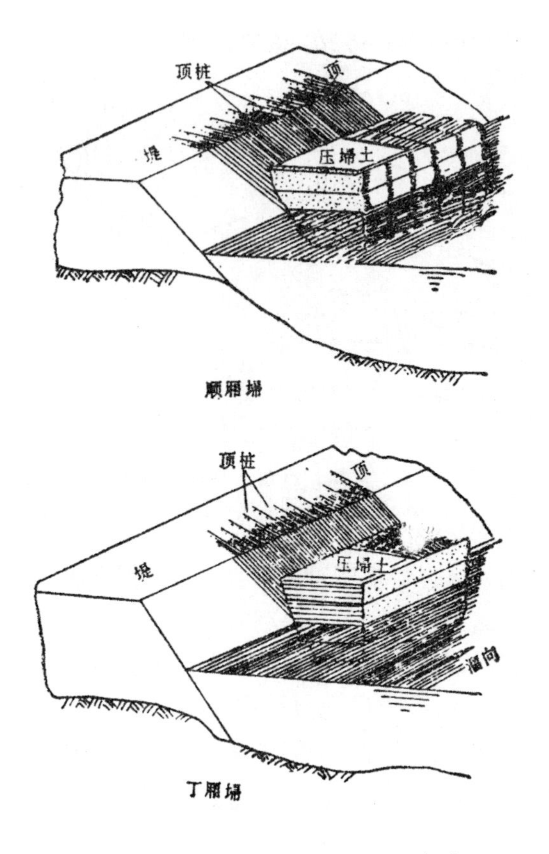

图 7－36　顺厢埽与丁厢埽示意图[180]

据当代学者徐福龄、胡一三记述，清代厢埽合龙，先在口门两端牵拉绳网，俗称龙衣。龙衣用小绳扎紧在合龙缆上。在龙衣上铺放秸料和土袋，施工人员上埽跳动下压，合龙缆同时放松，待埽料下沉至水面，再次铺放埽料，如此逐层下压，直至压埽至河底，堵口合龙。在双坝进堵时，正坝常先于边坝合龙，此时合龙缆的操作至关重要，往往由于松绳不均，而发生卡埽或扭埽。同时应注意必须使埽体一压到底[187]。厢埽合龙程式图见图 7－37，牟工合龙图见图 7－38。

合龙之一

合龙之二

合龙之三

图 7－37　厢埽合龙程式图[178]

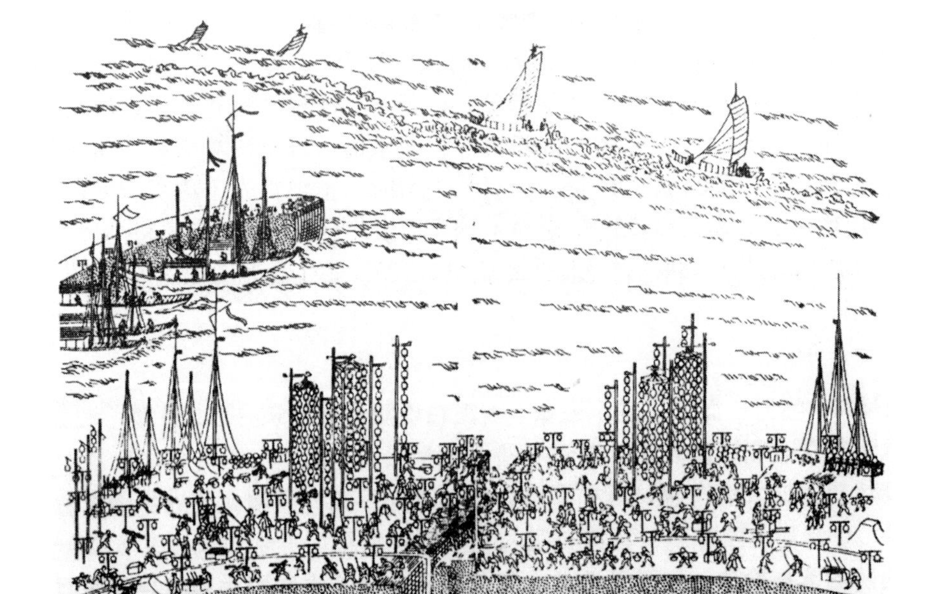

图 7－38　牟工合龙图[178]

（选自《鸿雪因缘图记》）

（四）闭气

合龙后，为制止合龙埽体漏水而采用的截渗措施称为闭气。埽体漏水分腰漏（埽眼渗漏）或底漏，底漏较为严重。闭气的方法主要有三种：一是正坝堵合后，在合龙埽上加压厚土，使埽体着底，同时在坝前加修关门埽；二是双坝进堵时，除在正坝与边坝间填筑土柜外，还要在边坝下游再加后戗；三是在龙口埽坝下游圈筑围堤一道，把龙口下游决口冲刷的跌塘围起来，积蓄坝后渗水，待跌塘中水位与上游相平时，即可闭气[188]。闭气后合龙工程才最终完成。

由于决口导致河势变化，堵塞决口以后河势又会发生变化。因此，"堵口告成后，必须细查全河之南北两岸，某处长有沙嘴，某处冲有支河，某处改移大溜"[189]，并根据溜势变迁，因地制宜采取必要的善后措施，以免再生新的险情。

三、河流制导技术

清代在局部河段兴建了不少河流制导工程，其中尤以挑水坝挑溜、拦河坝堵塞支河串沟的收效较为显著。丁恺曾在《治河要语》"坝工篇"中总结为："凡坝者，拦以留之，挑以顺之，要使激之，束以缓之，闭以聚之，挽以复之，分以泄之，其用不同，因时制变者善。"[190]其中，挑水坝就是用来挑溜外移，顺导河势；拦河坝用来堵塞患沟，塞支强干。

咸丰五年（1855 年）铜瓦厢决口时，东河总督李钧陈"治河三事"，即是对清代后期河流制导工程的总结。他说："曰顺河筑埝。东西千余里筑堤，所费不赀，何敢轻议。除河近城垣不能不筑堤坝以资抵御，余拟就漫水所及，酌定埝基，劝民接筑，高不过三尺，水小藉以拦阻，水大听其漫过。散水无力，随漫随淤，地面渐高，且变沙碛为沃壤矣。曰遇湾切滩。河性喜坐湾，每至涨水，遇湾则怒而横决。惟于坐湾之对面，劝令切除滩嘴，以宽河势，水涨即可刷直，就下愈畅，并可免兜滩冲决之虞。曰堵截支流。现在黄流漫溢，既不能筑坚堤以束其流，又不能挑引河以杀其势，宜乘冬令水弱溜平，劝民筑坝断流，再于以下沟槽跨筑土格，高出数尺。漫水再入，上无来源，下无去路，冀渐淤成平陆。"[1]李钧所说"顺河筑埝"、"遇湾切滩"、"堵截支流"三项制导措施，在现代河流整治工程中仍在采用。

（一）疏浚

清代，在施工制度中对河道疏浚有专门的规定："凡河道有岁浚，有大浚，各量其受水宽深以举工。"[191]每年定例疏浚的有永定河、北运河、南运河、漳卫河、兴济和捷地减河、江南塘浦、徒阳运河、山东运河等，其中徒阳运河（丹徒至丹阳段运河）每六年还要大浚一次。

1. 人工清淤

清代疏浚以人工清淤为主。乾隆年间的《修防琐志》记述人工清淤的施工方法如下[192]：

（1）人工清淤宜分段进行，每个施工段一般长五六十丈；

（2）在河身一侧开挖一条龙沟，龙沟一般宽一丈二尺，沟底比河底低一尺，"使余水尽归小沟，而河身尽为干土，以便挑挖"；

(3) 将施工段两端各筑拦河土坝一道，上坝顶宽五六尺，高于水面三尺，下坝顶宽二三尺，高于水面一尺，即施工围堰；

(4) 开挖前一天，集中人力用二台水车或每二丈设一戽斗，将龙沟中积水戽出；

(5) 挑浚时由熟练锨手十六人保证开挖后的河道断面宽度，其余众人挑挖；

(6) 疏浚结束后，将上下土坝拆除。

《修防琐志》对挑挖所用器具、料物、工役饭食、车夜水及督工补贴也都有定规，并强调对不同的河土，要采用不同的施工工具和施工方法[193]。

(1) 淤泥：工具用合子锨（锨头为木质，中间凹，四周用铁片包裹）和布兜。如是稀淤深陷，则工人排队用柳条斗以手传戽；

(2) 溜沙：又名淌沙，稳定性差，河岸挖不成形，改用水压法，用板四面闸住，中间放水，易于施工；

(3) 砂礓：只能用二股铁叉和鹰嘴锄，方可入地易挖。

《回澜纪要》则记述了层沙层淤的施工方法：待沙面晒干，人得立脚，即在沙上插锨，连下层之淤泥一齐带出。再向下挖时，仍从沙上插锨，切忌隔层下挖。这是因为沙中含水，上下被淤泥托盖，水不能出，其性澥；淤泥被上下沙层之水所浸，其性软；一软一澥易于掺合。如果扰动了层沙层淤，则沙淤掺和不分，人夫能站立而不能行走，铁锨易入而难出，谓之“閧套”。一旦形成閧套，如沙淤深仅一二尺，则用秸草扎成直径一尺、长三尺的捆把，竖立土内，分行安置，其上用厚木板纵横搭架，人夫在其上施工。沙多则土稀，稀用勺；淤多则稠，稠用锨。人夫在一处向下尽挖，沙淤用布兜抬出。挖处渐洼，则四周沙淤涌来，直到挖至未曾扰动的层沙层淤而止。如沙淤深达四五尺以上，则需在其上搭脚手架施工[194]。

2. 疏浚器具

人工清淤只能干地施工，如要在水下疏浚，则须借助器具。清代，黄河所用的疏浚器具多与北宋的浚川耙类似，清道光年间成书的《河工器具图说》中就有“铁笆”、“铁篦子”和“混江龙”等疏浚器具（见图7－39）。帆船拖带混江龙疏浚图见图7－40。

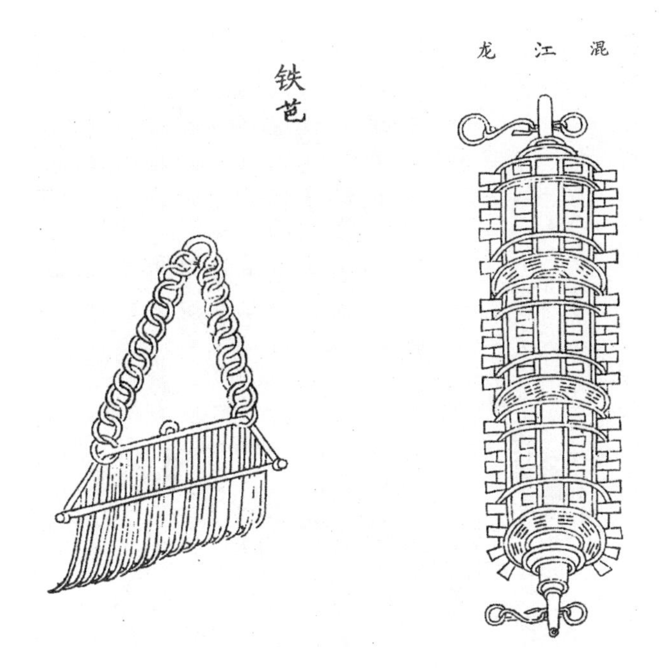

图7－39　清代用于黄河水下疏浚的铁笆和混江龙图[195]

（选自《河工器具图说》）

图7－40　帆船拖带混江龙疏浚图[195]

道光年间，陆千戎发明的“驱泥引河龙”是应用水力疏浚的器具。据江苏省洪泽湖三河闸管理处保存的图纸资料记载，驱泥引河龙的构造为：“器身长一丈六尺。前口宽四尺，高二尺；后口宽一丈，高八尺。下有铁梁，口有铁条，背编藤篾，旁用桓木。四足用铁，取下坠；中空，使水贯注；虚空无底，取不停淤；大口进，小口出，取聚水冲溜；身长，使水直而远注，用时亦有锁缆坠后。”[195]清代驱泥引河龙图见图7－41。

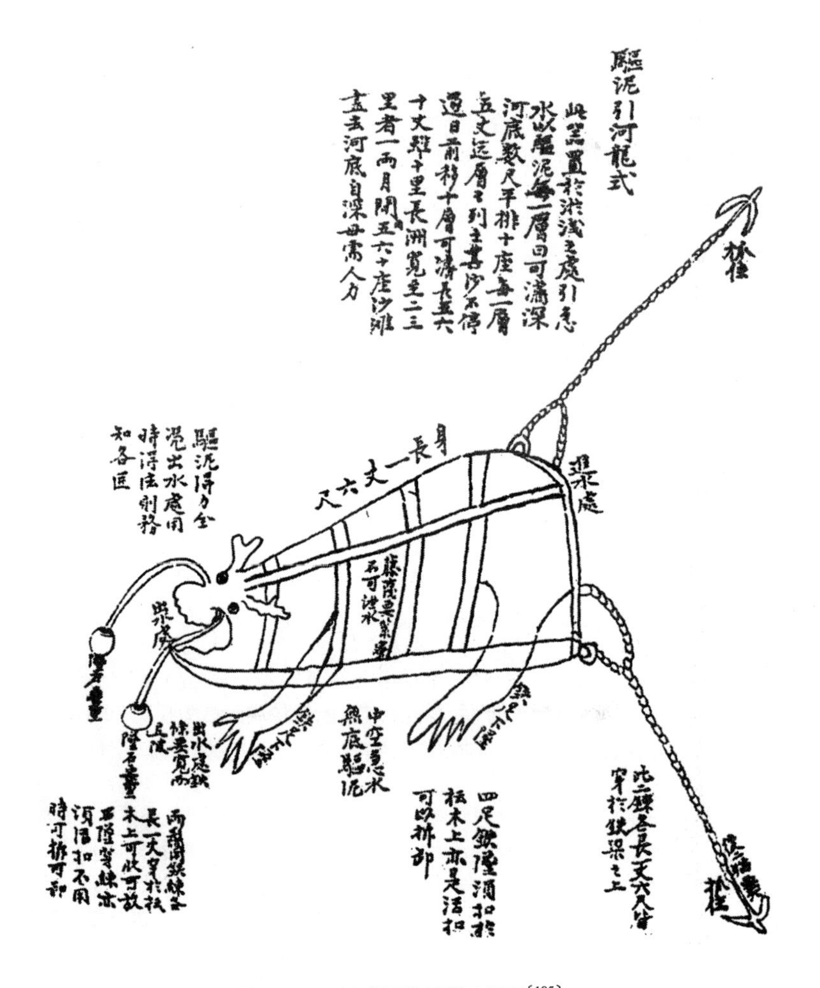

图 7－41　清代驱泥引河龙图[195]

驱泥引河龙沉放时，尾部向上游，头部向下游。常十个一排，每排下游冲刷距离可达五丈，每日冲深数尺。若自上而下平排若干座，逐日将其用船挟带向下游移动，疏浚效果显著。为保证冲淤效果，一是龙身藤篾要密，每次使用后要用生桐油油漆一遍，使龙身密不透水；二是龙须铁链坠石要重，在河底浚深后要随时放铁链，务必使引河龙头俯向河底。

驱泥引河龙试用数年，“屡屡驱沙有效”。“十里长洲，宽至二三里者，一两月间，用五六十座（引河龙），沙滩尽去，河底自深，毋需人力。”[195]

由于驱泥引河龙只能增大局部水流速度，并未提高全河断面的平均流速，因此只适用于疏浚局部险滩，而不能解决全河的泥沙淤积问题。对此，发明人也有说明。即便如此，驱泥引河龙的发明仍然体现了我国古代在长期治河实践中积累的丰富经验和理论智慧。

（二）开河

清代认为，在黄河滩地上开挖引河，是解除下游河溜顶冲险工的有效方法。河成之后可以解除原有对岸的险工险情，因此对开挖引河的规范更为细密。

康熙年间，张鹏翮在《河防志略》中总结开河为：“挑挖引河之法，审势贵于

迎溜，而施功宜于深阔。且俟水大涨，乘机开放，则有一泻千里之势。不可太窄，窄则受水无多，遽难挽溜，以入新河。不可太浅，浅则水不全趋，势缓仍垫。不可过短，短则水流不舒，为正河所抑，洄伏旋淤。须宽六十丈或四十丈，须长二千丈或千余丈，方趋溜有势而成河。不可太直，直则平缓而无波澜湍激之势，久亦渐淤也。必随黄河大势开挑，俾其河道迎溜，河尾泄水，中间湾处，急溜冲刷，渐次河岸倒卸，再于河头筑接水埽坝，河尾筑顺水埽坝，对河筑挑水埽坝，庶引河可成也。”〔196〕

乾隆年间的《修防琐志》第四卷专论引河开挖，涉及引河规划、土方测量与计算、施工组织与用工、开河方法、排水方式、土壤种类与工具配备等，共有三十三条之多。书中强调开河的技术要点为：

（1）引河成败的关键主要在于河头位置的选择。“若贪近省费，不远寻迎溜可接之处安立河头，纵河以告成，断不能掣溜入河，一经开放，立见淤填。”〔197〕

（2）在上游对岸修筑挑水坝，逼大溜改入新河。“凡挑引河须随黄河大势开挖，俾河头迎溜，河尾泄水，中间弯处急溜冲刷，渐次河岸倒卸；或再于河头筑接水埽坝，河尾筑顺水埽坝，对河筑挑水埽坝，更为万妥。”〔197〕

（3）施工场地须设排水。排水方式有多种，如在四围开沟截断水脉，四角挖井，汇水于井内以便戽干；或分段施工；或在场地中间开挖龙沟，宽深各二尺，施工时先挖一边，俟深二三尺再同时开挖另一边，始终保持两边相差二三尺，方不致雨大误工。

（4）引河挖成后，将河头河尾隔堰挖开。必要时，将船只在进口下游边一字排开，导主溜进入引河。

嘉庆年间的《安澜纪要》对引河开挖技术也有详细的记载。由于引河须顺应河势，而黄河主槽摆动频繁，引河开挖断面又只有原河的一半，为了保证引河开挖后能导引主溜改走新河，需要把握以下三个主要环节：

（1）引河河头必须得势。河头应选择在对岸滩嘴上游的主溜转弯处，是理想的河头位置；

（2）河头之下最好有一个滩嘴兜住溜势，不使主流旁移；

（3）河尾要选择在陡崖深水处，如河头高出河尾二尺以上，“河头有吸川之形，河尾有建瓴之势，其成工也必矣”〔198〕。

在黄河滩地上开引河，为了保证干地施工，需要在引河上下口各保留一段隔堰挡水。清代对引河隔堰施工有规范性要求：“河之头尾须留滩地，或百丈，或八九十丈”，以为隔堰。河头河尾邻近隔堰段的施工要特别谨慎，其工头需挑选技术熟练者担任；否则，施工期间隔堰一旦失事，“则河未全完，水一内注，前功尽弃”〔199〕。

但引河主要适用于黄河南段，该河段河槽宽阔，河床多泥沙，引河较易施工，土脉虚松，易于冲刷，做引河最为有益。而江苏段黄河河床多系胶泥，河槽较窄，河道较少弯曲，引河较难成功。

长江也有在洲滩上开挖裁湾引河的做法。但长江水量远大于黄河，引河只能略分溜势，难以取得改变主溜的作用。如乾隆五十三年（1788年）荆州大水后，

湖广总督毕沅所言:"江水浩渺，又非河流可比。黄河大溜止有一股，引河得溜，即全溜皆注，可以藉水刷沙。江水溜势平铺，浩瀚莫测，若即开挖引河，至深不过二丈，江溜仍走深处，引河不过略分溜势，难望刷沙。"[200]

(三) 挑溜

清代十分重视挑水坝的挑溜作用，刘成忠高度评价挑水坝在防洪中的作用："独能以三十丈之断堤（即挑水坝）而护三百丈临河之地，事一而功十，治河之法未有巧于此者。"[201]

挑水坝过短，起不到挑溜远离的作用；而挑水坝过长，则恐将大溜挑至对岸，使对岸堤防发生险情。特别是徐州以下江苏境内的黄河段，两岸相距较近，滩地不宽，挑水坝尤其不能过长。清康熙年间，靳辅确定挑水坝长短的经验是:"酌量大溜离堤若干。自河岸起，约计（至）大溜一半之处……如溜急水深，则宜自岸至溜全用埽个"[202]。

由于挑水坝长度难以精确计算，且水溜缓急和走向又经常变化，因此，为保证挑溜效果，靳辅提出可连续修筑两三道挑水坝，即在第一道挑水坝下游十余丈至数十丈处再平行修第二、第三道挑水坝。不过，两坝之间应加修小型的藏头埽或搂崖埽，以保护堤岸[202]。挑水坝工程布置图见图7－42。

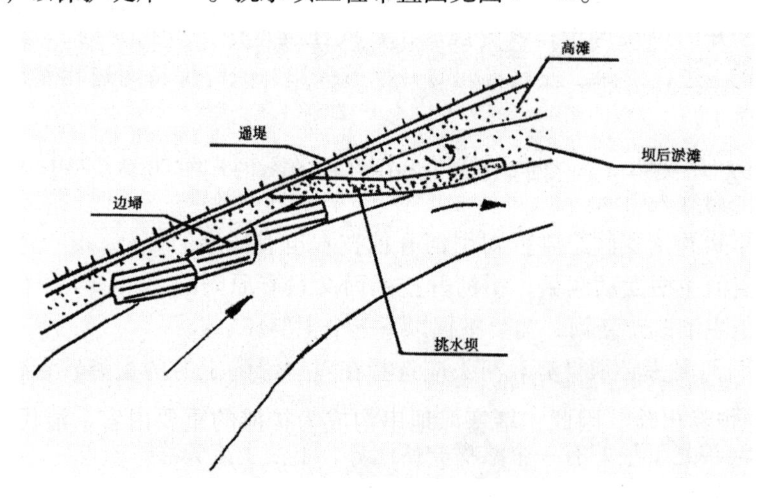

图7－42　挑水坝工程布置图

(四) 护滩

清代埽坝护滩工程继续发展。靳辅继承了埽坝护滩技术，强调:"若在顶冲险工，尤必用护堤埽。"[78]乾隆年间，有"包滩下埽"的做法。但在实行中出现只顾维护自己防守堤段的安全而危及对岸的弊端。

清代对护滩工程技术的发展主要体现在边滩筑坝挑溜和堵塞滩地串沟两方面。

1. 滩地筑坝挑溜

明隆庆年间以后，黄河两岸堤防形成体系，黄河被约束在两堤之间，河槽淤积加速，虽实行"束水攻沙"方针，但仍未能阻止河槽逐渐抬升的趋势。清乾隆五十年（1785年），黄河汛期涨水甚至倒灌洪泽湖。到道光初年，黄河堤外河滩高出堤内平地三四丈之多，防洪形势更加恶化。

嘉庆十三年（1808 年），清代著名学者包世臣提出，在黄河下游边滩上，“镶做对头束水斜坝，激动水头，节节逼溜”[203]，以加强对河槽的冲刷。以后他又进一步提出，在边滩筑坝挑溜，以控制河势，稳定险工。

包世臣对黄河下游河床演变规律进行了深入的分析，指出过去依靠堤防和护滩工程的修防工事只限于防守，已难以适应黄河来水来沙多变的特点。“河水浊而流激。浊则善淤，激则善回。是以南岸坐湾则北岸顶溜；中间平流则淤浅无泓。坐湾顶溜之处，非大堤所能抵御。厢做埽工，随溜斜下。溜势偶改，各湾同变。节节生工，耗费无算。”[204]上游水沙多变，溜势改，则河湾变，一湾变，则湾湾变，险工段改移，而平工段生险，河防始终处于被动。因此，他建议：“宜侧水线，得底溜所直之处，镶作挑水小坝，挑动溜头，直趋中泓。而于溜头下趋之对岸，复行挑回。渐次挑逼，则河槽节次归泓，而两岸险工可以渐减。”[204]他主张：“以坝导溜，逐渐减工，工减则险减。”[205]

近代著名水利学者李仪祉也有类似包世臣的认识[206]。20 世纪 50 年代以来，黄河下游修建控导工程，以控制主溜，稳定险工溜势，护滩保堤，进行河道整治，其源于此[207]。

咸丰五年（1855 年）黄河在铜瓦厢决口，改道由山东入海，护滩工程出现新的情况。改道之初，由于溯源冲刷，河槽下切，形成深槽，一般洪水不能上滩。但溜头顶冲之处，滩地一塌再塌，塌至堤根，难免决口，因此，保护滩地以增强防洪能力具有更大的作用。同治年间，刘成忠强调守滩在黄河修防中的作用，说：“今日之河与古尤异，上滩之时少，塌滩之时多，……此今日之河必以守滩为要务也。”[201]光绪十三年（1887 年），就曾因护滩坝废弛，溜头刷滩，导致荥泽大堤出险。

2．堵塞滩地串沟

洪水上滩和回落时，滩地临近主槽的位置落淤最多，形成滩唇高于堤根的横比降。黄河滩地横比降尤为明显，“凡近堤之处必低于临河三四尺不等”[208]。由于滩地宽阔，滩面上往往形成串沟，洪水上滩时沿串沟运动，横比降又可能将串沟引向大堤，极易出险。因此，堵塞滩地串沟成为护滩的重要内容，清代对堵截滩地串沟尤为重视。

康熙年间对堵塞串沟的技术有成熟的总结。陈潢认为，串沟分“有河头、河尾”和“有河尾、无河头”两种类型，堵截的方法也有不同。串沟与主槽连通，为有河头；串沟经过数里或数十里又回归主槽，为有河尾。堵截有河头、河尾的串沟，需要在河头距主槽约百丈的地势较高处修筑具有平缓堤坡的大坝，横断串沟。在串沟上每隔一二里再间断筑束水小坝若干，如同闸门一样，中间留有数尺至一丈的口门，使漫水不致翻过坝面，对下游加重冲击。如果串沟只有河尾而无河头，则堵截串沟的大坝应放在河尾一端，中间的束水小坝做法相同[209]。

道光年间，栗毓美用抛砖法堵塞原武汛串沟，便是制导河流、稳定主槽、保护大堤的重要措施。

四、海塘工程技术

康熙后期，钱塘江海潮主流转向海宁，海宁海塘屡建屡毁。由于海宁的海岸

地理条件和潮流水动力形态明显不同于海盐，将明代黄光升大石塘移植到海宁，遇到了难以解决的施工难题，工程屡次失败。经历了康熙、雍正、乾隆三朝六十余年的时间，不断改进施工技术，终于解决了粉沙地基高空隙水压力情况下的桩基施工，完善了基础处理工程，从而取得了鱼鳞大石塘的成功。自康熙五十九年（1720 年）开始兴建海宁老盐仓戴家桥以西长三千九百四十丈的鱼鳞石塘大工，至乾隆四十九年（1784 年）才全部告竣。海宁鱼鳞大石塘的成功将传统海塘工程技术发展到了最高水平。

海塘工程由土塘、柴塘、竹笼塘、石囤塘发展到鱼鳞大石塘，主要体现在塘体建筑材料和工程结构形式的进步，以提高塘体的稳定性和抗冲刷能力。而海塘护岸工程的进步，则体现在基础保护和海岸稳定上，反映了对发生岸蚀的潮流动力学和海岸地质力学认识的提高和工程实践水准的进步。

（一）鱼鳞大石塘的技术成就

鱼鳞大石塘的技术成就主要体现在桩基施工技术的突破和修筑技术规范的制定方面。

1. 鱼鳞大石塘施工技术的突破

海宁鱼鳞大石塘最初沿用海盐大石塘的建设经验，强调体积硕大的塘身和条石砌筑质量。清代海塘用于基础加固和塘体消能抗冲设施的木桩长达一丈五尺至二丈，径围约一尺五寸，在海宁桩基施工中十分困难。较之海盐的“铁板沙”，海宁的松软细沙更难下桩，好不容易打下的长桩不久就出现浮桩。基桩浮桩成为掣肘海宁重力塘工成功的关键。

海宁老盐仓戴家桥以西为活沙地基，以往只能修筑柴塘。乾隆皇帝几次南巡，一再要求将戴家桥的柴塘、土塘全部改作大石塘。乾隆二十七年（1762 年），乾隆皇帝到海宁，当地告之老盐仓活沙难以下桩，他亲到海塘工地，“因于（海宁）城边试下木桩。始苦沙散，旋筑以巨硪（原注:“夯硪重二百斤”），所入不及寸许；待桩下既深，又苦沙散，不啮木”[210]。由于“皇上亲阅试以木桩，始多扦隔，寻复动摇，难以改建”[210]，戴家桥段只好仍筑柴塘，加筑坦水保护。

乾隆四十九年（1784 年），改进了施工技术，再次试打，终获成功。据《海塘录》记载:“改建鱼鳞塘初开工时，仍有已钉复起之患。旋有老翁指点云，用大竹探试，俟扦定沙窝，再下木桩加以夯筑，入土甚易，因依法扦筑。又梅花桩以五木攒作一处，同时齐下，方能坚紧，不致已钉复起。试之，果有成效。”[211]大竹“扦定沙窝”，即在下桩之处先用竹竿对沙土进行扰动。梅花桩五木齐下，即在夯击过程中多桩先后相继振动，使每根木桩能节节下沉。

海宁鱼鳞大石塘（见图 7－43）的施工实践当为成功解决软基施工液化最早的工程实例。

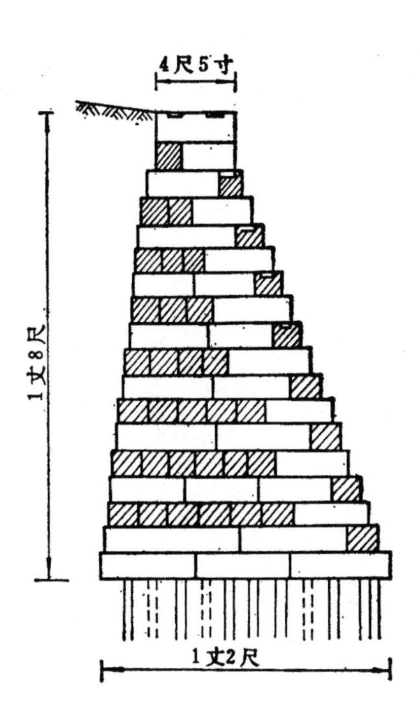

图 7－43　海宁鱼鳞大石塘断面图[212]

2. 鱼鳞大石塘的技术规范

清代鱼鳞大石塘有国家规定的营造法式可供遵循。《大清会典事例》对其修筑规程包含塘身、塘基、塘戗三部分，并对建筑材料和建筑尺寸都有专门的规定。

清康熙五十九年（1720 年），工部为海宁县老盐仓、上虞县夏盖山等处鱼鳞大石塘工程制定的营造规程，是塘体和塘基修筑的规范性条款。

有关塘体的内容几乎与明代黄光升塘式相同，即强调外形尺寸高大，条石要求整齐划一。“其大石塘之式，于塘岸用长五尺、阔二尺、厚一尺之大石。每塘一丈，砌作二十层，共高二十尺。于石之纵横侧立两相交接处，上下凿成槽榫，嵌合连贯，使互相牵制难于动摇。又于每石合缝处用油灰抿灌，铁销嵌口，以免渗漏散裂。塘身内培筑土塘，计高一丈，宽二丈，使潮汐大时不致泛溢。”[213]

由于这种形制的石料价格非常昂贵，光绪年间不得不改用长三四尺、宽一尺、厚一尺的条石。石料变小，砌石块数增多，直接影响到塘身的整体性和稳定性，因此在条石连接方式上也作了相应的改进。由砌石表面凿榫槽以铁锭搭钉的方式，改为凿孔，孔中现浇铁水，形成联结上下砌石的铁桩，从而减少了施工工程量和石料损耗。施工时用钢钻在条石上凿孔，上下层用铁榫贯穿合缝，即同层砌体左右联结改为铁销锁住，砌石四面凿孔不贯通，孔深四寸，直径一寸。乾隆年间这一工艺在长江口松江海塘普遍使用，光绪三年移植到海宁石塘，其联结的牢固程度超过了铁锭搭结工艺。

有关塘基的条款也照搬明代黄光升海塘的作法。“塘基根脚密排梅花桩三路，用三合土坚筑，使之稳固。”[213]实际上清代塘基工程施工流程和明代有所不同（见图 7－44）。据清光绪八年刊刻的《海宁念汛六口门二限三限石塘图说》，塘基下桩后，其上并不满铺三合土，而是采用大块碎石，使之紧密嵌在桩与桩的空隙里，大致找平基础后再开始铺第一层条石（见图 7－44，a）。经过桩基和抛石处理后的基础，对软沙地基承载力的改善比三合土效果更好[214]。

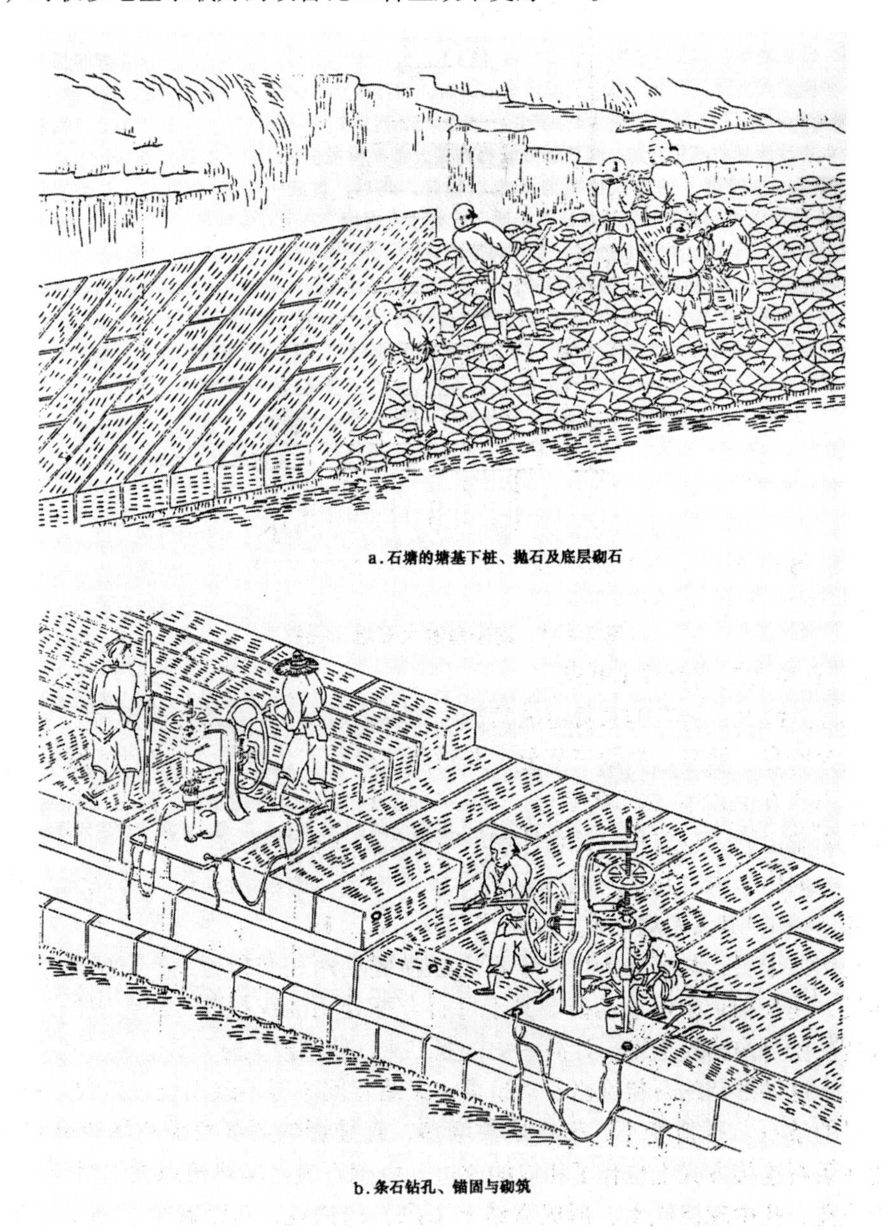
a. 石塘的塘基下桩、抛石及底层砌石

b. 条石钻孔、锚固与砌筑

图 7－44　清光绪海宁鱼鳞大石塘施工流程图[215]

（二）海塘护岸工程

重力型砌石海塘技术的发展过程，也是海塘护岸工程不断完善的过程。清代海塘护岸工程具有护基、护塘、护滩的作用，几乎包含了临时性海塘的各种工程形式。鱼鳞石塘塘背起支撑稳固作用的附塘（或称子塘），一般采用土塘；鱼鳞石塘迎水面的消能工则主要采用竹笼工、石囤工和木桩工。乾隆以后，石塘的护塘护滩工程逐渐融为一体，称为“坦水”，以排桩与砌石结合，自塘基开始由高趋

低，向滩涂前缘延伸长达数百米。近海塘部分的坦水与塘体浑然一体，成功地解决了附属工程与海塘主体的结合问题，并提高了海岸的稳定性。图 7 －45 为清代上海护塘结构示意图。

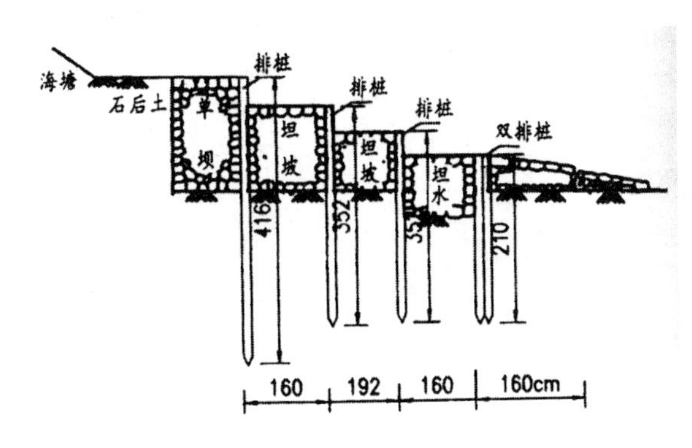

图 7 －45　清代上海护塘结构示意图[216]

1．护塘工

清代主要的护塘工有木柜、竹笼、桩石草混合材料的护塘工、挑水坝。

（1）木柜。木柜即元代修筑海塘的石囤，清代被用作鱼鳞大石塘的护塘工。木柜护塘工的结构形式类似堤防，断面呈梯形，其制作施工与石囤海塘相同。“自下叠上，自近及远，俱用品字排置，兼如陂陀之坦，近塘稍高，渐远渐深。既御潮来之所冲刷，并护塘根可坚久矣。”[217]木柜护塘工最高处可达四层，约二丈四尺，成排放置，层数渐少而断面由高至低，自海塘塘基向外延伸九丈余。用作护塘工的木柜更强调柜与滩结合的整体效果，木柜之间、柜与地基之间都用长木桩固定。“至于柜外，则用长木桩密钉入地，钳束其柜，柜外有桩，桩外复有柜，层层密钉，即使潮冲，无一柜随流、他柜因以欹倒之患。”[213]

（2）竹笼。竹笼或称竹络，用作护塘工造价低廉，无论是石塘，还是土塘，多首选竹笼护塘。竹笼有长、方两种形式。“如垒高者用方竹络，平铺者用长竹络。前代修筑相沿用之。”[217]乾隆八年（1743 年），海宁多处草塘出险，采用长竹络护塘，挑溜挂淤效果甚佳。以后护塘挑水坝也采用竹笼工。与木柜相同，竹笼工也用长木桩来固定。

木柜和竹笼都是古代常用的水工建筑构件，这种柔性护塘工对软基上的海塘具有良好的消能和护基性能。

（3）木桩和埽草混合结构的护塘工。清乾隆以后，宋代用于钱塘江的排桩护塘重新得到重视并不断改进，以木桩为主和埽草混合结构的护塘工逐渐普遍。桩草结合的护塘工，以木桩抵御潮浪的冲击和消浪，以柴草埽坝延缓退潮的水流速度使之挂淤以护滩，利用材料各自的特点，实现多重工程目标。木桩与埽工构成的护塘工施工图见图 7 －46。

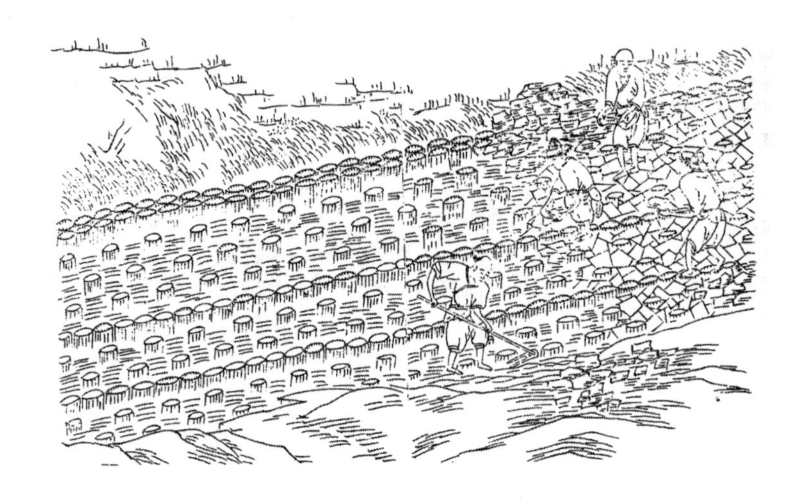

图 7－46　木桩与埽工构成的护塘工施工图[215]

（4）挑水坝。清代护塘护滩工程中挑水坝得到普遍的应用。挑水坝主要有导水堤式和盘头式两种。导水堤式挑水坝横截海中，短仅几十米，长可达数百米；盘头式挑水坝如半月状，紧贴塘体，抵御对海塘的直接冲击。

导水堤式挑水坝中，以浙江海宁的塔山坝规模巨大，工程艰巨，最具代表性。海宁临海是一段呈弧状的海岸线，海潮迅急奔驰，直冲海岸，这段海塘屡建屡毁。海宁城东南海岸有尖山耸立，尖山之西百余丈有塔山岛位于海中，两山之间为潮流所经，主槽深达三四十丈。为保障海宁海塘安全，相传明代有人在两山之间筑坝，拦断潮流，保护了以西约十里海塘不受潮流顶冲。后塔山坝损坏。雍正十二年（1734 年）塔山挑水坝开工，以尖山和塔山作天然坝头，以标杆定位，抛石后砌竹笼。塔山挑水坝至今仍在保护着海宁石塘（见图 7－47）。

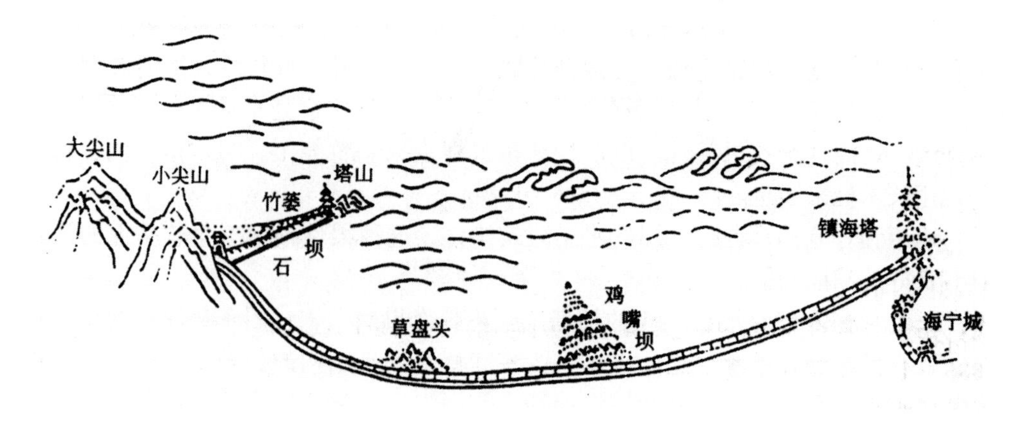

图 7－47　清代塔山挑水坝工程示意图[215]

2. 护滩工

海塘塘外滩涂也是海塘塘基的屏障，滩涂延伸愈远愈有利于塘基安全。护滩工程的作用是通过护滩促淤来保护滩涂，保护坦水，进而巩固塘基。植物护滩是运用历史最长、最普遍、最经济的护滩工程型式。清代，因为大石塘的兴建，工

程护滩得以推广。

具有代表性的护滩工程是道光年间江苏巡抚林则徐在今上海宝山、太仓等地主持兴建的护滩坝。道光十五年（1835 年）七月海潮，宝山、太仓等地海塘遭受严重破坏。林则徐视察后认为海塘被毁的主要原因是塘外无老滩，他主持修复海塘时增筑了护滩坝[218]。即按清代常用的玲珑坝的筑法，在滩唇处打排桩，排桩间抛石。根据各地段潮势的不同，或设单坝，或设二三重以上的多重坝。护滩坝受潮水冲击时，潮浪的动力被削弱、吸纳，水中的悬沙不断落淤，有利于水生植物生长，滩涂由此得到稳定并不断延伸。护滩堤与护滩坝横断面图见图 7－48。

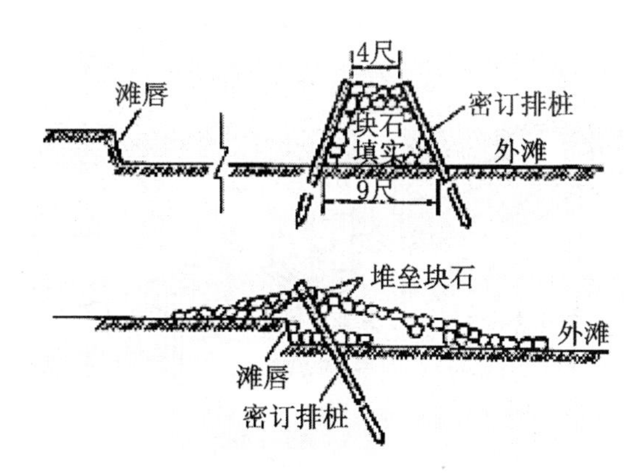

图 7－48　护滩堤与护滩坝横断面图[215]

3. 坦水

清代随着石塘规模的扩大，坦水由临时性的木桩、竹笼结构过渡为永久性的砌石结构，且长度越来越长，块石的砌筑形式也愈加多样。《海塘录》特别强调了海宁海塘兴筑坦水的重要性："海盐潮水暗长，沿塘一带又间有铁板沙，但令塘身坚固，足资抵御。惟海宁东自尖山一束江水，又从上顺下，潮与江斗，激而使高，遂起潮头，斜搜横啮，势莫可当。又潮退之时，江水顺势汕刷。苟非根脚坚固，难保无虞。是以（海）宁塘历来修筑，既重塘身，更重塘脚坦水。"[217]

坦水多为木柜、砌石与排桩混合运用。清乾隆以后逐渐放弃木柜，以入土更深的排桩加固砌石；而石材也由散石填充改为砌石，后又将平砌条石改为斜砌、立砌，以提高坦水的抗冲性能。用于保护石塘的坦水一般为多级，从靠近塘身向外，分别称为"头坦"、"二坦"、"三坦"等。通常要设置二级坦水，险工段可多达四坦。

康熙年间，朱轼筑二十层鱼鳞大石塘，坦水用木柜贮石为干，外砌巨石二三层。乾隆年间，嵇曾钧筑海宁绕城大石塘，"塘脚外铺条石坦水二层，里高外低，斜披而下……上盖条石"[217]。其坦水为木桩条石结构，先在海滩上打排桩，再用块石填充，顶层铺条石。块石厚三尺，盖面条石厚七寸，为"平砌条石坦水"。后因平砌条石容易被潮流掀动，就将面石改为立砌或斜砌。但因立砌或斜砌条石耗费量大，除海宁之外其他地区较少采用。清代坦水平砌与立砌二式图见图 7－49。

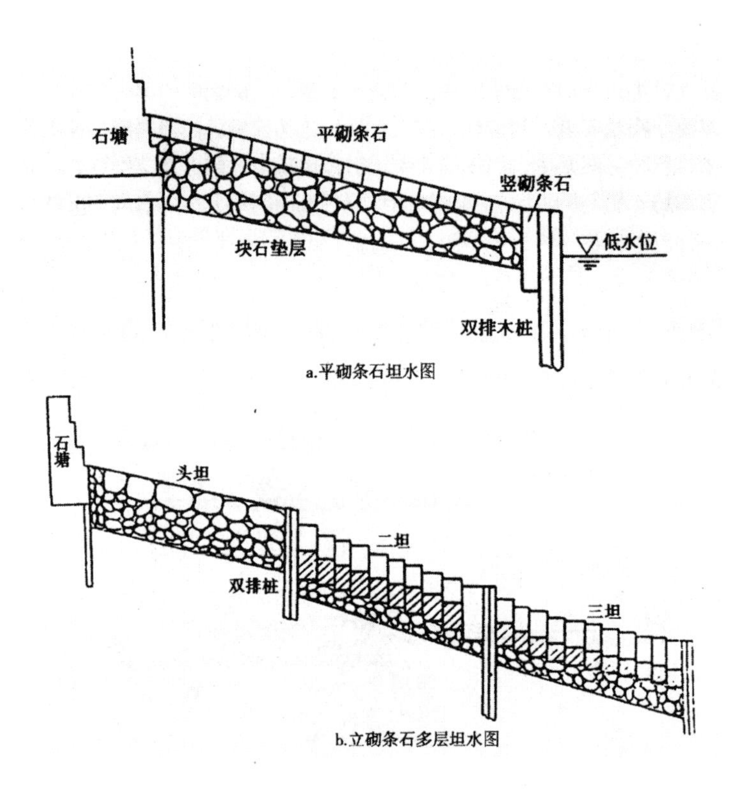

图 7－49　清代坦水平砌与立砌二式图[215]

4. 备塘河

元代海盐海塘已有备塘河，主要是筑塘取土留下的沟堑，为了保护塘身安全，边坡有护坡工程。明代黄光升海盐大石塘在海宁难以推广，明代人陈善分析指出，海盐和海宁两地自然条件不同："余观海宁之塘与海盐异，盐塘有大患亦有大利，宁塘似无显患而实有隐忧。盖盐塘陂池相属，有内河可开，故潮势至此，既为分杀而引其流，更能使草荡悉为膏腴，是大患弭而大利兴也。若宁塘逼近城郭，无内河可开，幸潮水缓于盐耳。设一旦海啸直荡邑治，其为隐忧可胜道乎。"[219]尽管海宁潮位高度低于海盐，但没有内河与钱塘江相通，潮浪袭来无河流可以蓄滞，导致塘背高水位不利于塘体稳定。这即说明了备塘河对石塘安全运用的作用，也是海宁建石塘的困难之一。

雍正十一年（1733 年），"内大臣海望总督李卫以鱼鳞石塘难以速成，请于海宁龟山南至仁和李家村筑土备塘一道，离外塘或一里半……又恐外有石塘，内有备塘，雨水无从泻泄，因于最低之处筑涵洞十七座，以泄水石闸四座，兼通舟楫，又于备塘河建木桥二十六座，以通行人"[217]。可见，清代海宁的备塘河主要是为鱼鳞大石塘的安全运行而兴建的。

乾隆年间，海宁修筑鱼鳞大石塘，备塘河成为主要的附属工程。备塘河与海塘相距百米左右，与塘背堤平行，每间隔一段有闸门与钱塘江相通，堤岸多为夯土。随着鱼鳞石塘的规模日渐扩大，备塘河的工程设施更加配套，有涵洞、泄水闸与外河或海相通，具有完备的排水功能，并兼有交通效益。

五、防洪管理

清代的防洪管理基本沿袭明代的办法，但有所改进。主要体现在管理职能上强化中央对防洪工程建设的控制，在防洪法规方面细化防洪的条款，在河夫征募制度上尝试由派夫到雇夫、由河夫到河兵的改革。

（一）管理机构

清代内阁仍以大学士为首，六部直接由皇帝统辖。由于工部的都水清吏司握有工程款稽核、估销大权，从而强化了中央对堤防、漕运、海塘、河道等防洪工程建设的控制。

清代以总督掌理包括数省在内的大区军政，以巡抚掌一省之军政。河道、漕运总督也都兼有军衔，赋予其节制监察省级行政长官的权力。康熙元年（1662年），河道总督不再提督军务。

河道总督按流域设置，主管河道和运河工程。河道总督下设道、厅。道按河段设置，管理各段河道和运河的工程。道设行政长官同知、通判、主簿等职；厅设守备、千总、把总等职。雍正年间，河官分段节制。江南河道总督，简称“南河总督”，管理江苏、安徽境内的黄河、淮河和运河；山东河道总督，简称“东河总督”，管理河南、山东境内的黄河和运河；直隶河道水利总督，简称“北河总督”，管理京畿水利与防洪〔221〕。这种划分，本意在加强管理，但实际上却严重削弱了对黄、淮、运的统一管理，全河缺乏通盘的整治规划。加之各河总督几设几撤，人选不断更迭，就更不可能对黄、淮、运的治理有长远打算。

长江堤防和防汛一直由沿江地方政府经管，仅瓜州仪真段因漕运而由河道总督管辖。清前期曾设荆江河工厅，“专司防洪，不得委派州县代办”〔38〕。康熙五十四年（1715 年）谕：“江堤与黄河堤塍不同，黄河水流无定，时常改移，故特设河官看守。江水并不致移，故止交与地方官看守。”〔221〕此后废荆江河工厅，江堤全部交由地方管理，但荆江大堤的抢修经费仍由国库拨付。

江汉平原沿江由州县官吏出任堤防专官，管理各自境内的江堤和防汛。康熙十三年（1674 年），将长江沿线分为二个江防段：汉阳段，以知府领江防事；武昌、黄州、襄阳、荆州、安陆、德安段，以六府同知各领江防事。知府、同知以下有十一县典史辅佐。康熙三十九年（1700 年）起，地方官承担长江堤防岁修成为定例，每年九月兴工，次年二月告竣，工程失事的处罚类同黄河。康熙五十五年（1716 年）和雍正六年（1728 年），先后两次动用中央财政资助洞庭湖和江汉平原修筑圩垸，这些官垸后由地方官吏管理〔221〕。

清代继承了明御史系统的建制，但中央不设佥都御史，地方监察御史增为二十二道。清代建立了工程款的审计制度，工部作为这一制度的执行部门，而御史则负有对工程款的拨发和开支的监察职责。

（二）防洪法规

清代，除刑法中规定有防洪条款外，关于典章制度的专书，如光绪年间撰修的《清会典》一百卷和《钦定大清会典事例》一千二百二十卷，有更详尽的防洪条文，同样具有法律意义。

《钦定大清会典事例》中河工占十九卷，海塘占四卷，条文规定得相当细致详尽。以河工为例，内容包括：河务机构与官员的职责；各河工机构的河兵和河夫的种类、数量及其待遇；各地维修抢险工程的经费、数量及开支；河工物料的购置、数量、规格；各种工程的施工规范和用料；不同季节堤防的修守；河道疏浚的规格和经费；施工用船和土车的配备；埽工、坝工、砖工、石工和土工的做法、规格和用料；河工修建保险期限的规定和失事的赔修办法；河工种植苇柳的要求和奖励办法；以及河工和运河禁令等。

为了保障黄河、运河及海塘堤岸的修筑质量，顺治初年工部制定《河工考成保固条例》，规定了河工的保修年限，明确了经管河道的同知和通判为直接责任人，分司道员和总河为主管责任人，量化了处罚等级。《河工考成保固条例》后经多次修改，其制定是防洪管理制度建设的重要进步，它从条例上制度化了处罚规定，并对失事责任和处罚标准提出了定量的依据。

《河工考成保固条例》依据保修时限量化处罚等级如下[222]：

（1）黄运两河堤岸，修筑不坚，一年内冲决者，管河同知和通判等官降三级调用，分司道员降一级调用，总河降一级留任；如异常水灾冲决者，专修、督修官员停俸至修筑完日开复；

（2）如堤岸冲决而隐匿不报者，管河同知等官降二级调用，分司道员降一级调用，总河罚俸一年；

（3）如地方冲决少而上报多者，管河同知等官降三级调用，分司降二级调用，总河降一级留任；

（4）冲决后十日内未上报者，降二级；

（5）沿河堤岸不能先期修筑以致漕船受阻者，经管官降一级调用，该管官罚俸一年，总河罚俸六月。

顺治十六年（1659 年），又增加了河官离任交接时，将任内修防事宜造册交代，离任后有堤岸冲决者，该管官参处的条款。

清代荆江防洪防汛制度也进了一步。乾隆五十三年（1788 年）荆江堤防溃决，损失惨重，恢复重建后订立十二款修守章程[223]。主要内容有：

（1）总督、巡抚每年春汛前查验官修荆江大堤；道府查验南北两岸民修堤防。官修者，其经费预算和核算有严格制度；

（2）湖北官修堤防保修年限从一年增至十年，限内冲决严加参处，并追赔；

（3）筑堤时荆州府同知负责监理；

（4）岁修银两先由府库垫支，次年再由县内按亩摊征还款；

（5）堤上设卡房，五百丈为一工，设堤长四名，圩甲四名，轮流住宿，随时查验；

（6）除沙市外，堤上民房一律迁建；

（7）荆州府同知应选派熟悉水利的官员。

紧急防汛抢险事务也有专门的法规。如道光年间林则徐任湖广总督期间订立《防汛事宜》十条，王凤生编《详定江汉堤工防守大汛章程》十一条等。

（三）修防制度

清代，黄河修防经费与河夫派遣制度仍继承前代的办法，但有所改进。

1. 修防用工制度

清代河夫征募制度经历了由派夫到雇夫、由河夫到河兵的改革。清初沿袭明代办法，河夫征募以徭役为主，而政府很少出资雇夫。岁修用夫的基本原则是，本府内之黄河河夫以本府出夫为主，人数不足再去邻郡协调。岁修人数分为三分，三年轮回一次。至于堵口大工，如顺治九年（1652 年）河决封丘大王庙，河南省按亩摊派出夫，额定每四十五顷农田派夫一名，以后增加为二十二顷五十亩派夫一名，合计一万二千五百余名，岁修用夫不在此列〔224〕。

康熙十二年（1673 年），河南巡抚佟凤彩提出停止派夫，改作雇募。康熙十六年（1677 年），靳辅在云梯关外黄河两岸修筑束水堤时，拟改由凤阳府等地募夫数万人，年龄规定为二十至四十岁之间〔225〕。但第二年，靳辅改变了主意，仍维持原派夫制而取消募夫制。他解释说："恐应募之辈，多系贫穷无籍之徒，……及至工程严紧，逃避不前，坐误河工。"〔226〕康熙二十二年（1683 年），工部复议也赞成靳辅的说法："归官雇募修理之后，民既漠视罔顾，而官复畏难，不勤行修理，以致工程渐坏。"〔226〕如果河防只由政府主办，沿河百姓会以为与己无关而坐视不管。为了提高河工管理成效，工部建议采取比较灵活的做法："或仍照往例，拨岁修人夫兴筑；或照近例，动帑兴筑。"〔224〕

无论是征派河夫，还是出资雇夫，都难以保证河夫为专业人员。因此，康熙十七年（1678 年）靳辅建议废除河夫制，而根据防洪的准军事性质以征募河兵代替河夫。"令之各驻堤上，将防守修葺事宜一并责成之，并请严立议处，优定议叙之例，以鼓舞而警戒之也。"〔227〕而以河兵替代河夫，便可"无招募往来之淹滞，无逃亡之虑，无雇替老弱之弊。"〔228〕最初南河江苏段设六营，共有兵五千八百六十名，其薪饷以募夫钱充抵，不足部分再从河工款项内补足。至乾隆二年（1736 年），增加到二十营九千一百四十五人。

以后，靳辅对河兵的编制又有两项补充：一是将河兵分作战兵和守兵两类。战兵分管下桩、下埽等危险和劳动强度大的工作；守兵分管堤防巡查、运料等较轻工作。战兵每月给银一两五钱，守兵一两。二是若河兵数量不足以应付多种繁重河工，"拟令每兵许其招募帮丁四名，或其子弟家属，每丁给以堤内空地，俾耕种其中，以自食而课"〔229〕，不收税而附加河工劳务。但这一建议未被采纳。

时人评价河兵制之优点为："其人率皆宿河干，熟谙水性。平时不责以骑射之能，而专司填筑之事。每遇河工紧急，合龙下埽，不爽分寸。云梯硪筑，悬绝千仞。当河涛决怒时，持土石与水争胜，性命悬于顷刻，惟责任专谙练熟，故能奏功而无害。此尤本朝兵制之超出前代者也。"〔230〕

2. 修防经费开支

清代河工经费称为河工银，"供岁修、抢修及兵饷役食之用"〔231〕。开支主要分作两大部分：一是经常性开支，每年作经费预算；二是大工堵口专项费用。经常性开支又分作岁修（大堤培补，河道疏浚等）、抢险和另案（临时工程用款）等。拨款渠道有所不同，"河工银两为专款，余皆拨自藩库。大工则属于部拨"〔232〕。

清初继承明代做法，河工银“出之于征徭者居多，发帑盖无几”[232]。每年岁修的派夫、物料和运输，大半由民间分担。即使是顺治初年封丘大王庙堵口大工，六七年间用银不过八十万两，而其中六十万两是从民间增派。

康熙十六年（1677年）靳辅治黄时，有人认为黄河修防用费过大。辅佐靳辅的幕僚陈璜将当年治河经费与军费开支作过比较，他说:“国家终岁之出入以千万计，大半皆以养兵。今时当治平，未闻以糜饷而遂弛兵备也。至于河工岁修之额设止二十余万，不及兵饷百分之一，即另有疏筑大工，岁增亦不逾数万，人奈何独以黄河为耗财耶！……是又所费小而所益大也。”[233]当时正值平定三藩之后，开支以军费为主，河工预算中由国库开支的岁修经费所占比例不大，不足每年全国财政收入的百分之一。

道光二十二年（1842年），魏源对乾隆以后河工经费的不断增加有较全面的分析[234]。他说，乾隆年间，河工、海塘用款有一部分由国家财政负担，超过工费预算的部分则由受益地区百姓按亩摊派。乾隆四十七年（1782年），兰阳青龙岗决口，三年堵合。“除动帑千余万外，尚有夫料加价银千有一百万，应分年摊征。”[234]当时国库充裕，就将原本由民间按亩摊征的预算外开支一千一百万两破例在国库报销。此后，河工款改为全部由国库开支。这一改革大大增加了国库中治河经费的开支额度，减轻了沿河百姓按亩摊派的负担，但也带来沿河百姓将治河与切身利益分离的负面影响。

清代后期，河官贪污，河政腐败，河势日坏，河工物料价格持续上涨，河工经费剧增。道光二十二年（1842年）前后，不包括大工堵口经费，每年南河的河工岁修经费计四百万，东河二三百万，几乎占到全国财政收入四千万的六分之一。时人评为:“河工者，国帑之大漏卮也。”[234]当代学者周魁一先生依据王庆云的《石渠余纪》和武同举的《再续行水金鉴》资料分析，也得出“仅黄河一年的常年河工开支即占全国税收的八分之一至六分之一”的结论[235]。

3. 施工管理

清代对河工用料的管理细致而死板，可能是为了防止河官虚报经费。如《安澜纪要》中有土方价值篇，收录的是乾隆十九年（1754年）所定的“土方价值八则”。其中，对干土、水土、淤土、稀淤土、瓦砾土、小砂礓土、大砂礓土、罱捞土等土方价格分类规定。另收录有嘉庆十二年（1807年）制订的“筑堤、填坝、压埽土方价值图”，对不同地形和距离的取土价格也有不同规定[236]。

第四节 清代系统的防洪著述

清代，江河决溢频繁，抢险堵口工程不断，洪涝灾害对国家的政治经济和人民的生命财产造成严重威胁。清代的水利著作也相应大量增加，占到现存水利古籍的一大半。不仅史志典籍对防洪治河的记载详备，而且历朝河督及官吏多有奏疏、专著，涉及各大江河与防洪治河的各个类别。同时，系统汇编的资料文献、技术规范性著作，以及图说的大量出现，成为这一时期水利文献的新特点。

一、水利通史和总论

清代水利编年体通史《清史稿·河渠志》共四卷，卷一“黄河”，卷二“运河”，卷三“淮河、永定河、海塘”，卷四“直省水利”。该书对大量分散的资料进行初步整理，对简要了解清代水利基本情况尚有一定参考价值，但记述过于简单，在史料编排上存在严重缺陷，需要校勘增订之处甚多。较通行的是中华书局标点本。目前我国正在重新编修《清史稿》。

《行水金鉴》及其续编是水利发展史编年体长篇详尽的资料汇编。《行水金鉴》成书于雍正三年（1725 年），由傅泽洪主修，郑元庆纂辑，收录先秦至康熙末年的水利文献约一百六十万字。正文一百七十五卷，分叙黄河（六十卷）、淮河（十卷）、江水汉水（十卷）、济水（五卷）、运河（七十卷），另有黄运总说（八卷）、职官夫役等（十二卷）。全书征引文献三百七十余种。

《续行水金鉴》成书于道光十一年（1831 年），由黎世序、潘锡恩主修，俞正燮等编纂，收录雍正至嘉庆二十五年（1820 年）的水利文献约二百万字。正文一百五十六卷，分叙黄河（五十卷）、淮河（十四卷）、运河（六十八卷）、永定河（十三卷）、长江（十一卷）。全书主要引用当时的章牍奏稿及官书档案资料，包括大量现已失佚的原始工程技术档案资料，十分珍贵。

《再续行水金鉴》是民国时期由武同举等编辑，收录嘉庆二十五年（1820 年）至清末资料，1946 年由赵世暹等修订增补稿约七百万字，分黄河、长江、淮河、运河、永定河等部分，尚未公开出版。该书错漏较多。2004 年由中国水利水电科学研究院水利史研究室重新编校，湖北人民出版社出版。全书五百八十万字，黄河卷九十四，附编十三；长江卷二十五，附编七；淮河卷十九，附编二；运河卷六十三，附编十；永定河卷十四，附编四。

此外，《清实录》记述清代水利兴衰资料较准确可靠。《清会典》《大清会典事例》中记述了防洪治河的典章制度和工程施工规范条例。现已逐渐公开的清代故宫档案中也有不少防洪治河的原始资料。

《大清一统志》和数千种省、府、州、县地方志，都记述了防洪治河的大量资料。清人汇编的文集众多，顾炎武的《天下郡国利病书》、顾祖炎的《读史方舆纪要》等，大量采用明清地方志中的水利资料。贺长龄编《清经世文编》工政类二十六卷，详细记载了河防、运河、海塘，以及直隶、江苏和各省水利。盛康的《清经世文续编》工政类十七卷，记载了河防、直隶河工、运河、通论、海塘，以及直隶、江南和各省水利，资料多为清后期事。

二、黄河防洪专著

清代治黄著作在现存水利古籍中所占比例最大，内容十分丰富，可分为治河总论、治河策要、河官档案、奏疏奏稿、河工技术、图说等各类。

治黄专著以康熙年间靳辅的《治河方略》最具代表性。康熙二十八年（1689 年），靳辅撰成《治河奏绩书》四卷，即《治河书》。乾隆三十二年（1767 年），崔应阶据靳辅家藏原书重编成书八卷，另保留原书所附张霭生重纂的陈璜《河防

述言》一卷十二篇，并附录了顺治年间朱之锡的《河防摘要》。雍正五年遵上谕，书更名《治河方略》。正文八卷，包括谕旨及进书表章，督河实政，治河诸大工，堤防、闸坝、涵洞，川渎河漕，河决，奏疏，各论八。1937年，中国水利工程学会《水利珍本丛书》校印。

康熙年间张鹏翮的《张公奏议》亦河工名著。《张公奏议》虽名为奏议，而大半皆为黄、淮、运诸河图说，及挑浚事宜。全书二十四卷，奏议仅十卷。书中图说各卷详述各河源流，并有考证。张希良又据此编为《河防志》十二卷。其中，经画三卷、章奏二卷皆张鹏翮治河事宜，考订一卷取材于明代治河名著，艺文二卷收录历代各论奏疏碑记五十八篇。

此外，康熙年间的治黄文献有：崔维雅著《河防刍议》六卷，不同意靳辅减河之说。薛凤祚著《两河清汇》，记录作者康熙十五年（1676）应前河督王光裕之聘考察河漕利病的情况，同时也录有崔维雅书。周洽著《看河纪程》，记靳辅初任河督时，周洽勘查黄河下游情况。

雍正年间的治黄文献有：田文镜著《总督河东河道宣化录》三卷。河东署咨部核准颁行的《豫省拟定河工成规》二卷，乾隆初年续增一卷，为当时东河工程、物料的规定。

乾隆年间的治黄文献有：乾隆二年（1737年）刘永锡著《河工蠡测》，论河势及工程构件的制作方法，提出河工之“二难”、“三急”、“四要”、“五备”、“五忌”、“六宜”，为当时河工实用之书。陈法著《河干问答》，对潘季驯、靳辅之说持不同意见。白钟山著《豫东宣防录》六卷及其续录一卷、《南河宣防录》二卷及《纪恩录》三卷，为改其历任东南两河时所上奏疏而成书。

嘉庆年间的治黄文献有：徐端著《回澜纪要》二卷和《安澜纪要》二卷，分述堵口岁修各工及河工律例成案。康基田著《河渠纪闻》三十卷，上自禹绩，下迄乾隆五十四年（1789年），记载的大部分为清代史实，对记载进行了考证，并详述工程始末。民国时期中国水利工程学会《水利珍本丛书》校印。

嘉庆中，江南河道总督衙门编印《南河成案》五十六卷，收录雍正四年至乾隆五十六年（1726~1791年）治理黄、淮、运的奏折、上谕等档案九百五十四件。二十余年后又编印《南河成案续编》一百零六卷，汇编乾隆五十七年至嘉庆二十四年（1792~1819年）的档案资料一千四百九十一件。十余年后再编《南河成案续编》三十八卷，收录嘉庆二十四年至道光十三年（1819~1833年）的南河档案九百八十一件。《南河成案三编》为南河最完备之河工档案。嘉庆十三年（1808年），江南河道库刊印《钦定河工则例章程》，为工部主持制定的南河岁修工程物料的定例，包括岁修章程、奏减则例、碎石方价等，其次为淮扬、徐州两道所属工料则例十四卷。《南河碎石方价》亦为黎世序所奏定南河采用碎石护埽之则例。

嘉庆道光年间，包世臣著《中衢一勺》三卷，为论当时河、漕、盐三事得失诸作之旧稿辑录而成，其中论河事居三分之二，文中尤以“筹河刍言”和“策河四略”名于世；附录四卷，为其讨论往来之书札。包世臣曾与老河工郭大昌一起考察江苏、安徽一带黄、淮、运形势，并由其传授治河经验，郭大昌对治黄的突出贡献也因该书得以流传后世。道光年间，栗毓美著《砖规成案》，记创用砖工经

过和施工方法；丁恺曾著《治河要语》，具论河防工事。

晚清治黄文献，多辑录河工实用技术或规章制度。同治年间，李世禄著《修防琐志》二十六卷，下分器具、总略、水性、河工、堤工、埽工、卷埽、坝工、防守、抢险、塞决、石工、砖工、闸工、涵洞、桥工、板工、冰窖、估略、开销、堆垛、烧窑、琐录、志怪、工程、算法。是类似河工技术手册的著作，尤详于工事，民国时期中国水利工程学会《水利珍本丛书》校印。同治十二年（1873 年）李大镛著《河务所闻集》六卷，分“黄运两河图考”、“黄河堵口进占图说”、“候工进占章程及预备器具”、“桃源大工辑略”、“荷工随见录”、“东河文武职官录”。其中对黄河堵口合龙的施工技术、材料、工具、管理等记述较为详细，可视为堵口合龙之规范。书中的“河工摘要”辑录徐端的《回澜纪要》和《安澜纪要》，“河工杂考”辑录麟庆的《河工器具图说》，民国时期中国水利工程学会《水利珍本丛书》校印。光绪二十三年（1897 年）蒋楷著《河上语》，全书皆为河工术语，引注甚详，实为河工名词词典。宣统年间，周家驹著《河防辑要》四卷，分类精辟，所辑材料皆实际有关河务工程。

清代的辑要、摘要、简要、纪略等书多抄录史实或实用工程，很少自己的见解，其中一些在编纂体例上也有可取之处。刘鹗的《治河七说》和《河防刍议》能直抒己见，论治河得失。清末，潘骏文有《潘彬卿方伯遗稿》，记山东、河南治河事。周馥著《治水述要》十卷，其中六卷为清代治河事；著《河防杂著四种》四卷，认为历代治水唯治河法最多，清代治河技术尤精。

清代河臣的奏疏主要有：康熙年间，靳辅的《靳文襄公奏疏》八卷，张鹏翮的《张公奏议》二十四卷。雍正年间，嵇曾筠的《防河奏议》十卷，为其历任东南两河所进奏议，各疏之后间有附记，记其事之始末，末卷皆为河工诸说。乾隆年间，裘曰修的《裘文达公奏议》，收录他任工部尚书时勘查各省河道及修筑事宜奏疏四十余道。嘉庆年间，黎世序的《黎襄勤公奏议》六卷，河督稽承志等人的《嘉庆河工奏稿》。道光年间，麟庆的《治河奏疏》，严烺的《两河奏疏》。晚清，陈士杰巡抚浙江、山东两省时的奏折《陈侍郎奏稿》四卷，许振祎的《许仙屏督河奏疏》十卷。清末民初有《黄运两河修防谕旨奏疏章程》，汇辑了咸丰五年至宣统三年（1855 ~ 1911 年）的谕旨、奏疏及章程一百四十余则，为黄河改道之后的重要史料。

清代河工图说主要有：乾隆年间，郭成功的《河工器具图》，收录图二十幅。道光年间，麟庆的《河工器具图说》四卷，汇集河工修守、疏浚、抢险、储料所用工具二百八十九种；麟庆的《黄运河口古今图说》十幅和《历代黄河变迁图考》四卷，详细记载了河工用具和清口工程。同治年间，沙致良的《合龙大工全图》，汇集合龙大工全图和十九幅主要工序分图；郝擎图的《两河图说》等。

三、长江防洪专著

关于长江治理的著作以前较少，清代后期渐多，但汇编史料者居多，议论治江者尚少。其中，较具代表性的有魏源的《湖北堤防议》和《湖广水利论》，赵仁基的《论江水十二篇》，王柏心的《导江三议》，马征麟的《长江图说》。

道光十三年（1833 年），魏源代两江总督陶澍为王凤生的《江汉宣防图说》和《汉江纪程》作序，而作《湖北堤防议》。他不赞成不究原委而专事堤防，主张因势利导，不堵决口，趁势浚支河，以便排泄；不复溃垸，任其成陂泽，以供调蓄。其后又著《湖广水利论》，指出上游水土流失导致中下游圩垸的大发展，主张毁弃碍水之圩垸。

道光年间，赵仁基著《论江水十二篇》。他指出长江不同于黄河，不能靠堤防“束水攻沙”。既然上游难以禁开垦，治江之计只有退求广湖潴以清其源，防横决以遏其流。

道光末年，监利王柏心著《导江三议》，即《浚虎渡口导江流入洞庭议》和《导江续议》上、下篇。他主张开穴疏导，反对筑堤束江。他提出的南北分流、以南为主的主张，对当时和后世的荆江防洪治理产生了较大的影响。

同治初，马征麟著《长江图说》。他提出治江五法，重点在禁开山和禁围田，而“开山之禁尤当致严于围田”。

此外，汇编治江史料的著作较多。乾隆十一年（1746 年），土概撰《湖北安襄郧道水利集》二卷，收录江汉全图、襄阳等地汉江堤防图和有关奏稿、碑文等文献。道光年间，王凤生撰《楚北江汉宣防备览》二卷，分四篇：楚北江水来源、江汉堤工现状及积弊、筹议江汉宣防略及有关修防善后事宜。

道光二十年（1840 年），俞库烈撰《楚北水利堤防纪要》二卷，记述江汉堤防及其治理意见，辑录有关湖北水利文献及修防工程方法，并附有浚河器具各图。道光年间，胡祖翮初撰《修防事宜》二卷，后集《水道参考》三卷，合为一编，统名《荆楚修疏指要》。1999 年，《楚北水利堤防纪要》、《荆楚修疏指要》由毛振培等人点校，湖北人民出版社出版。

同治十一年（1872 年），倪文蔚任荆州知府，深感治堤艰难，又乏成文之规章典籍，于是访求旧案，“搜集他书，益以近年”，四易其稿，于同治十三年（1874 年）编成《荆州万城堤志》。全书十二卷，下分三十六目，汇总修防经验和有关文献，是荆江大堤第一部专志。有光绪二年刻本和光绪二十年刻本两种。二十年后，舒惠任荆州知府，以该志“篇首只载总图，形势之曲折犹略”，且堤防形势也有变化，遂于光绪二十年（1894 年）修成《荆州万城堤续志》。全十二卷，体例仍依原志，增补堤志之后二十年之资料和详图。有光绪二十一年刻本。2002 年，《万城堤志》《万城堤续志》由毛振培等人点校，湖北教育出版社出版。

光绪年间，范鸣和撰《澹灾蠡述》二篇，记述鄂城（今武汉）修建樊口闸坝，上下游江道及邑内梁子湖情况，并附治理意见，论泄江水之必要和修樊口闸坝之利。邵世恩知湖北天门县时，参考同治初的《襄堤成案》，汇集当时之堤防案牍，并增辑近三十年之堤防资料，撰成《襄堤成案》四卷。

关于太湖治理的著作主要有：顺治年间，钱中喈著《三吴水利议》一卷，收有六篇议论。康熙年间，沈恺曾著《东南水利》。乾隆年间，庄有恭著《三江水利纪略》四卷；金友理著《太湖备考》十六卷。嘉庆年间，张崇傃撰《东南水利论》三卷，附一卷。道光年间，凌介禧著《东南水利略》六卷；王凤生奉命勘查后著《浙西水利备考》；蒋师辙著《江苏水利图说》；陶澍等撰《江南水利书》七十五

卷，辑录兴修开浚工程之谕旨、奏章、章程。光绪年间，李庆云等撰《续纂江苏水利全案》四十卷，附篇十二卷。

另外，编修的江河志主要有：白登明修《新刘河志》二卷和《娄江志》二卷，翁澍修《具区志》。

四、淮河、海河防洪专著

关于淮河及里下河治理的著作主要有：嘉庆年间，刘台斗撰《下河水利集说》。道光年间，冯道立撰《淮阳水利图说》，有图八幅，附《治水论》，论治淮与治黄的关系及工程措施。同治年间，丁显撰《请复淮水故道图说》，提出只有回复淮水故道才能免除淮扬灾害。

关于海河流域治理的著作主要有：乾隆年间，陈仪著《陈学士文集》。嘉庆年间，王履泰修《畿辅安澜志》。道光年间，吴邦庆撰《畿辅河道水利丛书》；潘锡恩撰《畿辅水利四案》四卷，分述雍正三年（1725 年）、乾隆四年（1739 年）、乾隆九年十年（1744～1745 年）、乾隆二十七年（1762 年）兴办畿辅水利四案；林则徐著《畿辅水利议》等。

《畿辅安澜志》五十六卷，记述了海、滦河流域二十四条骨干河流的防洪形势及有关治理文献，资料汇集详备，资料截止到嘉庆七年（1802 年）。其中，永定河十五卷，漳卫河十一卷，大清河十一卷，子牙河八卷，北运河六卷，滦河及其他五卷。

《畿辅河道水利丛书》是道光四年（1824 年）吴邦庆编印治理海河水利的一套丛书。包括九种：（1）陈仪的《直隶河渠志》，概述海河各支流的流经和治理；（2）陈仪的《陈学士文抄》，选录了八篇有关畿辅河道水利的文章；（3）明徐贞明的《潞水客谈》；（4）允祥《怡贤亲王疏抄》，允祥在雍正三年至八年（1725～1730 年）主持畿辅水利营田的奏疏九篇；（5）《水利营田图说》，吴邦庆在陈仪的《水利营田》上补图三十七幅；（6）《畿辅水利辑览》，辑录前人有关畿辅水利的文章十篇；（7）《泽农要录》六卷十门，辑录《齐民要术》等古农书中的内容；（8）《畿辅水道管见》，汇集了海河五大水系中四五十条骨干河道原委及修治；（9）《畿辅水利私议》，发表吴邦庆自己的治水主张。

关于永定河治理的著作主要有：嘉庆年间，李逢亨纂《永定河志》三十二卷，收录康熙三十七年（1698 年）大规模治理永定河后至嘉庆二十年（1815 年）的资料，书中所附《治河摘要》为作者实践经验的总结。光绪八年（1882 年），朱其诏续成《永定河续志》十六卷，收录资料下至光绪六年（1880 年），体例如前。二志汇集了清代永定河治理的旧牍和文档。

五、海塘专著

关于钱塘江海塘的专著主要有：乾隆十六年（1751 年），方观承纂修《两浙海塘通志》二十卷，全面汇集了此前浙西、浙东海塘修筑的资料。乾隆二十九年（1764 年），翟均廉辑《海塘录》二十六卷，分图说、疆域、修筑、名胜、古迹、祠祀、奏议、艺文、杂志等九类，是浙江杭州、海宁、海盐等地的区域性海塘专

著，记至乾隆二十九年（1764 年），此书收入文渊阁《钦定四库全书》时略有增补。乾隆五十五年（1790 年），琅玗修《海塘新志》六卷，接续方观承的《两浙海塘通志》，资料下至乾隆五十五年。嘉庆十三年（1808 年），杨鑅在以上各书的基础上选编《海塘揽要》十二卷。嘉庆年间，钱泰阶辑《捍海塘志》一卷，是记载浙江古代海塘的重要文献。道光五年（1825 年），汪仲洋撰《海盐县兴办塘工成案》三卷，论筑法甚详，可补塘志之不足。道光十九年（1839 年），乌尔恭额修《续海塘新志》四卷。同治十年（1871 年），连仲愚撰《上虞塘工纪略》四卷。光绪七年（1881 年），李辅耀撰《海宁念汛六口门二限三限石塘图说》，有图三十四幅，详述各工作法、制度、工料、器具及塘工技术，可补海塘志之不足。

关于江苏海塘的著作主要有：乾隆年间，宋楚望撰《太镇海塘纪略》四卷，记述今上海一带的海塘兴工奏稿谕扎文牍。光绪十六年（1890 年），李庆云修《江苏海塘新志》八卷，收录同治七年至光绪十五年（1868～1889 年）的江苏海塘档案资料。

参考文献

〔1〕周魁一等:《二十五史河渠志注释》，“清史稿·河渠志一·黄河”，第 495～557 页，中国书店，1990 年。

〔2〕清·傅泽洪:《行水金鉴》第三册，卷四十七“河水”引《靳文襄公奏疏》，第 685 页，国学基本丛书本，商务印书馆，1936 年。

〔3〕清·傅泽洪:《行水金鉴》第三册，卷四十八“河水”引《靳文襄公奏疏》，第 689～691 页，国学基本丛书本，商务印书馆，1936 年。

〔4〕清·靳辅:《治河奏绩书－河防述言》卷二“审势”，文渊阁《钦定四库全书》，武汉大学出版社电子版。

〔5〕清·陈定斋:《河干问答·论开河不宜筑堤》，独山莫氏写本校，1828 年。

〔6〕清·陈定斋:《河干问答·论二渎交流之害》，独山莫氏写本校，1828 年。

〔7〕清·凌杨藻:《蠡勺编》，卷二十六“治河”，上海古籍出版社，1996 年。

〔8〕长江流域规划办公室:《长江水利史略》，第 141 页，水利电力出版社，1979 年。

〔9〕毛振培等点校:《万城堤志·万城堤续志》，清·倪文蔚:《荆州万城堤志》卷二“水道·穴口”，第 77 页，湖北教育出版社，2002 年。

〔10〕毛振培等点校:《楚北水利堤防纪要·荆楚修疏指要》，清·俞昌烈:《楚北水利堤防纪要》卷二“御史张汉请疏通江汉水利疏”，第 103 页，湖北人民出版社，1999 年。

〔11〕清·顾炎武:《天下郡国利病书》第三十五册，卷二十四“湖广上”，《四部丛刊三编·史部》上海涵芬楼景印昆山图书馆稿本。

〔12〕毛振培等点校:《楚北水利堤防纪要·荆楚修疏指要》，清·俞昌烈:《楚北水利堤防纪要》卷二“通志·湖北水利论”，第 101 页，湖北人民出版社，1999 年。

〔13〕清·魏源:《魏源集》上册，“湖北堤防议”，第 392 页，中华书局，1976 年。

〔14〕毛振培等点校:《万城堤志·万城堤续志》，清·倪文蔚:《荆州万城堤志》卷九“艺文·议”引王柏心:“浚虎渡口导江流入洞庭议”，第 258～259 页，湖北教育出版社，2002 年。

〔15〕毛振培等点校:《万城堤志·万城堤续志》，清·倪文蔚:《荆州万城堤志》卷九“艺文·议”引王柏心:“导江续议”上下，第 264～267 页，湖北教育出版社，2002 年。

〔16〕毛振培等点校:《万城堤志·万城堤续志》，清·倪文蔚:《荆州万城堤志》卷末“志余·荆属民堤”引“姜明府某申复疏宣水道禀”，第319页，湖北教育出版社，2002年。

〔17〕毛振培等点校:《万城堤志·万城堤续志》，清·倪文蔚:《荆州万城堤志》卷末“志余·荆属民堤”引“南岸绅民驳弃溃堤议”，第320页，湖北教育出版社，2002年。

〔18〕毛振培等点校:《万城堤志·万城堤续志》，清·倪文蔚:《荆州万城堤志》卷末“志余·荆属民堤”引“俞明府昌烈议修虎渡口禀”，第318页，湖北教育出版社，2002年。

〔19〕长江水利委员会:《长江志》第22册《人文》，第三章“治江文选”引清·黄海仪:“荆江洞庭利害考”，第156页，中国大百科全书出版社，2006年。

〔20〕中国水利水电科学研究院水利史研究室编校:《再续行水金鉴·长江卷一》，“长江四·道光十三年”，第155页，湖北人民出版社，2004年。

〔21〕毛振培等点校:《万城堤志·万城堤续志》，清·倪文蔚:《荆州万城堤志》卷末“志余·修筑备考”引“汪制军志伊筹办湖北水利疏”，第348~351页，湖北教育出版社，2002年。

〔22〕毛振培等点校:《楚北水利堤防纪要·荆楚修疏指要》，清·俞昌烈:《楚北水利堤防纪要》卷一“开穴口总考略”，第94~95页，湖北人民出版社，1999年。

〔23〕长江水利委员会:《长江志》第22册《人文》，第三章“治江文选”引清·赵仁基:“论江水十二篇”，第135~138页，中国大百科全书出版社，2006年。

〔24〕长江水利委员会:《长江志》第22册《人文》，第三章“治江文选”引清·周天爵:“查勘江汉情形酌拟办法疏”，第140~143页，中国大百科全书出版社，2006年。

〔25〕长江水利委员会:《长江志》第22册《人文》，第三章“治江文选”引清·马征麟:《长江图说》，第152~155页，中国大百科全书出版社，2006年。

〔26〕毛振培等点校:《万城堤志·万城堤续志》，清·倪文蔚:《荆州万城堤志》卷九“艺文·论”引明《湖广通志》:“修筑堤防论”，第256页，湖北教育出版社，2002年。

〔27〕毛振培等点校:《万城堤志·万城堤续志》，清·倪文蔚:《荆州万城堤志》卷末“志余·修筑备考”引“卢制军坤请调水利干员来楚修防疏”，第352页，湖北教育出版社，2002年。

〔28〕中国水利水电科学研究院水利史研究室编校:《再续行水金鉴·长江卷一》，“长江六·道光十七年”，第228页，湖北人民出版社，2004年。

〔29〕清·魏源:《魏源集》上册，“湖广水利论”，第388页，中华书局，1976年。

〔30〕中国水利水电科学研究院水利史研究室编校:《再续行水金鉴·长江卷一》，“长江一·道光五年”，第35页，湖北人民出版社，2004年。

〔31〕清·贺长龄、魏源:《清经世文编》下册，卷一百一十“工政十六”，程含章:“总陈水患情形疏”，第2661页，中华书局，1992年。

〔32〕清·贺长龄、魏源:《清经世文编》下册，卷一百零八“工政十四”，王善橚:“畿辅治水策”，第2618页，中华书局，1992年。

〔33〕周魁一等:《二十五史河渠志注释》，“清史稿·河渠志三·永定河”，第604~613页，中国书店，1990年。

〔34〕水利水电科学研究院:《中国水利史稿》下册，第285页，水利电力出版社，1989年。

〔35〕周魁一:《中国科学技术史·水利》，第151、147页，科学出版社，2002年。

〔36〕清·吴邦庆辑:《畿辅河道水利丛书》，陈仪:“治河蠡测”，第108~109页，农业出版社，1964年。

〔37〕清·方苞:《方望溪全集》“集外文”卷三“浑河改归故道议”，第294页，中国书店，1991年。

〔38〕清·昆冈、李鸿章等:《钦定大清会典事例》卷九百十九“工部·河工·禁令二”，光绪二十五年石印本。

〔39〕清·吴邦庆辑:《畿辅河道水利丛书》，陈仪:“四河两淀私议”，第102页，农业出版社，1964年。

〔40〕水利水电科学研究院:《水利史研究室五十周年学术论文集》，贾振文、姚汉源:“清代前期永定河的治理方略”，第169~179页，水利电力出版社，1986年。

〔41〕清·黎世序、潘锡恩:《续行水金鉴》第九册，卷一百三十五“永定河水”，第3087~3089页，国学基本丛书本，商务印书馆，1937年。

〔42〕谭徐明:《中国灌溉与防洪史》，第112页，中国水利水电出版社，2005年。

〔43〕清·吴邦庆辑:《畿辅河道水利丛书》，允祥:“怡贤亲王疏钞·敬陈水利疏”，第183页，农业出版社，1964年。

〔44〕清·吴邦庆辑:《畿辅河道水利丛书》，“水利营田图说·册说”，第223页，农业出版社，1964年。

〔45〕清·吴邦庆辑:《畿辅河道水利丛书》，陈仪:“直隶河渠志·永定河”，第20页，农业出版社，1964年。

〔46〕清·贺长龄、魏源:《清经世文编》下册，卷一百一十“工政十六”，顾琮:“永定河要工疏”，第2666页，中华书局，1992年。

〔47〕清·贺长龄、魏源:《清经世文编》下册，卷一百一十“工政十六”，陈宏谋:“治永定河说”，第2668页，中华书局，1992年。

〔48〕清·黎世序、潘锡恩:《续行水金鉴》第九册，卷一百三十六“永定河水”，第3129~3130页，国学基本丛书本，商务印书馆，1937年。

〔49〕清·黎世序、潘锡恩:《续行水金鉴》第九册，卷一百四十“永定河水”，第3209~3211页，国学基本丛书本，商务印书馆，1937年。

〔50〕清·黎世序、潘锡恩:《续行水金鉴》第九册，卷一百三十八“永定河水”，第3165、3168、3169页，国学基本丛书本，商务印书馆，1937年。

〔51〕清·贺长龄、魏源:《清经世文编》下册，卷一百一十“工政十六”，高斌:“永定河工疏”，第2667页，中华书局，1992年。

〔52〕清·黎世序、潘锡恩:《续行水金鉴》第九册，卷一百四十一“永定河水”，第3241~3245页，国学基本丛书本，商务印书馆，1937年。

〔53〕清·吴邦庆辑:《畿辅河道水利丛书》，吴邦庆:“畿辅河道管见·清河”，第601页，农业出版社，1964年。

〔54〕清·吴邦庆辑:《畿辅河道水利丛书》，陈仪:“陈学士文钞·直隶河道事宜”，第61页，农业出版社，1964年。

〔55〕清·吴邦庆辑:《畿辅河道水利丛书》，吴邦庆:《直隶河渠志跋》，第52页，农业出版社，1964年。

〔56〕中国水利水电科学研究院水利史研究室藏清代故宫档案照片。

〔57〕清·贺长龄、魏源:《清经世文编》下册，卷一百一十“工政十六”，程含章:“择要疏河以纾急患疏”，第2664页，中华书局，1992年。

〔58〕李鸿章所提开浚海河各支流减河分泄洪水的方案详见：周魁一等:《二十五史河渠志注释》“清史稿·河渠志四·直省水利”，第657页，中国书店，1990年。

〔59〕清·凌杨藻:《蠡勺编》，卷二十六“治河”，上海古籍出版社，1996年。

〔60〕清·傅泽洪:《行水金鉴》第三册，卷五十二“河水”，第756、758页，国学基本丛书本，商务印书馆，1936年。

〔61〕清·黎世序、潘锡恩:《续行水金鉴》第二册，卷十三“河水”，第309~310页，国学基本丛书本，商务印书馆，1937年。

〔62〕清・傅泽洪:《行水金鉴》第三册，卷四十六“河水”，第661～664页，国学基本丛书本，商务印书馆，1936年。

〔63〕清・傅泽洪:《行水金鉴》第三册，卷四十七“河水”，第675、682页，国学基本丛书本，商务印书馆，1936年。

〔64〕清・傅泽洪:《行水金鉴》第三册，卷四十八“河水”，第700～701页，国学基本丛书本，商务印书馆，1936年。

〔65〕清・傅泽洪:《行水金鉴》第三册，卷四十九“河水”，第708、711页，国学基本丛书本，商务印书馆，1936年。

〔66〕清・傅泽洪:《行水金鉴》第三册，卷五十“河水”，第725～726页，国学基本丛书本，商务印书馆，1936年。

〔67〕清・黎世序、潘锡恩:《续行水金鉴》第一册，卷四“河水”，第91～103页，国学基本丛书本，商务印书馆，1937年。

〔68〕清・黎世序、潘锡恩:《续行水金鉴》第一册，卷五“河水”，第129～131、135页，国学基本丛书本，商务印书馆，1937年。

〔69〕清・黎世序、潘锡恩:《续行水金鉴》第一册，卷六“河水”，第142、151页，国学基本丛书本，商务印书馆，1937年。

〔70〕清・黎世序、潘锡恩:《续行水金鉴》第一册，卷七“河水”，第178～179页，国学基本丛书本，商务印书馆，1937年。

〔71〕清・黎世序、潘锡恩:《续行水金鉴》第一册，卷十“河水”，第225页，国学基本丛书本，商务印书馆，1937年。

〔72〕清・黎世序、潘锡恩:《续行水金鉴》第二册，卷十三“河水”，第305页，国学基本丛书本，商务印书馆，1937年。

〔73〕周魁一等:《二十五史河渠志注释》，“清史稿・河渠志二・运河”，第558～587页，中国书店，1990年。

〔74〕清・傅泽洪:《行水金鉴》第四册，卷七十“淮水”，第1026页，国学基本丛书本，商务印书馆，1936年。

〔75〕清・傅泽洪:《行水金鉴》第三册，卷四十八“河水”，第690、696页，国学基本丛书本，商务印书馆，1936年。

〔76〕清・靳辅:《治河奏绩书－河防述言》卷一“河性”，文渊阁《钦定四库全书》，武汉大学出版社电子版。

〔77〕清・靳辅:《治河奏绩书－河防述言》卷六“堤防”，文渊阁《钦定四库全书》，武汉大学出版社电子版。

〔78〕清・靳辅:《治河奏绩书－河防述言》卷五“源流”，文渊阁《钦定四库全书》，武汉大学出版社电子版。

〔79〕清・靳辅:《治河奏绩书－河防述言》卷十二“辨惑”，文渊阁《钦定四库全书》，武汉大学出版社电子版。

〔80〕中国水利水电科学研究院水利史研究室编校:《再续行水金鉴・黄河卷一》，“黄河九・道光五年”，第237～238页，湖北人民出版社，2004年。

〔81〕清・黎世序、潘锡恩:《续行水金鉴》第三册，卷四十三“河水”，第949～950页，国学基本丛书本，商务印书馆，1937年。

〔82〕水利水电科学研究院:《中国水利史稿》下册，第266页，水利电力出版社，1989年。

〔83〕毛振培等点校:《楚北水利堤防纪要・荆楚修疏指要》，清・俞昌烈:《楚北水利堤防纪要》卷一“江汉全图”，第22～23页，湖北人民出版社，1999年。

〔84〕周魁一等:《二十五史河渠志注释》，“清史稿·河渠志四·直省水利”，第623~648页，中国书店，1990年。

〔85〕荆江大堤志编委会:《荆江大堤志》，第九章“大事记”，第347~350页，河海大学出版社，1989年。

〔86〕清·黎世序、潘锡恩:《续行水金鉴》第十册，卷一百五十二“江水”，第3545、3547、3561页，国学基本丛书本，商务印书馆，1937年。

〔87〕清·顾炎武:《天下郡国利病书》第三十六册，卷二十五“湖广下”，《四部丛刊三编·史部》上海涵芬楼影印昆山图书馆稿本。

〔88〕毛振培等点校:《万城堤志·万城堤续志》，清·倪文蔚:《荆州万城堤志》卷首“谕旨”，第10~27页；卷一“图说”，第42~43页，湖北教育出版社，2002年。

〔89〕湖南省地方志编纂办公室:《湖南省志》，第八卷“农林水利志·水利”，第二篇“洞庭湖区水利”，第77~81页，中国文史出版社，1990年。

〔90〕江西省水利厅:《江西省水利志》，第二篇“防洪排涝”，第209~210页，江西科学技术出版社，1995年

〔91〕云南省水利水电厅:《云南省志·水利志》，“大事”第16~22页，第五章“湖泊水利”第402页，云南人民出版社，1998年。

〔92〕四川省水利电力厅:《四川省水利志》，第一卷“大事记”，第74~98页，1988年。

〔93〕《贵州省志·水利志》编纂委员会:《贵州省志·水利志》，“大事记要”，第462~463页，方志出版社，1997年。

〔94〕重庆市农机水电局:《重庆市水利志》，“大事记”，第320页，重庆出版社，1996年。

〔95〕江西省水利厅:《江西省水利志》，第二篇“防洪排涝”第209~210页，“大事纪年”第38~48页，江西科学技术出版社，1995年

〔96〕湖南省水利志编纂办公室:《湖南省水利志》，第一分册“湖南水利大事记”，第29~31页，1985年。

〔97〕毛振培等点校，《万城堤志·万城堤续志》，清·倪文蔚:《荆州万城堤志》卷六“经费·帑项”，第185页，湖北教育出版社，2002年。

〔98〕毛振培等点校:《万城堤志·万城堤续志》，清·倪文蔚:《荆州万城堤志》卷三“建置·大堤”，第85页，湖北教育出版社，2002年。

〔99〕清·黎世序、潘锡恩:《续行水金鉴》第十册，卷一百五十三“江水”，第3569页，国学基本丛书本，商务印书馆，1937年。

〔100〕中国水利水电科学研究院水利史研究室编校:《再续行水金鉴·长江卷一》，“长江三·道光十一年”第123页，“长江六·道光十八年”第243页，湖北人民出版社，2004年。

〔101〕《安徽省志·水利志》编纂委员会:《安徽省志·水利志》，第三篇“长江与新安江治理”，第149页，方志出版社，1999年。

〔102〕武同举:《江苏水利全书》第三册，卷三十四“太湖流域四”，南京水利实验处印行，1950年。

〔103〕清·傅泽洪:《行水金鉴》第四册，卷八十“江水”，第1179页，国学基本丛书本，商务印书馆，1936年。

〔104〕《上海水利志》编纂委员会:《上海水利志》，“大事记”，第39~43页，上海社会科学院出版社，1997年。

〔105〕浙江省水利志编纂委员会:《浙江省水利志》，“大事记”，第55页，中华书局，1998年。

〔106〕水利水电科学研究院:《中国水利史稿》下册，第161、301、305、308、259、170、

172 页，水利电力出版社，1989 年。

〔107〕周魁一等:《二十五史河渠志注释》，“清史稿·河渠志三·淮河”，第 588～599 页，中国书店，1990 年。

〔108〕清·黎世序、潘锡恩:《续行水金鉴》第四册，卷五十七“淮水”，第 1249 页，国学基本丛书本，商务印书馆，1937 年。

〔109〕清·黎世序、潘锡恩:《续行水金鉴》第四册，卷六十一“淮水”，第 1332～1333 页，国学基本丛书本，商务印书馆，1937 年。

〔110〕清·靳辅:《治河奏绩书》卷四“高堰”，文渊阁《钦定四库全书》，武汉大学出版社电子版。

〔111〕清·傅泽洪:《行水金鉴》第四册，卷六十五“淮水”，第 963 页，国学基本丛书本，商务印书馆，1936 年。

〔112〕清·靳辅:《治河奏绩书》卷四“黄淮交济”，文渊阁《钦定四库全书》，武汉大学出版社电子版。

〔113〕清·黎世序、潘锡恩:《续行水金鉴》第四册，卷五十四“淮水”，第 1185 页，国学基本丛书本，商务印书馆，1937 年。

〔114〕水利部治淮委员会:《淮河水利简史》，第 247～248、240 页，水利电力出版社，1990 年。

〔115〕清·傅泽洪:《行水金鉴》第三册，卷五十三“河水”，第 773 页，国学基本丛书本，商务印书馆，1936 年。

〔116〕清·黎世序、潘锡恩:《续行水金鉴》第二册，卷十五“河水”，第 341 页，国学基本丛书本，商务印书馆，1937 年。

〔117〕清·黎世序、潘锡恩:《续行水金鉴》第三册，卷三十七“河水”，第 791、799 页，国学基本丛书本，商务印书馆，1937 年。

〔118〕清·黎世序、潘锡恩:《续行水金鉴》第三册，卷三十八“河水”，第 829 页，国学基本丛书本，商务印书馆，1937 年。

〔119〕清·傅泽洪:《行水金鉴》第七册，卷一百三十五“运河水”，第 1961、1964 页，国学基本丛书本，商务印书馆，1936 年。

〔120〕清·靳辅:《治河方略》卷三“南运河”，中国水利工程学会《水利珍本丛书》，1937 年。

〔121〕水利部治淮委员会:《淮河水利简史》，第 258、252 页，水利电力出版社，1990 年。

〔122〕清·傅泽洪:《行水金鉴》第七册，卷一百三十六“运河水”，第 1967 页，国学基本丛书本，商务印书馆，1936 年。

〔123〕清·傅泽洪:《行水金鉴》第七册，卷一百三十八“运河水”，第 2000 页，国学基本丛书本，商务印书馆，1936 年。

〔124〕清·黎世序、潘锡恩:《续行水金鉴》第五册，卷七十三“运河水”，第 1683～1684 页，国学基本丛书本，商务印书馆，1937 年。

〔125〕水利水电科学研究院:《中国水利史稿》下册，第 315 页，水利电力出版社，1989 年。

〔126〕武同举:《江苏水利全书》第一册，卷五“淮河一”，南京水利实验处印行，1950 年。

〔127〕清·傅泽洪:《行水金鉴》第七册，卷一百四十二“运河水”，第 2047 页，国学基本丛书本，商务印书馆，1936 年。

〔128〕武同举:《江苏水利全书》第一册，卷六“淮河二”，南京水利实验处印行，1950 年。

〔129〕武同举:《江苏水利全书》第一册，卷七“淮河三”，南京水利实验处印行，1950 年。

〔130〕武同举:《江苏水利全书》第一册，卷八“淮河四”，南京水利实验处印行，1950年。

〔131〕清·王履泰:《畿辅安澜志》，卷五“永定河”，海南出版社，2001年。

〔132〕水利电力部水管司科技司、水利水电科学研究院:《清代珠江韩江洪涝档案史料》，中华书局，1988年。

〔133〕珠江水利委员会:《珠江水利简史》，第150～153、160页，水利电力出版社，1990年。

〔134〕水利部珠江水利委员会:《珠江志》第一卷“大事记”，第23～26页，广东科技出版社，1991年。

〔135〕《元史》卷二十九“泰定帝一”，中华书局，1976年。

〔136〕水利部松辽水利委员会:《辽河志》第一卷“大事记”，第9～20页，吉林人民出版社，2004年。

〔137〕水利水电科学研究院:《中国水利史稿》下册，第294页引水利水电科学研究院藏《清代故宫档案》，水利电力出版社，1989年。

〔138〕周魁一等:《二十五史河渠志注释》，“清史稿·河渠志三·海塘”，第613～621页，中国书店，1990年。

〔139〕清·翟均廉:《海塘录》，卷四“建筑二”，文渊阁《钦定四库全书》，武汉大学出版社电子版。

〔140〕浙江省水利志编委会:《浙江省水利志》，“大事记”，第52～54页；第三编第九章“钱塘江海塘”，第253～259页，中华书局，1998年。

〔141〕浙江省水利志编委会:《浙江省水利志》，“大事记”，第52～54页；第三编第十一章“浙东海塘”，第295～297页，中华书局，1998年。

〔142〕武同举:《江苏水利全书》第三册，卷三十八“江南海塘一”，南京水利实验处印行，1950年。

〔143〕武同举:《江苏水利全书》第三册，卷三十九“江南海塘二”，南京水利实验处印行，1950年。

〔144〕武同举:《江苏水利全书》第三册，卷四十二“崇明县海塘”，南京水利实验处印行，1950年。

〔145〕武同举:《江苏水利全书》第三册，卷四十三“江北海堤”，南京水利实验处印行，1950年。

〔146〕清·李世禄:《修防琐志》卷五，第134～135页，中国水利工程学会《水利珍本丛书》，1937年。

〔147〕清·靳辅:《治河奏绩书》卷四“坚筑河堤”，文渊阁《钦定四库全书》，武汉大学出版社电子版。

〔148〕清·徐端:《安澜纪要》卷上，第58～59页，河署藏版同治癸酉重刊本。

〔149〕《河工纪要》(清代抄本)。

〔150〕周魁一:《中国科学技术史·水利》，第273～274、278页，科学出版社，2002年。

〔151〕清·傅泽洪:《行水金鉴》第三册，卷五十三“河水”，第778页，国学基本丛书本，商务印书馆，1936年。

〔152〕清·徐端:《安澜纪要》，卷上“创筑堤工条”，河署藏版同治癸酉重刊本。

〔153〕清·周家驹:《河防辑要》，清宣统三年。

〔154〕清·靳辅:《治河方略》卷一，第65页，中国水利工程学会《水利珍本丛书》，1937年。

〔155〕清·靳辅:《治河方略》卷十，第9页，中国水利工程学会《水利珍本丛书》，

1937 年。

〔156〕清・李世禄:《修防琐志》卷五，第 162 页，中国水利工程学会《水利珍本丛书》，1937 年。

〔157〕清・黎世序、潘锡恩:《续行水金鉴》第十册，卷一百五十六“江水”，第 3652 页，国学基本丛书本，商务印书馆，1937 年。

〔158〕清・麟庆:《河工器具图说》，卷二，第 96 页，万有文库本。

〔159〕清・贺长龄、魏源等编，《清经世文编》下册，卷一百零三“工部九”，黎世序:“复奏河工诸弊疏”，第 2510 页，中华书局影印本，1992 年。

〔160〕元・沙克什:《河防通议》卷下，第四门“功程・采打石段”，文渊阁《钦定四库全书》，武汉大学出版社电子版。

〔161〕清・贺长龄、魏源:《清经世文编》下册，卷一百零三“工政九”，嵇曾筠:“石工说”，第 2509 页，中华书局，1992 年。

〔162〕清・徐端:《安澜纪要》卷上，第 61 ~ 62 页，河署藏版同治癸酉重刊本。

〔163〕中国水利水电科学研究院水利史研究室编校:《再续行水金鉴・黄河卷五》，“黄河七十三・光绪十四年”，第 2169 页，湖北人民出版社，2004 年。

〔164〕清・李世禄:《修防琐志》卷十三，第 227 页，中国水利工程学会《水利珍本丛书》，1937 年。

〔165〕清・黎世序、潘锡恩:《续行水金鉴》第四册，卷五十四“淮水”，第 1191 页，国学基本丛书本，商务印书馆，1937 年。

〔166〕清・李世禄:《修防琐志》，卷十二，第 228、231 页，中国水利工程学会《水利珍本丛书》，1937 年。

〔167〕清・傅泽洪:《行水金鉴》第四册，卷六十九“淮水”引“张文端治河书”，第 1006 页，国学基本丛书本，商务印书馆，1936 年。

〔168〕清・张应昌:《清诗释》，卷四“河防”，彭廷梅:“木龙歌”，第 115 页，中华书局，1960 年。

〔169〕清・黎世序、潘锡恩:《续行水金鉴》第一册，卷十二“河水”引《南河成案》，第 271 页，国学基本丛书本，商务印书馆，1937 年。

〔170〕清・麟庆:《河工器具图说》，卷三，第 242 页，万有文库本。

〔171〕周魁一:《中国科学技术史・水利》，第 340、337、350、358 页，科学出版社，2002 年。

〔172〕清・潘骏文:《治河刍言》。

〔173〕清・贺长龄、魏源，《清经世文编》下册，卷一百零二“工政八”，黎世序:“复奏碎石坦坡情况疏”，第 2495 页，中华书局，1992 年。

〔174〕清・徐端:《安澜纪要》“堵漏子说”，河署藏版同治癸酉重刊本。

〔175〕清・靳辅:《治河方略》“埽工走漏”，中国水利工程学会《水利珍本丛书》，1937 年。

〔176〕清・靳辅:《治河方略》“大溜顶冲”，中国水利工程学会《水利珍本丛书》，1937 年。

〔177〕都江堰管理局:《都江堰》，第 116 页，彩页 13，第 125 页，水利电力出版社，1986 年。

〔178〕周魁一:《中国科学技术史・水利》，第 291、337、356、335、357 页，科学出版社，2002 年。

〔179〕《中国水利百科全书》，第 1445 页，中国水利电力出版社，1990 年。

〔180〕黄河水利委员会:《黄河水利史述要》，第339、335页，水利电力出版社，1984年。

〔181〕清·徐端:《回澜纪要》，卷上“二坝”，河署藏版同治癸酉重刊本。

〔182〕清·靳辅:《治河奏绩书》卷四“防守险工”，文渊阁《钦定四库全书》，武汉大学出版社电子版。

〔183〕清·靳辅:《治河方略》，卷十“约言六条”，中国水利工程学会《水利珍本丛书》，1937年。

〔184〕清·靳辅:《治河方略》，卷一“堵口诸要”，第59页，中国水利工程学会《水利珍本丛书》，1937年。

〔185〕清·徐端:《安澜纪要》，卷上“埽工签桩”，河署藏版同治癸酉重刊本。

〔186〕清·徐端:《安澜纪要》，卷上“增补二十条”，河署藏版同治癸酉重刊本。

〔187〕徐福龄、胡一三:《黄河埽工与堵口》，第51页，中国水利电力出版社，1989年。

〔188〕清·贺长龄、魏源:《清经世文编》下册，卷一百零三“工政九”，嵇曾筠:“合龙闭气说”，第2508页，中华书局，1992年。

〔189〕清·靳辅:《治河方略》，卷十附刊陈璜:《河防摘要·合龙》，中国水利工程学会《水利珍本丛书》，1937年。

〔190〕清·贺长龄、魏源:《清经世文编》下册，卷一百零一“工政七”，丁恺曾:“治河要语·坝工”，第2475页，中华书局，1992年。

〔191〕《清会要》卷六十，中华书局。

〔192〕清·李世禄:《修防琐志》卷四，第97~99页，中国水利工程学会《水利珍本丛书》，1937年。

〔193〕清·李世禄:《修防琐志》卷四，第93~94页，中国水利工程学会《水利珍本丛书》，1937年。

〔194〕清·徐端:《回澜纪要》卷下，第20~21页，河署藏版同治癸酉重刊本。

〔195〕周魁一:《中国科学技术史·水利》，第267页、第74~75页，引江苏省洪泽湖三河闸管理处保存的图纸，科学出版社，2002年。

〔196〕清·贺长龄、魏源:《清经世文编》下册，卷一百零三“工政九”，张鹏翮:《河防志略》，第2505页，中华书局，1992年。

〔197〕清·李世禄:《修防琐志》卷四，第107页，中国水利工程学会《水利珍本丛书》，1937年。

〔198〕清·徐端:《安澜纪要》，河署藏版同治癸酉重刊本。

〔199〕清·李世禄:《修防琐志》卷四，第103~104页，中国水利工程学会《水利珍本丛书》，1937年。

〔200〕清·黎世序、潘锡恩:《续行水金鉴》第十册，卷一百五十四“江水”引“荆江府江堤旧案”，第3614页，国学基本丛书本，商务印书馆，1937年。

〔201〕清·刘成忠:《河防刍议》，同治甲戌刊本。

〔202〕清·靳辅:《治河方略》，卷十“挑水坝”，中国水利工程学会《水利珍本丛书》，1937年。

〔203〕清·包世臣:《包世臣全集·中衢一勺》，卷一“筹河刍言”，黄山书社，1993年。

〔204〕清·包世臣:《包世臣全集·中衢一勺》，卷二“对坝逼溜以攻积淤，引流归泓以减险工”，黄山书社，1993年。

〔205〕清·包世臣:《包世臣全集·中衢一勺》，卷二“答友人问河事优劣”，黄山书社，1993年。

〔206〕黄河水利委员会选辑:《，李仪祉水利论著选集》，“固定黄河河床先从改除险堤入手

议”，第 178 页，水利电力出版社，1988 年。

〔207〕周魁一:《水利的历史阅读》，“潘季驯治河思想历史地位的再认识”，第 427 页，中国水利水电出版社，2008 年。

〔208〕清·靳辅:《治河方略》，卷十“拦河坝”，中国水利工程学会《水利珍本丛书》，1937 年。

〔209〕清·靳辅:《治河方略》，卷十“堵塞支河法”，中国水利工程学会，《水利珍本丛书》，1937 年。

〔210〕清·翟清廉:《海塘录》，卷六“建筑四”，第 13 页，文渊阁《钦定四库全书》，武汉大学出版社电子版。

〔211〕清·翟清廉:《海塘录》卷首二，第 43 页，文渊阁《钦定四库全书》，武汉大学出版社电子版。

〔212〕水利水电科学研究院:《中国水利史稿》下册，第 217 页，水利电力出版社，1989 年。

〔213〕《钦定大清会典事例》，卷九百二十“工部·海塘·职掌、塘工一”，光绪二十五年石印本。

〔214〕清·李辅耀:《海宁念汛六口门二限三限石塘图说》引“浙江巡抚部院梅奏折”，第 1 页，光绪八年刻本。

〔215〕周魁一:《中国科学技术史·水利》，第 388、392、393、394 页，科学出版社，2002 年。

〔216〕《上海水利志》编纂委员会:《上海水利志》，第 168 页，上海社会科学院出版社，1997 年。

〔217〕清·翟均廉:《海塘录》，卷一“疆域”，第 48、41、50 页，文渊阁《钦定四库全书》，武汉大学出版社电子版。

〔218〕清·林则徐:《林文忠公政书》卷六“江苏奏折”，第 49 ~ 50 页，中国书店，1991 年。

〔219〕清·翟均廉:《海塘录》，卷二十一“艺文四·考”引陈善:“捍海塘考”，第 9 ~ 12 页，文渊阁《钦定四库全书》，武汉大学出版社电子版。

〔220〕《清史稿》卷一百一十六“职官三”，中华书局，1977 年。

〔221〕《钦定大清会典事例》卷九百三十一“工部·水利·各省江防”，光绪二十五年石印本。

〔222〕《钦定大清会典事例》卷九百一十七“河工·考成保固”，光绪二十五年石印本。

〔223〕清·黎世序、潘锡恩:《续行水金鉴》第十册，卷一百五十四“江水”，第 3616 ~ 3619 页，国学基本丛书本，商务印书馆，1937 年。

〔224〕清·傅泽洪:《行水金鉴》第八册，卷一百七十二“夫役”，第 2515 页，国学基本丛书本，商务印书馆，1936 年。

〔225〕清·傅泽洪:《行水金鉴》第三册，卷四十八“河水”，第 692 页，国学基本丛书本，商务印书馆，1936 年。

〔226〕清·傅泽洪:《行水金鉴》第八册，卷一百七十三“夫役”，第 2520 ~ 2521 页，国学基本丛书本，商务印书馆，1936 年。

〔227〕清·靳辅:《治河方略》卷七，第 271 页，中国水利工程学会《水利珍本丛书》，1937 年。

〔228〕清·靳辅:《治河方略》卷二，第 93 页，中国水利工程学会《水利珍本丛书》，1937 年。

〔229〕清·靳辅:《治河奏绩书》卷四“岁修永计”，文渊阁《钦定四库全书》，武汉大学出版社电子版。

〔230〕清·王庆云:《石渠余纪》卷一“纪河夫河兵”，第30页，北京古籍出版社，1985年。

〔231〕清·昆冈、李鸿章等:《钦定大清会典事例》卷九百四“工部·河工·河工经费、岁修抢险一”，光绪二十五年石印本。

〔232〕武同举:《再续行水金鉴》，卷一百四十九，第3915页，水利委员会刊本。

〔233〕清·靳辅:《治河奏绩书－河防述言》卷三“估计”，文渊阁《钦定四库全书》，武汉大学出版社电子版。

〔234〕清·魏源:《魏源集》上册，“筹河篇上”，第366页，中华书局，1976年。

〔235〕周魁一:《中国科学技术史·水利》，第455~456页，科学出版社，2002年。

〔236〕清·徐端:《安澜纪要》卷下，“土方价值”，河署藏版同治癸酉重刊本。

第八章

古代传统防洪工程技术的演进与历史借鉴

洪水灾害是我国最主要的自然灾害之一，自古以来就受到人们的关注。随着社会政治经济的发展，人们运用工程手段防治洪水，改造江河。在与洪水灾害斗争的实践中，对洪水规律和河流演变规律的认识逐渐加深，防洪治河思想与工程技术水平不断提高，并为当今水利实践所借鉴。这些已在总论及各章中有所述及，本章就主要讨论古代传统的防洪理论和经验对当代防洪工程技术和防洪基础学科建设的重要历史借鉴。

第一节　古代防洪基础学科的贡献

古代文献中有大量关于洪水、洪水决溢、防洪工程的历史记载。人们对洪水、泥沙、河流运动的认识，及其防洪工程建设的实践经验，极大地丰富了古代的防洪基础学科——水文学、水力学、河流动力学和土力学。

一、水文学

古代传统防洪技术在水文学方面的贡献主要是对洪水的认识、对水汛的认识、对水溜的认识，并在实践中总结出洪水定量预测的经验，形成了报汛制度。

（一）对洪水的认识

早在公元前3世纪，《吕氏春秋·爱类》中就出现了对洪水的定义，说："大溢逆流，无有丘陵、沃衍平原、高阜尽皆灭之，名曰鸿水。"[1]《尚书·尧典》也用"汤汤洪水方割，荡荡怀山襄陵，浩浩滔天，下民其咨"[2]来描述传说中尧舜时期黄河流域发生特大洪水的形态及其对社会的严重危害。《孟子·离娄下》进一步描述了洪水发生的季节和洪峰陡涨陡落的特点，说："七八月之间雨集，沟浍皆盈；其涸也，可立而待也。"[3]

（二）对河流水汛的认识

中国大部分地区受季风气候控制，降水和水文现象呈现出明显的规律性。先秦时期开始有伏秋大汛的概念，汉代又提出了桃汛。到北宋，人们已经对全年十二个月的黄河水汛涨落有了形象的命名和成因的描述。"黄河自仲春迄秋，季有涨溢。春以桃花为候，盖冰泮水积，川流猥集，波澜盛长，二月、三月谓之桃花水（《从书集成》本'桃花水'作'桃花月'）。四月，陇麦结秀，为之变色，故谓之麦黄水。五月，瓜实延蔓，故谓之瓜蔓水，朔方之地，深山穷谷，固阴沍寒，冰

坚晚泮，逮于盛夏，消释方尽，而沃荡山石，水带矾腥，并流入河，六月谓之矾山水。今土人常候夏秋之交有浮柴死鱼者谓之矾山水，非也。七月、八月，菼乱花出，谓之荻苗水。九月，以重阳纪候，谓之登高水。十月，水落安流，复故漕道，谓之复漕水。十一月、十二月，断凌杂流，乘寒复结，谓之蹙凌水。立春之后，春风解冻，故正月谓之解凌水。水信有常，率以为准。”[4]

这段文字见于元沙克什所著《河防通议·释十二月水名》，该书刊于元英宗至治元年（1321年）。沙克什说明十二月水名取自汴本《河防通议》一书，而汴本《河防通议》为北宋河臣沈立“采摭大河事迹，古今利病，为书曰河防通议。治河者悉守为法”[4]。宋仁宗嘉祐元年（1056年）沈立任职黄河，可见对黄河水汛的系统归纳最迟不晚于11世纪中叶。

《宋史·河渠志》对水汛也有相似的记载：“二月、三月桃华始开，冰泮雨积，川流猥集，波澜盛长，渭之‘桃华水’。春末芜菁华开，渭之‘菜华水’。四月末陇麦结秀，擢芒变色，谓之‘麦黄水’。五月，瓜实延蔓，谓之‘瓜蔓水’。朔野之地，深山穷谷，固阴冱寒，冰坚晚泮，逮乎盛夏，消释方尽，而沃荡山石，水带矾腥，并流入河，故六月中旬后，谓之‘矾山水’。七月菽豆方秀，谓之‘豆华水’。八月菼薍华，谓之‘荻苗水’。九月以重阳纪节，谓之‘登高水’。十月水落安流，复其故道，谓之‘复槽水’。十一月、十二月断冰杂流，乘寒复结，谓之‘蹙凌水’。”并指出：“黄河随时涨落，故举物候为水势之名……水信有常，率以为准。非时暴涨，谓之‘客水’。”[5]由于季节变化和季风气候，物候和水汛这两种自然现象具有相对应的变化规律，但也存在客水“非时暴涨”的异常水情。

用物候来标志水汛，是人们对黄河水文长期观察的经验总结。以物候为水汛名称，不只是表示各汛发生的季节和时间，而且对某些水汛的成因和特性也有深刻的认识。如“矾山水”，农历六月，黄河冰雪消融，水流将含有较多腐植质的表土携带而下，水中带有矾腥气味，故而得名。当时人们掌握了矾山水含有丰富有机肥料的特点，在黄河沿岸进行引水放淤，改良土壤，并在北宋熙宁年间形成高潮。

（三）对河流水势的认识

黄河由于含沙量高，水容重大，河槽冲淤变化剧烈，因此水溜形态各异，对河防工事的危害形式也有所不同。宋代对河势变化产生的险情总结为以下九种[5]：“劄岸”，洪水顶冲堤岸，造成大堤坍塌的险情；“抹岸”，洪水漫溢堤顶的险情；“塌岸”，埽岸朽败，潜流掏刷埽根，造成堤防塌陷的险情；“沦卷”，水漩浪激，造成堤岸损坏的险情；“上展”，河弯处受水顶冲，回溜逆水上壅，造成险工段上游的险情；“下展”，顺直河岸受水顶冲，主溜顺流下注，造成下游的险情；“径窗”，河水骤落，被河心滩所阻，形成斜河，激流横冲堤岸，造成的险情；“拽白”，大水之后，主溜外移，原河滩水浅，露出白色沙滩的险情，或称“明滩”；“荐浪水”，洪涛刚过，涌波继起，危害行船安全的险情。掌握了不同水溜的特点，就可以在紧急的防汛斗争中及时采取针对性的工程措施，取得防汛的主动。

（四）洪水预报

至迟在宋代，人们从实践中总结出洪水定量预测的经验，并在明清时期逐渐

形成了报汛制度。

1. 预报方法

宋代已有根据经验和观察对洪水进行定量预测的认识。《宋史·河渠志》记载了根据初春信水的涨幅，可以预测七八月间黄河伏秋大汛涨幅的方法："自立春之后，东风解冻。河边人候水，初至凡一寸，则夏秋当至一尺，颇为信验，故谓之'信水'。"[5]《河防通议》解释："信水者，上源自西夷远国来，三月间凌消，其水浑冷，当河有黑花浪沫，乃信水也。又谓之上源信水，亦名黑凌。"[6]

明神宗万历元年（1573 年），治河名臣万恭在《治水筌蹄》一书中记载了黄河长期和短期洪水预报的经验。他说："凡黄水消长，必有先几。如水先泡，则方盛；泡先水，则将衰。"[7]即根据洪水初涨时泡沫发生先后的细微征兆，作出短期预报。"及占初候而知一年之长消，观始势而知全河之高下"[7]，则是中长期预报的经验。并说，当年只有在黄河上才有这样的从事洪水预报的"识水高手"。类似的预报方法一直沿用至清初。"顺治初年定分汛防守之法，每岁立春后，东风解冻，候水初至，量水一寸，则夏秋当至一尺，颇为信验。故汛水亦称信水。"[8]

清代依据河心主溜与近岸水流之间的水面高差，预报即将来临的水势大小。《修防琐志》载："听水声之汩汩，知其势之骤来，视中泓之水拥溜急，较两旁之水面必高。河心水高，后水正大，故不可不察也。"[9]用水平（古代水准仪）测量，如河心水位明显高于两侧边溜，可知后水愈大。

2. 报汛制度

古代有自上游向下游的报汛制度。明万历初，万恭在《治水筌蹄》中记载了黄河上的报汛制度："黄河盛发，照飞报边情摆设塘马。上自潼关，下至宿迁，每三十里为一节，一日夜驰五百里，其行速于水汛。"[7]汛情传递采用军情传递系统飞马报汛，可见对报汛制度的重视。当时的报汛是从潼关开始，清代又向中上游延伸。康熙四十八年（1709 年），御批："著行文陕西总督，转行宁夏同知，遇黄河水涨时，将涨水情形作速报知总河、河南巡抚。约二十日即报到，务期预为修防。"[10]宁夏水志位于今青铜峡水库大坝左岸。以后，所报水情又上延至今兰州。不过，黄河洪水多由中游降雨所产生，与上游水情关系较小，因此黄河上游报汛对下游修防的作用不大。直到光绪二十九年（1903 年）引进西方电话用于黄河防汛，报讯通讯才开始步入现代化。

乾隆二十二年（1757 年），淮河上游信阳州属之长台关河口及罗山、息县、固始等县也仿照黄河预报方式，设立水志。一俟涨水，上游即填报滚单向下游传递。"下汛接得此单，即同本汛滚单一并飞递下汛，逐程传递，则驰报不致迟延，而下游得以预备。"[11]

除飞马报汛外，还有羊报制度。乾隆年间诗人张九钺曾作《羊报行》，详记了这种报汛方法。"羊报者，黄河报汛水卒也。……其法以大羊空其腹密缝之，浸以苘油，令水不透。选卒勇壮者缚羊背，食不饥丸，腰系水签数十。至河南境，缘溜掷之。流如飞，瞬息千里。河卒操急舟于大溜候之，拾签知水尺寸，得预备抢护。"[12]嘉庆十三年（1808 年），在永定河上也曾使用皮混沌报汛的方法[13]。皮混沌只能顺水漂流，很难比水流更快而起到预报的作用。

二、水力学

防洪需要兴筑防洪建筑物，从而改变了河流的天然形态，因此在防洪基础学科中，对水的力学特性的认识居重要地位。古代对水静力学和水动力学均有一定的认识，并在防洪工程中应用了静水压力和水工消能。

（一）静水压力在防洪工程中的应用

静水压力往往是导致堤防倾覆的主要外力。在汛期高水位作用下，堤防正面迎受水压而背面无水，土堤和地基容易渗水，形成管涌、流土或漏洞等险情，导致大堤坍塌。

对于静水压力分布的理论认识，尚未见古代论述。只是在明代末年王征翻译的《远西奇器图说》中，提到静水压力的大小与水深有关，而且同一点所受各个方向的压力相等，并举例说明水中闸门面板受力等于由水面斜向下的直角三角形的水体重。

但古代在堤防抢险和堵口合龙施工中，已经会运用静水压力的知识，利用内水压力来平衡外水压力。

在防汛抢险中，通常采用月堤和水戗来平衡外水压力。月堤也称越堤，是在大堤的薄弱堤段修建月牙形土堤，两端弯接大堤。将大堤或基础的渗水积蓄起来，使大堤背面积蓄的渗水压力与迎水面承受的洪水压力相抵，从而抑制险情的发展。最早见于记载的月堤，是北宋真宗天禧三年（1019 年）在滑州天台口修筑的月堤。其后，月堤在黄河缕堤和遥堤的薄弱堤段屡有兴筑。

水戗的原理，清同治年间刘成忠曾有阐述:“水戗云者，不戗以土而戗以水也。”即在大堤后不用土筑戗堤，而是灌水成内塘。“以水搪水，外堤未必再塌。即或塌开，亦无跌塘之势，混茫一片。仍以所放之缺口入河耳，何险之不可保哉!”[14]据《南河成案》记载：乾隆三十三年（1768 年）丰砀厅南岸抢险，“於七月初五日开放水戗，中段塌透，以水抵水，溜势开行。……该处本属险工，自放水戗后，内塘渐已淤平”[15]。利用水戗的内水压力，相当于加大了堤防厚度，抵御外水压力，以保安全。

在堵口合龙施工中，为减轻合龙时上下游水头差过大所造成的施工困难，常采用二坝进堵，利用内水压力平衡外水压力。二坝进堵法最早见于北宋神宗元丰元年（1078 年）曹村堵口，采用王居卿“立软横二埽，以遏怒流”[16]的合龙方法，堵口成功。清代称为二坝进堵法，即在正坝施工的同时，在龙口下游作一月堤形的二坝，正坝与二坝之间的水位将低于正坝上游水位而高于二坝下游水位。由于二坝的托水作用，减小了龙口上下游的水位差，不仅龙口易于堵闭，也有利于龙口处泥沙落淤闭气。

（二）动能与势能的转换

任何静止的水体都具有相对的势能，一旦具备适当的条件，势能将转化为动能，静止的水体产生流动；同样，运动着的水体也可以在一定条件下将动能转化为势能。

早在春秋时期，人们已注意到水流具有动能和势能。杰出的军事家孙武常以

流水比喻用兵之道，说："激水之疾，至于漂石者，势也。" 即从高处流下的迅猛水流，可以冲动河床中的巨石。又说："武之所论，假势利之便也，……而我得因高乘下建瓴，走丸转石，决水之势。"[17]战国末年，吕不韦常用水流运动作为比喻："夫激矢则远，激水则悍"，"决积水於千仞之溪，谁能当者"。[18]春秋战国时期，各诸侯国之间的战争常常利用水体能量的转换以水代兵，积蓄水体的势能，然后决泄，以攻淹敌军城池。

（三）水工消能

水流及涌浪对防洪建筑的冲刷，往往是导致堤防损毁的主要原因。为保证堤防的安全，古代在水工消能方面多有建树。

1. 滉柱消能

滉柱是海塘的一种消能防冲设施。为了减轻潮涌对钱塘江海塘的冲刷，五代时曾在塘外植滉注，即用大木柱钉入塘前海滩，用以消减涌潮的水势。北宋仁宗宝元、康定年间（1038～1041年），有人见钱塘江海塘外滩有许多木桩，便取出用于建筑。但"旧木出水，皆朽败不可用。而滉注一空，石堤为洪涛所激，岁岁摧决"[19]。由此可见，滉柱对海塘的消能防冲作用。

2. 坦坡御浪

将堤坝迎水面做成斜坡形，称为坦坡。北宋仁宗庆历七年（1047年），王安石知鄞县，曾创筑斜坡式石塘，迎水面呈斜坡状，因外形而称为"坡陀塘"。

明嘉靖年间，吴江县沈峃观察湖泊边岸受冲刷的现象，注意到当地称为等低滩的边岸"形如鳖裙，风起浪冲反不坍损。因求其故，站岸壁立，与浪相抗必倾；斜坡不深，随浪相迎不计"[20]。因此，他建议在岸边临水面投掷石块、瓦屑、煤灰，筑成斜坡，可以消浪而保护湖岸不受侵蚀。

清康熙年间，靳辅在论述洪泽湖高家堰斜坡御浪的经验时说："盖水性至柔，而乘风则刚，其板石堵工率皆陡峻，故怒滔撞激，易于崩冲。若遇坦坡，则水之来也不过平漫而上；其退也亦不过顺缩而下。提制水而不能抗水，故虽大水乘风，止于随高逐低，而无怒激之势。水既无怒激之势，故自无冲崩之虞，此乃以柔制刚之道，诚理势所必然者。"[21]于是他建议在高家堰石工临水面修筑坦坡，每堤高一尺，应筑坦坡长五至八尺。他高度评价坦坡在御浪消能、巩固堤防中的作用："始知坦坡之力反有倍蓰于石工者。故障淮（河）以会黄（河）者功在堤，而保堤以障淮者功在坦坡也。"[22]

江浙海塘抵御海潮冲激，由于"沿塘俱属浮沙，潮水往来荡激，日侵月削，塘脚空虚，虽有长椿巨石，终难一劳永逸"[23]，对于坦坡消能尤为重视。康熙五十七年（1718年），浙江巡抚朱轼建议："用前人木柜之法，以松杉宜水之木为柜，长丈余，高宽四尺，横贴塘底，实以碎石，以固塘根。"[23]以后又改用条石砌筑坦水。坦水高可及塘身之半，向外逐渐低下，呈斜坡状。条石之外，又用大木钉桩加固，工程量相当浩大。

3. 坡面植物消浪

利用植物消浪防冲，在战国时期已有应用。《管子·度地》载："树以荆棘，以固其地；杂之以柏杨，以备决水。"[24]五代时期，在海塘迎水面种植植物如芦苇、

灌木等，依靠植物的根系和枝条消浪护滩。宋代重视植树护岸。宋太祖两次下诏，要求沿河州县夹岸种植榆柳及土地所宜之木。

明世宗嘉靖年间（1522～1566年），总河刘天和总结并推广“植柳六法”。靳辅在洪泽湖高家堰堤上植柳御浪，“丛植柳芦茭草之属，俟其根株交结，茂盛蔓延，则虽狂风动地，雪浪排空，不能越百余丈之茂林深草而溃堤矣”[22]。林应训在《修筑河圩以备旱涝以重农务事文移》中也指出，圩岸防冲应于“岸外再筑圩岸一层，高止（圩岸）一半，如阶级之状。岸上遍插水杨，圩外杂植茭芦，以防风浪冲激”[25]。

三、河流动力学

中国河流多泥沙，古代很早就对河流泥沙运动有所认识，并有丰富的理论成果。春秋战国时期对河流泥沙运动有初步的认识，两汉时期对河流泥沙运动的理论认识有突出的进步，经过北宋的发展，至明代后期达到高峰，并在当时居于世界领先的地位。但近几百年，几近停滞不前。20世纪初，近代河流泥沙运动理论由欧洲科学家陆续提出并传入中国，古代对河流泥沙运动的理论认识与近代科学实验相结合，才又得到进一步的发展。

（一）对河流泥沙运动的初步认识

1. 对河流泥沙的观察

古代对河流泥沙的认识起源于春秋战国时期。水流有清浊之分，古人早有记载。《诗·小雅·谷风之什》曰:“相彼泉源，载清载浊。”[26]

战国时人解释河水变浊的原因是河流中含有泥沙:“夫水之性清，土者汩之，故不得清。”[27]《尔雅·释水》进一步解释黄河之所以含沙量高的原因是沿途冲刷狭带了黄土泥沙:“河出昆仑墟，色白，所渠并千七百一川，色黄。”晋代学者郭璞注解说:“潜流地中，汩漱沙壤，所受渠多，众水溷淆，宜其浊黄。”[28]即黄河之浊是由于众支流挟沙汇入所致。

西汉末年，大司马史张戎在阐述治黄方略时说:“河水重浊，号为一石水而六斗泥。”[29]指出黄河最突出的特点是多泥沙，并定量估算了黄河的含沙量占六成。明代，潘季驯也强调:“黄流最浊，以斗记之，沙居其六。”[30]

2. 对河流泥沙运动的感性认识

春秋战国时期，人们已经认识到水流具有动能，可以冲动沙石。老子进一步指出:“浑兮其若浊，孰能浊以止？静之徐清。”[31]是说泥沙随水流运动，河水便浑浊；当水流静止下来，被流水挟带的泥沙随之沉降，河水便逐渐变清。

在春秋战国时期的水利建设中，已应用了水流冲淤的概念。《考工记·匠人》中说:“凡沟，必因水势；防，必因地势。善沟者，水漱之；善防者，水淫之。”[32]是说修沟洫灌溉，要注意水势高下，利用水流冲刷渠道中的淤积；修堤防则要因地势高低，利用水中的淤泥来加厚堤防。明代万恭在河岸筑挑水坝，逼水冲刷对岸河道的积淤，同时使挑水坝岸侧的堤防“渐淤渐厚，是以堤拥堤也”[33]。其后的放淤固堤技术即是利用高含沙水流静止后的淤积来巩固堤防。

东汉初年，王充说:“湍濑之流，沙石转而大石不移，何者？大石重而沙石轻

也。”[34]指出泥沙是否能被流水携带，主要看水流的速度与泥沙的粒径和比重。在水流的冲刷之下，“沙石轻”，所以被冲走；“大石重”，则不能移。

3. 对水流挟沙力的理论概括

西汉末年，黄河频繁决溢，人们积极探索治黄方略，对河流泥沙运动的理论认识上升到一个新的阶段。

王莽时的大司马张戎在阐述治黄方略时说：“水性就下，行疾，则自刮除，成空而稍深。”他指出，流速快就会冲淤，并刷深河床；反之，则会淤积。他认为，由于黄河中游大量的灌溉引水，导致干流水量减少，“故使河流迟，贮淤而稍浅”。如果控制引水，集中水量下泄，“则百川流行，水道自利，无溢决之害矣”[29]。他明确提出了，水流流速与挟沙能力之间存在着正相关的关系，在同一河床中，水量与流速也存在正相关。水量越大，水流流速越大，水的挟沙能力也越强。他这里提出的是最早的河流挟沙力概念精辟的定性表述。

宋代汴河淤积严重，王安石认为：“诸陂泽沟渠清水皆入汴，即沙行而不积。自建都以来，漕运不可一日不通，专恃（黄）河水灌汴。诸水不得复入汴，此所以积沙渐高也。”[35]他指出，为了通漕，以高含沙量的黄河水济运，清水不能入汴，所以淤积严重，从而阐明了清水的挟沙力大、泥沙不致停积的概念。

4. 对河谷平原成因的认识

水流挟沙运动是水流对泥沙的搬运作用。北宋科学家沈括指出，以黄河为首的华北诸河多浊流，河水所挟带的泥沙都是上中游被冲蚀的土壤，而华北平原正是河流挟带泥沙逐渐淤淀所形成的。“所谓大陆者，皆浊泥所堙耳。”[36]他举例，舜杀治水失败的鲧于羽山，羽山当时在东海，现在大陆，以此为证明。沈括还认为，浙江温州的雁荡山诸峰挺立，“原其理，当是为谷中大水冲激，沙土尽去，唯巨石岿然挺立耳”[36]。

（二）宋代对黄河河床演变规律的认识

北宋时期，黄河频繁决溢改道，治河兴役成为朝廷的头等大事，朝廷大臣纷纷议论治河大计，一些治黄方略中包含了对黄河河床演变规律的科学认识。

1. 北宋欧阳修对黄河河床演变规律的认识

北宋仁宗至和二年（1055 年），翰林学士欧阳修在治河奏疏中说：“河本泥沙，无不淤之理。淤常先下流，下流淤高，水行渐壅，乃决上流之低处，此势之常也。然避高就下，水之本性，故河流已弃之道，自古难复。”[5]是说，像黄河这样高含沙量的河流，下游淤积是普遍规律。河床淤积，水流壅高，导致上游低处决口。淤积常自下游开始，并逐渐上移；河道一旦淤塞废弃，很难恢复。

他还举出横陇决口后河床淤积情况加以说明。景祐元年（1034 年），黄河在澶州（今河南濮阳）横陇埽决口，形成新河道。此后十年间黄河无大患。至庆历四年（1044 年），横陇河道先自海口淤积一百四十余里，其后淤积渐次上移至黄河下游的游、金、赤三条支流。由于下游河道梗阻，庆历八年（1048 年）黄河在上游澶州商胡埽决口[5]。

欧阳修对黄河河床演变规律的解释是符合水流挟沙理论的。实际上，新河道形成之初，水流与河道比降基本适应，河床相对稳定。随着河道泥沙输送入海，

在海口逐渐淤积，河道比降变缓，淤积势必向上游发展。

2. 北宋苏辙对黄河河床演变规律的认识

苏辙对多沙河流淤积、决口和河道迁徙规律有更明确的表述。哲宗元祐三年（1088年），在反驳将黄河从北流改回东流故道的主张时，翰林学士苏辙说："黄河之性，急则通流，缓则淤淀。"[37]元祐六年（1091年），他进一步指出："臣闻大河流行，自来东西移徙，皆有常理。盖河水重浊，所至辄淤。淤填既高，必就下而决。以往事验之，皆东行至泰山之麓则决而西，西行至西山之麓则决而东。向者，天禧之中，河至泰山，决而西行，于今仅八十年矣。自是以来，避高就下，至今屡决。始决天台（天禧三年，1019年），次决龙门，次决王楚（天圣六年，1028年），次决横陇（景祐元年，1034年），次决商胡（庆历八年，1048年），及元丰之中，决于大吴（元丰三年，1080年）。每其始决，朝廷多议闭塞，令复行故道。故道既高，复行不久，辄又冲决。要之水性润下，导之下流，河乃得安。是以大吴之决，虽先帝天锡智勇，喜立事功，而导之使行，不敢复塞。兹实至当之举也。……自来河决，必先因下流淤高，上流不快，然后乃决。然则大吴之决，已缘故道淤高，今乃欲回河使行于此，理必不可。"[38]

苏辙列举宋代决口地点变化的事实，进一步阐述了河道淤积先下游，后上游，再下游的循环规律。同时指出，由于决口后泛区淤积，地形渐高，导致再决口时下游河道和泛区位置的迁移，这种迁移在大范围上还具有往返摆动的规律。这些科学认识，已为现代泥沙研究所证实[39]。

3. 北宋对黄河河滩河槽淤积规律的认识

北宋哲宗元祐年间在黄河回流的讨论中，范百禄等官员多次视察黄河，对黄河滩河槽淤积有较细致的观察，对河床底坡、流速、淤积之间的关系有进一步的认识。在元祐四年（1089年）的一份报告中，范百禄这样描述："河遇平壤滩漫，行流稍迟，则泥沙留淤；若趋深走下，湍激奔腾，惟有刮除，无由淤积。"[37]即大水时，洪水由主槽漫淹河滩，由于河滩阻力较大，水浅流缓，于是加重了淤积。而对于河床的主槽来说，由于主流所趋，水流湍急，往往对主槽形成冲刷，而不致淤积。范百禄的认识是对黄河"大水淤滩，小水淤槽"这一规律的最早表述。

（三）明代潘季驯治河方略的理论贡献

明代前期，黄河河道摆动频繁，黄河治理以"治河保漕"为原则，治河以"分流杀势"为主，以解决黄河干流行洪能力不足的矛盾。但分流治河却加剧了黄河主槽和各支泛道的淤积，造成河道混乱，河患愈演愈烈。明代后期，潘季驯提出"束水攻沙"和"蓄清刷黄"的治河理论体系，使古代对河流泥沙运动的理论认识达到了新的高峰。

1. "束水攻沙"方略的贡献

嘉靖四十四年（1565年）至万历十六年（1588年），潘季驯先后四任总河。他在治河实践中紧紧把握住黄河多沙善淤和洪水暴涨暴落的水文泥沙特征，提出"筑堤束水，以水攻沙"的治黄方针，并付诸工程实践，把几千年来治黄单纯治水的主导思想转变到注重治沙、沙水并治的轨道。这一转变标志着对黄河下游演变规律更深的认识和治黄思路的新进展。

潘季驯实现“筑堤束水，以水攻沙”治黄方略，所采用的主要工程措施是在黄河干流兴建双重堤防。即在河道中临近常年行水河槽两侧修筑缕堤，用以缩窄洪水期的河床断面，增大主河槽的流速，提高水流的挟沙能力，利用中小洪水刷深主河槽；在远离河槽的河滩地上远筑遥堤，用以防范大洪水的漫溢，洪水落淤后还可以淤滩固堤。缕堤主要解决流速与冲沙之间的矛盾，遥堤主要解决河床容蓄能力与洪水量之间的矛盾。

潘季驯在治河实践中逐渐认识到，实行“束水攻沙”的关键并不在于缩窄河槽，而在于固定河槽，因此他又提出“束水归槽”的思想。他对遥堤“束水归槽”作用的解释是:“堤能束水归槽，水从下刷，则河深可容。故河上有岸，岸上始有堤。平时水不及岸，堤若赘旒。伏秋暴涨，始有逾岸而及堤址者，水落复归于槽。”[40]遥堤虽不能直接束水攻沙，“平时水不及岸”，遥堤如同摆设、装饰、点缀。但当“伏秋暴涨”，洪水漫滩时，可防洪水泛滥；洪水骤落时，河滩水浅流缓，泥沙淤留岸滩，含沙量降低后的“水从下刷，则河深可容”，依然能够起到刷深河床的作用。这也符合黄河“大水淤滩”的规律。

潘季驯在工程实践中总结出“淤滩固堤”之法，又将治沙由“攻沙”进一步发展为“用沙”。“水进则沙随而入，沙淤则地随而高。”[41]洪水暴涨时，水流的挟沙能力增大，将泥沙引到河滩或堤后；洪水骤落时，水浅流缓，泥沙淤留岸滩或堤后，对减少主槽淤积、淤高滩地、巩固堤防作用显著。

2. “蓄清刷黄”方略的贡献

潘季驯束水攻沙治理黄河，将黄河下游河道固定于徐州以下泗水故道经清口入淮入海，清口成为黄河、淮河、运河交汇之处。由于黄河水位的顶托，清口淮河出水日渐不畅，运河与黄河交会处不断被泥沙淤塞，黄水倒灌，汛期常决开洪泽湖堤防，夺路东去，清口及清口以下至云梯关的黄淮入海尾闾严重淤积。潘季驯针对这一情况，提出了“逼淮入黄，蓄清刷黄”的治理方针。

潘季驯的“蓄清刷黄”是将淮河之清水汇入多沙之黄河，用清水稀释浑水，降低河流的含沙量，增大挟沙能力，冲刷清口泥沙的淤积。因淮河小于黄河，原不敌黄，“逼淮入黄”是逼淮河以全河之水汇入清口，在这一局部地区敌黄刷黄。潘季驯“逼淮入黄，蓄清刷黄”的主要工程措施是大修高家堰大堤，严防淮水东溃，以保证黄淮合流，冲沙入海。

潘季驯的“筑堤束水，以水攻沙”方略主要解决清口以上河道的淤积问题，“逼淮入黄，蓄清刷黄”方略则主要解决清口及清口以下至海口的黄淮尾闾淤积问题。清代河道总督高斌对此评价说:“筑堤障水，逼淮注黄，以清刷浊，沙随水去，此理之不易者也。”[42]

3. 近代河工模型试验的验证

潘季驯的“束水攻沙”、“淤滩固堤”、“蓄清刷黄”理论虽然仅限于定性的认识，尚缺乏定量的分析，但仍为近代河工模型试验所验证。

德国著名河工专家、河工模型试验创始人恩格斯（Hubert Engels，1854～1945年）主张黄河治理应固定中水河槽。1932年6～10月，恩格斯应中国政府之请，在德国采用直线型河槽进行了第一次黄河下游动床模型试验。试验结果表明:“窄

堤河槽对于泥沙之顺流移动，较宽堤河槽为适宜。但宽堤之特点，在含沙量较少时，泥沙之间横里移动加多，故滩地之淤高亦远胜于窄堤。”[43]验证了潘季驯的缕堤（即窄堤）有利于冲深河槽，遥堤（即宽堤）有利于淤高滩地。1934 年，恩格斯受“中华民国”全国经济委员会委托，又采用“之”字形河槽进行第二次黄河下游动床模型试验，也验证了第一次试验的结论。图 8－1 为 1934 年德国黄河动床模型试验场图。

图 8－1　1934 年德国黄河动床模型试验场图[44]

试验之后，恩格斯从近代水利科学的角度分析潘季驯的治黄方略，说:“依潘季驯原意，此项缕堤乃在寻常水位时作为固定河道之用者。似此之工事，如此之使用，其性质已不能以堤或坝视之，而应看做固定中水河道之护岸工事。……潘氏分清遥堤之用为防溃，而缕堤之用为束水，为治导河流之一种方法，此点实非常合理。”[43]

潘季驯的“束水攻沙”、“淤滩固堤”、“蓄清刷黄”在河流动力学理论上的贡献，为近代河工专家所称道；其所代表的我国河流泥沙运动力学的理论成就，在16 世纪位居世界前列。但潘季驯的理论毕竟还只限于定性的认识，缺乏定量的分析，并受当时工程技术水平的限制。因此，作为他实现其治黄方略所采用的主要工程措施——建立黄河干流堤防体系，虽能发挥一定的作用，却不能达到他所预期的效果。

（四）明清时期对黄河河床演变规律的认识

明清时期，对黄河河床演变规律的认识又有新的进展。清代虽然治河方略并无建树，但由于泥沙淤积日益严重，人们对黄河的河道特性，特别是河流行水规

律和泥沙淤积规律，有了进一步的认识，这对研究黄河河势的变化有重要意义。

1. 对黄河下游弯曲特性的认识

自西汉末年起，黄河在今河南滑县至濮阳区间明显地表现出大幅度的摆动。明隆庆年间，万恭对此有形象的描述。他认为："水之不可使直，犹木之不可使曲也。……若恶其扫湾，必导之使直，是欲直肠从胃管达膀胱也。……故大智能制河曲，不能制河直者，势也"[45]。

对黄河这种弯曲游荡的特性，清乾隆年间彭廷梅解释为下游河床冲淤变化的结果："我闻黄河九曲曲曲湾，东湾西滩湾对滩。滩长一尺沙，湾深一尺洼。"[46]清光绪初年，朱采进一步指出，这种弯曲游荡是在特定的水沙条件下河道自然演变的结果。"乃水性地势之必然，非人力所能参也。大清河本无甚大湾，自黄流阑入，而湾曲至不可胜计。"[47]

2. 对黄河河道特性的进一步认识

明嘉靖中期，河官刘天和指出黄河容易引起淤积的几种情况："河水至浊，下流束隘停阻则淤，中道水散流缓则淤，河流委曲则淤，伏秋暴涨骤退则淤。"[48]是说黄河多泥沙，下游河道束窄容易阻水淤积，中游分水流缓容易淤积，河道弯曲容易淤积，伏秋大汛洪水暴涨骤落容易淤积。他认为这些是黄河河道往返摆动的主要原因之一。近代水文测验也证实了刘天和的观察结论，发生在洪峰消退过程中的"伏秋暴涨骤退则淤"，造成了黄河河道的严重淤积。

万恭从水沙特性方面作了进一步的阐述："夫水之为性也，专则急，分则缓；而河之为势也，急则通，缓则淤。若能顺其势之所趋，而堤以束之，河安得败?"[49]

清仁宗嘉庆年间（1796～1820年），河道总督康基田指出："河中溜势迁转不一，随水之大小而易其方，不可不权其变。如水小归槽，水大走滩，水之常情也。"又说："水小力聚于上湾，水大力猛，……则其力在下湾。"[50]"水小归槽，水大走滩"和"水小力聚上湾，水大力在下湾"的这一认识，对整治河势和修筑防洪工程，具有重要的参考价值。

3. 黄河入海口延伸对下游河床影响的理论分析

清宣宗道光初年（1821～1825年），阮元在《黄河海口日远运口日高图说》中详细阐述了河道延伸与黄河河床抬高之间的关系。指出："乾隆初年之海口，非康熙初年之海口矣。嘉庆初年之海口，非乾隆初年之海口矣，盖远数百里矣。"[51]他认为，由于黄河挟沙入海沉淀于海口，"愈积愈多，愈垫愈远"，以致海岸线逐渐向海中延伸。

他指出，由于海口外移，河道延伸，河床也不断抬高。他分析说："夫以愈久愈远之海口，行陕州以东之黄水，自中州至徐、淮二府，逐里逐步，无不日加日高，低者填之使平，坳者填之使仰，此亦必然之势也。"[51]也就是说，黄河出山陕峡谷一端和海口另一端的高程是相对固定的，随着海口不断向外延伸，河流纵比降变缓，河流输沙能力相应降低，下游河床逐渐淤高。由于侵蚀基点向海中延伸，打破了原来的冲淤平衡，泥沙淤积将使河床低者抬高，洼者补齐，从而达到新的平衡。他认为，这正是清口淤垫、黄高于清、运口日高的根本原因。他还绘图说

明了自己的见解（见图8－2）。

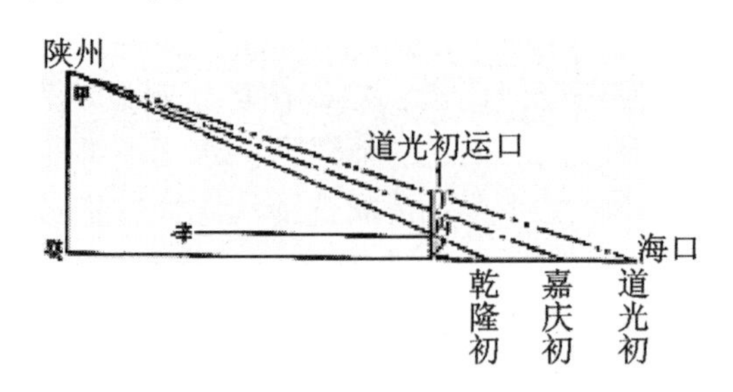

图8－2　黄河海口日远，运口日高图[51]

因此，他反问道:“运口昔日清高于黄，今常黄高于清者，岂非海口日远之故乎?”[51]根据现代河流动力学理论，河床在输送水沙过程中需要实现能量平衡，随着河道的不断延伸，要自下而上地不断调整自己的坡降，从而逐渐抬高河床。

阮元的理论分析与近代地理学所总结的河流运动规律相一致，也和黄河实际演变情况相符合。当代学者徐福龄先生在《黄河下游明清时代河道和现行河道演变的对比研究》一文中，引用江苏省水利厅等方面的研究资料，编制的“明清故道河口延伸情况统计表”[52]，也印证了阮元的结论，说明河口延伸与相应时代河床淤积的情况相一致。

阮元还认为：河流比降、陕州的高程、陕州至海口的水平距离三者的关系，是直角三角形的弦和勾、股的关系。泥沙淤积的趋势是必欲使河流比降成为直线，使入海距离最短，输沙力最大。因此，“盖测天测地，未有勾股直而弦曲者，亦未有大股已加长改位，而弦不加长改位者”[53]。

（五）河流动力学理论的应用

古代河流动力学理论应用较多的是，在多泥沙河流里采用锯牙束水冲沙或筑堤束水攻沙，以及借助水力的河道疏浚器具，均已如前述。本目仅以都江堰飞沙堰利用弯道环流侧向排沙、对多沙河床中巨石运动规律及对海宁、海盐潮流动力学现象的认识为例，说明古代河流动力学理论的应用。

1. 都江堰飞沙堰应用弯道环流侧向排沙

都江堰的飞沙堰在历史上首次利用弯道环流，在推移质泥沙含量较大的岷江成功地实现了侧向排沙。

岷江是长江上游的一条重要支流。岷江上游地处四川西部青藏高原东南缘，山高坡陡，水流湍急，降水量年内分布不均，夏秋洪水暴涨，上游水流挟带大量的悬移质和推移质。1955年才开始有泥沙测验资料。据四川省水利水电勘察设计院1989年《都江堰总体规划报告》的资料，岷江上游多年平均推移质输沙量为150万吨~200万吨[54]，为推移质泥沙含量较大的河流。

秦昭襄王五十一年（公元前256年），李冰在岷江上游出山口主持兴建了都江堰。《水经注·江水》载:“江水又历都安县（今四川都江堰市），李冰作大堰于此，壅江作堋，堋有左右口，谓之湔堋。……俗谓之都安大堰，亦曰湔堰，又谓之金堤。”[55]唐代又称楗尾堰，宋代始称都江堰。岷江主流至都江堰鱼嘴处被一分为二，左侧水流进入内江，右侧水流进入外江。为了减少进入内江的卵石泥沙，在内江

右岸鱼嘴下游设立了飞沙堰向外江排沙（见图8－3）。

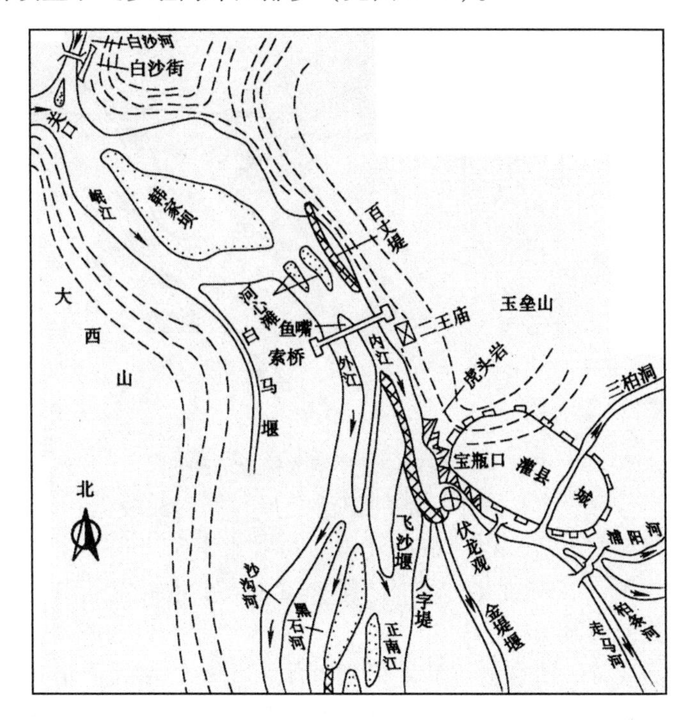

图8－3　都江堰渠首河段和飞沙堰形势图[44]

旧说飞沙堰是唐代修建的侍郎堰，宋元人仍称侍郎堰，后因其有排沙作用，改称飞沙堰。现为长一百八十米、竹笼装石砌成的低堰。《元和郡县图志》记载了竹笼装石的结构形状："破竹为笼，围径三尺，长十丈，以石实中，累而壅水。"[56]

岷江水流进入内江后，沿着凹曲的左岸运动，形成一个曲率半径约为八百米的弯道。飞沙堰正是利用了这段弯曲河床形成的弯道环流进行排沙。在弯道水流中，由于离心力的作用，河水在凹岸一边的水位高于凸岸一边的水位，因此在河床横断面上形成了左右岸的水位差。同时，由于水流的纵向流速从水面向河底逐渐减小，因而不同水层的水体在做曲线运动时，所要求的向心力大小不一样，这又加强了底部水流进一步向凸岸方向移动，由此造成底层水流向凸岸、表层水流向凹岸的横向环流。横向环流与纵向水流迭加在一起，便构成了弯道中的螺旋流。螺旋流导致水流的横向流动和泥沙的横向搬运[57]。弯道螺旋流横向输沙示意图见图8－4。

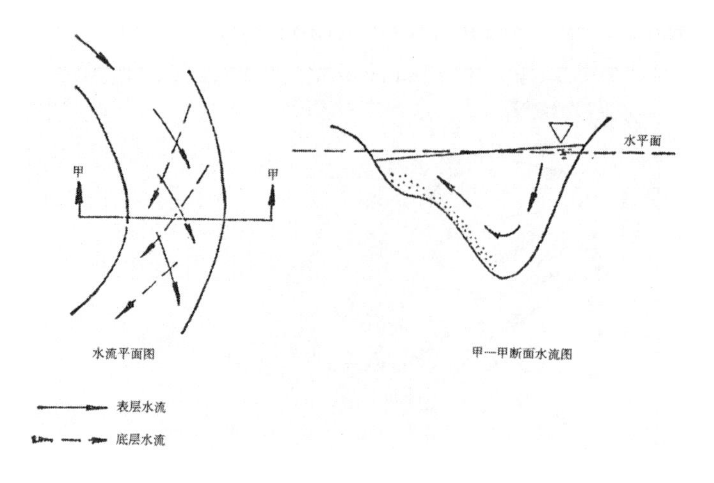

图8-4　弯道螺旋流横向输沙示意图[58]

都江堰的飞沙堰设置在这个弯道的下游凸岸，高程又较低。因此在大水期间，飞沙堰不仅可以侧向溢流，以保证内江宝瓶口进水不至于过多，而且利用弯道水流的横向输沙作用，可以加大飞沙堰的排沙量，减少进入宝瓶口的砂卵石，减轻灌区和凤栖窝处的清淤负担。

实测资料表明，飞沙堰的飞沙效果随着岷江流量的增大而增加。当岷江水量达到1600立方米/秒时，飞沙堰的分流比为40%，飞出的卵石占70%左右。当岷江流量超过2200立方米/秒时，飞出的卵石接近80%。飞沙堰飞沙的能力惊人，1966年竟有一块重约2.8吨的混凝土块越过飞沙堰顶，停留在下游坡上，可见飞沙堰对减少灌区淤积的作用之大[59]。

都江堰工程历代遵循"深淘滩，低作堰"的六字诀，已成功运用了二千多年。"深淘滩"是指每年春天要按照经验高程，疏浚都江堰鱼嘴前面凤栖窝一带的内江河床。淘滩的标准，明正德年间规定，疏浚沙石至河底埋设的铁锭为准。"低作堰"是强调要控制飞沙堰的高程。《宋史·河渠志》记载了飞沙堰堰顶高程的控制。"离堆之趾，旧镵石为水则，则盈一尺，至十而止。水及六则，流始足用，过则从侍郎堰减水河泄而归于江。岁作侍郎堰，必以竹为绳，自北引而南，准水则第四以为高下之度。"[60]宋代在离堆岩壁上有观测水位的"水则"，共十划，每划一尺。超过六划，多余的水就要由飞沙堰排到外江。每年岁修时，都要用竹绳比量高低，将飞沙堰堰顶高程控制在四划。近代的经验一般规定飞沙堰堰顶高程只需高出河床两米左右，以免影响飞沙堰的排沙效果[59]。

都江堰"深淘滩，低作堰"六字格言不仅在渠首飞沙堰处应用，历史上都江堰下游渠系各分水口，都是由不同规模的分水鱼嘴组成，同样利用了河床弯道进行排沙，以减少引水口下游的淤积。

2. 对多沙河床中巨石运动规律的认识

清乾隆嘉庆年间的著名学者纪昀（1724～1805年）在《阅微草堂笔记》中记载了这样一个故事：河北沧州南临河有座寺庙，山门坍塌，门前二石兽沉于河中。十余年后，寺僧募金重修寺庙，到河中寻找石兽而未得。石兽沉于沙质河底，是向下游移动，是向河底沉降，还是向上游滚动？寺僧据常理推断，认为石兽会顺

流而下，便乘几只小船，曳铁钯，向下游打捞了十余里仍未见踪迹。一讲学家讥讽众僧"尔辈不能究物理"，说："石性坚重，沙性松浮，湮于沙上，渐沉渐深"，应原地深挖。一老河兵闻之，笑言："凡河中失石，当求之于上流。"他进一步分析了石兽在河底向上游滚动的原因："盖石性坚重，沙性松浮，水不能冲石，其反激之力，必于石下迎水处啮沙为坎穴。渐激渐深，至石之半，石必倒掷坎穴中。如是再啮，石又再转。转转不已，遂反溯流逆上矣。"[61]寺僧果然在上游数里外寻得沉落的石兽。

老河兵长年累月在河道上观察，有丰富的河工经验。他对巨石在沙质河床上运动规律的认识为现代泥沙运动模型试验所证实[62]。试验石块沉在试验水槽的底沙之上，在石块上游底部会产生回流，冲刷底沙，形成冲坑。冲出之底沙大多被水流冲走，少部分堆积石块后部，形成沙唇，当冲坑扩大到足够大时，石块失去平衡，向前倾倒至冲坑中。如此循环反复，经过一段时间以后，石块便"反溯流逆"而上了。

3．对潮流动力学现象的认识

清康熙年间，钱塘江砌石海塘从海盐向海宁延伸，但新修海塘一遇潮浪冲击就坍塌，这引起了人们对潮浪运动形态的关注。

海宁人陈讦对海宁和海盐两地的潮浪水动力形态和海岸地理条件进行了认真的考察。他在《宁盐二邑修塘议》中阐述了二者的差异："潮有横冲、直冲之异；地有软沙、硬沙之别。其横冲而沙软者，患在脚根搜空，虽有极坚极固之塘，不能存立。"[63]海宁段钱塘江潮是由岸下"横冲而过"，对海岸产生横向冲刷。潮头过后，"长水停蓄，日渐淤积"，滩涂可达三四十里。潮涌再至，势如山崩，顷刻间"荡为浊流，杳无迹影"。而海盐则因南有秦驻山，北有乍浦山，海岸"近山多硬，不坍不涨"，独东面受大海潮流的对冲，"潮流之来，一冲一吸"，"其冲也，固有排山之势；而其吸也，亦有拔山之力"[63]。

基于上述对潮浪运动规律的认识，陈讦提出海塘塘体与基础要考虑海潮动力和地质特点。他强调："海盐之塘讲之甚精，即须极大之厚石。而其取材也，不可头大头小；其叠砌也，不用石块垫衬；其程式也，必方方相合，面面相同。"[63]即海盐海塘应重视塘身，以庞大坚固的塘体来抵挡巨浪的冲击，海塘的砌筑要特别讲究砌石的取材和砌法。而海宁海塘则应特别重视塘基，作为保护塘基的主要工程——坦水应尽可能长，使海塘基础向滩涂延伸。他建议："海宁之塘必于塘脚之外，沙土之中，砌出十有余丈，以固其根。"坦水的形制则为："近塘稍高，渐远渐深，既御潮来之所冲刷，并护塘根可坚久矣。"[63]

四、土力学

早在西周时期，堤防已普遍兴筑，并逐渐成为防洪的基本手段。春秋战国时期，拦河筑坝用于水攻，后广泛应用于防洪与灌溉。古代对土料物理力学性质的认识和施工中的土力学知识，在大量的堤坝建设实践中得到不断的积累和发展。

（一）对土料工程特性的认识

1．对天然土料性状的认识

天然土料是古代防洪工程应用最多的材料，古代早就积累了对天然土料性状的丰富认识。在《尚书·禹贡》《管子·度地》《周礼·职方氏》等古代文献中，都有对土料物理性质的描述。

春秋战国时期已认识到，秋季土壤含水量较大，“濡湿日生，土弱难成”，不宜筑堤。冬季冻土含水量不均匀，取土困难且难以捣实，“土刚不立”，也“不利作土功之事”。只有春季，土料的含水量比较适宜，是筑堤的好季节[64]。

宋代，对修建防洪工程时选择适宜土料的重要性概括为:“夫治水者必知地理形势之便，川源通塞之曲，功徒多少之限，土壤疏厚之性，然后可以言水事矣。”[65]把选择适宜土料的重要性提到和地理形势、水道通塞、工程量大小同等重要的程度，作为治水者必须掌握的情况。《河防通议》还按土的颗粒由细到粗排列，把黄河下游的土分作：胶土、花淤、牛头、沫淤、柴土、捏塑胶、碱土、带沙青、带沙紫、带沙黄、带沙白、带沙黑、沙土，活沙、流沙、走沙、黄沙、死沙、细沙等多种，并注明其工程特性。指出，活沙、流沙、走沙“此三等活动走流，（筑堤）难以成功”。而对胶土的工程物理性质则有较好的评价:“若先见杂草荣茂，多生芦茭，其下必有胶土。”[65]

明清时期对土的物理性质认识更加细致。明代徐光启在《农政全书》中列举了常熟县地势较低的地区有乌山土、灰萝土、竖门土三种土难于施工。乌山土适于作物生长，但“湊理疏而透水，以之筑岸易高，以之障水不密”，透水性强，工程性质不好。灰萝土“握之不成团，浸之则漫漶”，不能筑堤挡水，即使用力夯筑也不会坚固。而竖门土“其性不横而直”，纵向渗透严重。在建筑中遇到这三种土，“必从岸脚，先掘成沟，深三尺，或用潮泥，或取别境白土实之，然后以本土筑岸其上，方为有用”[66]。由于施工困难，在这类地区修建堤岸，要额外增加工款。

《中国河工辞源》是近代主要依据清代河工著作编成的辞书。在土质一节，按土的工程性质大致分为淤土、沙土、黄土等几大类。各大类又按土性的不同有细致的划分，如淤土分成十三种，沙土类分为二十种。对各类土的物理性质及其工程应用都有详细的说明[67]。

淤土类有新淤土、老淤土、硬淤土、胶泥等。新淤土“性极燥烈。滩面结二三分厚之土皮，张裂缝道，而成土块。此项土料用以筑堤，须防走漏；用以压埽，虑有腰眼之病”。老淤土则为“远年老坎被淤之胶土也。性颇柔软，筑成堤坎等工异常坚实，无新淤土各种弊患”[67]。硬淤土即坚硬如石的胶土，筑堤夯实，仍难免集中渗漏，但如在其中掺水，趁半干半湿时夯实，则干燥以后不亚于三合土。胶泥含水量较大，能和其他材料较好地融合，用于筑堤坝和作为草埽的填充物都理想；对沙土堤，如能用胶泥封顶，还有明显的防止风雨侵蚀的作用。

沙土类，性质相差甚远。流沙有干湿之分，由于颗粒很细，无粘着力，极易流失，不适于筑堤，开挖河道遇此沙更为困难。即便勉强用以筑堤，既怕风吹，又怕雨淋。淖沙又称陷沙，沙性轻浮，含水较多，表面似已硬结，但人踏即陷，非躺倒滚翻难以摆脱，挖河遇此沙，尤难施工。翻沙表面有形如乳头的沙堆，中有小眼冒水，如开挖此土，“此挖彼长，朝挖暮起”[67]，最难对付。含有较多壤土

之沙土，虽不耐风雨剥蚀，但较其余沙土好，还可使用。

2. 土料掺和使用的实践

由于单独一种土往往有某种缺陷，古代在实践中常以两三种土掺和使用，最常用的是三合土，即由石灰、沙和黄土混合而成。石灰在古代主要是由煅烧石灰岩、礓石和贝壳得到。石灰浆起胶结作用。因石灰浆（氧化钙）接触空气后，吸收二氧化碳，而凝固为碳酸钙，可增强灰浆凝结后的力学强度。沙是石灰浆中的骨料，有沙骨料支撑，灰浆易于接触空气而迅速凝聚，同时也可减轻灰浆凝聚、体积收缩时出现裂缝。

清代末年，永定河河工研究所的教学讲义《河工要义》，详细介绍了三合土在修建建筑物地基、制作灰浆，以及用作石工建筑灌浆等方面的广泛应用。其中，用以砌筑石堤、水闸、坝工、桥梁地基时称为灰步土。灰步土的施工是堆敷三合土一尺，夯筑至七寸乃实。用石灰、沙土和糯米汁拌和而成的灰浆，可用作砌石的粘合剂。石灰掺和黄土作成灰浆，可灌注石工缝隙，以提高建筑物整体性，加强其强度和抗渗性。灌浆时石灰浆中掺加黄土，是因为黄土“粘连性质不亚于胶土，而柔软细腻与夫晾干速度，实有过之而无不及”[68]。

《修防琐志》称，筑堤应用三合土最好。但大型堤防只能就近取土，或用性质可以互补的两种土料掺混修筑。而当堤土渗透性较强时，也可用三合土在堤中筑砌防渗体。在广东潮汕一带的防渗体称作灰离，至今该地区仍保留着许多有二百多年历史的古筑灰离。筑灰离是在筑堤时在堤中用木板为模，以贝壳灰掺和一定比例的河沙，填筑夯实，作为防渗体。有人曾对现存的古灰离土进行土力学试验，其耐压强度达50千克/平方厘米[69]。

（二）堤坝施工中的土力学问题

由于土料有孔隙，在防洪工程建筑中容易透水和变形，从而发生地基及土体的渗透、变形、沉降和失稳等土力学问题。因此，古代在防洪工程的基础处理、边坡选择、土料含水量控制、堤身夯筑等方面积累了丰富的经验。

1. 土料含水量的控制

春秋战国时期，人们已经认识到土料含水量对堤防填筑质量的影响，以及在不同季节土壤含水量的差异及其与施工质量的关系：“春三月，天地干燥，水纠裂之时也。山川涸落，天气下，地气上，万物交通，故事已，新事未起，草木荑，生可食。寒暑调，日夜分。分之后，夜日益短，昼日益长，利以作土功之事，土乃益刚。”[64]指出夏历“春三月”是堤防施工的最好时机。这个季节“天地干燥”，土料的含水量比较适宜，“土乃益刚”，容易保证施工质量，正好利用农闲时节施工。而其他季节则“不利作土功之事”。“秋三月”，土壤含水量大，不宜夯筑。“冬三月”，取土困难，冻土含水量不均匀，难以捣实。

由于施工时土料含水量并不一定适宜，通常要加水或晒晾。明代刘天和指出：施工土料“必干湿得宜。燥则每层需用水洒润”[70]。潘季驯则指出，如果不得已要选用淤泥等含水量过大的土料，“第须取起晒晾，候稍干，方加夯杵”[71]。

清代对施工土料干湿度的调节方法已有一定的经验：如土料太干，须直接在土料上洒水，或在堤边挖沟坑，用水润湿土料。如施工场地缺少水源，则须剥去

表层土，用二锨以下的潮润土[72]。由于土料块体大小也影响到其湿润程度，清代强调，筑堤时坯土宜用润泽散土；新加土料，要将大块土料劈碎如鸡蛋大小，再洒水使土料泡透，晾晒后使用。

2. 堤坝的防渗与抗滑稳定

对适宜含水量的土料必须夯实，以增加土体的紧密度和干容重，从而保证堤坝抗倾覆的稳定性和抗渗透的能力。

《管子·度地》在记述民工需要准备修河筑堤的工具时提到了“版筑”。即修堤时立模板，用人力捣实。唐代修筑黄河堤还在使用版筑法，以后土堤夯筑已不再使用版筑，而直接在堤面上逐层夯筑。分层夯筑质量的关键在于每层厚度不能太大，即为“薄坯”。每层厚度的控制，根据工程规模、夯筑工具的种类和重量不同而有所不同。

江南圩田堤埂一般较矮，施工一般多用杵捣。因此，明代认为:“法如岸高一丈，其下五尺分作十次加土，每加五寸筑一次。上五尺乃作五次加土，每次加一尺筑一次。”[66]由于圩堤下部常淹水，质量要求较上部高，因而下部夯筑要求也严格。珠江三角洲的基围还有一种称为“牛练”的夯筑方法。用大水牛践踏堤面，一人牵三头水牛为一组，称作一手。由于水牛体重，牛脚旋压，踩练的堤土至为坚实。

黄河大堤工程量大，每层土料要比圩堤多，对夯筑工具的重量和夯筑密实程度的要求也高。古代土工夯筑主要依靠人力，清代筑堤常用的夯筑工具有硪、夯、杵等。清康熙三十九年（1700 年），总河张鹏翮制订的《治河条例》对黄河堤防夯筑提出了明确的要求[73]。不过，在施工中，由于各河段土料不同，夯筑工具和重量有差异，具体掌握也有所差别。大堤夯筑质量的关键在于每层土料厚度不能太大，清代规定“每坯以虚土一尺三寸，打成一尺为式”[74]，并对每层上土量，特别是两个工段之间的衔接部位加强督促检查。

掌握堤防横断面的合理形状以及边坡陡缓的程度，是保证堤防抗滑稳定和渗透稳定的重要因素。早在春秋战国时期，《管子·度地》就提出，堤防横断面要做成上小下大的梯形。《考工记·匠人》进一步提出，堤防的高和顶宽大致相等，边坡为1:1.5[75]。堤防地基和堤身的渗流，可能引起土体的渗漏和渗透变形。为此，须适当加大堤防断面，延长上游至下游的渗流长度，减小渗流坡降，并按规范夯实，提高堤身和基础的密度。在清代的治河文献中记载了对这一问题的认识。清代规定黄河大堤边坡收分为“外坦里陡，四二收分”[76]。如果大堤断面不够，需要加帮宽厚者，夯筑必须保证新土与旧堤形成一体。

防洪建筑物的基础是保证建筑物稳定和减少地基渗流的重要部位。《修防琐志》对于地基处理的重要性有专门论述，认为堤防建成后出现堤身蛰陷和基底渗漏问题，其原因主要是地基处理不够所致，因此更需要加强基础的清理和夯筑[77]。为防止基础渗漏险情，规范还规定，在大堤两侧取土，应限制在离堤十五丈之外。

3. 桩基施工中的土动力学问题及技术处理

木桩常用来处理地基基础，或作为堤防、海塘工程的基础防冲设施。清代，浙江海塘大量改筑为重力式石塘。为了保证高大的重力石塘的稳定，桩基由浅基

发展为深基。深桩的施工采用现场搭架，工人从高处用硪夯击木桩，使之节节下沉。由于木桩的地基往往是含水量极高的海滩沙土，土粒级配不均匀，土壤骨架稳定性差。在打入二米以上的深桩时，由于冲击木桩的振动力作用，土体的孔隙水压力增高，会产生土动力学的"土壤液化"现象。超静水压力使土体内的水向上排，土粒在重力作用下向下沉落，土体内这两种相反的作用力使土粒在一定时间内处于悬浮状态，使夯入的木桩随着土体的松胀而向上抬起。

浙江海宁海塘老盐仓段为活沙地基，活沙是一种粒径极细、抗液化能力很低的粉沙，以往在这里兴筑海塘只能用柴塘。乾隆年间，乾隆帝南巡时一再指示要改筑为石塘，虽"用二百余斛之硪，一筑率不及寸许。待桩下既深，又苦沙散不能啮，木桩摇摇无著也"[78]。在用硪夯击木桩的施工中出现饱和土体液化现象，"已钉复起"，木桩无法生根立稳。乾隆四十九年（1784 年）再次试打时，得到一位有经验的老者指点，采取了以下措施才获成功：先用大竹"扦定沙窝"，对土体预先扰动，使之产生一定的应力应变；再用五根木桩"攒作一处，同时齐下"，利用土体透水性强的特点，多桩夯击时相互振动再迭加垂直冲击振动，使每根木桩在节节下沉时孔隙压力得以消散，土体的抗液化能力被逐渐强化，"试之果有成效"[79]。图 8－5 为硪工夯筑海宁海塘桩基图。

图 8－5　硪工夯筑海宁海塘桩基图[58]

（选自《海宁念汛六口门二限三限石塘图说》）

第二节　古代传统防洪工程技术在当代的应用

古代实行以工程手段为主的防洪方略，大量兴建了各种类型的防洪工程，在堤防、海塘、埽工、河道整治、抢险与堵口等工程技术方面均取得了较为显著的成就。本节仅以堤防技术、海塘技术、埽工技术为例，说明古代传统防洪工程技术在当代仍得到广泛的应用。

一、堤防技术

堤防作为在江河沿岸修筑用以规范河流经行的防洪建筑，改变了河床的边界条件，增大了河道的容蓄能力，从而提高了河道的防洪标准，成为古代人们与洪水作斗争的基本手段。时至今日，加高加固堤防仍然是防御大江大河洪水最常用的基本方法。

大江大河的堤防有不少是古代和近代修筑的，当代经过多次加高加固。由于长期受洪水的冲刷和回落的掏刷，并受到风雨的侵蚀和人与动物的破坏，汛期洪水严重威胁的堤段和堤防的薄弱部分容易出现险情。因此，堤防守护和抢险仍然是当代防汛的重要任务。本目仅以蜿蜒曲折的黄河大堤和横亘东西的长江干堤为例予以说明。

（一）黄河下游干堤

黄河下游堤防虽始于西周，并在秦汉时期渐成系统，但由于下游河道多次大改道，故道堤防也随之废弃。黄河下游现行河道两岸的堤防（见图 8－6），主要是明清以后修筑而成的。自桃花峪至兰考东坝头，为明清河道，两岸堤防已有三百年至五百年的历史；东坝头至陶城铺河段的堤防，是 1855 年铜瓦厢决口改道二十多年后修筑的；陶城铺以下为大清河故道，是清末修筑的堤防。

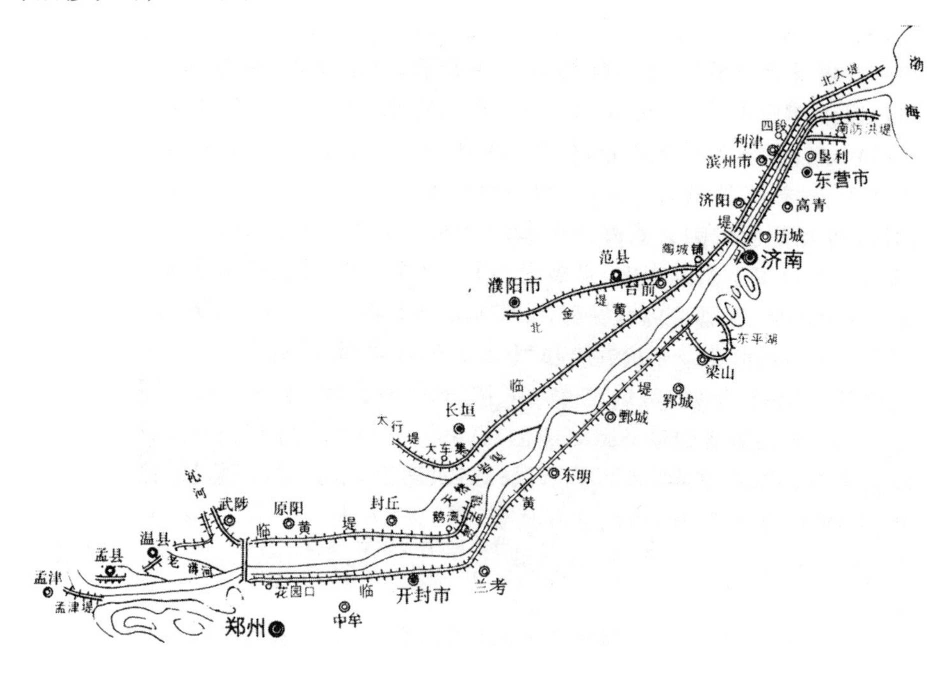

图 8－6　黄河下游堤防示意图[80]

1. *左岸堤防*[80]

临黄堤上段自河南孟县中曹坡至封丘鹅湾，长约 171 公里，为明清黄河旧堤。中段自河南长垣大车集至山东阳谷陶城铺，长约 194 公里；下段自陶城铺至利津县四段，长约 345 公里，均为 1855 年铜瓦厢决口改道后新筑。清穆宗同治四年（1865 年）筑长垣大车集以下民埝 30 余公里，光绪初接筑，以后民埝逐渐改修为

官堤。

太行堤自河南延津魏丘至长垣大车集，长44公里，原为明代黄河故堤，铜瓦厢河决时被冲断而废弃。1956年，为防止黄河大水自天然文岩渠倒灌北溢，加修作为屏障。

贯孟堤自河南封丘贯台西坝头至长垣姜堂，长约21公里，为民国年间修筑。河口北大堤自利津县四段至垦利县防潮堤，长约36公里，为当代修筑。

2. *右岸堤防*[80]

临黄堤上段自郑州邙山根至山东梁山县徐庄，长348公里。下段自山东济南宋家庄至垦利县二十一户，长约256公里。其中，河南保合寨至兰考东坝头段为明清黄河旧堤；兰考东坝头至袁寨段原为明清黄河北堤，铜瓦厢河决改道后改作南堤；袁寨以下入山东境者为铜瓦厢改道后光绪年间修筑的新堤。

孟津堤自河南孟津牛庄至和家庙，长7.6公里，为清同治年间修筑的民埝，1938年改为官堤。河口南防洪堤上接临黄堤，下至防潮堤，长约27公里，为当代修筑。

3. *堤防的培修*

黄河下游现行河道两岸的堤防，多为历史时期修筑。经过1855年铜瓦厢决口和1938年扒开郑州花园口黄河大堤，以及战争的破坏，黄河故道堤防残破不堪。1946年，冀鲁豫解放区开始大规模复堤，力争达到临黄堤顶超出1935年最高水位1.2米的标准。中华人民共和国成立后，黄河实行综合治理，首要任务是保证黄河不决口，对黄河下游采取“宽河固堤”的方针，把巩固堤防作为防洪的主要措施。据《黄河志·防洪志》记载，根据各个时期河道淤积情况和防洪标准，截至1985年年底，对黄河下游堤防先后进行了三次大修。第一次大修是1950～1957年，以防御比1949年更大洪水为目标，对河南、山东境内的黄河大堤普遍进行加高加固。第二次大修是三门峡水库建成后，于1962～1965年，以防御花园口站洪峰流量22000立方米/秒洪水为目标，对黄河下游堤防进行加高加固。第三次是三门峡水库改建工程投入运行后，于1973年冬至1985年，仍以防御花园口站洪峰流量22000立方米/秒的洪水为目标，对下游堤防进行加高加固[80]。

由于历史时期形成的黄河下游堤防的堤身和堤基存在不少隐患和险工，除了三次大修外，还进行了多次隐患的普查和处理，险工的整修改建，堤防的加固和放淤固堤。

（二）长江中下游干堤

长江中下游堤防的兴筑迟于黄河，时至明清，中下游重要堤防才渐成系统。由于河道较为稳定，保持了堤防的延续性，中下游重要堤防多为历史时期修筑。长江中下游干堤长约3500余公里，其中主要为湖北段约1500余公里，安徽段约700余公里，江苏段约900余公里[81]。本目仅以《长江志·防洪》所记载的荆江大堤、武汉市堤、无为大堤等重点堤防为例予以说明[81]。

1. *荆江大堤*

荆江大堤位于荆江北岸，自湖北江陵枣林冈至监利县城南，长约182.35公里，是江汉平原的防洪屏障。荆江大堤史称万城堤，明嘉靖年间堵塞荆江北岸的最后

一个穴口——郝穴，荆江大堤自堆金台至拖茅埠段连成一线。1918 年后始称荆江大堤，自堆金台至拖茅埠长 124 公里。1951 年将荆江大堤上段由堆金台上延到枣林冈。1954 年大水后，将荆江大堤下段由拖茅埠下延至监利县城南。

中华人民共和国成立后，对荆江大堤进行了多次的培修加固和险情整治。1949 ~1954 年，按 1949 年沙市最高洪水位 44.49 米的相应水面线超高 1 米为堤顶高程，对荆江大堤进行修复和培修加固，堤顶面宽达 6 米，内外边坡比为 1:3。1955 ~1956 年，按 1954 年大水沙市最高洪水位 44.67 米超高 1 米为堤顶高程，对荆江大堤进行培修加固，堤顶面宽达 7.5 米，外坡 1:3，内坡堤顶下 3 米以上为 1:3，以下为1:5。1957 ~1968 年，以整险加固为主，对荆江大堤堤基渗漏、堤身隐患和崩岸三大险情进行整治，并对未达标的堤段继续加高培厚。1969 ~1974 年，按 1954 年洪水控制沙市水位 45 米、城陵矶水位 34.4 米的相应水面线超高 1 米为堤顶高程，进行“三度一填”，即按设计高度、堤面宽度（堤顶宽达 8 米）、内外坡度加高培厚，和对堤脚渊塘进行填筑。1975 年，荆江大堤加固工程正式纳入国家基本建设计划，按 1954 年洪水控制沙市水位 45 米、城陵矶水位 34.4 米的相应水面线超高 2 米为堤顶高程，分两期对荆江大堤进行培修加固。一期加固工程从 1975 年至 1983 年，二期加固工程从 1984 年至 2003 年，堤顶面宽达 8 ~12 米。

2. 武汉市堤

武汉市地处长江、汉江交汇之滨，城区地势低洼，全凭市堤保障。武汉市堤以长江、汉江自然划分为武昌堤防、汉阳堤防、汉口堤防三部分。武汉市堤防分布图见图 8 -7。

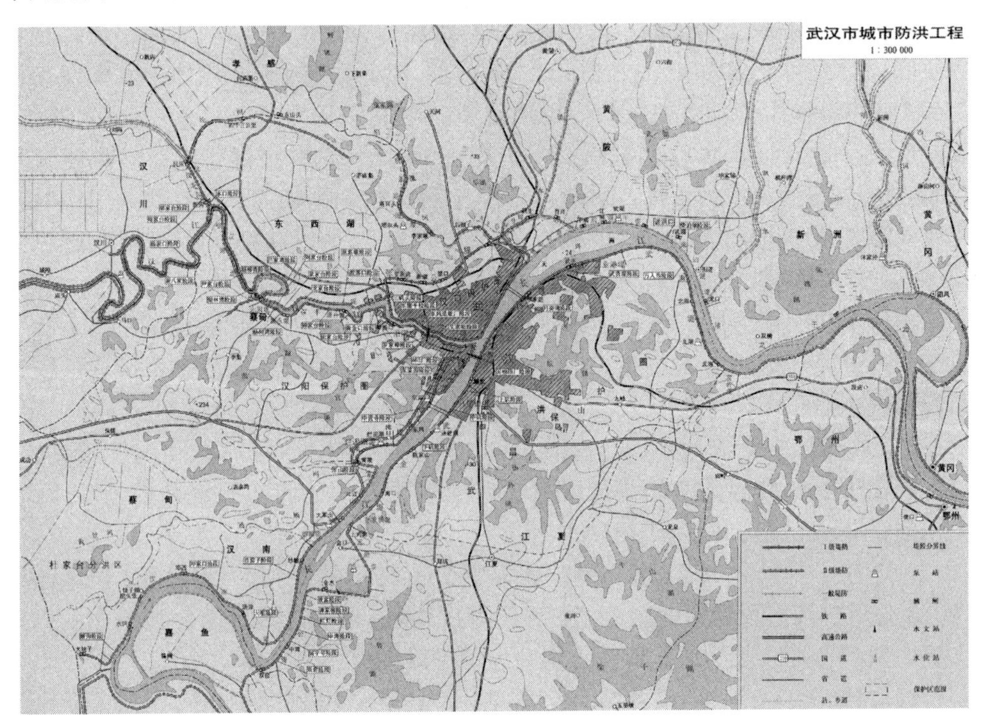

图 8 -7　武汉市堤防分布图[82]

武昌堤防分为武金堤、武昌城区堤、武青堤、武惠堤四段。武金堤自武昌武泰闸至孙家横堤，长约20公里，始建于明万历年间。武昌城区堤自下新河至武泰闸，长7.7公里，始建于明正统年间，1936年，自武泰闸抵大堤口，在旧城堤的基础上修建了钢筋混凝土防水墙。武青堤跨武昌、青山两区沿江地带，长约14公里，始建于清咸丰年间。武惠堤自白浒山至青山接武青堤，长约24公里，清末民初几度兴废。

汉阳堤防分为拦江堤、鹦鹉堤、汉阳沿河堤三段。拦江堤自晴川阁至抬船路，长10公里，始建于明清，后由护城堤和旧江堤逐渐改造连为一体。鹦鹉堤是拦江堤中段的前沿防线，长约7公里，1922年创修鹦鹉洲下垸，即该堤前身。汉阳沿河堤自龟山东头沿汉江至小田家台，原长约28公里，始建于明清时期。

汉口堤防分为汉口沿江堤、汉口沿河堤、张公堤三段。汉口沿江堤自龙王庙至堤角，长约13公里。汉口沿河堤自舵落口至龙王庙，长约14公里。张公堤又名解放大堤，自堤角至舵落口，长约23公里。

1949年以前，武汉市堤总长108公里，堤身低矮单薄，险工隐患多，防洪标准低，主要堤防按防御汉口武汉关水位28.28米的标准修筑。中华人民共和国成立后，经过多次的培修加固。1954年大水后，将武汉市堤的防御标准提高到汉口武汉关水位29.73米。1974年，武汉市堤加固工程纳入国家基本建设计划，按1954年长江武汉关水位29.73米超高1.5米加高加固。1982年，又以1954年长江武汉关水位29.73米超高2米，作为武汉市堤的建设标准。1985年，武汉市堤总长达284公里。随着城市建设的不断发展，特别是1998年长江大洪水以后，武汉市堤相继扩建，主城区的江堤多已改建为钢筋混凝土防水墙，并逐渐形成防洪保护圈。

3. 无为大堤

无为大堤位于长江下游北岸，自安徽无为果合兴至和县黄山寺，长124公里，是巢湖平原的防洪屏障。无为大堤始于其保护范围内的众多圩堤。三国时期修筑的铜城堰是最早修筑的圩堤。清高宗乾隆三十年（1765年），将沿江各自成圈的圩堤连成四段，全长约210里，为无为大堤之雏形。无为段江岸崩坍剧烈，退建江堤和改变堤线十分频繁。为了制导江流，保护堤岸，清乾隆年间，采用石矶挑溜、沉船固基、疏浚等工程措施来固定江洲和稳定河道。以后经联圩并垸，至光绪年间才形成较为完整的堤线。20世纪初开始统称江堤。历史时期修筑的圩堤，有的已崩塌入江，有的成为无为大堤两侧的废弃老堤。民国时期，按1931年洪水位超高不足1米加高，险工隐患较多，抗洪能力低。中华人民共和国成立后，多次加高加固和续建。1954年大水后，改称无为大堤。1967年裕溪闸建成后，无为大堤下延到黄山寺，才形成现在的规模。

二、海塘技术

江苏、上海、浙江滨海地区，地势低洼，经常受到风暴潮的袭击，尤其是长江口和钱塘江口风暴潮灾害严重。而这些河口三角洲自然条件优越，又都是经济发达的地区，海塘工程作为防御潮灾的重要屏障，历代受到高度重视。著名的江浙海塘北起江苏常熟福山港，南至杭州钱塘江口北岸。其中，常熟至金山段称江

南海塘，平湖至杭州段称浙西海塘。由于长江口和钱塘江口的潮势和地势变化较大，随着海岸线的变迁，海塘也在不断兴筑或沦没。海岸淤涨延伸时，新海塘向前推进，旧海塘废弃或成为备塘。海岸线内坍后退时，新海塘退建，旧海塘沦入海中。现江浙海塘中的古海塘多为清代兴筑。

上海海塘虽历史悠久，但至明末始有石塘。现有的古海塘仅存金山主海塘、高桥海塘、宝山西塘和崇明岛海塘。而且，历史上遗留下来的海塘，至1949年大都年久失修，残缺不全，坍损严重。中华人民共和国成立后，开始大修海塘，逐年加高加固，并在保滩护岸工程中逐步以石工和混凝土工程取代桩石工程。1975年，上海市提出上海海塘的防御标准为历史最高潮位5.72米（吴淞站）加11级台风。至1990年，全市国家认定的主塘总长约464公里，其中陆域海塘约171公里，岛屿海塘约293公里[83]。

浙江钱塘江海塘总长280公里，其中浙西海塘长约140公里。由于钱塘江潮最为凶猛，潮流运动形态复杂，岸滩基础条件差，历代海塘兴筑最为频繁。早期的海塘多为土塘，唐宋时期开始采用柴塘、竹笼塘、石囤塘和砌石塘等多种海塘形式。明清时期，重力型砌石海塘逐渐成为主流的塘工形式，并进一步发展为鱼鳞大石塘。而鱼鳞大石塘塘背起支撑稳固作用的附塘一般采用土塘，鱼鳞大石塘迎水面的消能工则主要采用竹笼工、石囤工和木桩工，鱼鳞大石塘的护塘护滩工程又逐渐融为一体，成为坦水。民国时期，浙西海塘开始采用新材料、新技术，新建重力式混凝土塘和钢筋混凝土塘。中华人民共和国成立后，对浙西海塘多次进行修复和加固，新建多种混凝土块石塘或浆砌块石塘，并兴修了大量的护滩护坡工程。1980年，浙江省提出浙西海塘的防御标准为历史最高潮位加12级台风。[84]

三、埽工技术

埽工是古代为了加固堤防的险工地段而采用的措施，也可用于整治河道和防汛堵口。尤其是在多泥沙的黄河上，埽工技术成就最为突出，成为我国独特的防洪工程形式。宋代以后直至近代，埽工都是黄河堵口和护岸的主要工程形式。图8－8为当代黄河下游埽工。

图8－8　当代黄河下游埽工[80]

埽工具有显著的优点。它是水下工程，但也可以水上施工。它能在水深20米上下的深水情况下使用，用以构筑大型险工和堵口截流，但又可以分段分坯施工。它虽然使用梢草、土石等散料，但可以用绳索、桩木等联结固定成整体。它使用梢草、秸料，具有良好的柔韧性，有利于适应水下复杂地形，尤其是软基。埽工在多沙河流使用，可利用水中泥沙充填埽体，使之凝结坚实。用埽工构筑施工围堰，完工后也便于拆除。

埽工也存在严重的缺陷。首先是梢草、秸料和绳索易于腐烂，需要经常更换整修。其次，埽体的整体性较石工等永久性建筑物差，往往一段垫陷，牵动上下游埽段连续垫塌、走移，形成严重险情。第三，埽工桩绳操作运用复杂，须由熟练工人施工。

古代生产力水平较低，石料加工不易，尤其缺乏水下胶结材料。埽工适应了这一特定的历史条件，在两三千年内成为重要的水工构件。近代引进了水泥、混凝土等新型材料，埽工才逐渐被砌石坝工所替代。但在小型防洪工程、引水工程以及施工围堰工程中，埽工技术仍有应用。

如《宋史・河渠志》所记述的卷埽技术，目前在宁夏河套灌区仍在运用。新修《宁夏水利志》详细记载了河套灌区草土围堰的制作方法:“当草土体展进到水深流急的合龙处，使用‘卷埽’。单埽直径约2米，长约10米。做法是在龙口近旁修整出前低后高的卷埽、堆埽场地，按埽的长短大小，把长15~18米、径粗5~7厘米的草绳，根根靠紧，纵向铺在地上。后再用直径10毫米草绳或麻绳，横向把纵向的草绳每两根或三四根编织成网状，横向绳的间距1~1.5米，草绳上先铺一层柳枝或芦苇柴，再铺散草，草上铺土厚约10厘米，再放一些小石块，并在开始卷起的一端，放入直径15厘米草绳或麻绳作为龙绳，长度视下沉的深浅和位置远近而定，一般不小于20米。将每根草绳头都拴在龙绳上，以龙绳为中心由一端卷起，卷到草绳的末端，将每根草绳头都挽在埽绳上，成为一个庞大横卧的草土圆柱体。利用场地的斜坡推滚至水边时，将龙绳两端各系在事先预埋的三根交叉的木桩上，然后推埽下水。随着埽的下沉，放松龙绳以防止埽捆悬空、远走或下移。埽身过长时，还须系腰绳一道或两道，单层或多层埽出水后，在埽上用散草或捆柴加高。水深时常用几个至几十个埽进占强堵，可由一方或两端向前推进，各干渠用此法堵渠口和决口由来已久。”[85]

第三节　古代防洪方略的启示与借鉴

古代主要实行以工程手段为主的防洪方略，并在历史时期取得了一定的成效，一些传统的防洪工程技术在当代仍得到广泛的应用。但这些工程措施控制洪水灾害的能力毕竟有限，而且各种防洪工程措施都存在一定的局限性和不足之处。因此，古代防洪方略中不乏有防洪非工程措施，以寻求工程手段防洪与社会化减灾的结合。因本书对以工程手段为主的防洪方略及其工程技术已有详细记述，在此仅述及古代防御特大洪水非常措施的借鉴和古代城市防洪的借鉴。

一、古代防御特大洪水非常措施的借鉴

古代大规模的防洪工程建设，对于防御一般性洪水、保障江河安全，起到了重要的作用。当出现超过工程防御标准的洪水时，除了继续加高堤防外，如何安排超额洪水，限制受灾范围，使灾害的总体损失减低到最小，古代人们提出了若干非常措施。这些非常措施对当代大江大河防洪具有一定的借鉴作用。

（一）古代防御特大洪水的非常措施

我国大部分地区的降水量年内和年际分布不均，大江大河存在着发生特大洪水的可能性。古代人们很早就认识到黄河暴涨暴落的水文特性以及异常水文现象的存在，所以在以堤防、埽工等工程防御黄河一般性洪水之外，又采取了针对特大洪水的非常措施。这些非常措施主要包括：开辟分洪河道，设置蓄滞洪区，利用湖泊蓄纳洪水，权衡利害决定取舍，建立防范非常洪水的工程体系等。

1．开辟分洪河道

西汉时期，黄河下游主河道泄流不畅，冯逡提出开辟分洪河道的主张。汉武帝元光三年（前 132 年）黄河在瓠子（今濮阳县西南）决口，元封二年（前 109 年）堵复。不久，黄河又大决于河北馆陶，并冲出一条和主流宽深相近的支流屯氏河，暂时缓解了黄河行洪的压力。汉元帝永光五年（前 39 年），黄河决于清河（今清河县西北），屯氏河因而断流，泄流形势再度趋于紧张。汉成帝建始元年（前 32 年），清河都尉冯逡研究了屯氏河分流的实际经验，提出疏浚淤塞不久的屯氏河，作为黄河下游的分洪河道，并将分流口门选择在高于正常水位的适当高程，使超量洪水由分流口门泄往分洪河道，以削减洪峰，保证主河道的行洪安全。

冯逡开辟分洪河道的主张，是黄河防洪史上最早提出以人工分流作为黄河下游防御大洪水的非常措施。这一措施对于抗御具有暴涨暴落特性的黄河洪水作用重大。唐武后久视元年（700 年），在今山东西部黄河北岸开辟的马颊河，即是当时的一条重要的人工分洪河道。宋代，开河分流的主张最为盛行。在实践中，当时多次利用自然分洪口门开引河，进行人工分洪。明前期治黄，更以分流治河为主导。明清时期黄河兴建的减水坝，下接分洪河道，也是开辟分洪河道方案的具体施行。

2．设置蓄滞洪区

早在春秋战国时期，《管子·度地》就提出了设置类似蓄滞洪区的设想。将草木不生的低洼荒地辟为“囊”，四周用堤防围护起来，以增大容蓄洪水的能力。一旦春夏汛至，便可蓄纳河流的“决水”，起到蓄滞洪水的作用，以减轻农田禾稼的损失。同时种植荆棘和柏杨树，以护堤固地，消浪减冲，加强滞纳决水的效果。

西汉末年，长水校尉关并提出将大约相当于今太行山以东、菏泽以西、开封以北、大名以南，南北一百八十里经常溃决的地带留作空地，不再居住和种植。一旦洪水暴涨，河道无法容泄非常洪水时，便泄入其中。关并建议设置的“水猬”，相当于今之滞洪区。

元仁宗延祐元年（1314 年），曾实际采用过一个权衡全局利害的蓄滞洪区方案。此前黄河在开封小黄村向南决口，“黄河涸露旧水泊汙池，多为势家所据，忽

遇泛溢，水无所归，遂致为害”。开封以南的今陈留、通许、太康等县部分地区实际已成为可容蓄洪水的场所，但权势之家却将其据为己有，开发耕作，导致河患加剧。河南等处行中书省指出:“由此观之，非河犯人，人自犯之。”相关部门查勘研究后一致认为:“若将小黄村河口闭塞，必移患邻郡。决上流南岸，则汴梁被害；决下流北岸，则山东可忧。事难两全，当遗小就大。”[86]最终否定了堵口的方案，而采取保留并疏浚小黄村口门，修筑障水堤限制滞洪区范围，对滞洪区内居民实行赈济等办法，继续将这一地区作为蓄滞洪区使用。

3. 利用湖泊蓄纳洪水

古代人们早就认识到可以利用天然湖泊蓄纳洪水，并进而采取工程措施建造人工湖来蓄纳洪水。东汉时期，浙江山会平原经常受海潮倒灌和山洪频发造成河湖漫溢的威胁。顺帝永和五年（140 年），会稽太守马臻主持修建绍兴鉴湖，在南部众多小湖泊的北端筑堤，将分散的小湖围成大湖积蓄洪水。东苕溪洪水对杭嘉湖平原的会稽郡重镇余杭城也有较大威胁。东汉灵帝熹平二年（173 年），余杭县令陈浑利用城南天目山麓一片开阔谷地为湖床，沿西南隅山脚绕向东北修筑了一条环形大堤，形成可以蓄纳东苕溪洪水的南湖。绍兴鉴湖和余杭南湖都相当于今之蓄洪水库。

东汉王景治河后，黄河下游有多条分支河道和众多湖泊沼泽，在汛期大水时河湖多相连通。这些对黄河洪水起调节作用的下游分支河道和湖泊，宋代以后都逐渐淤塞。元代余阙（1303～1358 年）曾指出，缺少调蓄洪水的湖泊对黄河防洪增加了难度。他说:“中原之地平旷夷衍，无洞庭、彭蠡（鄱阳湖）以为之汇，故河尝横溃为患。”明人陆深高度评价余阙的认识，说:“斯言也尤为要切，似非诸家所及。”[87]强调指出了下游通河湖泊在黄河防洪中的重要作用。

长江中游古有云梦泽等湖泽与江通，成为长江洪水的重要调蓄水体。以后，伴随着长江泥沙的淤积，这些湖泽陆续被大规模围垦。明清时期，洞庭湖在自然淤积和人为垦殖的双重压力下，调蓄洪水的能力逐步萎缩，荆江防洪形势严峻。当时论及治江者，屡有开穴分流和禁私筑圩垸的主张，试图恢复通江湖泊调蓄洪水的作用。乾隆十三年（1748 年），湖北巡抚彭树葵指出：荆襄一带旧有“江湖袤延千余里，一遇异涨，必借余地容纳”。由于不断的围垦，现在只有大江南岸的虎渡、调弦、黄金等口分疏江水南入洞庭，当汛涨时稍杀其势。他强调:“人与水争地为利，以致水与人争地为殃。”[88]因此建议，永远禁止增筑新的垸田，已溃决的垸田不许重修。

4. 权衡利害决定取舍

西汉末年，黄河决溢频繁，成为朝野关心的国家大事。在提出的多种治黄方案中，贾让的“治河三策”以其适应洪水规律、减经水灾损失而独树一帜。贾让在“治河三策”开篇的第一句话是:“古者立国居民，疆理土地，必遗川泽之分，度水势所不及……使秋水多，得有所休息，左右游波，宽缓而不迫。”[89]强调治河必须适应河流和洪水的客观规律，人们的生产和生活不能过分地侵占河流的泄洪断面。他在上策中建议，迁徙冀州一带受洪水威胁的居民，将黄河改道西行，在太行山麓和黄河大堤之间的宽敞地带北流入海。虽然贾让的上策不可能实施，也

不能达到预想的效果，但他给黄河以去路、安置非常洪水的思想，却有其积极的意义。宋代以后，朝廷为了保障京都和漕运的安全，往往权衡政治经济的利害，牺牲利益较小的局部地区以保全全局，便是从贾让的上策脱胎而来。而权衡利害的原则便是“两害相权取其轻，两利相权取其重”。

北宋熙宁二年（1069 年），宋神宗问司马光：黄河“东流、北流之患孰轻重?”司马光回答说:“两地皆王民，无轻重。然北流已残破，东流尚全。”[90]虽然从政治上而言，两地同为皇帝的臣民，但从经济上看却有利害小大之分。这表明北宋朝廷对防洪利害的取舍是很明确的，特别是涉及京都地区的安危时更是如此。例如，位于澶州的曹村埽与大、小吴埽南北相对。宋仁宗时曾议论加固北岸小吴埽。提点河北刑狱张问认为，若将小吴埽加固，超标准洪水将可能冲毁南岸曹村埽，危及都城开封地区的安全，因此他建议不加固小吴埽。此后不久，小吴埽果然溃决。神宗元丰五年（1082 年）七月，黄河暴涨，主溜顶冲曹村埽（当时已改称灵平埽），形势十分危急。都水监“依前降朝旨，决大吴埽堤，使水下流，以纾危垫”[91]。即人为决开曹村埽对岸的大吴埽，使黄河向北泛滥，以牺牲河北部分地区来换取京城的安全。

金人入主中原，据有淮河以北地区。在南北对峙的战争状态中，金代治河以重北轻南为方针。世宗大定八年（1168 年）六月，黄河在胙城李固渡向南决口，曹、单两州（今山东菏泽、定陶、单县一带）被淹，金朝从南北利害关系考虑，决定不予堵塞，任其向南泛流。而大定二十六年（1186 年）八月，河决卫州（今汲县），波及大名，金世宗亲自处分了主管官吏，并迅速派人堵塞，以保护都城。

元代治河同样重北轻南。仁宗延祐元年（1314 年），黄河在开封小黄村向南决口分流，将开封以南的陈州（今周口一带）地区作为滞洪区的决策过程，就是牺牲南岸局部地区，保全上流南岸汴梁和下流北岸山东的结果。

明代前期，黄河北决往往在张秋（今山东东阿县张秋镇）横断运河，因此，防止黄河北决成为当时治黄的重要任务。孝宗弘治六年至八年（1493～1495 年），刘大夏主持修筑黄河北岸大堤——太行堤，截断了黄水北犯之路。即便出现黄河北决的紧急情况，也只放弃黄河以北至太行堤以南宽约百里的区域，而绝不允许洪水冲断黄河以北的运河。太行堤作为抗御特大洪水的非常措施，其地位十分重要，因此明清两代多次大规模扩建维修，并规定了严格的定期维修制度。

5. 建立防范非常洪水的工程体系

早在北宋政权建立之初，太祖乾德二年（964 年）就曾将治遥堤作为限制洪水泛滥范围的重要措施，“诏民治遥堤，以御冲注之患”。太平兴国八年（983 年），对遥堤状况进行了系统的勘察。当时视察的官吏报告说，遥堤损毁严重，与临河大堤间的土地已被普遍开垦，认为“治遥堤不如分水势”[90]，所以没有大规模维修遥堤。

明万历年间，潘季驯实行“束水攻沙”的治黄方略，在黄河下游建立由缕堤、遥堤、格堤、月堤和遥堤上的减水坝共同组成的堤防体系。黄河下游由缕堤、遥堤、减水坝、太行堤组成多级防洪系列，构成防范非常洪水的工程体系。缕堤作为临近河床直接抵御洪水的第一道防线。当洪水漫出缕堤时，遥堤可以限制其泛

滥的范围；遥堤和缕堤之间的距离一般有二三里，为防止洪水窜沟冲毁遥堤，在遥堤和缕堤之间筑有格堤，以减杀水势。当洪水过大，超出遥堤容纳的限度时，设在遥堤上的减水坝就会溢洪，以削减洪峰，减少溃堤的可能。而太行堤则是洪水北决的最后一道防线。

（二）当代防御特大洪水的方案——以长江为例

中华人民共和国成立后，在依靠堤防防御一般性洪水的同时，借鉴历史时期防御特大洪水的非常措施，对大江大河防御特大洪水的方案反复进行认真研究。在此仅以长江为例，记述其防御特大洪水方案的研究过程[92]。

长江中下游洪水峰高量大，而河槽泄量不足。荆江河段的安全泄量约为6万多立方米/秒，而宜昌站近百年来洪峰流量超过6万立方米/秒的就达23次。长江1870年洪水，湖北枝城洪峰流量高达11万立方米/秒，几乎为荆江正常泄洪量的一倍。洞庭湖出口处城陵矶以下河段安全泄量约6万立方米/秒，而1931年、1935年、1954年等几个大水年的汇合洪峰，都在10万立方米/秒左右，远远超过河道的泄洪能力。1954年大水，超过河道安全泄量的洪水量在1000亿立方米以上，不是一般规模的工程所能解决的。如何处理这样巨大的超额洪水，是长江中下游防洪的症结所在。

新中国成立初期，根据当时长江防洪工程极为薄弱和国家人力、物力、财力的状况，提出长江中下游防洪的目标是：保证出现1949年同等水位的情况下不发生溃决，争取出现1931年同等水位时不发生溃决。由于1949年的最高洪水位是在沿江两岸溃口后，平原区蓄纳了300～400亿立方米（1931年为500～600亿立方米）的超额洪水后的水位，在还没有办法解决这些超额洪水量之前，按照中央“重点防护，险工加强”及“临时紧急措施”的原则尽力减小灾情。

1951～1953年，长江水利委员会在研究以防洪为重点的治江方案时，提出分阶段的防御目标和发生超额洪水时牺牲局部保重点的原则。第一阶段，加高加固重点保护区的堤防，以防御1949年和1931年实际发生的洪水位；第二阶段，兴建蓄洪垦殖区，以蓄纳1949年和1931年洪水的超额洪水量；第三阶段，结合兴利修建山谷水库，逐步代替蓄洪垦殖区的蓄洪任务。

1954年长江中下游发生了近百年来最大的一次洪水。当年的防洪工程，除堤防外，只有荆江分洪工程和少数几个分蓄洪区。为了减小洪水灾害的损失，除加强堤防的防汛抢险力度外，主要采取了临时加筑子堤和扒口分洪等应急措施，荆江分洪工程3次超标准运用，最终控制了荆江水位的上涨幅度，为确保荆江大堤安全创造了条件。同时，先后几处人工扒口，以减缓洪水上涨的速度和幅度，为加高加固武汉市堤争取了时间，保住了武汉城区的安全。1954年防汛斗争是采取临时应急措施抗御超标准洪水的一次实践，实际溃口水量为1023亿立方米。

1954年长江大洪水后，决定以1954年洪水作为长江中下游整体防洪的防御对象，确定荆江河段按防御枝城洪峰流量80000立方米/秒拟定防洪方案，并研究枝城洪峰流量大于80000立方米/秒的紧急措施方案。

20世纪50年代编制长江流域综合利用规划时，将中下游堤防保护区分为重点区、重要区和一般区，并按不同阶段制定不同的防洪保证率和干流控制站的防洪

保证水位；中下游平原湖区规划分洪蓄洪工程29处，总有效蓄洪容积500余亿立方米；确定以三峡水利枢纽作为中下游防洪的关键工程，其他水利枢纽根据不同情况承担部分防洪任务。为了确保防洪安全，减轻中下游防汛压力，提出分阶段降低中下游防御水位的意见。在干支流一系列较大调洪水库建成前，遇非常洪水，除运用分蓄洪区外，还必须牺牲一部分圩垸以保重点区安全，并初步研究了各阶段遇超标准洪水时的应急措施方案。

国家在1971年和1980年两次召开长江中下游防洪座谈会，决定以1954年实际洪水作为长江中下游干流重要地区的防洪标准，根据“蓄泄兼筹，以泄为主”的方针和当时的防洪形势，建议适当提高干流各主要站的防御水位。按提高后的水位推算，遇1954年洪水共需分蓄洪量约为500亿立方米，具体分配为：荆江地区54亿立方米，洞庭湖与洪湖各160亿立方米，武汉附近区68亿立方米，鄱阳湖和华阳河各25亿立方米。荆江地区蓄滞洪区位置图见图8－9。

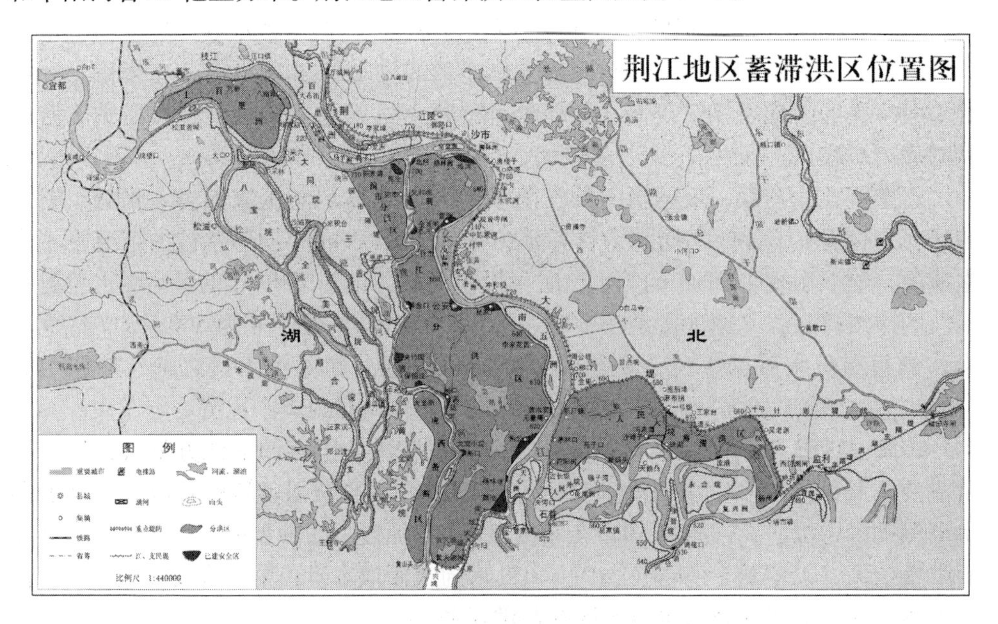

图8－9　荆江地区蓄滞洪区位置图[92]

20世纪80年代修订长江流域综合利用规划时提出，中下游干流堤防仍按两次防洪座谈会确定的防御水位加高加固；安排有效容量约500亿立方米的分蓄洪区；尽早按正常蓄水位175米兴建三峡工程；规划在2020年左右兴建长江上游13座较大的水库，总库容460亿立方米。此外，还要加强上游水土保持和中下游河道清障，禁止围垦湖泊，加强防洪的非工程措施。

1985年，国务院批转水利部《关于黄河、长江、淮河、永定河防御特大洪水方案报告》的通知，批准了长江防御超标准洪水的方案。明确长江中下游的防汛任务是：遇到1954年同样严重的洪水，要有计划地分洪500～700亿立方米，确保重点堤防的安全，努力减少淹没损失。对于比1954年更大的洪水，仍需依靠临时扒口，努力减轻灾害。为此，严禁围垦湖泊并有计划地整治上下荆江，提高泄洪能力；及早兴建三峡水利枢纽，改善长江中游防洪的险峻局面。在防洪调度措施

上，具体明确了分蓄洪任务和处理超额洪水的紧急措施，以及各自的决策权限[93]。

二、古代城市防洪的借鉴

城是人类社会生活的发展形态，是古代人类社会发展到一定阶段的产物。传说黄帝时代已经筑城。《史记·封禅书》称："黄帝时为五城十二楼。"[94]《吕氏春秋·审分览》说："夏鲧作城。"[95]而考古发现也表明[96]，远在距今一万年前的新石器时代早期，就出现了原始小聚落。距今约八千年前，发展为大聚落。到仰韶文化时期（距今约七千年至五千年），已形成中心聚落。仰韶文化晚期，开始出现城邑。我国的史前城址集中分布在黄河流域和长江流域。黄河流域发现最早的史前城址是仰韶文化晚期的郑州西山古城，距今约五千三百年至四千八百年。长江流域发现最早的史前城址是屈家岭文化（距今约五千年至四千六百年）早期的湖南澧县城头山古城。也有专家认为，城头山古城始建年代可上溯到大溪文化时期（距今约六千四百年至五千三百年），是我国目前已知时代最早的城址[97]。孙广清先生研究史前城址时指出，史前城址多坐落在临河岗地，城墙用夯土构筑，城外挖有护城河，临水面尽量利用天然河道作护城河，城墙和护城河都具有防御水患的功能[96]。可见，史前出现的城邑构筑防御工事，就已考虑到了防洪。

夏朝立国以后，城市成为国家政治经济活动的中心，是人口密集的地方。随着城市数量和规模的逐渐扩大，古代城市防洪，特别是都城的防洪，越来越受到重视。而古代城市防洪的思路和技术，对于当代城市防洪仍有一定的借鉴作用。

（一）城市选址的原则

早在春秋战国时期，人们对城市的选址和防洪的关系就有一定的认识。《管子·乘马》指出选择城址的基本条件是既要防洪，又要防旱。"高毋近旱，而水足用；下毋近水，而沟防省。"[98]当时齐国临淄城（在今淄博市东北）的城址选择就与上述要求相吻合。临淄城位于淄水冲积扇前沿，东依淄水，西靠系水，南枕牛山和稷山，北临广阔平原。城内地面高程一般在四五十米之间，既有利于城市污水排放，也不致受洪水侵袭[99]。《管子·度地》指出：城址选择"必于不倾之地，而择地形之肥饶者，乡山左右，经水若泽，内为落渠之泻，因大川而注焉"[100]。进一步强调，城址所在地应该水脉通畅，既便于取水，又能排水，水道相通，直注大江大河。

相反，有的城市选址往往注重于交通便利，但由于地势较低，频遭洪水侵袭，最后不得不全城动迁，以求安定和发展。例如，北宋的郓州城（今山东东平）附近有赤水、泗水和济水，交通虽便利但却"常苦水患"。宋真宗咸平三年（1000年）五月，"河决郓州王陵埽，浮钜野，入淮、泗，水势悍激，侵迫州城。命使率诸州丁男二万人塞之，逾月而毕。"但由于"霖雨弥月，积潦益甚，乃遣工部郎中陈若拙经度徙城"，不得不迁往"东南十五里阳乡之高原"[101]。

由于黄河中下游河道经常游荡变迁，有时沿岸城市也被迫迁徙。据《尚书》和今本《竹书纪年》记载，有两次商代都城的迁徙是为了躲避黄河洪水。北宋真宗大中祥符四年（1011年）九月，河决棣州聂家口。次年正月，请徙州城而未准，命堵决。同年"又决于州东南李民湾，环城数十里民舍多坏"，再次请徙州城仍未准。“役兴逾年，虽扞护完筑，裁免决溢，而湍流益暴，壖地益削，河势高民屋殆逾丈矣，民苦久役，而终忧水患。八年，乃诏徙州于阳信之八方寺。”[101]神宗熙宁六年（1073 年），由于黄河北徙，馆陶县城处于新河槽与黄河南大堤之间，也不得不“迁于高囤村以避水”[102]。元丰四年（1081 年）第二次回河失败，河决澶州小吴埽，恩州城危甚。宋神宗曾无奈地说：“如能顺水所向，迁徙城邑以避之，复有何患？”[103]看似消极避让，实则有顺应地势规律、与自然求得和谐之意。

有的城市选址缺少优良的地形条件，只有采取相应的预防措施。如滨临汉水的安康市，位于河谷之中，地形促狭，只得依汉水建城。河谷中的汉水在汛期暴涨陡落，为尽可能便利取水和航运，城市位置又不能过高。为了适应洪水特点，滨江的房屋一般都建成木柱撑立的高脚屋，在汛期甚至允许洪水进入底楼，成为独特的适应洪水的建筑形式。为了防备特大洪水，康熙二十八年（1689 年）还在旧城南门外修万柳堤，作为特大洪水灌城时百姓逃生的通道[104]。

古代注重城址选择，为了有利于防洪，避免过大的防洪投入，或日后不得已的迁徙。这对当代的城市建设和发展，同样具有现实意义。当代兴建大型水库，淹没区的城市需要重建，面临城址选择的问题；水库消落区可护可迁的城市，面临重建和防护的经济比较问题。城市发展，在受洪水威胁的低洼地区兴建大型工矿企业，也面临防洪排涝的投入是否巨大的研究。

（二）构筑防洪设施

城址选好后仍需要构筑防洪设施。《管子·度地》指出：“归地之利，内为之城，城外为之郭，郭外为之土阆。地高则沟之，下则堤之，命之曰金城。”[100]城市要先建城郭，城郭之外要考虑设置防洪堤和排水沟。《管子·天问》进一步强调城市防洪、引水和排水是国家之要务，君主应该亲自过问。

城墙与壕沟是最早的防洪设施，史前的古城就构筑了城墙与壕沟。考古发掘表明，城内敷设排水管道至迟不晚于殷商时期。3600 年前的今河南偃师尸乡沟商城遗址，发现了完好的石砌排水暗沟，由东城门通向城外。春秋战国时期，诸侯国的都城中开始出现由排水管—排水渠—护城河构成的防洪排水工程。如楚国的纪南城受到来自区间暴雨汇流的山溪洪水的威胁，构筑了由排水道—排水沟—城内河道—城垣水门—护城河构成的多级防洪排水系统，将城内的洪水和污水逐级汇入河道后排出城外。

古代城市多临江滨湖，西周时期就已出现的堤防，最初主要是用以防护诸侯国的都城。《国语·周语下》载，周灵王二十二年（公元前 550 年），谷水和洛水同时发生洪水，冲毁都城（今河南洛阳）的西南部，并危及到王宫的安全，当时就曾筑堤防洪[105]。秦汉时期，湖北襄阳城屡受汉江洪水威胁，东汉襄阳太守胡烈在原护城土堤基础上补塞堤决。魏晋南北朝时期，湖北江陵城是当时长江中游最繁华的城市，东晋荆州刺史桓温令陈遵修筑了护围江陵城的金堤。南宋人张孝祥的《金堤记》说：“荆州为城，当水之冲，有堤起于万寿山之麓，环城西南，谓之金堤，岁调夫增筑。”[106]表明至南宋，江陵城仍主要凭借金堤护卫，并有岁修制度。

明清时期，长江沿岸不少重要城市都相继兴修了城市防洪堤。当代，则在旧

江堤的基础上不断加高加固，并形成城市防洪保护圈，成为沿江城市防御洪水的重要屏障。

（三）改造天然河流，共同构筑防洪布局

随着城市规模的扩大，单纯依靠人工兴建防洪排水设施已难满足需要，人们开始利用或改造天然河流，与城市防洪排水系统共同构筑城市防洪布局，其典型代表为唐代成都市二江环城和排水系统相结合的城市防洪布局。

三国时期，诸葛亮曾主持在成都府城西北隅修筑“九里堤”，以防御洪水。但至唐代以前，成都仍是没有护城河的少数城市之一。唐代，检校司空高骈兼成都尹时，筑成都罗城，引外江（今府河）改道自城西北入城，东行至城东北，再直南至城东南与内江（今南河）汇合。原外江在成都南缘的故道则改作城濠，形成二江抱城、四面环水的城河新格局。城内的地下排水道为东西向，地面排水明渠为南北走向。城区雨洪和污水由排水道汇入排水沟，再由排水沟排入二江。二江环城和城内排水系统相结合的防洪布局，适应了成都自西北向东南倾斜的地形特点。

唐代，在长江上游支流涪江上实施人工裁弯，改善三台县的防洪条件，则是改造河流共同构筑防洪布局的另一个实例。四川三台县被涪江盘绕冲刷，唐代修筑了县城防洪堤，仍水灾频仍。唐文宗开成年间，二度开成新河，裁弯取直，保障了三台县城堤的安全。

当代，城市的规模越来越大，经济发达，人口密集，对防洪的要求越来越高。城市堤防的防御标准虽在不断提高，仍然难以抵御超标准的特大洪水。因此，在城市防洪建设中更强调对河流湖泊的改造，如兴建水库调蓄洪水，疏浚河道加大泄流，修建河流制导工程，以改善城市的防洪条件。

（四）防洪工程措施与非工程措施的结合

北宋都城汴京的城市防洪体现了防洪工程措施与非工程措施的结合。北宋时期，汴河在汴京西北孟州河阴县南引黄河水，从汴京城中穿过。由于黄河水量变化大，泥沙多，河势复杂，一旦引水过多，就会直接影响到汴京的防洪安全。因此，北宋汴京的防洪工程建设有相当的规模。汴京城有外城、里城和宫城三重城墙，各城外围又有三重城濠。外城濠和外城墙作为防洪的第一道屏障，断面宽深的城濠蓄滞洪水，外城墙阻挡洪水入城。在京西汴河堤上设置斗门、石硊，节制汴河水量；设置济运水柜，以蓄滞洪水。城内有水柜蓄纳洪水，有沟渠排泄积水。在京东开白沟，排泄洪水。

汴京防洪的非工程措施主要是加强防洪管理，控制来水，加大蓄泄。防洪管理的内容主要包括：节制上游水源，控制汴河引水口的水量；加强汴河堤的修守，根据需要增开减河，分减洪水；开浚城区沟渠，整理街区排水系统，形成分片集中汇流；加强汴河的河道疏浚。每年的汴口管理动用了数州劳役和数目可观的工程经费。汴河和城内沟渠疏浚的工程量更大，由京畿附近各县分段承担，往往每年只能疏浚所管地段的二三成，须二三年才能完工。以后改为将附近各县分工组织的夫役统一管理，以年份分段疏浚。当汴水高涨时，还要另派禁兵三千，沿河防护。这样全程防范，从而减少了汴京的洪水灾害。

当代在城市防洪中更为广泛地采用了防洪工程措施与非工程措施的结合，并取得了显著的成效。

参考文献

〔1〕《诸子集成》第6册，高诱注："吕氏春秋"，卷二十一"开春论·爱类"，第283页，上海书店出版社，1986年。

〔2〕清·阮元：《十三经注疏》上册，"二、尚书正义"，卷二"虞书·尧典"，第122页，中华书局影印出版，1980年。

〔3〕《诸子集成》第1册，焦循："孟子正义"，卷八"离娄下"，第332页，上海书店出版社，1986年。

〔4〕元·沙克什：《河防通议》卷上，第一门"河议·释十二月水名"，文渊阁《钦定四库全书》，武汉大学出版社电子版。

〔5〕周魁一等：《二十五史河渠志注释》，"宋史·河渠志一"，第49～57页，中国书店，1990年。

〔6〕元·沙克什：《河防通议》卷上，第一门"河议·辨信涨二水"，文渊阁《钦定四库全书》，武汉大学出版社电子版。

〔7〕明·万恭，朱更翎整编：《治水筌蹄》卷下，第45～46页，水利电力出版社，1985年。

〔8〕清·昆冈、李鸿章等：《钦定大清会典事例》，卷九百十三"工部·河工·汛候、疏浚一"，光绪二十五年石印本。

〔9〕清·李世禄：《修防琐志》"水性"，中国水利工程学会《水利珍本丛书》，1937年。

〔10〕清·黎世序、潘锡恩：《续行水金鉴》第一册，卷四"河水"，第91页，国学基本丛书本，商务印书馆，1937年。

〔11〕清·黎世序、潘锡恩：《续行水金鉴》第四册，卷五十四"淮水"，第1195页，国学基本丛书本，商务印书馆，1937年。

〔12〕清·张应昌辑：《清诗铎》，卷四"河防"，张九钺："羊报行"，第119页，中华书局，1960年。

〔13〕清·黎世序、潘锡恩：《续行水金鉴》第十册，卷一百四十四"永定河水"，第3299页，国学基本丛书本，商务印书馆，1937年。

〔14〕清·刘成忠：《河防刍议》，同治甲戌刊本。

〔15〕清·黎世序、潘锡恩：《续行水金鉴》第二册，卷十六"河水"，第364页，国学基本丛书本，商务印书馆，1937年。

〔16〕《宋史》卷三百三十一"王居卿传"，中华书局，1976年。

〔17〕《诸子集成》第6册，曹操等注："孙子十家注"，卷五"势"，第71页，上海书店出版社，1986年。

〔18〕《诸子集成》第6册，高诱注："吕氏春秋"，卷十六"先识览·察微"，第195页，上海书店出版社，1986年。

〔19〕宋·沈括：《梦溪笔谈》，卷十一，第129页，中华书局，1975年。

〔20〕清·黄象曦：《吴江水考增辑》卷上，引沈啓："吴江水考"。

〔21〕清·靳辅：《治河方略》卷六"经理河工第三疏——高堰坦坡"，第227页，中国水利工程学会《水利珍本丛书》，1937年。

〔22〕清·靳辅：《治河奏绩书》卷四"高堰"，文渊阁《钦定四库全书》，武汉大学出版社

电子版。

〔23〕清·翟均廉:《海塘录》，卷十三“抚臣朱轼请修海宁石塘开浚备塘河疏”，文渊阁《钦定四库全书》，武汉大学出版社电子版。

〔24〕《诸子集成》第5册，戴望:“管子校正”，卷十八“度地”，第303页，上海书店出版社，1986年。

〔25〕明·徐光启:《农政全书校注》，卷十四“东南水利中”，第346页，上海古籍出版社，1979年。

〔26〕清·阮元:《十三经注疏》上册，“三、毛诗正义”，卷十三“小雅·谷风之什”，第462页，中华书局影印出版，1980年。

〔27〕《诸子集成》第6册，高诱注:“吕氏春秋”，卷一“孟春纪·本生”，第6页，上海书店出版社，1986年。

〔28〕清·阮元:《十三经注疏》上册，“十二、尔雅注疏”，卷七“释水”，第2620页，中华书局影印出版，1980年。

〔29〕周魁一等:《二十五史河渠志注释》，“汉书·沟洫志”，第34页，中国书店，1990年。

〔30〕明·潘季驯:《河防一览》，卷二“河议辩惑”，中国水利工程学会《水利珍本丛书》，1936年。

〔31〕《诸子集成》第3册，魏源撰:“老子本义”上篇，第十三章，第11页，上海书店出版社，1986年。

〔32〕清·阮元:《十三经注疏》上册，“四、周礼注疏”，卷四十二“冬官·考工记·匠人”，第933页，中华书局影印出版，1980年。

〔33〕明·万恭，朱更翎整编:《治水筌蹄》卷下，第39页，水利电力出版社，1985年。

〔34〕《诸子集成》第7册，王充:“论衡·状留篇”，第139页，上海书店出版社影印出版，1986年。

〔35〕宋·李焘:《续资治通鉴长编》，卷二百四十八“神宗熙宁六年”，上海古籍出版社，1985年。

〔36〕宋·沈括:《梦溪笔谈》，卷二十四“杂志一”，中华书局，1975年。

〔37〕周魁一等:《二十五史河渠志注释》，“宋史·河渠志二”，第80～84页，中国书店，1990年。

〔38〕宋·李焘:《续资治通鉴长编》，卷四百五十四“哲宗元祐六年”，上海古籍出版社，1985年。

〔39〕钱宁、周文浩:《黄河下游河床演变》，第3页，科学出版社，1965年。

〔40〕明·潘季驯:《河防一览》，卷十“恭诵纶音疏”，中国水利工程学会《水利珍本丛书》，1936年。

〔41〕明·潘季驯:《总理河漕奏疏》四任卷五“条议河防未尽事宜疏”，第22～23页。

〔42〕明·潘季驯:《河防一览》，卷首“（清·高斌）重刻河防一览序”，中国水利工程学会《水利珍本丛书》，1936年。

〔43〕中国水利学会水利史研究会、黄河水利委员会黄河志编委会:《潘季驯治河理论与实践学术研讨会论文集》，毛振培、谭徐明:《潘季驯治黄思想对近代河流泥沙研究的影响》，第130页，河海大学出版社，1996年。

〔44〕谭徐明:《中国灌溉与防洪史》，第154、41页，中国水利水电出版社，2005年。

〔45〕明·万恭，朱更翎整编:《治水筌蹄》卷上，第35～36页，水利电力出版社，1985年。

〔46〕清·张应昌辑:《清诗铎》，卷四“河防”，彭廷梅:“木龙歌”，第116页，中华书局，

1960 年。

〔47〕清·武同举:《再续行水金鉴》，卷一百五十五“论逢湾取直”，第 4074 页，水利委员会刊本。

〔48〕明·刘天和:《问水集》卷一，中国水利工程学会《水利珍本丛书》，1936 年。

〔49〕明·万恭著，朱更翎整编:《治水筌蹄》，卷上第 15 页，水利电力出版社，1985 年。

〔50〕清·康基田:《河渠纪闻》，中国水利工程学会《水利珍本丛书》，1936 年。

〔51〕清·阮元撰，邓经文点校:《研经室集》下，“续集卷二，黄河海口日远运口日高图说”，第 1021 页，中华书局，1985 年。

〔52〕徐福龄:“黄河下游明清时代河道和现行河道演变的对比研究”，载《人民黄河》第 72 页，1979 年第一期。

〔53〕清·阮元:《研经室集》下，“续集卷二，陕州以东河流合勾股弦说”，第 1022 页，中华书局，1985 年。

〔54〕四川省地方志编纂委员会:《都江堰志》，第一篇“自然环境”，第 163 页，1993 年。

〔55〕北魏·郦道元:《水经注》（王先谦校本），卷三十三“江水注”，第 519 页，巴蜀书社，1985 年。

〔56〕唐·李吉甫:《元和郡县图志》下册，卷三十一“剑南道十一”，第 774 页，中华书局，1983 年。

〔57〕钱宁、张仁、周至德:《河床演变学》，第 129 页，科学出版社，1987 年。

〔58〕周魁一:《中国科学技术史·水利》，第 78 页、第 88 页，科学出版社，2002 年。

〔59〕都江堰管理局:《都江堰》，第 98～99 页、第 49 页，水利电力出版社，1986 年。

〔60〕周魁一等:《二十五史河渠志注释》，“宋史·河渠志五·岷江”，第 168 页，中国书店，1990 年。

〔61〕清·纪昀:《阅微草堂笔记》，上海古籍出版社，2005 年。

〔62〕南京水利实验处:《研究试验报告汇编》，“抛石研究试验报告”，1955 年。

〔63〕清·翟均廉:《海塘录》，卷二十“艺文三·议”引陈订:“宁盐二邑修塘议”，第 20～27 页，文渊阁《钦定四库全书》，武汉大学出版社电子版。

〔64〕《诸子集成》第 5 册，戴望:“管子校正”，卷十八“度地”，第 303～305 页，上海书店出版社，1986 年。

〔65〕元·沙克什:《河防通议》卷上，第一门“河议·辨土脉”，文渊阁《钦定四库全书》，武汉大学出版社电子版。

〔66〕明·徐光启:《农政全书校注》卷十五“东南水利下”，第 373～374 页，上海古籍出版社，1979 年。

〔67〕水利处:《中国河工辞源》，全国经济委员会，1936 年。

〔68〕章晋墀、王乔年:《河工要义》第二编，第 25、28 页，天津河务局刊本。

〔69〕陈芳步、张志尧:“潮州三利溪的沧桑”，载《广东水利史志资料》，1987 年 1 期。

〔70〕明·刘天和:《问水集》卷一，第 15 页，中国水利工程学会《水利珍本丛书》，1936 年。

〔71〕明·潘季驯:《河防一览》，卷四“修守事宜”，第 99 页，中国水利工程学会《水利珍本丛书》，1936 年。

〔72〕清·徐端:《安澜纪要》卷上，第 58 页，河署藏版癸酉重刊本。

〔73〕清·傅泽洪:《行水金鉴》第三册，卷五十三“河水”，第 778 页，国学基本丛书本，商务印书馆，1936 年。

〔74〕《河工纪要》（清代抄本）。

〔75〕武汉水利电力学院、水利水电科学研究院:《中国水利史稿》上册，第110页，水利电力出版社，1979年。

〔76〕清·靳辅:《治河方略》卷一，第65页，中国水利工程学会《水利珍本丛书》，1937年。

〔77〕清·李世禄:《修防琐志》卷五，第134～135页，中国水利工程学会《水利珍本丛书》，1937年。

〔78〕清·翟清廉:《海塘录》，卷首二“观海塘志”，第23页，文渊阁《钦定四库全书》，武汉大学出版社电子版。

〔79〕清·翟清廉:《海塘录》，卷首二“老盐仓一带鱼鳞石塘成命修”，第43页，文渊阁《钦定四库全书》，武汉大学出版社电子版。

〔80〕黄河水利委员会黄河志总编辑室:《黄河志》卷七“防洪志”，第四章“堤防建设”，第62～76页、彩页，河南人民出版社，1998年。

〔81〕长江水利委员会:《长江志》第11册《防洪》，第四章“防洪工程建设”，第211～240页，中国大百科全书出版社，2003年。

〔82〕长江水利委员会:《长江志》第11册《防洪》，第六章“城市防洪”，第384页，第四章“防洪工程建设”，第258页，中国大百科全书出版社，2003年。

〔83〕《上海水利志》编纂委员会:《上海水利志》，第三编“防汛”，第147～162页，上海社会科学院出版社，1997年。

〔84〕浙江省水利志编纂委员会:《浙江省水利志》，第三编“河口治理”，第251～259页，中华书局，1998年。

〔85〕宁夏水利志编纂委员会:《宁夏水利志》，第526页，宁夏人民出版社，1992年。

〔86〕周魁一等:《二十五史河渠志注释》，“元史·河渠志二·黄河”，第275～276页，中国书店，1990年。

〔87〕明·陈子龙等选辑，《明经世文编》第一册，卷一百五十五“陆文裕公文集”，陆深:“黄河”，第1561页，中华书局，1962年。

〔88〕周魁一等:《二十五史河渠志注释》，“清史稿·河渠志四·直省水利”，第630页，中国书店，1990年。

〔89〕周魁一等:《二十五史河渠志注释》，“汉书·沟洫志”，第30页，中国书店，1990年。

〔90〕周魁一等:《二十五史河渠志注释》，“宋史·河渠志一·黄河上”，第65页，中国书店，1990年。

〔91〕宋·李焘:《续资治通鉴长编》，卷三百二十八“神宗元丰五年”，上海古籍出版社，1985年。

〔92〕长江水利委员会:《长江志》第11册《防洪》，第一章“概述”，第10～21页；第五章“防洪非工程措施”，第363～365页，中国大百科全书出版社，2003年。

〔93〕长江水利委员会:《长江志》第11册《防洪》“附录”，第541～544页，中国大百科全书出版社，2003年。

〔94〕《史记》卷二“封禅书”，中华书局，1959年。

〔95〕《诸子集成》第6册，高诱注:“吕氏春秋”，卷十七“审分览”第203页，上海书店出版社，1986年。

〔96〕孙广清:“中国史前城址与古代文明”，载《中原文物》，1999年第二期，第49页。

〔97〕蒋迎春:“城头山是中国已知时代最早城址”，载《中国文物报》，1997年8月10日。

〔98〕《诸子集成》第5册，戴望:“管子校正”，卷二十一“臣乘马”，第350页，上海书店出版社，1986年。

〔99〕刘敦愿:“春秋时期齐国故城的复原与城市布局”，载《历史地理》创刊号，1981年，第157页。

〔100〕《诸子集成》第5册，戴望:“管子校正”，卷十八“度地”，第303页，上海书店出版社，1986年。

〔101〕周魁一等:《二十五史河渠志注释》，“宋史·河渠志一·黄河上”，第43~44页，中国书店，1990年。

〔102〕清·徐松辑:《宋会要辑稿》第八册，“第一百八十八册方域五之一二”，第7389页，中华书局影印本，1957年。

〔103〕周魁一等:《二十五史河渠志注释》，“宋史·河渠志二·黄河中”，第72页，中国书店，1990年。

〔104〕嘉庆《安康县志》卷二十

〔105〕《国语》卷三“周语下”，第103页，上海古籍出版社，1988年。

〔106〕宋·张孝祥:《于湖居士文集》第十四卷“金堤记”，四部丛刊集部宋刊本。

后 记

本书是中国科学院“九五”重大科研项目《中国古代工程技术史大系》(以下简称“大系”)中的一卷。原聘请中国水利科学研究院水利史研究室主任谭徐明教授主持撰写。谭徐明拟定了编撰目录，计分三篇十四章，包括绪论、江河防洪、防洪工程技术三大部分，另设附录两章，并组织收集防洪史资料，进行初步分析整理，完成四五十万字的编写稿，后因工作繁忙而中断。2005 年，经周魁一、谭徐明教授推荐，“大系”编委会聘请《长江志》常务副总编毛振培继续本书的撰写直至完稿。

毛振培根据“大系”编委会的要求，将原“技术系统式”的编撰篇目改为“断代式”，以便更为充分地反映防洪工程建设与防洪工程技术在不同历史时期的发展脉络和技术特点。考虑到防洪工程建设与防洪工程技术在各历史时期发展的不均衡，断代的方法也调整为依据防洪事业自身的发展规律进行划分。另外，增设首篇“总论”和末篇“古代传统防洪工程技术的演进与历史借鉴”，以便读者对古代防洪事业发展的全貌及其对当代防洪的借鉴作用能有进一步了解。

在撰写过程中，毛振培对原辑录稿中的资料重新进行梳理，对可采用的史料均依据历史文献重新核实、研究。为了扩充史料范围，进一步发掘了历史文献、新修江河水利志及水利史研究会成立以来的各项研究成果，对除黄河以外其他江河的资料作了较多补充。在分析史料时，尽可能吸收“国际减灾十年”活动以来对防洪减灾的一些新认识、新观点。本书在撰写过程中，得到“大系”编委会何堂坤先生和周魁一先生的具体指导，并较多地参考引用了周魁一先生《中国科学技术史》“水利卷”的内容和郭涛先生对潘季驯的研究成果。书中彩图与插图也主要选自水利史专著和新修江河水利志。对所引用的各家研究成果，一一注明了出处。本书初稿于 2008 年 7 月完成，由“大系”编委会邀请水利专家徐海亮主审，提出了不少宝贵意见，并请周魁一、谭徐明教授审读加工。最后，由毛振培对初稿作了较大的修改补充，2009 年年底完成书稿，并于 2010 年再次对全书进行校订补充。在此，对参考引用的各家成果和审阅专家的意见一并表示感谢。

数千年来，我国在防洪工程技术方面积累了丰富的经验，取得丰硕的成果，并留下大量宝贵的历史文献和防洪遗迹遗址。国内外学者有过许多研究，本书作者虽几经努力，但难免疏漏和未能深入涉及之处，敬请读者不吝赐正。

作者

图书在版编目(CIP)数据

中国古代防洪工程技术史/毛振培,谭徐明著.—太原:
山西教育出版社,2017.7
ISBN 978-7-5440-9434-4

Ⅰ.①中… Ⅱ.①毛… ②谭… Ⅲ.①防洪工程-技术史-中国
-古代 Ⅳ.①TV87-092

中国版本图书馆CIP数据核字(2017)第196811号

中国古代防洪工程技术史

ZHONGGUO GUDAI FANGHONG GONGCHENG JISHUSHI

选题策划 王佩琼
责任编辑 康 健
复　　审 彭琼梅
终　　审 杨 文
装帧设计 王耀斌
印装监制 蔡 洁

出版发行 山西出版传媒集团·山西教育出版社
（太原市水西门街馒头巷7号 电话:4035711 邮编:030002）
印　　装 山西新华印业有限公司
开　　本 787×1092 1/16
印　　张 32.5
字　　数 690千字
版　　次 2017年7月第1版 2017年7月山西第1次印刷
书　　号 ISBN 978-7-5440-9434-4
定　　价 118.00元